新工科建设·电子电气基础课程系列教材

信号与系统

（第2版）

梁凤梅　主编

郝润芳　谢　珺　副主编

電子工業出版社

Publishing House of Electronics Industry

北京·BEIJING

内 容 简 介

本书主要介绍确定信号与线性时不变系统的基本概念和分析方法。基于系统的线性时不变性，将信号分解为两类基本信号，引出了信号与系统的时域和变换域分析方法。本书共 10 章，按照连续与离散并行的顺序，分别介绍了信号与系统的时域、频域、复频域分析方法及其 MATLAB 实现，最后探讨了状态变量分析。编写过程注重结构的完整性和内容的关联性，力求由简入繁、循序渐进地引入新概念与新方法，以利于教师的讲授与学生的学习。

本书可作为高等院校电子类、电气类相关专业的本科生教材，也可作为相关专业的研究生、教师与科技人员的参考用书。

图书在版编目（CIP）数据

信号与系统/梁凤梅主编. —2 版. —北京：电子工业出版社，2024.2

ISBN 978-7-121-47244-2

Ⅰ. ①信… Ⅱ. ①梁… Ⅲ. ①信号系统 Ⅳ. ①TN911.6

中国国家版本馆 CIP 数据核字（2024）第 014082 号

责任编辑：凌　毅　　文字编辑：李晓彤
印　　刷：中煤（北京）印务有限公司
装　　订：中煤（北京）印务有限公司
出版发行：电子工业出版社
　　　　　北京市海淀区万寿路 173 信箱　邮编　100036
开　　本：787×1 092　1/16　印张：19.5　字数：525 千字
版　　次：2015 年 1 月第 1 版
　　　　　2024 年 2 月第 2 版
印　　次：2024 年 12 月第 2 次印刷
定　　价：59.80 元

凡所购买电子工业出版社图书有缺损问题，请向购买书店调换。若书店售缺，请与本社发行部联系。联系及邮购电话：(010)88254888，88258888。

质量投诉请发邮件至 zlts@phei.com.cn,盗版侵权举报请发邮件至 dbqq@phei.com.cn。

本书咨询联系方式：(010)88254528，lingyi@phei.com.cn。

前　言

“信号与系统”是高等院校电子类、电气类相关专业的一门重要的专业基础课程，是数字信号处理、信号检测与估计等后续专业课程的理论基础。由于信号与系统的理论方法在广泛的工程技术领域具有指导意义，因此，机械、动力与力学等其他非电类专业也在不同深度上开设了这门课程。

本书着重讨论确定信号与线性时不变（LTI）系统的分析方法，包括时域法与变换域法，其中变换域法又分为频域法与复频域法。各类分析方法均基于信号分解的思路，利用系统的线性与时不变特性，从不同角度实现对连续时间和离散时间信号与系统的分析。

本书采用连续与离散并行、从时域到变换域、从信号分析到系统分析的叙述方式，共10章，内容分为5部分：第1、2章介绍信号与系统的基础知识；第3章介绍信号与LTI系统的时域分析方法；第4～7章介绍傅里叶变换，完整地建立连续与离散时间的频域分析方法；第8、9章分别介绍拉普拉斯变换与z变换，在频域分析方法的基础上扩展为复频域分析方法；第10章介绍状态变量分析方法。在讲授时，可以按照章节自然顺序将连续与离散作为一个整体介绍，也可以先连续（第1、2、3、4、5、8章）、后离散（第6、7、9章），最后探讨状态变量分析（第10章）。

本书在修订过程中，深入贯彻党的二十大精神，以立德树人为根本目标，强化了教育的数字化建设，致力于培养高素质的创新型人才。针对课程内容的抽象性特点，本书尽量避免烦琐的数学推导，强调概念的直观性和启发性理解，突出概念的物理内涵，以帮助学生更深入地理解概念和掌握方法，增强学习兴趣；针对课程内容的系统性特点，在各章节的介绍中突出内容的关联性，注重结构的完整性，使得隐藏在各个抽象知识点之后的知识体系清晰完整，有利于学生提高学习效率，培养辩证逻辑思维；为了引导学生阅读信号类专业基础课程的一些经典书籍，在附录A中列出了一些和信号与系统相关的专业英语词汇，以激发学生的科学探索精神。此外，本次修订还有机地融入了思政元素，使学生在学习过程中能够体会科学家的钻研精神。同时，可扫描二维码查看本书各章节相关知识点的讲解视频。另外，读者也可到“学堂在线”学习与该书配套的在线课程。

本书是国家级一流本科课程“信号与系统”的配套教材，由续欣莹编写第1章，张文爱编写第3章，陈燕编写第4章，张灵编写第5章，赵清华编写第6章，郝润芳编写第7、9章，谢珺编写第10章，梁凤梅执笔其他章节并负责全书的修改与定稿。

本书提供免费的电子课件和MATLAB源程序、习题解答，读者可登录华信教育资源网www.hxedu.com.cn，注册后免费下载。

本书在编写过程中，参考了近年来出版的书籍和资料，在此对书籍和资料的作者、提供者一并表示感谢！

限于编者水平，书中难免有错漏或不妥之处，恳请读者批评指正。

编者

2024年1月

目　录

第 1 章　绪　　论

内容提要　本章介绍信号与系统的基本概念、描述方法与分类，并简单说明本书的内容安排。

1.1　信号与系统

在人类社会发展过程中，人与外部世界不断地交换着信息。信息往往通过声、光、电等物理量来表示和传送，这些随着参数变化的物理量即可定义为信号。因此，信号是信息的具体表现形式，信息是信号的具体内容。

信号涉及的概念十分广泛，例如声音、图像、温度、湿度、压力、速度、位移、价格等都是信号，虽然物理表现形式不同，但是一般都包含了某个或某些现象的信息。如图 1.1(b)、(d)、(f)和(h)分别表示电压信号、温度信号、声音信号和图像信号。

信号不同的物理表现形式并不影响它们所包含的信息内容，而且不同物理表现形式之间可以相互转换。例如，图 1.1(e)中输入的语音信号本身是以声压变化表示的，它可以转换为以电压或电流变化表示的语音信号，也可以输入计算机转换为一组数据表示的语音信号（如图 1.1(f)所示），即所谓数字语音。它们仅仅在物理表现形式上不一样，但包含了同样的语音信息。

信号传输与信号变换需要依靠系统来完成。系统是由若干相互关联又相互作用的事物按照一定规律组合而成的具有特定功能的整体。系统既可以仅由几个元件组成，又可以包括若干基本单元，如通信系统、计算机系统等均称为系统，人体也是一个复杂的系统。系统不仅可以由若干实际部件组成的硬件实现，也可以是软件实现的某种算法。图 1.1(a)、(c)、(e)与(g)是一些常见的系统。

各不相同的系统都有一个共同点，即所有系统总是对施加于它的一组信号作出响应，产生另外的一组信号。系统的功能就体现为怎样的输入信号产生怎样的输出信号。图 1.1 的右侧信号就是左侧相应系统的输出信号。图 1.1(a)是一个简单的低通滤波器，滤掉一部分输入信号的高频分量；图 1.1(c)的温度测试仪可以得到不同时刻的温度数据；图 1.1(e)将声音信号采集存储为数字语音信号；图 1.1(g)的数码相机将自然界的图像转换为数字图像。

1.2　信号的描述与分类

1.2.1　信号的描述

信号是随着参数变化的物理量。在数学描述上，信号可以表示为一个或多个独立变量的函数，其中变量可以是时间、空间、频率或者其他参数。因此，在信号分析与处理中，“信号”和“函数”两词常常通用。例如，语音信号可以表示为声压随时间变化的函数 $x(t)$，黑白照片可以表示为亮度随空间位置变化的函数 $x(m,n)$ ，图 1.1(h)的彩色照片可以表示为 RGB 三基色随空间位置变化的函数 $x(m,n)=[x_{\mathrm{R}}(m,n),x_{\mathrm{G}}(m,n),x_{\mathrm{B}}(m,n)]$ 。

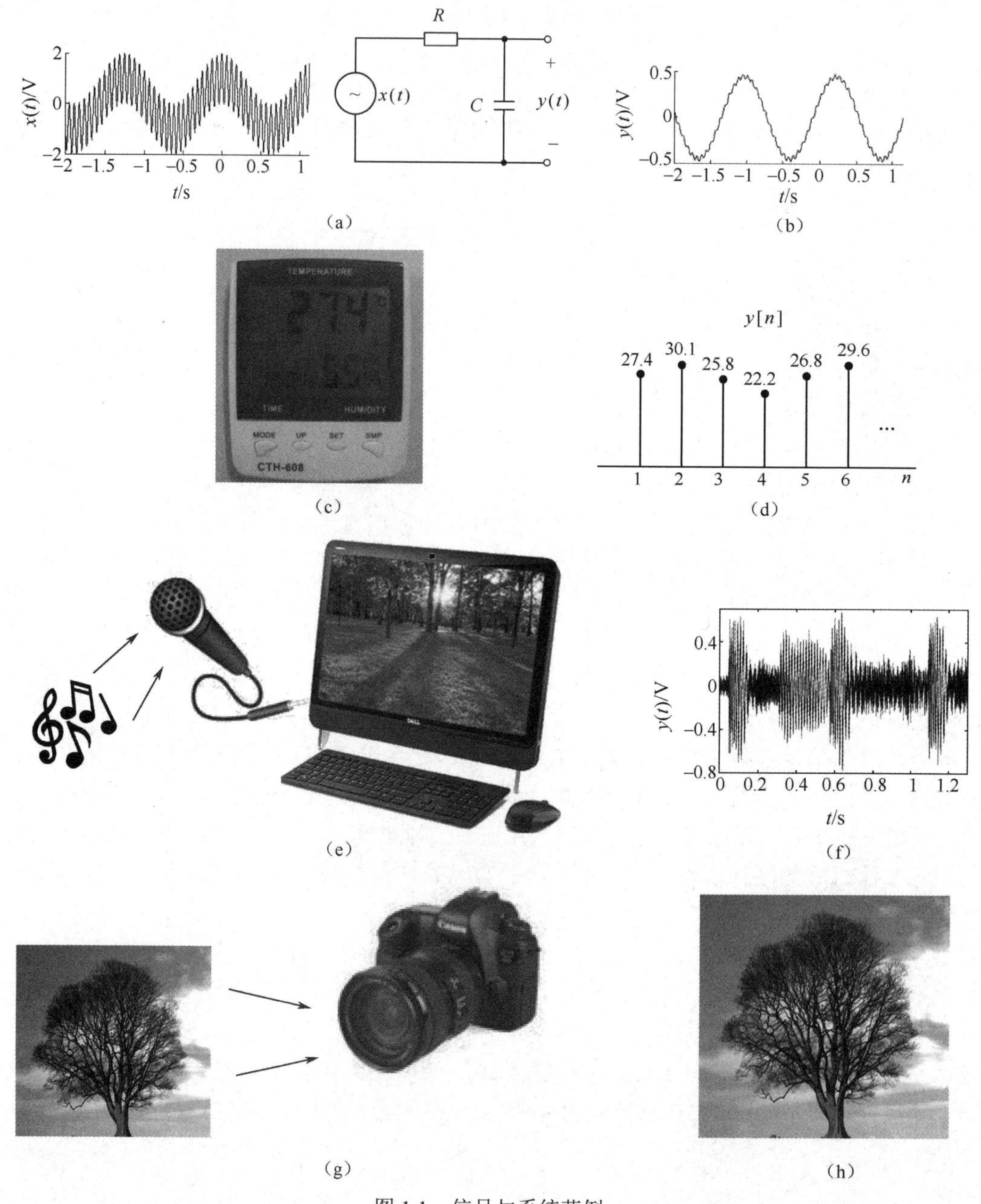

(a) (b) (c) (d) (e) (f) (g) (h)

图 1.1　信号与系统范例

不失一般性，本书中仅限于单一变量的函数，而且为方便起见，在以后的讨论中总是用时间来表示自变量的，尽管在某些具体应用中自变量未必是时间。

除函数表达式外，还经常用函数的几何图形来直观形象地表示信号，即函数的波形。随着信号理论的发展，还可以用频谱分析、各种正交分解等其他形式来描述和研究信号。

1.2.2　信号的分类

信号的分类视频

在信号与系统分析中，从不同的研究角度出发，信号可以有多种分类。

1. 确定信号与随机信号

按照信号的确定性划分，信号可以分为确定信号与随机信号。

若信号的函数表达式或者几何图形是完全知道的，则信号称为确定信号，例如我们熟悉的正弦信号。若信号没有精确的物理描述，只能通过统计规律（如均值或均方根）来描述，则这种信号称为随机信号。本书主要针对确定信号进行分析，随机信号的分析留待后续课程解决。

☞**注释：**完全确定的信号无法获得新的信息，而且信号在传递过程中不可避免地受到随机噪声和干扰的影响，实际信号都是随机的。在一定条件下，随机信号也会表现出某种确定性。因此，研究确定信号具有重要意义，在此基础上才能根据随机信号的统计特性进一步研究随机信号。

2. 连续时间信号与离散时间信号

按照信号自变量取值的连续性划分，信号可以分为连续时间信号与离散时间信号。

如果信号的自变量是连续可变的，除若干不连续点外，任意自变量都对应确定的函数值，则此信号称为连续时间函数。本书通常以 $x(t)$ 的形式表示连续时间信号，以声压、电压或电流表示的语音信号均为连续时间信号。图 1.1(a)所示系统的输入 $x(t)$ 与输出 $y(t)$ 为连续时间电压信号。

如果信号的自变量是离散取值的，只在某些不连续的时间值上给出函数值，在其他时间没有定义，则此信号称为离散时间信号，有时称为离散时间序列。离散时刻可以均匀间隔，也可以不均匀间隔，但一般采用均匀间隔。本书通常以整数序号 n 表示离散时间信号的自变量，仅在自变量 $n=\cdots,-3,-2,-1,0,1,2,3,\cdots$ 离散时刻给出函数值，函数符号写作 $x[n]$ 的形式。图 1.1(d)对应的温度信号 $y[n]$ 即为离散时间信号。

在实际问题中有两类离散时间信号：一类是自变量本身就是离散的现象，例如人口统计中的一些数据、学生每学期的成绩、股票市场指数等；另一类是通过对连续时间信号以某种方式获取的样本形成的离散时间信号，例如音频采样信号。通过采样可以将连续时间信号与离散时间信号的概念结合起来，如图 1.2(a)、(c)所示，连续时间信号 $x_1(t)$ 按照间隔 T 进行采样获得离散时间信号 $x_1[n]$。

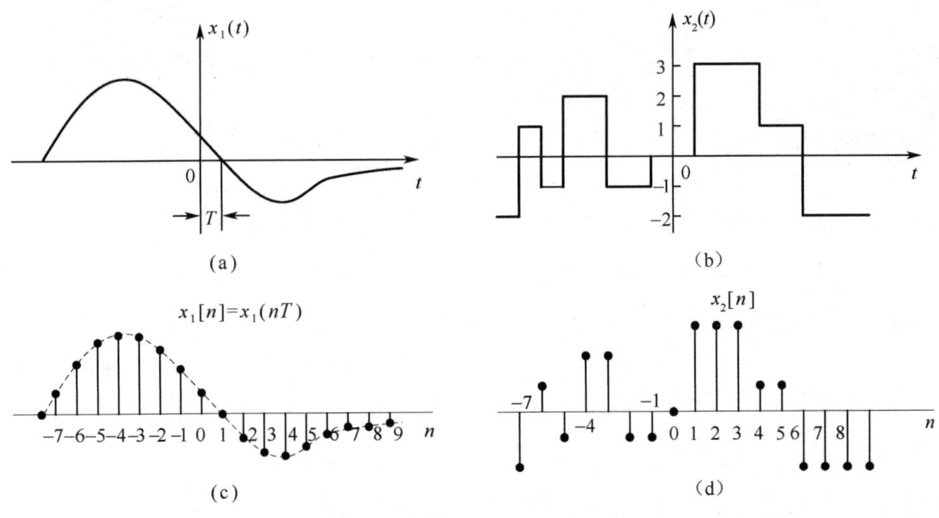

图 1.2　信号举例

3. 模拟信号与数字信号

按照信号幅值的连续性划分，信号可以分为模拟信号与数字信号。

信号的幅值能在某一连续范围内取任意值的信号称为模拟信号，意味着模拟信号的幅值可以取无穷多个值。信号的幅值仅能取有限个值的信号称为数字信号，与数字计算机相关的信号是数字信号。

连续时间与模拟的概念常常产生混淆，离散时间与数字的概念也不相同。图 1.2(a)、(b)所示的 $x_1(t)$ 、 $x_2(t)$ 分别为连续时间模拟信号与数字信号，图 1.2(c)、(d)所示的 $x_1[n]$ 、 $x_2[n]$ 分别为离散时间模拟信号与数字信号。可见，模拟信号未必是连续时间信号，数字信号也未必是离散时间信号。

☞**注释：** 拉兹教授所著教材《线性系统与信号》（牛津大学出版社）特别强调指出：“连续时间与离散时间是根据信号沿时间轴的特征来认定的，而模拟和数字则是根据信号的幅值属性判定的。”

4. 周期信号与非周期信号

按照信号是否具有周期重复性划分，信号可以分为周期信号与非周期信号。

周期信号是定义在 $(-\infty,+\infty)$，每隔一定时间间隔重复变化的函数。非周期信号在时间上不具有周而复始的特性。

连续时间周期信号定义为：存在一个正值 T ，对全部 t ，有

$$x(t)=x(t+T) \tag{1.1}$$

则 $x(t)$ 是周期信号，周期为 T ，周期 T 中最小的正值 T_0 称为基波周期。

我们熟悉的连续时间正弦信号 $x(t)=\sin(\omega_0 t+\theta)$ 是典型的周期信号，周期 $T=\left|\frac{2k\pi}{\omega_0}\right|$，其中 $k=\pm1,\pm2,\cdots$，基波周期为 $T_0=\left|\frac{2\pi}{\omega_0}\right|$。

多个连续时间周期信号之和未必是周期信号。例如， $\sin(2t)$ 、 $\cos t$ 与 $\sin(2\pi t)$ 均为周期信号，基波周期分别为 π 、 2π 与 1，则 $x_1(t)=\sin(2t)+\cos t$ 是周期的，其基波周期 $T_0=2\pi$ ，而 $x_2(t)=\sin(2t)+\sin(2\pi t)$ 却是非周期的，因为 $\sin(2t)$ 与 $\sin(2\pi t)$ 这两个周期信号没有公共的周期。

☞**注释：** 多个连续时间周期信号之和仍为周期信号的条件是：各个周期信号的基波周期之比为有理数。

离散时间周期信号定义为：存在一个正整数 N ，对全部 n ，有

$$x[n]=x[n+N] \tag{1.2}$$

则 $x[n]$ 是周期信号，周期为 N ，周期 N 中最小的正值 N_0 称为基波周期。

离散时间正弦信号可以认为是对连续时间正弦信号采样而获得的，具有类似的数学表达式，但周期性未必相同。仅当 $\frac{2\pi}{\omega_0}$ 为有理数时， $x[n]=\sin(\omega_0 n+\theta)$ 才具有周期性。例如， $x_1[n]=\sin(\frac{\pi}{3}n)$ 是周期信号，基波周期为 $N_0=6$ ，而 $x_2[n]=\sin n$ 却是非周期的，如图 1.3 所示。

☞**注释：** 虽然在实际中不能产生一个真正无始无终的周期信号，但是在后续各章中会发现，无始无终的周期复指数信号与正弦信号在信号与系统分析中充当着非常重要的角色。同时，非周期信号可以理解为周期趋于无穷大的周期信号，周期信号的研究结论可以推广应用到非周期信号。

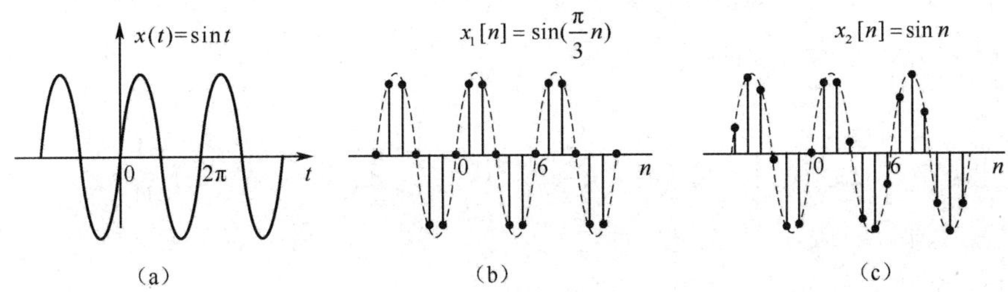

图 1.3　连续时间正弦信号与离散时间正弦信号的周期性

5. 能量信号与功率信号

按照信号的可积性或可和性划分，信号可以分为能量信号与功率信号。

对于连续时间信号 $x(t)$，其能量定义为 $|x(t)|^2$ 下的总面积，即

$$E_{\infty}=\lim_{T\to\infty}\int_{-T}^{T}|x(t)|^2\mathrm{d}t=\int_{-\infty}^{+\infty}|x(t)|^2\,\mathrm{d}t \tag{1.3}$$

离散时间信号 $x[n]$ 的能量定义为

$$E_{\infty}=\lim_{N\to\infty}\sum_{n=-N}^{N}|x[n]|^2=\sum_{n=-\infty}^{+\infty}|x[n]|^2 \tag{1.4}$$

能量 E_∞为有限值的信号称为能量信号。信号能量有限才能度量信号的大小，对于信号能量无穷大的情况，我们只能考虑信号能量的时间平均，即信号的平均功率。

连续时间信号 $x(t)$ 的平均功率定义为信号幅值平方的时间平均，也就是 $x(t)$ 的均方值，即

$$P_{\infty}=\lim_{T\to\infty}\frac{1}{2T}\int_{-T}^{T}|x(t)|^2\,\mathrm{d}t \tag{1.5}$$

P_∞的开方根就是大家熟悉的均方根。

类似地，离散时间信号 $x[n]$ 的平均功率定义为

$$P_{\infty}=\lim_{N\to\infty}\frac{1}{2N+1}\sum_{n=-N}^{N}|x[n]|^2 \tag{1.6}$$

能量信号的平均功率为 0。平均功率 P_∞为非零有限值的信号称为功率信号。功率信号具有无限大的能量，例如周期信号。周期信号的平均功率可以在一个周期内平均计算获得。一个信号不可能既是能量信号又是功率信号，但可能既不是能量信号又不是功率信号。

【例 1.1】判断下列信号是否为能量信号、功率信号。

(1) $x_1(t)=C\cos(\omega_0 t+\theta)$　　　(2) $x_1[n]=\mathrm{e}^{\mathrm{j}(\pi n/8+\pi/8)}$

(3) $x_2(t)=\mathrm{e}^{-t}$　　　(4) $x_2[n]=\begin{cases}(1/2)^n & n\geqslant 0\\ 0 & n<0\end{cases}$

解　(1) $x_1(t)$ 是基波周期 $T_0=2\pi/\omega_0$ 的周期信号，其能量与功率分别为

$$E_{\infty}=\int_{-\infty}^{+\infty}|x_1(t)|^2\,\mathrm{d}t=\int_{-\infty}^{+\infty}C^2\cos^2(\omega_0 t+\theta)\,\mathrm{d}t\to\infty$$

$$P_{\infty}=\lim_{T\to\infty}\frac{1}{2T}\int_{-T}^{T}|x_1(t)|^2\,\mathrm{d}t=\frac{\omega_0}{2\pi}C^2\int_{-\pi/\omega_0}^{\pi/\omega_0}\left[\frac{1+\cos(2\omega_0 t+2\theta)}{2}\right]\mathrm{d}t=C^2/2$$

能量无限而功率非零有限，因此 $x_1(t)$ 是功率信号。同时可看出，正弦信号的功率与频率、相位均无关。

(2) $x_1[n]$是离散时间周期信号，基波周期 N_0=16，其能量与功率分别为

$$E_\infty=\sum_{n=-\infty}^{+\infty}|x_1[n]|^2=\sum_{n=-\infty}^{+\infty}|\mathrm{e}^{\mathrm{j}(\pi n/8+\pi/8)}|^2=\sum_{n=-\infty}^{+\infty}1\to\infty$$

$$P_\infty=\lim_{N\to\infty}\frac{1}{2N+1}\sum_{n=-N}^{N}|x_1[n]|^2=\frac{1}{2N+1}\sum_{n=-N}^{N}|x_1[n]|^2=\frac{1}{16}\sum_{n=<16>}|\mathrm{e}^{\mathrm{j}(\pi n/8+\pi/8)}|^2=\frac{1}{16}\sum_{n=<16>}1=1$$

能量无限而功率非零有限，因此$x_1[n]$是功率信号。其中，n=<16>表示 n 连续取 16 个整数值，起始值可以任意。

(3) $x_2(t)$是非周期信号，其能量与功率分别为

$$E_\infty=\int_{-\infty}^{+\infty}|x_2(t)|^2\,\mathrm{d}t=\int_{-\infty}^{+\infty}|\mathrm{e}^{-t}|^2\,\mathrm{d}t\to\infty$$

$$P_\infty=\lim_{T\to\infty}\frac{1}{2T}\int_{-T}^{T}|x_2(t)|^2\,\mathrm{d}t=\lim_{T\to\infty}\frac{1}{2T}\int_{-T}^{T}\mathrm{e}^{-2t}\,\mathrm{d}t=\lim_{T\to\infty}\frac{1}{2T}\frac{\mathrm{e}^{2T}-\mathrm{e}^{-2T}}{2}\to\infty$$

能量和功率都是无限的，因此$x_2(t)$既不是能量信号又不是功率信号。

(4) $x_2[n]$是非周期信号，其能量与功率分别为

$$E_\infty=\sum_{n=-\infty}^{+\infty}|x_2[n]|^2=\sum_{n=0}^{+\infty}\left|(\frac{1}{2})^n\right|^2=\sum_{n=0}^{+\infty}(\frac{1}{2})^{2n}=\sum_{n=0}^{+\infty}(\frac{1}{4})^n=\frac{1}{1-\frac{1}{4}}=\frac{4}{3}$$

$$P_\infty=\lim_{N\to\infty}\frac{1}{2N+1}\sum_{n=-N}^{N}|x_2[n]|^2=0$$

能量有限而功率为 0，因此$x_2[n]$是能量信号。

6. 一维信号与多维信号

按照信号自变量的维数划分，信号可以分为一维信号与多维信号。

语音信号可表示为声压随时间变化的函数$x(t)$，这是一维信号。黑白照片可以表示为亮度随空间每个像素点位置变化的函数$x(m,n)$，这是二维信号。动态图像除了考虑空间位置，还要考虑时间变量，是三维信号。本书一般情况下只研究一维信号。

1.3 系统的描述与分类

1.3.1 系统的描述

系统是由若干相互关联又相互作用的事物按照一定规律组合而成的具有特定功能的整体。为了研究系统分析与系统实现的理论和方法，首先介绍系统的数学模型和描述方法，建立系统研究的分析体系。

系统的数学模型就是指系统特性的一种数学抽象和数学描述，具体地说，就是用某种数学关系或具有基本特性的符号组合图形来描述系统的特性。例如，图 1.4(a)所示的电阻可看作一个系统，若输入为电流$i(t)$，输出为电压$u(t)=Ri(t)$；图 1.4(b)所示的理想变压器，输入为电压$u_1(t)$，输出为电压$u_2(t)=\frac{N_2}{N_1}u_1(t)$；图 1.4(c)所示的放大器，输入为电压$u_\mathrm{i}(t)$，输出为电压$u_\mathrm{o}(t)=Gu_\mathrm{i}(t)$，其中 G 为放大器增益；图 1.4(d)所示的扩音器，输入为电流$i(t)$，输出为声压$p(t)=ki(t)$，其中k为扩音器比例系数。

这些系统的基本特性都表示为各自的输入信号与输出信号的一个表达式。若忽略各自输入和输出信号的不同物理量纲，都用 $x(t)$ 表示输入信号，$y(t)$ 表示输出信号，这 4 个系统的输出与输入的关系都可写成

$$y(t) = Cx(t) \tag{1.7}$$

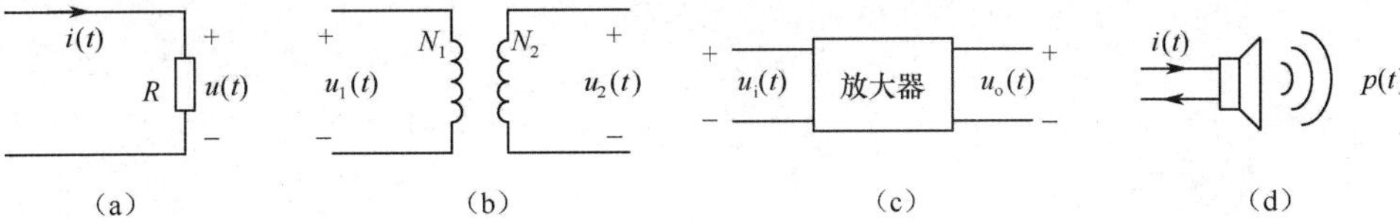

(a)　　(b)　　(c)　　(d)

图 1.4　简单系统

例如，为了滤除信号中的随机干扰，可对信号做平滑处理，即输出 $y(t)$ 与输入 $x(t)$ 之间的关系为

$$y(t) = \frac{1}{T}\int_{t-T/2}^{t+T/2} x(\tau)\,\mathrm{d}\tau = \frac{1}{T}\int_{-T/2}^{T/2} x(t-\tau)\,\mathrm{d}\tau \tag{1.8}$$

即系统在每一时刻 t 的输出，等于该时刻前后区间 $(t-\frac{T}{2}, t+\frac{T}{2})$ 的输入信号的平均值。

离散系统中也有对偶情况，如股票分析和统计学研究中，若关注的是某个数据的变化趋势，为了去除某些偶然因素造成的随机起伏，也可对信号做平滑处理，则输出 $y[n]$ 与输入 $x[n]$ 之间的关系为

$$y[n] = \frac{1}{2N+1}\sum_{k=-N}^{N} x[n-k] \tag{1.9}$$

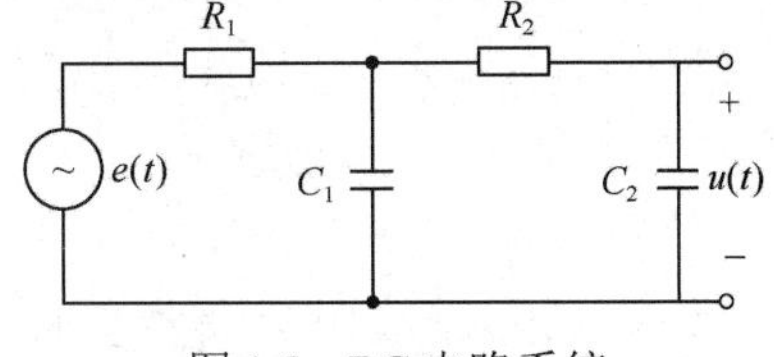

图 1.5　RC 电路系统

若研究图 1.5 所示的系统，可将激励电压 $e(t)$ 看作系统的输入信号，电容 C_2 上的电压 $u(t)$ 看作系统的输出信号，得方程

$$\frac{\mathrm{d}^2 u(t)}{\mathrm{d}t^2} + \left(\frac{1}{R_1C_1} + \frac{1}{R_2C_1} + \frac{1}{R_2C_2}\right)\frac{\mathrm{d}u(t)}{\mathrm{d}t} + \frac{u(t)}{R_1R_2C_1C_2} = \frac{e(t)}{R_1R_2C_1C_2} \tag{1.10}$$

当 R_1、R_2、C_1、C_2 确定时，上式是一个二阶线性常系数微分方程。

离散时间系统的一个例子是人口增长模型。假设某一地区第 n 年人口为 $y[n]$，人口净增长率为 k，第 n 年从外地迁入人口为 $x[n]$，若以每年迁入人口 $x[n]$ 为系统输入，总人口 $y[n]$ 为系统输出，则系统输入与输出满足的方程为

$$y[n] - (k+1)y[n-1] = x[n] \tag{1.11}$$

无论是将输出信号直接表示为输入信号的函数形式，还是用方程来描述输入信号与输出信号之间的内在联系，都着眼于输入与输出之间的关系，称为输入/输出描述法，适用于单输入单输出系统。状态空间描述法既可以描述输入与输出之间的关系，又可以描述系统内部的状态，将在第 10 章详细讨论。

☞**注释：**由上述讨论看到，许多看起来完全不同的系统却有着相同的数学模型，其系统功能或特性可用同样的数学描述来表征；反之，一种数学模型的描述对应着不同的系统。因此，信号与系统的理论和方法在广泛的工程技术领域中具有普遍意义。

除了利用数学表达式描述系统模型，也可以借助方框图表示系统模型。每个方框图单元反映某种数学运算，描述该单元中输入与输出的关系。若干方框图单元组成一个完整的系统。图 1.6 为线性微分方程的基本单元，包括相加、数乘和积分（或微分）；图 1.7 为线性差分方程的基本单元，包括相加、数乘和单位延时。

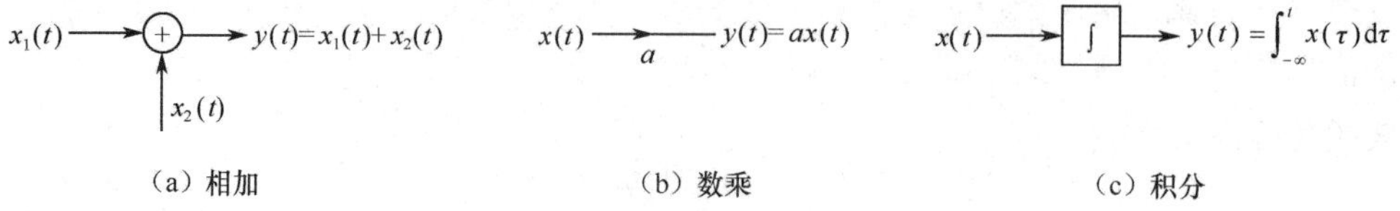

图 1.6　线性微分方程的基本单元

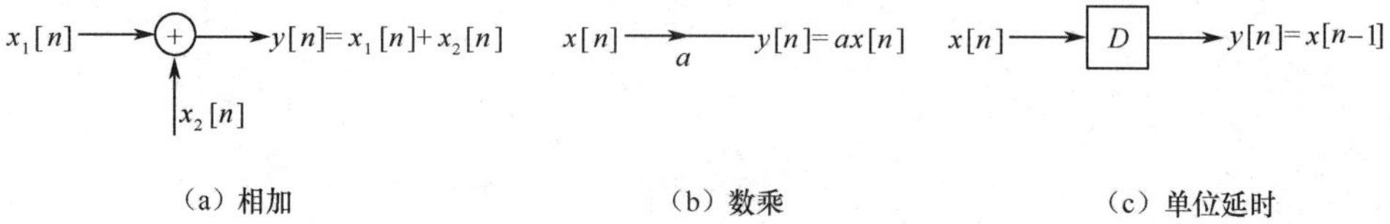

图 1.7　线性差分方程的基本单元

利用基本运算单元给出系统方框图的方法又称为系统仿真（或模拟）。

1.3.2　系统的分类

在信号与系统分析中，系统分类错综复杂，既可以按照输入信号与输出信号的特点进行分类，又可以按照第 2 章介绍的系统基本性质进行分类。

若系统的输入与输出均是连续时间信号，此系统称为连续时间系统，可用图 1.8(a)表示，图中 $x(t)$与 $y(t)$分别表示输入与输出，也常常用下列符号来表示连续时间系统的输入/输出关系

$$x(t) \to y(t) \tag{1.12}$$

若系统的输入与输出均是离散时间信号，此系统称为离散时间系统，可用图 1.8(b)表示，图中 $x[n]$与 $y[n]$分别表示输入与输出，也常常用下列符号来表示离散时间系统的输入/输出关系

$$x[n] \to y[n] \tag{1.13}$$

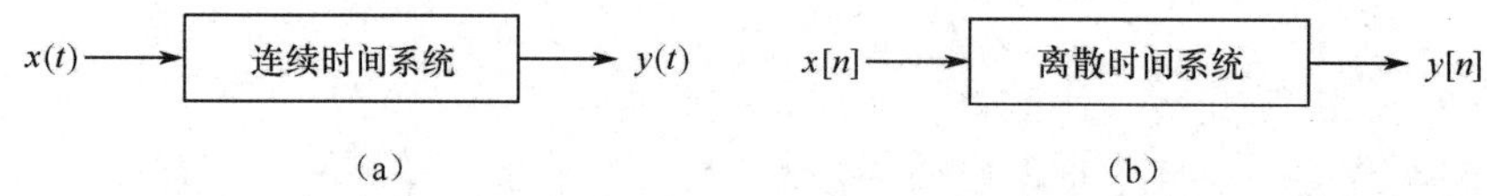

图 1.8　连续时间系统与离散时间系统

图 1.1(a)的 RC 电路就是连续时间系统，而人口问题是离散时间系统。连续时间系统的数学模型是微分方程，离散时间系统的数学模型是差分方程。

本书将并行讨论这两类系统，后续采样的概念将这两类系统联系起来。采样系统的输入与输出分别是连续时间信号和离散时间信号，有时将这类系统称为混合系统。同理，输入与输出分别是离散时间信号和连续时间信号的系统亦称为混合系统。

按照系统的输入信号与输出信号数量，系统可以分为单输入单输出系统和多输入多输出系统，前面提及的相加基本单元有两个输入和一个输出，是最简单的多输入多输出系统。

按照系统中信号的维数，系统可以分为一维系统和多维系统。一维系统所得出的许多概念和分析方法都可推广到多维系统中，如图像处理系统。

第 2 章将介绍系统的线性、时不变性、因果性、稳定性、记忆性和可逆性等基本性质，据此可将系统进行相应的分类。本书主要讨论同时具备线性和时不变性的系统，称为线性时不变（Linear Time-Invariant，LTI）系统。

1.4 本书内容安排

信号与系统理论范围广泛、内容丰富，主要包括信号分析、信号处理、系统分析与系统综合等。一般而言，信号分析和系统分析是信号与系统领域的理论基础。本书主要研究确定信号分析和 LTI 系统分析的基本概念与基本方法，为后续的信号处理与系统综合奠定基础。

分析方法大体分为时域法与变换域法。时域法直接分析以时间为自变量的函数形式，物理概念明确，而且随着计算机技术和各种算法工具的出现，不再受到运算烦琐的制约；变换域法包括频域法和复频域法，将时间自变量函数变换为相应变换域的某种变形函数，由于可将时域分析中的微积分运算变换为代数运算，卷积运算变换为乘法，在解决实际问题时有很多方便之处。

本书按照先时域后变换域、连续与离散并行的顺序研究信号与系统的基本分析方法，如图 1.9 所示，并简单介绍这些方法的 MATLAB 实现，最后探讨状态变量分析。

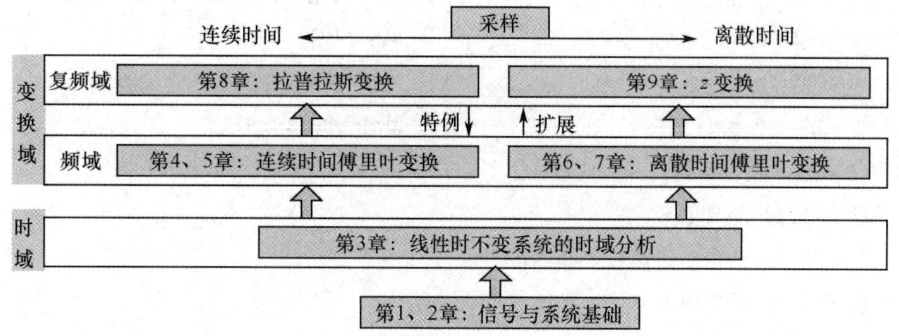

图 1.9　本书主要内容框架

1.5 本 章 小 结

1. 信号与系统的基本概念

信号是信息的具体表现形式，是随着参数变化的物理量。信号的不同物理表现形式并不影响它们所包含的信息内容，而且不同物理表现形式之间可以相互转换。

系统是由若干相互关联又相互作用的事物按照一定规律组合而成的具有特定功能的整体。信号传输与信号变换依靠系统来完成。所有系统总是对施加于它的输入信号作出响应，产生输出信号，系统的功能就体现为怎样的输入信号产生怎样的输出信号。

2. 信号的描述与分类

在数学描述上，信号可以表示为一个或多个独立变量的函数；形态上，信号表现为一种随变量变化的波形。

在信号与系统分析中，从不同的研究角度出发，信号可分为确定信号与随机信号、连续时间信号与离散时间信号、模拟信号与数字信号、周期信号与非周期信号、能量信号与功率信号、一维信号与多维信号等。

3. 系统的描述与分类

在描述系统时，通常采用输入/输出描述法或状态空间描述法；除了利用数学表达式描述系统模型，也可以借助方框图表示系统模型。

在信号与系统分析中，系统可分为连续时间系统与离散时间系统、单输入单输出系统与多输入多输出系统、一维系统与多维系统，还可以按照后述的线性、时不变性、记忆性、因果性、稳定性、可逆性等系统的基本性质进行分类。

习 题 1

1.1 判断下列连续时间信号的周期性，若是周期信号，确定其基波周期。

(1) $x(t)=\sin(t+\pi/3)$　　(2) $x(t)=2\cos(4t+1)-\sin(10t-1)$

(3) $x(t)=\cos^2 t$　　(4) $x(t)=\cos(\pi t)+2\sin(\sqrt{3}\,\pi t)$

1.2 判断下列离散时间信号的周期性，若是周期信号，确定其基波周期。

(1) $x[n]=\mathrm{e}^{\mathrm{j}(\pi n/4)}$　　(2) $x[n]=1+\mathrm{e}^{\mathrm{j}(4\pi n/3)}-\mathrm{e}^{\mathrm{j}(2\pi n/5)}$

(3) $x[n]=\cos^2(\pi n/8)$　　(4) $x[n]=\cos(n/2)\cos(\pi n/4)$

1.3 求下列信号的能量与功率，判断是否为能量信号、功率信号，或者两者都不是。

(1) $x(t)=\mathrm{e}^{-2t}$，$t>0$　　(2) $x(t)=10t$，$t\geqslant 0$

(3) $x(t)=10\cos(5t)\cos(10t)$　　(4) $x[n]=2^n$，$-2\leqslant n\leqslant 2$

(5) $x[n]=(1/2)^n$　　(6) $x[n]=\cos(\pi n/4)$

1.4 判断下列说法是否正确，并说明理由。

（1）非周期信号都是能量信号。

（2）一个能量信号与一个功率信号之和为能量信号。

（3）一个能量信号的幅值增大 2 倍，则能量增大 4 倍。

（4）一个能量信号必是有限持续期的。

（5）若一个信号不是能量信号，必是功率信号，反之亦然。

（6）两个时域互不重叠的能量信号相加，其能量等于各自能量之和。

1.5 证明：一个信号 $x(t)=\sum_{k=m}^{n}A_k\mathrm{e}^{\mathrm{j}\omega_k t}$ 的功率是 $P_x=\sum_{k=m}^{n}|A_k|^2$。（假设所有频率均不相同，即 $i\neq k$ 时，$\omega_i\neq\omega_k$。）

第 2 章　信号与系统基础

内容提要　本章介绍两类基本信号，讨论信号的基本运算与系统的基本特性，并概述线性时不变系统的基本分析方法，据此为理解全书其他内容打下坚实的基础。

2.1　基 本 信 号

这里介绍两类基本信号，这些信号不仅经常出现，而且可以作为信号的基本构造单元来构成许多其他信号，在信号与系统分析中起着十分重要的作用。

指数信号与正弦信号视频

2.1.1　指数信号与正弦信号

1. 连续时间复指数信号与正弦信号

连续时间复指数信号的一般形式为

$$x(t) = Ce^{st} \tag{2.1}$$

式中，C 和 s 一般为复数。根据这两个参数值的不同，复指数信号具有几种不同特征。

（1）实指数信号

C 和 s 均为实数，如图 2.1 所示。若 $s>0$，$x(t)$ 随 t 的增大而指数增大，如雪崩效应；若 $s=0$，$x(t)$ 为实常数，如电路中的直流信号；若 $s<0$，$x(t)$ 随 t 的增大而指数衰减，如放射性衰变。

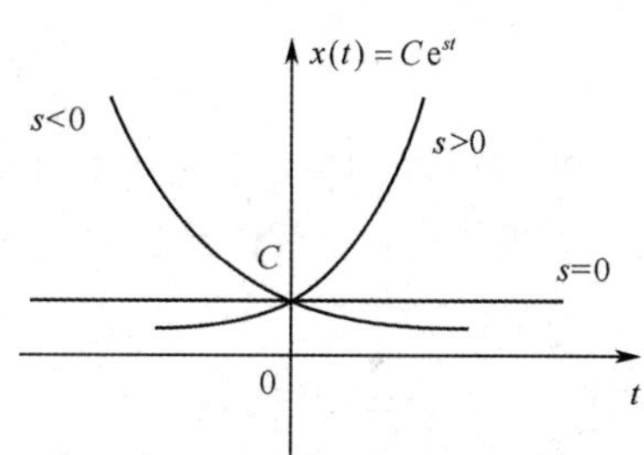

图 2.1　连续时间实指数信号

（2）周期复指数信号与正弦信号

s 为纯虚数，假设 $C=1$，$s=j\omega_0$，则 $x(t)=e^{j\omega_0 t}$。该信号具有周期性，故称为周期复指数信号。它具有以下性质。

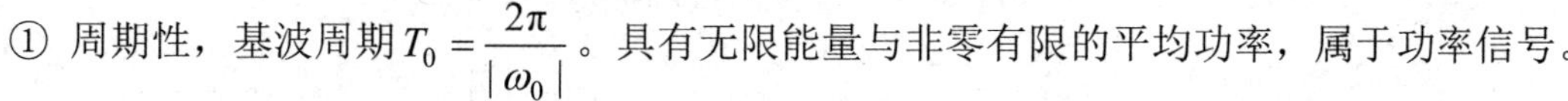

① 周期性，基波周期 $T_0=\dfrac{2\pi}{|\omega_0|}$。具有无限能量与非零有限的平均功率，属于功率信号。

② 对于任意 ω_0，存在一组构成谐波关系的周期复指数信号，即

$$\varphi_k(t)=e^{jk\omega_0 t} \qquad k=0,\pm1,\pm2,\cdots \tag{2.2}$$

式中，$\varphi_k(t)$ 的基波频率 $k\omega_0$ 是 ω_0 的整数倍。该组周期复指数信号可作为信号的基本构造单元，构成各种各样的连续时间周期信号。

利用欧拉公式，复指数信号与相同基波周期的正弦信号之间可以相互转换，即

$$e^{\pm j(\omega t+\theta)}=\cos(\omega t+\theta)\pm j\sin(\omega t+\theta) \tag{2.3}$$

$$\cos(\omega t+\theta)=\frac{1}{2}e^{j\theta}e^{j\omega t}+\frac{1}{2}e^{-j\theta}e^{-j\omega t}=\mathscr{Re}\{e^{j(\omega t+\theta)}\} \tag{2.4}$$

$$\sin(\omega t+\theta)=\frac{1}{2j}e^{j\theta}e^{j\omega t}-\frac{1}{2j}e^{-j\theta}e^{-j\omega t}=\mathscr{Im}\{e^{j(\omega t+\theta)}\} \tag{2.5}$$

因此，正弦信号与周期复指数信号具有相同的性质。

（3）一般复指数信号

一般复指数信号可以借助实指数信号和周期复指数信号表示。C 和 s 均为复数，分别用极坐标和直角坐标表示，即 $C=|C|\mathrm{e}^{\mathrm{j}\theta}$ ，$s=\sigma+\mathrm{j}\omega$ ，则

$$C\mathrm{e}^{st}=|C|\mathrm{e}^{\mathrm{j}\theta}\mathrm{e}^{(\sigma+\mathrm{j}\omega)t}=|C|\mathrm{e}^{\sigma t}\mathrm{e}^{\mathrm{j}(\omega t+\theta)} \tag{2.6}$$

为实指数信号 $|C|\mathrm{e}^{\sigma t}$ 与周期复指数信号 $\mathrm{e}^{\mathrm{j}(\omega t+\theta)}$ 的乘积。或者展开为

$$C\mathrm{e}^{st}=|C|\mathrm{e}^{\sigma t}\cos(\omega t+\theta)+\mathrm{j}|C|\mathrm{e}^{\sigma t}\sin(\omega t+\theta) \tag{2.7}$$

若 $\sigma=0$ ，则为周期复指数信号，实部和虚部均为正弦信号；若 $\sigma>0$ ，实部和虚部都可看作幅值指数增长的正弦信号，如图 2.2(a)所示；若 $\sigma<0$ ，实部和虚部均可看作幅值指数衰减的正弦信号，例如 RLC 电路的响应，如图 2.2(b)所示。

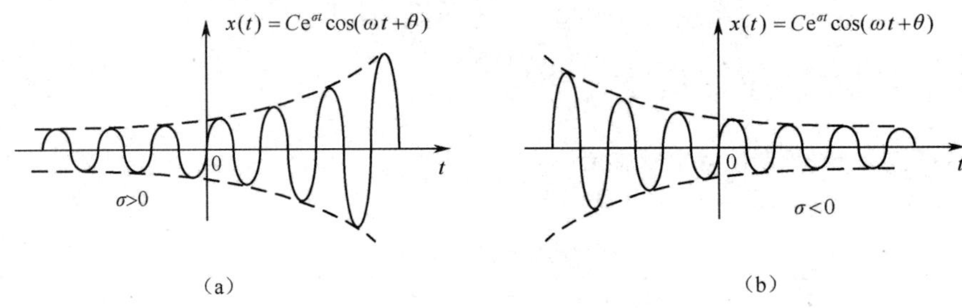

图 2.2　幅值指数变化的正弦信号

2. 离散时间复指数信号与正弦信号

离散时间复指数信号或序列的一般形式为

$$x[n]=Cz^n \tag{2.8}$$

式中，C 和 z 一般为复数。若与连续时间复指数信号相类比，可令 $z=\mathrm{e}^{\beta}$ ，则 $x[n]=C\mathrm{e}^{\beta n}$ 。

（1）实指数信号

C 和 z 均为实数，如图 2.3 所示。$|z|>1$ 时，$x[n]$ 随 n 指数增长；$|z|<1$ 时，$x[n]$ 随 n 指数衰减。当 $z<0$ 时，$x[n]$ 具有振荡特性。离散时间实指数信号可以用来描述以代为自变量的人口增长函数，以日、月或季度为自变量的投资回收函数等。

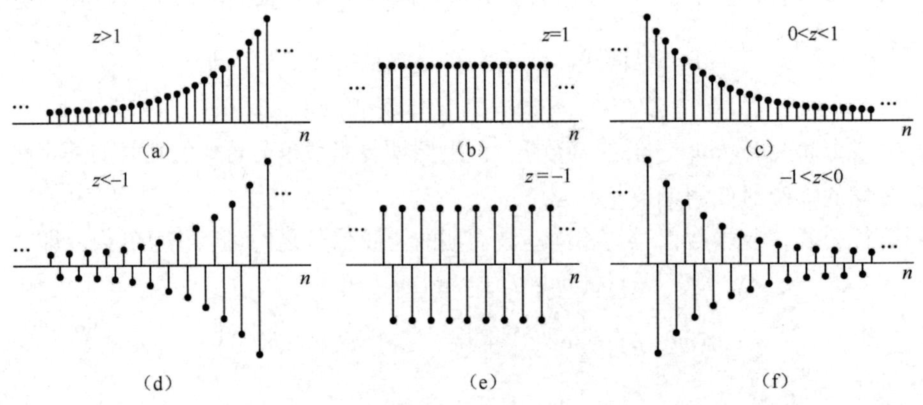

图 2.3　离散时间实指数信号 $x[n]=Cz^n$

（2）正弦信号

β 为纯虚数（$|z|=\gamma=1$），假设 $C=1$，则 $x[n]=\mathrm{e}^{\mathrm{j}\omega_0 n}$。与之密切相关的正弦信号为

$$x[n]=A\cos(\omega_0 n+\theta) \tag{2.9}$$

利用欧拉公式，离散时间复指数信号与正弦信号之间同样可以建立联系，即

$$\mathrm{e}^{\pm\mathrm{j}(\omega_0 n+\theta)}=\cos(\omega_0 n+\theta)\pm\mathrm{j}\sin(\omega_0 n+\theta) \tag{2.10}$$

$$\cos(\omega_0 n+\theta)=\frac{1}{2}\mathrm{e}^{\mathrm{j}\theta}\mathrm{e}^{\mathrm{j}\omega_0 n}+\frac{1}{2}\mathrm{e}^{-\mathrm{j}\theta}\mathrm{e}^{-\mathrm{j}\omega_0 n}=\mathscr{Re}\{\mathrm{e}^{\mathrm{j}(\omega_0 n+\theta)}\} \tag{2.11}$$

$$\sin(\omega_0 n+\theta)=\frac{1}{2\mathrm{j}}\mathrm{e}^{\mathrm{j}\theta}\mathrm{e}^{\mathrm{j}\omega_0 n}-\frac{1}{2\mathrm{j}}\mathrm{e}^{-\mathrm{j}\theta}\mathrm{e}^{-\mathrm{j}\omega_0 n}=\mathscr{Im}\{\mathrm{e}^{\mathrm{j}(\omega_0 n+\theta)}\} \tag{2.12}$$

因为 $|\mathrm{e}^{\mathrm{j}\omega_0 n}|=1$，所以这两类信号具有无限能量、有限平均功率，同样属于功率信号。

虽然离散时间信号 $\mathrm{e}^{\mathrm{j}\omega_0 n}$、$\cos(\omega_0 n+\theta)$ 与连续时间信号 $\mathrm{e}^{\mathrm{j}\omega_0 t}$、$\cos(\omega_0 t+\theta)$ 具有相似的数学表达形式，但是性质上还是有区别的。

① 时域的周期性

连续时间信号 $\mathrm{e}^{\mathrm{j}\omega_0 t}$ 与 $\cos(\omega_0 t+\theta)$ 为周期信号，周期为 $T=\dfrac{2\pi}{|\omega_0|}$；离散时间信号 $\mathrm{e}^{\mathrm{j}\omega_0 n}$ 与 $\cos(\omega_0 n+\theta)$ 只有 $\dfrac{2\pi}{\omega_0}$ 为有理数时才为周期信号，周期 $N=m(\dfrac{2\pi}{\omega_0})$，其中 m 取整数，且使 $m(\dfrac{2\pi}{\omega_0})$ 为整数。

例如，$x_1[n]=\sin(\dfrac{\pi n}{3})$，$\dfrac{2\pi}{\omega_0}=6$ 为整数，故 $x_1[n]$ 为周期函数，如图 1.3(b)所示，周期 $N=m(\dfrac{2\pi}{\omega_0})=6m$，基波周期 $N_0=6$，基波频率为 $\dfrac{2\pi}{N_0}=\dfrac{\pi}{3}$；$x_2[n]=\sin n$，$\dfrac{2\pi}{\omega_0}=2\pi$ 为无理数，故 $x_2[n]$ 为非周期函数，如图 1.3(c)所示；$x_3[n]=\sin(\dfrac{8\pi}{31}n)$，$\dfrac{2\pi}{\omega_0}=\dfrac{31}{4}$ 为有理数，故 $x_3[n]$ 为周期信号，如图 2.4 所示，周期 $N=m(\dfrac{2\pi}{\omega_0})=m(\dfrac{31}{4})$，基波周期 $N_0=31$，基波频率为 $\dfrac{2\pi}{N_0}=\dfrac{2\pi}{31}$。

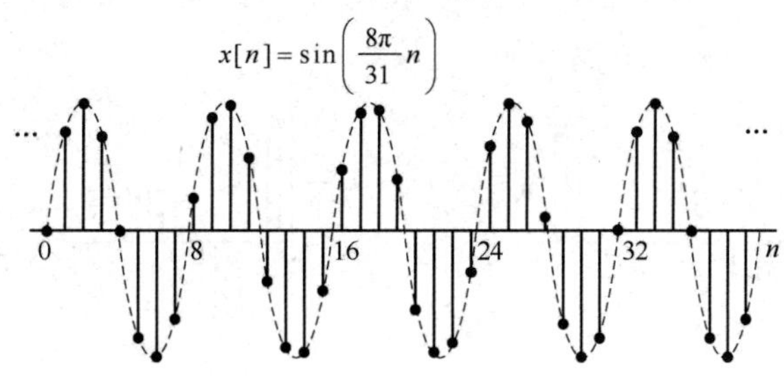

图 2.4　离散时间正弦信号

☞**注释**：离散时间信号 $\mathrm{e}^{\mathrm{j}\omega_0 n}$ 与 $\cos(\omega_0 n+\theta)$ 未必是周期信号，即使是周期信号，其基波频率为 $\dfrac{2\pi}{N_0}$，也未必是 ω_0，如图 2.4 中的信号 $x[n]$。

② 频域的周期性

连续时间信号 $\mathrm{e}^{\mathrm{j}\omega_0 t}$ 与 $\cos(\omega_0 t+\theta)$ 的角频率 ω_0 愈大，信号振荡的速度愈快；离散时间信号

$e^{j\omega_0 n}$与$\cos(\omega_0 n+\theta)$在角频率$\omega_0 \pm 2\pi$、$\omega_0 \pm 4\pi$、$\omega_0 \pm 6\pi$、…时与角频率ω_0时的函数值完全相同，或者说角频率ω_0每改变2π的整数倍都呈现同一个序列，即

$$e^{j(\omega_0+2k\pi)n} = e^{j\omega_0 n} \cdot e^{j2k\pi n} = e^{j\omega_0 n} \tag{2.13}$$

因此离散时间信号$e^{j\omega_0 n}$与$\cos(\omega_0 n+\theta)$的有效频率范围为2π，只需在2π区间内考查ω_0即可，一般选$-\pi \leqslant \omega_0 < \pi$或$0 \leqslant \omega_0 < 2\pi$作为离散时间角频率$\omega_0$的主值区间。

图2.5显示了几个不同角频率时离散时间正弦序列的波形。根据序列变换角频率可以看出，在各个重复的有效角频率范围内，π的偶数倍附近对应信号的低频分量，π的奇数倍附近对应信号的高频分量。

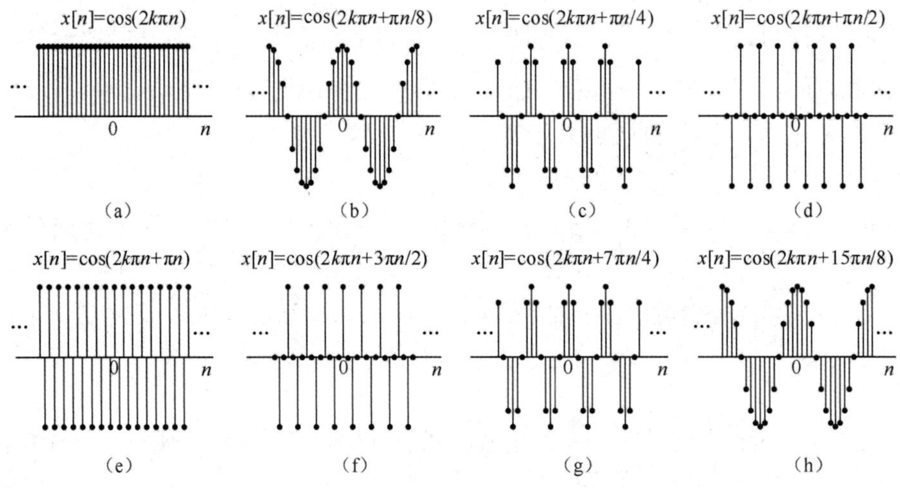

图 2.5　不同角频率的离散时间正弦序列

（3）一般复指数信号

C和z均为复数，以极坐标形式表示，即$C=|C|e^{j\theta}$，$z=|z|e^{j\omega_0}=\gamma e^{j\omega_0}$，则

$$Cz^n = |C|\gamma^n e^{j\theta} e^{j\omega_0 n} = |C|\gamma^n \cos(\omega_0 n+\theta) + j|C|\gamma^n \sin(\omega_0 n+\theta) \tag{2.14}$$

若$\gamma=1$，复指数序列的实部与虚部均是正弦序列；若$\gamma>1$，实部和虚部都可看作正弦序列乘以一个按指数增长的序列，如图2.6(a)所示；若$\gamma<1$，实部和虚部都可看作正弦序列乘以一个按指数衰减的序列，如图2.6(b)所示。

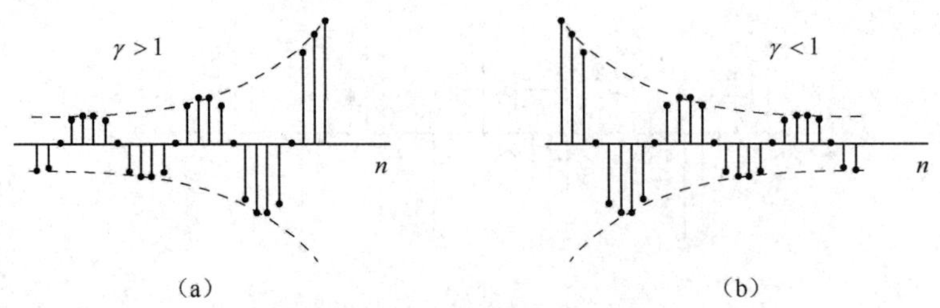

图 2.6　幅值指数变化的正弦序列

为便于理解各类指数信号之间的关系，将复频率s与z分别表示在复平面（s平面与z平面）上，如图2.7(a)、(b)所示。

不失一般性，假设$C=1$，则

$$Ce^{st} = e^{st} = e^{(\sigma+j\omega)t} \tag{2.15}$$

$$Cz^n = z^n = \gamma^n e^{j\omega n} \tag{2.16}$$

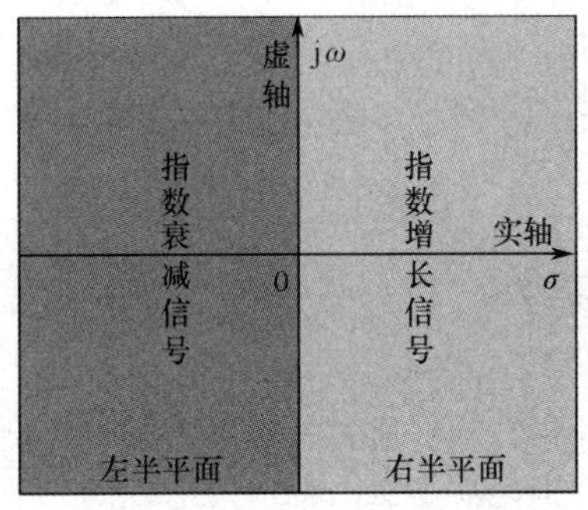

(a) s平面

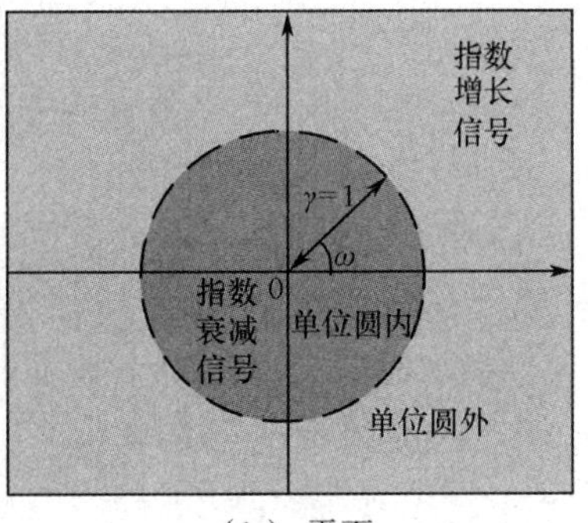

(b) z平面

图 2.7　s 平面与 z 平面

s 平面内，对于复频率 s 位于实轴（$\omega=0$），$e^{\sigma t}$ 为实指数信号，如图 2.1 所示；对于复频率 s 位于虚轴（$\sigma=0$），$e^{j\omega t}$ 为周期复指数信号，实部与虚部均为等幅振荡的正弦信号；对于一般复指数信号（ω 与 σ 均不为 0），复频率 s 位于右半平面（$\sigma>0$）时，e^{st} 为指数增长的正弦信号，如图 2.2(a)所示；位于左半平面（$\sigma<0$）时，e^{st} 为指数衰减的正弦信号，如图 2.2(b)所示。因此，如图 2.7(a)所示，s 平面可分为指数衰减的左半平面与指数增长的右半平面，分割两个区域的虚轴对应恒定幅值的振荡信号。

z 平面内，γ 是幅值，ω 是角频率。对于复频率 z 位于实轴（$\omega=0$ 或 $\omega=\pi$），$(\pm\gamma)^n$ 为实指数信号，如图 2.3 所示；对于复频率 z 位于单位圆（$\gamma=1$）上，$e^{j\omega n}$ 的实部与虚部均为包络等幅的正弦序列，如图 2.4 所示；对于一般复指数信号（$\gamma\neq1$），复频率 z 位于单位圆外（$\gamma>1$）时，z^n 的实部和虚部均为指数增长的正弦序列，如图 2.6(a)所示，位于单位圆内（$\gamma<1$）时，z^n 的实部和虚部均为指数衰减的正弦序列，如图 2.6(b)所示。因此，如图 2.7(b)所示，z 平面可分为指数衰减的单位圆内与指数增长的单位圆外，分割两个区域的单位圆对应包络等幅的振荡信号。

☞**注释：**显然，s 平面的虚轴、左半平面、右半平面分别与 z 平面的单位圆、单位圆内、单位圆外具有映射关系，这一点将在后续变换域分析中体会到。

2.1.2　阶跃函数与冲激函数

在信号与系统分析中，经常遇到函数本身有不连续点（跳变点），或其导数与积分有不连续点的情况，这类函数称为奇异函数。其中单位阶跃函数与单位冲激函数是两种重要的理想信号模型，可作为基本构造单元来表示其他信号。

1. 连续时间阶跃函数与离散时间阶跃序列

（1）连续时间阶跃函数

阶跃信号视频

连续时间单位阶跃信号如图 2.8(a)所示，定义为

$$u(t)=\begin{cases}1 & t>0\\ 0 & t<0\end{cases} \tag{2.17}$$

在跳变点 $t=0$ 时刻是不连续的，函数值未定义。

电路分析中，通过一个闭合的开关在 $t=0$ 时刻接入单位直流电压源或单位直流电流源，并且一直持续下去，这个过程就可数学抽象为单位阶跃信号 $u(t)$。如果接入电源的时间为 $t=t_0$ 时刻，如图 2.8(b)所示，即

$$u(t-t_0)=\begin{cases}1 & t>t_0\\ 0 & t<t_0\end{cases} \tag{2.18}$$

（2）离散时间阶跃序列

离散时间单位阶跃序列如图 2.9(a)所示，定义为

$$u[n]=\begin{cases}1 & n\geqslant 0\\ 0 & n<0\end{cases} \tag{2.19}$$

在跳变点 $n=0$ 时刻的函数值定义为 1。单位阶跃序列 $u[n]$ 与连续时间单位阶跃信号 $u(t)$ 具有类似的物理含义。如果跳变点为 $n=n_0$ 时刻，则如图 2.9(b)所示，即

$$u[n-n_0]=\begin{cases}1 & n\geqslant n_0\\ 0 & n<n_0\end{cases} \tag{2.20}$$

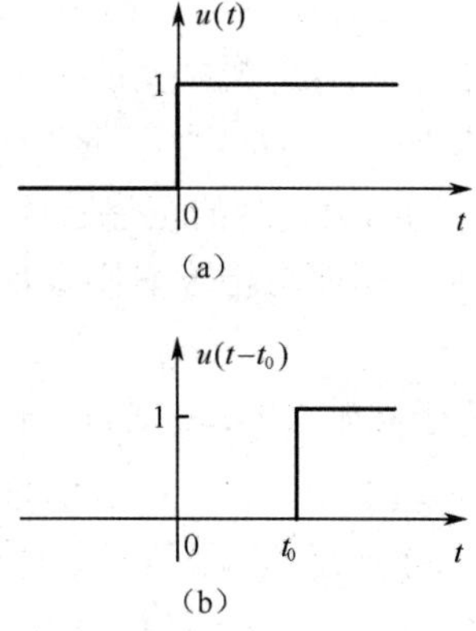

图 2.8　连续时间单位阶跃函数

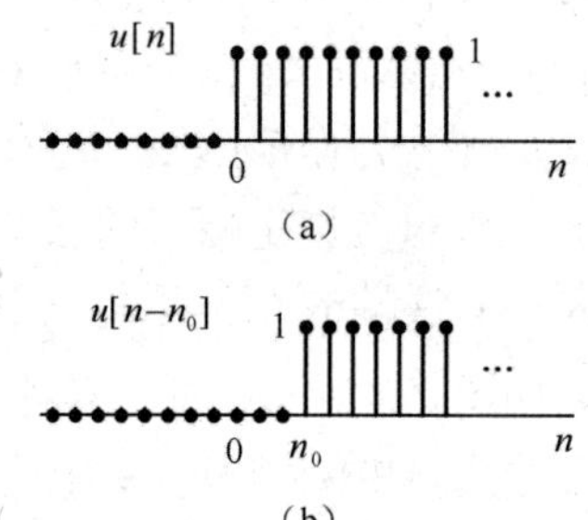

图 2.9　离散时间单位阶跃序列

（3）阶跃函数的性质

按照阶跃函数的定义，任何函数与阶跃函数相乘后将切除该函数的一部分，称为阶跃函数的切除特性，即

$$x(t)u(t-t_0)=\begin{cases}x(t) & t>t_0\\ 0 & t<t_0\end{cases} \tag{2.21}$$

$$x[n]u[n-n_0]=\begin{cases}x[n] & n\geqslant n_0\\ 0 & n<n_0\end{cases} \tag{2.22}$$

利用阶跃函数的切除特性，可以方便地归纳一些分段函数。

例如，图 2.10(a)的单边指数信号可归纳为

$$\begin{aligned}x_1(t)&=\begin{cases}\mathrm{e}^{-at} & t>0\\ 0 & t<0\end{cases}\\ &=\mathrm{e}^{-at}u(t)\end{aligned} \tag{2.23}$$

图 2.10(b)所示的方波函数可归纳为

$$\begin{aligned}x_2(t)&=\begin{cases}1 & 0<t<T\\ 0 & 其他\end{cases}\\ &=u(t)-u(t-T)\end{aligned} \tag{2.24}$$

图 2.10(c)所示的分段函数可归纳为

$$x_3(t)=\begin{cases}\mathrm{e}^{-at} & t_1<t<t_2\\ 0 & 其他\end{cases}$$
$$=\mathrm{e}^{-at}[u(t-t_1)-u(t-t_2)] \tag{2.25}$$

图 2.10(d)所示的分段函数可归纳为

$$x_4(t)=\begin{cases}t & 0<t\leqslant 1\\ 1 & 1<t\leqslant 2\\ 0 & 其他\end{cases}$$
$$=t[u(t)-u(t-1)]+[u(t-1)-u(t-2)] \tag{2.26}$$
$$=tu(t)+(1-t)u(t-1)-u(t-2)$$

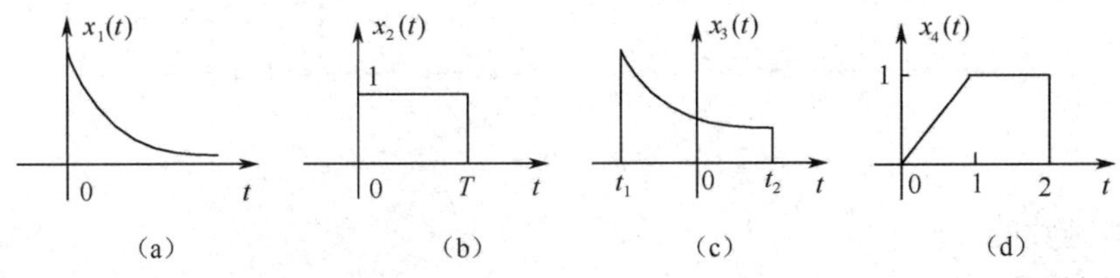

图 2.10　连续时间分段函数举例

同理，图 2.11 所示的离散时间序列可归纳为

$$x[n]=\begin{cases}n & 0\leqslant n\leqslant 2\\ 3 & 2<n\leqslant 6\\ 0 & 其他\end{cases}$$
$$=n\{u[n]-u[n-3]\}+3\{u[n-3]-u[n-7]\} \tag{2.27}$$
$$=nu[n]+(3-n)u[n-3]-3u[n-7]$$

图 2.11　离散时间分段函数举例

☞**注释：** 注意离散时间分段函数与连续时间分段函数的截断点略有差别。

2. 连续时间冲激函数与离散时间冲激序列

（1）连续时间冲激函数

冲激信号视频

连续时间冲激函数可以认为是作用时间极短、幅值极大的信号的数学抽象，例如，力学中瞬间作用的冲击力、电学中的雷击放电、数字通信中的采样脉冲等。数学中，单位冲激函数称为 δ 函数，有多种定义。

单位冲激函数 $\delta(t)$ 可以看作一些具有单位面积的规则函数的极限。例如，图 2.12 中宽度为 $\varDelta$、幅值为 $1/\varDelta$ 的矩形函数 $\delta_\varDelta(t)$ 在 $\varDelta\to 0$ 时的极限即为 $\delta(t)$。冲激函数的波形用箭头表示，强度在旁边标出，若强度为 k，则为 $k\delta(t)$，将 k 标于箭头旁，$\delta(t-t_0)$ 指 $t=t_0$ 时刻的单位冲激信号。冲激函数的波形示于图 2.13。

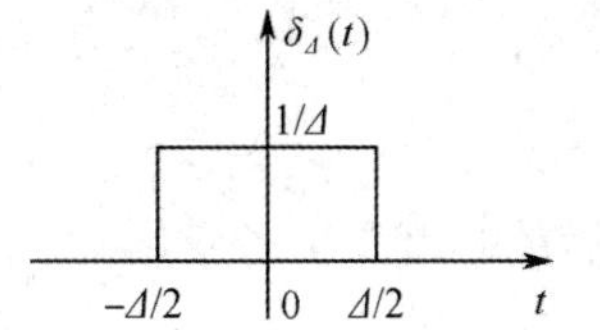

图 2.12　单位面积的矩形函数

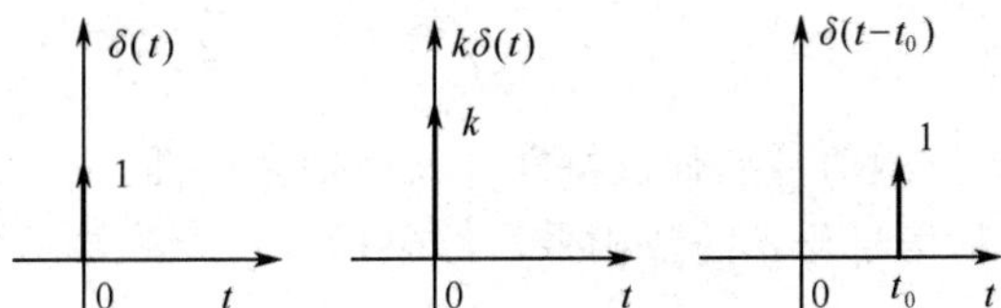

图 2.13　连续时间冲激函数

☞**注释：** 单位冲激函数也可以用其他形状的规则函数求极限，有效持续期趋于 0 的同时保持面积为 1。

狄拉克（Dirac）给出 δ 函数的另一种定义方式

$$\begin{cases}\int_{-\infty}^{+\infty}\delta(t)\mathrm{d}t=1\\ \delta(t)=0 \qquad t\neq 0\end{cases} \tag{2.28}$$

即除了 $t=0$ 是一个不连续点，其余函数值均为 0，且整个函数的面积为 1。

（2）离散时间冲激序列

离散时间单位冲激序列又称为单位脉冲或单位样本，如图 2.14 所示，定义为

$$\delta[n]=\begin{cases}1 & n=0\\ 0 & n\neq 0\end{cases} \tag{2.29}$$

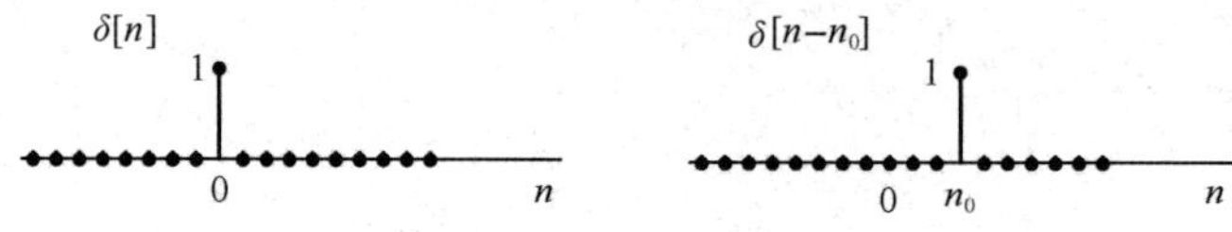

图 2.14 离散时间单位冲激序列

（3）冲激函数的性质

① 与单位阶跃信号的关系

按照单位冲激函数 $\delta(t)$ 的定义，$\delta(t)$ 的积分为

$$\int_{-\infty}^{t}\delta(\tau)\,\mathrm{d}\tau=\begin{cases}1 & t>0\\ 0 & t<0\end{cases}=u(t) \tag{2.30}$$

即单位冲激函数的积分等于单位阶跃信号 $u(t)$，即

$$u(t)=\int_{-\infty}^{t}\delta(\tau)\,\mathrm{d}\tau \tag{2.31}$$

反之，连续时间单位冲激函数 $\delta(t)$ 是单位阶跃信号 $u(t)$ 的一次微分，即

$$\delta(t)=\frac{\mathrm{d}u(t)}{\mathrm{d}t} \tag{2.32}$$

类似地，离散时间单位冲激函数 $\delta[n]$ 求和可得到单位阶跃信号 $u[n]$，而 $\delta[n]$ 是 $u[n]$ 的一阶差分

$$u[n]=\sum_{k=-\infty}^{n}\delta[k] \tag{2.33}$$

$$\delta[n]=u[n]-u[n-1] \tag{2.34}$$

② 单位冲激信号具有单位面积

$$\int_{-\infty}^{+\infty}\delta(t)\,\mathrm{d}t=1 \tag{2.35}$$

借用连续时间信号面积的概念，离散时间单位冲激信号具有类似性质，即

$$\sum_{n=-\infty}^{+\infty}\delta[n]=1 \tag{2.36}$$

③ 冲激信号的筛选特性（又称抽样特性）

任何信号与 δ 函数相乘，结果仍是一个冲激函数，只是冲激的强度发生了变化。

$$x(t)\delta(t)=x(0)\delta(t) \tag{2.37}$$

$$x[n]\delta[n]=x[0]\delta[n] \tag{2.38}$$

进一步得出

$$\int_{-\infty}^{+\infty}x(t)\delta(t)\,\mathrm{d}t=\int_{-\infty}^{+\infty}x(0)\delta(t)\,\mathrm{d}t=x(0) \tag{2.39}$$

$$\sum_{n=-\infty}^{+\infty} x[n]\delta[n] = \sum_{n=-\infty}^{+\infty} x[0]\delta[n] = x[0] \tag{2.40}$$

式(2.39)与式(2.40)的运算具有抽取出 $x(0)$或 $x[0]$的特性，更一般地

$$\int_{-\infty}^{+\infty} x(t)\delta(t-t_0)\,\mathrm{d}t = \int_{-\infty}^{+\infty} x(t_0)\delta(t-t_0)\,\mathrm{d}t = x(t_0) \tag{2.41}$$

$$\sum_{n=-\infty}^{+\infty} x[n]\delta[n-n_0] = \sum_{n=-\infty}^{+\infty} x[n_0]\delta[n-n_0] = x[n_0] \tag{2.42}$$

因此，冲激函数具有抽取出信号中任意函数值的特性。例如，图 2.11 所示的离散时间序列还可以用冲激函数表示，即

$$x[n] = \begin{cases} n & 0 < n \leqslant 2 \\ 3 & 2 < n \leqslant 6 \\ 0 & \text{其他} \end{cases} = \begin{cases} 1 & n=1 \\ 2 & n=2 \\ 3 & n=3 \\ 3 & n=4 \\ 3 & n=5 \\ 3 & n=6 \\ 0 & \text{其他} \end{cases} \tag{2.43}$$

$$= \delta[n-1] + 2\delta[n-2] + 3\delta[n-3] + 3\delta[n-4] + 3\delta[n-5] + 3\delta[n-6]$$

☞**注释：**由于冲激函数具有筛选特性，因此许多信号均可以表示为单位冲激信号的线性组合，从而引出后续线性时不变系统的时域卷积分析法。

④ 单位冲激信号是偶函数

$$\delta(t) = \delta(-t) \tag{2.44}$$

$$\delta[n] = \delta[-n] \tag{2.45}$$

⑤ 尺度变换性质

$$\delta(at) = \frac{1}{|a|}\delta(t) \tag{2.46}$$

可以通过对图 2.12 所示的矩形函数进行尺度变换，在 $\varDelta \to 0$ 时的极限为 $\delta(at)$，从而证明该性质。

【例 2.1】 化简下列函数：

(1) $x_1(t) = \dfrac{\mathrm{d}[\mathrm{e}^{-2t}\,\delta(t)]}{\mathrm{d}t}$　　(2) $x[n] = \sum\limits_{m=-\infty}^{n} \left(\dfrac{1}{2}\right)^m \delta[m-2]$　　(3) $x_2(t) = 4t^2\delta(2t-2)$

解 (1) $x_1(t) = \dfrac{\mathrm{d}[\mathrm{e}^{-2t}\,\delta(t)]}{\mathrm{d}t} = \dfrac{\mathrm{d}[\mathrm{e}^{0}\,\delta(t)]}{\mathrm{d}t} = \dfrac{\mathrm{d}\,\delta(t)}{\mathrm{d}t}$

(2) $x[n] = \sum\limits_{m=-\infty}^{n} \left(\dfrac{1}{2}\right)^m \delta[m-2] = \sum\limits_{m=-\infty}^{n} \left(\dfrac{1}{2}\right)^2 \delta[m-2] = \dfrac{1}{4}u[n-2]$

(3) $x_2(t) = 4t^2\delta(2t-2) = 4\times 1^2 \times \delta(2(t-1)) = 2\delta(t-1)$

【例 2.2】 已知 $x(t) = \delta(t+2) - \delta(t-2)$，计算 $y(t) = \int_{-\infty}^{t} x(\tau)\,\mathrm{d}\tau$。

解 (1) 直接通过解析式计算

$$y(t) = \int_{-\infty}^{t} x(\tau)\,\mathrm{d}\tau = \int_{-\infty}^{t} \delta(\tau+2)\,\mathrm{d}\tau - \int_{-\infty}^{t} \delta(\tau-2)\,\mathrm{d}\tau$$
$$= u(t+2) - u(t-2)$$

(2) 通过图解法计算

$x(t)$ 波形如图 2.15(a)所示，$y(t)$ 即对 $x(t)$ 进行积分，积分区间从 $-\infty$ 到 t，当 $t<-2$ 时 $y(t)=0$，$-2<t<2$ 时 $y(t)=1$，$t>2$ 时 $y(t)=0$。

故 $y(t)$ 波形如图 2.15(b)所示，用阶跃函数表示则得出相同结果，$y(t)=u(t+2)-u(t-2)$。

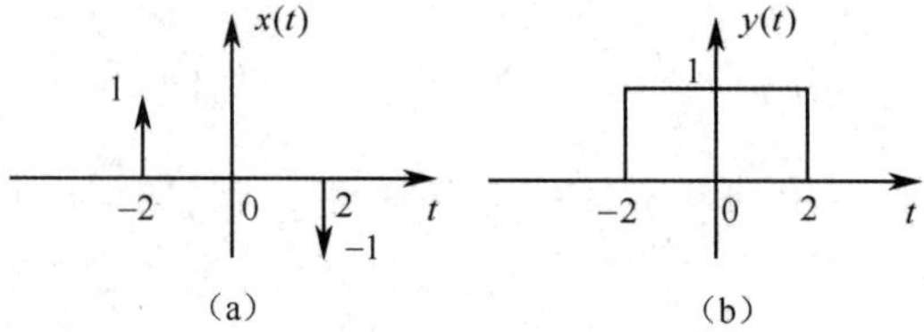

图 2.15　例 2.2 图

3. 其他奇异函数

不仅连续时间冲激函数与阶跃函数属于奇异函数，它们的若干次积分与若干次微分也属于奇异函数。

例如，对单位阶跃函数进行积分，可得

$$r(t)=\int_{-\infty}^{t}u(\tau)\,\mathrm{d}\tau=\begin{cases}t & t\geqslant 0\\ 0 & t<0\end{cases} \tag{2.47}$$

其波形如图 2.16(a)所示，称为单位斜坡函数。

如果单位斜坡函数的起始点为 t_0，斜坡函数 $r(t-t_0)$ 如图 2.16(b)所示。

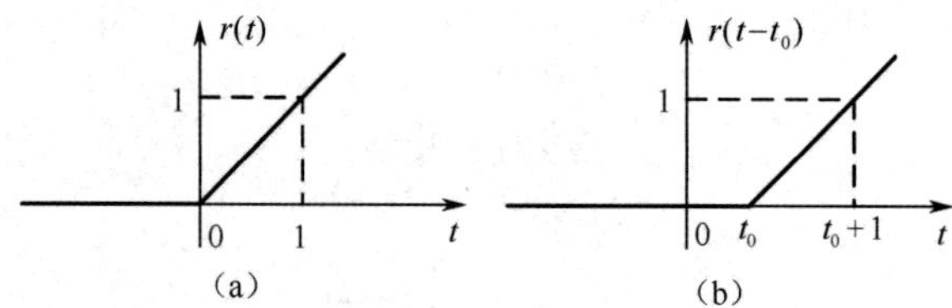

图 2.16　单位斜坡函数

单位冲激函数的微分定义为单位冲激偶

$$\delta'(t)=\frac{\mathrm{d}\delta(t)}{\mathrm{d}t} \tag{2.48}$$

单位冲激偶也可以由规则函数的极限获得，如图 2.12 中宽度为 $\varDelta$、幅值为 $1/\varDelta$ 的矩形函数 $\delta_{\varDelta}(t)$ 在 $\varDelta\to 0$ 时的极限为 $\delta(t)$，对矩形函数 $\delta_{\varDelta}(t)$ 进行微分为 $\delta_{\varDelta}'(t)$，在 $\varDelta\to 0$ 时的极限即为 $\delta'(t)$，如图 2.17 所示。

单位冲激偶的一个重要性质为

$$\int_{-\infty}^{+\infty}x(t)\delta'(t-t_0)\,\mathrm{d}t=-x'(t_0) \tag{2.49}$$

式中，$x'(t_0)$ 为 $x(t)$ 在 t_0 点的导数值。

单位冲激偶的另一个性质为

$$\int_{-\infty}^{+\infty}\delta'(t)\,\mathrm{d}t=0 \tag{2.50}$$

即面积为 0，这是因为正、负两个冲激的面积相互抵消了。

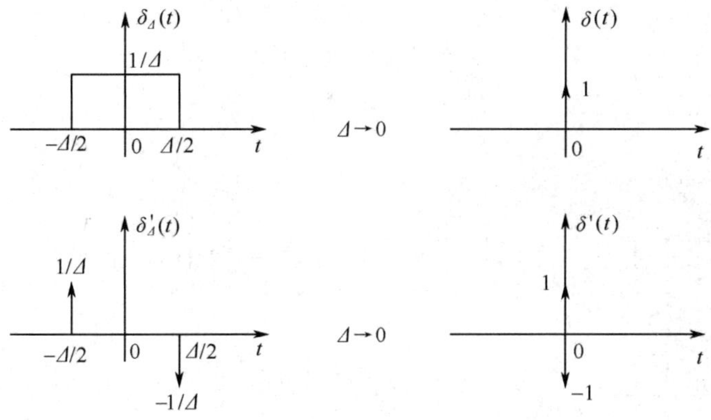

图 2.17　单位冲激信号与单位冲激偶的极限定义

☞**注释：**上述单位斜坡函数、单位阶跃函数、单位冲激函数、单位冲激偶可由微分的方式依次引出。

2.2　信号的分解

在研究信号传输与信号处理的过程中，往往将一些信号分解为信号基本构造单元之和。除了可以将前两节介绍的两类基本信号作为信号基本构造单元，信号还可以从其他角度进行分解。

2.2.1　分解为偶部与奇部

如果一个信号以 t=0 或 n=0 为对称轴反转后不变，就称为偶信号。在连续时间情况下，偶信号定义为

$$x(t)=x(-t) \tag{2.51}$$

而在离散时间情况下，则定义为

$$x[n]=x[-n] \tag{2.52}$$

如果有

$$x(t)=-x(-t) \tag{2.53}$$

$$x[n]=-x[-n] \tag{2.54}$$

则称此类信号为奇信号。按照定义，奇信号满足 $x(0)=-x(0)=0$ 与 $x[0]=-x[0]=0$。

更一般地，可以将任何信号分解为偶部和奇部，各自满足偶对称和奇对称的条件。偶信号和奇信号分别只有偶部和奇部。

连续时间信号 $x(t)$ 可表示为

$$x(t)=\mathcal{E}v\{x(t)\}+\mathcal{O}d\{x(t)\} \tag{2.55}$$

其中，$\mathcal{E}v\{x(t)\}$ 与 $\mathcal{O}d\{x(t)\}$ 分别称为 $x(t)$ 的偶部和奇部，定义为

$$\mathcal{E}v\{x(t)\}=\frac{1}{2}\{x(t)+x(-t)\} \tag{2.56}$$

$$\mathcal{O}d\{x(t)\}=\frac{1}{2}\{x(t)-x(-t)\} \tag{2.57}$$

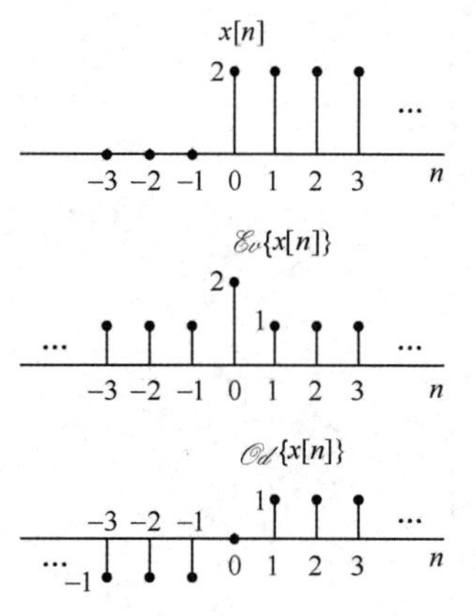

图 2.18　离散时间信号奇偶分解举例

在离散情况下有类似的定义。图 2.18 示出离散时间信号奇偶分解的例子。其中

$$x[n]=2u[n]=\begin{cases}2 & n\geqslant 0\\ 0 & n<0\end{cases}$$

则

$$\mathscr{E}v\left\{x[n]\right\}=\frac{1}{2}\left\{x[n]+x[-n]\right\}=\begin{cases}2 & n=0\\ 1 & n\neq 0\end{cases}$$

$$\mathscr{O}d\left\{x[n]\right\}=\frac{1}{2}\left\{x[n]-x[-n]\right\}=\begin{cases}0 & n=0\\ 1 & n>0\\ -1 & n<0\end{cases}$$

可以证明：信号的平均功率等于偶部的功率与奇部的功率之和。

☞**注释**：在后续的信号分析中，信号分解为偶部与奇部将有利于信号的变换域分析。

2.2.2　分解为实部与虚部

在信号分析理论中，常常借助复信号来研究某些实信号的问题，以利于某些概念的建立或者运算的简化。例如，复指数信号常用于表示正弦信号与余弦信号。

复信号 $x(t)$ 可以分为实部与虚部，即

$$x(t)=\mathscr{R}e\left\{x(t)\right\}+\mathrm{j}\,\mathscr{I}m\left\{x(t)\right\} \tag{2.58}$$

其共轭函数为

$$x^{*}(t)=\mathscr{R}e\left\{x(t)\right\}-\mathrm{j}\,\mathscr{I}m\left\{x(t)\right\} \tag{2.59}$$

于是实部与虚部表示为

$$\mathscr{R}e\left\{x(t)\right\}=\frac{1}{2}\left\{x(t)+x^{*}(t)\right\} \tag{2.60}$$

$$\mathscr{I}m\left\{x(t)\right\}=\frac{1}{2\mathrm{j}}\left\{x(t)-x^{*}(t)\right\} \tag{2.61}$$

还可利用 $x(t)$ 和 $x^{*}(t)$ 计算 $|x(t)|^{2}$，即

$$|x(t)|^{2}=x(t)x^{*}(t)=\mathscr{R}e^{2}\left\{x(t)\right\}+\mathscr{I}m^{2}\left\{x(t)\right\} \tag{2.62}$$

2.2.3　分解为正交函数分量

如果用正交函数集来表示信号，那么组成信号的各分量就是相互正交的。例如，用前面所介绍的成谐波关系的正弦信号与余弦信号线性组合而成一个周期信号，各正弦信号与余弦信号就是这个周期信号的正交函数分量。

☞**注释**：将信号分解为正交函数分量的研究方法在信号与系统理论中占有重要地位，也是后续傅里叶变换、拉普拉斯变换、z 变换的基础。

2.2.4　分解为冲激信号

冲激信号的一个重要性质即为筛选特性，利用筛选特性可以抽取出信号中的任意函数值，再利用单位冲激函数的单位面积特性，可以将许多信号表示为单位冲激信号的线性组合。

例如，对于离散时间信号，根据筛选特性可知

$$x[m]\delta[m-n]=x[n]\delta[m-n] \tag{2.63}$$

再利用单位面积特性，得

$$\sum_{m=-\infty}^{+\infty} x[m]\delta[m-n]=\sum_{m=-\infty}^{+\infty} x[n]\delta[m-n]=x[n] \tag{2.64}$$

即离散时间信号 $x[n]$ 表示为单位冲激函数 $\delta[n]$ 的线性组合。

类似地，可以推导出连续时间信号的情况，同时还可以将许多信号表示为单位阶跃信号的线性组合。

☞**注释**：将信号分解为冲激信号的方法应用很广，在第 3 章中将详细讨论，并引出卷积的概念。

2.3 信号的基本运算

在信号的传输与处理过程中往往需要进行信号的变换。例如，一盘磁带，既可以正常播放，也可以倒放，既可以快放，也可以慢放，同时还可以加一些配音或背景音乐；语音、图像与文字等信息进行无线通信时，需要进行调制和解调，同时还需要进行某些处理，以提高信息质量。这些变换涉及信号自变量的变换、微分与积分、差分与求和、相加与相乘等基本运算，在后续的信号与系统分析中发挥着重要作用。

2.3.1 自变量的变换

信号的自变量变换即时间轴的变换，包括时移、时间反转与时间尺度变换。这些基本变换既可以表示一些物理现象的应用，也可以引入信号与系统的一些基本性质，同时在后续的信号分析中具有更加丰富的定义与表征。

1. 时移

连续时间信号 $x(t)$ 的自变量 t 变换为 $t-t_0$（t_0 为实数)，离散时间信号 $x[n]$ 的自变量 n 变换为 $n-n_0$（n_0 为整数)，相应地，$x(t)$ 和 $x[n]$ 分别变换为 $x(t-t_0)$ 和 $x[n-n_0]$。

一个信号时移后的新信号与原信号形状完全相同，仅在时间轴上有一个水平移动。若 $t_0>0$ 或 $n_0>0$，将导致信号右移；相反地，若 $t_0<0$ 或 $n_0<0$，则导致信号左移，如图 2.19 所示。若自变量 t 或 n 代表真实的时间，那么信号右移意味着时间滞后，故称为延时，而信号左移则意味着时间超前。

在实际信号与系统问题中，信号时移的例子非常普遍。例如，不同时刻播放同一首乐曲，仅仅相当于音乐信号的简单时移；发射信号经过不同介质传送到不同距离的接收机时，各接收信号相当于发射信号不同程度的时移（同时有衰减）。

2. 时间反转

连续时间信号 $x(t)$ 的自变量 t 变换为 $-t$，离散时间信号 $x[n]$ 的自变量 n 变换为 $-n$，相应地，$x(t)$ 和 $x[n]$ 分别变换为 $x(-t)$ 和 $x[-n]$，它们是原信号分别以 $t=0$ 与 $n=0$ 为轴反转得到的信号，如图 2.20 所示。

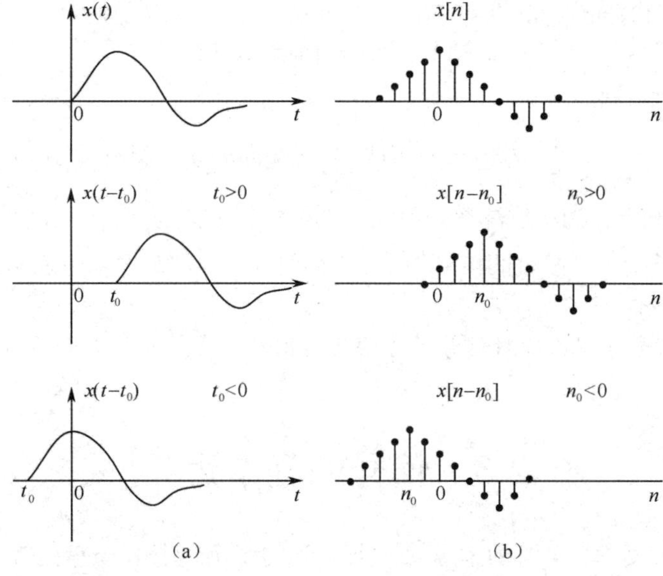

图 2.19 连续时间信号与离散时间信号的时移

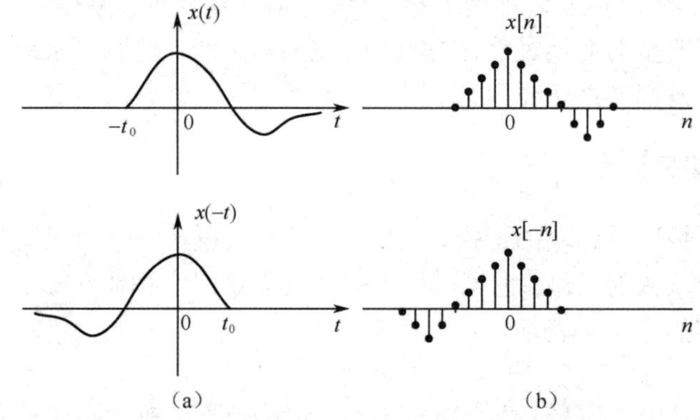

图 2.20 连续时间信号与离散时间信号的时间反转

若一个数据序列 $x[n]$ 经先进后出（FILO）存取，获得的序列即 $x[-n]$；若 $x(t)$ 代表一个录制在磁带上的声音信号，那么，$x(-t)$ 就可以看成同一盘磁带从后向前倒放的声音信号。

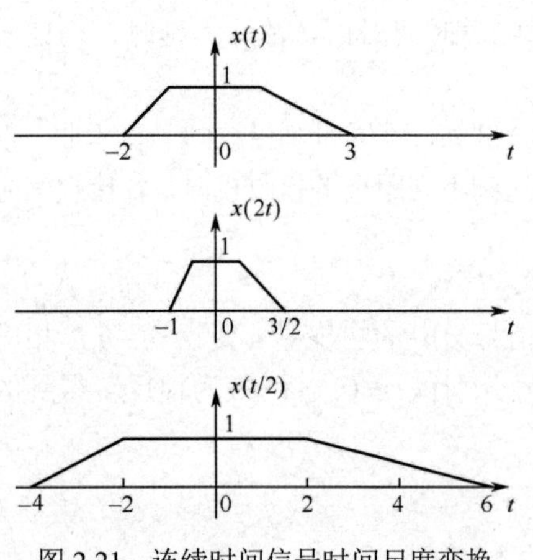

图 2.21 连续时间信号时间尺度变换

3. 时间尺度变换

信号在时间轴上的压缩或扩展称为时间尺度变换。

（1）连续时间信号时间尺度变换

连续时间信号 $x(t)$ 的自变量 t 变换为 at（a 为正实数或负实数），相应地，$x(t)$ 变换为 $x(at)$。a 为尺度比例因子，$|a|>1$ 表示时域压缩，$|a|<1$ 表示时域扩展，$x(at)$ 与 $x(t)$ 波形相似，差别在于它们占有的时域宽度不一样，如图 2.21 所示。

$x(2t)$ 和 $x(t/2)$ 可分别看成 $x(t)$ 在时域上压缩一半或扩展一倍的波形，若 $x(t)$ 代表一盘磁带上的信号，则 $x(2t)$ 是磁带以两倍速度放音的信号，缩短了时间，提高了语调，而 $x(t/2)$ 是以原来一半速度放音，延长了时间，降低了语调。

a 为负实数时，可以理解为 $x(at)=x(-|a|t)$，意味着时间反转和时间尺度变换同时进行。$a=-1$ 时，$x(at)=x(-t)$，即为信号的时间反转。

（2）离散时间信号时间尺度变换——抽取与内插零

离散时间信号时间尺度变换是指将离散时间样本序列减少或增加的运算，分别称为抽取与内插零。

抽取是指离散时间变量 n 变换为 Mn（M 为正整数），由此，$x[n]$ 变换为 $x[Mn]$，称为 $M:1$ 抽取。$x[Mn]$ 只保留原序列在 M 整数倍时刻的序列值，其余序列值均被丢弃了。图 2.22(a)所示为 $3:1$ 抽取。

内插零是指在原序列中每两个相邻的序列值之间插入 $M-1$ 个 0，即 $x[n]$ 变为 $x_{(M)}[n]$（M 为正整数），定义为

$$x_{(M)}[n]=\begin{cases} x\left[\dfrac{n}{M}\right] & n=lM \\ 0 & n\neq lM \end{cases} \qquad l=0,\pm1,\pm2,\cdots \tag{2.65}$$

图 2.22(b)所示为内插 2 个 0 的操作。

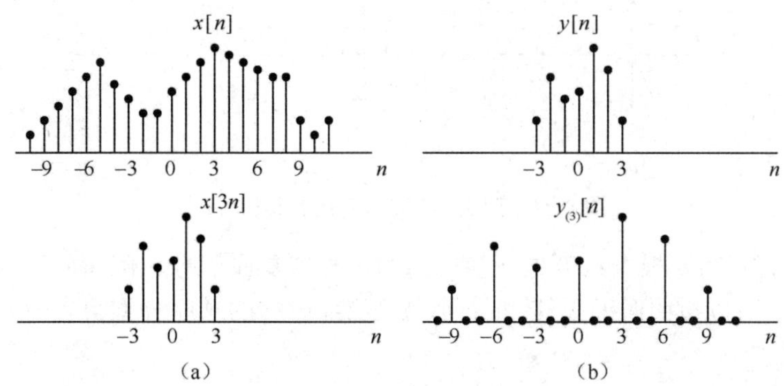

图 2.22　离散时间信号时间尺度变换

综合以上 3 种自变量变换，我们常常关注的不是对某一已知信号单纯进行一种自变量变换。例如，对于 $x(t)$，通过自变量变换以求得一个形如 $x(at+b)$ 的信号，其中 a、b 都是已知实数。这里有一种有条不紊的途径：根据 b 值先延时或超前，再根据 a 值进行尺度变换，若 $a<0$，再做时间反转。

【例 2.3】 已知 $x(t)$ 波形如图 2.23(a)所示，试画出 $x_1(t)=x(-2t-3)$ 的波形。

解　首先考虑时移的作用，求得 $x(t-3)$ 波形，如图 2.23(b)所示；对 $x(t-3)$ 做尺度变换，得 $x(2t-3)$ 波形，如图 2.23(c)所示；将 $x(2t-3)$ 波形反转，得 $x_1(t)=x(-2t-3)$，如图 2.23(d)所示。

运算结果可以通过 n 个转折点来验证，例如当 $t=-3/2$ 时，$x_1(-3/2)=x(0)=0$；当 $t=-2$ 时，$x_1(-2)=x(1)=-1$；当 $t=-5/2$ 时，$x_1(-5/2)=x(2)$；当 $t=-3$ 时，$x_1(-3)=x(3)$。

也可按照图 2.24 所示，先尺度变换得到图 2.24(b)的 $x(2t)$，再反转得到图 2.24(c)的 $x(-2t)$，最后时移，$x(-2t-3)=x[-2(t+3/2)]$，即左移 $3/2$ 个单位得到 $x_1(t)$，如图 2.24(d)所示。

☞**注释：** 自变量变换可以按照任意顺序进行，但要注意每一步变换都是针对时间 t 进行的。

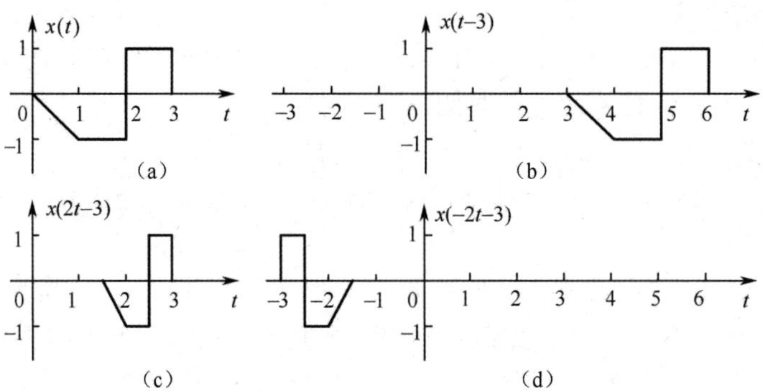

图 2.23　例 2.3 的波形变换

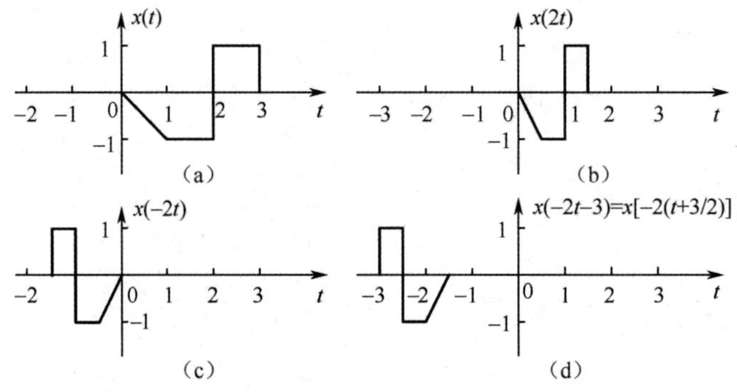

图 2.24　例 2.3 的波形变换的其他顺序

在实际中，有时需要根据自变量变换以后的信号恢复原信号。例如，已知 $x(2-t/3)$ 波形如图 2.25(a)所示，可以按照时间反转、时间尺度变换、时移的顺序分别得到 $x(2+t/3)$、$x(2+t)$ 和 $x(t)$ 的波形。

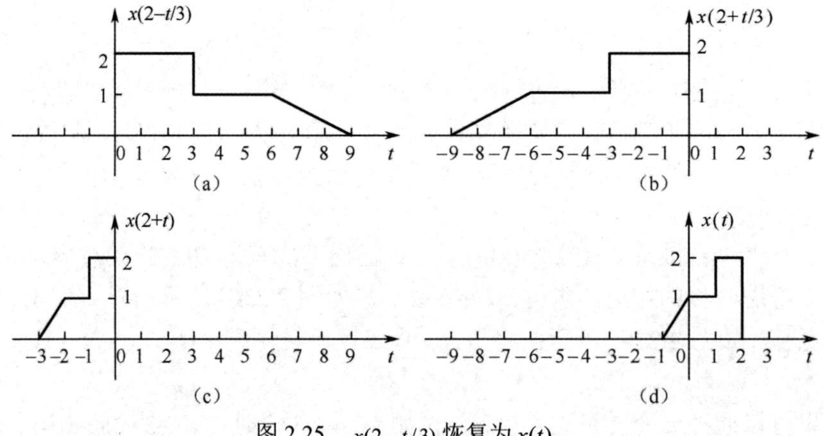

图 2.25　$x(2-t/3)$ 恢复为 $x(t)$

在已知信号数学表达式的情况下，可以直接进行自变量变换。例如，例 2.3 中根据 $x(t)$ 波形很容易写出其数学表达式为

$$x(t)=\begin{cases}-t & 0<t\leqslant 1\\ -1 & 1<t<2\\ 1 & 2<t<3\\ 0 & \text{其他}\end{cases} \tag{2.66}$$

因此

$$x_1(t)=x(-2t-3)=\begin{cases}-(-2t-3) & 0<-2t-3\leqslant 1\\ -1 & 1<-2t-3<2\\ 1 & 2<-2t-3<3\\ 0 & \text{其他}\end{cases}=\begin{cases}2t+3 & -2<t\leqslant -3/2\\ -1 & -5/2<t<-2\\ 1 & -3<t<-5/2\\ 0 & \text{其他}\end{cases} \tag{2.67}$$

由此画出 $x_1(t)=x(-2t-3)$ 如图 2.23(d)所示。

2.3.2 相加与相乘

信号的相加与相乘也是经常遇到的两种运算。例如，在语音或图像中叠加背景就是信号相加的例子，而在通信中可以通过信号相乘来实现调幅、混频和检波等功能。

两个信号的相加（相乘）即为两个信号的时间函数值相加（相乘），反映在波形上则是将相同时刻所对应的函数值相加（相乘）。图 2.26(a)、(b)分别是两个信号相加与相乘的例子。

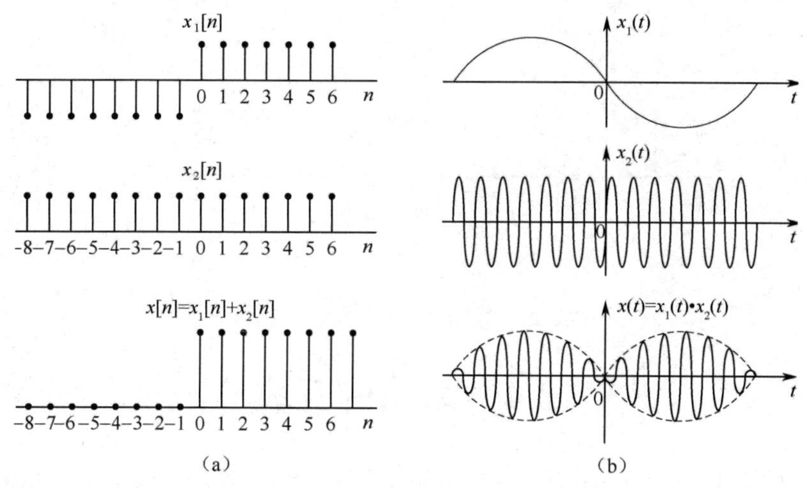

图 2.26 信号相加与相乘

2.3.3 微分与积分

对连续时间信号进行锐化与平滑处理时，常常用到信号的微分与积分运算。图 2.27(a)、(b)分别是连续时间信号微分与积分的例子。

☞**注释：**信号经微分后突出了它的变化部分，没有变化部分的微分结果为 0。例如，对图像信号微分运算的结果就是突出图像的边缘轮廓；信号积分的效果刚好相反，平滑了信号的变化部分，利用这一作用可削弱混入信号的毛刺（噪声）的影响。

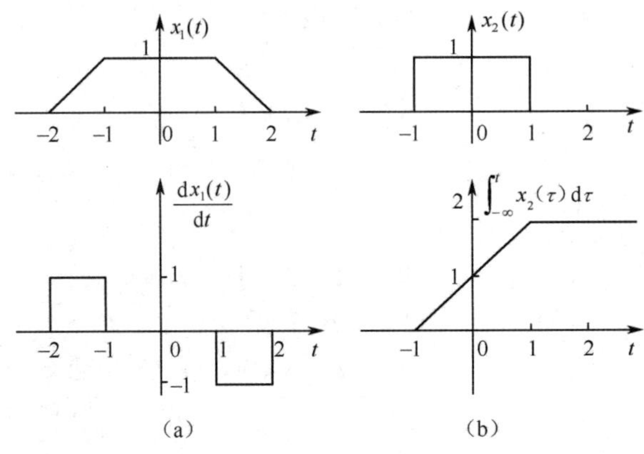

图 2.27　连续时间信号的微分与积分

2.3.4　差分与累加

离散时间信号的差分与累加分别对应于连续时间信号的微分与积分。图 2.28(a)、(b)分别是离散时间信号差分与累加的例子，其效果分别类似于连续时间信号的微分与积分。

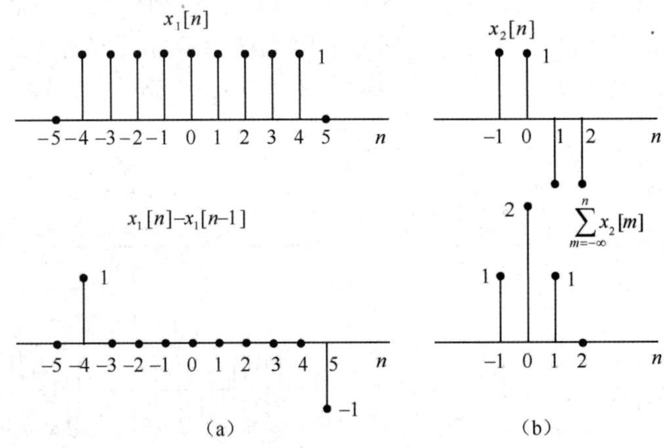

图 2.28　离散时间信号的差分与累加

2.4　系统的互联

很多实际系统都可以看作几个子系统互联构成。因此，在系统分析时，可以通过分析各子系统的特性及其互联方式来分析整个系统的特性；在系统综合时，先设计各个子系统，再通过有效的互联来构成复杂系统。

最基本的系统互联方式有 3 种：级联、并联和反馈连接。任何复杂的系统连接都可以是这 3 种互联方式的不同组合。

2.4.1　级联

如图 2.29(a)所示，系统 1 的输出是系统 2 的输入，系统 1 的输入和系统 2 的输出分别作为整个系统的输入和输出，这种系统互联形式称为串联或级联。一个话筒通过功率放大器后再连接扬声器就是 3 个系统级联的例子（在功率放大器与扬声器输入阻抗足够大，不影响前一级负载的前提条件下）。

2.4.2 并联

如图 2.29(b)所示，系统 1 和系统 2 具有相同的输入，两个系统输出之和作为整个系统的输出，这种系统互联形式称为并联。

2.4.3 反馈连接

如图 2.29(c)所示，系统 1 的输出作为整个系统的输出，同时又作为系统 2 的输入，而系统 2 的输出反馈后与外加输入信号一起组成系统 1 的真正输入，这种系统互联形式称为反馈连接。反馈系统的应用非常广泛，例如，空调系统设定温度后，可以测出实际温度与要求温度之间的温差，利用温差来调整系统的工作状态，从而保证系统总工作在设定温度。

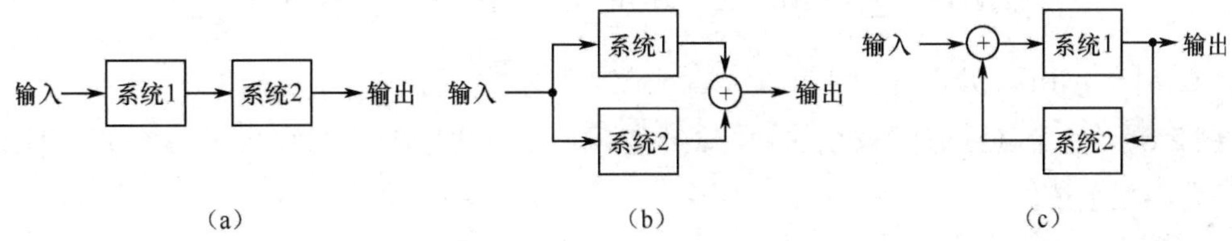

图 2.29　两个系统的互联

利用上述 3 种互联方式就能够由较为简单的系统构成复杂的系统，如图 2.30 所示。

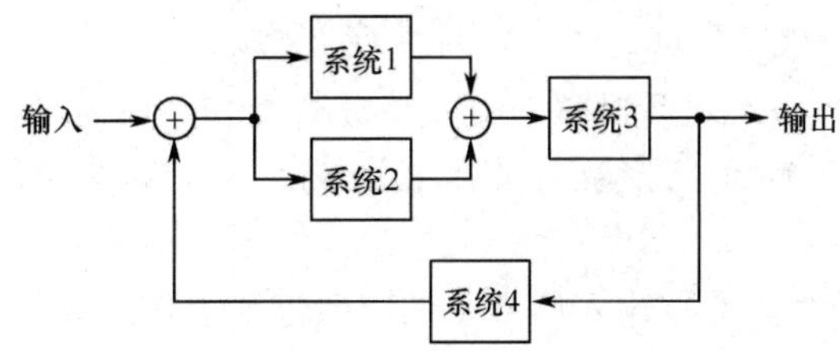

图 2.30　系统互联组合

☞**注释**：系统的互联除了能够提供构成新系统的方法，还可以把一个实际存在的系统看作某些单元互联的结果，从而提供一种分析复杂系统的有效方法。

2.5　系统的基本性质

本节介绍系统的几个主要性质。在学习过程中，不仅要了解其数学表示，更重要的是清楚各个性质所涉及的物理概念。

2.5.1 线性

系统的线性与时不变性视频

对于一个连续时间系统，若 $x_1(t) \to y_1(t)$，$x_2(t) \to y_2(t)$，同时满足下列两个条件：

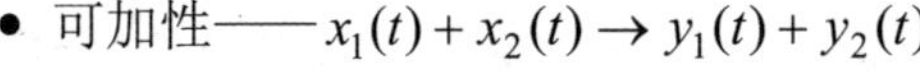

- 可加性——$x_1(t) + x_2(t) \to y_1(t) + y_2(t)$

- 比例性或齐次性——$ax_1(t) \to ay_1(t)$，a 为任意复常数

则该系统是线性的，或称为线性系统，上述两个条件综合称为线性条件，可简单写作

$$ax_1(t)+bx_2(t) \to ay_1(t)+by_2(t) \quad (a \text{ 和 } b \text{ 是任意复常数}) \tag{2.68}$$

对一个离散时间系统，若 $x_1[n] \to y_1[n]$，$x_2[n] \to y_2[n]$，其线性条件定义为

$$ax_1[n]+bx_2[n] \to ay_1[n]+by_2[n] \quad (a \text{ 和 } b \text{ 是任意复常数}) \tag{2.69}$$

【例 2.4】一个离散时间系统的输入 $x[n]$ 与输出 $y[n]$ 之间的关系为 $y[n]=\sum_{k=n-n_0}^{n+n_0} x[k]$，判断该系统是否为线性系统。

解 考虑任意两个输入 $x_1[n]$ 和 $x_2[n]$，有 $x_1[n] \to y_1[n]=\sum_{k=n-n_0}^{n+n_0} x_1[k]$, $x_2[n] \to y_2[n]=\sum_{k=n-n_0}^{n+n_0} x_2[k]$ 。令 $x_3[n]=ax_1[n]+bx_2[n]$，式中 a 和 b 是任意复常数。$x_3[n]$ 通过该系统的输出为

$$y_3[n]=\sum_{k=n-n_0}^{n+n_0} x_3[k]=\sum_{k=n-n_0}^{n+n_0}\{ax_1[k]+bx_2[k]\}=\sum_{k=n-n_0}^{n+n_0} ax_1[k]+\sum_{k=n-n_0}^{n+n_0} bx_2[k]$$

显然，$y_3[n]=ay_1[n]+by_2[n]$。因此，该系统是线性的。

【例 2.5】 一个连续时间系统的输入 $x(t)$ 与输出 $y(t)$ 之间的关系为 $y(t)=x^2(t)$，判断该系统是否为线性系统。

解 考虑任意两个输入 $x_1(t)$ 和 $x_2(t)$，有 $x_1(t) \to y_1(t)=x_1^2(t)$, $x_2(t) \to y_2(t)=x_2^2(t)$。令 $x_3(t)=ax_1(t)+bx_2(t)$，式中 a 和 b 是任意复常数。$x_3(t)$ 通过该系统的输出为

$$y_3(t)=x_3^2(t)=[ax_1(t)+bx_2(t)]^2=a^2x_1^2(t)+b^2x_2^2(t)+2abx_1(t)x_2(t)$$

显然，$y_3(t) \neq ay_1(t)+by_2(t)$。因此，该系统是非线性的。

☞**注释：**后续对线性系统进行时域与变换域分析具有共同的思想：将输入信号分解为基本信号的线性组合，在了解线性系统对基本信号的响应后即可确定线性系统对任意输入的响应。

线性系统的一个重要性质是零输入信号必然产生零输出信号。虽然不能用零输入产生零输出来判断系统的线性，然而，可用零输入不产生零输出来否定系统的线性。

【例 2.6】一个连续时间系统的输入 $x(t)$ 与输出 $y(t)$ 之间的关系为 $y(t)=2x(t)+3$，判断该系统是否为线性系统。

解 可以有多种方法证明该系统是非线性的。例如，该系统不满足可加性。若 $x_1(t)=1$，$x_2(t)=2$，则 $x_1(t) \to y_1(t)=2x_1(t)+3=5$，$x_2(t) \to y_2(t)=2x_2(t)+3=7$。

令 $x_3(t)=x_1(t)+x_2(t)=3$，则 $y_3(t)=2x_3(t)+3=9 \neq y_1(t)+y_2(t)$。同时，若 $x(t)=0$，$y(t)=3$，不满足零输入产生零输出的性质。

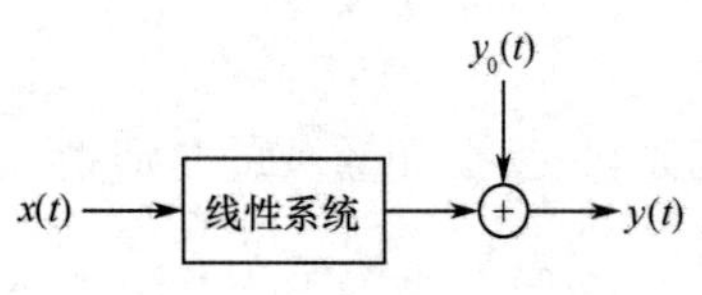

图 2.31 一种增量线性系统

这类系统称为增量线性系统。虽然零输入不产生零输出，但线性地响应于任何输入信号的改变，即系统总的输出等效为一个线性系统的响应与一个零输入响应的和，如图 2.31 所示。针对例 2.6 的非线性系统，可等效为 $y(t)=2x(t)$ 这个线性系统与零输入响应 $y_0(t)=3$ 的叠加。

2.5.2 时不变性

对于一个连续时间系统，有 $x(t) \to y(t)$，若满足

$$x(t-t_0) \to y(t-t_0) \tag{2.70}$$

则该系统是时不变的，或称为时不变系统。

对于一个离散时间系统，若 $x[n] \to y[n]$，其时不变条件定义为

$$x[n-n_0] \to y[n-n_0] \tag{2.71}$$

从概念上讲，若系统的特性行为不随时间而变，该系统就是时不变的。也就是说，对于一个系统，若其输入信号有一个时移，导致输出信号产生相同的时移，则该系统就具有时不变性，否则为时变系统。

【例 2.7】一个连续时间系统的输入 $x(t)$ 与输出 $y(t)$ 之间的关系为 $y(t)=x(-t)$，判断该系统是否为时不变系统。

解 考虑任意输入 $x_1(t)$，有 $y_1(t)=x_1(-t)$。令 $x_2(t)=x_1(t-t_0)$，$x_2(t)$ 通过该系统的输出为

$$y_2(t)=x_2(-t)=x_1(-t-t_0) \neq y_1(t-t_0)=x_1(-t+t_0)$$

因此，该系统是时变的。

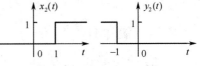

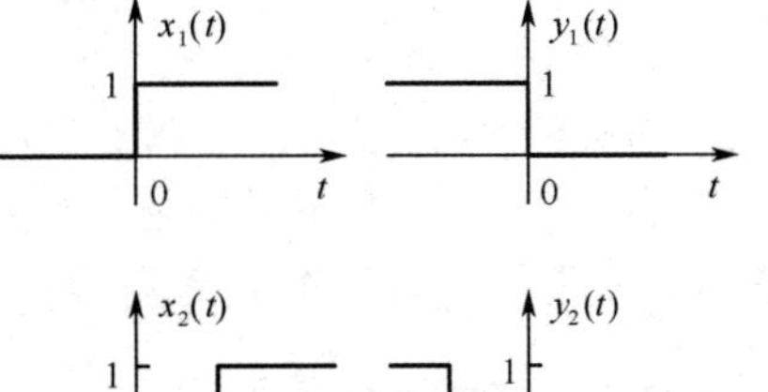

图 2.32 例 2.7 的反例

当然，一个系统是时变的情况可以采用反例来说明。上例中，假设 $x_1(t)=u(t)$，则 $y_1(t)=u(-t)$，当 $x_2(t)=x_1(t-1)=u(t-1)$ 时，$y_2(t)=u(-t-1)$，如图 2.32 所示，显然 $y_2(t) \neq y_1(t-1)$，因此该系统是时变的。

☞**注释：** 时不变性的物理含义可以理解为：某个时间加入一个信号，时不变系统有一个响应，在另一个时间加入相同的信号，它会有相同的响应，这是人们所希望的系统性质。

【例 2.8】某系统同时具备线性与时不变性，输入信号 $x_1(t)$ 如图 2.33(a)所示，所对应输出 $y_1(t)$ 波形如图 2.33(b)所示，若输入信号 $x_2(t)$ 波形如图 2.33(c)所示，确定其输出 $y_2(t)$ 的波形。

解 观察波形，得出 $x_2(t)=x_1(t)-x_1(t-1)$。根据时不变性质，有 $x_1(t-1) \to y_1(t-1)$。再根据线性性质，得 $x_2(t)=x_1(t)-x_1(t-1) \to y_2(t)=y_1(t)-y_1(t-1)$，因此 $y_2(t)$ 波形如图 2.33(d)所示。

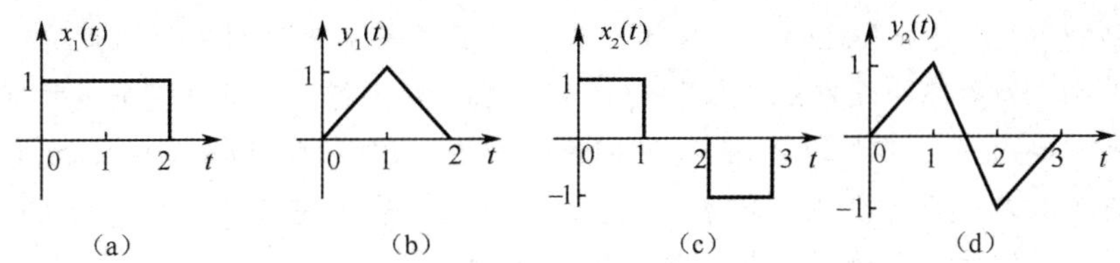

图 2.33 例 2.8 图

2.5.3 记忆性

若一个系统在某时刻的输出仅取决于该时刻的输入，这个系统称为无记忆系统，否则为记忆系统。有时把无记忆系统称作即时系统，记忆系统称为动态系统。

一个电阻器就是一个无记忆系统，若把电流作为输入 $x(t)$，电压作为输出 $y(t)$，则

$$y(t)=Rx(t) \tag{2.72}$$

式中，R 是电阻值。

恒等系统也是典型的无记忆系统，连续时间和离散时间恒等系统的输入/输出关系分别为

$$y(t)=x(t) \tag{2.73}$$

$$y[n]=x[n] \tag{2.74}$$

相对于电阻器，电容器C是一个记忆系统，若把电流作为输入$x(t)$，电压作为输出$y(t)$，则

$$y(t)=\frac{1}{C}\int_{-\infty}^{t}x(\tau)\,\mathrm{d}\tau \tag{2.75}$$

式中，C是电容值。

累加器也是记忆系统，其输入/输出关系为

$$y[n]=\sum_{k=-\infty}^{n}x[k]=\sum_{k=-\infty}^{n-1}x[k]+x[n] \tag{2.76}$$

☞**注释**：记忆的概念相当于该系统具有保留或存储非当前时刻输入信息的功能。在许多实际系统中，记忆是直接与能量的存储相联系的。而在由计算机或微处理器实现的离散时间系统中，记忆是直接与移位寄存器相联系的。

2.5.4 因果性

若一个系统在某时刻的输出只取决于该时刻和该时刻之前的输入，这个系统具有因果性，或称为因果系统。否则，该系统就是非因果的，或称为非因果系统。如积分器$y(t)=\int_{-\infty}^{t}x(\tau)\,\mathrm{d}\tau$和累加器$y[n]=\sum\limits_{k=-\infty}^{n}x[k]$是因果系统。一阶后向差分器$y[n]=x[n]-x[n-1]$是因果系统，一阶前向差分器$y[n]=x[n]-x[n+1]$是非因果系统。

所有无记忆系统必定是因果系统，但记忆系统未必是非因果系统。

系统是否具有因果性在系统分析和实现中起着关键作用：在现实世界的任何现象中，总是原因（系统输入）在前，结果（系统输出）在后。对于自变量是真实时间变量的系统，现实世界只存在因果系统，不存在非因果系统。或者说，因果系统可以实现，非因果系统则不可实现。

☞**注释**：研究非因果系统的意义在于：在自变量不是真正时间变量的系统中，因果性不是根本性的限制，如图像处理系统中信号的自变量是位置坐标；即使自变量是时间，在可以容忍一定延时或不要求实时实现的情况下，非因果系统也可以实现，如一些地球物理学、气象学、股票市场分析及人口统计等数据处理系统；非因果系统提供了因果系统性能的上限，如非因果的理想滤波器正是实际可实现的因果滤波器所追求的目标。

2.5.5 稳定性

直观概念上，稳定性表征系统在小的激励或输入下，其响应或输出是否发散的一种属性。图 2.34 给出稳定性的一种说明，有处在图中两个不同曲面上的小球，作用于小球上的水平力看作输入$x(t)$，球的位移$y(t)$作为输出。图 2.34(a)中小球位于"谷底"，水平方向有限的作用力只会造成球在谷底摆动，产生的位移是有限的，故系统是稳定的，但图 2.34(b)中小球位于"峰顶"，水平方向上任意小的扰动都会使球滚下去，造成无限的位移，故系统不稳定。

系统的稳定性定义为：当系统的输入为有界信号时，输出也是有界的，则该系统是稳定的，称为稳定系统。否则，为不稳定系统。

若怀疑一个系统是不稳定的，一种实用的方法就是力图找到一个特别的有界输入会导致无界的输出。

例如，累加器 $y[n]=\sum_{k=-\infty}^{n}x[k]$，若输入 $x[n]=u[n]\leqslant 1$，输出为 $y[n]=\sum_{k=-\infty}^{n}u[k]=(n+1)u[n]$，随着 $n\to\infty$，将有 $y[n]\to\infty$，因此是不稳定系统。同理，积分器也是不稳定系统。

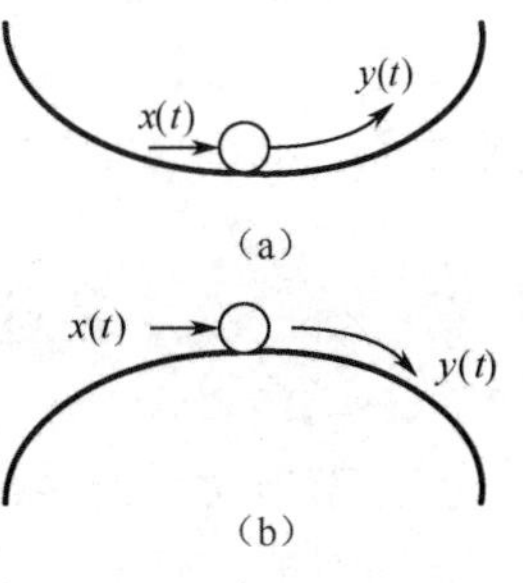

图 2.34　系统的稳定性

☞**注释：**稳定性是十分重要的系统性质，一方面，稳定系统和不稳定系统的分析方法不完全一样；另一方面，从系统设计和实现的角度，稳定系统是有意义的，不稳定系统却难以被实际应用。

2.5.6　可逆性

若一个系统在不同的输入信号作用下产生不同的输出信号，则称此系统是可逆的，或称为可逆系统。否则，就是不可逆系统。换言之，可逆系统根据系统的输出信号可以唯一地确定它的输入信号。

若一个系统是可逆的，那么就有一个它的逆系统存在。当逆系统与原系统级联后，输出信号等于原输入信号，整个系统等效为一个恒等系统，如图 2.35(a)所示。

上述是可逆系统特有的一个性质，也是判定系统是否可逆的充分必要条件。

如连续时间时移系统 $y(t)=x(t-t_0)$，该系统是可逆的，其逆系统表示为 $w(t)=y(t+t_0)$，如图 2.35(b)所示。

累加器 $y[n]=\sum_{k=-\infty}^{n}x[k]$ 也是可逆的，其逆系统为 $w[n]=y[n]-y[n-1]=\sum_{k=-\infty}^{n}x[k]-\sum_{k=-\infty}^{n-1}x[k]=x[n]$，如图 2.35(c)所示。

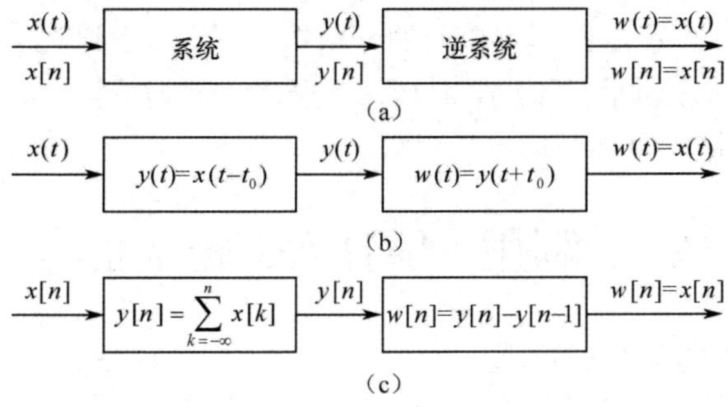

图 2.35　逆系统的概念

反之，若系统对不同的输入信号产生相同的输出信号，则该系统是不可逆的。如 $y(t)=x^2(t)$，无法根据输出确定输入信号的正、负。$y(t)=0$，该系统对任何输入信号都输出 0，也无法根据输出确定输入信号。

☞**注释：**在实际应用中，可逆性和逆系统具有十分重要的意义，涉及信号恢复问题。例如，在通信系统中，为满足某种要求需要对传输信号进行编码，在接收之后需要进行解码来恢复原信号，编码器应是可逆的，其逆系统为解码器。

2.6 线性时不变系统分析方法概述

在上节所讨论的系统的几个基本性质中，线性和时不变性在信号与系统分析中是最主要的。同时具有线性和时不变性的系统称为线性时不变（Linear Time-Invariant，LTI）系统，包括连续时间 LTI 系统和离散时间 LTI 系统。本书的大部分内容都集中于 LTI 系统的分析和讨论，这不仅因为在实际应用中很多物理过程都可以用 LTI 系统来表征，而且一些非线性系统或时变系统在限定范围和指定条件下也遵从线性时不变的规律。另外，LTI 系统的分析方法已经形成了完整、严密的体系，日趋完善和成熟。

这里简单说明 LTI 系统的分析方法，以便后续章节的学习。

如前所述，在系统模型的建立方面，系统的数学描述分为输入/输出描述法或状态空间描述法。前者着眼于输入与输出之间的关系，并不关心系统内部变量的情况，适用于单输入单输出系统；后者不仅可以给出系统的响应，还可提供系统内部各变量的情况，便于多输入多输出系统的分析。在近代控制系统的理论研究中，广泛采用状态空间描述法。

从系统模型的求解方法方面，大体分为时域法与变换域法。

时域法直接分析以时间为自变量的函数，研究系统的时间响应特性，即时域特性。对于输入/输出描述的 LTI 系统的数学模型，可以采用经典法解线性常系数微分方程或差分方程，或者采用卷积方法；对于状态空间描述的数学模型，则需要求解矩阵方程。时域法的物理概念明确，而且随着计算机技术和各种算法工具的出现，不再受到运算烦琐的制约。

变换域法将信号与系统模型的时间自变量函数变换为相应变换域的某种变形函数。例如，后续的傅里叶变换以频率为独立变量，以频域特性为主要研究对象；而拉普拉斯变换与 z 变换以复频率为独立变量，以复频域特性为主要研究对象。变换域法可以将时域分析中的微积分运算变换为代数运算，将卷积运算变换为乘法，在解决实际问题时有很多方便之处。

LTI 系统的分析是基于线性与时不变特性的。不论是时域法还是变换域法，都基于将输入信号分解为某种基本单元，在这些基本单元的分别作用下求得系统响应，然后利用线性性质将各响应叠加。区别仅在于基本单元不同，时域法的基本单元为单位冲激信号，频域法为指数信号或正弦信号，复频域法为复指数信号。

2.7 利用 MATLAB 表示信号

2.7.1 信号的 MATLAB 表示

1. 连续时间信号的 MATLAB 表示

MATLAB 提供了一系列基本信号的函数，最常用的指数信号与正弦信号均是 MATLAB 的内部函数，在信号处理工具箱里还提供了方波、三角波、周期方波与周期三角波的函数。调用 plot(t,x)函数可画出连续时间信号的波形。

（1）指数信号 Ce^{st} 可用 exp 函数表示，其调用形式为

```
x=C*exp(s*t)
```

例如，表示 $x(t)=e^{-0.5t}$ 的 MATLAB 程序如下：

```
C=1;s=-0.5;
t=0:0.01:10;
xt= C*exp(s*t);
plot(t,xt)
```

程序运行结果如图 2.36 所示。

（2）正弦信号 $A\cos(\omega_0 t+\varphi)$ 与 $A\sin(\omega_0 t+\varphi)$ 可分别用余弦与正弦函数表示，其调用形式为

```
x=A*cos(w0*t+phi)
x=A*sin(w0*t+phi)
```

例如，表示 $x(t)=\sin(2\pi t+\pi/6)$ 的程序如下：

```
C=1;
w0=2*pi;
phi= pi/6;
t=0:0.01:10;
xt=C*sin(w0*t+phi);
plot(t,xt)
```

程序运行结果如图 2.37 所示。

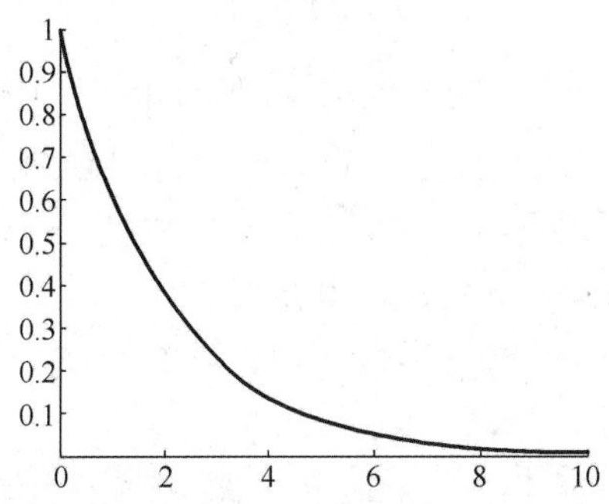

图 2.36　MATLAB 表示的连续时间指数信号

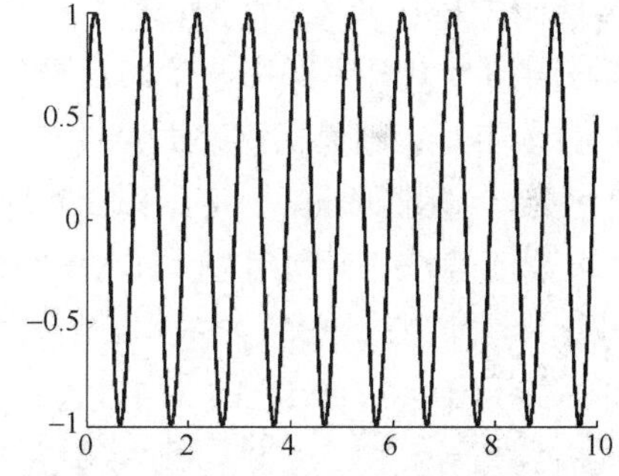

图 2.37　MATLAB 表示的连续时间正弦信号

（3）抽样信号 $\mathrm{Sa}(t)$ 可用 sinc 函数表示，其调用形式为

```
x=sinc(t/pi)
```

其中，sinc 定义为

```
sinc(t) = sin(πt) / (πt)
```

（4）方波信号可用 rectpuls 函数表示，其调用形式为

```
x=rectpuls (t-t0,width)
```

表示以 $t=t_0$ 为对称中心、宽度为 width 的对称方波，width 默认值为 1。若以 $t=0$ 为对称中心，则调用形式为

```
x=rectpuls (t,width)
```

例如，表示 $x(t)=u(t-1)-u(t-3)$ 的 MATLAB 程序如下：

```
T1=1;
t=0:0.01:10;
xt= rectpuls(t-2*T1,2*T1);
plot(t,xt)
```

程序运行结果如图 2.38 所示。

（5）三角波信号可用 tripuls 函数表示，其调用形式为

```
x=tripuls (t,width,skew)
```

表示宽度为 width 的三角波，函数非零区间为(−width/2, width/2)，斜度为 skew。

例如，图 2.39 所示的三角波采用以下 MATLAB 程序实现：

```
t=-3:0.01:3;
xt= tripuls (t,4,0.5);
plot(t,xt)
```

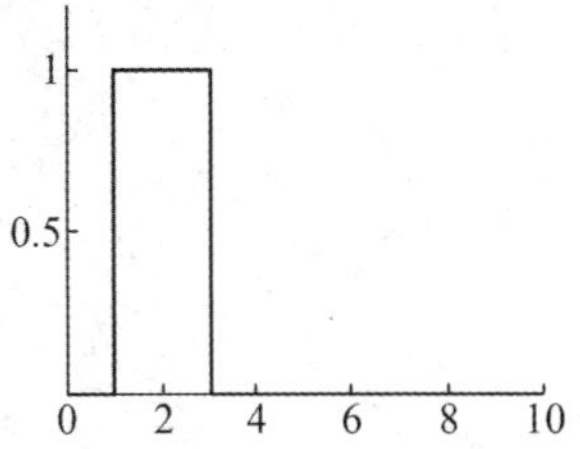

图 2.38　MATLAB 表示的连续时间方波信号

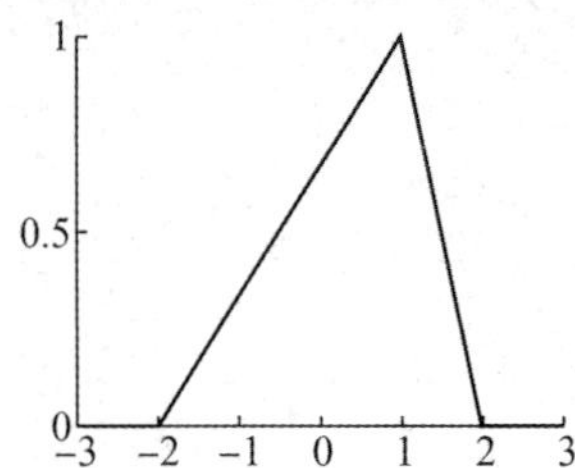

图 2.39　MATLAB 表示的连续时间三角波信号

2. 离散时间信号的 MATLAB 表示

离散时间信号 $x[n]$ 需要用两个向量来表示，一个表示 n 的取值范围，另一个表示序列的值。若序列从 $n=0$ 开始，则只需一个向量就可以表示。由于计算机内存有限，因此 MATLAB 无法表示无穷序列。调用 stem(n,x)可画出离散时间信号的波形。

（1）指数信号 Cz^n 可利用 MATLAB 的数组幂运算 z.^n 实现，其形式为

```
x=C*z.^n
```

例如，表示 $x[n]=(-0.5)^n$ 的 MATLAB 程序如下：

```
C=1;z=-0.5
n=0: 10;
xn= C*z.^n;
stem (n,xn)
```

程序运行结果如图 2.40 所示。

（2）正弦信号 $A\cos(\omega_0 n+\varphi)$ 与 $A\sin(\omega_0 n+\varphi)$ 的 MATLAB 表示与连续时间信号相同，其调用形式为

```
x=A*cos(w0*n+phi)
x=A*sin(w0*n+phi)
```

例如，表示 $x[n]=\sin(\pi n/3)$ 的 MATLAB 程序如下：

```
n=0: 20;
xn= sin(pi/6*n);
stem (n,xn)
```

程序运行结果如图 2.41 所示。

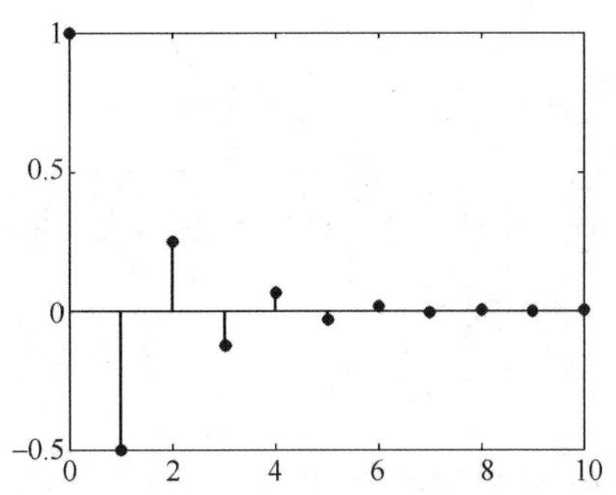

图 2.40　MATLAB 表示的离散时间指数信号

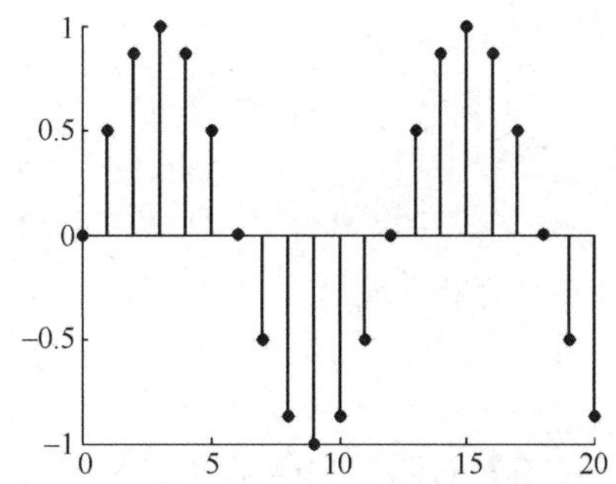

图 2.41　MATLAB 表示的离散时间正弦信号

（3）单位冲激信号 $\delta[n]$ 可借助 MATLAB 的零矩阵函数 zeros 表示，对于有限区间的 $\delta[n]$ 可表示为

```
delta=[zeros (1,N),1, zeros (1,N)]
```

式中，zeros (1,N)产生一个由 N 个 0 组成的列向量。

例如，表示 $[-20,20]$ 区间的 $\delta[n]$ 的 MATLAB 程序如下：

```
n=-20: 20;
delta=[zeros(1,20),1,zeros(1,20)];
stem (n, delta)
```

程序运行结果如图 2.42 所示。

（4）单位阶跃信号 $u[n]$ 可借助 MATLAB 的单位矩阵函数 ones 表示，对于有限区间的 $u[n]$ 可表示为

```
un=[zeros (1,N1), ones (1,N2)]
```

式中，zeros(1,N1)产生 N1 个 0 组成的列向量，ones (1,N2)产生 N2 个 1 组成的列向量。

例如，表示 $[-20,20]$ 区间的 $u[n]$ 的 MATLAB 程序如下：

```
n=-20: 20;
un =[zeros(1,20), ones(1,21)];
stem (n, un)
```

程序运行结果如图 2.43 所示。

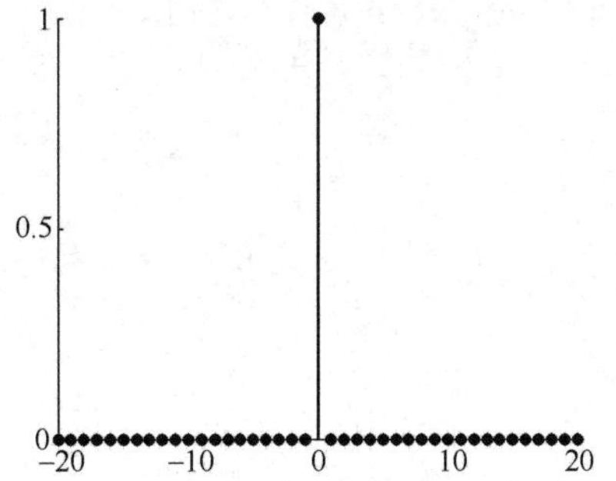

图 2.42　MATLAB 表示的离散时间单位冲激信号

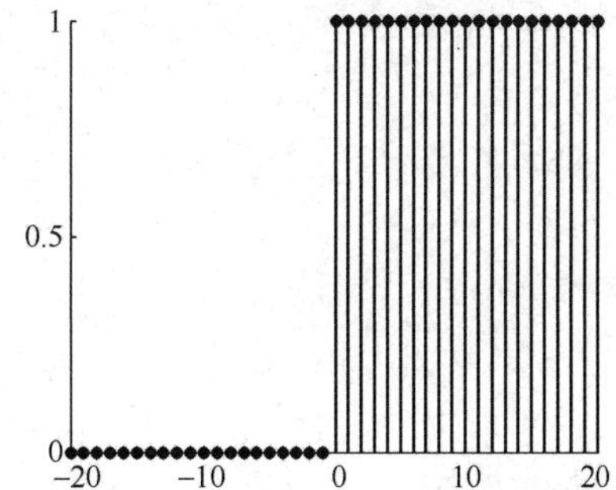

图 2.43　MATLAB 表示的离散时间单位阶跃信号

2.7.2 利用 MATLAB 实现信号的基本运算

1. 信号的自变量变换

（1）信号的时移 $x(t \pm t_0)$ 与 $x[n \pm n_0]$ 运算中，自变量加、减一个常数，可以采用数学运算符"+""−"来实现。

（2）信号的反转 $x(-t)$ 与 $x[-n]$ 运算中，自变量乘以一个负号，可以直接写出；也可以利用函数 fliplr(x)来实现，而反转后的信号坐标可以由-fliplr(n)得到。

（3）信号的尺度变换 $x(at)$ 与 $x[Mn]$ 运算中，自变量乘以一个常数，可以采用数学运算符"*"来实现。

【例 2.9】对图 2.39 所示的三角波信号 $x(t)$，利用 MATLAB 画出 $x(2-3t)$ 的波形。

解 MATLAB 程序如下：

```
t=-3:0.01:3;
xt1= tripuls (t,4,0.5);
subplot(2,1,1)
plot(t,xt1)
title('x(t)')
xt2= tripuls ((2-3*t),4,0.5);
subplot(2,1,2)
plot(t,xt2)
title('x(2-3t)')
```

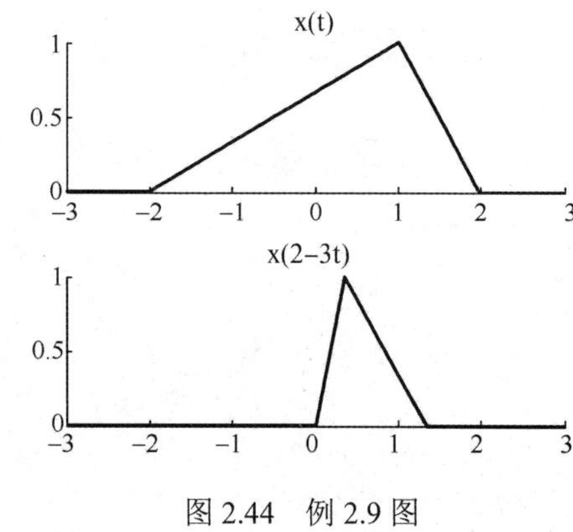

图 2.44 例 2.9 图

程序运行结果如图 2.44 所示。

2. 连续时间信号的微分与积分

连续时间信号的微分可以用 diff 函数近似计算。连续时间信号的定积分可由 quad 或 quad8 函数实现，其调用形式为

```
y=quad('functime_name',a,b)
```

式中，functime_name 表示被积函数名，a 与 b 指定积分区间。

【例 2.10】对图 2.39 所示的三角波信号 $x(t)$，利用 MATLAB 画出 $\frac{\mathrm{d}x(t)}{\mathrm{d}t}$ 与 $\int_{-\infty}^{t} x(\tau)\mathrm{d}\tau$ 的波形。

解 MATLAB 程序如下：

```
h=0.01;t=-3:h:3;
xt1= tripuls (t,4,0.5);
subplot(3,1,1)
plot(t,xt1)
title('x(t)')
y1= diff (xt1)/h;
subplot(3,1,2)
plot(t(1:length(t)-1),y1)
title('dx(t)/dt')
F = @(t)tripuls (t,4,0.5);
```

```
t=-3:0.1:3;
for i=1: length(t)
    y2(i)= quad (F,-3,t(i));
end
subplot(3,1,3)
plot(t,y2)
title('integral of x(t)')
```

程序运行结果如图 2.45 所示。

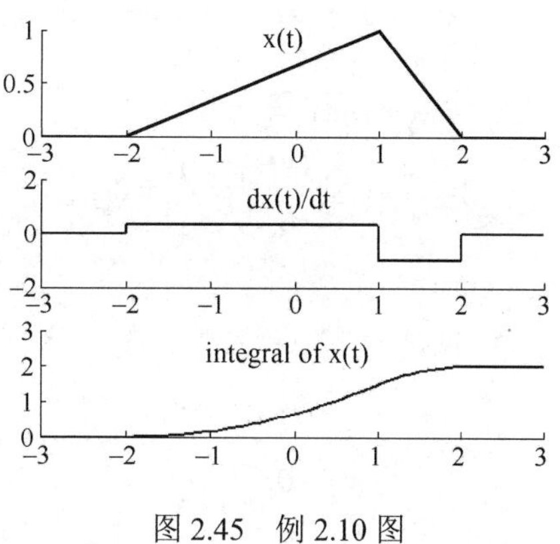

图 2.45　例 2.10 图

3. 离散时间信号的差分与求和

离散时间信号的差分 $x[n]-x[n-1]$ 可以调用 diff 函数实现，其调用形式为

```
y=diff(x)
```

离散时间信号的求和 $\sum_{m=m_1}^{m_2}x[m]$ 可以调用 sum 函数实现，其调用形式为

```
y=sum(x(m1:m2))
```

【例 2.11】 利用 MATLAB 计算 $(-0.5)^n u[n]$ 的能量。

解　MATLAB 程序如下：

```
n=0:10;
C=1;a=-0.5;
xn=C*a.^n;
E=sum(abs(xn).^2)
```

运行结果为 E=1.3333。

2.8 本 章 小 结

1. 基本信号

经常出现且可作为信号的基本构造单元来构成许多其他信号的信号称为基本信号。

（1）指数信号与正弦信号

① 连续时间复指数信号

一般表达式为 $x(t)=C\mathrm{e}^{st}$，C 和 s 均为实数时是实指数信号；s 为纯虚数，$x(t)=\mathrm{e}^{\mathrm{j}\omega_0 t}$ 为周期复指数信号，基波周期 $T_0=\dfrac{2\pi}{|\omega_0|}$，一组呈谐波关系的周期复指数信号可作为非常有用的基本构造单元，可构成各种各样的连续时间周期信号，正弦信号与复指数信号具有相同的性质；一般复指数信号可以借助实指数信号和周期复指数信号表示与说明。

② 离散时间复指数信号

一般表达式为 $x[n]=Cz^n$，或令 $z=\mathrm{e}^{\beta}$，$x[n]=C\mathrm{e}^{\beta n}$，$C$ 和 z 均为实数时为实指数信号；β 为纯虚数时，$x[n]=\mathrm{e}^{\mathrm{j}\omega_0 n}$，只有 $\dfrac{2\pi}{\omega_0}$ 为有理数时才为周期信号，具有频率的周期性，角频率 ω_0 每改变 2π的整数倍都呈现同一个序列，正弦信号与复指数信号具有相同的性质；一般复指数信号可以借助实指数信号和虚指数信号表示与说明。

（2）阶跃信号与冲激信号

① 连续时间单位阶跃函数与离散时间单位阶跃序列

定义：$u(t)=\begin{cases}1 & t>0\\ 0 & t<0\end{cases}$ 与 $u[n]=\begin{cases}1 & n\geqslant 0\\ 0 & n<0\end{cases}$。

单位阶跃函数最重要的性质为切除特性，利用切除特性可以方便地归纳一些分段函数。

② 连续时间单位冲激函数与离散时间单位冲激序列

定义：$\begin{cases}\int_{-\infty}^{+\infty}\delta(t)\,\mathrm{d}t=1\\ \delta(t)=0 \quad t\neq 0\end{cases}$ 与 $\delta[n]=\begin{cases}1 & n=0\\ 0 & n\neq 0\end{cases}$。

单位冲激函数具有单位面积，是偶函数。冲激函数最重要的性质为筛选特性，即利用筛选特性可以抽取出信号中的任意函数值。此外，连续时间单位冲激函数$\delta(t)$与单位阶跃函数 $u(t)$ 之间具有微积分关系，离散时间单位冲激函数$\delta[n]$与单位阶跃函数 $u[n]$具有一阶差分与求和关系。

2. 信号的基本运算

信号的变换涉及信号自变量的变换、微分与积分、差分与求和、相加与相乘等基本运算，其中信号的自变量变换包括时移、时间反转与时间尺度变换。

（1）时移

$x(t)\to x(t-t_0)$ 或 $x[n]\to x[n-n_0]$。当 $t_0>0$ 或 $n_0>0$ 时，信号向右平移；当 $t_0<0$ 或 $n_0<0$ 时，信号向左平移。

（2）时间反转

$x(t)\to x(-t)$ 或 $x[n]\to x[-n]$。信号以 $t=0$ 或 $n=0$ 为轴反转。

（3）时间尺度变换

对于连续时间信号，$x(t)\to x(at)$。$|a|>1$，在时间轴上压缩；$|a|<1$，在时间轴上扩展。

对于离散时间信号，$x[n]\to x[Mn]$（M 为正整数），称为 $M:1$ 抽取，离散时间样本序列减少；$x[n]\to x_{(M)}[n]$（M 为正整数），在每两个相邻的序列值之间插入 $M-1$ 个 0，称为内插零，离散时间样本序列增加。

3. 系统的互联

很多实际系统都可以当作几个子系统互联构成，最基本的系统互联方式有级联、并联和反馈连接。

4. 系统的基本性质

（1）线性

对于连续时间系统，若 $x_1(t)\to y_1(t)$，$x_2(t)\to y_2(t)$，则 $ax_1(t)+bx_2(t)\to ay_1(t)+by_2(t)$（$a$ 和 b 是任意复常数）。

对于离散时间系统，若 $x_1[n]\to y_1[n]$，$x_2[n]\to y_2[n]$，则 $ax_1[n]+bx_2[n]\to ay_1[n]+by_2[n]$（$a$ 和 b 是任意复常数）。

（2）时不变性

对于连续时间系统，若 $x(t)\to y(t)$，则 $x(t-t_0)\to y(t-t_0)$；对于离散时间系统，若 $x[n]\to y[n]$，则 $x[n-n_0]\to y[n-n_0]$。

（3）记忆性

系统在某时刻的输出仅取决于该时刻的输入，这个系统称为无记忆系统，否则为记忆系统。

（4）因果性

系统在某时刻的输出只取决于该时刻和该时刻之前的输入，这个系统称为因果系统，否则为非因果系统。

（5）稳定性

系统的输入为有界信号时，输出也是有界的，这个系统称为稳定系统，否则为不稳定系统。

（6）可逆性

系统在不同的输入信号作用下产生不同的输出信号，这个系统称为可逆系统，否则为不可逆系统。若一个系统是可逆的，那么就有一个逆系统存在，当逆系统与原系统级联时，输出信号等于输入信号。

5. 线性时不变系统分析方法概述

同时具有线性和时不变性的系统称为线性时不变（LTI）系统，由于 LTI 系统具有普遍性及分析方法的成熟性，本书的大部分内容都集中于 LTI 系统的分析和讨论。

在建立系统模型方面，LTI 系统的数学描述分为输入/输出描述法和状态空间描述法。从系统模型的求解方法方面，大体分为时域法与变换域法。时域法的物理概念明确，变换域法可以将时域分析中的微积分运算变换为代数运算，将卷积运算变换为乘法，在解决实际问题时有很多方便之处。

分析 LTI 系统的前提是线性与时不变性，都基于将输入信号分解为某种基本单元，在这些基本单元的分别作用下求得系统响应，然后利用线性性质将各响应叠加。

习　题　2

2.1　信号 $\mathrm{e}^{\sigma t}\cos(\omega t)$ 可以表示为 e^{st} 与 $\mathrm{e}^{s^* t}$ 之和，其中 $s=\sigma+\mathrm{j}\omega$，$s^*=\sigma-\mathrm{j}\omega$，粗略画出下列信号的波形，并在 s 平面标出其频率位置。

(1) $x(t)=\cos(3t)$　(2) $x(t)=\mathrm{e}^{-3t}\cos(3t)$　(3) $x(t)=\mathrm{e}^{2t}\cos(3t)$

(4) $x(t)=\mathrm{e}^{-2t}$　(5) $x(t)=\mathrm{e}^{3t}$　(6) $x(t)=5$

2.2　粗略画出下列信号。

(1) $x(t)=u(t-3)-u(t-5)$　(2) $x(t)=u(t-3)+u(t-5)$

(3) $x(t)=t^2\{u(t-3)-u(t-5)\}$　(4) $x(t)=2u(t-3)-u(t-5)-u(t-7)$

2.3　简化下列表达式。

(1) $x(t)=\dfrac{\sin t}{t^2+2}\delta(t)$　(2) $x(\omega)=\dfrac{\mathrm{j}\omega+2}{\mathrm{j}\omega+9}\delta(\omega)$

(3) $x(t)=\dfrac{\sin\{\frac{\pi}{2}(t-2)\}}{t^2+4}\delta(1-t)$　(4) $x(\omega)=\dfrac{\sin(k\omega)}{\omega}\delta(\omega)$

2.4　求下列积分。

(1) $\int_{-\infty}^{+\infty}\delta(\tau)x(t-\tau)\mathrm{d}\tau$　(2) $\int_{-\infty}^{+\infty}x(\tau)\delta(t-\tau)\mathrm{d}\tau$

(3) $\int_{-\infty}^{+\infty}\delta(2\tau-3)\sin(\pi\tau)\mathrm{d}\tau$　(4) $\int_{-\infty}^{+\infty}\delta(\tau)\mathrm{e}^{\mathrm{j}\omega\tau}\mathrm{d}\tau$

(5) $\int_{-\infty}^{+\infty}x(2-\tau)\delta(3-\tau)\mathrm{d}\tau$　(6) $\int_{-\infty}^{t}\delta(\tau)\mathrm{e}^{\mathrm{j}\omega\tau}\mathrm{d}\tau$

(7) $\int_{-\infty}^{+\infty} \delta'(\tau-1)\cos[\omega(\tau-3)]\mathrm{d}\tau$　　(8) $\int_{-\infty}^{t} \delta'(\tau-2)\cos[\omega(\tau-2)]\mathrm{d}\tau$

2.5　(1) 求信号 $x(t)=\mathrm{e}^{-2t}u(t)$ 的偶部与奇部。

(2) 求信号 $x(t)=\mathrm{e}^{-2t}u(t)$ 的能量及偶部、奇部的能量。

(3) 证明信号的总能量等于其偶部、奇部能量之和。

2.6　画出下列信号的偶部与奇部。

(1) $x(t)=u(t)$　　(2) $x(t)=tu(t)$

(3) $x(t)=\cos(\omega_0 t)$　　(4) $x(t)=\sin(\omega_0 t)$

(5) $x(t)=\cos(\omega_0 t+\theta)$　　(6) $x(t)=\cos(\omega_0 t)u(t)$

2.7　根据图 P2.1 中的信号 $x(t)$，粗略画出以下图形。

(1) $x(t-4)$　　(2) $x(t/1.5)$

(3) $x(-t)$　　(4) $x(-2t-4)$

2.8　根据图 P2.1 中的信号 $x(t)$，分别求 $x(t)$、$x(t-4)$、$x(-t)$、$x(t/1.5)$ 与 $2x(t)$ 的能量，总结信号在时移、时间反转、时间尺度变换及数乘运算时对能量的影响。

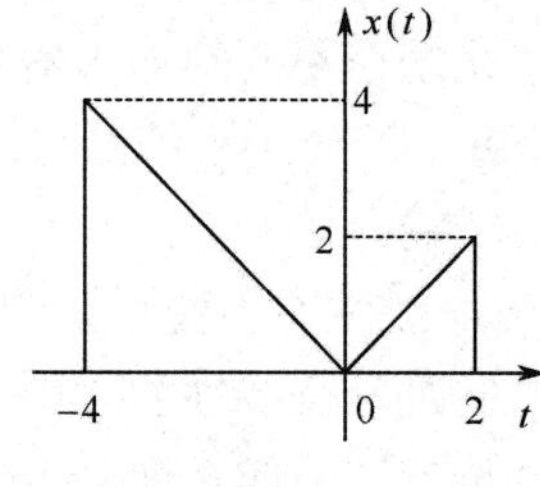

图P2.1

2.9　定义 $2x(-3t+1)=t\{u(-t-1)-u(-t+1)\}$，画出以下图形。

(1) $2x(-3t+1)$　　(2) $x(t)$

2.10　根据图 P2.2 中的信号 $x(t)$，画出以下图形。

(1) $x(t)u(t)$　　(2) $x(t)\{\delta(t+0.5)+\delta(t-0.5)\}$　　(3) $x(t)u(1-t)$

(4) $x(t)\{u(t-1)-u(t-2)\}$　　(5) $x(t-1)u(t)$　　(6) $x(t-1)u(t-1)$

2.11　将图 P2.2 中的信号 $x(t)$ 用阶跃信号表示，求解并画出 $x(t)$ 的一次微分。

2.12　根据图 P2.3 中的信号 $x[n]$，画出以下图形。

(1) $x[n-4]$　　(2) $x[3-n]$　　(3) $x[3n]$　　(4) $x[3n+1]$

(5) $x[n]u[2-n]$　　(6) $x[n-3]\delta[n-3]$　　(7) $x[n]-x[n-1]$　　(8) $\sum_{k=-\infty}^{n} x[k]$

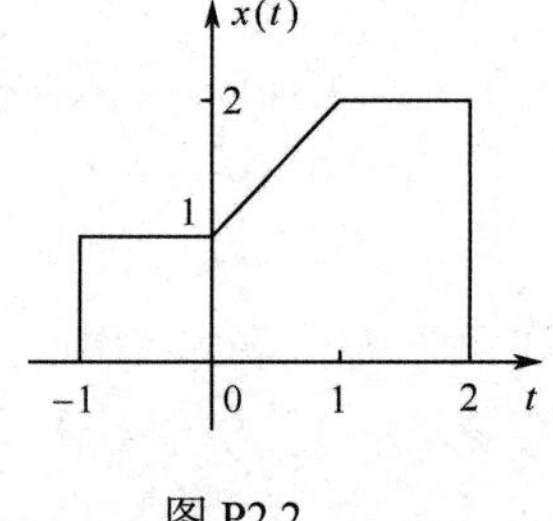

图 P2.2

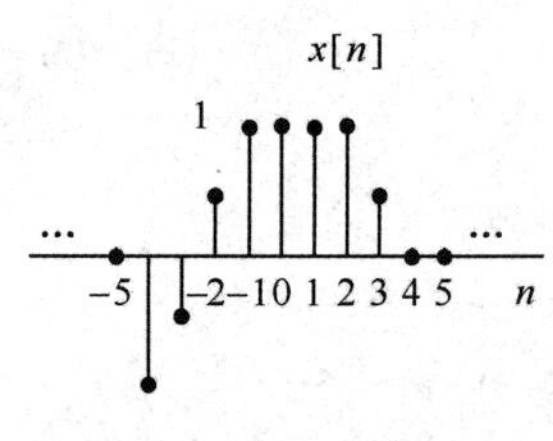

图 P2.3

2.13　考虑图 P2.4 所示系统 S，其中 3 个子系统的输入/输出关系为：

$\mathrm{S_1}$：$y[n]=x_{(2)}[n]$

$\mathrm{S_2}$: $y[n]=x[n]+\frac{1}{2}x[n-1]+\frac{1}{4}x[n-2]$

$\mathrm{S_3}$：$y[n]=x[2n]$

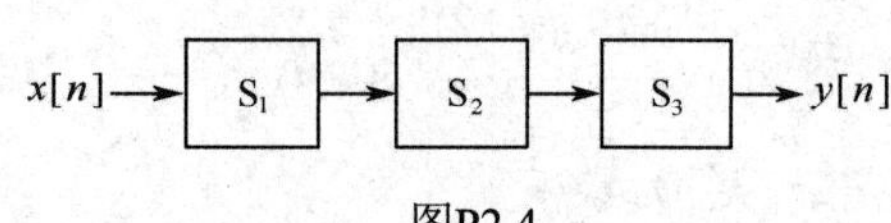

图P2.4

(1) 求系统 S 的输入/输出关系。

(2) 判断系统 S 是否具有线性、时不变性。

2.14　说明下列连续时间系统是否具有线性、时不变性，其中 $x(t)$ 与 $y(t)$ 分别记作系统的输入与输出。

(1) $y(t)=x(t-2)+x(2-t)$　　(2) $y(t)=t^2x(t-1)$

(3) $y(t)=\cos(3t)x(t)$ (4) $y(t)=\mathrm{d}x(t)/\mathrm{d}t$

(5) $\dfrac{\mathrm{d}y(t)}{\mathrm{d}t}+2y(t)=x(t)$ (6) $\dfrac{\mathrm{d}y(t)}{\mathrm{d}t}+2y(t)+1=x(t)$

2.15 说明下列离散时间系统是否具有线性、时不变性，其中 $x[n]$ 与 $y[n]$ 分别记作系统的输入与输出。

(1) $y[n]=\mathcal{E}v\{x[n]\}$ (2) $y[n]=x^2[n-2]$

(3) $y[n]=nx[n]$ (4) $y[n]=x[4n+1]$

(5) $y[n]-2y[n-1]=x[n]+x[n-1]$ (6) $y[n]-2y[n-1]+1=x[n]$

2.16 一个连续时间线性系统 S，输入 $x(t)$ 与输出 $y(t)$ 有以下关系：

$$x(t)=\mathrm{e}^{\mathrm{j}2t}\xrightarrow{\text{S}}y(t)=\mathrm{e}^{\mathrm{j}3t}\text{ ，}\quad x(t)=\mathrm{e}^{-\mathrm{j}2t}\xrightarrow{\text{S}}y(t)=\mathrm{e}^{-\mathrm{j}3t}$$

(1) 若 $x_1(t)=\cos(2t)$ ，求系统 S 的输出 $y_1(t)$ 。

(2) 若 $x_2(t)=\cos[2(t-1/2)]$ ，求系统 S 的输出 $y_2(t)$ 。

2.17 一个连续时间系统 S，输入 $x(t)$ 与输出 $y(t)$ 的关系为 $y(t)=x(\sin t)$ ，判断：

(1) 系统是否具有线性性质 (2) 系统是否是因果的

2.18 判断下列系统的可逆性，若是可逆系统，求其逆系统；若不是可逆系统，找出一个反例。

(1) $y(t)=x(t-2)$ (2) $y[n]=x[1-n]$

(3) $y(t)=\cos[x(t)]$ (4) $y[n]=x[n]x[n-1]$

(5) $y(t)=x(2t)$ (6) $y[n]=x[2n]$

(7) $\dfrac{\mathrm{d}y(t)}{\mathrm{d}t}+2y(t)+1=x(t)$ (8) $y[n]-2y[n-1]=x[n]+x[n-1]$

2.19 一个离散时间系统 S，输入 $x[n]$ 与输出 $y[n]$ 的关系为 $y[n]=\sum\limits_{k=n-n_0}^{n+n_0}x[k]$ ，该系统是否具有：

(1) 线性 (2) 时不变性 (3) 稳定性 (4) 因果性

2.20 判断下列说法是否正确，并说明理由。

(1) 两个 LTI 系统的级联依然是 LTI 系统。

(2) 两个非线性系统的级联依然是非线性系统。

(3) 周期信号通过一个时不变系统后，输出信号依然是周期的。

(4) 若 $x(t)$ 是周期的， $x(2t)$ 与 $x(t/2)$ 均是周期的。

(5) 若 $x[n]$ 是周期的， $x[2n]$ 与 $x_{(2)}[n]$ 均是周期的。

2.21 如图 P2.5 所示，一个输入 $x_1(t)$ 加到某 LTI 系统，输出为 $y_1(t)$ ，求 $x_2(t)$ 通过该系统后的输出 $y_2(t)$ 。

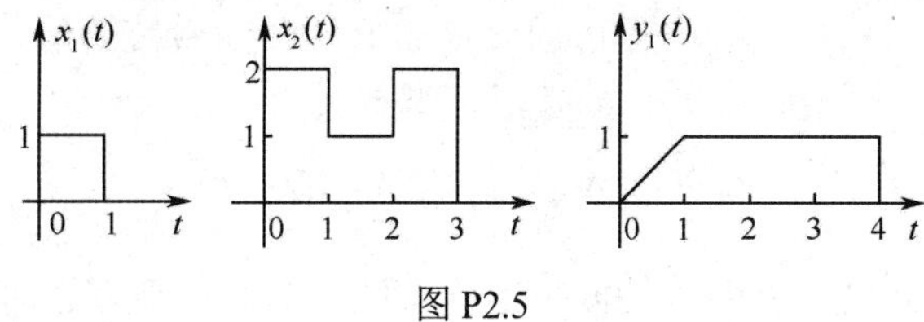

图 P2.5

2.22 考虑一个连续时间系统，其输入 $x(t)$ 与输出 $y(t)$ 的关系为 $y(t)=0.5\int_{-\infty}^{+\infty}x(\tau)\{\delta(t-\tau)-\delta(t+\tau)\}\mathrm{d}\tau$ 。

(1) 说明系统的作用。 (2) 系统是线性的吗？说明理由。

(3) 系统是时不变的吗？说明理由。 (4) 系统是稳定的吗？说明理由。

(5) 系统是无记忆的吗？说明理由。 (6) 系统是因果的吗？说明理由。

第3章 线性时不变系统的时域分析

内容提要 本章介绍LTI系统的时域分析方法，包括线性常系数微分方程的经典解法与卷积分析法，强调了冲激响应在LTI系统表征与分析中的重要性。

LTI系统分析方法包括时域法与变换域法。时域法不涉及任何变换，对系统的分析与计算全部在时域内进行。这种方法比较直观，物理概念清楚，是学习各种变换域法的基础。

连续时间LTI系统与离散时间LTI系统往往可以分别通过线性常系数微分方程与差分方程表示，时域法可以通过研究微分方程与差分方程的经典解法求解系统的响应。对于高阶或输入信号较为复杂的情况，这会造成计算过程的复杂与求解不便。

本章将引出LTI系统的另一种时域表征方法——冲激响应。单位冲激信号通过系统后所获得的响应称为冲激响应。大部分信号能够分解为单位冲激信号的线性组合，借助LTI系统的冲激响应，利用LTI系统的线性与时不变性，能够求解LTI系统的响应，从而引出卷积分析法。

LTI系统的时域法曾一度被认为计算烦琐、不够方便，随着计算机技术的广泛应用与各种软件工具的出现，时域求解方程的技术已不再复杂，又重新受到人们的重视。

3.1 LTI系统的响应

一类极为重要的连续时间系统是其输入/输出关系用线性常系数微分方程描述的系统，这种形式的方程可用来描述相当广泛的系统。例如，第1章图1.5所描述的RC电路系统就是通过线性常系数微分方程来描述的。对于连续时间LTI系统，其线性常系数微分方程的数学模型形式为

$$\sum_{k=0}^{N} a_k \frac{\mathrm{d}^k y(t)}{\mathrm{d}t^k} = \sum_{k=0}^{M} b_k \frac{\mathrm{d}^k x(t)}{\mathrm{d}t^k} \tag{3.1}$$

与此相对应，线性常系数差分方程可用来描述离散时间系统的输入/输出关系。对于离散时间LTI系统，其线性常系数差分方程的数学模型形式为

$$\sum_{k=0}^{N} a_k y[n-k] = \sum_{k=0}^{M} b_k x[n-k] \tag{3.2}$$

用方程不仅可以建立描述电路、机械等工程系统的数学模型，还可以用于描述生物系统、经济系统、社会系统等各个科学领域。方程一经建立，根据输入信号与系统的初始状态，即可求解系统的响应。

3.1.1 微分方程的经典解法

形如式(3.1)的微分方程给出的是该系统的一种隐含特性，为了将系统的输出表示为输入函数的显式表达，就必须解这个微分方程。但是，微分方程描述的只是系统输入和输出之间的一种约束关系，为了完全表征系统就必须同时给出附加条件。即使是同样的输入信号，不同附加

条件的选择也会导致系统不同的输出。例如，第1章图1.5所描述的RC电路系统，电容上的不同初始电压便会影响最终的输出。

☞**注释**：微分运算是不可逆运算，在微分运算过程中会丢失一些信息，为了对这个运算求逆，需要提供一些关于输出的附加信息（约束条件）才能唯一地确定输出，这些约束条件称为附加条件。

本书主要讨论将微分方程用于描述因果的LTI系统，因此，若 $t \leqslant t_0$， $x(t)=0$，则可以用初始条件 $y(t_0), y'(t_0), \cdots, y^{N-1}(t_0)$ 来求解 N 阶微分方程在 $t > t_0$ 时的输出。如果附加条件取初始松弛这种特殊而简单的形式，即在施加非零输入之前，响应一直为0，则可以用初始条件 $y(t_0)=y'(t_0)=\cdots=y^{N-1}(t_0)=0$ 来求解 N 阶微分方程在 $t > t_0$ 时的输出。

☞**注释**：这里默认在 t_0 时刻系统无跳变，若系统在 t_0 时刻有跳变，则应根据 $y(t_0^-)$，$y'(t_0^-)$，$\cdots$ 求出 $y(t_0^+)$，$y'(t_0^+)$，$\cdots$，再利用 $y(t_0^+)$，$y'(t_0^+)$，$\cdots$ 作为初始条件求解系统在 $t > t_0$ 时的输出。

由微分方程的经典解法可知，式(3.1)的完全解由齐次解与特解两部分组成。此外，还需要借助初始条件（系统的附加条件）求出待定系数。

1. 求齐次解 $y_{\rm h}(t)$

当式(3.1)的输入 $x(t)$ 及其各阶导数均为0时，此方程的解即为齐次解，满足

$$\sum_{k=0}^{N} a_k \frac{\mathrm{d}^k y(t)}{\mathrm{d}t^k} = 0 \tag{3.3}$$

此方程称为式(3.1)的齐次方程。齐次解的形式是形如 $A\mathrm{e}^{st}$ 的线性组合，将 $y(t)=A\mathrm{e}^{st}$ 代入式(3.3)，则有

$$a_0 A\mathrm{e}^{st} + a_1 sA\mathrm{e}^{st} + a_2 s^2 A\mathrm{e}^{st} + \cdots + a_N s^N A\mathrm{e}^{st} = 0 \tag{3.4}$$

简化为

$$a_0 + a_1 s + a_2 s^2 + \cdots + a_N s^N = 0 \tag{3.5}$$

称为式(3.1)的特征方程，对应的 N 个根 $s_1, s_2, s_3, \cdots, s_N$ 称为微分方程的特征根。如果 s_i 是此方程的根，则 $y(t)=A\mathrm{e}^{s_i t}$ 将满足式(3.3)。

在特征根各不相同的情况下，微分方程的齐次解为

$$y_{\rm h}(t) = A_1 \mathrm{e}^{s_1 t} + A_2 \mathrm{e}^{s_2 t} + \cdots + A_N \mathrm{e}^{s_N t} = \sum_{i=1}^{N} A_i \mathrm{e}^{s_i t} \tag{3.6}$$

若特征方程有重根，例如 s_1 是 j 阶重根，即 $s_1 = s_2 = \cdots = s_j$，则相应于 s_1 的重根部分将有 j 项，微分方程的齐次解为

$$y_{\rm h}(t) = (A_1 t^{j-1} + A_2 t^{j-2} + \cdots + A_{j-1} t + A_j)\mathrm{e}^{s_1 t} + A_{j+1}\mathrm{e}^{s_{j+1} t} + A_{j+2}\mathrm{e}^{s_{j+2} t} + \cdots + A_N \mathrm{e}^{s_N t} \tag{3.7}$$

【例3.1】 确定微分方程 $\dfrac{\mathrm{d}^2 y(t)}{\mathrm{d}t^2} + 3\dfrac{\mathrm{d}y(t)}{\mathrm{d}t} + 2y(t) = x(t)$ 的齐次解形式。

解 系统的特征方程为

$$s^2 + 3s + 2 = 0$$

即

$$(s+1)(s+2) = 0$$

特征根 $s_1 = -1$， $s_2 = -2$。因此，微分方程的齐次解为

$$y_{\rm h}(t) = A_1 \mathrm{e}^{-t} + A_2 \mathrm{e}^{-2t}$$

2. 求特解 $y_{\rm p}(t)$

微分方程的特解 $y_{\rm p}(t)$ 与输入信号的函数形式有关。将输入信号代入式(3.1)右端，化简后右

端函数式称为“自由项”。通过观察自由项选择特解函数式，代入方程后确定其中的待定系数，即可给出特解 $y_p(t)$。

表 3.1 列出几种典型自由项对应的特解函数，可供求解方程时参考。

表 3.1　几种典型自由项对应的特解函数

自由项	特解函数 $y_p(t)$
C（常数）	Y
t^p	$Y_1t^p+Y_2t^{p-1}+\cdots+Y_pt+Y_{p+1}$
e^{at}	$Y\,\mathrm{e}^{at}$
$\cos(\omega t)$	$Y_1\cos(\omega t)+Y_2\sin(\omega t)$
$\sin(\omega t)$	
$t^p\,\mathrm{e}^{at}\cos(\omega t)$	$(Y_1t^p+Y_2t^{p-1}+\cdots+Y_pt+Y_{p+1})\mathrm{e}^{at}\cos(\omega t)+(Z_1t^p+Z_2t^{p-1}+\cdots+Z_pt+Z_{p+1})\mathrm{e}^{at}\sin(\omega t)$
$t^p\,\mathrm{e}^{at}\sin(\omega t)$	

【例 3.2】 已知 $x(t)=\mathrm{e}^{-3t}\,u(t)$，求微分方程 $\dfrac{\mathrm{d}^2y(t)}{\mathrm{d}t^2}+3\dfrac{\mathrm{d}\,y(t)}{\mathrm{d}t}+2y(t)=x(t)$ 的特解。

解　$t>0$ 时 $x(t)=\mathrm{e}^{-3t}$，代入方程右边得自由项 e^{-3t}，选 $y_\mathrm{p}(t)=Y\,\mathrm{e}^{-3t}$，其中 Y 待定，代入方程后有

$$2Y\,\mathrm{e}^{-3t}=\mathrm{e}^{-3t}$$

则 $Y=1/2$。因此，方程的特解为 $y_\mathrm{p}(t)=\dfrac{1}{2}\mathrm{e}^{-3t}\ (t>0)$。

3. 借助附加条件求待定系数

齐次解 $y_h(t)$ 与特解 $y_p(t)$ 相加即为方程的完全解

$$y(t)=y_\mathrm{h}(t)+y_\mathrm{p}(t)=\sum_{i=1}^{N}A_i\,\mathrm{e}^{s_it}+y_\mathrm{p}(t) \tag{3.8}$$

式中，$A_i(i=1,2,\cdots,N)$ 需要根据附加条件确定。附加条件可以给定在某一时刻 t_0，要求解满足 $y(t_0)$，$\dfrac{\mathrm{d}\,y(t_0)}{\mathrm{d}t}$，$\dfrac{\mathrm{d}^2y(t_0)}{\mathrm{d}t^2}$，…，$\dfrac{\mathrm{d}^{N-1}\,y(t_0)}{\mathrm{d}t^{N-1}}$ 的各值。通常取 $t_0=0$，这样对应的一组条件就称为初始条件，记为 $y^i(0)\ (i=0,1,\cdots,N-1)$。将 $y^i(0)$ 代入式(3.8)后有

$$\begin{cases} y(0)=A_1+A_2+\cdots+A_N+y_\mathrm{p}(0) \\ \dfrac{\mathrm{d}\,y(0)}{\mathrm{d}t}=A_1s_1+A_2s_2+\cdots+A_Ns_N+\dfrac{\mathrm{d}\,y_\mathrm{p}(0)}{\mathrm{d}t} \\ \vdots \\ \dfrac{\mathrm{d}^{N-1}\,y(0)}{\mathrm{d}t^{N-1}}=A_1s_1^{N-1}+A_2s_2^{N-1}+\cdots+A_Ns_N^{N-1}+\dfrac{\mathrm{d}^{N-1}\,y_\mathrm{p}(0)}{\mathrm{d}t^{N-1}} \end{cases} \tag{3.9}$$

由此可求出要求的常数 $A_i(i=1,2,\cdots,N)$。

【例 3.3】 求微分方程 $\dfrac{\mathrm{d}^2y(t)}{\mathrm{d}t^2}+3\dfrac{\mathrm{d}\,y(t)}{\mathrm{d}t}+2y(t)=x(t)$ 表征的因果 LTI 系统的完全解，已知 $x(t)=\mathrm{e}^{-3t}\,u(t)$，系统初始松弛。

解 上述两例已分别确定齐次解 $y_h(t)=A_1\,e^{-t}+A_2\,e^{-2t}$，特解 $y_p(t)=\frac{1}{2}e^{-3t}$，则完全解为

$$y(t)=y_h(t)+y_p(t)=A_1\,e^{-t}+A_2\,e^{-2t}+\frac{1}{2}e^{-3t}$$

根据因果系统的初始松弛条件得初始条件 $\frac{d\,y(0)}{d\,t}=y(0)=0$，可得出

$$\begin{cases}0=A_1+A_2+1/2\\0=-A_1-2A_2-3/2\end{cases}$$

解得

$$\begin{cases}A_1=1/2\\A_2=-1\end{cases}$$

因此，完全解为 $$y(t)=\frac{1}{2}e^{-t}-e^{-2t}+\frac{1}{2}e^{-3t}\qquad(t>0)$$

☞**注释**：线性常系数微分方程的求解过程比较烦琐，但物理概念比较清楚。在学习了变换域分析后，微分方程的求解明显简化，但冲淡了物理概念。因此，两类方法的侧重点有所不同。另外，对于比较复杂的信号或系统，可以借助计算机软件工具求解。

3.1.2 差分方程的经典解法

形如式(3.2)的差分方程可以完全按照微分方程的类似解法进行求解。与连续时间 LTI 系统一样，式(3.2)只是系统输入和输出之间的一种约束关系，为了完全表征系统就必须同时给出附加条件，不同附加条件的选择也会导致系统不同的输出。若采用初始松弛条件，即若 $n\leqslant n_0$，$x[n]=0$，则可以利用 $y[n_0]=y[n_0-1]=\cdots=y[n_0-N+1]=0$ 求解 N 阶差分方程在 $n>n_0$ 时的输出。

由差分方程的时域经典解法可知，式(3.2)的完全解由齐次解与特解两部分组成。此外，还需要借助初始条件（系统的附加条件）求出待定系数。下面用一个例子来说明线性常系数差分方程的经典解法。

【例 3.4】已知 $x[n]=n^2u[n]$，求差分方程 $y[n]+2y[n-1]=x[n]-x[n-1]$ 所描述的因果 LTI 系统的输出，系统初始松弛。

解 (1) 求齐次解：系统的特征方程为 $z+2=0$，即特征根 $z=-2$，方程的齐次解为 $y_h[n]=B(-2)^n$。

(2) 求特解：将 $x[n]=n^2$ 代入方程右端，得自由项为 $n^2-(n-1)^2=2n-1$，选择特解为 $y_p[n]=Z_1n+Z_2$，代入方程后有

$$Z_1n+Z_2+2\left[Z_1(n-1)+Z_2\right]=n^2-(n-1)^2$$

整理得 $3Z_1n+3Z_2-2Z_1=2n-1$，解得

$$\begin{cases}Z_1=2/3\\Z_2=1/9\end{cases}$$

方程的特解为 $y_p[n]=\frac{2}{3}n+\frac{1}{9}$。

(3) 完全解形式为 $$y[n]=y_h[n]+y_p[n]=B\left(-2\right)^n+\frac{2}{3}n+\frac{1}{9}$$

已知 $x[n]=n^2u[n]$，即 $n\leqslant 0$，$x[n]=0$，该系统是初始松弛的，则 $n\leqslant 0$，$y[n]=0$。所以采用 $y[0]=0$ 作为初始条件，可得出 $0=B(-2)^0+\frac{1}{9}$，解得 $B=-\frac{1}{9}$。因此，完全解为 $y[n]=-\frac{1}{9}(-2)^n+\frac{2}{3}n+\frac{1}{9}(n>0)$，即

$$y[n]=\left\{-\frac{1}{9}(-2)^n+\frac{2}{3}n+\frac{1}{9}\right\}u[n-1]$$

线性常系数差分方程还可以通过迭代法求解。将式(3.2)重新写成如下形式

$$y[n]=\frac{1}{a_0}\left\{\sum_{k=0}^{M}b_k x[n-k]-\sum_{k=1}^{N}a_k y[n-k]\right\} \tag{3.10}$$

该式将输出用输入与以前的输出来表示。

当 $N=0$ 时，$y[n]=\frac{1}{a_0}\sum_{k=0}^{M}b_k x[n-k]$，$y[n]$ 是 $x[n]$ 的显函数，该式为非递归方程；当 $N\geqslant 1$ 时，式(3.2)与式(3.10)称为递归方程，据此可看出需要附加条件。为求出 $y[n]$，需要知道 $y[n-1]$，…，$y[n-N]$。

【例 3.5】 与例 3.4 条件相同，用迭代法求该因果 LTI 系统的输出。

解 方程可写为 $y[n]=x[n]-x[n-1]-2y[n-1]$。采用 $y[0]=0$ 作为附加条件，得

$$\begin{aligned}y[1]&=x[1]-x[0]-2y[0]=1\\y[2]&=x[2]-x[1]-2y[1]=1\\y[3]&=x[3]-x[2]-2y[2]=3\\y[4]&=x[4]-x[3]-2y[3]=1\\&\vdots\\y[n]&=2n-1-2y[n-1]\end{aligned}$$

☞**注释**：迭代法概念清楚，也比较简便，利于计算机求解，但较难给出完整的解析式。

3.1.3 零输入响应与零状态响应

零输入响应与零状态响应视频

信号分解为研究 LTI 系统响应带来了许多方便。微分方程与差分方程的经典解法将完全解分为齐次解与特解两部分，同样体现了信号分解的思想。

齐次解的函数形式仅仅依赖于系统本身，与输入信号的函数形式无关，称为系统的自由响应（或固有响应）。但齐次解的系数依然与输入信号有关。特解的形式完全由输入信号决定，称为系统的受迫响应（或强迫响应）。

另一种分解方式将完全解分为零状态响应与零输入响应两部分。

零状态响应定义为：在系统初始状态为 0 时，仅仅由系统外加输入信号所产生的响应。分别以 $y_{zs}(t)$ 与 $y_{zs}[n]$ 表示连续时间系统与离散时间系统的零状态响应。

零输入响应定义为：没有外加输入信号情况下，仅仅由初始状态所产生的响应。分别以 $y_{zi}(t)$ 与 $y_{zi}[n]$ 表示连续时间系统与离散时间系统的零输入响应。

☞**注释**：不同于齐次解与特解的划分方法，零输入响应和零状态响应是相互独立的，是系统分别对内部条件与外部输入所产生的响应。

按照上述定义，$y_{zi}(t)$ 也必须满足齐次方程

$$\sum_{k=0}^{N} a_k \frac{\mathrm{d}^k y(t)}{\mathrm{d}t^k} = 0 \tag{3.11}$$

且系数仅仅由初始条件决定。它是齐次解的一部分，可以写作

$$y_{\mathrm{zi}}(t) = \sum_{i=1}^{N} A_{\mathrm{zi}i}\,\mathrm{e}^{s_i t} \tag{3.12}$$

而 $y_{\mathrm{zs}}(t)$ 应满足方程

$$\sum_{k=0}^{N} a_k \frac{\mathrm{d}^k y(t)}{\mathrm{d}t^k} = \sum_{k=0}^{M} b_k \frac{\mathrm{d}^k x(t)}{\mathrm{d}t^k} \tag{3.13}$$

并符合初始条件为 0 的约束。其表达式为

$$y_{\mathrm{zs}}(t) = \sum_{i=1}^{N} A_{\mathrm{zs}i}\,\mathrm{e}^{s_i t} + Y(t) \tag{3.14}$$

式中，$Y(t)$ 是特解，取决于输入信号。

归纳上述分析结果，完全解可写为

$$y(t) = y_{\mathrm{zi}}(t) + y_{\mathrm{zs}}(t) = \underbrace{\sum_{i=1}^{N} A_{\mathrm{zi}i}\,\mathrm{e}^{s_i t}}_{\text{零输入响应}} + \underbrace{\sum_{i=1}^{N} A_{\mathrm{zs}i}\,\mathrm{e}^{s_i t} + Y(t)}_{\text{零状态响应}} = \underbrace{\sum_{i=1}^{N} A_i\,\mathrm{e}^{s_i t}}_{\text{自由响应}} + \underbrace{Y(t)}_{\text{受迫响应}} \tag{3.15}$$

同时给出以下结论：

① 零输入响应与自由响应都满足齐次方程，但系数不同：零输入响应的系数仅仅由初始状态决定，自由响应的系数要同时取决于初始状态与输入信号。

② 自由响应与系统自身参数密切关联，由两部分组成，其中一部分由初始状态决定，另一部分由输入信号决定。

③ 若系统的初始状态为 0，则零输入响应为 0，但自由响应可以不为 0，由输入信号与系统参数共同决定。

离散时间系统的情况类似，不再赘述。

【例 3.6】 因果系统满足微分方程 $\frac{\mathrm{d}\,y(t)}{\mathrm{d}t} + 3y(t) = 3x(t)$，已知系统输入 $x(t) = u(t)$，初始状态 $y(0) = 3/2$，求系统的自由响应、受迫响应、零输入响应、零状态响应及完全响应。

解 (1) 由方程求出特征根 $s = -3$，齐次解 $y_{\mathrm{h}}(t) = A\mathrm{e}^{-3t}$；由输入信号求出特解 $y_{\mathrm{p}}(t) = 1$。完全解为

$$y(t) = y_{\mathrm{h}}(t) + y_{\mathrm{p}}(t) = A\mathrm{e}^{-3t} + 1 \quad (t > 0)$$

根据初始条件 $y(0) = 3/2$ 解得 $A = 1/2$，所以完全解为

$$y(t) = \frac{1}{2}\mathrm{e}^{-3t} + 1 \quad (t > 0)$$

式中，$y_{\mathrm{h}}(t) = \frac{1}{2}\mathrm{e}^{-3t}$ 为自由响应，$y_{\mathrm{p}}(t) = 1$ 为受迫响应。

(2) 零输入响应同样满足齐次方程，故零输入响应 $y_{\mathrm{zi}}(t) = A_{\mathrm{zi}}\,\mathrm{e}^{-3t}$。根据初始条件 $y(0) = 3/2$ 解得 $A_{\mathrm{zi}} = 3/2$，于是 $y_{\mathrm{zi}}(t) = \frac{3}{2}\mathrm{e}^{-3t}$。

零状态响应 $y_{\mathrm{zs}}(t) = A_{\mathrm{zs}}\,\mathrm{e}^{-3t} + 1$，令初始状态为 0，即 $y(0) = 0$，解得 $A_{\mathrm{zs}} = -1$，于是

$y_{zs}(t)=-e^{-3t}+1$。因此，完全响应为

$$y(t)=\underbrace{\frac{3}{2}e^{-3t}}_{\text{零输入响应}}\underbrace{-e^{-3t}+1}_{\text{零状态响应}}=\underbrace{\frac{1}{2}e^{-3t}}_{\text{自由响应}}+\underbrace{1}_{\text{受迫响应}}\quad(t>0)$$

【例 3.7】已知因果系统满足差分方程 $y[n]-0.9y[n-1]=0.05x[n]$，系统输入 $x[n]=u[n]$，初始状态 $y[-1]=1$，求系统的自由响应、受迫响应、零输入响应、零状态响应及完全响应。

解　(1) 由方程求出特征根 $z=0.9$，齐次解 $y_h[n]=B(0.9)^n$；由输入信号求出特解 $y_p[n]=0.5$。完全解为

$$y[n]=y_h[n]+y_p[n]=B(0.9)^n+0.5\quad(n\geqslant 0)$$

根据初始条件 $y[-1]=1$ 解得 $B=0.45$，所以完全解为

$$y[n]=0.45\times(0.9)^n+0.5\quad(n\geqslant 0)$$

式中，$y_h[n]=0.45\times(0.9)^n$ 为自由响应，$y_p[n]=0.5$ 为受迫响应。

(2) 零输入响应同样满足齐次方程，故零输入响应 $y_{zi}[n]=B_{zi}(0.9)^n$，根据初始条件 $y[-1]=1$ 解得 $B_{zi}=0.9$，于是 $y_{zi}[n]=0.9\times(0.9)^n$。

零状态响应 $y_{zs}[n]=B_{zs}(0.9)^n+0.5$，令初始状态为 0，即 $y[-1]=0$，解得 $B_{zs}=-0.45$，于是 $y_{zs}[n]=-0.45\times(0.9)^n+0.5$，因此，完全响应为

$$y[n]=\underbrace{0.9\times(0.9)^n}_{\text{零输入响应}}\underbrace{-0.45\times(0.9)^n+0.5}_{\text{零状态响应}}=\underbrace{0.45\times(0.9)^n}_{\text{自由响应}}+\underbrace{0.5}_{\text{受迫响应}}\quad(n\geqslant 0)$$

对 LTI 系统响应的分解，除了上述两种方式，还可以划分为瞬态响应与稳态响应。当 $t\to\infty$（或 $n\to\infty$）时，趋于 0 的响应分量称为瞬态响应，保留下来的分量称为稳态响应。上例中，$0.45\times(0.9)^n$ 是瞬态响应，0.5 是稳态响应。

基于观察问题的不同角度，形成了上述 3 种系统响应的分解方式。其中，自由响应与受迫响应的构成是沿袭微分方程和差分方程经典解法的传统概念，将系统响应划分为与系统特征和输入信号相关的两部分；零输入响应与零状态响应的划分则依据引起系统响应的原因，分别由系统内部储能与外加输入信号引起；瞬态响应与稳态响应的划分将短时间的过渡与长时间的稳定区分开来。

☞**注释**：在当今 LTI 系统的研究中，零状态响应的概念具有重要意义。实际应用中，大量的电子与通信系统主要关注零状态响应。而且，零状态响应可以不必采用比较烦琐的经典解法，利用之后将介绍的卷积方法，在简化问题的同时与后续的变换域法紧密结合。

3.2　冲激响应与阶跃响应

冲激响应与阶跃响应视频

3.2.1　冲激响应

以单位冲激信号作为输入，系统所产生的零状态响应称为单位冲激响应，或简称冲激响应。分别以 $h(t)$ 与 $h[n]$ 表示连续时间系统与离散时间系统的冲激响应。

冲激响应完全由系统本身决定，与外界因素无关，LTI 系统的冲激响应具有重要的意义。2.2 节曾提到许多信号能够分解为单位冲激信号的线性组合，借助 LTI 系统的冲激响应，利用 LTI 系统的线性与时不变性，就能够求得任意信号通过 LTI 系统所获得的响应，这就是下一节

将要介绍的卷积的基本思想，同时说明 LTI 系统的冲激响应能够表征 LTI 系统的特性。

在已知 LTI 系统方程的情况下，可以按照定义，将单位冲激信号作为输入，得出的零状态响应即为冲激响应。

☞**注释：**单位冲激输入如同闪电一样，瞬间出现，随后消失。但在其持续的瞬间，产生了能量存储，使得被冲激系统产生了响应。

对于连续时间 LTI 系统，其微分方程如式(3.1)，将 $x(t)=\delta(t)$ 代入方程，方程右端就出现了冲激函数及其各阶导数，待求的 $y(t)=h(t)$ 应保证方程左右两端奇异函数相平衡，方程左端 $\dfrac{\mathrm{d}^N h(t)}{\mathrm{d}t^N}$ 项应包含 $\dfrac{\mathrm{d}^M \delta(t)}{\mathrm{d}t^M}$，以便与方程右端相匹配，依次有 $\dfrac{\mathrm{d}^{N-1} h(t)}{\mathrm{d}t^{N-1}}$ 项应包含 $\dfrac{\mathrm{d}^{M-1} \delta(t)}{\mathrm{d}t^{M-1}}$，…。$h(t)$ 的函数形式与 N、M 的相对大小有密切关系。一般情况下，$N>M$，此时 $h(t)$ 函数形式将不包含 $\delta(t)$ 及其各阶导数。根据单位冲激信号的定义，$\delta(t)$ 及其各阶导数在 $t>0$ 时等于 0，故方程右端在 $t>0$ 时恒等于 0。因此，冲激响应 $h(t)$ 的形式与齐次解形式相同。

【例 3.8】求微分方程 $\dfrac{\mathrm{d}^2 y(t)}{\mathrm{d}t^2}+7\dfrac{\mathrm{d}y(t)}{\mathrm{d}t}+6y(t)=\dfrac{\mathrm{d}x(t)}{\mathrm{d}t}+2x(t)$ 所描述因果系统的冲激响应。

解 由方程求出特征根 $s_1=-1$，$s_2=-6$，于是有 $h(t)=(A_1\mathrm{e}^{-t}+A_2\mathrm{e}^{-6t})u(t)$，而且

$$\frac{\mathrm{d}h(t)}{\mathrm{d}t}=(-A_1\mathrm{e}^{-t}-6A_2\mathrm{e}^{-6t})u(t)+(A_1+A_2)\delta(t)$$

$$\frac{\mathrm{d}^2 h(t)}{\mathrm{d}t^2}=(A_1\mathrm{e}^{-t}+36A_2\mathrm{e}^{-6t})u(t)+(-A_1-6A_2)\delta(t)+(A_1+A_2)\frac{\mathrm{d}\delta(t)}{\mathrm{d}t}$$

将 $x(t)=\delta(t)$、$y(t)=h(t)$ 代入方程，整理得

$$(A_1+A_2)\frac{\mathrm{d}\delta(t)}{\mathrm{d}t}+(6A_1+A_2)\delta(t)=\frac{\mathrm{d}\delta(t)}{\mathrm{d}t}+2\delta(t)$$

则

$$\begin{cases}A_1+A_2=1\\6A_1+A_2=2\end{cases}$$

求得

$$\begin{cases}A_1=1/5\\A_2=4/5\end{cases}$$

于是，该系统的冲激响应为 $h(t)=\left(\dfrac{1}{5}\mathrm{e}^{-t}+\dfrac{4}{5}\mathrm{e}^{-6t}\right)u(t)$。

☞**注释：**这个例子让我们又一次体会到时域法的烦琐，这里仅仅着重说明冲激响应的基本概念，使用变换域法可以快捷地求得 LTI 系统的冲激响应。

例 3.8 所对应的微分方程属于 $N>M$ 的情况。若 $N=M$，$h(t)$ 将包含 $\delta(t)$ 项；若 $N<M$，$h(t)$ 还将包含 $\delta(t)$ 的导数项。

离散时间 LTI 系统的冲激响应求法是类似的。同时，由于差分方程的特性，还可以使用迭代法求取。

3.2.2 阶跃响应

以单位阶跃信号作为输入，系统所产生的零状态响应称为单位阶跃响应，或简称阶跃响应。分别以 $s(t)$ 与 $s[n]$ 表示连续时间系统与离散时间系统的阶跃响应。

由于许多信号同样可以分解为单位阶跃信号的线性组合，LTI 系统的阶跃响应也具有重要的意义。

按照定义，连续时间单位冲激信号与单位阶跃信号之间有微积分的关系，离散时间单位冲激信号与单位阶跃信号之间有差分与求和的关系，利用 LTI 系统的线性性质，LTI 系统的冲激响应与阶跃响应之间存在相同的关系。即对于连续时间 LTI 系统，有

$$s(t)=\int_{-\infty}^{t} h(\tau)\,\mathrm{d}\tau \tag{3.16}$$

$$h(t)=\frac{\mathrm{d}s(t)}{\mathrm{d}t} \tag{3.17}$$

对于离散时间 LTI 系统，有

$$s[n]=\sum_{m=-\infty}^{n} h[m] \tag{3.18}$$

$$h[n]=s[n]-s[n-1] \tag{3.19}$$

因此，当知道这两种响应之一时，另一种响应即可确定。

☞**注释**：在连续时间情况下，容易产生较理想的单位阶跃信号。因此，在实际中，往往先用实验手段测出一个连续时间 LTI 系统的阶跃响应 $s(t)$，对其微分以获得冲激响应 $h(t)$。

3.3　卷积积分及其性质

卷积积分的基本思想就是将连续时间信号分解为单位冲激信号或单位阶跃信号的线性组合，借助 LTI 系统的冲激响应或阶跃响应，利用 LTI 系统的线性与时不变性，求取连续时间 LTI 系统对任意连续时间信号的零状态响应。

连续时间LTI系统的卷积分析视频

3.3.1　用冲激函数表示连续时间信号

在 2.1.2 节中，定义宽度为 $\varDelta$、幅值为 $1/\varDelta$ 的矩形函数 $\delta_{\varDelta}(t)$ 如图 3.1 所示，即

$$\delta_{\varDelta}(t)=\begin{cases}\dfrac{1}{\varDelta} & -\dfrac{\varDelta}{2}<t<\dfrac{\varDelta}{2}\\ 0 & t<-\dfrac{\varDelta}{2}\text{与}t>\dfrac{\varDelta}{2}\end{cases} \tag{3.20}$$

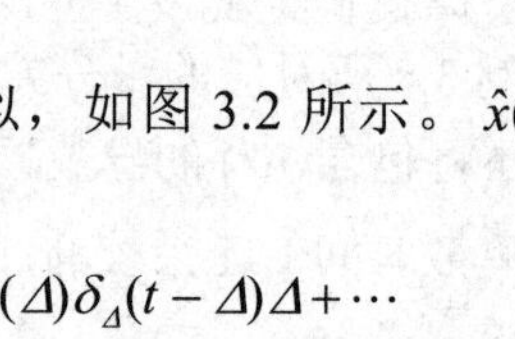

图 3.1　单位面积的矩形函数图

在 $\varDelta\to 0$ 时，$\delta_{\varDelta}(t)$ 的极限即为 $\delta(t)$。

连续时间信号 $x(t)$ 可以用一串脉冲或者阶梯信号 $\hat{x}(t)$ 来近似，如图 3.2 所示。$\hat{x}(t)$ 可表示为

$$\begin{aligned}\hat{x}(t)&=\cdots+x(-2\varDelta)\delta_{\varDelta}(t+2\varDelta)\varDelta+x(-\varDelta)\delta_{\varDelta}(t+\varDelta)\varDelta+x(0)\delta_{\varDelta}(t)\varDelta+x(\varDelta)\delta_{\varDelta}(t-\varDelta)\varDelta+\cdots\\&=\sum_{k=-\infty}^{+\infty}x(k\varDelta)\delta_{\varDelta}(t-k\varDelta)\varDelta\end{aligned} \tag{3.21}$$

可以看出，随着 $\varDelta$ 逐渐趋于 0，$\hat{x}(t)$ 越来越接近于 $x(t)$，最后极限就是 $x(t)$，因此

$$x(t)=\lim_{\varDelta\to 0}\sum_{k=-\infty}^{+\infty}x(k\varDelta)\delta_{\varDelta}(t-k\varDelta)\varDelta \tag{3.22}$$

且 $\varDelta \to 0$ 时，$k\varDelta$ 趋于连续变量，以 τ 表示，$\varDelta$ 以 $\mathrm{d}\tau$ 表示，$\delta_\varDelta(t)$ 的极限即为 $\delta(t)$，求和趋于积分，故由式(3.22)得

$$x(t)=\int_{-\infty}^{+\infty} x(\tau)\delta(t-\tau)\,\mathrm{d}\tau \tag{3.23}$$

这样，连续时间信号 $x(t)$ 就被表示为一个加权的移位冲激函数的“和”（积分）。

另外，式(3.23)还可以理解为冲激函数的筛选特性。由于 $\delta(t-\tau)$ 仅在 $\tau=t$ 时非零，所以，式(3.23)右端的积分就对 $x(\tau)$ 做了筛选，只保留 $\tau=t$ 时的值。

特别地，当 $x(t)=u(t)$ 时，式(3.23)则变成

$$\begin{aligned} u(t)&=\int_{-\infty}^{+\infty} u(\tau)\delta(t-\tau)\,\mathrm{d}\tau \\ &=\int_{0}^{+\infty} \delta(t-\tau)\,\mathrm{d}\tau \overset{t-\tau=\tau'}{=} \int_{-\infty}^{t} \delta(\tau')\,\mathrm{d}\tau' \end{aligned} \tag{3.24}$$

再次揭示了连续时间单位冲激函数与单位阶跃函数之间的关系。

3.3.2 连续时间 LTI 系统的卷积积分表示

式(3.22)将 $\hat{x}(t)$ 表示为加权的移位矩形函数之和。假设矩形函数 $\delta_\varDelta(t)$ 对应 LTI 系统的零状态响应为 $h_\varDelta(t)$，即 $\delta_\varDelta(t)\to h_\varDelta(t)$，根据 LTI 系统的时不变性质，得 $\delta_\varDelta(t-k\varDelta)\to h_\varDelta(t-k\varDelta)$，进一步利用线性性质，得 $x(k\varDelta)\delta_\varDelta(t-k\varDelta)\to x(k\varDelta)h_\varDelta(t-k\varDelta)$，则

$$\begin{aligned} \hat{x}(t)&=\sum_{k=-\infty}^{+\infty} x(k\varDelta)\delta_\varDelta(t-k\varDelta)\varDelta \to \hat{y}(t) \\ &=\sum_{k=-\infty}^{+\infty} x(k\varDelta)h_\varDelta(t-k\varDelta)\varDelta \end{aligned} \tag{3.25}$$

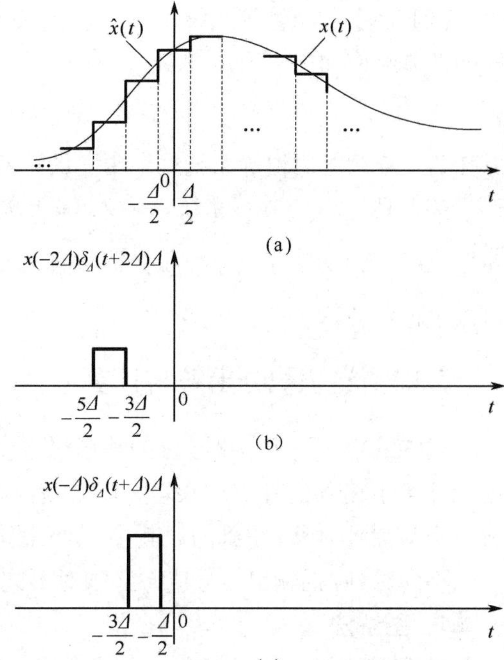

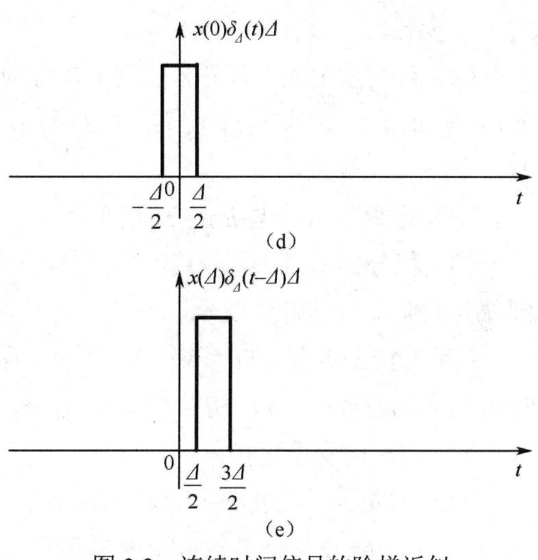

图 3.2 连续时间信号的阶梯近似

随着 $\varDelta\to 0$，$\hat{x}(t)$ 逼近于 $x(t)$，$k\varDelta$ 趋于连续变量，以 τ 表示，$\varDelta$ 以 $\mathrm{d}\tau$ 表示，$\delta_\varDelta(t)$ 的极限即为 $\delta(t)$，$\delta(t)$ 的零状态响应为 $h(t)$，求和趋于积分，故由上式得

$$x(t)\to y(t)=\int_{-\infty}^{+\infty} x(\tau)h(t-\tau)\,\mathrm{d}\tau \tag{3.26}$$

式(3.26)称为卷积积分或叠加积分，以后将两个信号 $x(t)$ 与 $h(t)$ 的卷积积分表示为

$$y(t)=x(t)*h(t) \tag{3.27}$$

表明一个连续时间 LTI 系统完全由它的冲激响应来表征。

☞**注释**：式(3.26)的推导基于线性与时不变性的前提条件，因此，结论只适用于 LTI 系统。

【例 3.9】一个恒等系统，输入/输出关系为 $y(t)=x(t)$，按照冲激响应的定义，可得出该系统的冲激响应 $h(t)=\delta(t)$，则任意输入信号 $x(t)$ 的输出为

$$y(t)=\int_{-\infty}^{+\infty}x(\tau)h(t-\tau)\,\mathrm{d}\,\tau=\int_{-\infty}^{+\infty}x(\tau)\delta(t-\tau)\,\mathrm{d}\,\tau=x(t)$$

意味着，连续时间恒等系统完全由它的冲激响应 $h(t)=\delta(t)$ 来表征。

类似地，一个时移系统，输入/输出关系为 $y(t)=x(t-t_0)$，该系统完全由它的冲激响应 $h(t)=\delta(t-t_0)$ 来表征；一个积分器，输入/输出关系为 $y(t)=\int_{-\infty}^{t}x(\tau)\,\mathrm{d}\,\tau$，其冲激响应 $h(t)=u(t)$ 可以表征积分器。

3.3.3 卷积积分求解与计算

式(3.26)表明，任一时刻 t 的输出信号值是输入信号的加权和。具体说，任一时刻 t 的输出值 $y(t)$ 等于输入信号 $x(\tau)$ 乘以 $h(t-\tau)$ 后，在 τ 从 $-\infty$ 到 $+\infty$ 上求积分得到的值。$h(t-\tau)$ 是由 $h(\tau)$ 反转后再时移 t 得到的，其中 τ 是积分变量，t 是参变量。

不同时刻 t 的输出信号值，必须对不同的 t 进行上述加权积分求得。

1. 图解法

对不同时刻 t，$x(t)$ 与 $h(t)$ 进行卷积积分的图解法可以分为 3 个步骤。

（1）自变量变换：首先自变量 t 改写为 τ，$x(t)$ 与 $h(t)$ 变为 $x(\tau)$ 与 $h(\tau)$；其次 $h(\tau)$ 反转为 $h(-\tau)$；然后 $h(-\tau)$ 时移为 $h(t-\tau)$。

（2）相乘：$x(\tau)$ 与 $h(t-\tau)$ 相乘。

（3）积分：$x(\tau)$ $h(t-\tau)$ 积分，其中 τ 是积分变量，积分范围从 $-\infty$ 到 $+\infty$，t 是参变量。

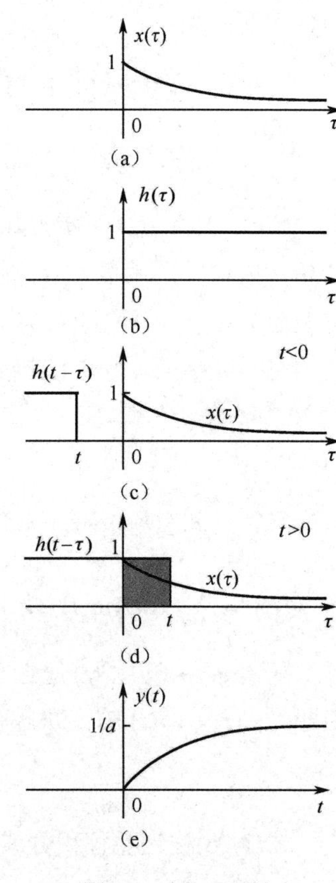

图 3.3 例 3.10 图

【例 3.10】若某 LTI 系统的输入为 $x(t)=\mathrm{e}^{-at}u(t)$，$a>0$，冲激响应为 $h(t)=u(t)$，初始状态为 0，求该系统的输出 $y(t)$。

解 (1) 自变量变换：

$x(\tau)$ 与 $h(\tau)$ 分别如图 3.3(a)、(b)所示，将 $h(\tau)$ 反转并时移为 $h(t-\tau)$，$t<0$ 与 $t>0$ 的情况分别如图 3.3(c)、(d)所示。

(2) 相乘：

$t<0$ 时，$x(\tau)h(t-\tau)=0$

$t>0$ 时，$x(\tau)h(t-\tau)=\begin{cases}\mathrm{e}^{-a\tau} & 0<\tau<t\\ 0 & \tau<0,\ \ \tau>t\end{cases}$

(3) 积分：

$t<0$ 时，$y(t)=\int_{-\infty}^{+\infty}x(\tau)h(t-\tau)\mathrm{d}\,\tau=0$

$t>0$ 时，$y(t)=\int_{-\infty}^{+\infty}x(\tau)h(t-\tau)\mathrm{d}\,\tau=\int_{0}^{t}\mathrm{e}^{-a\tau}\mathrm{d}\,\tau=\dfrac{1-\mathrm{e}^{-at}}{a}$

综合而言，$y(t)=\dfrac{1-\mathrm{e}^{-at}}{a}u(t)$，如图 3.3(e)所示。

☞**注释**：本题中 LTI 系统的冲激响应 $h(t)=u(t)$，该系统为积分器，也可以通过直接对输入信号积分得出输出信号。

【例 3.11】 求下列两个信号的卷积积分：

$$x(t)=\begin{cases}1 & 0<t<T\\ 0 & t<0,t>T\end{cases}$$

$$h(t)=\begin{cases}1 & 0<t<2T\\ 0 & t<0,t>2T\end{cases}$$

解 (1) 自变量变换：$x(\tau)$ 与 $h(\tau)$ 分别如图 3.4(a)所示，将 $h(\tau)$ 反转并时移为 $h(t-\tau)$，$t<0$、$0<t<T$、$T<t<2T$、$2T<t<3T$ 与 $t>3T$ 的情况分别示于图 3.4(b)～(f)。

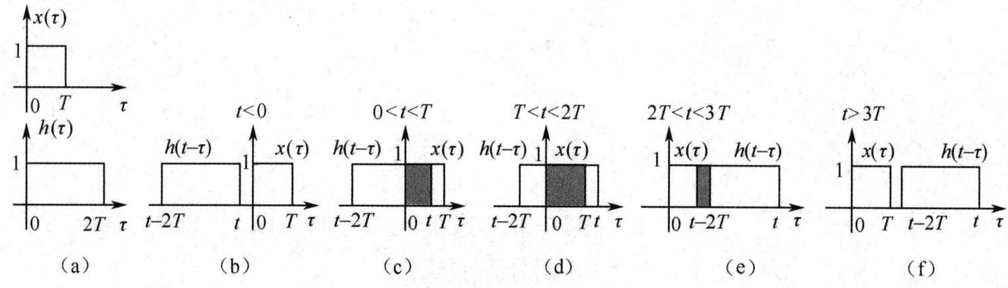

图 3.4　例 3.11 图

(2) 相乘：

$t<0$ 时，$x(\tau)h(t-\tau)=0$

$0<t<T$ 时，$x(\tau)h(t-\tau)=\begin{cases}1 & 0<\tau<t\\ 0 & \tau<0,\tau>t\end{cases}$

$T<t<2T$ 时，$x(\tau)h(t-\tau)=\begin{cases}1 & 0<\tau<T\\ 0 & \tau<0,\tau>T\end{cases}$

$2T<t<3T$ 时，$x(\tau)h(t-\tau)=\begin{cases}1 & t-2T<\tau<T\\ 0 & \tau<t-2T,\tau>T\end{cases}$

$t>3T$ 时，$x(\tau)h(t-\tau)=0$

(3) 积分：

$t<0$ 时，$y(t)=\int_{-\infty}^{+\infty}x(\tau)h(t-\tau)\,\mathrm{d}\tau=0$

$0<t<T$ 时，$y(t)=\int_{-\infty}^{+\infty}x(\tau)h(t-\tau)\,\mathrm{d}\tau=\int_0^t\mathrm{d}\tau=t$

$T<t<2T$ 时，$y(t)=\int_{-\infty}^{+\infty}x(\tau)h(t-\tau)\,\mathrm{d}\tau=\int_0^T\mathrm{d}\tau=T$

$2T<t<3T$ 时，$y(t)=\int_{-\infty}^{+\infty}x(\tau)h(t-\tau)\mathrm{d}\tau=\int_{t-2T}^{T}\mathrm{d}\tau=3T-t$

$t>3T$ 时，$y(t)=\int_{-\infty}^{+\infty}x(\tau)h(t-\tau)\,\mathrm{d}\tau=0$

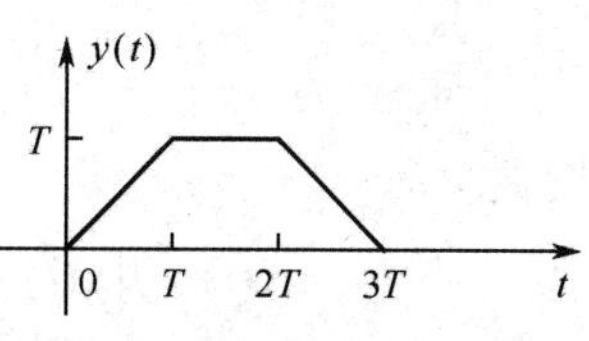

图 3.5　例 3.11 中输出信号

综合而言，$y(t)$ 如图 3.5 所示。

☞**注释**：连续时间矩形函数相卷积的结果为梯形，若两个矩形函数完全相同，则卷积的结果为三角形。

2．解析法

对于简单信号的卷积，用图解法可分区间计算，既直观又方便。但是，对于较复杂信号的卷积，用图解法求解就比较烦琐，难以得到闭合解。解析法就是以一个闭合的解析表达式来求解卷积的。

【例 3.12】用解析法重新求解例 3.10 的零状态响应 $y(t)$。

解 $y(t)=x(t)*h(t)=\int_{-\infty}^{+\infty}x(\tau)h(t-\tau)\mathrm{d}\tau=\int_{-\infty}^{+\infty}\mathrm{e}^{-a\tau}u(\tau)u(t-\tau)\mathrm{d}\tau$

由图 3.6 可知：$t<0$ 时，$u(\tau)u(t-\tau)=0$；$t>0$ 时，$u(\tau)u(t-\tau)=\begin{cases}1 & 0<\tau<t\\ 0 & \tau<0,\tau>t\end{cases}$。因此

$$y(t)=x(t)*h(t)=\begin{cases}\int_0^t \mathrm{e}^{-a\tau}\mathrm{d}\tau & t>0\\ 0 & t<0\end{cases}$$

$$=\begin{cases}\dfrac{1-\mathrm{e}^{-at}}{a} & t>0\\ 0 & t<0\end{cases}=\frac{1-\mathrm{e}^{-at}}{a}u(t)$$

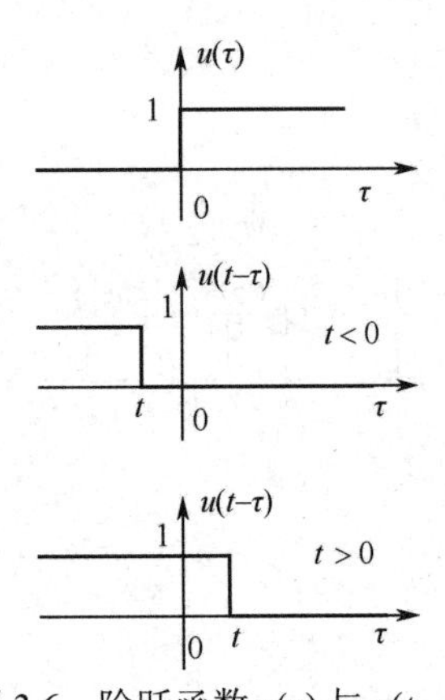

图 3.6　阶跃函数 $u(\tau)$ 与 $u(t-\tau)$

在解析计算过程中涉及两个问题。

（1）积分限的确定

按照定义，卷积积分的积分区间应从 $-\infty$ 到 $+\infty$，但是，如果在某段区间 $x(\tau)$ 与 $h(t-\tau)$ 两个函数之一为 0，则积分值必然为 0，此区间无须积分，因而实际积分范围将有所减小。

（2）积分有效范围的确定

积分上限必须大于下限，例如 $\int_{t_2}^{t-t_1}\mathrm{e}^{-a\tau}\mathrm{d}\tau$ 的有效积分范围必然是 $t-t_1>t_2$，以阶跃函数 $u(t-t_1-t_2)$ 来表示。

【例 3.13】用解析法重新求解例 3.11 的零状态响应 $y(t)$。

解 $x(t)$ 与 $h(t)$ 的解析式分别为 $x(t)=u(t)-u(t-T)$，$h(t)=u(t)-u(t-2T)$，则

$$y(t)=x(t)*h(t)=\int_{-\infty}^{+\infty}x(\tau)h(t-\tau)\mathrm{d}\tau=\int_{-\infty}^{+\infty}\left[u(\tau)-u(\tau-T)\right]\cdot\left[u(t-\tau)-u(t-\tau-2T)\right]\mathrm{d}\tau$$

$$=\int_{-\infty}^{+\infty}u(\tau)u(t-\tau)\mathrm{d}\tau-\int_{-\infty}^{+\infty}u(\tau-T)u(t-\tau)\mathrm{d}\tau-\int_{-\infty}^{+\infty}u(\tau)u(t-\tau-2T)\mathrm{d}\tau+\int_{-\infty}^{+\infty}u(\tau-T)u(t-\tau-2T)\mathrm{d}\tau$$

$$=\int_0^t\mathrm{d}\tau\cdot u(t)-\int_T^t\mathrm{d}\tau\cdot u(t-T)-\int_0^{t-2T}\mathrm{d}\tau\cdot u(t-2T)+\int_T^{t-2T}\mathrm{d}\tau\cdot u(t-3T)$$

$$=tu(t)-(t-T)u(t-T)-(t-2T)u(t-2T)+(t-3T)u(t-3T)$$

整理得

$$y(t)=t\left[u(t)-u(t-T)\right]+T\left[u(t-T)-u(t-2T)\right]+(3T-t)\left[u(t-2T)-u(t-3T)\right]$$

$$=\begin{cases}t & 0<t<T\\ T & T<t<2T\\ 3T-t & 2T<t<3T\\ 0 & t<0,t>3T\end{cases}$$

3.3.4 卷积积分的性质

作为一种数学运算，卷积积分具有某些特殊性质，这些性质在信号与系统分析中具有重要作用，同时可以简化卷积积分的运算。

1. 卷积积分的代数性质

通常乘法运算中的交换律、分配律与结合律也适用于卷积积分运算。

（1）交换律

$$x_1(t)*x_2(t)=x_2(t)*x_1(t)=\int_{-\infty}^{+\infty}x_2(\tau)x_1(t-\tau)\mathrm{d}\tau \tag{3.28}$$

式(3.28)表明 $x_1(t)$ 与 $x_2(t)$ 的作用可以互换。从计算的角度，两种形式中的一种可能简化计算；从系统的角度，输入为 $x(t)$、冲激响应为 $h(t)$ 的 LTI 系统的输出等同于输入为 $h(t)$、冲激响应为 $x(t)$ 的 LTI 系统的输出。

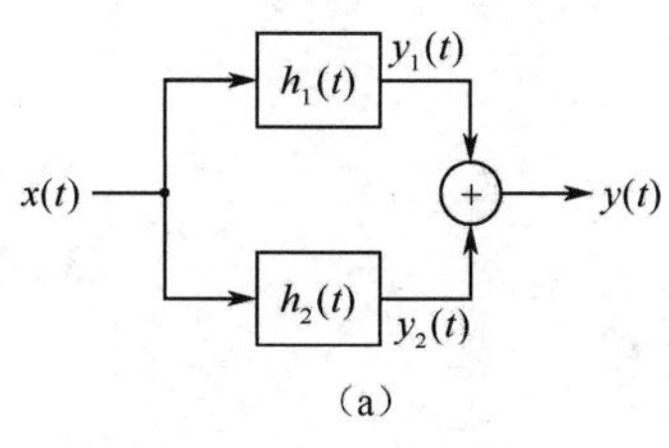

(a)

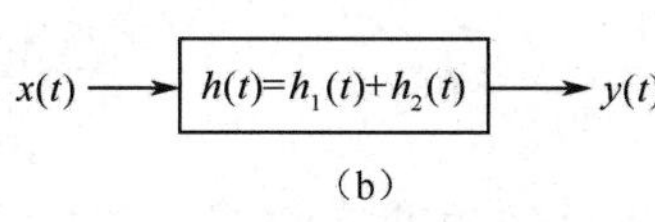

(b)

图 3.7 LTI 系统并联中分配律的说明

（2）分配律

$$x_1(t)*[x_2(t)+x_3(t)]=x_1(t)*x_2(t)+x_1(t)*x_3(t) \tag{3.29}$$

分配律可以由系统的互联来解释。图 3.7(a)表示冲激响应分别为 $h_1(t)$ 与 $h_2(t)$ 的两个 LTI 系统并联，两个系统的输出分别为

$$\begin{aligned}y_1(t)&=x(t)*h_1(t)\\y_2(t)&=x(t)*h_2(t)\end{aligned} \tag{3.30}$$

并联后总的输出为

$$y(t)=y_1(t)+y_2(t)=x(t)*h_1(t)+x(t)*h_2(t) \tag{3.31}$$

图 3.7(b)的输出为

$$y(t)=x(t)*[h_1(t)+h_2(t)] \tag{3.32}$$

按照卷积积分的分配律，图 3.7(a)的系统与图 3.7(b)的系统是等效的。

☞**注释**：LTI 系统的并联可以用一个单独的 LTI 系统来替代，而该系统的冲激响应等于并联中各个子系统的冲激响应之和，再次强调了 LTI 系统完全可以由它的冲激响应表征。

同时考虑交换律与分配律，有

$$[x_1(t)+x_2(t)]*h(t)=x_1(t)*h(t)+x_2(t)*h(t) \tag{3.33}$$

此式说明，LTI 系统对两个输入和的响应等于两个输入各自通过系统后所得输出的和，即线性性质中的叠加性。

（3）结合律

$$[x_1(t)*x_2(t)]*x_3(t)=x_1(t)*[x_2(t)*x_3(t)] \tag{3.34}$$

结合律可以由系统的互联来解释。图 3.8(a)表示冲激响应分别为 $h_1(t)$ 与 $h_2(t)$ 的两个 LTI 系统级联，两个系统的输出分别为

$$\begin{aligned}w(t)&=x(t)*h_1(t)\\y(t)&=w(t)*h_2(t)\end{aligned} \tag{3.35}$$

级联后总的输出为

$$y(t)=w(t)*h_2(t)=[x(t)*h_1(t)]*h_2(t) \tag{3.36}$$

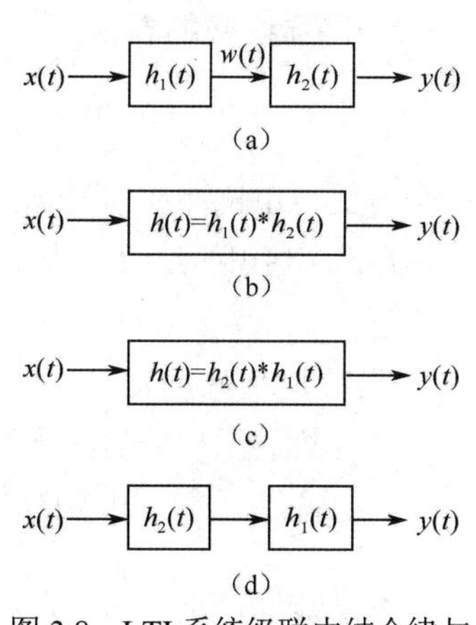

图 3.8 LTI 系统级联中结合律与交换律的说明

图 3.8(b)的输出为

$$y(t)=x(t)*[h_1(t)*h_2(t)] \tag{3.37}$$

按照卷积的结合律，图 3.8(a)的系统与图 3.8(b)的系统是等效的。

☞**注释**：因此，LTI 系统的级联可以用一个单独的 LTI 系统来替代，而该系统的冲激响应等于级联中各个子系统冲激响应的卷积。

将交换律与结合律结合在一起，可以发现 LTI 的另一个重要性质。由于卷积积分顺序是可以互换的，即

$$x(t)*[h_1(t)*h_2(t)]=x(t)*[h_2(t)*h_1(t)] \tag{3.38}$$

即图 3.8(c)与图 3.8(b)就是等效的，再根据结合律，图 3.8(c)的系统又可等效为图 3.8(d)的系统。因此，图 3.8(a)与图 3.8(d)的系统完全等效，意味着 LTI 系统级联后的冲激响应与其级联顺序无关。

☞**注释**：级联顺序可以互换这个特性是 LTI 系统所特有的。

2. 时移性质

假设 $y(t)=x_1(t)*x_2(t)$，则

$$x_1(t-t_1)*x_2(t-t_2)=y(t-t_1-t_2) \tag{3.39}$$

即两个函数卷积积分后总的时移量等效为两个函数各自时移量之和。

由卷积积分的时移性质可以得出

$$x(t)*\delta(t-t_0)=x(t-t_0) \tag{3.40}$$

即时移系统的特性。

更一般地，式(3.39)中两个被卷积函数可以理解为两个 LTI 系统的冲激响应，即假设 $h_1(t)*h_2(t)=h(t)$，则

$$h_1(t-t_1)*h_2(t-t_2)=h(t-t_1-t_2) \tag{3.41}$$

此式意味着，两个 LTI 系统级联后总的时移量等效为两个 LTI 系统各自时移量之和。

例如，某延时系统的冲激响应为 $h_1(t)=\delta(t-t_1)$，其中 $t_1>0$，另一个超前系统与其级联，冲激响应为 $h_2(t)=\delta(t+t_1)$，则两系统级联后总的冲激响应为 $h(t)=h_1(t)*h_2(t)=\delta(t)$，等效于恒等系统。这个例子实现了延时信号的恢复。

3. 与冲激函数的卷积

$$x(t)*\delta(t)=x(t) \tag{3.42}$$

$$x(t)*\delta(t-t_0)=x(t-t_0) \tag{3.43}$$

即一个函数与单位冲激信号 $\delta(t)$ 卷积的结果依然为函数本身，一个函数与经过时移的单位冲激信号 $\delta(t-t_0)$ 卷积的结果相当于对函数进行了时移，可以理解为信号分别通过一个恒等系统和时移系统。

4. 微分与积分性质

两个函数卷积积分后的导数等于其中一个函数的导数与另一个函数的卷积积分，其表示式为

$$\frac{\mathrm{d}[x_1(t)*x_2(t)]}{\mathrm{d}t}=\frac{\mathrm{d}x_1(t)}{\mathrm{d}t}*x_2(t)=x_1(t)*\frac{\mathrm{d}x_2(t)}{\mathrm{d}t} \tag{3.44}$$

两个函数卷积积分后的积分等于其中一个函数的积分与另一个函数的卷积积分，其表示式为

$$\int_{-\infty}^{t}[x_1(\tau)*x_2(\tau)]\mathrm{d}\tau=\int_{-\infty}^{t}x_1(\tau)\mathrm{d}\tau*x_2(t)=x_1(t)*\int_{-\infty}^{t}x_2(\tau)\mathrm{d}\tau \tag{3.45}$$

类似地，可以推出卷积积分的高阶导数或多重积分的运算规律。

由卷积积分的微积分性质可以得出

$$x(t)*\frac{\mathrm{d}\,\delta(t)}{\mathrm{d}\,t}=\frac{\mathrm{d}\,x(t)}{\mathrm{d}\,t} \tag{3.46}$$

$$x(t)*u(t)=\int_{-\infty}^{t}x(\tau)\,\mathrm{d}\,\tau \tag{3.47}$$

$$\frac{\mathrm{d}\,\delta(t)}{\mathrm{d}\,t}*u(t)=\delta(t) \tag{3.48}$$

式(3.46)与式(3.47)分别为微分器与积分器的特性；式(3.48)表明微分器与积分器级联后为恒等系统，微分器与积分器互为逆系统。

推广到更一般的情况，可得

$$x(t)*\delta^{(m)}(t)=x^{(m)}(t) \tag{3.49}$$

$$\delta^{(m)}(t)*\delta^{(n)}(t)=\delta^{(m+n)}(t) \tag{3.50}$$

式中，m 与 n 表示微分或积分的次数，当 m 与 n 取正整数时表示微分阶次，取负整数时表示积分次数，例如 $u(t)$ 就可以用 $\delta^{(-1)}(t)$ 表示。

☞**注释：** 卷积积分的微积分性质可以简化卷积积分运算。

【例 3.14】 利用卷积积分的微积分性质计算例 3.11 中两个信号的卷积。

解 两个信号如图 3.9(a)、(b)所示，这两个矩形信号的微分均为冲激信号，将 $x(t)$ 微分示于图 3.9(c)，即

$$\frac{\mathrm{d}\,x(t)}{\mathrm{d}\,t}=\delta(t)-\delta(t-T)$$

将 $h(t)$ 积分，如图 3.9(d)所示，按照卷积积分的微积分性质，得

$$y(t)=x(t)*h(t)=\frac{\mathrm{d}\,x(t)}{\mathrm{d}\,t}*h^{(-1)}(t)=[\delta(t)-\delta(t-T)]*h^{(-1)}(t)=h^{(-1)}(t)-h^{(-1)}(t-T)$$

$$=\begin{cases} t & 0<t<T \\ T & T<t<2T \\ 3T-t & 2T<t<3T \\ 0 & t<0,t>3T \end{cases}$$

结果与例 3.11 的图解法及例 3.13 的解析法的结果完全一致，如图 3.9(e)所示。从上述讨论可以看出，如果对某一函数微分后出现冲激函数及其时移，将简化卷积积分计算。

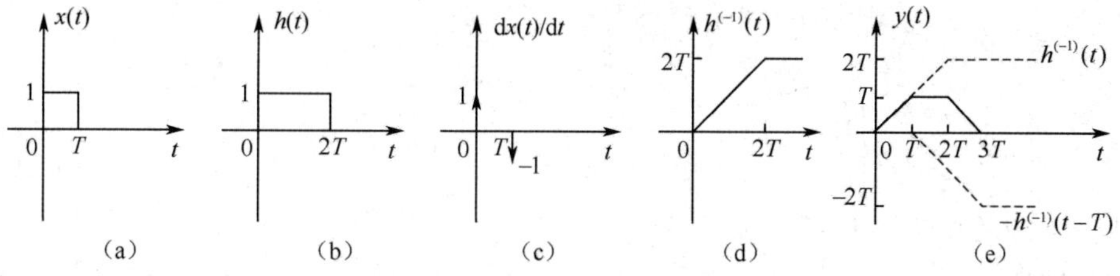

图 3.9 利用卷积积分性质简化例 3.11 的计算

☞**注释：** 按照卷积积分的微分与积分性质，上例还可以交换卷积积分与积分的顺序，即某函数微分后与第二个函数卷积积分，之后再积分。

5. 卷积积分的宽度

若 $x_1(t)$ 与 $x_2(t)$ 的持续时间均是有限的，分别为 T_1 与 T_2，则 $x_1(t)*x_2(t)$ 的持续时间为

T_1+T_2。该性质很容易通过卷积积分的图解法证明。例 3.14 两个矩形信号的卷积积分很好地验证了这个结论。

6．指数信号 e^{st} 通过 LTI 系统的响应

考虑冲激响应为 $h(t)$ 的连续时间 LTI 系统，若输入为 $x(t)=e^{st}$，则输出为

$$y(t)=h(t)*x(t)=\int_{-\infty}^{+\infty}h(\tau)x(t-\tau)\mathrm{d}\tau=\int_{-\infty}^{+\infty}h(\tau)e^{s(t-\tau)}\mathrm{d}\tau=e^{st}\int_{-\infty}^{+\infty}h(\tau)e^{-s\tau}\mathrm{d}\tau \tag{3.51}$$

若 $\int_{-\infty}^{+\infty}h(\tau)e^{-s\tau}\mathrm{d}\tau$ 收敛，则

$$e^{st}\xrightarrow{\text{LTI系统}}H(s)e^{st} \tag{3.52}$$

其中 $H(s)$ 是一个复常数，与系统冲激响应 $h(t)$ 的关系为

$$H(s)=\int_{-\infty}^{+\infty}h(\tau)e^{-s\tau}\mathrm{d}\tau \tag{3.53}$$

☞**注释**：给定 s 时，对于指数信号 e^{st}，LTI 系统的输入与输出是相同的（仅仅相差一个常数）。这是后续连续时间 LTI 系统复频域分析的基础。

离散时间LTI系统的卷积分析视频

3.4 卷积和及其性质

类似于连续时间系统，可以将离散时间信号分解为单位冲激序列的线性组合，借助 LTI 系统的冲激响应，利用 LTI 系统的线性与时不变性，从而求取离散时间 LTI 系统对任意信号的零状态响应。

3.4.1 用脉冲表示离散时间信号

离散时间信号 $x[n]$ 可以表示为一串单个脉冲的和，如图 3.10 所示。图中

$$x[-2]\delta[n+2]=\begin{cases}x[-2] & n=-2\\ 0 & n\neq -2\end{cases} \tag{3.54}$$

$$x[-1]\delta[n+1]=\begin{cases}x[-1] & n=-1\\ 0 & n\neq -1\end{cases} \tag{3.55}$$

$$x[0]\delta[n]=\begin{cases}x[0] & n=0\\ 0 & n\neq 0\end{cases} \tag{3.56}$$

$$x[1]\delta[n-1]=\begin{cases}x[1] & n=1\\ 0 & n\neq 1\end{cases} \tag{3.57}$$

这 4 个脉冲之和就等于 $-2\leqslant n\leqslant -1$ 区间内的 $x[n]$，若扩展到更多的移位加权脉冲，得

$$\begin{aligned}x[n]=&\cdots+x[-2]\delta[n+2]+x[-1]\delta[n+1]+\\&x[0]\delta[n]+x[1]\delta[n-1]+\cdots=\sum_{k=-\infty}^{+\infty}x[k]\delta[n-k]\end{aligned} \tag{3.58}$$

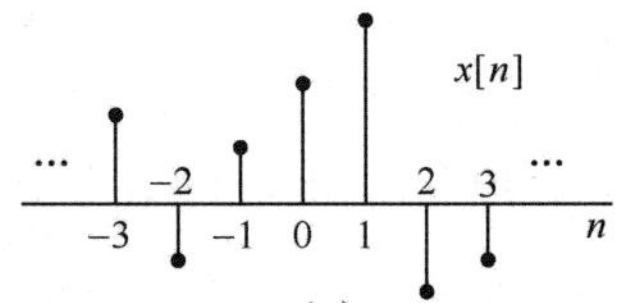

（a）

x[−2]δ[n+2]
… −3 −2 −1 0 1 2 3 … n
（b）

x[−1]δ[n+1]
… −3 −2 −1 0 1 2 3 … n
（c）

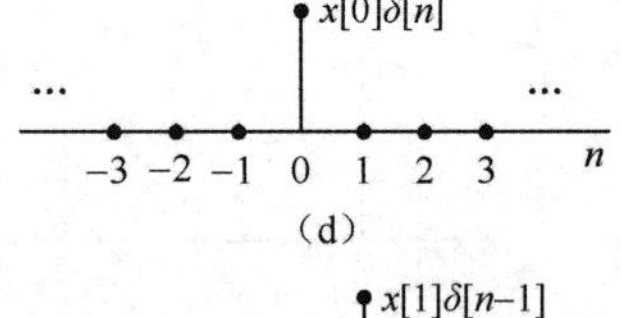

（d）

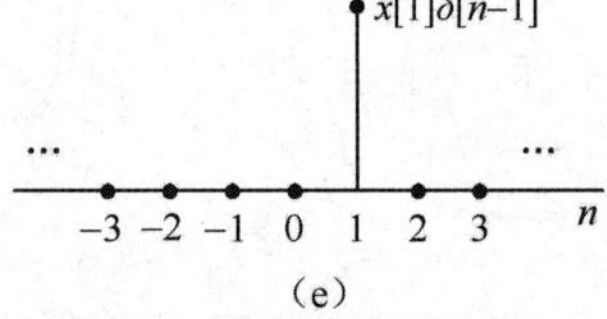

（e）

图 3.10 离散时间信号分解

相当于将任意离散时间信号表示成一串移位的单位冲激序列 $\delta[n-k]$ 的线性组合，其中权因子为 $x[k]$。

另外，式(3.58)还可以理解为单位冲激序列的筛选特性。由于 $\delta[n-k]$ 仅在 $k=n$ 时非零，所以，式(3.58)右端的求和就对 $x[k]$ 做了筛选，只保留 $k=n$ 时的值。

特别地，当 $x[n]=u[n]$ 时，式(3.58)则变成

$$u[n]=\sum_{k=-\infty}^{+\infty}u[k]\delta[n-k]=\sum_{k=0}^{+\infty}\delta[n-k]=\sum_{m=-\infty}^{n}\delta[m] \tag{3.59}$$

再次揭示了离散时间单位冲激序列与单位阶跃序列之间的关系。

3.4.2 离散时间 LTI 系统的卷积和表示

式(3.58)将离散时间信号 $x[n]$ 表示成一串移位的单位冲激序列的线性组合。假设单位冲激序列 $\delta[n]$ 对应 LTI 系统的零状态响应为 $h[n]$，即 $\delta[n]\to h[n]$，根据 LTI 系统的基本性质，则 $\delta[n-k]\to h[n-k]$，$x[k]\delta[n-k]\to x[k]h[n-k]$，进一步利用线性性，得

$$x[n]=\sum_{k=-\infty}^{+\infty}x[k]\delta[n-k]\to y[n]=\sum_{k=-\infty}^{+\infty}x[k]h[n-k] \tag{3.60}$$

式(3.60)称为卷积和，以后将两个信号 $x[n]$ 与 $h[n]$ 的卷积和表示为

$$y[n]=x[n]*h[n] \tag{3.61}$$

表明一个离散时间 LTI 系统完全由它的冲激响应来表征，那么 LTI 系统的冲激响应完全刻画了系统的特性。

一个恒等系统，输入/输出关系为 $y[n]=x[n]$，按照冲激响应的定义，该系统的冲激响应为 $h[n]=\delta[n]$，则任意输入信号 $x[n]$ 的输出为

$$y[n]=\sum_{k=-\infty}^{+\infty}x[k]h[n-k]=\sum_{k=-\infty}^{+\infty}x[k]\delta[n-k]=x[n]$$

意味着，离散时间恒等系统完全由它的冲激响应 $h[n]=\delta[n]$ 来表征。

同理，一个时移系统，输入/输出关系为 $y[n]=x[n-n_0]$，完全由它的冲激响应 $h[n]=\delta[n-n_0]$ 来表征；一个累加器，输入/输出关系为 $y[n]=\sum_{k=-\infty}^{n}x[k]$，表征该系统的冲激响应为 $h[n]=u[n]$。

3.4.3 卷积和求解与计算

式(3.60)表明，任一时刻 n 的输出信号值是输入信号的加权和。具体地说，任一时刻 n 的输出值 $y[n]$ 等于输入信号 $x[k]$ 乘以 $h[n-k]$ 后，在 k 从 $-\infty$ 到 $+\infty$ 上求和得到的值，其中 $h[n-k]$ 由 $h[k]$ 反转后再时移 n，k 是求和变量，n 是参变量。

不同时刻 n 的输出信号值，必须对不同的 n 进行上述加权求和。

1．图解法

对不同时刻 n，$x[n]$ 与 $h[n]$ 进行卷积和的图解法可以分为 3 个步骤。

（1）自变量变换：首先自变量 n 改写为 k，$x[n]$ 与 $h[n]$ 变为 $x[k]$ 与 $h[k]$；其次 $h[k]$ 反转为 $h[-k]$；最后 $h[-k]$ 移位为 $h[n-k]$。

（2）相乘：$x[k]$ 与 $h[n-k]$ 相乘。

（3）求和：$x[k]\ h[n-k]$ 求和，k 是求和变量，求和范围从 $-\infty$ 到 $+\infty$，n 是参变量。

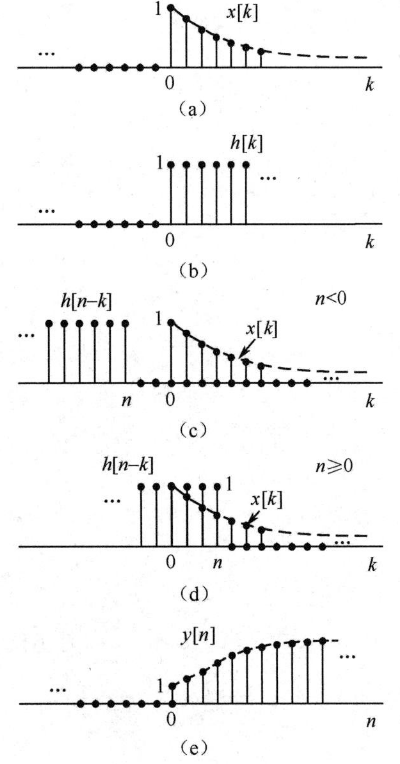

图 3.11　例 3.15 图

【例 3.15】某 LTI 系统的输入为 $x[n]=a^n u[n]$，$0<a<1$，冲激响应为 $h[n]=u[n]$，初始状态为 0，求该系统的输出 $y[n]$。

解　(1) 自变量变换：$x[k]$、$h[k]$ 分别如图 3.11(a)、(b)所示，将 $h[k]$ 反转并时移为 $h[n-k]$，$n<0$ 与 $n>0$ 的情况分别如图 3.11(c)、(d)所示。

(2) 相乘：

$n<0$ 时，$x[k]h[n-k]=0$

$$n\geqslant 0 \text{ 时，} x[k]h[n-k]=\begin{cases} a^k & 0\leqslant k\leqslant n \\ 0 & k<0, k>n \end{cases}$$

(3) 求和：

$$n<0 \text{ 时，} y[n]=\sum_{k=-\infty}^{+\infty} x[k]h[n-k]=0$$

$$n\geqslant 0 \text{ 时，} y[n]=\sum_{k=-\infty}^{+\infty} x[k]h[n-k]=\sum_{k=0}^{n} a^k=\frac{1-a^{n+1}}{1-a}$$

综合而言，$y[n]=\dfrac{1-a^{n+1}}{1-a}u[n]$，如图 3.11(e)所示。

☞**注释**：本题中 LTI 系统的冲激响应 $h[n]=u[n]$，该系统为累加器，也可直接对输入信号求和获得输出。

【例 3.16】求下列两个信号的卷积和：

$$x[n]=\begin{cases} 1 & 0\leqslant n\leqslant 4 \\ 0 & n<0,\ \ n>4 \end{cases}$$

$$h[n]=\begin{cases} 1 & 0\leqslant n\leqslant 6 \\ 0 & n<0,\ \ n>6 \end{cases}$$

解　(1) 自变量变换：

$x[k]$ 和 $h[k]$ 分别如图 3.12(a)所示，将 $h[k]$ 反转并时移为 $h[n-k]$，$n<0$、$0\leqslant n\leqslant 4$、$4<n\leqslant 6$、$6<n\leqslant 10$ 与 $n>10$ 的情况分别如图 3.12(b)～(f)所示。

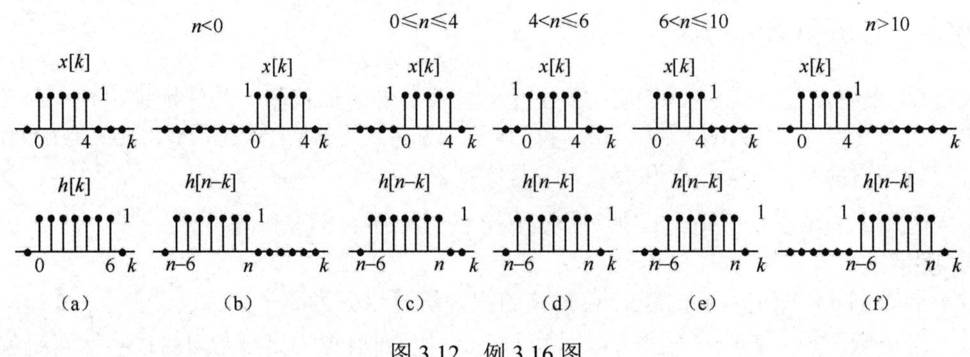

图 3.12　例 3.16 图

(2) 相乘：

$n<0$ 时，$x[k]h[n-k]=0$

$0 \leqslant n \leqslant 4$ 时，$x[k]h[n-k]=\begin{cases}1 & 0 \leqslant k \leqslant n \\ 0 & k<0,\quad k>n\end{cases}$

$4<n \leqslant 6$ 时，$x[k]h[n-k]=\begin{cases}1 & 0 \leqslant k \leqslant 4 \\ 0 & k<0,\quad k>4\end{cases}$

$6<n \leqslant 10$ 时，$x[k]h[n-k]=\begin{cases}1 & n-6 \leqslant k \leqslant 4 \\ 0 & k<n-6,\quad k>4\end{cases}$

$n>10$ 时，$x[k]h[n-k]=0$

(3) 求和：

$n<0$ 时，$y[n]=\sum_{k=-\infty}^{+\infty} x[k]h[n-k]=0$

$0 \leqslant n \leqslant 4$ 时，$y[n]=\sum_{k=-\infty}^{+\infty} x[k]h[n-k]=\sum_{k=0}^{n} 1=n+1$

$4<n \leqslant 6$ 时，$y[n]=\sum_{k=-\infty}^{+\infty} x[k]h[n-k]=\sum_{k=0}^{4} 1=5$

$6<n \leqslant 10$ 时，$y[n]=\sum_{k=-\infty}^{+\infty} x[k]h[n-k]=\sum_{k=n-6}^{4} 1=11-n$

$n>10$ 时，$y[n]=\sum_{k=-\infty}^{+\infty} x[k]h[n-k]=0$

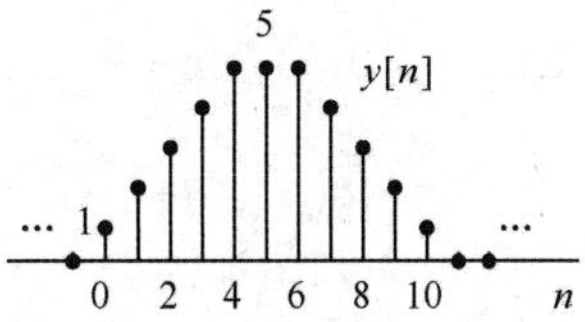

图 3.13　例 3.16 输出信号

综合而言，$y[n]$ 如图 3.13 所示。

☞**注释：**与连续情况类似，两个不同的离散时间矩形函数相卷积的结果为梯形，两个相同的矩形函数卷积结果为三角形，只是边界点的确定与连续时间信号相差一个时间单位。

2. 对位相乘求和法

对于有限长度的离散时间函数，除了使用图解法进行卷积和，还可以采用对位相乘求和法较快地求出卷积和结果。具体步骤为：将两个序列右对齐排列，逐个样值对应相乘（不进位），然后把同一列上的乘积对位求和。

【例 3.17】 $x[n]=(\underset{\uparrow}{1},3,2,1)$，$h[n]=(\underset{\uparrow}{1},2,1)$，使用对位相乘求和法求 $y[n]=x[n]*h[n]$。（序列中箭头所指为 n=0 位置。）

解

$x[n]$:			1	3	2	1
$h[n]$:				1	2	1
			1	3	2	1
		2	6	4	2	
	1	3	2	1		
$y[n]$:	1	5	9	8	4	1

因此，$y[n]=(\underset{\uparrow}{1},5,9,8,4,1)$。

对位相乘求和法实质上是将图解法的反转与移位以对位排列方式替代，相对比较便捷。

3. 解析法

与卷积积分一样，对简单信号的卷积和，用图解法既直观又方便。但是，对于较复杂信号的卷积和，用图解法求解就比较烦琐，难以得到闭合解。解析法是以一个闭合的解析式来求解卷积和的。

【例 3.18】 用解析法重新求解例 3.15 的零状态响应 $y[n]$。

解 $y[n]=x[n]*h[n]=\sum\limits_{k=-\infty}^{+\infty}x[k]h[n-k]=\sum\limits_{k=-\infty}^{+\infty}a^{k}u[k]u[n-k]$

由图 3.14 可知

$n<0$ 时，$u[k]u[n-k]=0$

$n\geqslant 0$ 时，$u[k]u[n-k]=\begin{cases}1 & 0\leqslant k\leqslant n\\ 0 & k<0,\quad k>n\end{cases}$

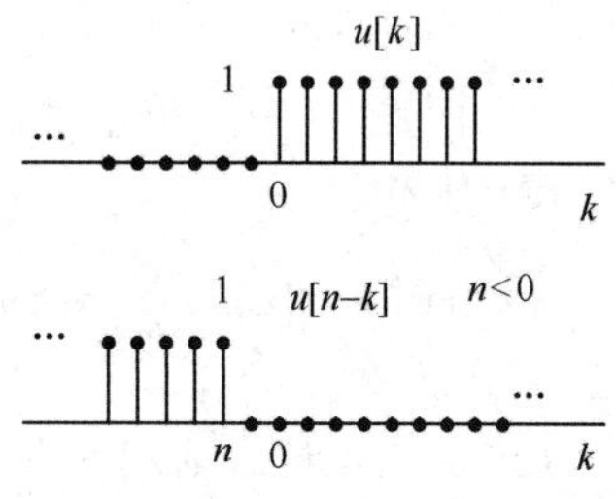

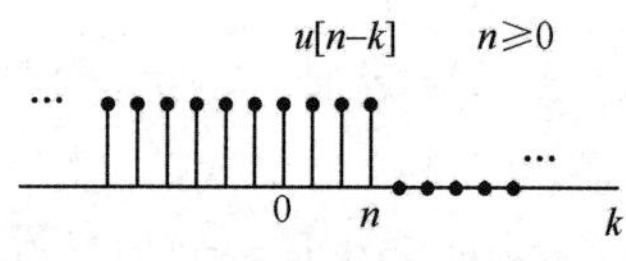

图 3.14　阶跃函数 $u[k]$ 与 $u[n-k]$

因此

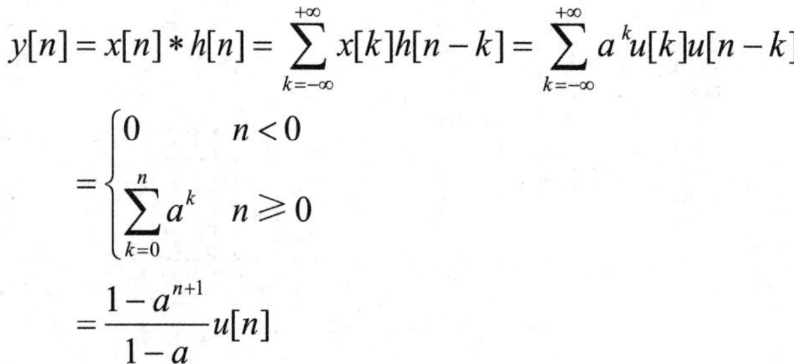

$$
\begin{aligned}
y[n]&=x[n]*h[n]=\sum_{k=-\infty}^{+\infty}x[k]h[n-k]=\sum_{k=-\infty}^{+\infty}a^{k}u[k]u[n-k]\\
&=\begin{cases}0 & n<0\\ \sum\limits_{k=0}^{n}a^{k} & n\geqslant 0\end{cases}\\
&=\frac{1-a^{n+1}}{1-a}u[n]
\end{aligned}
$$

在解析计算过程中涉及两个问题。

（1）求和区间的确定

按照定义，卷积和的求和区间应从 $-\infty$ 到 $+\infty$，但如果在某段区间 $x[k]$ 与 $h[n-k]$ 两个函数中某个函数为 0，则求和结果必然为 0，此区间无须求和，因而实际求和范围将有所减小。

（2）求和有效范围的确定

求和上限必须不小于下限，例如 $\sum\limits_{k=n_2}^{n-n_1}a^{k}$ 的有效积分范围必然是 $n-n_1\geqslant n_2$，以阶跃函数 $u[n-n_1-n_2]$ 表示。

【例 3.19】 用解析法重新求解例 3.16 的零状态响应 $y[n]$。

解 $x[n]$ 与 $h[n]$ 的解析式分别为：$x[n]=u[n]-u[n-5]$，$h[n]=u[n]-u[n-7]$，则

$$
\begin{aligned}
y[n]&=x[n]*h[n]=\sum_{k=-\infty}^{+\infty}x[k]h[n-k]\\
&=\sum_{k=-\infty}^{+\infty}\{u[k]-u[k-5]\}\{u[n-k]-u[n-k-7]\}\\
&=\sum_{k=-\infty}^{+\infty}u[k]u[n-k]-\sum_{k=-\infty}^{+\infty}u[k-5]u[n-k]-\sum_{k=-\infty}^{+\infty}u[k]u[n-k-7]+\sum_{k=-\infty}^{+\infty}u[k-5]u[n-k-7]\\
&=\sum_{k=0}^{n}1\cdot u[n]-\sum_{k=5}^{n}1\cdot u[n-5]-\sum_{k=0}^{n-7}1\cdot u[n-7]+\sum_{k=5}^{n-7}1\cdot u[n-12]\\
&=(n+1)u[n]-(n-4)u[n-5]-(n-6)u[n-7]+(n-11)u[n-12]
\end{aligned}
$$

整理得

$$y[n]=(n+1)\{u[n]-u[n-5]\}+5\{u[n-5]-u[n-7]\}+(11-n)\{u[n-7]-u[n-12]\}$$

$$=\begin{cases}n+1 & 0\leqslant n\leqslant 4\\ 5 & 5\leqslant n\leqslant 6\\ 11-n & 7\leqslant n\leqslant 11\\ 0 & n<0,n>12\end{cases}$$

与例 3.16 结果的区别仅在于 $n=11$ 时刻的表达形式不一样，实质是一样的。

【例 3.20】 用解析法重新求解例 3.17 中的 $y[n]$。

解 $x[n]=\delta[n]+3\delta[n-1]+2\delta[n-2]+\delta[n-3]$，$h[n]=\delta[n]+2\delta[n-1]+\delta[n-2]$，则

$$\begin{aligned}y[n]&=x[n]*h[n]=x[n]*\{\delta[n]+2\delta[n-1]+\delta[n-2]\}\\&=x[n]+2x[n-1]+x[n-2]\\&=\delta[n]+5\delta[n-1]+9\delta[n-2]+8\delta[n-3]+4\delta[n-4]+\delta[n-5]\end{aligned}$$

不难看出，与使用对位相乘求和法得出的结论相同。

卷积的性质视频

3.4.4 卷积和的性质

与卷积积分相对应，卷积和具有某些特殊性质，在信号与系统分析中具有重要作用，同时可以简化卷积和的运算。

1. 卷积和的代数性质

通常乘法运算中的交换律、分配律与结合律也适用于卷积和运算。

（1）交换律

$$x_1[n]*x_2[n]=x_2[n]*x_1[n]=\sum_{k=-\infty}^{+\infty}x_2[k]x_1[n-k] \tag{3.62}$$

有些情况下变换两个函数的位置可能简化计算。从系统的角度，输入为 $x[n]$、冲激响应为 $h[n]$ 的 LTI 系统的输出完全等同于输入为 $h[n]$、冲激响应为 $x[n]$ 的 LTI 系统的输出。

（2）分配律

$$x_1[n]*\{x_2[n]+x_3[n]\}=x_1[n]*x_2[n]+x_1[n]*x_3[n] \tag{3.63}$$

分配律可以由系统的互联来解释。图 3.15 表明 LTI 系统的并联可以用一个单独的 LTI 系统来替代，而该系统的冲激响应等于并联中各个子系统冲激响应的和。

同时考虑交换律与分配律，有

$$\{x_1[n]+x_2[n]\}*h[n]=x_1[n]*h[n]+x_2[n]*h[n] \tag{3.64}$$

说明离散时间 LTI 系统线性性质中的叠加性。

（3）结合律

$$\{x_1[n]*x_2[n]\}*x_3[n]=x_1[n]*\{x_2[n]*x_3[n]\} \tag{3.65}$$

结合律可以由系统的互联来解释。图 3.16(a)、(b)表明 LTI 系统的级联可以用一个单独的 LTI 系统来替代，而该系统的冲激响应等于级联中各个子系统冲激响应的卷积。

将交换律与结合律结合在一起，还可以发现 LTI 的另一个重要性质。由于卷积顺序是可以互换的，图 3.16(a)与图 3.16(d)的系统完全等效，意味着离散时间 LTI 系统级联后的冲激响应与其级联顺序无关，即 LTI 系统的级联顺序可以互换。

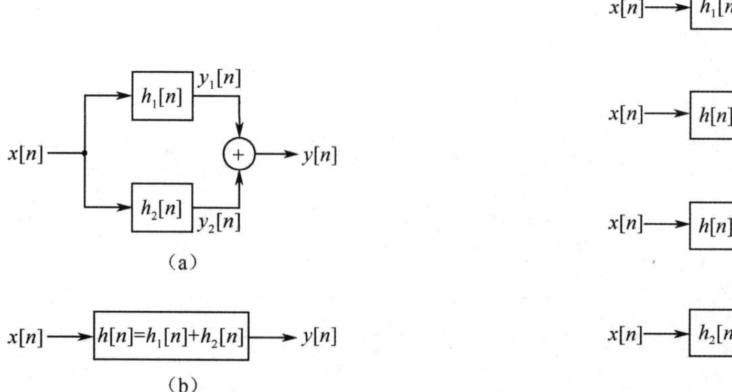

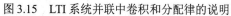

图 3.15　LTI 系统并联中卷积和分配律的说明

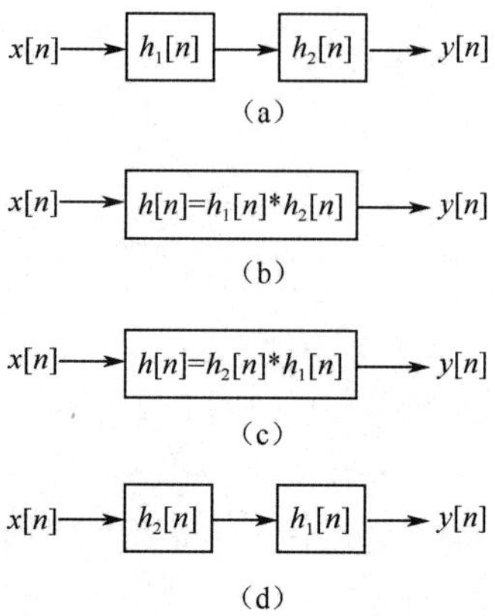

图 3.16　LTI 系统级联中卷积和结合律与交换律的说明

2. 移位性质

假设 $y[n]=x_1[n]*x_2[n]$，则

$$x_1[n-n_1]*x_2[n-n_2]=y[n-n_1-n_2] \tag{3.66}$$

即两个函数卷积和后总的位移量等效为两个函数各自位移量之和。

由卷积和的移位性质可以得出

$$x[n]*\delta[n-n_0]=x[n-n_0] \tag{3.67}$$

即时移系统的特性。

更一般地，两个被卷积函数可以理解为两个离散时间 LTI 系统的冲激响应，即假设 $h_1[n]*h_2[n]=h[n]$，则

$$h_1[n-n_1]*h_2[n-n_2]=h[n-n_1-n_2] \tag{3.68}$$

此式意味着两个离散时间 LTI 系统级联，级联后总的位移量等效为两个 LTI 系统各自位移量之和。

例如，用冲激响应分别为 $h_1[n]=\delta[n-n_0]$ 与 $h_2[n]=\delta[n+n_0]$ 的两个 LTI 系统级联，构成恒等系统，可以实现移位信号的恢复。

3. 与冲激函数的卷积

$$x[n]*\delta[n]=x[n] \tag{3.69}$$

$$x[n]*\delta[n-n_0]=x[n-n_0] \tag{3.70}$$

即一个函数与单位冲激函数 $\delta[n]$ 卷积的结果依然为函数本身，一个函数与经过时移的单位冲激函数 $\delta[n-n_0]$ 卷积的结果相当于对函数进行了时移，可以理解为信号分别通过一个恒等系统和时移系统。

4. 差分与求和性质

卷积和的差分与求和性质是卷积和分配律的特例，即

$$\{x_1[n]-x_1[n-1]\}*x_2[n]=x_1[n]*x_2[n]-x_1[n-1]*x_2[n]=x_1[n]*\{x_2[n]-x_2[n-1]\} \tag{3.71}$$

$$\sum_{k=-\infty}^{n}\{x_1[k]*x_2[k]\}=\{\sum_{k=-\infty}^{n}x_1[k]\}*x_2[n]=x_1[n]*\sum_{k=-\infty}^{n}x_2[k] \tag{3.72}$$

由卷积和的差分与求和性质可以得出

$$x[n]*\{\delta[n]-\delta[n-1]\}=x[n]-x[n-1] \tag{3.73}$$

$$x[n]*u[n]=\sum_{k=-\infty}^{n}x[k] \tag{3.74}$$

$$\{\delta[n]-\delta[n-1]\}*u[n]=\delta[n] \tag{3.75}$$

式(3.73)与式(3.74)分别为一次差分器与累加器的特性；式(3.75)表明一次差分器与累加器级联后为恒等系统，一次差分器与累加器互为逆系统。

卷积和的性质同样可以简化卷积和运算。例 3.16 中，两个信号如图 3.17(a)、(b)所示，这两个方波信号的一次差分均为冲激信号，例如将 $x[n]$ 求和，如图 3.17(c)所示，将 $h[n]$ 一次差分，如图 3.17(d)所示，再按照卷积和的差分与求和性质，得

$$\begin{aligned}y[n]=x[n]*h[n]&=\left\{\sum_{k=-\infty}^{n}x[k]\right\}*\{h[n]-h[n-1]\}\\&=\sum_{k=-\infty}^{n}x[k]*\{\delta[n]-\delta[n-7]\}=\sum_{k=-\infty}^{n}x[k]-\sum_{k=-\infty}^{n-7}x[k]\\&=\begin{cases}n+1 & 0\leqslant n\leqslant 4\\5 & 4<n\leqslant 6\\11-n & 6<n\leqslant 10\\0 & n<0,n>10\end{cases}\end{aligned}$$

结果如图 3.17(e)所示，与例 3.16 的图解法及例 3.19 的解析法的结果完全一致。从上述讨论可以看出，如果对某一函数差分后出现冲激函数及其时移，将简化卷积和的计算。

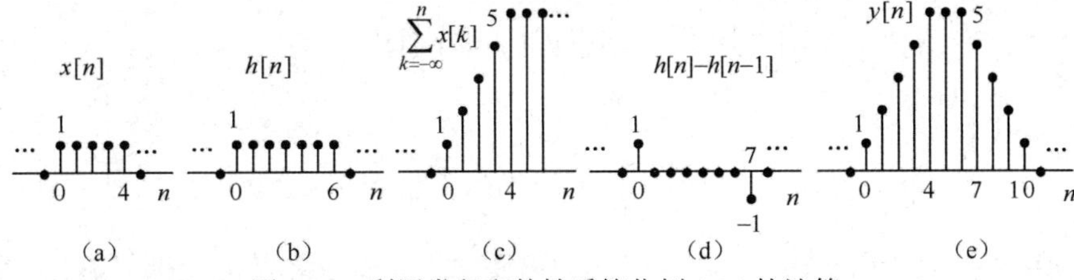

图 3.17　利用卷积和的性质简化例 3.16 的计算

5．卷积和的宽度

若 $x_1[n]$ 与 $x_2[n]$ 的持续时间均有限，分别为 N_1 与 N_2，则 $x_1[n]*x_2[n]$ 的持续时间为 N_1+N_2-1。该性质可通过卷积和的图解法证明。

6．指数信号 z^n 通过 LTI 系统的响应

考虑冲激响应为 $h[n]$ 的离散时间 LTI 系统，若输入为 $x[n]=z^n$，则输出为

$$y[n]=h[n]*x[n]=\sum_{k=-\infty}^{+\infty}h[k]x[n-k]=\sum_{k=-\infty}^{+\infty}h[k]z^{n-k}=z^n\sum_{k=-\infty}^{+\infty}h[k]z^{-k} \tag{3.76}$$

若 $\sum_{k=-\infty}^{+\infty}h[k]z^{-k}$ 收敛，则

$$z^n\xrightarrow{\text{LTI系统}}H(z)z^n \tag{3.77}$$

式中，$H(z)$ 是一个复常数，与系统冲激响应 $h[n]$ 的关系为

$$H(z)=\sum_{k=-\infty}^{+\infty}h[k]z^{-k} \tag{3.78}$$

☞**注释**：给定 z 时，对于指数信号 z^n，LTI 系统的输入与输出是相同的（仅仅相差一个常数）。这是后续离散时间 LTI 系统复频域分析的基础。

3.4.5 反卷积（解卷积）

反卷积又称解卷积、反演卷积或逆卷积。前面的讨论中，往往已知 $x(t)$ 、$x[n]$ 与 $h(t)$ 、$h[n]$ ，求解 $y(t)=x(t)*h(t)$ 与 $y[n]=x[n]*h[n]$ 。而在许多信号处理的实际问题中需要做逆运算。在连续时间系统分析中，难以写出简明的卷积逆运算表达式；而对于离散时间系统，则容易给出卷积逆运算的一般表达式，利用计算机编程很容易完成相应运算。

根据卷积和的定义，对始于 $n \geqslant 0$ 的 $x[n]$ 与 $h[n]$ ，可写出

$$y[n]=x[n]*h[n]=\sum_{k=0}^{n}x[k]\cdot h[n-k] \tag{3.79}$$

改写为矩阵运算形式

$$\begin{bmatrix} y[0] \\ y[1] \\ y[2] \\ \vdots \\ y[n] \end{bmatrix} = \begin{bmatrix} h[0] & 0 & 0 & \cdots & 0 \\ h[1] & h[0] & 0 & \cdots & 0 \\ h[2] & h[1] & h[0] & \cdots & 0 \\ \vdots & \vdots & \vdots & & \vdots \\ h[n] & h[n-1] & h[n-2] & \cdots & h[0] \end{bmatrix} \begin{bmatrix} x[0] \\ x[1] \\ x[2] \\ \vdots \\ x[n] \end{bmatrix} \tag{3.80}$$

逐次反求 $x[n]$ 得

$$\begin{aligned} & x[0]=y[0]/h[0] \\ & x[1]=\{y[1]-x[0]h[1]\}/h[0] \\ & x[2]=\{y[2]-x[0]h[2]-x[1]h[1]\}/h[0] \\ & \ \vdots \\ & x[n]=\{y[n]-\sum_{k=0}^{n-1}x[k]h[n-k]\}/h[0] \end{aligned} \tag{3.81}$$

即为已知 $h[n]$ 与 $y[n]$ 时求解 $x[n]$ 的计算公式，需要用到 $n-1$ 位之前的全部 $x[n]$ 。

同理，可得出已知 $x[n]$ 与 $y[n]$ 时求解 $h[n]$ 的表达式

$$h[n]=\{y[n]-\sum_{k=0}^{n-1}h[k]x[n-k]\}/x[0] \tag{3.82}$$

☞**注释**：若一个离散时间 LTI 系统存在逆系统，在已知该系统冲激响应 $h_1[n]$ 时，利用解卷积很容易求得逆系统的冲激响应 $h_2[n]$ ，下一节将举例说明。

在后续的变换域分析中，卷积与反卷积的运算被转化为乘法与除法，将简化计算过程。

3.5 LTI 系统的性质

LTI系统的性质视频

3.5.1 系统互联

前面已经由卷积的结合律、交换律及分配律性质可知：

① LTI 系统的级联可以用一个单独的 LTI 系统来替代，而该系统的冲激响应等于级联中各个子系统冲激响应的卷积；

② LTI 系统的并联可以用一个单独的 LTI 系统来替代，而该系统的冲激响应等于并联中各个子系统冲激响应的和；

③ LTI 系统级联后的冲激响应与其级联顺序无关，即 LTI 系统的级联顺序可以互换。

这些系统互联性质再次强调了 LTI 系统完全可以由它的冲激响应来表征。

利用 LTI 系统的卷积积分与卷积和，还可以将 LTI 系统的许多性质与其冲激响应的相应性质联系起来。

为后续讨论方便，将卷积积分与卷积和公式重复如下

$$y(t)=x(t)*h(t)=\int_{-\infty}^{+\infty}x(\tau)h(t-\tau)\mathrm{d}\tau=\int_{-\infty}^{+\infty}h(\tau)x(t-\tau)\mathrm{d}\tau \tag{3.83}$$

$$y[n]=x[n]*h[n]=\sum_{k=-\infty}^{+\infty}x[k]h[n-k]=\sum_{k=-\infty}^{+\infty}h[k]x[n-k] \tag{3.84}$$

3.5.2 因果性

系统的因果性定义为：一个因果系统的输出只取决于现在和过去的输入值。

对于一个因果的连续时间 LTI 系统，$y(t)$ 必须与 $\tau>t$ 时刻的 $x(\tau)$ 无关，由式(3.83)可知，在 $\tau>t$ 时，$x(\tau)$ 的所有系数 $h(t-\tau)$ 必须为 0，于是得出连续时间因果 LTI 系统的冲激响应满足条件

$$h(t)=0,\quad t<0 \tag{3.85}$$

☞**注释**：一个连续时间因果 LTI 系统的冲激响应在单位冲激信号出现之前必须为 0，这与因果性的直观理解相一致。

对于一个因果的连续时间 LTI 系统，式(3.83)的卷积积分变为

$$y(t)=x(t)*h(t)=\int_{-\infty}^{t}x(\tau)h(t-\tau)\mathrm{d}\tau \tag{3.86}$$

或

$$y(t)=x(t)*h(t)=\int_{0}^{+\infty}h(\tau)x(t-\tau)\mathrm{d}\tau \tag{3.87}$$

同理，对于一个因果的离散时间 LTI 系统，它的冲激响应满足条件

$$h[n]=0,\quad n<0 \tag{3.88}$$

卷积和变为

$$y[n]=x[n]*h[n]=\sum_{k=-\infty}^{n}x[k]h[n-k]=\sum_{k=0}^{+\infty}h[k]x[n-k] \tag{3.89}$$

考虑连续时间时移系统，冲激响应为 $h(t)=\delta(t-t_0)$，在 $t_0=0$ 与 $t_0>0$ 时，系统分别对应恒等系统与延时系统，冲激响应满足式(3.85)，系统是因果的，而在 $t_0<0$ 时，系统对应超前系统，冲激响应不满足式(3.85)，系统是非因果的。

对于离散时间时移系统，冲激响应为 $h[n]=\delta[n-n_0]$，可以得到类似的结论。

再考虑连续时间积分器与离散时间累加器，冲激响应 $h(t)=u(t)$ 与 $h[n]=u[n]$ 各自满足式(3.85)与式(3.88)，因此均具有因果性。

☞**注释**：一般情况下，将 $t<0$ 或 $n<0$ 时为 0 的信号称为因果信号，而 $t>0$ 或 $n>0$ 时为 0 的信号称为反因果信号。那么，一个 LTI 系统的因果性就等效于它的冲激响应是一个因果信号。

3.5.3 稳定性

系统的稳定性定义为：对于一个有界的输入，稳定系统的输出都是有界的。

对于一个稳定的连续时间 LTI 系统，冲激响应为 $h(t)$，假设一个输入是有界的，即对于所有的 t，有

$$|x(t)| < B \tag{3.90}$$

按照卷积积分公式，输出的绝对值为

$$\begin{aligned}|y(t)| &= \left|\int_{-\infty}^{+\infty} h(\tau)x(t-\tau)\,\mathrm{d}\,\tau\right| \\ &\leqslant \int_{-\infty}^{+\infty} |h(\tau)||x(t-\tau)|\,\mathrm{d}\,\tau \\ &\leqslant B\int_{-\infty}^{+\infty} |h(\tau)|\,\mathrm{d}\,\tau\end{aligned} \tag{3.91}$$

可以看出，若冲激响应是绝对可积的，即

$$\int_{-\infty}^{+\infty} |h(\tau)|\,\mathrm{d}\,\tau < \infty \tag{3.92}$$

则输出 $y(t)$ 就是有界的，从而系统是稳定的。式(3.92)是连续时间 LTI 系统稳定性的充分条件，可以证明，这个条件也是一个必要条件。因此，一个连续时间 LTI 系统的稳定性就等效于它的冲激响应满足式(3.92)。

同理，一个离散时间 LTI 系统的稳定性就等效于它的冲激响应是绝对可和的，即

$$\sum_{k=-\infty}^{+\infty} |h[k]| < \infty \tag{3.93}$$

考虑连续时间时移系统，冲激响应为 $h(t) = \delta(t-t_0)$，则

$$\int_{-\infty}^{+\infty} |h(\tau)|\,\mathrm{d}\,\tau = \int_{-\infty}^{+\infty} |\delta(\tau - t_0)|\,\mathrm{d}\,\tau = 1 < \infty$$

满足式(3.92)。

离散时间时移系统也是稳定的，因为有界的信号经过任意时移仍然是有界的。

再考虑连续时间积分器，冲激响应 $h(t) = u(t)$，则

$$\int_{-\infty}^{+\infty} |h(\tau)|\,\mathrm{d}\,\tau = \int_{-\infty}^{+\infty} |u(\tau)|\,\mathrm{d}\,\tau = \int_{0}^{+\infty} u(\tau)\,\mathrm{d}\,\tau \to \infty$$

不满足式(3.92)。

对于离散时间累加器，也不具有稳定性。例如以常数信号作为输入，连续时间积分器与离散时间累加器的输出均将趋于无穷大。

3.5.4 记忆性

无记忆系统定义为：系统在任意时刻的输出仅与同一时刻的输入有关。

对照式(3.83)，唯一能使一个连续时间 LTI 系统为无记忆系统的条件为：$t \neq 0$ 时 $h(t) = 0$，即

$$h(t) = K\delta(t) \tag{3.94}$$

式中，K 为某一常数，卷积积分就变为如下关系

$$y(t) = Kx(t) \tag{3.95}$$

如果 $K = 1$，这个系统就变成恒等系统。

一个连续时间 LTI 系统，如果不满足 $t \neq 0$ 时 $h(t) = 0$，则该系统是记忆的。例如，积分器与连续时间时移系统都是记忆系统。

类似地，使一个离散时间 LTI 系统为无记忆系统的条件为：$n \neq 0$ 时 $h[n] = 0$，即

$$h[n] = K\delta[n] \tag{3.96}$$

式中，K 为某一常数，卷积和就变为如下关系

$$y[n] = Kx[n] \tag{3.97}$$

如果 $K=1$，这个系统也变成恒等系统。

一个离散时间 LTI 系统，如果不满足 $n \neq 0$ 时 $h[n]=0$，则该系统是记忆的。累加器与离散时间时移系统都是记忆系统。

3.5.5 可逆性

如果一个系统是可逆的，就意味着存在一个逆系统，与原系统级联后构成恒等系统。而且，如果一个 LTI 系统是可逆的，就意味着存在一个 LTI 系统的逆系统。

若一个连续时间 LTI 系统的冲激响应为 $h_1(t)$，逆系统的冲激响应为 $h_2(t)$，两个系统级联后就构成一个恒等系统，如图 3.18(a)所示，总的冲激响应为 $h(t)=h_1(t)*h_2(t)$，等效于图 3.18(b)的恒等系统，即

$$h_1(t)*h_2(t)=\delta(t) \tag{3.98}$$

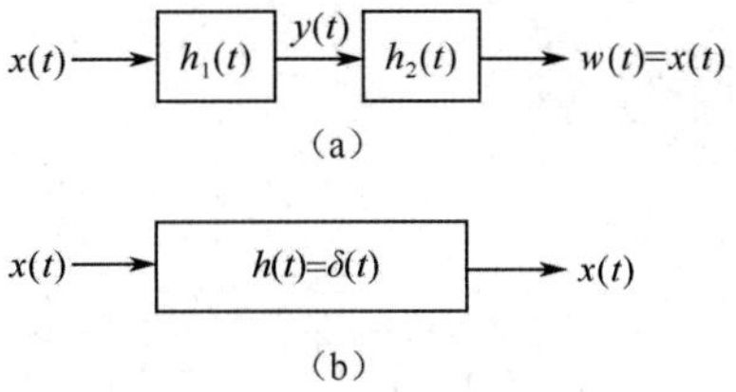

图 3.18 连续时间 LTI 系统逆系统概念

同样，若一个离散时间 LTI 系统的冲激响应为 $h_1[n]$，逆系统的冲激响应为 $h_2[n]$，则必须满足

$$h_1[n]*h_2[n]=\delta[n] \tag{3.99}$$

在 2.5.6 节中提到，输入/输出关系为 $y(t)=x(t-t_0)$ 的时移系统是可逆的，其逆系统的输入/输出关系为 $y(t)=x(t+t_0)$。这里，原系统的冲激响应为 $h_1(t)=\delta(t-t_0)$，逆系统的冲激响应为 $h_2(t)=\delta(t+t_0)$，很显然

$$h_1(t)*h_2(t)=\delta(t-t_0)*\delta(t+t_0)=\delta(t) \tag{3.100}$$

因此，相反程度的时移能够把原系统的时移补偿回来，从而恢复原信号。离散时间的情况类似。

再如，离散时间累加器输入/输出关系为 $y[n]=\sum\limits_{k=-\infty}^{n} x[k]$，该系统也是可逆的，逆系统的输入/输出关系为 $y[n]=x[n]-x[n-1]$。原系统的冲激响应为 $h_1[n]=u[n]$，逆系统的冲激响应为 $h_2[n]=\delta[n]-\delta[n-1]$，则

$$h_1[n]*h_2[n]=u[n]*\{\delta[n]-\delta[n-1]\}=u[n]-u[n-1]=\delta[n] \tag{3.101}$$

因此，一次差分器与累加器互为一对逆系统。同样，连续时间积分器与微分器互为逆系统。

系统的可逆性涉及信号的恢复问题，因此，实际中往往在已知一个 LTI 系统冲激响应的情况下求其逆系统的冲激响应。从上述几个例子可以直观得到，有些情况会用到卷积的逆运算，即反卷积。难以写出简明的连续时间系统卷积积分逆运算表达式，但能够给出离散时间卷积和逆运算的一般表达式，利用计算机编程很容易完成相应运算。

【例 3.21】 通信系统中回波系统的冲激响应为 $h_1[n]=\delta[n]+\alpha\delta[n-1]$，由于 $\alpha\delta[n-1]$ 项的存在，出现多径失真的现象，试设计逆系统来补偿回波，消除多径失真。

解 设逆系统的冲激响应为 $h_2[n]$，则应满足式(3.99)，按照 3.4.5 节推导的式(3.82)，类比求得

$$h_2[n]=\left\{\delta[n]-\sum_{m=0}^{n-1} h_2[m]h_1[n-m]\right\}/h_1[0]$$

于是

$$h_2[0]=\delta[0]/h_1[0]=1$$
$$h_2[1]=\{\delta[1]-h_2[0]h_1[1]\}/h_1[0]=-\alpha$$
$$h_2[2]=\{\delta[2]-h_2[0]h_1[2]-h_2[1]h_1[1]\}/h_1[0]=\alpha^2$$
$$h_2[3]=-\alpha^3$$
$$h_2[4]=\alpha^4$$
$$\vdots$$
$$h_2[k]=(-\alpha)^k$$
$$\vdots$$

因此，逆系统的冲激响应为

$$\begin{aligned}h_2[n]&=\delta[n]+(-\alpha)\delta[n-1]+\alpha^2\delta[n-2]+\cdots+(-\alpha)^k\delta[n-k]+\cdots\\&=(-\alpha)^n u[n]\end{aligned}$$

☞**注释**：在后续的变换域分析中，求 LTI 系统的逆系统的过程将变得非常简单。

3.6 RC 滤波器的时域分析

以图 3.19 所示的 RC 滤波器为例，总结 LTI 系统的时域表示与分析方法。

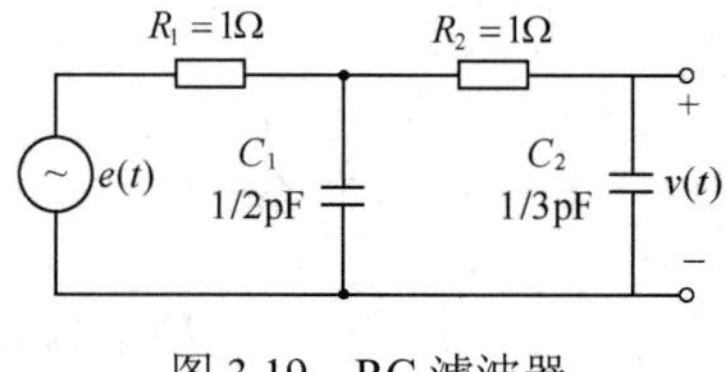

图 3.19 RC 滤波器

1. 表示方法

（1）微分方程表示

在激励电压为 $e(t)$ 时，电容 C_2 上的电压为 $v(t)$，可将 $e(t)$ 看作系统的输入信号，$v(t)$ 看作系统的输出信号，得

$$\frac{\mathrm{d}^2 v(t)}{\mathrm{d}t^2}+\left(\frac{1}{R_1C_1}+\frac{1}{R_2C_1}+\frac{1}{R_2C_2}\right)\frac{\mathrm{d}v(t)}{\mathrm{d}t}+\frac{v(t)}{R_1R_2C_1C_2}=\frac{e(t)}{R_1R_2C_1C_2} \tag{3.102}$$

将 R_1、R_2、C_1、C_2 的参数值代入，并分别以 $x(t)$、$y(t)$ 替代系统的输入、输出信号，得

$$\frac{\mathrm{d}^2 y(t)}{\mathrm{d}t^2}+7\frac{\mathrm{d}y(t)}{\mathrm{d}t}+6y(t)=6x(t) \tag{3.103}$$

上式是一个二阶线性常系数微分方程。可以证明它是 LTI 系统。

（2）冲激响应

LTI 系统的特性可以由冲激响应来表征。

由式（3.103）求出特征根 $s_1=-1$，$s_2=-6$，于是有冲激响应 $h(t)=(A_1\mathrm{e}^{-t}+A_2\mathrm{e}^{-6t})u(t)$，而且

$$\frac{\mathrm{d}h(t)}{\mathrm{d}t}=(-A_1\mathrm{e}^{-t}-6A_2\mathrm{e}^{-6t})u(t)+(A_1+A_2)\delta(t)$$

$$\frac{\mathrm{d}^2 h(t)}{\mathrm{d}t^2}=(A_1\mathrm{e}^{-t}+36A_2\mathrm{e}^{-6t})u(t)+(-A_1-6A_2)\delta(t)+(A_1+A_2)\frac{\mathrm{d}\delta(t)}{\mathrm{d}t}$$

将 $x(t)=\delta(t)$、$y(t)=h(t)$ 代入式(3.103)，得

$$(A_1+A_2)\frac{\mathrm{d}\,\delta(t)}{\mathrm{d}\,t}+(6A_1+A_2)\delta(t)=6\delta(t)$$

则

$$\begin{cases}A_1+A_2=0\\6A_1+A_2=6\end{cases}$$

求得

$$\begin{cases}A_1=6/5\\A_2=-6/5\end{cases}$$

于是该系统的冲激响应为$h(t)=\left(\frac{6}{5}\mathrm{e}^{-t}-\frac{6}{5}\mathrm{e}^{-6t}\right)u(t)$。

2. 分析方法

（1）已知输入信号与初始状态求系统的输出

若已知激励信号$e(t)=\mathrm{e}^{-2t}u(t)$，电容两端电压在初始时刻为0，求电容$C_2$上的电压$v(t)$。

① 微分方程经典解法

前面已得出系统的微分方程表示式(3.103)，微分方程的经典解法将完全解划分为齐次解与特解。

a. 求齐次解：

方程的特征根已求出，$s_1=-1$，$s_2=-6$，方程的齐次解为$y_{\mathrm{h}}(t)=A_1\mathrm{e}^{-t}+A_2\mathrm{e}^{-6t}$。

b. 求特解：

由$x(t)=\mathrm{e}^{-2t}u(t)$得特解为$y_{\mathrm{p}}(t)=Y\mathrm{e}^{-2t}$，代入方程后有

$$4Y\mathrm{e}^{-2t}-14Y\mathrm{e}^{-2t}+6Y\mathrm{e}^{-2t}=6\mathrm{e}^{-2t}$$

整理后解得$Y=-3/2$，方程的特解为$y_{\mathrm{p}}(t)=-\frac{3}{2}\mathrm{e}^{-2t}$。

c. 完全解为

$$y(t)=y_{\mathrm{h}}(t)+y_{\mathrm{p}}(t)=A_1\mathrm{e}^{-t}+A_2\mathrm{e}^{-6t}-\frac{3}{2}\mathrm{e}^{-2t}$$

借助初始条件$\frac{\mathrm{d}\,y(0)}{\mathrm{d}\,t}=y(0)=0$，可得出

$$\begin{cases}0=A_1+A_2-3/2\\0=-A_1-6A_2+3\end{cases}$$

解得

$$\begin{cases}A_1=6/5\\A_2=3/10\end{cases}$$

因此，完全解为$y(t)=\frac{6}{5}\mathrm{e}^{-t}+\frac{3}{10}\mathrm{e}^{-6t}-\frac{3}{2}\mathrm{e}^{-2t}(t\geqslant 0)$，即$y(t)=\left[\frac{6}{5}\mathrm{e}^{-t}+\frac{3}{10}\mathrm{e}^{-6t}-\frac{3}{2}\mathrm{e}^{-2t}\right]u(t)$。

② 卷积法

由于系统的初始条件为0，系统的输出即零状态响应$y(t)=x(t)*h(t)$。前面已得出系统的冲激响应为$h(t)=(\frac{6}{5}\mathrm{e}^{-t}-\frac{6}{5}\mathrm{e}^{-6t})u(t)$，则输出为

$$
\begin{aligned}
y(t) &= x(t)*h(t)=\mathrm{e}^{-2t}u(t)*\left(\frac{6}{5}\mathrm{e}^{-t}-\frac{6}{5}\mathrm{e}^{-6t}\right)u(t)\\
&=\mathrm{e}^{-2t}u(t)*\frac{6}{5}\mathrm{e}^{-t}u(t)-\mathrm{e}^{-2t}u(t)*\frac{6}{5}\mathrm{e}^{-6t}u(t)\\
&=\frac{6}{5}\int_{-\infty}^{+\infty}\mathrm{e}^{-2\tau}u(\tau)\cdot\mathrm{e}^{-(t-\tau)}u(t-\tau)\,\mathrm{d}\tau-\frac{6}{5}\int_{-\infty}^{+\infty}\mathrm{e}^{-2\tau}u(\tau)\cdot\mathrm{e}^{-6(t-\tau)}u(t-\tau)\,\mathrm{d}\tau\\
&=\frac{6}{5}\mathrm{e}^{-t}\int_{0}^{t}\mathrm{e}^{-\tau}\mathrm{d}\tau\cdot u(t)-\frac{6}{5}\mathrm{e}^{-6t}\int_{0}^{t}\mathrm{e}^{4\tau}\mathrm{d}\tau\cdot u(t)\\
&=\frac{6}{5}\mathrm{e}^{-t}(1-\mathrm{e}^{-t})u(t)-\frac{6}{5}\mathrm{e}^{-6t}\frac{(\mathrm{e}^{4t}-1)}{4}u(t)\\
&=\frac{6}{5}\mathrm{e}^{-t}u(t)-\frac{3}{2}\mathrm{e}^{-2t}u(t)+\frac{3}{10}\mathrm{e}^{-6t}u(t)
\end{aligned}
$$

（2）系统性质

① $t<0$ 时 $h(t)=0$，因此，该系统具有因果性。

② $\int_{-\infty}^{+\infty}|h(\tau)|\mathrm{d}\tau=\int_{0}^{+\infty}\left|\frac{6}{5}\mathrm{e}^{-\tau}-\frac{6}{5}\mathrm{e}^{-6\tau}\right|\mathrm{d}\tau=\frac{6}{5}\times\left(1-\frac{1}{6}\right)=1<\infty$，因此，该系统具有稳定性。

③ $h(t)$ 不满足 $t\neq0$ 时 $h(t)=0$，因此，该系统具有记忆性。

④ 假设该系统可逆，将式(3.103)中 $x(t)$、$y(t)$ 互换，得逆系统满足的微分方程为

$$
y(t)=\frac{1}{6}\frac{\mathrm{d}^2x(t)}{\mathrm{d}t^2}+\frac{7}{6}\frac{\mathrm{d}x(t)}{\mathrm{d}t}+x(t)
$$

即逆系统的冲激响应为

$$
h_1(t)=\frac{1}{6}\frac{\mathrm{d}^2\delta(t)}{\mathrm{d}t^2}+\frac{7}{6}\frac{\mathrm{d}\delta(t)}{\mathrm{d}t}+\delta(t)
$$

与原系统的冲激响应 $h(t)$ 卷积得

$$
\begin{aligned}
h(t)*h_1(t)&=h(t)*\left\{\frac{1}{6}\frac{\mathrm{d}^2\delta(t)}{\mathrm{d}t^2}+\frac{7}{6}\frac{\mathrm{d}\delta(t)}{\mathrm{d}t}+\delta(t)\right\}\\
&=\frac{1}{6}\frac{\mathrm{d}^2h(t)}{\mathrm{d}t^2}+\frac{7}{6}\frac{\mathrm{d}h(t)}{\mathrm{d}t}+h(t)\\
&=\delta(t)
\end{aligned}
$$

从而验证了该系统是可逆的。

3.7 利用 MATLAB 进行时域分析

3.7.1 连续时间系统冲激响应与阶跃响应的求解

MATLAB 可分别利用 impulse 函数与 step 函数求解连续时间系统的冲激响应和阶跃响应，其调用形式为

```
h=impulse(sys,t)
s=step(sys,t)
```

其中，t 表示计算系统响应的采样点向量，sys 为 LTI 系统模型。

【例 3.22】求例 3.8 中微分方程所描述系统的冲激响应与阶跃响应。

解 系统的微分方程

$$\frac{d^2 y(t)}{dt^2}+7\frac{d y(t)}{dt}+6y(t)=\frac{d x(t)}{dt}+2x(t)$$

计算冲激响应的 MATLAB 程序如下：

```
sys=tf([1 2], [1 7 6]);
t= 0: 0.01: 5;
h=impulse(sys,t);
subplot(2,1,1)
plot(t,h);
xlabel('Time(sec)')
ylabel('h(t)')
s= step(sys,t);
subplot(2,1,2)
plot(t,s);
xlabel('Time(sec)')
ylabel('s(t)')
```

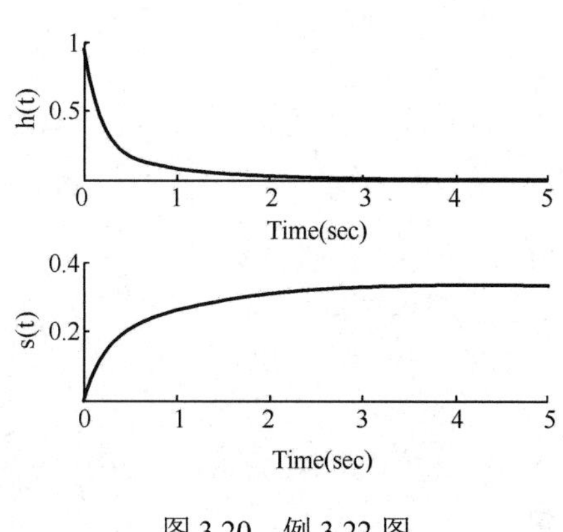

图 3.20 例 3.22 图

程序运行结果如图 3.20 所示。

3.7.2 离散时间系统冲激响应与阶跃响应的求解

MATLAB 可分别利用 impz 函数和 step 函数求解离散时间系统的冲激响应与阶跃响应，其调用形式为

```
h=impz(b,a,n)
s=step(sys,n)
```

其中，a 与 b 表示差分方程左、右端的系数向量，n 为输出序列的取值范围。

【例 3.23】求例 3.7 中差分方程所描述系统的冲激响应。

解 系统的差分方程为

$$y[n]-0.9y[n-1]=0.05x[n]$$

计算冲激响应的 MATLAB 程序如下：

```
b= [0.05];
a= [1 -0.9];
n= 0: 30;
h=impz(b,a,n);
stem(n,h);
title('h[n]')
```

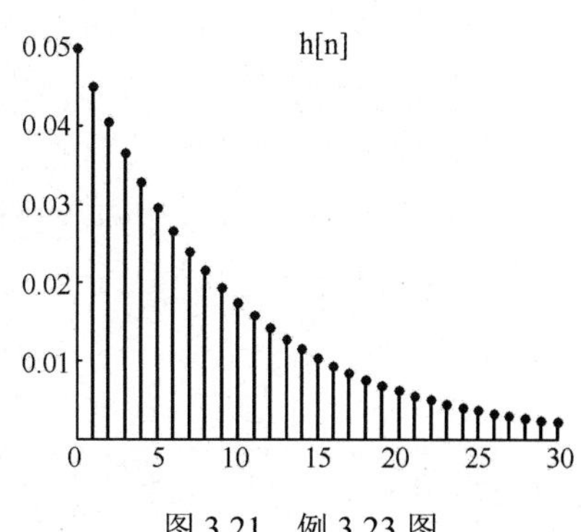

图 3.21 例 3.23 图

程序运行结果如图 3.21 所示，与理论求解结果 $h[n]=0.05\times(0.9)^n u[n]$ 吻合。

3.7.3 连续时间系统零状态响应的求解

MATLAB 可利用 lsim 函数求解连续时间系统的零状态响应，其调用形式为

```
y=lsim (sys,x,t)
```

其中，t 表示计算系统响应的采样点向量，x 表示系统输入信号向量，sys 为 LTI 系统模型。

【例 3.24】求例 3.3 微分方程所描述系统在输入 $x(t)=\mathrm{e}^{-3t}u(t)$ 时的零状态响应。

解 系统满足微分方程

$$\frac{\mathrm{d}^2 y(t)}{\mathrm{d}t^2}+3\frac{\mathrm{d}\,y(t)}{\mathrm{d}t}+2y(t)=x(t)$$

计算零状态响应的 MATLAB 程序如下：

```
sys=tf([1], [1 3 2]);
t= 0: 0.01: 5;
x= exp(-3*t);
 y1=lsim (sys,x,t);
subplot(2,1,1)
plot(t,y1);
 title('零状态响应的近似值')
a1=1/2;a2=-1;a3=1/2
for i=1:length(t)
        y2(i)=a1*exp(-1*t(i))+a2*exp(-2*t(i))+
              a3*exp(-3*t(i));
 end
subplot(2,1,2)
plot(t,y2);
title('零状态响应的理论值')
```

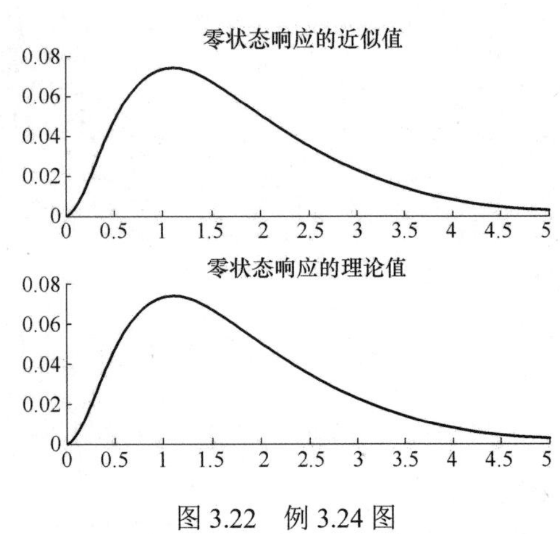

图 3.22 例 3.24 图

程序运行结果如图 3.22 所示，表明近似值与例 3.3 计算的理论值 $y(t)=\left(\frac{1}{2}\mathrm{e}^{-t}-\mathrm{e}^{-2t}+\frac{1}{2}\mathrm{e}^{-3t}\right)u(t)$ 吻合。

3.7.4 离散时间系统零状态响应的求解

MATLAB 可利用 filter 函数求解离散时间系统的零状态响应，其调用形式为

```
y=filter(b,a,x)
```

其中，a 与 b 分别表示差分方程左、右两端系数，x 表示系统输入信号向量。

【例 3.25】求例 3.4 差分方程所描述系统在输入 $x[n]=n^2u[n]$ 时的零状态响应。

解 系统满足差分方程

$$y[n]+2y[n-1]=x[n]-x[n-1]$$

计算零状态响应的 MATLAB 程序如下：

```
b= [1 -1];
a= [1 2];
n= 0: 20;
```

```
x=n.^2;
y1=filter(b,a,x)
subplot(2,1,1)
stem(n,y1);
title('零状态响应的近似值')
a1=-1/9;a2=2/3;a3=1/9
y2=a1*(-2).^n+a2*n+ a3;
subplot(2,1,2)
stem(n,y2);
title('零状态响应的理论值')
```

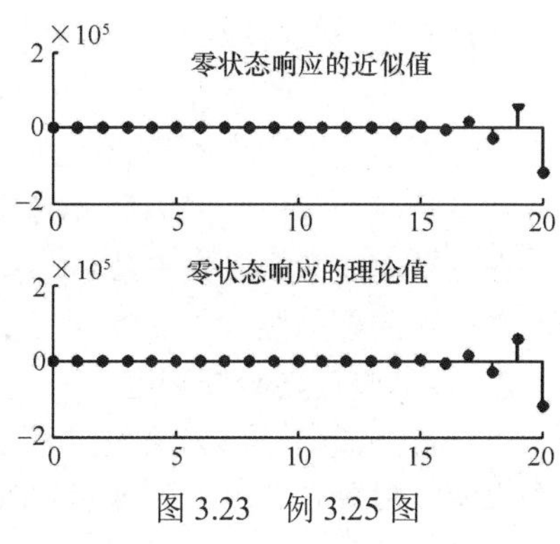

图 3.23 例 3.25 图

程序运行结果如图 3.23 所示，表明近似值与例 3.4 计算的理论值 $y[n]=\left[-\frac{1}{9}(-2)^n+\frac{2}{3}n+\frac{1}{9}\right]u[n]$ 吻合。

3.7.5 离散卷积和的计算

MATLAB 提供了计算两个离散时间序列卷积和的函数 conv，其调用形式为

```
c=conv(a,b)
```

其中，a 与 b 分别表示两个待卷积序列的向量。

【例 3.26】求例 3.17 中 $x[n]$ 与 $h[n]$ 的卷积和结果。

解 例 3.17 中 $x[n]=(\underset{\uparrow}{1},3,2,1)$，$h[n]=(\underset{\uparrow}{1},2,1)$，计算卷积和的 MATLAB 程序如下：

```
x= [1 3 2 1];
h= [1 2 1];
y=conv(x,h);
N=length(y)
stem(0:1:N-1,y);
xlabel('n')
ylabel('y[n]')
```

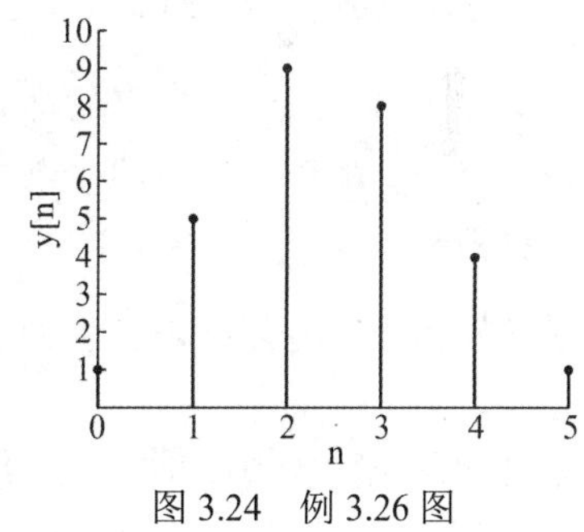

图 3.24 例 3.26 图

程序运行结果如图 3.24 所示，与例 3.17 计算的结果相同。

3.8 本章小结

1. LTI 系统的响应

研究 LTI 系统响应往往采用信号分解的思想。基于观察问题的不同角度，形成了 3 种 LTI 系统响应的分解方式。

微分方程与差分方程的经典解法将完全解划分为齐次解与特解。齐次解的函数形式仅仅依赖于系统本身，与输入信号的函数形式无关，又称系统的自由响应，但齐次解的系数依然与输入信号有关；特解的形式完全由输入信号决定，又称系统的受迫响应。

依据引起系统响应的原因，将系统响应划分为零输入响应与零状态响应。没有外加输入信号情况下，仅仅由初始状态所产生的响应称为零输入响应；在系统初始状态为 0 时，仅仅由系统外加输入信号所产生的响应称为零状态响应。

瞬态响应与稳态响应的划分将短时间的过渡与长时间的稳定区分开来。

在当今 LTI 系统研究中，零状态响应的概念具有突出的意义。零状态响应可以采用卷积方法，在简化问题的同时与后续的变换域法紧密结合。

2．冲激响应与阶跃响应

以单位冲激信号作为输入，系统产生的零状态响应称为单位冲激响应，或简称冲激响应。分别以 $h(t)$ 与 $h[n]$ 表示连续时间系统与离散时间系统的冲激响应。冲激响应完全由系统本身决定，与外界因素无关。

LTI 系统的冲激响应能够表征 LTI 系统的特性，具有重要的意义。

以单位阶跃信号作为输入，系统产生的零状态响应称为单位阶跃响应，或简称阶跃响应。分别以 $s(t)$ 与 $s[n]$ 表示连续时间系统与离散时间系统的阶跃响应。

连续时间 LTI 系统的冲激响应与阶跃响应之间有微积分的关系，离散时间 LTI 系统的冲激响应与阶跃响应之间有差分与求和的关系。

3．卷积

卷积的基本思想就是将信号分解为单位冲激信号的线性组合，借助 LTI 系统的冲激响应，利用 LTI 系统的线性性质，从而求取 LTI 系统对任意信号的零状态响应。

（1）卷积积分

连续时间信号 $x(t)$ 能够被表示为时移的单位冲激函数的线性组合

$$x(t)=\int_{-\infty}^{+\infty}x(\tau)\ \delta(t-\tau)\mathrm{d}\tau$$

则 $x(t)$ 通过冲激响应为 $h(t)$ 的 LTI 系统后的输出为

$$y(t)=x(t)*h(t)=\int_{-\infty}^{+\infty}x(\tau)\ h(t-\tau)\mathrm{d}\tau$$

称为卷积积分或叠加积分，表明一个连续时间 LTI 系统完全由它的冲激响应来表征。

（2）卷积和

离散时间信号 $x[n]$ 能够被表示为移位的单位冲激序列的线性组合：$x[n]=\sum\limits_{k=-\infty}^{+\infty}x[k]\delta[n-k]$，则 $x[n]$ 通过冲激响应为 $h[n]$ 的 LTI 系统后的输出为 $y[n]=x[n]*h[n]=\sum\limits_{k=-\infty}^{+\infty}x[k]h[n-k]$，称为卷积和，表明一个离散时间 LTI 系统完全由它的冲激响应来表征。

（3）卷积性质

作为一种数学运算，卷积可以使用图解法或解析法计算。同时具有某些特殊性质，可以简化卷积的运算，在信号与系统分析中具有重要作用。

卷积代数：乘法运算中的交换律、分配律与结合律均适用于卷积运算。

时移性质：两个函数卷积后总的时移量等效为两个函数各自时移量之和。

微分与积分：连续情况下，两个函数卷积积分后的导数等于其中一个函数的导数与另一个函数的卷积积分，两个函数卷积积分后的积分等于其中一个函数的积分与另一个函数的卷积积分。卷积积分与微分或积分的顺序可以互换。

差分与求和：离散时间情况下，卷积和与差分或求和的顺序可以互换。

4．LTI 系统的性质

LTI 系统的冲激响应能够分析与表征 LTI 系统的特性。

（1）系统互联

由卷积结合律、交换律及分配律性质可知：LTI 系统的并联可以用一个单独的 LTI 系统来替代，而该系统的冲激响应即并联连接中各个子系统的冲激响应之和；LTI 系统的级联可以用一个单独的 LTI 系统来替代，而该系统的冲激响应即级联中各个子系统的冲激响应的卷积；LTI 系统级联后的冲激响应与其级联顺序无关，即 LTI 系统的级联顺序可以互换。

（2）因果性

一个因果系统的输出只取决于现在和过去的输入。因果的连续时间 LTI 系统的冲激响应满足条件 $h(t)=0\,,t<0$；同理，因果的离散时间 LTI 系统的冲激响应满足条件 $h[n]=0\,,n<0$。

（3）稳定性

对于有界的输入，稳定系统的输出都是有界的。连续时间 LTI 系统的稳定性等效于它的冲激响应是绝对可积的，即 $\int_{-\infty}^{+\infty}\left|h(\tau)\right|\mathrm{d}\tau<\infty$；同理，一个离散时间 LTI 系统的因果性等效于它的冲激响应是绝对可和的，即 $\sum\limits_{k=-\infty}^{+\infty}\left|h[k]\right|<\infty$。

（4）记忆性

无记忆系统在任意时刻的输出仅与同一时刻的输入有关。连续时间 LTI 系统无记忆的条件为：$t\neq 0$ 时 $h(t)=0$，即 $h(t)=K\delta(t)$，否则是记忆系统。类似地，离散时间 LTI 系统无记忆的条件为：$n\neq 0$ 时 $h[n]=0$，即 $h[n]=K\delta[n]$。

（5）可逆性

若一个冲激响应为 $h_1(t)$ 的连续时间 LTI 系统是可逆的，就意味着存在一个逆系统，其冲激响应为 $h_2(t)$，两个系统级联后构成一个恒等系统，即 $h_1(t)*h_2(t)=\delta(t)$；同样，若一个离散时间 LTI 系统的冲激响应为 $h_1[n]$，逆系统的冲激响应为 $h_2[n]$，则必须满足 $h_1[n]*h_2[n]=\delta[n]$。

习　题　3

3.1　考虑一个连续时间因果 LTI 系统，满足初始松弛条件，其输入 $x(t)$ 与输出 $y(t)$ 的关系由下列微分方程描述：

$$\frac{\mathrm{d}y(t)}{\mathrm{d}t}+4y(t)=x(t)$$

(1) 若输入 $x(t)=\mathrm{e}^{(-1+3\mathrm{j})t}u(t)$，求输出 $y(t)$。

(2) 若输入 $x(t)=\mathrm{e}^{-t}\cos(3t)u(t)$，求输出 $y(t)$。

3.2　若离散时间因果 LTI 系统的输入 $x[n]$ 与输出 $y[n]$ 的关系由下述差分方程给出：

$$y[n]-0.25y[n-1]=x[n]$$

求系统的冲激响应 $h[n]$。

3.3　图 P3.1 所示系统 S 为两个系统 S_1 与 S_2 的级联。

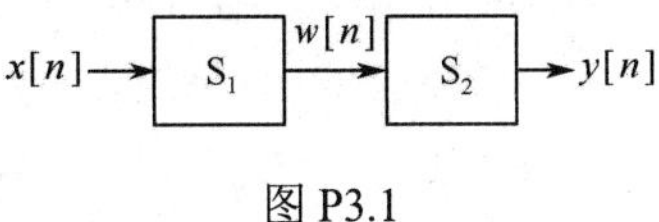

图 P3.1

S_1：因果 LTI 系统，$w[n]=0.5w[n-1]+x[n]$；

S_2：因果 LTI 系统，$y[n]=ay[n-1]+bw[n]$。

$x[n]$ 与 $y[n]$ 的关系由下列差分方程给出：

$$y[n]+0.125y[n-2]-0.75y[n-1]=x[n]$$

(1) 确定 a 与 b 。

(2) 确定系统S的冲激响应 $h[n]$ 。

3.4　求解并粗略画出下列两个信号的卷积积分。

$$x(t)=\begin{cases} t+1 & 0\leqslant t\leqslant 1 \\ 2-t & 1<t\leqslant 2 \\ 0 & \text{其他} \end{cases}$$

$$h(t)=\delta(t+2)+2\delta(t+1)$$

3.5　$x[n]=\delta[n]+2\delta[n-1]-\delta[n-3]$ ，$h[n]=2\delta[n+1]+2\delta[n-1]$ ，计算并画出下列各卷积和。

(1) $y_1[n]=x[n]*h[n]$　　(2) $y_2[n]=x[n]*h[n+2]$　　(3) $y_3[n]=x[n+2]*h[n]$

3.6　一个连续时间 LTI 系统，输入 $x(t)$ 与输出 $y(t)$ 的关系为 $y(t)=\int_{-\infty}^{t}\mathrm{e}^{-(t-\tau)}x(\tau-2)\,\mathrm{d}\tau$ 。

(1) 确定系统的冲激响应 $h(t)$ 。

(2) 输入 $x(t)=u(t+1)-u(t-2)$ 时，求系统的零状态响应 $y(t)$ 。

3.7　求 $y[n]=x[n]*h[n]$ 。

(1) $x[n]=\alpha^n u[n]$ ，$h[n]=\beta^n u[n]$ 。（分别在 $\alpha\neq\beta$ 与 $\alpha=\beta$ 两种情况下求解。）

(2) $x[n]=(-1/2)^n u[n-4]$ ，$h[n]=4^n u[2-n]$ 。

(3) $x[n]$ 与 $h[n]$ 的波形如图 P3.2 所示。

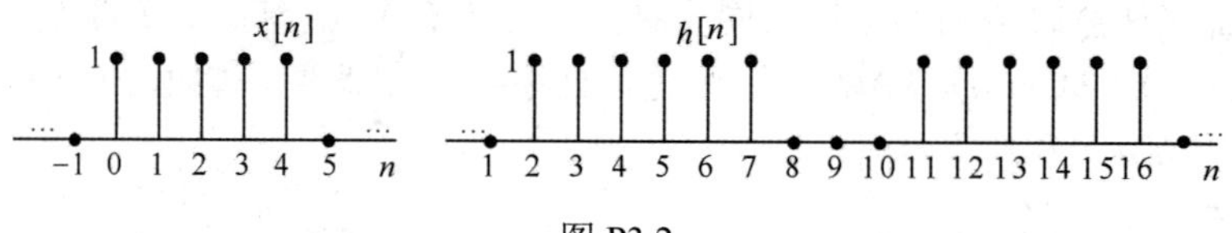

图 P3.2

3.8　求 $y(t)=x(t)*h(t)$ ，并粗略画出结果。

(1) $x(t)=\mathrm{e}^{-\alpha t}u(t)$ ，$h(t)=\mathrm{e}^{-\beta t}u(t)$ 。（分别在 $\alpha\neq\beta$ 与 $\alpha=\beta$ 两种情况下求解。）

(2) $x(t)=u(t)-2u(t-2)+u(t-5)$ ，$h(t)=\mathrm{e}^{2t}u(1-t)$ 。

(3) $x(t)=\sin(\pi t)\{u(t)-u(t-2)\}$ ，$h(t)=u(t-1)-u(t-3)$ 。

(4) $x(t)$ 与 $h(t)$ 的波形如图 P3.3 所示。

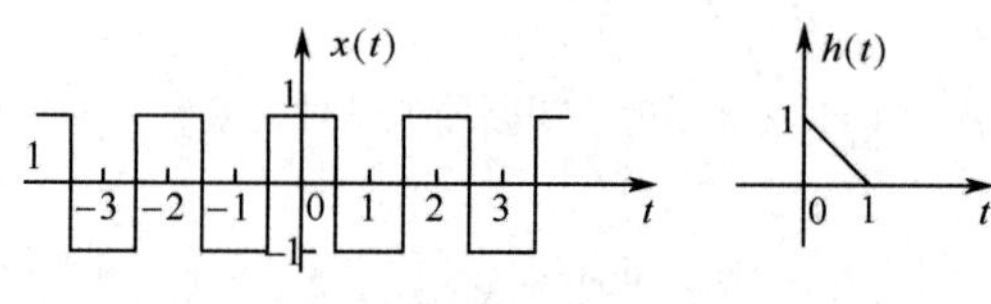

图 P3.3

3.9　判断下列说法是否正确，并说明理由。

(1) 两个奇函数或者两个偶函数的卷积是偶函数，一个偶函数与一个奇函数的卷积是奇函数。

(2) 系统的卷积分析法仅适用于 LTI 系统。

(3) 若一个 LTI 系统的冲激响应 $h(t)$ 是周期的，则该系统是不稳定的。

(4) 一个非因果 LTI 系统与一个因果 LTI 系统级联，形成的系统是非因果的。

(5) 多个 LTI 系统级联，级联的顺序不影响整个系统的输入/输出关系。

(6) 由 $y[n]=(n+1)x[n]$ 描述的系统是因果的。

3.10　图 P3.4 给出某 LTI 系统的冲激响应 $h(t)$ 与输入信号 $x(t)$ ，令系统的零状态响应为 $y(t)$ 。

(1) 仅仅通过观察 $x(t)$ 与 $h(t)$ ，得出 $y(-1)$ 、$y(0)$ 、$y(1)$ 、$y(2)$ 、$y(3)$ 、$y(4)$ 、$y(5)$ 和 $y(6)$ 的值。

(2) 求系统对 $x(t)$ 的零状态响应 $y(t)$，并粗略画出图形。

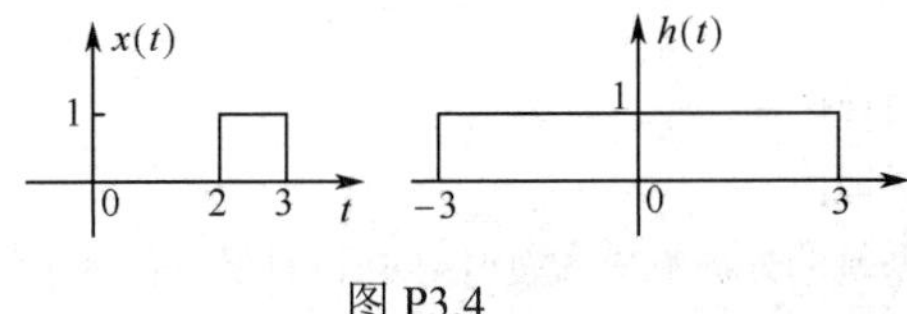

图 P3.4

3.11 根据下列连续时间 LTI 系统的冲激响应 $h(t)$，判断系统是否具有因果性、稳定性，并说明理由。

(1) $h(t)=\mathrm{e}^{-4t}u(t-2)$　　(2) $h(t)=\mathrm{e}^{-6t}u(3-t)$

(3) $h(t)=\mathrm{e}^{-2t}u(t+2)$　　(4) $h(t)=\mathrm{e}^{2t}u(-1-t)$

(5) $h(t)=\mathrm{e}^{-6|t|}$　　(6) $h(t)=t\,\mathrm{e}^{-t}u(t)$

3.12 根据下列离散时间 LTI 系统的冲激响应 $h[n]$，判断系统是否具有因果性、稳定性，并说明理由。

(1) $h[n]=(1/5)^n u[n]$　　(2) $h[n]=(1/2)^n u[-n]$

(3) $h[n]=(4/5)^n u[n+2]$　　(4) $h[n]=5^n u[3-n]$

(5) $h[n]=(-1/2)^n u[n]+(1.01)^n u[n-1]$　　(6) $h[n]=(-1/2)^n u[n]+(1.01)^n u[1-n]$

3.13 两个连续时间 LTI 系统的冲激响应分别为 $h_1(t)=u(t)-u(t-1)$ 与 $h_2(t)=u(t+1)-u(t)$。

(1) 准确画出 $h_1(t)$ 与 $h_2(t)$。

(2) 假定两个系统并联，准确画出等效系统的冲激响应 $h_{\mathrm{p}}(t)$。

(3) 假定两个系统级联，准确画出等效系统的冲激响应 $h_{\mathrm{s}}(t)$。

3.14 两个离散时间 LTI 系统的冲激响应分别为 $h_1[n]=\delta[n+2]-\delta[n-2]$ 与 $h_2[n]=n\{u[n+4]-u[n-4]\}$。

(1) 准确画出 $h_1[n]$ 与 $h_2[n]$。

(2) 假定两个系统并联，准确画出等效系统的冲激响应 $h_{\mathrm{p}}[n]$。

(3) 假定两个系统级联，准确画出等效系统的冲激响应 $h_{\mathrm{s}}[n]$。

3.15 已知某连续时间因果 LTI 系统的输入 $x(t)$ 与输出 $y(t)$ 所关联的微分方程为

$$\frac{\mathrm{d}^2 y(t)}{\mathrm{d}t^2}+5\frac{\mathrm{d}y(t)}{\mathrm{d}t}+6y(t)=9\frac{\mathrm{d}x(t)}{\mathrm{d}t}+5x(t)$$

系统的输入信号 $x(t)=u(t)$，初始状态 $y(0^-)=0$，$y'(0^-)=1$。

(1) 求系统的自由响应、受迫响应、零输入响应与零状态响应。

(2) 求系统的完全响应 $y(t)$。

3.16 已知某离散时间因果 LTI 系统的输入 $x[n]$ 与输出 $y[n]$ 所关联的差分方程为

$$y[n]+3y[n-1]+2y[n-2]=x[n-2]$$

系统的输入信号 $x[n]=2^n u[n]$，初始状态 $y[-1]=1$，$y[-2]=0$。

(1) 求系统的零输入响应与零状态响应。

(2) 求系统的完全响应 $y[n]$。

3.17 图 P3.5 所示连续时间 LTI 系统，$h_1(t)=\delta(t-1)$，$h_2(t)=u(t)-u(t-3)$。

(1) 求系统的冲激响应 $h(t)$。

(2) 当输入信号 $x(t)=u(t)-u(t-1)$ 时，求系统的零状态响应 $y(t)$。

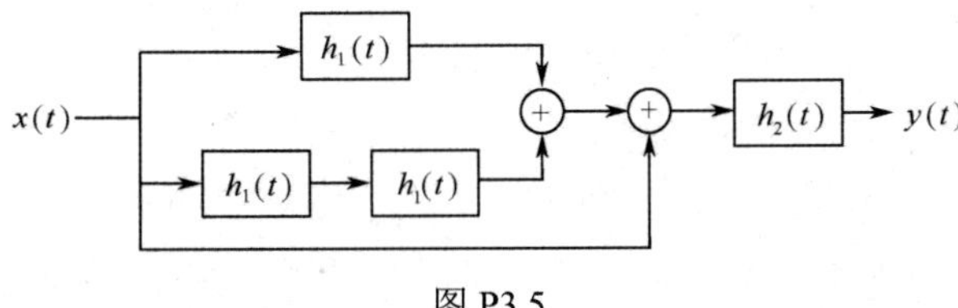

图 P3.5

3.18　一个连续时间 LTI 系统的冲激响应为 $h(t)=\sum_{i=0}^{+\infty}(0.5)^i\delta(t-i)$ 。

(1) 系统是因果的吗？说明理由。

(2) 系统是稳定的吗？说明理由。

3.19　一个离散时间 LTI 系统的冲激响应为 $h[n]=\delta[n]+(1/3)^n u[n-1]$ 。

(1) 系统是因果的吗？说明理由。

(2) 系统是稳定的吗？说明理由。

(3) 对输入信号 $x[n]=u[n-3]-u[n+3]$，确定系统的零状态响应 $y[n]$，并在 $-10\leqslant n\leqslant 10$ 区间画出 $y[n]$ 。

3.20　考虑一个离散时间 LTI 系统 S_1，其冲激响应为 $h[n]=(1/5)^n u[n]$ 。

(1) 求满足 $h[n]-Ah[n-1]=\delta[n]$ 的系数 A。

(2) 利用(1)的结果，求系统 S_1 的逆系统 S_2 的冲激响应。

3.21　图 P3.6(a)所示三角波为 $x(t)$，图 P3.6(b)所示单位冲激串为 $h(t)$，即 $h(t)=\sum_{k=-\infty}^{+\infty}\delta(t-kT)$ 。对下列 T 值，求解并画出 $y(t)=x(t)*h(t)$ 。

(1) $T=4$　　(2) $T=2$　　(3) $T=3/2$　　(4) $T=1$

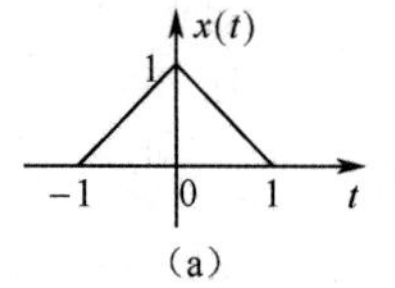

(a)

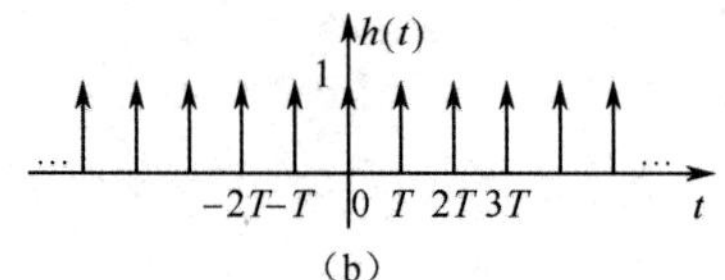

(b)

图 P3.6

3.22　一个连续时间 LTI 系统，输入为 $x(t)$ 时，系统的完全响应为 $y_1(t)=2\mathrm{e}^{-3t}u(t)+\sin(2t)u(t)$，初始条件不变，输入信号为 $2x(t)$ 时，系统的完全响应为 $y_2(t)=\mathrm{e}^{-3t}u(t)+2\sin(2t)u(t)$ 。

(1) 确定该初始状态下的零输入响应。

(2) 初始状态不变，求输入信号为 $x(t-1)$ 时系统的完全响应。

(3) 初始状态增加 1 倍，求输入信号为 $0.5x(t)$ 时系统的完全响应。

第 4 章　连续时间信号的频域分析

内容提要　本章由连续时间傅里叶级数引出连续时间傅里叶变换，讨论了连续时间信号的频域分析方法，以便引出后续的连续时间 LTI 系统的频域分析。

有时需要将信号分解为不同频率的指数（正弦）信号的线性组合，即分析信号的频率分量。例如，典型男声、女声和童声的信号无法通过观察时域波形来区分，却可以从频率分布来找到差别。因此，时域分析与频域分析相互补充，互为对偶，各自以单位冲激信号与复指数信号作为基本信号单元。第 4、6 章与第 5、7 章将分别探讨信号与 LTI 系统的频域分析。

本章将连续时间信号表示为周期复指数信号集 $\{e^{j\omega t}\}$ 的线性组合，即连续时间信号的频域分析。

4.1　连续时间周期信号的傅里叶级数

4.1.1　周期信号的傅里叶级数表示

周期复指数信号 $x(t)=e^{j\omega_0 t}$ 为周期信号，基波频率为 ω_0，基波周期为 $T=2\pi/\omega_0$，与其构成谐波关系的复指数信号集为

$$\varphi_k(t)=e^{jk\omega_0 t}=e^{jk(2\pi/T)t}\qquad k=0，\pm1，\pm2，\cdots \tag{4.1}$$

其中每个信号都有一个基波频率，为 ω_0 的整数倍。由于每个信号对周期 T 都是周期的，因此

$$x(t)=\sum_{k=-\infty}^{+\infty}a_k e^{jk\omega_0 t}=\sum_{k=-\infty}^{+\infty}a_k e^{jk(2\pi/T)t} \tag{4.2}$$

对 T 来说也是周期的。

周期信号 $x(t)$ 表示为式(4.2)的形式称为周期信号的傅里叶级数表示，$\{a_k\}$ 被称为 $x(t)$ 的傅里叶级数系数或频谱系数。其中，$k=0$ 对应项 a_0 是常数，$k=+1$ 和 $k=-1$ 对应项 $a_1 e^{j\omega_0 t}+a_{-1}e^{-j\omega_0 t}$ 称为基波分量或一次谐波分量，$k=+2$ 和 $k=-2$ 对应项 $a_2 e^{j2\omega_0 t}+a_{-2}e^{-j2\omega_0 t}$ 称为二次谐波分量，……，$k=+N$ 和 $k=-N$ 对应项 $a_N e^{jN\omega_0 t}+a_{-N}e^{-jN\omega_0 t}$ 称为 N 次谐波分量。

【例 4.1】信号 $x(t)=1+\frac{1}{2}\cos(2\pi t)+\cos(4\pi t)+\frac{2}{3}\cos(6\pi t)$ 为周期信号，基波频率为 $\omega_0=2\pi$，基波周期为 $T=2\pi/\omega_0=1$。此信号按照欧拉公式可以表示为

$$x(t)=1+\frac{1}{4}e^{j2\pi t}+\frac{1}{4}e^{-j2\pi t}+\frac{1}{2}e^{j4\pi t}+\frac{1}{2}e^{-j4\pi t}+\frac{1}{3}e^{j6\pi t}+\frac{1}{3}e^{-j6\pi t}$$

对照式(4.2)，$a_0=1$，$a_1=a_{-1}=1/4$，$a_2=a_{-2}=1/2$，$a_3=a_{-3}=1/3$。

图 4.1 说明了这个周期信号如何由各个谐波分量组合而成。其中，图 4.1(a)为直流分量，图 4.1(b)为直流分量与基波分量的和，图 4.1(c)为直流分量、基波分量与二次谐波分量的和，图 4.1(d)为直流分量、基波分量、二次谐波分量与三次谐波分量的和，即 $x(t)$ 信号本身。

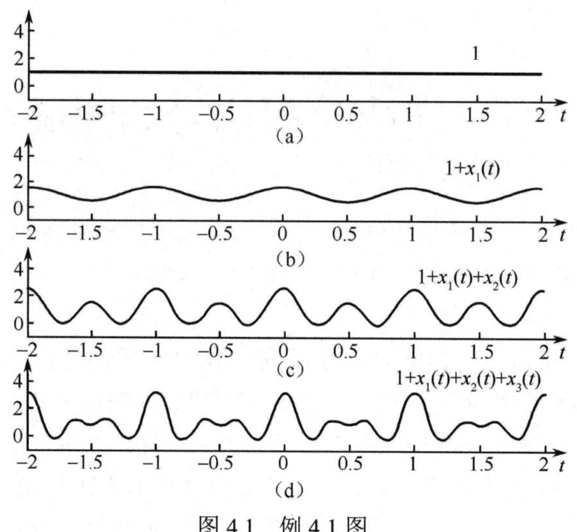

图 4.1　例 4.1 图

若 $x(t)$ 是一个实周期信号，即 $x^*(t)=x(t)$，且 $x(t)=\sum\limits_{k=-\infty}^{+\infty}a_k\mathrm{e}^{\mathrm{j}k\omega_0 t}$，则

$$x(t)=x^*(t)=\sum_{k=-\infty}^{+\infty}a_k^*\mathrm{e}^{-\mathrm{j}k\omega_0 t}=\sum_{k=-\infty}^{+\infty}a_{-k}^*\mathrm{e}^{\mathrm{j}k\omega_0 t} \tag{4.3}$$

即要求 $a_k=a_{-k}^*$ 或 $a_{-k}=a_k^*$。例 4.1 中 $x(t)$ 就是一个实周期信号，且 a_k 是实数，则 $a_k=a_{-k}$。

☞**注释**：实周期信号的频谱系数是共轭对称的，即实部偶对称、虚部奇对称，幅值偶对称、相位奇对称。

实周期信号可以进一步表示为

$$\begin{aligned}x(t)&=a_0+\sum_{k=1}^{+\infty}[a_k\mathrm{e}^{\mathrm{j}k\omega_0 t}+a_{-k}\mathrm{e}^{-\mathrm{j}k\omega_0 t}]=a_0+\sum_{k=1}^{+\infty}[a_k\mathrm{e}^{\mathrm{j}k\omega_0 t}+a_k^*\mathrm{e}^{-\mathrm{j}k\omega_0 t}]\\&=a_0+2\sum_{k=1}^{+\infty}\mathscr{Re}\{a_k\mathrm{e}^{\mathrm{j}k\omega_0 t}\}\end{aligned} \tag{4.4}$$

若将 a_k 以直角坐标表示

$$a_k=B_k+\mathrm{j}C_k \tag{4.5}$$

那么

$$x(t)=a_0+2\sum_{k=1}^{+\infty}\left[B_k\cos k\omega_0 t-C_k\sin k\omega_0 t\right] \tag{4.6}$$

式(4.6)是实周期信号的三角函数表示式，式(4.2)是复指数形式。为便于问题讨论，以后将采用傅里叶级数的复指数形式。

☞**注释**：相对于正弦信号，复指数信号通过 LTI 系统的响应更加简洁。同时，复指数形式比三角函数形式更适于数学运算。因此，在近代信号与系统领域中都偏向于采用复指数形式。

假设一个给定的连续时间周期信号可以表示为式(4.2)的形式，就需要确定其系数 a_k。将式(4.2)两端均乘以 $\mathrm{e}^{-\mathrm{j}n\omega_0 t}$，得

$$x(t)\mathrm{e}^{-\mathrm{j}n\omega_0 t}=\sum_{k=-\infty}^{+\infty}a_k\mathrm{e}^{\mathrm{j}k\omega_0 t}\mathrm{e}^{-\mathrm{j}n\omega_0 t} \tag{4.7}$$

将等式两边在一个周期 T 内积分，有

$$\int_T x(t)\mathrm{e}^{-\mathrm{j}n\omega_0 t}\mathrm{d}t = \int_T \sum_{k=-\infty}^{+\infty} a_k \mathrm{e}^{\mathrm{j}k\omega_0 t}\mathrm{e}^{-\mathrm{j}n\omega_0 t}\mathrm{d}t \tag{4.8}$$

上式右边的积分与求和顺序交换后得

$$\int_T \sum_{k=-\infty}^{+\infty} a_k \mathrm{e}^{\mathrm{j}k\omega_0 t}\mathrm{e}^{-\mathrm{j}n\omega_0 t}\mathrm{d}t = \sum_{k=-\infty}^{+\infty} a_k \int_T \mathrm{e}^{\mathrm{j}k\omega_0 t}\mathrm{e}^{-\mathrm{j}n\omega_0 t}\mathrm{d}t = \sum_{k=-\infty}^{+\infty} a_k \int_T \mathrm{e}^{\mathrm{j}(k-n)\omega_0 t}\mathrm{d}t \tag{4.9}$$

由于

$$\int_T \mathrm{e}^{\mathrm{j}(k-n)\omega_0 t}\mathrm{d}t = \begin{cases} T & k=n \\ 0 & k\neq n \end{cases} \tag{4.10}$$

式(4.8)则转换为

$$\int_T x(t)\mathrm{e}^{-\mathrm{j}n\omega_0 t}\mathrm{d}t = \begin{cases} a_k T & k=n \\ 0 & k\neq n \end{cases} \tag{4.11}$$

因此

$$a_k = \frac{1}{T}\int_T x(t)\mathrm{e}^{-\mathrm{j}k\omega_0 t}\mathrm{d}t \tag{4.12}$$

这意味着，如果一个连续时间周期信号 $x(t)$ 能够表示为如式(4.2)所示的傅里叶级数形式，即表示为一组成谐波关系的复指数信号的线性组合，则其中的系数由式(4.12)所确定。这一对关系定义为连续时间周期信号的傅里叶级数：

$$x(t) = \sum_{k=-\infty}^{+\infty} a_k \mathrm{e}^{\mathrm{j}k\omega_0 t} = \sum_{k=-\infty}^{+\infty} a_k \mathrm{e}^{\mathrm{j}k\frac{2\pi}{T}t} \tag{4.13}$$

$$a_k = \frac{1}{T}\int_T x(t)\mathrm{e}^{-\mathrm{j}k\omega_0 t}\mathrm{d}t = \frac{1}{T}\int_T x(t)\mathrm{e}^{-\mathrm{j}k\frac{2\pi}{T}t}\mathrm{d}t \tag{4.14}$$

其中，式(4.13)为综合公式，式(4.14)为分析公式。$\{a_k\}$ 对 $x(t)$ 中每个谐波分量的大小作出度量。系数 a_0 就是 $x(t)$ 的直流或常数分量，代入式(4.14)为

$$a_0 = \frac{1}{T}\int_T x(t)\mathrm{d}t \tag{4.15}$$

这就是 $x(t)$ 在周期内的平均值。

4.1.2 傅里叶级数的收敛性

傅里叶级数展开是有条件的。如果按照式(4.14)计算的积分不收敛，或者将傅里叶级数的系数 a_k 代入式(4.13)后不收敛于原来的周期信号 $x(t)$，则周期信号 $x(t)$ 不能用傅里叶级数表示。

确保一个周期信号 $x(t)$ 存在一个均方收敛的傅里叶级数，有一个很简单的准则：若 $x(t)$ 在一个周期上具有有限能量，即

$$\int_T |x(t)|^2\,\mathrm{d}t < \infty \tag{4.16}$$

则 $x(t)$ 的傅里叶级数系数均方收敛于 $x(t)$。

狄里赫利提出了另一组准则（狄里赫利条件），并证明：若连续时间信号 $x(t)$ 满足一组条件，则保证它的傅里叶级数在 $x(t)$ 的所有连续点上逐点收敛，在 $x(t)$ 的不连续点上，$x(t)$ 收敛于不连续点两边 $x(t)$ 的两个值的平均值。这组条件为

条件 1：在任何周期内，$x(t)$ 必须绝对可积，即

$$\int_T |x(t)|\,\mathrm{d}t < \infty \tag{4.17}$$

保证了每个系数 a_k 都是有限值，即

$$a_k \leqslant \frac{1}{T}\int_T |x(t)\mathrm{e}^{\mathrm{j}k\omega_0 t}|\mathrm{d}t = \frac{1}{T}\int_T |x(t)|\,\mathrm{d}t < \infty \tag{4.18}$$

条件 2：在任意有限区间内，$x(t)$ 具有有限个最大值和最小值。

条件 3：在任意有限区间内，$x(t)$ 只有有限个不连续点，且在这些不连续点上，函数值均有限。

我们所关注的信号基本能满足这些条件，因此，傅里叶级数能够表示相当广泛的一类周期信号。

4.1.3 典型周期信号的傅里叶级数

周期方波信号，又称周期矩形脉冲，是信号与系统分析中经常遇到的一种信号，从周期方波信号的傅里叶级数展开可以分析连续时间周期信号频谱系数的特点。

【例 4.2】给定一个周期方波信号，如图 4.2 所示，基波周期为T，在一个周期T内定义为

$$x(t) = \begin{cases} 1 & |t| < T_1 \\ 0 & T_1 < |t| < \dfrac{T}{2} \end{cases}$$

基波周期为T，基波频率就为$\omega_0 = 2\pi/T$，利用式(4.14)确定 $x(t)$ 的傅里叶级数系数。由于 $x(t)$ 关于 $t=0$ 对称，因此一个周期的积分区间选取为$-T/2 \leqslant t < T/2$。

$k=0$ 时，a_0 是 $x(t)$ 的直流分量，表示 $x(t)$ 的平均值，即

$$a_0 = \frac{1}{T}\int_{-T/2}^{T/2} x(t)\mathrm{d}t = \frac{1}{T}\int_{-T_1}^{T_1}\mathrm{d}t = \frac{2T_1}{T}$$

这里 a_0 等于方波的占空比。当 $k \neq 0$ 时，傅里叶级数系数为

$$a_k = \frac{1}{T}\int_{-T/2}^{T/2} x(t)\mathrm{e}^{-\mathrm{j}k\omega_0 t}\mathrm{d}t = \frac{1}{T}\int_{-T_1}^{T_1}\mathrm{e}^{-\mathrm{j}k\omega_0 t}\mathrm{d}t = \left.\frac{\mathrm{e}^{-\mathrm{j}k\omega_0 t}}{-\mathrm{j}k\,\omega_0 T}\right|_{-T_1}^{T_1} = \frac{\mathrm{e}^{\mathrm{j}k\omega_0 T_1} - \mathrm{e}^{-\mathrm{j}k\omega_0 T_1}}{\mathrm{j}k\,\omega_0 T} = \frac{2\sin(k\omega_0 T_1)}{k\,\omega_0 T}$$

将周期信号频谱系数的幅值和相位用垂直线段在频率轴的相应位置标示出来，就称为信号的频谱图。频谱可分为幅度频谱与相位频谱，简称幅度谱与相位谱，有时可合在一起。为描述周期方波信号的频谱系数，引入抽样函数 $\mathrm{Sa}(t)$。令

$$\mathrm{Sa}(t) = \frac{\sin t}{t} \tag{4.19}$$

如图 4.3 所示，$\mathrm{Sa}(t)$ 是偶函数，且 $\lim\limits_{t\to 0}\mathrm{Sa}(t) = 1$，$\lim\limits_{t\to\infty}\mathrm{Sa}(t) = 0$，$\mathrm{Sa}(k\pi) = 0(k = \pm1, \pm2, \cdots)$。

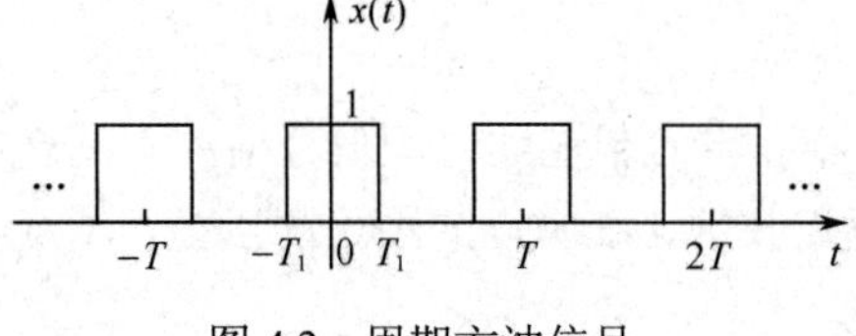

图 4.2　周期方波信号

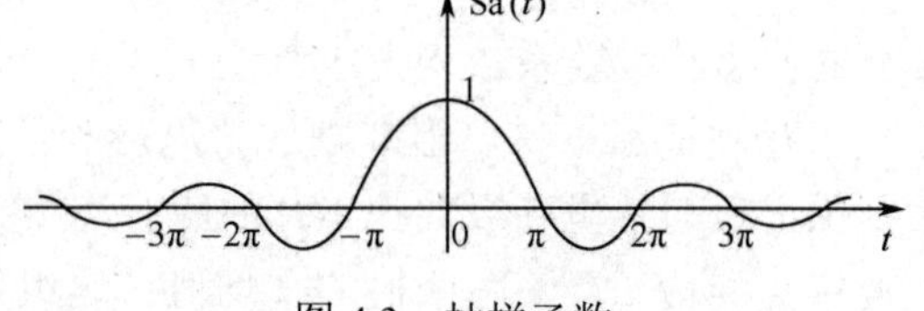

图 4.3　抽样函数

按照抽样函数的定义，周期方波信号的频谱系数为

$$a_k = \frac{2T_1}{T}\text{Sa}(k\omega_0 T_1) \tag{4.20}$$

当占空比为 50%，即 $T=4T_1$ 时，$a_k=\frac{1}{2}\text{Sa}(k\frac{\omega_0 T}{4})=\frac{1}{2}\text{Sa}(\frac{k\pi}{2})$，如图 4.4(a)所示，其中 $k=\pm 2,\pm 4,\pm 6,\cdots$ 时 $a_k=0$。

当占空比为 25%，即 $T=8T_1$ 时，$a_k=\frac{1}{4}\text{Sa}(k\frac{\omega_0 T}{8})=\frac{1}{4}\text{Sa}(\frac{k\pi}{4})$，如图 4.4(b)所示，其中 $k=\pm 4,\pm 8,\pm 12,\cdots$ 时 $a_k=0$。

当占空比为 12.5%，即 $T=16T_1$ 时，$a_k=\frac{1}{8}\text{Sa}(k\frac{\omega_0 T}{16})=\frac{1}{8}\text{Sa}(\frac{k\pi}{8})$，如图 4.4(c)所示，其中 $k=\pm 8,\pm 16,\pm 24,\cdots$ 时 $a_k=0$。

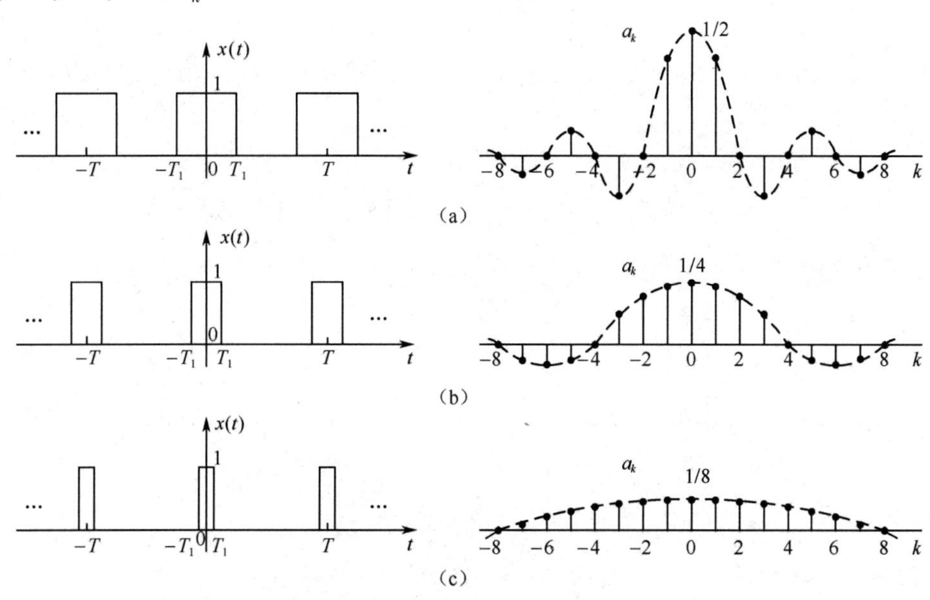

图 4.4　周期方波信号及其频谱图

① 离散性：周期方波信号的频谱是离散的线状频谱。

② 谐波性：周期方波信号的频谱只出现在 ω_0 的整数倍频率上，即各次谐波频率上。两谱线间隔为 $\omega_0=2\pi/T$，与 T 成反比，随着 T 的增加，谱线靠近。

③ 收敛性：周期方波信号包含无穷多谱线，即可分解为无穷多频率分量。随着频率增加，谱线幅值趋势收敛，但主要能量集中在第一零点以内，频宽 $\text{BW}=2\pi/T_1 \propto 1/T_1$，即频宽与时宽成反比。

☞**注释：**频谱图以 k 为自变量，若以 ω 为自变量，谱线间隔为 ω_0，其物理意义更明显。频宽与时宽成反比的关系将贯穿在整个信号分析过程中。

④ 幅值正比于 T_1，反比于 T，且 T 增大时，谱线变密。

☞**注释：**非周期信号可以认为是 $T\to\infty$ 的周期信号，$T\to\infty$ 使得谱线连续，引出非周期信号的傅里叶变换。

⑤ 每个分量幅值一分为二，正、负频率对应的位置上各为一半，加起来才代表一个分量的幅值，负频率完全是数学运算的结果，无物理意义。

当 T_1 为无穷小时，周期方波信号趋近于周期冲激串 $x(t)=\sum_{l=-\infty}^{+\infty}\delta(t-lT)$，如图 4.5(a)所示，其频谱系数

$$a_k=\frac{1}{T}\int_{-T/2}^{T/2}x(t)\mathrm{e}^{-\mathrm{j}k\omega_0 t}\mathrm{d}t=\frac{1}{T}\int_{-T/2}^{T/2}\delta(t)\mathrm{e}^{-\mathrm{j}k\omega_0 t}\mathrm{d}t=\frac{1}{T}\int_{-T/2}^{T/2}\delta(t)\mathrm{d}t=\frac{1}{T} \tag{4.21}$$

其频谱图如图 4.5(b)所示。说明冲激串包含的所有频率分量是均匀的，频宽无穷。

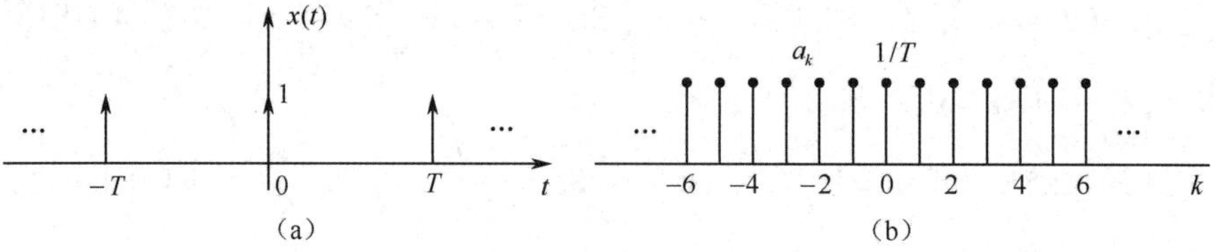

图 4.5　周期冲激串及其频谱图

当占空比为 100%时，周期方波信号趋于常数，如图 4.6(a)所示，其频谱系数

$$a_0=\frac{1}{T}\int_T x(t)\mathrm{d}t=1 \tag{4.22}$$

$$a_k=\frac{1}{T}\int_T x(t)\mathrm{e}^{-\mathrm{j}k\omega_0 t}\mathrm{d}t=\frac{1}{T}\int_T \mathrm{e}^{-\mathrm{j}k\omega_0 t}\mathrm{d}t=0 \qquad k\neq 0 \tag{4.23}$$

其频谱图如图 4.6(b)所示，常数确实只含有直流分量。

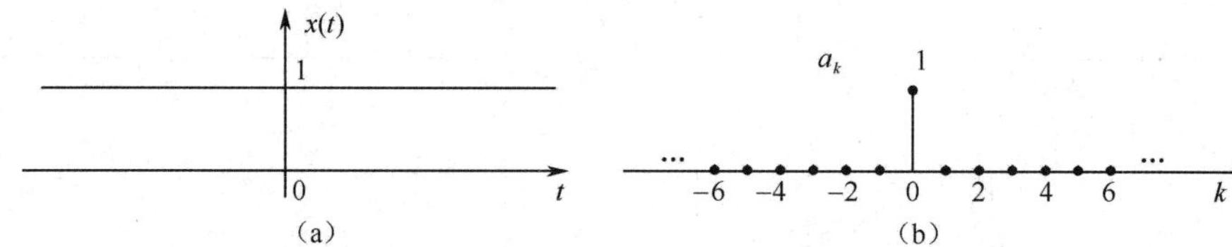

图 4.6　常数及其频谱图

☞**注释**：这两种情况进一步说明了频宽与时宽的反比关系。

4.1.4　傅里叶级数的性质

按照定义直接求取周期信号的傅里叶级数表示往往是比较复杂的，傅里叶级数的性质不仅可以简化许多傅里叶级数的求取，而且有助于概念的深入理解。

在性质讨论过程中，用

$$x(t)\overset{\mathscr{FS}}{\longleftrightarrow}a_k \tag{4.24}$$

来表示周期为 T 的周期信号 $x(t)$ 与其傅里叶级数系数 a_k 之间的关系。

1. 线性

$x(t)$ 与 $y(t)$ 为两个周期信号，周期为 T，傅里叶级数系数分别为 a_k 与 b_k，则 $x(t)$ 与 $y(t)$ 的线性组合依然是周期的，周期为 T，傅里叶级数系数为 a_k 与 b_k 的同一线性组合，即

$$Ax(t)+By(t)\overset{\mathscr{FS}}{\longleftrightarrow}Aa_k+Bb_k \tag{4.25}$$

【例 4.3】 求图 4.7(a)中周期方波信号 $x(t)$ 的傅里叶级数系数。

解　构造一个标准方波信号 $p(t)$，如图 4.7(b)所示，其频谱系数为 $a_k=\frac{1}{2}\mathrm{Sa}(k\pi/2)$，如

图 4.7(c)所示。

$x(t)=p(t)-1/2$，而常数信号$1/2$的频谱系数为

$$b_k=\begin{cases}1/2 & k=0\\ 0 & k\neq 0\end{cases}$$

根据线性性质，$x(t)$ 的频谱系数为

$$c_k=a_k-b_k=\begin{cases}0 & k=0\\ \dfrac{1}{2}\mathrm{Sa}(k\,\pi/2) & k\neq 0\end{cases}$$

如图 4.7(d)所示。可以看到，$c_0=0$ 反映出 $x(t)$ 的平均值为 0。

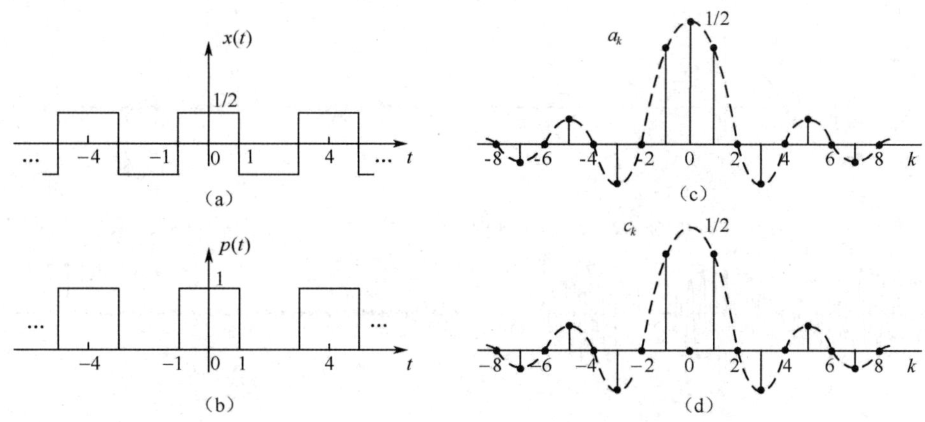

图 4.7　例 4.3 图

线性性质可以推广到任意多个具有相同周期T 的信号的线性组合。

2. 时移与频移

$x(t)$ 为周期信号，周期为T，且傅里叶级数系数为a_k，则$x(t)$产生时移后所得信号$x(t-t_0)$依然是周期的，周期T不变，傅里叶级数系数的模保持不变，仅仅产生一个线性相移，即

$$x(t-t_0)\xleftrightarrow{\mathscr{FS}}\mathrm{e}^{-\mathrm{j}k\omega_0 t_0}a_k \tag{4.26}$$

☞**注释：** 信号的时移仅仅在频谱上产生一个线性相移，可以理解为：周期信号$x(t)$由各个谐波分量的正弦信号组成，$x(t-t_0)$由相同的正弦分量合成，其中每个分量延时t_0，而各个分量的幅值不变，因此幅度谱不变；为了实现相同的延时，较高频率的正弦分量需要成比例地承受较大的相移。

对偶地，$x(t)\mathrm{e}^{\mathrm{j}M\omega_0 t}$ 依然是周期的，周期T不变，傅里叶级数系数产生了M次谐波的频移，即

$$x(t)\mathrm{e}^{\mathrm{j}M\omega_0 t}\xleftrightarrow{\mathscr{FS}}a_{k-M} \tag{4.27}$$

类似地，$x(t)\mathrm{e}^{-\mathrm{j}M\omega_0 t}$ 依然是周期的，周期T不变，傅里叶级数系数也产生了M次谐波的频移，只是方向相反，即

$$x(t)\mathrm{e}^{-\mathrm{j}M\omega_0 t}\xleftrightarrow{\mathscr{FS}}a_{k+M} \tag{4.28}$$

运用线性性质，将式(4.27)与式(4.28)两边相加，得到频移性质更一般的表达式

$$x(t)\cos(M\omega_0 t)\xleftrightarrow{\mathscr{FS}}\frac{1}{2}\left(a_{k-M}+a_{k+M}\right) \tag{4.29}$$

【例 4.4】运用频移性质求 $y(t)=\cos(210\pi\times10^3 t)\cos(10\pi\times10^3 t)$ 的频谱系数。

解 假设 $x(t)=\cos(10\pi\times10^3 t)$，$x(t)$ 的频率为 $\omega_0=10\pi\times10^3\,\text{rad/s}$，周期为 $T_0=\dfrac{2\pi}{\omega_0}=0.2\times10^{-3}\,\text{s}$，傅里叶频谱系数为 a_k；假设 $p(t)=\cos(210\pi\times10^3 t)$，$p(t)$ 的频率为 $\omega_1=210\pi\times10^3\,\text{rad/s}=21\omega_0$，则

$$y(t)=\cos(210\pi\times10^3 t)x(t)\xleftrightarrow{\mathscr{FS}}b_k=\frac{1}{2}(a_{k-21}+a_{k+21})$$

$x(t)$ 与其频谱系数 a_k 示于图 4.8(a)、(b)，$y(t)$ 与其频谱系数 b_k 示于图 4.8(c)、(d)。可以看出，$y(t)$ 的频谱将 $x(t)$ 的频谱左、右频移至 $\pm\omega_1$ 为中心的位置。

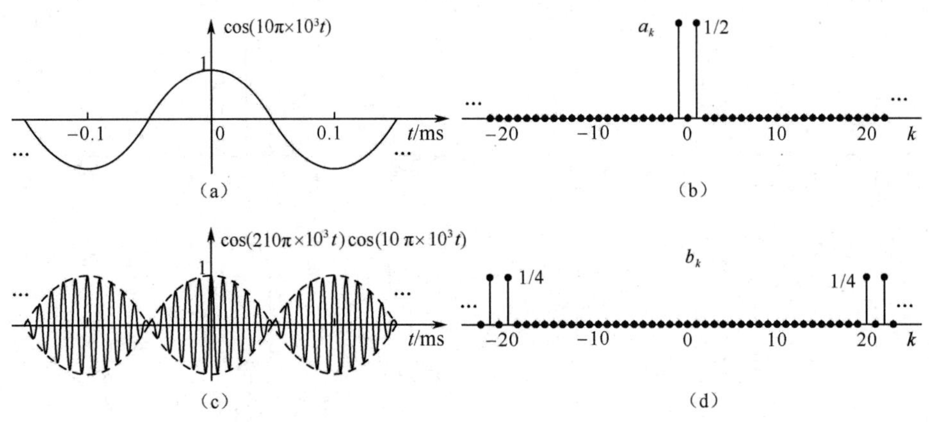

图 4.8　例 4.4 图

☞**注释**：频移性质在通信系统中应用非常广泛，可以实现相应的调幅、检波与混频等功能。

3. 时间反转

$x(t)$ 为周期信号，周期为 T，且傅里叶级数系数为 a_k，则 $x(t)$ 反转后所得信号 $x(-t)$ 依然是周期的，周期 T 不变，傅里叶级数系数也产生一个频率的反转，即

$$x(-t)\xleftrightarrow{\mathscr{FS}}a_{-k} \tag{4.30}$$

若 $x(t)$ 为偶函数，即 $x(t)=x(-t)$，则其傅里叶级数也为偶序列，即 $a_k=a_{-k}$，如例 4.2 中的周期方波信号即验证了此特性。若 $x(t)$ 为奇函数，即 $x(t)=-x(-t)$，则其傅里叶级数也为奇序列，即 $a_k=-a_{-k}$。

4. 尺度变换

$x(t)$ 为周期信号，基波周期为 T，基波频率为 $\omega_0=2\pi/T$，且傅里叶级数系数为 a_k，则 $x(t)$ 尺度变换后所得信号 $x(at)$（a 为正实数）依然是周期的，傅里叶级数系数保持不变，即

$$x(at)\xleftrightarrow{\mathscr{FS}}a_k \tag{4.31}$$

但由于基波周期改变为 T/a，基波频率相应地变为 $a\omega_0$，即

$$x(at)=\sum_{k=-\infty}^{+\infty}a_k\mathrm{e}^{\mathrm{j}k(a\omega_0)t} \tag{4.32}$$

图 4.9 中周期方波信号的尺度变换说明了此性质，而且进一步验证了频宽与时宽的反比关系。

☞**注释**：为突出频宽变化，图中频谱系数的自变量以 ω 表示。

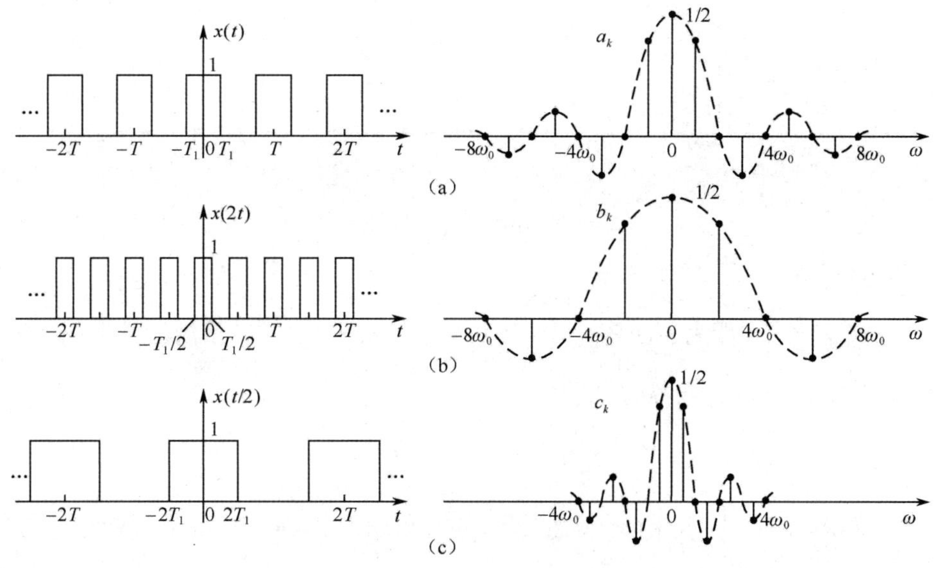

图 4.9　傅里叶级数的尺度变换性质

5. 相乘与卷积

$x(t)$ 与 $y(t)$ 为周期信号，周期为 T，且傅里叶级数系数分别为 a_k 与 b_k，则 $x(t)$ 与 $y(t)$ 相乘后依然是周期的，周期为 T，傅里叶级数系数为 a_k 与 b_k 的卷积和，即

$$x(t)y(t) \xleftrightarrow{\mathscr{FS}} \sum_{l=-\infty}^{+\infty} a_l b_{k-l} = a_k * b_k \tag{4.33}$$

对于相乘性质，若 $x(t)$ 的基波频率为 ω_0， $y(t)=\mathrm{e}^{\mathrm{j}M\omega_0 t}$，则相乘性质转换为频移性质，即

$$x(t)\mathrm{e}^{\mathrm{j}M\omega_0 t} \xrightarrow{\mathscr{FS}} a_k * b_k = a_k * \delta[k-M] = a_{k-M} \tag{4.34}$$

对偶地，$x(t)$ 与 $y(t)$ 周期卷积后依然是周期的，周期为 T，傅里叶级数系数为 $a_k\ b_k$ 与 T 的乘积，即

$$x(t)\otimes y(t) \xleftrightarrow{\mathscr{FS}} Ta_k b_k \tag{4.35}$$

其中，$x(t)$ 与 $y(t)$ 周期卷积定义为

$$x(t)\otimes y(t) = \int_T x(\tau)y(t-\tau)\mathrm{d}\tau \tag{4.36}$$

☞**注释**：卷积性质将时域中复杂的卷积运算转换为频域内较为简单的相乘关系。同时，为了区分普通卷积的符号“*”，周期卷积的符号采用“⊗”表示。

【例 4.5】 求图 4.10(a)中三角波函数 $x(t)$ 的傅里叶级数系数。

解　同样构造方波函数 $p(t)$，如图 4.7(b)所示，$p(t)$ 的频谱系数为 $a_k=\dfrac{1}{2}\mathrm{Sa}(k\pi/2)$，如图 4.7(c)所示。

$x(t)=p(t)\otimes p(t)$，根据卷积性质，$x(t)$ 的频谱系数为

$$b_k = Ta_k a_k = 4a_k^2 = \mathrm{Sa}^2(k\pi/2)$$

如图 4.10(b)所示。

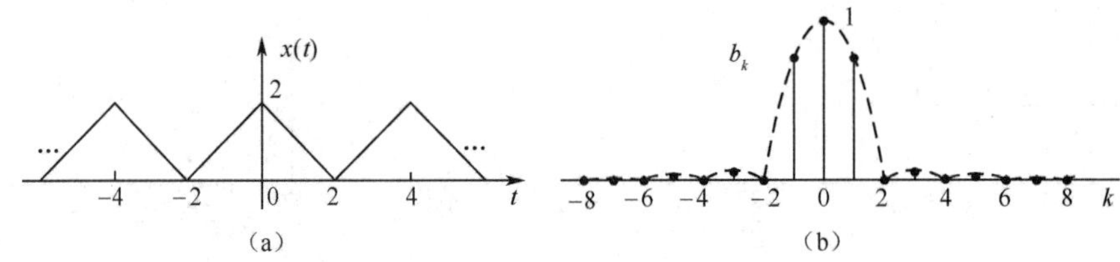

图 4.10 例 4.5 图

6. 微分与积分

$x(t)$ 为周期信号，周期为 T，且傅里叶级数系数为 a_k，则 $\dfrac{\mathrm{d}x(t)}{\mathrm{d}t}$ 依然是周期的，周期 T 不变，其傅里叶级数系数为 a_k 与 $\mathrm{j}k\omega_0$ 的乘积，即

$$\frac{\mathrm{d}x(t)}{\mathrm{d}t} \xleftrightarrow{\mathscr{FS}} \mathrm{j}k\omega_0 \cdot a_k \tag{4.37}$$

对偶地，当 $a_0=0$ 时，$\int_{-\infty}^{t} x(\tau)\mathrm{d}\tau$ 依然是周期的，周期为 T，傅里叶级数系数为 a_k 与 $1/\mathrm{j}k\omega_0$ 的乘积，即

$$\int_{-\infty}^{t} x(\tau)\mathrm{d}\tau \xleftrightarrow{\mathscr{FS}} \frac{1}{\mathrm{j}k\omega_0} \cdot a_k, \quad k \neq 0 \tag{4.38}$$

☞**注释**：这两个性质意味着，时域微分运算在频域中达到增强高频、减弱低频的效果，突出了它的变化部分，没有变化部分的微分结果为 0；而时域积分运算在频域中达到增强低频、减弱高频的效果，经积分后平滑了信号的变化部分。

7. 共轭与共轭对称性

$x(t)$ 为周期信号，周期为 T，且傅里叶级数系数为 a_k，则 $x^*(t)$ 依然是周期的，周期 T 不变，其傅里叶级数系数为 a_k 反转后的共轭，即

$$x^*(t) \xleftrightarrow{\mathscr{FS}} a_{-k}^* \tag{4.39}$$

若 $x(t)$ 为实函数，$x(t)=x^*(t)$，则其频谱系数具有共轭对称性，即 $a_k=a_{-k}^*$。若将 a_k 用极坐标表示，$a_k=|a_k|\mathrm{e}^{\mathrm{j}\angle a_k}$，则 $|a_k|=|a_{-k}|$，$\angle a_k=-\angle a_{-k}$；若将 a_k 用直角坐标表示，$a_k=\mathscr{Re}\{a_k\}+\mathrm{j}\mathscr{Im}\{a_k\}$，则 $\mathscr{Re}\{a_k\}=\mathscr{Re}\{a_{-k}\}$，$\mathscr{Im}\{a_k\}=-\mathscr{Im}\{a_{-k}\}$。

结合时间反转性质，容易证明：若 $x(t)$ 是实偶函数，则其傅里叶级数系数也是偶对称的实函数；若 $x(t)$ 是实奇函数，则其傅里叶级数系数是奇对称的纯虚函数。

第 2 章曾经提到，一般实信号可以分解为偶部与奇部，分别具有偶对称性和奇对称性，则实信号的偶部与奇部相应地对应其频谱的实部与虚部，即

$$\begin{array}{ccccc} x(t) & = & \mathscr{Ev}\{x(t)\} & + & \mathscr{Od}\{x(t)\} \\ \updownarrow^{\mathscr{FS}} & & \updownarrow^{\mathscr{FS}} & & \updownarrow^{\mathscr{FS}} \\ a_k & = & \mathscr{Re}\{a_k\} & + & \mathrm{j}\mathscr{Im}\{a_k\} \end{array} \tag{4.40}$$

8. 帕塞瓦尔定理（Parseval's Relation）

$x(t)$ 为周期信号，周期为 T，且傅里叶级数系数为 a_k，则 $x(t)$ 的平均功率（单位时间内的能量）等于它的全部谐波分量的平均功率之和，即

$$\frac{1}{T}\int_T |x(t)|^2\,\mathrm{d}t = \sum_{k=-\infty}^{+\infty} |a_k|^2 \tag{4.41}$$

☞**注释**：这意味着，连续时间周期信号的平均功率既可以在时域计算，也可以在频域计算。

【例 4.6】利用帕塞瓦尔定理求正弦信号 $x(t)=\cos\omega_0 t$ 平均功率。

解 $x(t)=\cos\omega_0 t$ 只有基波频率，即频谱系数 a_k 在 $k=\pm1$ 时，$a_k=1/2$，而 $k\neq\pm1$ 时，$a_k=0$。故其平均功率为

$$P_\infty=\frac{1}{T}\int_T|x(t)|^2\mathrm{d}t=\sum_{k=-\infty}^{+\infty}|a_k|^2=\left(\frac{1}{2}\right)^2+\left(\frac{1}{2}\right)^2=\frac{1}{2}$$

连续时间傅里叶级数的性质归纳在表 4.1 中。

表 4.1 连续时间傅里叶级数的性质

性质	周期信号	傅里叶级数系数
	$\left.\begin{matrix}x(t)\\y(t)\end{matrix}\right\}$（周期为 T）	$\left.\begin{matrix}a_k\\b_k\end{matrix}\right\}$（基波频率为 $\omega_0=2\pi/T$）
线性	$Ax(t)+By(t)$	Aa_k+Bb_k
时移	$x(t-t_0)$	$a_k\mathrm{e}^{-\mathrm{j}k\omega_0 t_0}=a_k\mathrm{e}^{-\mathrm{j}k(2\pi/T)t_0}$
频移	$\mathrm{e}^{\mathrm{j}M\omega_0 t}x(t)$	a_{k-M}
时间反转	$x(-t)$	a_{-k}
尺度变换	$x(at), a>0$（周期为 T/a）	a_k（基波频率为 $a\omega_0$）
周期卷积	$x(t)\otimes y(t)=\int_T x(\tau)y(t-\tau)\mathrm{d}\tau$	Ta_kb_k
相乘	$x(t)y(t)$	$a_k*b_k=\sum_{l=-\infty}^{+\infty}a_lb_{k-l}$
微分	$\frac{\mathrm{d}x(t)}{\mathrm{d}t}$	$\mathrm{j}k\omega_0\cdot a_k$
积分	$\int_{-\infty}^{t}x(\tau)\mathrm{d}\tau$（仅当 $a_0=0$ 时为周期的）	$\frac{1}{\mathrm{j}k\omega_0}\cdot a_k$
共轭	$x^*(t)$	a_{-k}^*
实信号的共轭对称性	$x(t)$为实信号	$a_k=a_{-k}^*\begin{cases}\mathcal{Re}\{a_k\}=\mathcal{Re}\{a_{-k}\}\\\mathcal{Im}\{a_k\}=-\mathcal{Im}\{a_{-k}\}\\|a_k|=|a_{-k}|\\\angle a_k=-\angle a_{-k}\end{cases}$
实、偶信号	$x(t)$为实、偶信号	a_k为实数且偶对称
实、奇信号	$x(t)$为实、奇信号	a_k为纯虚数且奇对称
实信号的奇偶分解	$\mathcal{Ev}\{x(t)\}$ $\mathcal{Od}\{x(t)\}$	$\mathcal{Re}\{a_k\}$ $\mathrm{j}\mathcal{Im}\{a_k\}$
帕塞瓦尔定理	$\frac{1}{T}\int_T|x(t)|^2\mathrm{d}t=\sum_{k=-\infty}^{+\infty}|a_k|^2$	

4.2 连续时间傅里叶变换

连续时间傅里叶级数将连续时间周期信号表示为复指数信号的线性组合，得到连续时间周期信号的频域表示——离散线状频谱，实现了连续时间周期信号时域与频域之间的相互转换。本节将这个概念推广应用到连续时间非周期信号中，引出连续时间傅里叶变换。

4.2.1　非周期信号的傅里叶变换

一个非周期信号可以认为是周期无限长的周期信号。随着周期信号的周期T增大，谱线间隔$\omega_0 = 2\pi/T$减小，同时谱线长度a_k也随之减小。若T趋于无穷大，谱线间隔趋于无穷小，离散频谱就变为连续频谱，同时谱线长度a_k也趋于0。

假设任意一个有限持续期的非周期信号$x(t)$，如图4.11(a)所示，在$t<T_1$和$t>T_2$时，$x(t)=0$。可以用它构造一个周期信号$\tilde{x}(t)$，如图4.11(b)所示，即

$$\tilde{x}(t)=\sum_{l=-\infty}^{+\infty} x(t-lT) \tag{4.42}$$

对$\tilde{x}(t)$来说，$x(t)$是它的一个周期。随着所选周期T的增大，$\tilde{x}(t)$就在一个更长的时间间隔内与$x(t)$相一致，当$T\to\infty$时，对任意有限值t，有$\tilde{x}(t)=x(t)$。

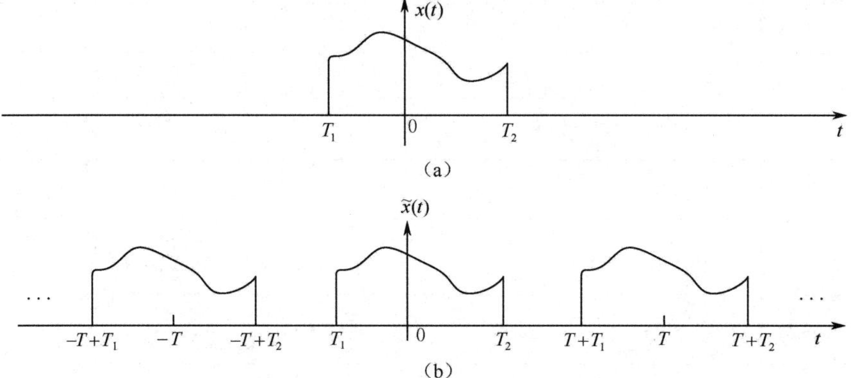

图4.11　有限长信号$x(t)$及其构成的周期信号$\tilde{x}(t)$

周期信号$\tilde{x}(t)$可利用傅里叶级数表示为

$$\tilde{x}(t)=\sum_{k=-\infty}^{+\infty} a_k \mathrm{e}^{\mathrm{j}k\omega_0 t} \tag{4.43}$$

$$a_k=\frac{1}{T}\int_T \tilde{x}(t)\mathrm{e}^{-\mathrm{j}k\omega_0 t}\mathrm{d}t \tag{4.44}$$

将式(4.44)中的积分区间选在包括$T_1 \leqslant t \leqslant T_2$的这个周期上，则$\tilde{x}(t)$就可以用$x(t)$代替，并考虑到$T_1 \leqslant t \leqslant T_2$区间以外$x(t)=0$，式(4.44)等效为

$$a_k=\frac{1}{T}\int_{T_1}^{T_2} x(t)\mathrm{e}^{-\mathrm{j}k\omega_0 t}\mathrm{d}t=\frac{1}{T}\int_{-\infty}^{+\infty} x(t)\mathrm{e}^{-\mathrm{j}k\omega_0 t}\mathrm{d}t \tag{4.45}$$

随着T增加，ω_0与a_k均减小。当$T\to\infty$时，$\tilde{x}(t)\to x(t)$，周期信号演变为非周期信号，$\omega_0=2\pi/T\to 0$，频谱间隔趋于0，以$\mathrm{d}\omega$表示，$k\omega_0\to\omega$，离散频谱演变为连续频谱，则

$$\lim_{T\to\infty} Ta_k=\lim_{T\to\infty}\int_{T_1}^{T_2} x(t)\mathrm{e}^{-\mathrm{j}k\omega_0 t}\mathrm{d}t=\int_{-\infty}^{+\infty} x(t)\mathrm{e}^{-\mathrm{j}\omega t}\mathrm{d}t=X(\mathrm{j}\,\omega) \tag{4.46}$$

显然

$$a_k = \frac{1}{T} X(\mathrm{j}k\omega_0) \tag{4.47}$$

代入式(4.43)，得

$$\tilde{x}(t) = \sum_{k=-\infty}^{+\infty} \frac{1}{T} X(\mathrm{j}k\omega_0)\mathrm{e}^{\mathrm{j}k\omega_0 t} \tag{4.48}$$

由于 $\omega_0 = 2\pi/T$，则 $1/T = \omega_0/2\pi$。当 $T \to \infty$ 时，$\tilde{x}(t) \to x(t)$，$k\omega_0 \to \omega$，$\omega_0 \to \mathrm{d}\omega$，上式过渡为一个积分。当 k 在 $-\infty$ 至 $+\infty$ 范围离散变化时，$k\omega_0$ 在 $-\infty$ 至 $+\infty$ 范围连续变化，所以积分区间是 $-\infty$ 至 $+\infty$。则

$$x(t) = \lim_{T\to\infty} \tilde{x}(t) = \lim_{T\to\infty} \frac{1}{2\pi} \sum_{k=-\infty}^{+\infty} X(\mathrm{j}k\omega_0)\mathrm{e}^{\mathrm{j}k\omega_0 t}\omega_0 = \frac{1}{2\pi}\int_{-\infty}^{+\infty} X(\mathrm{j}\omega)\mathrm{e}^{\mathrm{j}\omega t}\mathrm{d}\omega \tag{4.49}$$

结合式(4.46)与式(4.49)，就得到一对公式

$$x(t) = \frac{1}{2\pi}\int_{-\infty}^{+\infty} X(\mathrm{j}\omega)\mathrm{e}^{\mathrm{j}\omega t}\mathrm{d}\omega \tag{4.50}$$

$$X(\mathrm{j}\omega) = \int_{-\infty}^{+\infty} x(t)\mathrm{e}^{-\mathrm{j}\omega t}\mathrm{d}t \tag{4.51}$$

式(4.50)与式(4.51)就是连续时间傅里叶变换对，实现了连续时间非周期信号的时域与频域之间的相互转换。

☞**注释**：后续讨论将证明，连续时间周期信号的时域与频域间转换也可统一到傅里叶变换框架中。

式(4.50)是综合公式，称为傅里叶反变换，可以认为 $x(t)$ 是频率在 $-\infty$ 至 $+\infty$ 范围内分布的、幅值为 $X(\mathrm{j}\omega)(\mathrm{d}\omega/2\pi)$ 的复指数信号 $\mathrm{e}^{\mathrm{j}\omega t}$ 的线性组合。式(4.51)是分析公式，称为傅里叶变换，$X(\mathrm{j}\omega)$ 是 $x(t)$ 的频谱密度函数。在以后的讨论过程中，经常使用

$$x(t) \xleftrightarrow{\mathscr{F}} X(\mathrm{j}\omega) \tag{4.52}$$

来表示连续时间信号 $x(t)$ 与其频谱 $X(\mathrm{j}\omega)$ 之间的关系。

一般情况下，$X(\mathrm{j}\omega)$ 是一个复函数，即

$$X(\mathrm{j}\omega) = |X(\mathrm{j}\omega)|\mathrm{e}^{\mathrm{j}\angle X(\mathrm{j}\omega)} \tag{4.53}$$

式中，$|X(\mathrm{j}\omega)|$ 是 $X(\mathrm{j}\omega)$ 的模，$\angle X(\mathrm{j}\omega)$ 是 $X(\mathrm{j}\omega)$ 的相位。$|X(\mathrm{j}\omega)|$ 与 $\angle X(\mathrm{j}\omega)$ 关于 ω 的关系曲线分别称为幅度谱和相位谱。

☞**注释**：由傅里叶级数推导傅里叶变换的过程中，可以得出结论：周期信号的频谱是对应的非周期信号频谱的样本，而非周期信号的频谱是对应的周期信号频谱的包络。

傅里叶变换不仅针对信号，而且适用于 LTI 系统的冲激响应 $h(t)$。将式(4.50)和式(4.51)中的 $x(t)$ 与 $X(\mathrm{j}\omega)$ 分别用 $h(t)$ 与 $H(\mathrm{j}\omega)$ 替代，得

$$h(t) = \frac{1}{2\pi}\int_{-\infty}^{+\infty} H(\mathrm{j}\omega)\mathrm{e}^{\mathrm{j}\omega t}\mathrm{d}\omega \tag{4.54}$$

$$H(\mathrm{j}\omega) = \int_{-\infty}^{+\infty} h(t)\mathrm{e}^{-\mathrm{j}\omega t}\mathrm{d}t \tag{4.55}$$

其中，$H(\mathrm{j}\omega)$ 称为连续时间 LTI 系统的频率响应，说明连续时间 LTI 系统的冲激响应 $h(t)$与其频率响应 $H(\mathrm{j}\omega)$ 为一对傅里叶变换对。第 3 章已经指出，一个连续时间 LTI 系统完全可以由它的冲激响应 $h(t)$来表征，若 $h(t)$的傅里叶变换 $H(\mathrm{j}\omega)$ 存在，则意味着连续时间 LTI 系统也可以由它的频率响应来表征，这一点将在第 5 章进一步讨论。

4.2.2 傅里叶变换的收敛性

当周期趋于无穷大时，由周期信号的傅里叶级数的极限引出傅里叶变换，因此，傅里叶变换的收敛问题与傅里叶级数的收敛问题是一致的。同样，狄里赫利得到了一组傅里叶变换存在的条件。

条件 1：$x(t)$ 绝对可积，即

$$\int_{-\infty}^{+\infty}|x(t)|\,\mathrm{d}t<\infty \tag{4.56}$$

条件 2：在任意有限区间内，$x(t)$ 只有有限个最大值和最小值。

条件 3：在任意有限区间内，$x(t)$ 有有限个不连续点，且在这些不连续点上，函数值均有限。

然而，假设在变换过程中可以采用冲激函数，周期信号这类不满足绝对可积条件的信号依然可以存在傅里叶变换，从而将周期信号与非周期信号的频域分析都纳入傅里叶变换的框架内。

☞**注释**：狄里赫利条件是一个信号存在傅里叶变换的充分条件，而不是必要条件。

4.2.3 典型信号的傅里叶变换

常见连续时间傅里叶变换对视频

1. 单边指数信号

$$x(t)=\mathrm{e}^{-at}u(t)\qquad(a>0)$$

单边指数信号 $x(t)$ 的波形如图 4.12 所示，其傅里叶变换为

$$X(\mathrm{j}\omega)=\int_{-\infty}^{+\infty}\mathrm{e}^{-at}u(t)\mathrm{e}^{-\mathrm{j}\omega t}\mathrm{d}t=\int_{0}^{+\infty}\mathrm{e}^{-at}\mathrm{e}^{-\mathrm{j}\omega t}\mathrm{d}t=-\frac{1}{a+\mathrm{j}\omega}\mathrm{e}^{-(a+\mathrm{j}\omega)t}\Big|_0^{\infty}=\frac{1}{a+\mathrm{j}\omega}$$

即

$$x(t)=\mathrm{e}^{-at}u(t)\xleftrightarrow{\mathscr{F}}X(\mathrm{j}\omega)=\frac{1}{a+\mathrm{j}\omega}\qquad(a>0)$$

$X(\mathrm{j}\omega)$ 的模和相位分别为

$$|X(\mathrm{j}\omega)|=\frac{1}{\sqrt{a^2+\omega^2}}$$

$$\angle X(\mathrm{j}\omega)=-\arctan(\omega/a)$$

$X(\mathrm{j}\omega)$ 的模和相位分别示于图 4.13。从 $|X(\mathrm{j}\omega)|$ 可看出，单边指数信号的大部分能量集中在低频段。

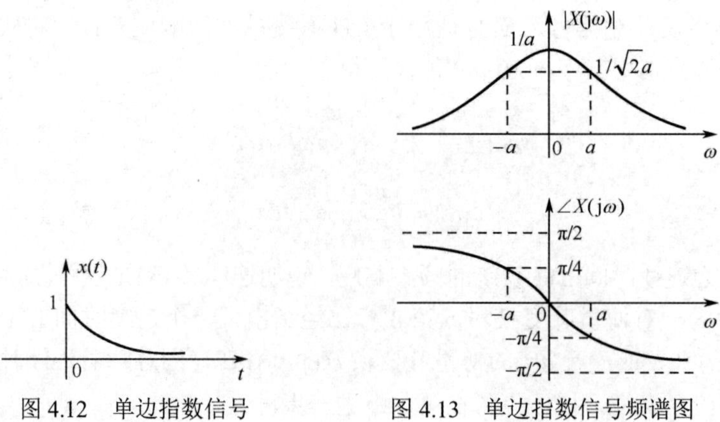

图 4.12 单边指数信号

图 4.13 单边指数信号频谱图

2. 双边指数信号

$$x(t)=\mathrm{e}^{-a|t|}\qquad (a>0)$$

双边指数信号 $x(t)$ 的波形如图 4.14(a)所示，其傅里叶变换为

$$X(\mathrm{j}\omega)=\int_{-\infty}^{+\infty}\mathrm{e}^{-a|t|}\mathrm{e}^{-\mathrm{j}\omega t}\mathrm{d}t=\int_{-\infty}^{0}\mathrm{e}^{at}\mathrm{e}^{-\mathrm{j}\omega t}\mathrm{d}t+\int_{0}^{+\infty}\mathrm{e}^{-at}\mathrm{e}^{-\mathrm{j}\omega t}\mathrm{d}t$$

$$=\frac{1}{a-\mathrm{j}\omega}+\frac{1}{a+\mathrm{j}\omega}=\frac{2a}{a^2+\omega^2}$$

即

$$x(t)=\mathrm{e}^{-a|t|}\xleftrightarrow{\mathscr{F}}X(\mathrm{j}\omega)=\frac{2a}{a^2+\omega^2}\qquad (a>0)$$

$x(t)$ 具有偶对称性，其频谱 $X(\mathrm{j}\omega)$ 是实数，如图 4.14(b)所示，信号的大部分能量依然集中在低频段。

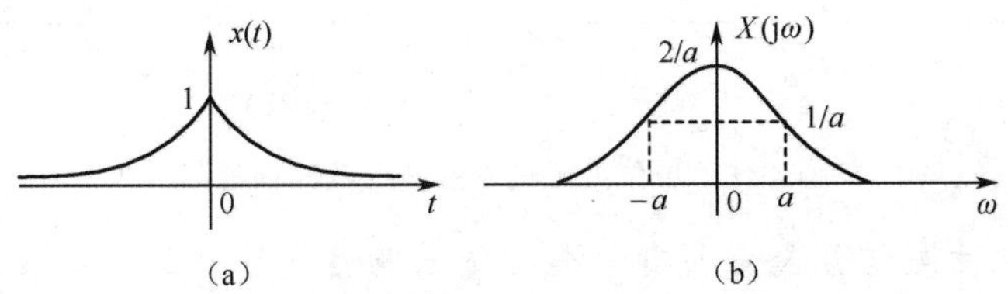

图 4.14　双边指数信号的波形及其频谱图

☞**注释**：不难看出，时域里双边指数信号是单边指数信号偶部的 2 倍，频域里双边指数信号的频谱是单边指数信号频谱实部的 2 倍，符合后续的傅里叶变换性质。

3. 对称方波信号

$$x(t)=\begin{cases}1 & |t|<T_1\\ 0 & |t|>T_1\end{cases}$$

对称方波信号（又称矩形脉冲或门函数）$x(t)$ 的波形如图 4.15(a)所示，其傅里叶变换为

$$X(\mathrm{j}\omega)=\int_{-T_1}^{T_1}\mathrm{e}^{-\mathrm{j}\omega t}\mathrm{d}t=2\frac{\sin\omega T_1}{\omega}=2T_1\mathrm{Sa}(\omega T_1)$$

$X(\mathrm{j}\omega)$ 是实数，如图 4.15(b)所示。信号的大部分能量集中在低频段，若将第一主瓣的宽度 $2\pi/T_1$ 定义为频宽(BW)，则频宽与时宽 $2T_1$ 成反比关系。

该方波信号可以扩展为基波周期为 T 的周期方波信号，其频谱系数为

$$a_k=\frac{2T_1}{T}\mathrm{Sa}(k\omega_0T_1)$$

显然

$$Ta_k=X(\mathrm{j}\omega)\big|_{\omega=k\omega_0}$$

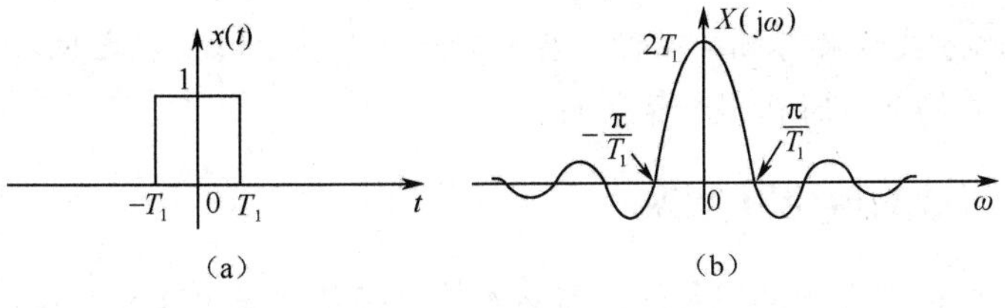

图 4.15　对称方波信号的波形及其频谱图

4．单位冲激信号

单位冲激信号 $\delta(t)$ 可以认为是对称方波信号在 $T_1 \to 0$ 时的极限，其傅里叶变换为

$$X(\mathrm{j}\omega)=\int_{-\infty}^{+\infty}\delta(t)\mathrm{d}t=1$$

即

$$x(t)=\delta(t)\xleftrightarrow{\mathscr{F}}X(\mathrm{j}\omega)=1$$

单位冲激信号的波形及其频谱分别示于图 4.16(a)、(b)。可以看到，$\delta(t)$ 的频谱包括了所有的频率分量，所有频率分量具有相同的幅值与相位，意味着频宽无穷宽，称为“均匀谱”或“白色谱”。$\delta(t)$ 与其频谱的关系是频宽与时宽成反比关系的典型体现。

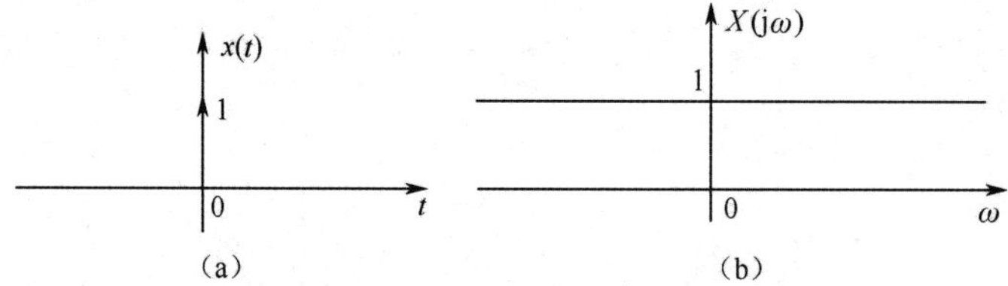

图 4.16　单位冲激信号的波形及其频谱图

☞**注释：**单位冲激信号包含所有频率分量，而且是均匀的，将其输入 LTI 系统，所得输出可以反映 LTI 系统对所有频率分量的响应，因此，冲激响应在 LTI 系统分析中具有重要意义。

5. 抽样函数

直接求解抽样函数的傅里叶变换比较困难，考察频域内具有方波形式的频谱，如图 4.17(a)所示，即

$$X(\mathrm{j}\omega)=\begin{cases}1 & |\omega|<W\\ 0 & |\omega|>W\end{cases}$$

其傅里叶反变换为

$$x(t)=\frac{1}{2\pi}\int_{-W}^{W}\mathrm{e}^{\mathrm{j}\omega t}\mathrm{d}\omega=\frac{\sin Wt}{\pi t}=\frac{W}{\pi}\mathrm{Sa}(Wt)$$

$x(t)$ 的波形如图 4.17(b)所示。

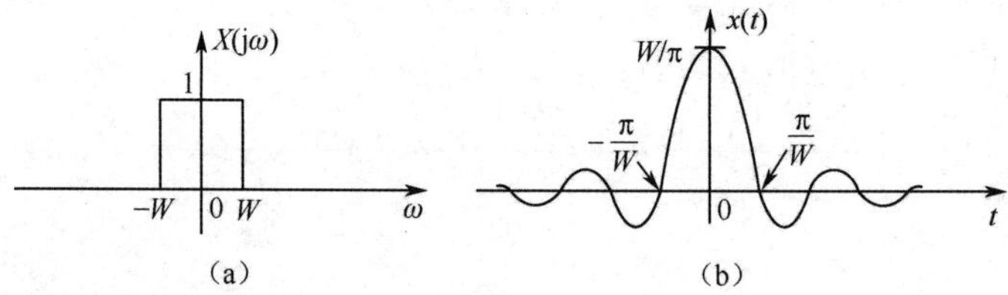

图 4.17　抽样函数的波形及其频谱图

☞**注释：**对比方波函数与抽样函数，会发现这两对傅里叶变换之间存在对偶关系。连续时间傅里叶变换的对偶关系将在下一节讨论。

4.2.4　周期信号的傅里叶变换

由于周期信号不满足绝对可积条件，显然不能直接从定义上建立周期信号的傅里叶变换，为此引入冲激函数，从傅里叶反变换的角度研究周期信号。考察 $X(\mathrm{j}\omega)=2\pi\delta(\omega-\omega_0)$ 的傅里

叶反变换

$$x(t)=\frac{1}{2\pi}\int_{-\infty}^{+\infty}2\pi\delta(\omega-\omega_0)\mathrm{e}^{\mathrm{j}\omega t}\mathrm{d}\omega=\mathrm{e}^{\mathrm{j}\omega_0 t} \tag{4.57}$$

即周期复指数信号的频谱是一个冲激

$$x(t)=\mathrm{e}^{\mathrm{j}\omega_0 t}\xleftrightarrow{\mathscr{F}}X(\mathrm{j}\omega)=2\pi\delta(\omega-\omega_0) \tag{4.58}$$

很容易地推广为

$$x(t)=\sum_{k=-\infty}^{+\infty}a_k\mathrm{e}^{\mathrm{j}k\omega_0 t}\xleftrightarrow{\mathscr{F}}X(\mathrm{j}\omega)=2\pi\sum_{k=-\infty}^{+\infty}a_k\delta(\omega-k\omega_0) \tag{4.59}$$

而基波周期为 T 的周期信号 $x(t)$ 的傅里叶级数恰恰为

$$x(t)=x(t+T)=\sum_{k=-\infty}^{+\infty}a_k\,\mathrm{e}^{\mathrm{j}k\frac{2\pi}{T}t}=\sum_{k=-\infty}^{+\infty}a_k\,\mathrm{e}^{\mathrm{j}k\omega_0 t} \tag{4.60}$$

因此，周期信号 $x(t)$ 的傅里叶变换为

$$X(\mathrm{j}\omega)=2\pi\sum_{k=-\infty}^{+\infty}a_k\delta(\omega-k\omega_0)=2\pi\sum_{k=-\infty}^{+\infty}a_k\delta(\omega-k\frac{2\pi}{T}) \tag{4.61}$$

这意味着，周期信号的傅里叶变换由一系列冲激组成，每个冲激分别位于信号的各次谐波的频率处，其冲激强度正比于对应的傅里叶级数系数。

【例 4.7】求例 4.2 的周期方波函数的傅里叶变换。

解 前面已知该信号的傅里叶级数系数为

$$a_k=\frac{2T_1}{T}\mathrm{Sa}(k\omega_0T_1)$$

示于图 4.18(a)（设占空比为 50%）。其傅里叶变换为

$$\begin{aligned}X(\mathrm{j}\omega)&=2\pi\sum_{k=-\infty}^{+\infty}a_k\delta(\omega-k\omega_0)\\&=2\pi\sum_{k=-\infty}^{+\infty}\frac{2T_1}{T}\mathrm{Sa}(k\omega_0T_1)\delta(\omega-k\omega_0)\end{aligned}$$

如图 4.18(b)所示（设占空比为 50%）。与图 4.18(a)比较，区别仅在于条线图变为冲激函数，冲激强度的比例因子为 2π。

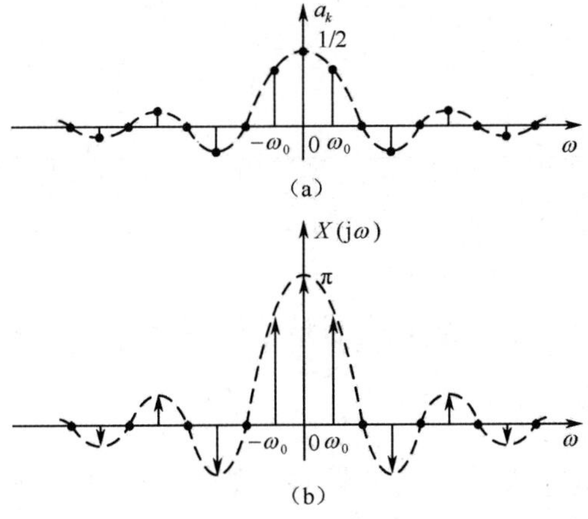

图 4.18 周期方波信号的傅里叶级数系数与傅里叶变换

【例 4.8】求 $x(t)=\cos\omega_0 t$ 的傅里叶变换。

解 该信号的傅里叶级数系数为

$$a_k=\begin{cases}1/2 & k=\pm 1\\ 0 & k\neq \pm 1\end{cases}$$

因此，其傅里叶变换为

$$X(\mathrm{j}\omega)=2\pi\sum_{k=-\infty}^{+\infty}a_k\delta(\omega-k\omega_0)=\pi\delta(\omega+\omega_0)+\pi\delta(\omega-\omega_0)$$

如图 4.19 所示。

【例 4.9】求 $x(t)=\sum\limits_{l=-\infty}^{+\infty}\delta(t-lT)$ 的傅里叶变换。

解 $x(t)$ 为周期冲激串，由 4.1 节可知该信号的傅里叶级数系数为 $a_k=1/T$，故其傅里叶变换为

$$X(\mathrm{j}\omega)=2\pi\sum_{k=-\infty}^{+\infty}a_k\delta(\omega-k\omega_0)=\frac{2\pi}{T}\sum_{k=-\infty}^{+\infty}\delta(\omega-k\omega_0)$$

如图 4.20 所示。

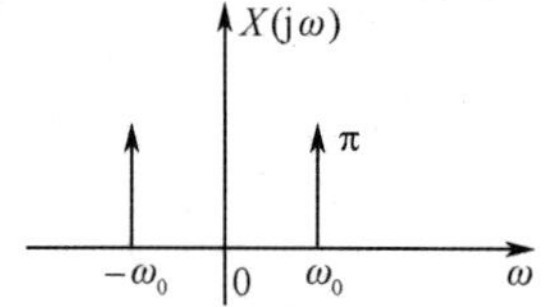

图 4.19 余弦信号的频谱图

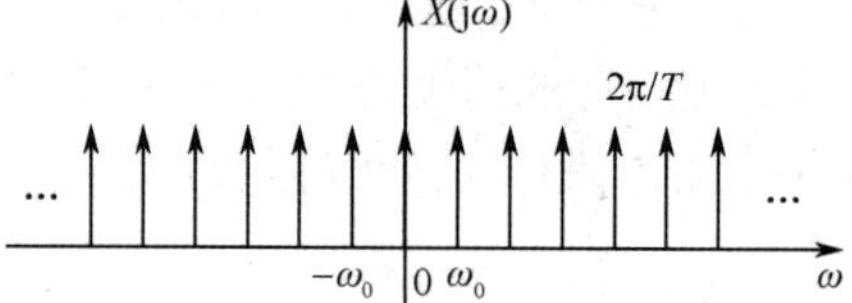

图 4.20 周期冲激串的频谱图

4.3 连续时间傅里叶变换的性质

与连续时间傅里叶级数的性质类似，傅里叶变换的性质不仅可以简化运算，并且有助于深入理解傅里叶变换本身及其对信号时域与频域描述之间的关系。

为方便起见，在本节的描述中，会用到一些简便的符号来表示信号与其傅里叶变换之间的一对关系，例如用 $\mathscr{F}\{x(t)\}$ 表示 $x(t)$ 的傅里叶变换 $X(\mathrm{j}\omega)$，用 $\mathscr{F}^{-1}\{X(\mathrm{j}\omega)\}$ 表示 $X(\mathrm{j}\omega)$ 的傅里叶反变换 $x(t)$。

4.3.1 线性

连续时间傅里叶变换性质1视频

两个连续时间信号 $x(t)$ 与 $y(t)$ 的傅里叶变换分别为 $X(\mathrm{j}\omega)$ 与 $Y(\mathrm{j}\omega)$，则 $x(t)$ 与 $y(t)$ 的线性组合所对应的傅里叶变换为 $X(\mathrm{j}\omega)$ 与 $Y(\mathrm{j}\omega)$ 的同一线性组合，即

$$ax(t)+by(t)\xleftrightarrow{\mathscr{F}}aX(\mathrm{j}\omega)+bY(\mathrm{j}\omega) \tag{4.62}$$

线性性质可以推广到任意多个连续时间信号的线性组合。

4.3.2 时移与频移

$x(t)$ 的傅里叶变换为 $X(\mathrm{j}\omega)$，则 $x(t)$ 时移后所得信号 $x(t-t_0)$ 的傅里叶变换的模保持不变，仅仅产生一个线性相移，即

$$x(t-t_0)\xleftrightarrow{\mathscr{F}}\mathrm{e}^{-\mathrm{j}\omega t_0}X(\mathrm{j}\omega) \tag{4.63}$$

例如，不同时刻播放同一首音乐，仅仅相当于音乐信号的简单时移，听起来没什么差别，就是因为幅频特性没有发生变化，而相频特性的变化是人耳所不敏感的。

☞**注释**：一般来说，人的耳朵很容易察觉幅值失真，对相位失真却比较迟钝。相反，人的眼睛对相位失真非常敏感，却对幅值失真有些迟钝。因此，时移的声音信号不易被察觉，位移的图像信号却可能被一眼识破。

对偶地，$x(t)$ 的傅里叶变换为 $X(\mathrm{j}\omega)$，则 $x(t)\mathrm{e}^{\mathrm{j}\omega_0 t}$ 的傅里叶变换产生了 ω_0 的频移，即

$$x(t)\mathrm{e}^{\mathrm{j}\omega_0 t} \xleftrightarrow{\mathscr{F}} X[\mathrm{j}(\omega-\omega_0)] \tag{4.64}$$

类似地，$x(t)\mathrm{e}^{-\mathrm{j}\omega_0 t}$ 的傅里叶变换产生了 ω_0 的频移，只是方向相反，即

$$x(t)\mathrm{e}^{-\mathrm{j}\omega_0 t} \xleftrightarrow{\mathscr{F}} X[\mathrm{j}(\omega+\omega_0)] \tag{4.65}$$

运用线性性质，将式(4.64)与式(4.65)两边相加，频移性质更一般的表达式为

$$x(t)\cos(\omega_0 t) \xleftrightarrow{\mathscr{F}} \frac{1}{2}X[\mathrm{j}(\omega+\omega_0)]+\frac{1}{2}X[\mathrm{j}(\omega-\omega_0)] \tag{4.66}$$

【例 4.10】某信号 $x(t)$ 的频谱如图 4.21(a)所示，求 $y(t)=x(t)\cos(\omega_0 t)$ 与 $z(t)=y(t)\cos(\omega_0 t)$ 的频谱。

解 根据频移性质，$y(t)=x(t)\cos(\omega_0 t) \xleftrightarrow{\mathscr{F}} Y(\mathrm{j}\omega)=\frac{1}{2}X[\mathrm{j}(\omega+\omega_0)]+\frac{1}{2}X[\mathrm{j}(\omega-\omega_0)]$，即 $y(t)$ 的频谱是将 $x(t)$ 的频谱向左、右两个方向频移到高频 $\pm\omega_0$ 附近，幅值各减半。如图 4.21(b)所示。同理，得

$$Z(\mathrm{j}\omega)=\frac{1}{2}Y[\mathrm{j}(\omega-\omega_0)]+\frac{1}{2}Y[\mathrm{j}(\omega-\omega_0)]=\frac{1}{4}X[\mathrm{j}(\omega+2\omega_0)]+\frac{1}{2}X(\mathrm{j}\omega)+\frac{1}{4}X[\mathrm{j}(\omega-2\omega_0)]$$

即 $z(t)$ 的频谱相当于将 $x(t)$ 的频谱向左、右两个方向频移到高频 $\pm2\omega_0$ 附近，幅值各为原来的 $1/4$，同时又频移回原来位置，幅值为原来的 $1/2$。如图 4.21(c)所示。因此，可以通过一个低通滤波器（图 4.21(c)中虚线所示）恢复信号 $x(t)$。

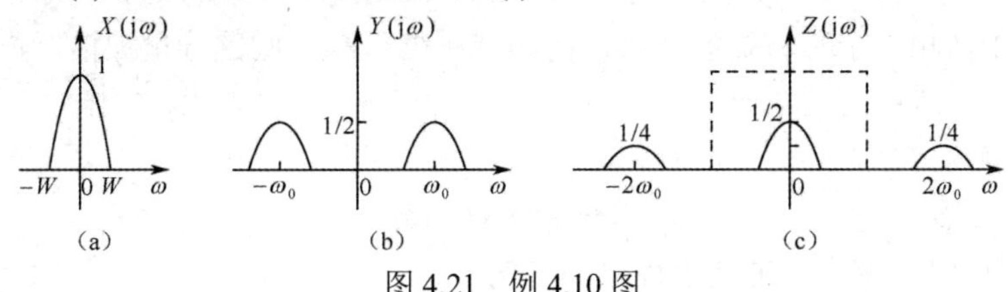

图 4.21 例 4.10 图

☞**注释**：与傅里叶级数性质类似，傅里叶变换的频移性质在通信系统中应用非常广泛。

4.3.3 时间反转

$x(t)$ 的傅里叶变换为 $X(\mathrm{j}\omega)$，则 $x(t)$ 反转后所得信号 $x(-t)$ 的傅里叶变换也产生一个频率的反转，即

$$x(-t) \xleftrightarrow{\mathscr{F}} X(-\mathrm{j}\omega) \tag{4.67}$$

据此可以得出结论：偶函数 $x(t)$ 的傅里叶变换也为偶函数，奇函数 $x(t)$ 的傅里叶变换也为奇函数。

4.3.4 尺度变换

$x(t)$ 的傅里叶变换为 $X(\mathrm{j}\omega)$，则 $x(t)$尺度变换后所得信号为 $x(at)$（a 为实数)，其傅里叶变

换产生一个相反程度的尺度变换，同时存在一个比例因子，即

$$x(at) \stackrel{\mathscr{F}}{\longleftrightarrow} \frac{1}{|a|} X(\mathrm{j}\frac{\omega}{a}) \tag{4.68}$$

该性质诠释了频宽与时宽之间的反比关系。图 4.22 中方波信号的尺度变换诠释了此性质。

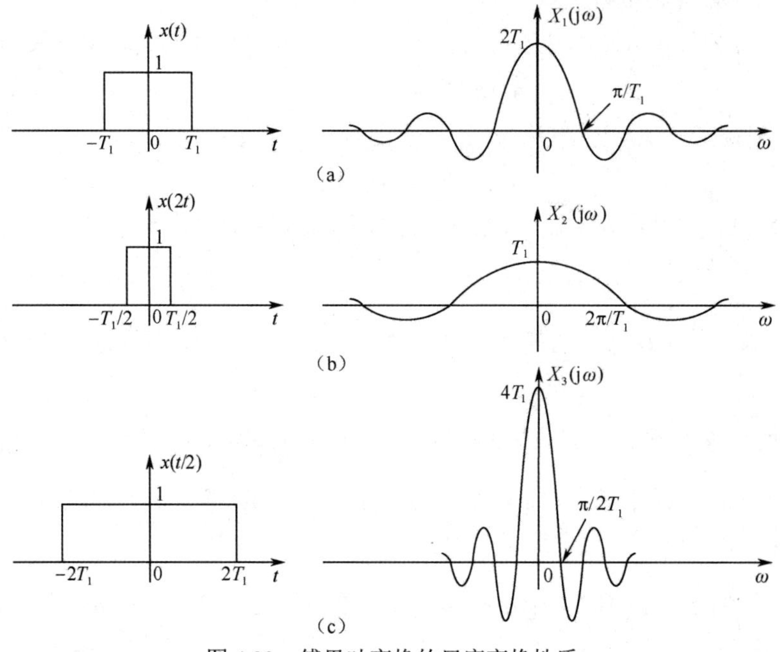

图 4.22　傅里叶变换的尺度变换性质

在正常速度播放音乐时的信号为 $x(t)$，以 2 倍速度放音的信号则为 $x(2t)$，相当于时域压缩一半，而频域扩展 2 倍，高频分量多了，声音听起来就比较刺耳；反之，以原来一半速度放音的信号则为 $x(t/2)$，相当于时域扩展 2 倍，而频域压缩一半，低频分量加倍，声音听起来就比较低沉。

若 $a=-1$，则

$$x(-t) \stackrel{\mathscr{F}}{\longleftrightarrow} X(-\mathrm{j}\omega) \tag{4.69}$$

即时间反转性质可以理解为尺度变换性质的特例。

4.3.5　相乘与卷积

连续时间傅里叶变换性质2视频

1. 相乘

$x(t)$ 与 $y(t)$ 的傅里叶变换分别为 $X(\mathrm{j}\omega)$ 与 $Y(\mathrm{j}\omega)$，则 $x(t)$ 与 $y(t)$ 相乘后所得信号的傅里叶变换为 $X(\mathrm{j}\omega)$ 与 $Y(\mathrm{j}\omega)$ 的卷积，同时存在一个比例因子，即

$$x(t)\cdot y(t) \stackrel{\mathscr{F}}{\longleftrightarrow} \frac{1}{2\pi}[X(\mathrm{j}\omega) * Y(\mathrm{j}\omega)] \tag{4.70}$$

若 $y(t)=\mathrm{e}^{\mathrm{j}\omega_0 t}$，则相乘性质转换为频移性质，即

$$x(t)\mathrm{e}^{\mathrm{j}\omega_0 t} \stackrel{\mathscr{F}}{\longleftrightarrow} \frac{1}{2\pi}[X(\mathrm{j}\omega) * Y(\mathrm{j}\omega)] = \frac{1}{2\pi}[X(\mathrm{j}\omega) * 2\pi\delta(\omega-\omega_0)] = X[\mathrm{j}(\omega-\omega_0)] \tag{4.71}$$

2. 卷积

与相乘性质相对偶，$x(t)$ 与 $y(t)$ 卷积后所得信号的傅里叶变换为 $X(\mathrm{j}\omega)$ 与 $Y(\mathrm{j}\omega)$ 的乘积，即

$$x(t)*y(t)\xleftrightarrow{\mathscr{F}}X(\mathrm{j}\omega)\cdot Y(\mathrm{j}\omega) \tag{4.72}$$

☞**注释**：卷积性质正是后续 LTI 系统频域分析的理论基础。

【例 4.11】证明 $\mathrm{e}^{-at}u(t)*\mathrm{e}^{-bt}u(t)=\dfrac{\mathrm{e}^{-at}-\mathrm{e}^{-bt}}{b-a}u(t)$ （$a>0,b>0$）。

解 由于 $\mathrm{e}^{-at}u(t)\xleftrightarrow{\mathscr{F}}\dfrac{1}{a+\mathrm{j}\omega}$，$\mathrm{e}^{-bt}u(t)\xleftrightarrow{\mathscr{F}}\dfrac{1}{b+\mathrm{j}\omega}$，根据卷积性质，得

$$\mathrm{e}^{-at}u(t)*\mathrm{e}^{-bt}u(t)\xleftrightarrow{\mathscr{F}}\frac{1}{a+\mathrm{j}\omega}\cdot\frac{1}{b+\mathrm{j}\omega}=\frac{1/(b-a)}{a+\mathrm{j}\omega}-\frac{1/(b-a)}{b+\mathrm{j}\omega}=\mathscr{F}\{\frac{\mathrm{e}^{-at}-\mathrm{e}^{-bt}}{b-a}u(t)\}$$

因此，$\mathrm{e}^{-at}u(t)*\mathrm{e}^{-bt}u(t)=\dfrac{\mathrm{e}^{-at}-\mathrm{e}^{-bt}}{b-a}u(t)$ 得证。当然，该结论也可通过卷积直接证明。

4.3.6 微分与积分

1. 时域微分与积分

$x(t)$ 的傅里叶变换为 $X(\mathrm{j}\omega)$，$\dfrac{\mathrm{d}x(t)}{\mathrm{d}t}$ 的傅里叶变换为 $X(\mathrm{j}\omega)$ 与 $\mathrm{j}\omega$ 的乘积，即

$$\frac{\mathrm{d}x(t)}{\mathrm{d}t}\xleftrightarrow{\mathscr{F}}\mathrm{j}\omega\cdot X(\mathrm{j}\omega) \tag{4.73}$$

时域重复微分，可得

$$\frac{\mathrm{d}^n x(t)}{\mathrm{d}t^n}\xleftrightarrow{\mathscr{F}}(\mathrm{j}\omega)^n\cdot X(\mathrm{j}\omega) \tag{4.74}$$

这意味着，时域微分运算在频域中达到增强高频、减弱低频的效果。如果是图像信号，微分运算的结果就是突出图像的边缘轮廓。而且，在后续使用频域法分析微分方程所描述的 LTI 系统时，时域微分性质起着重要的作用。

对偶地，$\int_{-\infty}^{t}x(\tau)\mathrm{d}\tau$ 的傅里叶变换为 $X(\mathrm{j}\omega)$ 与 $1/\mathrm{j}\omega$ 的乘积，同时可能叠加一个直流位置的冲激，即

$$\int_{-\infty}^{t}x(\tau)\mathrm{d}\tau\xleftrightarrow{\mathscr{F}}\frac{1}{\mathrm{j}\omega}\cdot X(\mathrm{j}\omega)+\pi X(0)\delta(\omega) \tag{4.75}$$

如果 $x(t)$ 本身具有非零直流分量 $X(0)$，经过时域积分，会不断地累积直流分量，使之成为一个冲激项。时域积分运算在频域中达到增强低频、减弱高频的效果。利用积分运算可减弱混入信号的毛刺（噪声）的影响。

【例 4.12】考虑单位阶跃信号 $x(t)=u(t)$ 的傅里叶变换。

解 $x(t)=u(t)$ 不满足绝对可积条件，不能直接使用公式求解。

已知 $\mathscr{F}\{\delta(t)\}=1$，同时 $u(t)=\int_{-\infty}^{t}\delta(\tau)\mathrm{d}\tau$，根据积分性质，单位阶跃信号 $x(t)=u(t)$ 的傅里叶变换为

$$X(\mathrm{j}\omega)=\frac{1}{\mathrm{j}\omega}+\pi\delta(\omega)$$

同时，使用微分性质可以由单位阶跃信号的傅里叶变换验证单位冲激信号 $\delta(t)$ 的傅里叶变换，即

$$\mathscr{F}\{\delta(t)\}=\mathscr{F}\left\{\frac{\mathrm{d}u(t)}{\mathrm{d}t}\right\}=\mathrm{j}\omega\mathscr{F}\{u(t)\}=\mathrm{j}\omega\left\{\frac{1}{\mathrm{j}\omega}+\pi\delta(\omega)\right\}=1$$

【例 4.13】求符号函数 $x(t)=\mathrm{sgn}(t)=\begin{cases}1 & t>0\\ -1 & t<0\end{cases}$ 的傅里叶变换。

解 $\mathrm{sgn}(t)$ 不满足绝对可积条件，不能直接使用公式求解。

$x(t)=\mathrm{sgn}(t)=u(t)-u(-t)$，利用例 4.12 结论，根据线性性质与时间反转性质，符号函数 $\mathrm{sgn}(t)$ 的傅里叶变换为

$$X(\mathrm{j}\omega)=\left\{\frac{1}{\mathrm{j}\omega}+\pi\delta(\omega)\right\}-\left\{\frac{-1}{\mathrm{j}\omega}+\pi\delta(-\omega)\right\}=\frac{2}{\mathrm{j}\omega}$$

【例 4.14】求图 4.23(a)所示三角波信号 $x(t)$ 的频谱 $X(\mathrm{j}\omega)$。

解 对 $x(t)$ 进行微分，$\dfrac{\mathrm{d}x(t)}{\mathrm{d}t}$ 与 $\dfrac{\mathrm{d}^2x(t)}{\mathrm{d}t^2}$ 分别如图 4.23(b)、(c)所示。其中

$$\frac{\mathrm{d}^2x(t)}{\mathrm{d}t^2}=\delta(t+2)-2\delta(t)+\delta(t-2)\xleftrightarrow{\mathscr{F}}\mathrm{e}^{\mathrm{j}2\omega}-2+\mathrm{e}^{-\mathrm{j}2\omega}$$

由于 $\dfrac{\mathrm{d}x(t)}{\mathrm{d}t}$ 与 $\dfrac{\mathrm{d}^2x(t)}{\mathrm{d}t^2}$ 的直流分量均为 0，根据积分性质得

$$X(\mathrm{j}\omega)=\frac{\mathrm{e}^{\mathrm{j}2\omega}-2+\mathrm{e}^{-\mathrm{j}2\omega}}{(\mathrm{j}\omega)^2}=\frac{2\cos(2\omega)-2}{(\mathrm{j}\omega)^2}=\frac{2\{1-\cos(2\omega)\}}{\omega^2}=4\frac{\sin^2\omega}{\omega^2}=4\mathrm{Sa}^2(\omega)$$

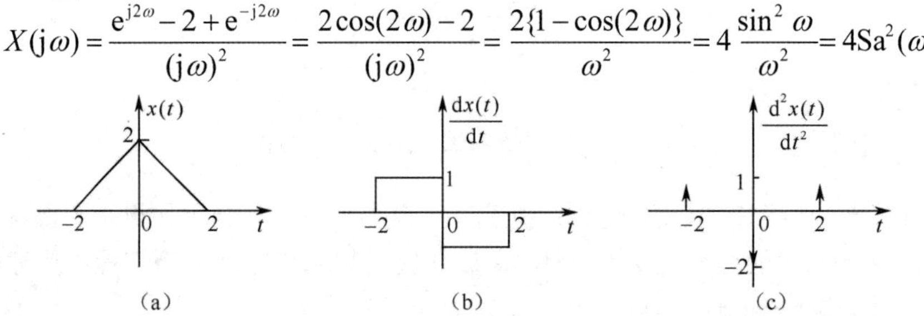

图 4.23　例 4.14 图

☞**注释**：经过微分后出现冲激信号，利用冲激信号的傅里叶变换与傅里叶变换积分性质求取原信号的傅里叶变换会简化运算。另外，本例还可采用卷积性质求取，同时可与例 4.5 的周期三角波信号的傅里叶级数做对比。

2. 频域微分与积分

$x(t)$ 的傅里叶变换为 $X(\mathrm{j}\omega)$，$\dfrac{\mathrm{d}X(\mathrm{j}\omega)}{\mathrm{d}\omega}$ 的傅里叶反变换为 $x(t)$ 与 $(-\mathrm{j}t)$ 的乘积，即

$$-\mathrm{j}t\cdot x(t)\xleftrightarrow{\mathscr{F}}\frac{\mathrm{d}X(\mathrm{j}\omega)}{\mathrm{d}\omega}\tag{4.76}$$

频域重复微分，可得

$$(-\mathrm{j}t)^n\cdot x(t)\xleftrightarrow{\mathscr{F}}\frac{\mathrm{d}^nX(\mathrm{j}\omega)}{\mathrm{d}\omega^n}\tag{4.77}$$

对偶地，频域积分 $\int_{-\infty}^{\omega}X(\mathrm{j}\eta)\mathrm{d}\eta$ 的傅里叶反变换为 $x(t)$ 与 $(-1/\mathrm{j}t)$ 的乘积，同时可能叠加一个原点位置的冲激，即

$$-\frac{1}{\mathrm{j}t}\cdot x(t)+\pi x(0)\delta(t)\xleftrightarrow{\mathscr{F}}\int_{-\infty}^{\omega}X(\mathrm{j}\eta)\,\mathrm{d}\eta \tag{4.78}$$

【例 4.15】求 $X(\mathrm{j}\omega)=\dfrac{1}{(a+\mathrm{j}\omega)^2}$ 的傅里叶反变换。

解 直接使用公式求解会比较困难。

已知 $\mathscr{F}\{\mathrm{e}^{-at}u(t)\}=\dfrac{1}{a+\mathrm{j}\omega}$，同时 $\dfrac{1}{(a+\mathrm{j}\omega)^2}=\mathrm{j}\dfrac{\mathrm{d}\{1/(a+\mathrm{j}\omega)\}}{\mathrm{d}\omega}$，根据频域微分性质，因此

$$\mathscr{F}^{-1}\left\{\frac{1}{(a+\mathrm{j}\omega)^2}\right\}=\mathrm{j}(-\mathrm{j}t)\mathscr{F}^{-1}\left\{\frac{1}{(a+\mathrm{j}\omega)}\right\}=t\mathrm{e}^{-at}u(t)$$

4.3.7 共轭与共轭对称性

$x(t)$ 的傅里叶变换为 $X(\mathrm{j}\omega)$，则 $x^*(t)$ 的傅里叶变换为 $X(\mathrm{j}\omega)$ 的反转后共轭，即

$$x^*(t)\xleftrightarrow{\mathscr{F}}X^*(-\mathrm{j}\omega) \tag{4.79}$$

若 $x(t)$ 为实函数，$x(t)=x^*(t)$，则其傅里叶变换具有共轭对称性，即 $X(\mathrm{j}\omega)=X^*(-\mathrm{j}\omega)$，分别用极坐标和直角坐标表示会得到如下结论。

幅度谱是偶函数，相位谱是奇函数，即

$$|X(\mathrm{j}\omega)|=|X(-\mathrm{j}\omega)| \tag{4.80}$$

$$\angle X(\mathrm{j}\omega)=-\angle X(-\mathrm{j}\omega) \tag{4.81}$$

$X(\mathrm{j}\omega)$ 的实部是偶函数，虚部是奇函数，即

$$\mathscr{Re}\{X(\mathrm{j}\omega)\}=\mathscr{Re}\{X(-\mathrm{j}\omega)\} \tag{4.82}$$

$$\mathscr{Im}\{X(\mathrm{j}\omega)\}=-\mathscr{Im}\{X(-\mathrm{j}\omega)\} \tag{4.83}$$

结合时间反转性质，容易证明：若 $x(t)$ 是实偶函数，则其傅里叶变换也是偶对称的实函数；若 $x(t)$ 是实奇函数，则其傅里叶变换是奇对称的纯虚函数。一般实信号的偶部与奇部相应地对应其频谱的实部与虚部，即

$$\begin{array}{ccccc} x(t) & = & \mathscr{Ev}\{x(t)\} & + & \mathscr{Od}\{x(t)\} \\ \downarrow^{\mathscr{F}} & & \downarrow^{\mathscr{F}} & & \downarrow^{\mathscr{F}} \\ X(\mathrm{j}\omega) & = & \mathscr{Re}\{X(\mathrm{j}\omega)\} & + & \mathrm{j}\mathscr{Im}\{X(\mathrm{j}\omega)\} \end{array} \tag{4.84}$$

例如，$\mathrm{e}^{-a|t|}=2\mathscr{Ev}\{\mathrm{e}^{-at}u(t)\}$，可以验证 $\mathscr{F}\{\mathrm{e}^{-a|t|}\}=2\mathscr{Re}\{\mathscr{F}\{\mathrm{e}^{-at}u(t)\}\}$；$\mathrm{sgn}(t)=2\lim\limits_{a\to0}\mathscr{Od}\{\mathrm{e}^{-at}u(t)\}$，可以验证 $\mathscr{F}\{\mathrm{sgn}(t)\}=2\mathrm{j}\lim\limits_{a\to0}\mathscr{Im}\{\mathscr{F}\{\mathrm{e}^{-at}u(t)\}\}$。

4.3.8 帕塞瓦尔定理

$x(t)$ 的傅里叶变换为 $X(\mathrm{j}\omega)$，则 $x(t)$ 的总能量等于它的单位频率内的能量积分之和，即

$$\int_{-\infty}^{+\infty}|x(t)|^2\,\mathrm{d}t=\frac{1}{2\pi}\int_{-\infty}^{+\infty}|X(\mathrm{j}\omega)|^2\,\mathrm{d}\omega \tag{4.85}$$

$|X(\mathrm{j}\omega)|^2$ 又称为能量谱密度。该性质说明连续时间信号的能量既可以在时域计算，也可以在频域计算，同时可以根据频域确定相应的时域特性。

【例 4.16】计算信号 $x(t)=\mathrm{Sa}(t)$ 的能量。

解 由于 $x(t)=\mathrm{Sa}(t)\xleftrightarrow{\mathscr{F}}X(\mathrm{j}\omega)=\pi\{u(\omega+1)-u(\omega-1)\}$，根据帕塞瓦尔定理，$x(t)$ 的能量为

$$\int_{-\infty}^{+\infty}|x(t)|^2\,\mathrm{d}t=\frac{1}{2\pi}\int_{-\infty}^{+\infty}|\pi\{u(\omega+1)-u(\omega-1)\}|^2\,\mathrm{d}\omega=\frac{1}{2\pi}\times 2\pi^2=\pi$$

连续时间傅里叶变换的性质归纳在表 4.2 中。

表 4.2　连续时间傅里叶变换的性质

性质	非周期信号	傅里叶变换
	$x(t)$ $y(t)$	$X(\mathrm{j}\omega)$ $Y(\mathrm{j}\omega)$
线性	$ax(t)+by(t)$	$aX(\mathrm{j}\omega)+bY(\mathrm{j}\omega)$
时移	$x(t-t_0)$	$X(\mathrm{j}\omega)\mathrm{e}^{-\mathrm{j}\omega t_0}$
频移	$\mathrm{e}^{\mathrm{j}\omega_0 t}x(t)$	$X[\mathrm{j}(\omega-\omega_0)]$
时间反转	$x(-t)$	$X(-\mathrm{j}\omega)$
尺度变换	$x(at)$	$\frac{1}{\|a\|}X(\mathrm{j}\frac{\omega}{a})$
卷积	$x(t)*y(t)$	$X(\mathrm{j}\omega)\cdot Y(\mathrm{j}\omega)$
相乘	$x(t)y(t)$	$\frac{1}{2\pi}X(\mathrm{j}\omega)*Y(\mathrm{j}\omega)$
时域微分	$\mathrm{d}x(t)/\mathrm{d}t$	$\mathrm{j}\omega\cdot X(\mathrm{j}\omega)$
时域积分	$\int_{-\infty}^{t}x(\tau)\mathrm{d}\tau$	$\frac{1}{\mathrm{j}\omega}\cdot X(\mathrm{j}\omega)+\pi X(0)\delta(\omega)$
频域微分	$-\mathrm{j}t\cdot x(t)$	$\frac{\mathrm{d}X(\mathrm{j}\omega)}{\mathrm{d}\omega}$
频域积分	$-\frac{1}{\mathrm{j}t}\cdot x(t)+\pi x(0)\delta(t)$	$\int_{-\infty}^{\omega}X(\mathrm{j}\eta)\mathrm{d}\eta$
共轭	$x^*(t)$	a_{-k}^*
实信号的共轭对称性	$x(t)$为实信号	$X(\mathrm{j}\omega)=X^*(-\mathrm{j}\omega)\begin{cases}\mathcal{Re}\{X(\mathrm{j}\omega)\}=\mathcal{Re}\{X(-\mathrm{j}\omega)\}\\\mathcal{Im}\{X(\mathrm{j}\omega)\}=-\mathcal{Im}\{X(-\mathrm{j}\omega)\}\\\|X(\mathrm{j}\omega)\|=\|X(-\mathrm{j}\omega)\|\\\angle X(\mathrm{j}\omega)=-\angle X(-\mathrm{j}\omega)\end{cases}$
实、偶信号	$x(t)$为实、偶信号	$X(\mathrm{j}\omega)$ 为实数且偶对称
实、奇信号	$x(t)$为实、奇信号	$X(\mathrm{j}\omega)$ 为纯虚数且奇对称
实信号的奇偶分解	$\mathcal{Ev}\{x(t)\}$	$\mathcal{Re}\{X(\mathrm{j}\omega)\}$
	$\mathcal{Od}\{x(t)\}$	$\mathrm{j}\mathcal{Im}\{X(\mathrm{j}\omega)\}$
帕塞瓦尔定理	$\int_{-\infty}^{+\infty}\|x(t)\|^2\,\mathrm{d}t=\frac{1}{2\pi}\int_{-\infty}^{+\infty}\|X(\mathrm{j}\omega)\|^2\,\mathrm{d}\omega$	

表 4.3 和表 4.4 分别整理了一些常用连续时间周期信号与非周期信号的傅里叶变换。

表 4.3　常用连续时间周期信号的傅里叶变换

序号	信号	傅里叶变换	傅里叶级数系数
1	$\sum_{k=-\infty}^{+\infty}a_k\mathrm{e}^{\mathrm{j}k\omega_0 t}$	$2\pi\sum_{k=-\infty}^{+\infty}a_k\delta(\omega-k\omega_0)$	a_k
2	$\mathrm{e}^{\mathrm{j}\omega_0 t}$	$2\pi\delta(\omega-\omega_0)$	$a_k=\begin{cases}1 & k=1\\0 & k\neq 1\end{cases}$

续表

序号	信号	傅里叶变换	傅里叶级数系数
3	$\cos(\omega_0 t)$	$\pi\{\delta(\omega+\omega_0)+\delta(\omega-\omega_0)\}$	$a_k=\begin{cases}1/2 & k=\pm 1\\ 0 & k\neq\pm 1\end{cases}$
4	$\sin(\omega_0 t)$	$\mathrm{j}\pi\{\delta(\omega+\omega_0)-\delta(\omega-\omega_0)\}$	$a_k=\begin{cases}-\mathrm{j}/2 & k=1\\ \mathrm{j}/2 & k=-1\\ 0 & k\neq\pm 1\end{cases}$
5	$u(t+T_1)-u(t-T_1)$ （基波周期 T、基波频率 $\omega_0=2\pi/T$ ）	$\dfrac{4T_1\pi}{T}\sum\limits_{k=-\infty}^{+\infty}\mathrm{Sa}(k\omega_0T_1)\delta(\omega-k\omega_0)$	$a_k=\dfrac{2T_1}{T}\mathrm{Sa}(k\omega_0T_1)$
6	$\sum\limits_{l=-\infty}^{+\infty}\delta(t-lT)$ （基波频率 $\omega_0=2\pi/T$ ）	$\dfrac{2\pi}{T}\sum\limits_{k=-\infty}^{+\infty}\delta(\omega-k\omega_0)$	$\dfrac{1}{T}$

表 4.4 常用连续时间非周期信号的傅里叶变换

序号	信号	傅里叶变换
1	$\delta(t)$	1
2	$\delta(t-t_0)$	$\mathrm{e}^{-\mathrm{j}\omega t_0}$
3	$u(t)$	$\dfrac{1}{\mathrm{j}\omega}+\pi\delta(\omega)$
4	$\mathrm{e}^{-at}u(t)$， $a>0$	$\dfrac{1}{\mathrm{j}\omega+a}$
5	$\dfrac{t^{n-1}}{(n-1)!}\mathrm{e}^{-at}u(t)$， $a>0$	$\dfrac{1}{(\mathrm{j}\omega+a)^n}$
6	$u(t+T_1)-u(t-T_1)$	$2T_1\mathrm{Sa}(\omega T_1)$
7	$\dfrac{W}{\pi}\mathrm{Sa}(Wt)$	$u(\omega+W)-u(\omega-W)$

4.4 对 偶 性

连续时间傅里叶变换所涉及的时域信号与频域频谱具有相同的特性，即连续性与非周期性。重写傅里叶变换对的公式如下

$$x(t)=\frac{1}{2\pi}\int_{-\infty}^{+\infty}X(\mathrm{j}\omega)\mathrm{e}^{\mathrm{j}\omega t}\mathrm{d}\omega \tag{4.86}$$

$$X(\mathrm{j}\omega)=\int_{-\infty}^{+\infty}x(t)\mathrm{e}^{-\mathrm{j}\omega t}\mathrm{d}t \tag{4.87}$$

可以发现两个公式非常相似，将两个公式中的时间变量 t 与频率变量 ω 相互替代，得

$$x(\mathrm{j}\omega)=\frac{1}{2\pi}\int_{-\infty}^{+\infty}X(t)\mathrm{e}^{\mathrm{j}\omega t}\mathrm{d}t \tag{4.88}$$

$$X(t)=\int_{-\infty}^{\infty}x(\mathrm{j}\omega)\mathrm{e}^{-\mathrm{j}\omega t}\mathrm{d}\omega \tag{4.89}$$

式(4.88)与式(4.89)分别可以理解为

$$x(\mathrm{j}\omega)=\frac{1}{2\pi}\mathscr{F}\{X(-t)\} \tag{4.90}$$

$$X(t)=2\pi\cdot\mathscr{F}^{-1}\{x(-\mathrm{j}\omega)\} \tag{4.91}$$

因此，连续时间傅里叶变换存在着对偶性，这将有助于性质的理解与变换的求解。

首先，这种对偶性体现在傅里叶变换性质之间的对偶性，如时移特性与频移特性、相乘性质与卷积性质、时域微分与频域微分、时域积分与频域积分之间的对偶性。

其次，还反映在变换对之间的对偶性。之前讨论的一些傅里叶变换对已经验证了这种对偶性。例如，对称方波与抽样函数之间存在傅里叶变换的对偶性，即

$$x(t)=u(t+T_1)-u(t-T_1)\xleftrightarrow{\mathscr{F}}X(\mathrm{j}\,\omega)=2T_1\,\mathrm{Sa}(\omega T_1) \tag{4.92}$$

$$x(t)=\frac{W}{\pi}\mathrm{Sa}(tW)\xleftrightarrow{\mathscr{F}}X(\mathrm{j}\,\omega)=u(\omega+W)-u(\omega-W) \tag{4.93}$$

如图 4.24 所示。

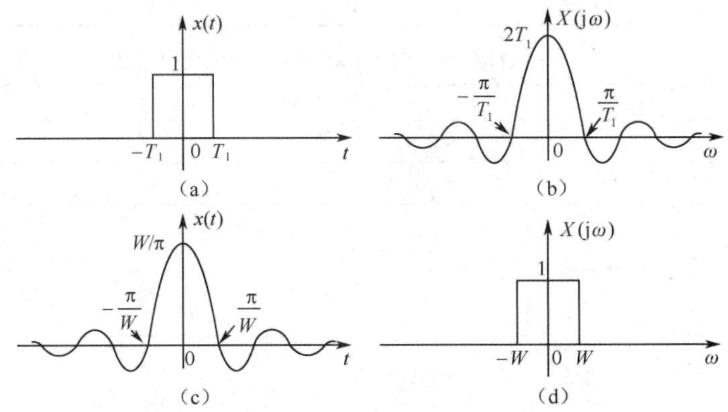

图 4.24　对称方波与抽样函数之间的傅里叶变换的对偶性

单位冲激信号和常数信号也具备变换之间的对偶性，即

$$x(t)=\delta(t)\xleftrightarrow{\mathscr{F}}X(\mathrm{j}\omega)=1 \tag{4.94}$$

$$x(t)=1\xleftrightarrow{\mathscr{F}}X(\mathrm{j}\,\omega)=2\,\pi\,\delta(\omega) \tag{4.95}$$

进一步地，时移的单位冲激信号 $\delta(t-t_0)$ 和复指数信号 $\mathrm{e}^{\mathrm{j}\omega_0 t}$ 之间也具备变换之间的对偶性，即

$$x(t)=\delta(t-t_0)\xleftrightarrow{\mathscr{F}}X(\mathrm{j}\omega)=\mathrm{e}^{-\mathrm{j}\omega t_0} \tag{4.96}$$

$$x(t)=\mathrm{e}^{\mathrm{j}\omega_0 t}\xleftrightarrow{\mathscr{F}}X(\mathrm{j}\,\omega)=2\,\pi\,\delta(\omega-\omega_0) \tag{4.97}$$

☞**注释**：信号与 LTI 系统的时域和频域分析的本质就是分别把信号分解为 $\delta(t-t_0)$ 与 $\mathrm{e}^{\mathrm{j}\omega_0 t}$ 的线性组合，因此，时域-频域对偶是一个永恒的话题。

【例 4.17】 求 $x(t)=\dfrac{2a^2}{a^2+t^2}$ 的能量。

解　直接求解非常困难。

由于 $\mathrm{e}^{-a|t|}\xleftrightarrow{\mathscr{F}}\dfrac{2a}{a^2+\omega^2}$，根据对偶性，有

$$x(t)=\frac{2a^2}{a^2+t^2}\xleftrightarrow{\mathscr{F}}X(\mathrm{j}\,\omega)=2\,\pi\,\mathrm{e}^{-a|\omega|}a$$

依据帕塞瓦尔定理，$x(t)$ 的能量为

$$\int_{-\infty}^{+\infty}|\,x(t)\,|^2\,\mathrm{d}\,t=\frac{1}{2\,\pi}\int_{-\infty}^{+\infty}|\,X(\mathrm{j}\,\omega)\,|^2\,\mathrm{d}\,\omega=\frac{1}{2\,\pi}\int_{-\infty}^{+\infty}|\,2\,\pi a\mathrm{e}^{-a|\omega|}\,|^2\,\mathrm{d}\omega=2\pi a^2\cdot 2\int_0^{+\infty}\mathrm{e}^{-2a\omega}\mathrm{d}\omega=2a\pi$$

4.5 利用 MATLAB 进行频域分析

4.5.1 生成连续时间周期信号

MATLAB 提供两个函数 square 和 sawtooth 分别用于生成常见的周期方波和锯齿波（包括三角波），方波函数形式为

```
f=A*square (t*H,r)
```

其中，A 表示方波的幅值，H 表示方波的基波频率，r 表示方波的占空比（默认值为 50）。例如，f=5*square (t*2*pi,20)，表示幅值为 5、周期为 1、占空比为 20%的方波。

锯齿波函数形式为

```
f=A*sawtooth (t*H,d)
```

其中，A 表示锯齿波的幅值，H 表示锯齿波的基波频率，d 表示锯齿波的方向（默认值为升齿，0 为降齿）。例如，f= sawtooth (t*pi)，表示幅值为 1、周期为 2、升齿的锯齿波。

4.5.2 分析连续时间信号的频谱

可以通过定义求出信号频谱的数学表达式，然后作出其频谱图。也可以采用前面介绍的数值积分的方法，计算频谱的数值解。

【例 4.18】计算方波 $x(t)=u(t)-u(t-1)$ 的频谱。

解 首先编写一个方波的文件 gate.m：

```
function R=gate(t)
[M,N]=size(t);
for i=1:N
        if t(i)>1
            R(i)=0;
            endif t(i)<0
            R(i)=0;
        else
            R(i)=1;
        end
end
```

在此基础上，编写计算频谱的数值解，程序如下：

```
for i=1:200
w(i)=(i-1)/10;
F=@(t)gate(t).*exp(-1j*w(i).*t);
G(i)=quad(F,0,1);
subplot(2,1,1);
plot(w,abs(G));xlabel('\omega');ylabel('|G(j\omega)|');title('幅频特性');
subplot(2,1,2);
plot(w,angle(G));xlabel('\omega');ylabel('<G(j\omega)');title('相频特性');
```

方波的频谱如图 4.25 所示，与之前理论计算结果吻合。

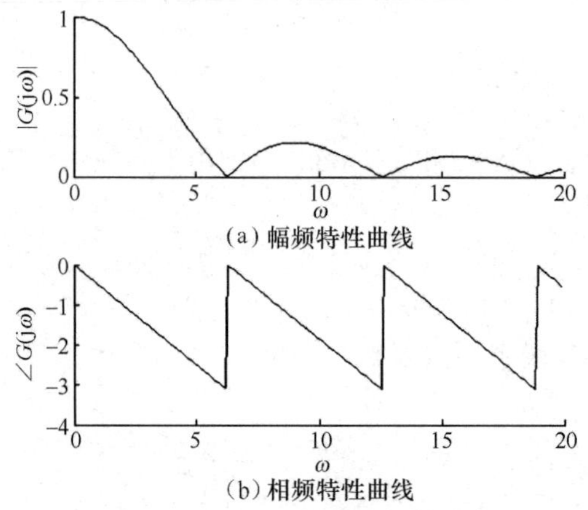

图 4.25　例 4.18 方波的频谱

4.6　本章小结

1. 连续时间周期信号的傅里叶级数

连续时间周期信号可以分解为成谐波关系的复指数信号的线性组合，成谐波关系的复指数信号可以合成周期信号，即

$$x(t)=\sum_{k=-\infty}^{+\infty}a_k\mathrm{e}^{\mathrm{j}k\omega_0 t}=\sum_{k=-\infty}^{+\infty}a_k\mathrm{e}^{\mathrm{j}k\frac{2\pi}{T}t}$$

$$a_k=\frac{1}{T}\int_T x(t)\mathrm{e}^{-\mathrm{j}k\omega_0 t}\mathrm{d}t=\frac{1}{T}\int_T x(t)\mathrm{e}^{-\mathrm{j}k\frac{2\pi}{T}t}\mathrm{d}t$$

式中，a_k 称为周期信号 $x(t)$ 的傅里叶级数系数（或频谱系数）。傅里叶级数能够表示相当广泛的一类周期信号。傅里叶级数使得周期信号可以完成时域与频域表示方法之间的转换。

作为典型的连续时间周期信号，周期方波信号的频谱具有抽样函数的包络。不失一般性，由周期方波信号的频谱可以得出连续时间周期信号频谱具有离散性、谐波性与收敛性的特点。同时，谱线间隔反比于周期，频宽反比于时宽。

傅里叶级数的一系列性质不仅利于简化运算，而且有助于深入了解信号时域与频域之间的对应关系。而且后续其他变换的性质可以与傅里叶级数的性质对照理解。假设 $x(t)=x(t+T)\xleftrightarrow{\mathcal{FS}}a_k$，$y(t)=y(t+T)\xleftrightarrow{\mathcal{FS}}b_k$，则：

（1）线性性质说明时域与频域之间存在相同的线性关系，即

$$Ax(t)+By(t)\xleftrightarrow{\mathcal{FS}}Aa_k+Bb_k$$

（2）时移与频移性质说明时域仅仅引起线性相移，而频移可以通过时域乘以指数信号实现，即

$$x(t-t_0)\xleftrightarrow{\mathcal{FS}}\mathrm{e}^{-\mathrm{j}k\omega_0 t_0}a_k，\quad x(t)\mathrm{e}^{\mathrm{j}M\omega_0 t}\xleftrightarrow{\mathcal{FS}}a_{k-M}$$

（3）时间反转性质说明时域与频域具有相同的对称性，即

$$x(-t)\xleftrightarrow{\mathcal{FS}}a_{-k}$$

（4）尺度变换性质说明时域与频域的尺度变换程度刚好相反，也诠释了时宽与频宽成反比的关系，即

$$x(at)=\sum_{k=-\infty}^{+\infty}a_k\mathrm{e}^{\mathrm{j}k(a\omega_0)t}$$

（5）相乘与卷积性质说明一个域的相乘对应另一个域的卷积，相乘与卷积是一对对偶运算，即

$$x(t)y(t)\xleftrightarrow{\mathscr{FS}}\sum_{l=-\infty}^{+\infty}a_l b_{k-l}=a_k*b_k\text{，}\quad x(t)\otimes y(t)\xleftrightarrow{\mathscr{FS}}Ta_k b_k$$

（6）微分与积分性质说明时域的微积分运算分别对应着增强高频分量与低频分量，即

$$\frac{\mathrm{d}x(t)}{\mathrm{d}t}\xleftrightarrow{\mathscr{FS}}\mathrm{j}k\omega_0\cdot a_k\text{，}\quad\int_{-\infty}^{t}x(\tau)\mathrm{d}\tau\xleftrightarrow{\mathscr{FS}}\frac{1}{\mathrm{j}k\omega_0}\cdot a_k\qquad k\neq 0$$

（7）共轭与共轭对称性说明实信号的频谱具有共轭对称性，即

$$x^*(t)\xleftrightarrow{\mathscr{FS}}a_{-k}^*$$

结合时间反转性质，则实信号的偶部与奇部相应地对应其频谱的实部与虚部，即

$$\begin{array}{ccccc}x(t) & = & \mathscr{Ev}\{x(t)\} & + & \mathscr{Od}\{x(t)\}\\ \updownarrow\mathscr{FS} & & \updownarrow\mathscr{FS} & & \updownarrow\mathscr{FS}\\ a_k & = & \mathscr{Re}\{a_k\} & + & \mathrm{j}\mathscr{Im}\{a_k\}\end{array}$$

（8）帕塞瓦尔定理说明周期信号的平均功率在时域与频域都可计算，即

$$\frac{1}{T}\int_T|x(t)|^2\mathrm{d}t=\sum_{k=-\infty}^{+\infty}|a_k|^2$$

2. 连续时间非周期信号的傅里叶变换

可以认为连续时间非周期信号是周期信号的周期趋于无穷大的一种极限，随着周期趋于无穷大，频谱间隔与谱线幅值均趋于0，我们将谱线的相对幅值定义为连续时间非周期信号的频谱密度，从而引出连续时间傅里叶变换对，即

$$x(t)=\frac{1}{2\pi}\int_{-\infty}^{+\infty}X(\mathrm{j}\omega)\mathrm{e}^{\mathrm{j}\omega t}\mathrm{d}\omega$$

$$X(\mathrm{j}\omega)=\int_{-\infty}^{+\infty}x(t)\mathrm{e}^{-\mathrm{j}\omega t}\mathrm{d}t$$

使得连续时间非周期信号也可以完成时域与频域表示方法之间的转换。同时，通过在频域中引入冲激信号，将连续时间周期信号也统一并入傅里叶变换的分析框架。由傅里叶级数推导傅里叶变换的过程中，可以得出结论：周期信号的频谱是对应的非周期信号频谱的样本，而非周期信号的频谱是对应的周期信号频谱的包络。

单边指数信号、双边指数信号、单位冲激信号、抽样函数、方波信号等常见信号的傅里叶变换对有助于理解傅里叶变换的物理概念。

傅里叶变换将连续时间信号分解为指数信号的线性组合，这是连续时间 LTI 系统频域分析的前提条件。

3. 连续时间傅里叶变换性质

傅里叶变化的一系列性质也非常重要，可以与傅里叶级数的性质对比学习，但注意两者之间的差异：傅里叶级数是频谱，傅里叶变换是频谱密度函数，而且分别是离散和连续的。其中，卷积性质将引出后续连续时间 LTI 系统的频域分析。

4. 对偶性

连续时间傅里叶变换所涉及的时域信号与频域频谱具有相同的特性，即连续性与非周期性。因此，连续时间傅里叶变换存在着对偶性，这将有助于性质的理解与变换的求解。

首先，这种对偶性体现在性质之间的对偶性，如时移特性与频移特性、相乘性质与卷积性质、时域微分与频域微分、时域积分与频域积分之间的对偶性。其次，还反映在变换对之间的对偶性。例如，对称方波与抽样函数之间存在傅里叶变换的对偶性，单位冲激信号和常数信号也具备变换之间的对偶性，时移的单位冲激信号 $\delta(t-t_0)$ 和复指数信号 $\mathrm{e}^{\mathrm{j}\omega_0 t}$ 之间也具备变换之间的对偶性。时域-频域对偶是信号与系统分析中一个永恒的话题。

历史回顾：本章主要介绍傅里叶分析方法，傅里叶分析方法的建立经过了一段漫长的历史，涉及很多前人的研究。该方法始于 1748 年欧拉（L. Euler，1707—1783）对振动弦的研究，之后三角级数论成为激烈争论的主题。半个世纪后，傅里叶（J. B. J. Fourier，1768—1830）于 1807 年提出了自己的观点：任何周期信号可以由一组成谐波关系的正弦级数来表示。他的观点引起了许多科学家的极度关注，其中拉普拉斯（P. S. Laplace，1749—1827）表示赞成，而拉格朗日（J. Lagrange，1736—1813）强烈反对。直至 1822 年，傅里叶出版了专著《热的分析理论》，才使得傅里叶级数以另一种形式发表。1829 年，狄里赫利（P. L. Dirichlet，1805—1859）精确地给出了傅里叶级数的若干收敛条件。之前，泊松（S. D. Poisson，1781—1840）和柯西（A. L. Cauchy，1789—1857）也得出了傅里叶级数的收敛条件。傅里叶分析方法对数学学科的发展产生了深远的影响，并在极为广泛的科学与工程领域具有重大价值。该方法的建立表明科学探索本就不会是一帆风顺的，正是有了跌宕起伏，才使得探索本身充满魅力，才使得坚持不断的努力有了目标和意义！

习　题　4

4.1　一个连续时间实周期信号 $x(t)$，基波周期为 $T=8$，$x(t)$ 的非零傅里叶级数系数为

$$a_1=a_{-1}=2\text{，}\quad a_3=a_{-3}^*=4\mathrm{j}$$

将 $x(t)$ 表示为 $x(t)=\sum_{k=0}^{+\infty}A_k\cos(k\omega_0 t+\varphi_k)$ 的形式。

4.2　考虑连续时间周期信号 $x(t)=2+\cos(2\pi t/3)+4\sin(5\pi t/3)$，求基波周期 T、基波频率 ω_0，确定傅里叶级数系数 a_k，以表示为 $x(t)=\sum_{k=-\infty}^{+\infty}a_k\mathrm{e}^{\mathrm{j}k\omega_0 t}$。

4.3　对基波周期 $T=2$ 的周期信号 $x(t)$ 在一个周期内定义为

$$x(t)=\begin{cases}1.5 & 0\leqslant t<1\\ -1.5 & 1\leqslant t<2\end{cases}$$

计算傅里叶级数系数 a_k。

4.4　设 $x_1(t)$ 为一个连续时间周期信号，其基波频率为 ω_1，傅里叶级数系数为 a_k，另一个连续时间周期信号 $x_2(t)=x_1(1-t)+x_1(t-1)$，求 $x_2(t)$ 的基波频率 ω_2 与傅里叶级数系数 b_k（分别用 ω_1 与 a_k 表示）。

4.5　$x(t)$ 是一个基波周期为 $T=2$ 的周期信号，傅里叶级数为 a_k，在一个周期内定义为

$$x(t)=\begin{cases}t & 0\leqslant t<1\\ 2-t & 1\leqslant t<2\end{cases}$$

(1) 求 a_0。

(2) 求 $\mathrm{d}x(t)/\mathrm{d}t$ 的傅里叶级数表示。

(3) 利用连续时间傅里叶级数的微分性质求 $x(t)$ 的傅里叶级数系数 a_k。

4.6　考虑 3 个基波周期为 $T=1/2$ 的连续时间周期信号：

$$x(t)=\cos(4\pi t) \qquad y(t)=\sin(4\pi t) \qquad z(t)=x(t)y(t)$$

(1) 求 $x(t)$ 的傅里叶级数系数 a_k。

(2) 求 $y(t)$ 的傅里叶级数系数 b_k。

(3) 利用连续时间傅里叶级数的相乘性质，求 $z(t)$ 的傅里叶级数系数 c_k。

(4) 将 $z(t)$ 展开为三角函数形式，直接求其傅里叶级数系数 c_k。

4.7　求下列周期信号 $x(t)$ 的傅里叶级数表示。

(1) $x(t)=\mathrm{e}^{-t}$，$-1<t<1$，且基波周期为 $T=2$。

(2) $x(t)=\begin{cases}\sin(\pi t) & 0\leqslant t\leqslant 2\\ 0 & 2<t\leqslant 4\end{cases}$，且基波周期为 $T=4$。

(3) $x(t)$ 如图 P4.1(a)所示。

(4) $x(t)$ 如图 P4.1(b)所示。

(5) $x(t)$ 如图 P4.1(c)所示。

(6) $x(t)$ 如图 P4.1(d)所示。

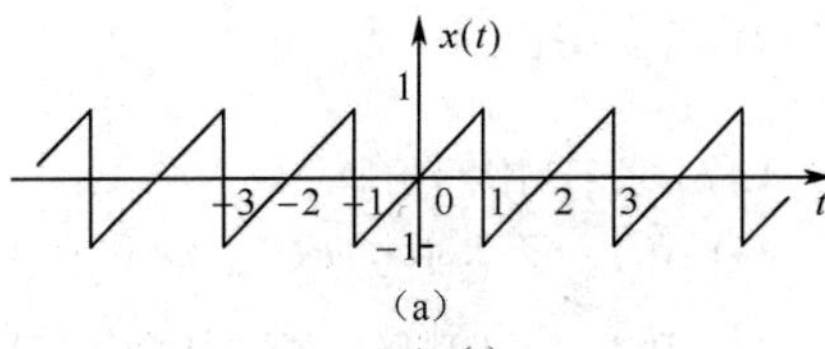

(a)

(b)

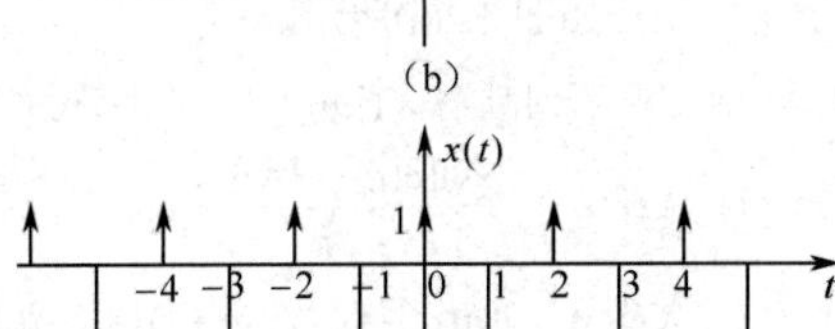

(c)

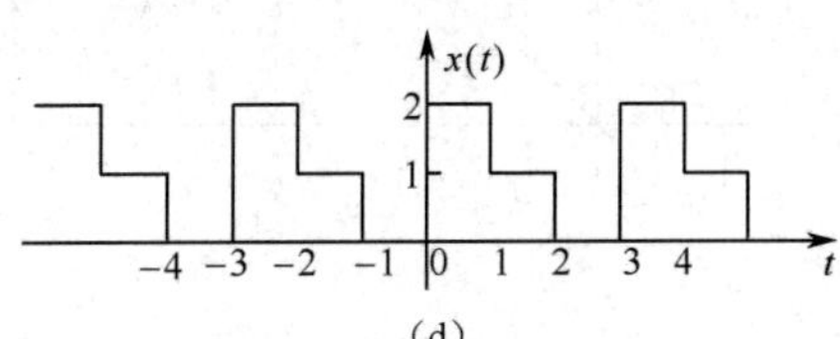

(d)

图 P4.1

4.8　利用傅里叶变换公式，计算下列信号的傅里叶变换，并粗略画出幅频特性。

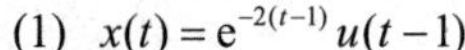

(1) $x(t)=\mathrm{e}^{-2(t-1)}u(t-1)$

(2) $x(t)=\mathrm{e}^{-2|t-1|}$

(3) $x(t)=\delta(t+1)+\delta(t-1)$

4.9　求下列周期信号的傅里叶变换。

(1) $x(t)=\sin(2\pi t+\pi/4)$　(2) $x(t)=1+\cos(6\pi t+\pi/8)$

4.10　利用傅里叶反变换公式，计算下列 $X(\mathrm{j}\omega)$ 的傅里叶反变换 $x(t)$。

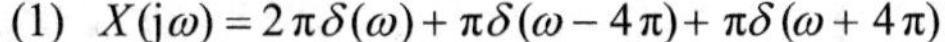

(1) $X(\mathrm{j}\omega)=2\pi\delta(\omega)+\pi\delta(\omega-4\pi)+\pi\delta(\omega+4\pi)$

(2) $X(\mathrm{j}\omega)=\begin{cases}2 & 0\leqslant\omega\leqslant 2\\ -2 & -2\leqslant\omega\leqslant 0\\ 0 & |\omega|>2\end{cases}$

(3) $|X(\mathrm{j}\omega)|=2\{u(\omega+3)-u(\omega-3)\}$，$\angle X(\mathrm{j}\omega)=-3\omega/2+\pi$

4.11　已知 $x(t)$ 的频谱为 $X(\mathrm{j}\omega)$，利用傅里叶变换性质，将下列信号的频谱用 $X(\mathrm{j}\omega)$ 表示。

(1) $x_1(t)=x(1-t)+x(-1-t)$　(2) $x_2(t)=\dfrac{\mathrm{d}^2x(t-1)}{\mathrm{d}t^2}$　(3) $x_3(t)=x(3t-6)$

4.12　考虑信号：

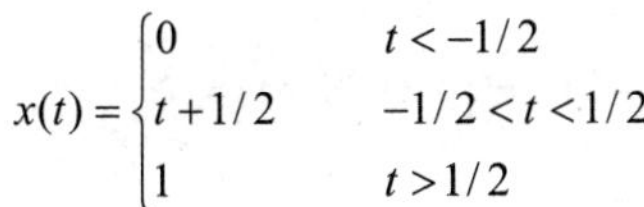

$$x(t)=\begin{cases}0 & t<-1/2\\ t+1/2 & -1/2<t<1/2\\ 1 & t>1/2\end{cases}$$

(1) 利用傅里叶变换的微积分性质，求 $x(t)$ 的频谱 $X(\mathrm{j}\omega)$。

(2) 求 $g(t)=x(t)-1/2$ 的频谱 $G(\mathrm{j}\omega)$。

4.13　考虑信号：

$$x(t)=\begin{cases}0 & |t|>1\\(t+1)/2 & |t|\leqslant 1\end{cases}$$

(1) 利用傅里叶变换的性质，求 $x(t)$ 的频谱 $X(\mathrm{j}\omega)$。

(2) 求 $x(t)$ 的偶部与奇部。

(3) 求 $x(t)$ 偶部与奇部的频谱，并分别与 $X(\mathrm{j}\omega)$ 的实部与虚部做比较。

4.14　(1) 利用傅里叶变换性质，求 $x(t)=t\dfrac{\sin^2 t}{(\pi t)^2}$ 的傅里叶变换。

(2) 借助上面的结果，结合帕塞瓦尔定理，求 $A=\int_{-\infty}^{+\infty}t^2\dfrac{\sin^4 t}{(\pi t)^4}\mathrm{d}t$ 的值。

4.15　已知 $y(t)=x(t)*h(t)$，$g(t)=x(3t)*h(3t)$，利用傅里叶变换性质，证明 $g(t)=\dfrac{1}{3}y(3t)$。

4.16　利用傅里叶变换性质，求下列信号的频谱。

(1) $x(t)=t\mathrm{e}^{-|t|}$

(2) $x(t)=\dfrac{4t}{(1+t^2)^2}$

4.17　求下列信号的傅里叶变换。

(1) $x(t)=\mathrm{e}^{-at}\cos(\omega_0 t)u(t)\quad a>0$

(2) $x(t)=\mathrm{e}^{-3|t|}\sin(2t)$

(3) $x(t)=\{1+\cos(\pi t)\}\{u(t+1)-u(t-1)\}$

(4) $x(t)=(1-t^2)\{u(t)-u(t-1)\}$

(5) $x(t)=t\mathrm{e}^{-2t}\sin(4t)u(t)$

(6) $x(t)=\dfrac{\sin(\pi t)}{\pi t}\cdot\dfrac{\sin[2\pi(t-1)]}{\pi(t-1)}$

(7) $x(t)$ 如图 4.2(a)所示

(8) $x(t)$ 如图 4.2(b)所示

4.18　求下列频谱 $X(\mathrm{j}\omega)$ 所对应的连续时间信号 $x(t)$。

(1) $X(\mathrm{j}\omega)=\dfrac{2\sin[3(\omega-2\pi)]}{\omega-2\pi}$

(2) $X(\mathrm{j}\omega)=\cos(4\omega+\pi/3)$

(3) $X(\mathrm{j}\omega)=2[\delta(\omega-1)-\delta(\omega+1)]+3[\delta(\omega-2\pi)-\delta(\omega+2\pi)]$

(4) $X(\mathrm{j}\omega)$ 如图 P4.3 所示

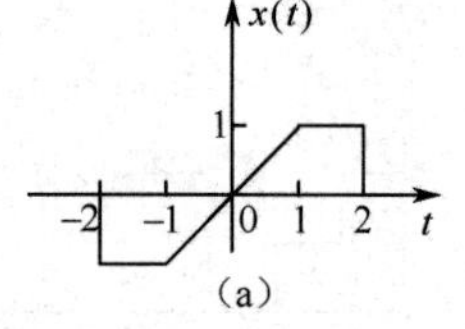

（a）

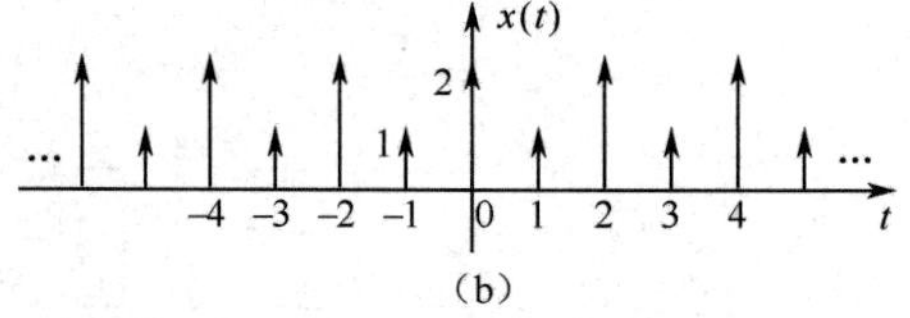

（b）

图 P4.2

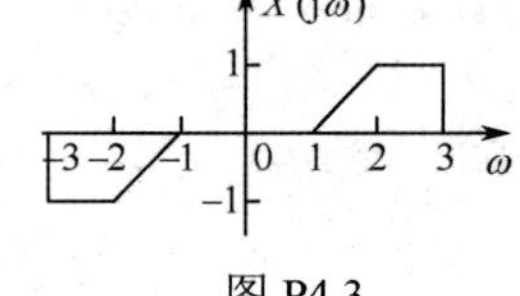

图 P4.3

4.19　设图 P4.4 所示信号 $x(t)$ 的傅里叶变换为 $X(\mathrm{j}\omega)$，不计算 $X(\mathrm{j}\omega)$ 前提下：

(1) 求 $\angle X(\mathrm{j}\omega)$

(2) 求 $X(\mathrm{j}0)$

(3) 求 $\int_{-\infty}^{+\infty}X(\mathrm{j}\omega)\mathrm{d}\omega$

(4) 计算 $\int_{-\infty}^{+\infty}X(\mathrm{j}\omega)\dfrac{2\sin\omega}{\omega}\mathrm{e}^{\mathrm{j}2\omega}\mathrm{d}\omega$

(5) 计算 $\int_{-\infty}^{+\infty}|X(\mathrm{j}\omega)|^2\,\mathrm{d}\omega$

(6) 画出 $\mathcal{R}e\{X(\mathrm{j}\omega)\}$ 的傅里叶反变换

4.20　考虑信号 $x(t)=u(t-1)-2u(t-2)+u(t-3)$ 与 $\tilde{x}(t)=\sum_{k=-\infty}^{+\infty}x(t-kT)$，式中 $T>2$。

(1) 求 $x(t)$ 的傅里叶变换 $X(\mathrm{j}\omega)$。

(2) 求 $\tilde{x}(t)$ 的傅里叶级数系数 a_k，并验证 $a_k=\dfrac{1}{T}X(\mathrm{j}k\dfrac{2\pi}{T})$。

4.21　假设 $x(t)$ 的频谱 $X(\mathrm{j}\omega)$ 如图 P4.5 所示，对下列 $p(t)$ 画出 $y(t)=x(t)p(t)$ 的频谱 $Y(\mathrm{j}\omega)$。

(1) $p(t)=\cos(t/2)$

(2) $p(t)=\cos t$

(3) $p(t)=\cos(2t)$

(4) $p(t)=\sum_{k=-\infty}^{+\infty}\delta(t-\pi k)$　　(5) $p(t)=\sum_{k=-\infty}^{+\infty}\delta(t-2\pi k)$　　(6) $p(t)=\sum_{k=-\infty}^{+\infty}\delta(t-4\pi k)$

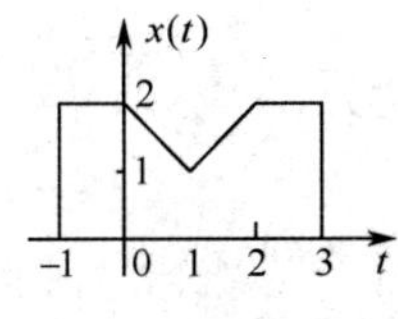

图 P4.4

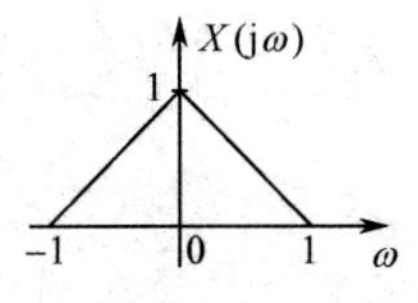

图 P4.5

4.22　判断下列说法是否正确，并说明理由。

(1) 两个非周期信号的卷积一定是非周期信号。

(2) 一个实偶信号具有实偶的傅里叶变换。

(3) 一个虚奇信号具有虚奇的傅里叶变换。

(4) 连续时间非周期信号的频谱也是连续非周期的。

第 5 章　连续时间 LTI 系统的频域分析

内容提要　本章在前述连续时间傅里叶变换基础上引出连续时间 LTI 系统的频域分析方法，强调了频率响应在 LTI 系统分析与表征中的重要性。

研究 LTI 系统时，往往将信号表示成基本信号的线性组合，且这类基本信号具备两个性质：

① 由这些基本信号能够构成相当广泛的一类有用信号；

② LTI 系统对每个基本信号的响应十分简单，使 LTI 系统对任意输入的响应求解很方便。

第 3 章将单位冲激信号作为基本信号，从而引出 LTI 系统的卷积分析法。本章在傅里叶变换将信号分解为复指数信号集 $\{e^{j\omega t}\}$ 线性组合的基础上，利用 LTI 系统对复指数信号的响应，对连续时间 LTI 系统进行频域分析。相应的系统频域分析过程正是傅里叶变换卷积性质的具体应用。

5.1　LTI 系统对复指数信号的响应

在 LTI 系统的卷积分析过程中已经得出结论：LTI 系统对复指数信号的响应仍是一个相同的复指数信号，只是幅值发生了变化。即

$$e^{st} \xrightarrow{\text{连续时间LTI系统冲激响应}h(t)} H(s)e^{st} \tag{5.1}$$

$$z^{n} \xrightarrow{\text{离散时间LTI系统冲激响应}h[n]} H(z)z^{n} \tag{5.2}$$

其中

$$H(s)=\int_{-\infty}^{+\infty}h(\tau)e^{-s\tau}d\tau \tag{5.3}$$

$$H(z)=\sum_{k=-\infty}^{+\infty}h[k]z^{-k} \tag{5.4}$$

这里 $H(s)$ 与 $H(z)$ 分别是复变量 s 与 z 的函数。

若一个信号通过系统后的输出响应仅仅是幅值发生变化，则称该信号为系统的特征函数，而幅值因子称为系统的特征值。因此，复指数信号 e^{st} 与 z^n 分别为连续时间与离散时间 LTI 系统的特征函数，$H(s)$ 与 $H(z)$ 为各自系统的特征值。

如果 $s=j\omega$，则

$$H(s)\big|_{s=j\omega}=H(j\omega)=\int_{-\infty}^{+\infty}h(\tau)e^{-j\omega\tau}d\tau \tag{5.5}$$

$$e^{j\omega t} \xrightarrow{\text{连续时间LTI系统冲激响应}h(t)} H(j\omega)e^{j\omega t} \tag{5.6}$$

同理，对于离散时间 LTI 系统，如果 $z=e^{j\omega}$，则

$$H(z)\big|_{z=e^{j\omega}}=H(e^{j\omega})=\sum_{k=-\infty}^{+\infty}h[k]e^{-jk\omega} \tag{5.7}$$

$$e^{j\omega n} \xrightarrow{\text{离散时间LTI系统冲激响应}h[n]} H(e^{j\omega})e^{j\omega n} \tag{5.8}$$

对于确定的 LTI 系统，$H(j\omega)$、$H(e^{j\omega})$ 仅与 ω 的值有关。因此，复指数信号 $e^{j\omega t}$ 与 $e^{j\omega n}$ 也

分别为连续时间与离散时间 LTI 系统的特征函数，$H(\mathrm{j}\omega)$ 与 $H(\mathrm{e}^{\mathrm{j}\omega})$ 为各自系统的特征值。

由式(5.5)看出，$H(\mathrm{j}\omega)$ 恰恰是连续时间 LTI 系统冲激响应 $h(t)$ 的傅里叶变换，从后续讨论将可知，$H(s)$ 是 $h(t)$ 的双边拉普拉斯变换，$H(\mathrm{e}^{\mathrm{j}\omega})$ 和 $H(z)$ 分别是离散时间 LTI 系统冲激响应 $h[n]$ 的离散时间傅里叶变换和双边 z 变换。

$H(\mathrm{j}\omega)$ 与 $H(\mathrm{e}^{\mathrm{j}\omega})$ 称为系统的频率响应，$H(s)$ 和 $H(z)$ 称为系统的系统函数，频率响应和系统函数将分别在 LTI 系统的频域分析与复频域分析中发挥重要作用。

连续时间LTI系统的频率响应视频

5.2 连续时间 LTI 系统的频率响应

傅里叶变换将相当广泛的连续时间信号 $x(t)$ 分解为 $\mathrm{e}^{\mathrm{j}\omega t}$ 的线性组合，即

$$x(t)=\frac{1}{2\pi}\int_{-\infty}^{+\infty}X(\mathrm{j}\omega)\mathrm{e}^{\mathrm{j}\omega t}\mathrm{d}\omega \tag{5.9}$$

根据式(5.6)，利用 LTI 系统的线性性质，系统的输出为

$$y(t)=\frac{1}{2\pi}\int_{-\infty}^{+\infty}X(\mathrm{j}\omega)H(\mathrm{j}\omega)\mathrm{e}^{\mathrm{j}\omega t}\mathrm{d}\omega=\mathscr{F}^{-1}\{X(\mathrm{j}\omega)H(\mathrm{j}\omega)\} \tag{5.10}$$

此外，根据 LTI 系统的时域分析法，忽略初始状态，$x(t)$ 通过冲激响应为 $h(t)$ 的 LTI 系统所获得的响应 $y(t)$ 可以表示为

$$y(t)=x(t)*h(t) \tag{5.11}$$

根据连续时间傅里叶变换的卷积性质，有

$$Y(\mathrm{j}\omega)=X(\mathrm{j}\omega)\cdot H(\mathrm{j}\omega) \tag{5.12}$$

等价于式(5.10)。该式为连续时间 LTI 系统进行频域分析的基本公式。

$H(\mathrm{j}\omega)$ 一般是 ω 的连续函数，而且是复函数，即

$$H(\mathrm{j}\omega)=|H(\mathrm{j}\omega)|\mathrm{e}^{\mathrm{j}\angle H(\mathrm{j}\omega)} \tag{5.13}$$

$|H(\mathrm{j}\omega)|$ 与 $\angle H(\mathrm{j}\omega)$ 分别称为系统的幅频特性与相频特性。

如果将输入信号频谱 $X(\mathrm{j}\omega)$ 和输出信号频谱 $Y(\mathrm{j}\omega)$ 同样表示为幅值与相位形式，式(5.12)则意味着

$$|Y(\mathrm{j}\omega)|=|X(\mathrm{j}\omega)||H(\mathrm{j}\omega)| \tag{5.14}$$

$$\angle Y(\mathrm{j}\omega)=\angle X(\mathrm{j}\omega)+\angle H(\mathrm{j}\omega) \tag{5.15}$$

☞**注释**：频率响应的作用就是对某一频率为 ω 的输入信号，使其幅值变为原来的 $|H(\mathrm{j}\omega)|$ 倍，相位偏移 $\angle H(\mathrm{j}\omega)$。

式(5.12)中 $H(\mathrm{j}\omega)$ 是 $h(t)$ 的傅里叶变换，因此，需要 $h(t)$ 满足绝对可积的条件，即

$$\int_{-\infty}^{+\infty}|h(t)|\mathrm{d}t<\infty \tag{5.16}$$

这意味着频率响应主要用于表征稳定的 LTI 系统。

5.2.1 频率响应与冲激响应

由于频率响应 $H(\mathrm{j}\omega)$ 和冲激响应 $h(t)$ 一一对应，因此频率响应 $H(\mathrm{j}\omega)$ 也可以完全表征连续时间 LTI 系统。相对于冲激响应，频率响应能够更方便地表示系统的滤波特性。

下面考察一些常见傅里叶变换对所对应的 LTI 系统。

1. $h(t)=\delta(t)\xleftrightarrow{\mathscr{F}}H(\mathrm{j}\omega)=1$

所对应的 LTI 系统为恒等系统，输入/输出时域关系为 $y(t)=x(t)$，频域关系为 $Y(\mathrm{j}\omega)=X(\mathrm{j}\omega)$，即输入信号的所有频率分量均无失真地通过。

2. $h(t)=\delta(t-t_0)\xleftrightarrow{\mathscr{F}}H(\mathrm{j}\omega)=\mathrm{e}^{-\mathrm{j}\omega t_0}$

所对应的 LTI 系统为时移系统，输入/输出时域关系为 $y(t)=x(t-t_0)$，频域关系为 $Y(\mathrm{j}\omega)=X(\mathrm{j}\omega)\mathrm{e}^{-\mathrm{j}\omega t_0}$，即输入信号的各频率分量通过此系统后，幅值保持不变，相位产生了线性相移。

3. $h(t)=\dfrac{\mathrm{d}\delta(t)}{\mathrm{d}t}\xleftrightarrow{\mathscr{F}}H(\mathrm{j}\omega)=\mathrm{j}\omega$

所对应的 LTI 系统为微分器，输入/输出时域关系为 $y(t)=\dfrac{\mathrm{d}x(t)}{\mathrm{d}t}$，频域关系为 $Y(\mathrm{j}\omega)=\mathrm{j}\omega\cdot X(\mathrm{j}\omega)$，即输入信号的各频率分量通过此系统后，幅值乘以 ω，频率越高，幅值增强越明显，同时相位产生了 90° 相移。

4. $h(t)=u(t)\xleftrightarrow{\mathscr{F}}H(\mathrm{j}\omega)=\dfrac{1}{\mathrm{j}\omega}+\pi\delta(\omega)$

所对应的 LTI 系统为积分器，输入/输出时域关系为 $y(t)=\int_{-\infty}^{t}x(\tau)\mathrm{d}\tau$，频域关系为 $Y(\mathrm{j}\omega)=\dfrac{X(\mathrm{j}\omega)}{\mathrm{j}\omega}+\pi X(0)\delta(\omega)$，即输入信号的各频率分量通过此系统后，幅值除以 ω，频率越高，幅值减弱越明显，同时相位产生 90° 相移。若输入信号含有非零直流分量，输出信号会在直流位置形成一个冲激。

5. $h(t)=\dfrac{W}{\pi}\mathrm{Sa}(Wt)\xleftrightarrow{\mathscr{F}}H(\mathrm{j}\omega)=u(\omega+W)-u(\omega-W)$

所对应的 LTI 系统为理想低通滤波器，输入/输出频域关系为 $Y(\mathrm{j}\omega)=X(\mathrm{j}\omega)\{u(\omega+W)-u(\omega-W)\}$，即只允许输入信号中 $|\omega|<W$ 的低频分量无失真地通过，而 $|\omega|>W$ 的高频分量完全被抑制。

6. $h(t)=u(t+T_1)-u(t-T_1)\xleftrightarrow{\mathscr{F}}H(\mathrm{j}\omega)=2T_1\mathrm{Sa}(\omega T_1)$

$H(\mathrm{j}\omega)=2T_1\mathrm{Sa}(\omega T_1)=\dfrac{\mathrm{e}^{\mathrm{j}\omega T_1}-\mathrm{e}^{-\mathrm{j}\omega T_1}}{\mathrm{j}\omega}$，则输入/输出频域关系为 $Y(\mathrm{j}\omega)=X(\mathrm{j}\omega)\dfrac{\mathrm{e}^{\mathrm{j}\omega T_1}-\mathrm{e}^{-\mathrm{j}\omega T_1}}{\mathrm{j}\omega}$，即 $\mathrm{j}\omega Y(\mathrm{j}\omega)=X(\mathrm{j}\omega)\mathrm{e}^{\mathrm{j}\omega T_1}-X(\mathrm{j}\omega)\mathrm{e}^{-\mathrm{j}\omega T_1}$，两边傅里叶反变换得 $\dfrac{\mathrm{d}y(t)}{\mathrm{d}t}=x(t+T_1)-x(t-T_1)$，为系统的输入/输出时域约束关系。

5.2.2 频率响应与线性常系数微分方程

从数学的角度，在已知 $X(\mathrm{j}\omega)$ 与 $Y(\mathrm{j}\omega)$ 之间关系的情况下，频率响应 $H(\mathrm{j}\omega)$ 可表示为

$$H(\mathrm{j}\omega)=\frac{Y(\mathrm{j}\omega)}{X(\mathrm{j}\omega)} \tag{5.17}$$

一般地，表征 LTI 系统的线性常系数微分方程的通式如下

$$\sum_{k=0}^{N}a_k\frac{\mathrm{d}^k y(t)}{\mathrm{d}t^k}=\sum_{k=0}^{M}b_k\frac{\mathrm{d}^k x(t)}{\mathrm{d}t^k} \tag{5.18}$$

两边做傅里叶变换，得

$$\sum_{k=0}^{N} a_k (\mathrm{j}\omega)^k Y(\mathrm{j}\omega) = \sum_{k=0}^{M} b_k (\mathrm{j}\omega)^k X(\mathrm{j}\omega) \tag{5.19}$$

则频率响应为

$$H(\mathrm{j}\omega) = \frac{Y(\mathrm{j}\omega)}{X(\mathrm{j}\omega)} = \frac{\sum_{k=0}^{M} b_k (\mathrm{j}\omega)^k}{\sum_{k=0}^{N} a_k (\mathrm{j}\omega)^k} \tag{5.20}$$

☞**注释**：稳定 LTI 系统的频率响应与冲激响应、线性常系数微分方程这 3 种表征方法可以相互转换。

【例 5.1】 考虑一个稳定 LTI 系统，输入/输出方程表示为

$$\frac{\mathrm{d}^3 y(t)}{\mathrm{d}t^3} + 6\frac{\mathrm{d}^2 y(t)}{\mathrm{d}t^2} + 11\frac{\mathrm{d}\,y(t)}{\mathrm{d}t} + 6y(t) = 2\frac{\mathrm{d}\,x(t)}{\mathrm{d}t} + 3x(t)$$

求该系统的频率响应 $H(\mathrm{j}\omega)$ 与冲激响应 $h(t)$。

解 对方程两端做傅里叶变换，得

$$(\mathrm{j}\omega)^3 Y(\mathrm{j}\omega) + 6(\mathrm{j}\omega)^2 Y(\mathrm{j}\omega) + 11(\mathrm{j}\omega)Y(\mathrm{j}\omega) + 6Y(\mathrm{j}\omega) = 2(\mathrm{j}\omega)\cdot X(\mathrm{j}\omega) + 3X(\mathrm{j}\omega)$$

因此，频率响应为

$$H(\mathrm{j}\omega) = \frac{Y(\mathrm{j}\omega)}{X(\mathrm{j}\omega)} = \frac{2\mathrm{j}\omega + 3}{(\mathrm{j}\omega)^3 + 6(\mathrm{j}\omega)^2 + 11\mathrm{j}\omega + 6}$$

采用部分分式展开法，得

$$H(\mathrm{j}\omega) = \frac{2\mathrm{j}\omega + 3}{(\mathrm{j}\omega + 1)(\mathrm{j}\omega + 2)(\mathrm{j}\omega + 3)} = \frac{1/2}{\mathrm{j}\omega + 1} + \frac{1}{\mathrm{j}\omega + 2} + \frac{-3/2}{\mathrm{j}\omega + 3}$$

利用常见变换对，做傅里叶反变换得冲激响应为

$$h(t) = \frac{1}{2}\mathrm{e}^{-t}u(t) + \mathrm{e}^{-2t}u(t) - \frac{3}{2}\mathrm{e}^{-3t}u(t)$$

5.2.3 频率响应与系统的互联

1. 级联

LTI 系统的级联可以用一个单独的 LTI 系统来替代，而该系统的冲激响应为级联中各个子系统冲激响应的卷积。图 5.1(a)与(b)的系统是等效的，即

$$h(t) = h_1(t) * h_2(t) \tag{5.21}$$

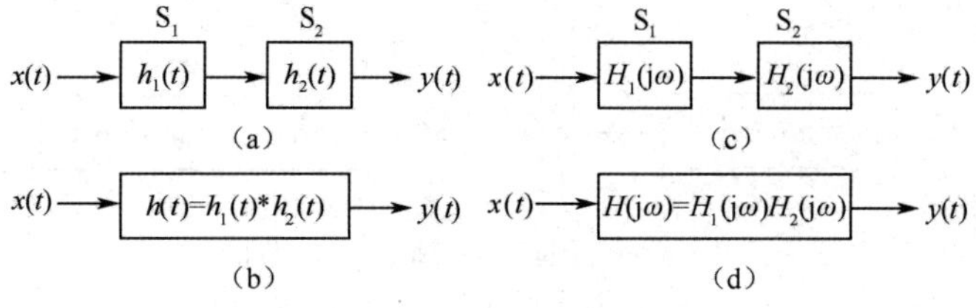

$x(t)$ → [S_1: $h_1(t)$] → [S_2: $h_2(t)$] → $y(t)$ （a）

$x(t)$ → [S_1: $H_1(\mathrm{j}\omega)$] → [S_2: $H_2(\mathrm{j}\omega)$] → $y(t)$ （c）

$x(t)$ → [$h(t)=h_1(t)*h_2(t)$] → $y(t)$ （b）

$x(t)$ → [$H(\mathrm{j}\omega)=H_1(\mathrm{j}\omega)H_2(\mathrm{j}\omega)$] → $y(t)$ （d）

图 5.1 LTI 系统的级联与频率响应

若系统 S_1 与 S_2 都是稳定的，则其频率响应 $H_1(\mathrm{j}\omega)$ 与 $H_2(\mathrm{j}\omega)$ 均存在，式(5.21)两边做傅里叶变换得

$$H(\mathrm{j}\omega)=H_1(\mathrm{j}\omega)H_2(\mathrm{j}\omega) \tag{5.22}$$

这意味着，LTI 系统的级联可以用一个单独的 LTI 系统来替代，而该系统的频率响应即级联中各个子系统频率响应的乘积，则图 5.1(c)与(d)的系统是等效的。

例 5.1 中频率响应可表示为

$$H(\mathrm{j}\omega)=\frac{2\mathrm{j}\omega+3}{(\mathrm{j}\omega+1)(\mathrm{j}\omega+2)(\mathrm{j}\omega+3)}=\frac{2\mathrm{j}\omega+3}{\mathrm{j}\omega+1}\cdot\frac{1}{\mathrm{j}\omega+2}\cdot\frac{1}{\mathrm{j}\omega+3}$$

则这个三阶系统可以等效为 3 个一阶系统的级联，3 个一阶系统的频率响应分别为 $H_1(\mathrm{j}\omega)=\dfrac{2\mathrm{j}\omega+3}{\mathrm{j}\omega+1}$、$H_2(\mathrm{j}\omega)=\dfrac{1}{\mathrm{j}\omega+2}$、$H_3(\mathrm{j}\omega)=\dfrac{1}{\mathrm{j}\omega+3}$。当然，分解形式不唯一。

在研究冲激响应为 $h_1(t)$ 的 LTI 系统的逆系统时，往往假设逆系统的冲激响应为 $h_2(t)$，两个系统级联后构成恒等系统，即要求满足

$$h_1(t)*h_2(t)=\delta(t) \tag{5.23}$$

求解 $h_2(t)$ 涉及反卷积的问题，比较烦琐。根据系统级联的频率响应关系，上式变换为频域表示

$$H_1(\mathrm{j}\omega)\cdot H_2(\mathrm{j}\omega)=1 \tag{5.24}$$

则逆系统的频率响应为

$$H_2(\mathrm{j}\omega)=\frac{1}{H_1(\mathrm{j}\omega)} \tag{5.25}$$

通过傅里叶反变换，即可求得逆系统的冲激响应 $h_2(t)$。

2. 并联

LTI 系统的并联也可以用一个单独的 LTI 系统来替代，而该系统的冲激响应为并联中各个子系统冲激响应的和。图 5.2(a)与(b)的系统是等效的，即

$$h(t)=h_1(t)+h_2(t) \tag{5.26}$$

若 LTI 系统 S_1 与 S_2 都是稳定的，则其频率响应 $H_1(\mathrm{j}\omega)$ 与 $H_2(\mathrm{j}\omega)$ 均存在，式(5.26)两边做傅里叶变换得

$$H(\mathrm{j}\omega)=H_1(\mathrm{j}\omega)+H_2(\mathrm{j}\omega) \tag{5.27}$$

这意味着，LTI 系统的并联可以用一个单独的 LTI 系统来替代，而该系统的频率响应即并联中各个子系统频率响应的和，则图 5.2(c)与(d)的系统是等效的。

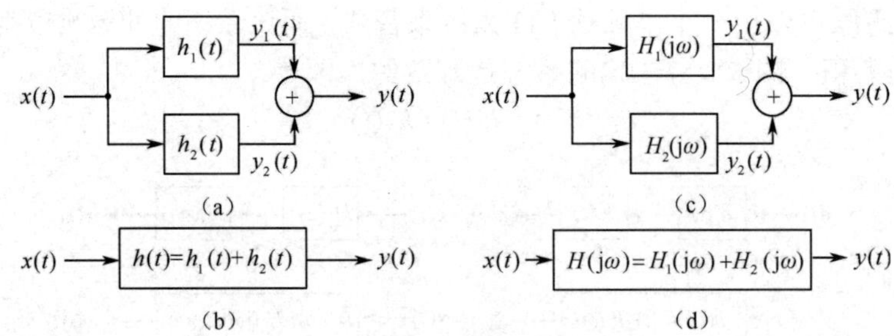

图 5.2 LTI 系统的并联与频率响应

例 5.1 中频率响应可表示为

$$H(\mathrm{j}\omega)=\frac{1/2}{\mathrm{j}\omega+1}+\frac{1}{\mathrm{j}\omega+2}+\frac{-3/2}{\mathrm{j}\omega+3}$$

则这个三阶系统可以等效为 3 个一阶系统的并联，3 个一阶系统的频率响应分别为 $H_1(\mathrm{j}\omega)=\dfrac{1/2}{\mathrm{j}\omega+1}$、$H_2(\mathrm{j}\omega)=\dfrac{1}{\mathrm{j}\omega+2}$、$H_3(\mathrm{j}\omega)=\dfrac{-3/2}{\mathrm{j}\omega+3}$。

3. 反馈连接

LTI 系统 S_1 与 S_2 反馈连接，如图 5.3(a)所示，若两系统都是稳定的，则其频率响应 $H_1(\mathrm{j}\omega)$ 与 $H_2(\mathrm{j}\omega)$ 均存在，可用频域表示，如图 5.3(b)所示，即

$$Y(\mathrm{j}\omega)=\{X(\mathrm{j}\omega)-Y(\mathrm{j}\omega)H_2(\mathrm{j}\omega)\}\cdot H_1(\mathrm{j}\omega) \tag{5.28}$$

如果希望用一个单独的 LTI 系统来替代，则该系统的频率响应 $H(\mathrm{j}\omega)$ 可以推导出

$$H(\mathrm{j}\omega)=\frac{Y(\mathrm{j}\omega)}{X(\mathrm{j}\omega)}=\frac{H_1(\mathrm{j}\omega)}{1+H_1(\mathrm{j}\omega)\cdot H_2(\mathrm{j}\omega)} \tag{5.29}$$

这意味着，稳定 LTI 系统的反馈连接也可以用一个单独的 LTI 系统来替代，而该系统的频率响应与各个子系统频率响应的关系如式(5.29)，因此，图 5.3(c)与(b)的系统是等效的。

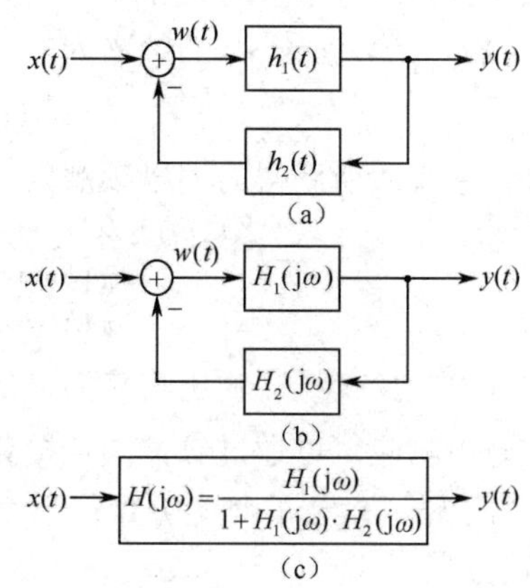

图 5.3　LTI 系统的反馈连接与频率响应

例如，$H(\mathrm{j}\omega)=\dfrac{1}{\mathrm{j}\omega+2}$ 可转化为式(5.29)的形式，即

$$H(\mathrm{j}\omega)=\frac{1}{\mathrm{j}\omega+2}=\frac{1/\mathrm{j}\omega}{1+2\cdot(1/\mathrm{j}\omega)}$$

则频率响应为 $H(\mathrm{j}\omega)=\dfrac{1}{\mathrm{j}\omega+2}$ 的一阶系统可进一步分解为如图 5.3(b)所示的反馈连接形式，其中 $H_1(\mathrm{j}\omega)=1/\mathrm{j}\omega$，为图 1.6(c)的积分单元，$H_2(\mathrm{j}\omega)=2$，为图 1.6(b)的数乘单元。

连续时间LTI系统的频域分析视频

5.3　用傅里叶变换分析连续时间 LTI 系统

式(5.12)是利用傅里叶变换对连续时间 LTI 系统进行频域分析的基本公式，具体过程如下：

$$\begin{array}{ccccc} y(t) & = & x(t) & * & h(t) \\ \uparrow^{\mathscr{F}^{-1}} & & \downarrow^{\mathscr{F}} & & \downarrow^{\mathscr{F}} \\ Y(\mathrm{j}\omega) & = & X(\mathrm{j}\omega) & \cdot & H(\mathrm{j}\omega) \end{array} \tag{5.30}$$

即在确定频率响应 $H(\mathrm{j}\omega)$ 的前提条件下，通过傅里叶变换获得输入信号 $x(t)$ 的频谱 $X(\mathrm{j}\omega)$，利用式(5.12)求取输出信号的频谱 $Y(\mathrm{j}\omega)$，再通过傅里叶反变换获得输出信号的时域表征 $y(t)$，完成对连续时间 LTI 系统的频域分析。有理函数求傅里叶反变换通常采用部分分式展开法。

☞**注释：**傅里叶变换将时域中的卷积运算转化为频域中的相乘运算，为 LTE 系统分析带来了极大方便。

此外，在已知某些输入信号 $x(t)$ 所对应的输出信号 $y(t)$ 时，通过傅里叶变换分别获得其频谱 $X(\mathrm{j}\omega)$ 与 $Y(\mathrm{j}\omega)$，根据式(5.12)求取频率响应 $H(\mathrm{j}\omega)$，即

$$H(\mathrm{j}\omega)=\frac{Y(\mathrm{j}\omega)}{X(\mathrm{j}\omega)} \tag{5.31}$$

完成对连续时间 LTI 系统的频域设计。

【例 5.2】某 LTI 系统的冲激响应为

$$h(t)=\frac{10}{\pi}\mathrm{Sa}(10t)$$

确定以下输入信号通过该系统的零状态响应。

(1) $x_1(t)=\cos(5t)$　　(2) $x_2(t)=\cos(15t)$

(3) $x_3(t)=\cos(6t)+\cos(16t)$　　(4) $x_4(t)=15\mathrm{Sa}(15t)$

解　由系统的冲激响应得频率响应为

$$H(\mathrm{j}\omega)=\mathscr{F}\{h(t)\}=\begin{cases}1 & |\omega|<10\\ 0 & |\omega|>10\end{cases}$$

冲激响应 $h(t)$ 与频率响应 $H(\mathrm{j}\omega)$ 分别如图 5.4(a)、(b)所示。

（1） $x_1(t)=\cos(5t)$ 的频谱为

$$X_1(\mathrm{j}\omega)=\pi\{\delta(\omega-5)+\delta(\omega+5)\}$$

通过该系统后所获得的输出频谱为

$$\begin{aligned}Y_1(\mathrm{j}\omega)=X_1(\mathrm{j}\omega)H(\mathrm{j}\omega)&=\pi\{\delta(\omega-5)+\delta(\omega+5)\}\cdot H(\mathrm{j}\omega)\\&=\pi\{\delta(\omega-5)H(\mathrm{j}5)+\delta(\omega+5)H(-\mathrm{j}5)\}\\&=\pi\{\delta(\omega-5)+\delta(\omega+5)\}\end{aligned}$$

通过傅里叶反变换，输出响应为 $y_1(t)=\cos(5t)$ 。

输出响应可以通过频谱图直接获得，如图 5.5(a)、(b)所示，其中系统的频率响应用虚线表示。由于输入信号的频率分量位于系统的通带范围内，故能够无失真通过，则输出信号等于输入信号。

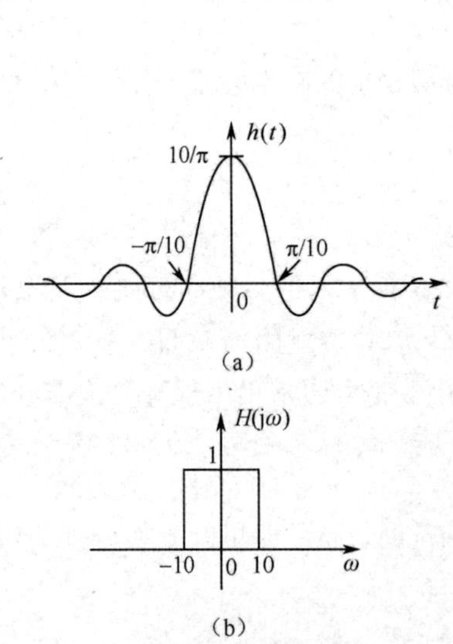

图 5.4　例 5.2 中系统的冲激响应与频率响应

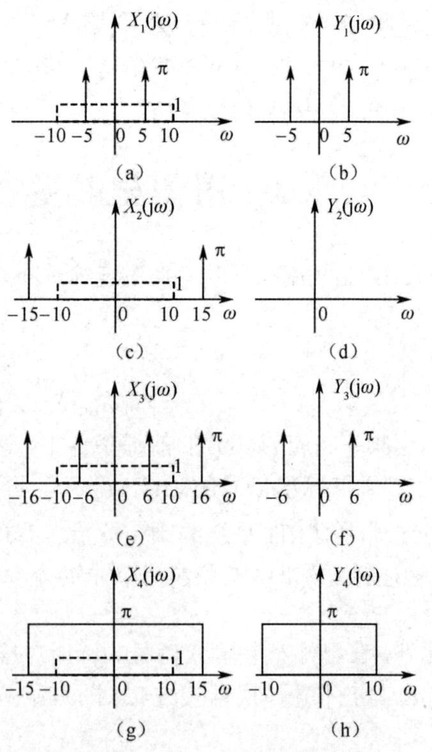

图 5.5　例 5.2 中各输入/输出频谱图

（2） $x_2(t)=\cos(15t)$ 的频谱为

$$X_2(\mathrm{j}\omega)=\pi\{\delta(\omega-15)+\delta(\omega+15)\}$$

输出响应也可以通过频谱图直接获得，如图 5.5(c)、(d)所示。由于输入信号的频率分量位于系统的通带范围以外，被完全抑制，则输出信号 $y_2(t)=0$。

（3） $x_3(t)=\cos(6t)+\cos(16t)$ 的频谱为

$$X_3(\mathrm{j}\omega)=\pi\{\delta(\omega-6)+\delta(\omega+6)+\delta(\omega-16)+\delta(\omega+16)\}$$

频谱图如图 5.5(e)、(f)所示，由于输入信号的频率分量中一部分位于系统的通带范围以内，另一部分位于系统的通带范围以外，因此只有通带范围内的频率分量无失真通过，输出响应为 $y_3(t)=\cos(6t)$。

（4） $x_4(t)=15\mathrm{Sa}(15t)$ 的频谱为

$$X_4(\mathrm{j}\omega)=\pi\{u(\omega+15)-u(\omega-15)\}$$

频谱图如图 5.5(g)、(h)所示，由于输入信号的带宽大于系统的通带，因此只有通带范围内的频率分量能够无失真通过，因此，输出响应为 $y_4(t)=10\mathrm{Sa}(10t)$。

【例 5.3】假设例 5.1 中 LTI 系统的输入为

$$x(t)=\mathrm{e}^{-t}u(t)$$

确定该输入通过系统后的零状态响应。

解 输入信号 $x(t)=\mathrm{e}^{-t}u(t)$ 的频谱为

$$X(\mathrm{j}\omega)=\frac{1}{\mathrm{j}\omega+1}$$

例 5.1 已得出系统的频率响应为

$$H(\mathrm{j}\omega)=\frac{2\mathrm{j}\omega+3}{(\mathrm{j}\omega)^3+6(\mathrm{j}\omega)^2+11\mathrm{j}\omega+6}$$

则通过系统后获得的输出频谱为

$$Y(\mathrm{j}\omega)=X(\mathrm{j}\omega)H(\mathrm{j}\omega)=\frac{2\mathrm{j}\omega+3}{(\mathrm{j}\omega+1)^2(\mathrm{j}\omega+2)(\mathrm{j}\omega+3)}$$

采用部分分式展开法，得

$$\begin{aligned}Y(\mathrm{j}\omega)=X(\mathrm{j}\omega)H(\mathrm{j}\omega)&=\frac{A_{11}}{\mathrm{j}\omega+1}+\frac{A_{12}}{(\mathrm{j}\omega+1)^2}+\frac{A_2}{\mathrm{j}\omega+2}+\frac{A_3}{\mathrm{j}\omega+3}\\&=\frac{1/4}{\mathrm{j}\omega+1}+\frac{1/2}{(\mathrm{j}\omega+1)^2}-\frac{1}{\mathrm{j}\omega+2}+\frac{3/4}{\mathrm{j}\omega+3}\end{aligned}$$

通过傅里叶反变换得输出信号为

$$y(t)=\frac{1}{4}\mathrm{e}^{-t}u(t)+\frac{1}{2}t\mathrm{e}^{-t}u(t)-\mathrm{e}^{-2t}u(t)+\frac{3}{4}\mathrm{e}^{-3t}u(t)$$

【例 5.4】某因果 LTI 系统的频率响应为

$$H(\mathrm{j}\omega)=\frac{1}{\mathrm{j}\omega+3}$$

观察到某输入 $x(t)$ 的零状态响应 $y(t)$ 为

$$y(t)=\mathrm{e}^{-3t}u(t)-\mathrm{e}^{-4t}u(t)$$

确定输入信号 $x(t)$。

解 输出信号 $y(t)=\mathrm{e}^{-3t}u(t)-\mathrm{e}^{-4t}u(t)$ 的频谱为

$$Y(\mathrm{j}\omega)=\frac{1}{\mathrm{j}\omega+3}-\frac{1}{\mathrm{j}\omega+4}=\frac{1}{(\mathrm{j}\omega+3)(\mathrm{j}\omega+4)}$$

则输入信号频谱为

$$X(\mathrm{j}\omega)=\frac{Y(\mathrm{j}\omega)}{H(\mathrm{j}\omega)}=\frac{1}{\mathrm{j}\omega+4}$$

通过傅里叶反变换确定输入信号为

$$x(t)=\mathrm{e}^{-4t}u(t)$$

☞**注释**：连续时间 LTI 系统的频域分析法适用的场合为：信号能量有限、LTI 系统稳定。能量无限的信号与不稳定 LTI 系统的变换域分析将在后续拉普拉斯变换部分介绍。

5.4　无失真传输

在实际应用中，有时需要有意识地利用系统进行波形变换，而有时却希望传输过程中失真最小。例如，录音和播放音乐时，我们更喜欢高保真的话筒和高保真的音响。

一个给定的 LTI 系统，输入/输出关系在时域与频域中分别表示为

$$y(t)=x(t)*h(t) \tag{5.32}$$

$$Y(\mathrm{j}\omega)=X(\mathrm{j}\omega)\cdot H(\mathrm{j}\omega) \tag{5.33}$$

从时域的角度看，系统改变了输入信号的形状，产生了新的波形；从频域的角度看，系统改变了输入信号的频谱结构，产生了新的频谱。这种波形的改变或频谱的改变，完全取决于表征系统特性的冲激响应 $h(t)$ 和频率响应 $H(\mathrm{j}\omega)$。这意味着，信号在通过系统传输时可能产生了失真。

失真包括幅值失真与相位失真。幅值失真指输入信号中各频率分量幅值的相对比例产生变化。相位失真指输入信号中各频率分量产生的相移与频率不成正比，使输出信号中各频率分量在时间轴上的相对位置产生变化。

所谓无失真，是指输出信号与输入信号相比，只是大小与出现的时刻不同，而无波形上的变化，即

$$y(t)=kx(t-t_{\mathrm{d}}) \tag{5.34}$$

两边做傅里叶变换，则

$$Y(\mathrm{j}\omega)=kX(\mathrm{j}\omega)\mathrm{e}^{-\mathrm{j}\omega t_{\mathrm{d}}} \tag{5.35}$$

即无失真传输系统的频率响应为

$$H(\mathrm{j}\omega)=\frac{Y(\mathrm{j}\omega)}{X(\mathrm{j}\omega)}=k\mathrm{e}^{-\mathrm{j}\omega t_{\mathrm{d}}} \tag{5.36}$$

其中幅频特性为

$$|H(\mathrm{j}\omega)|=k \tag{5.37}$$

如图 5.6(a)所示。相频特性为

$$\angle H(\mathrm{j}\omega)=-\omega t_{\mathrm{d}} \tag{5.38}$$

如图 5.6(b)所示。

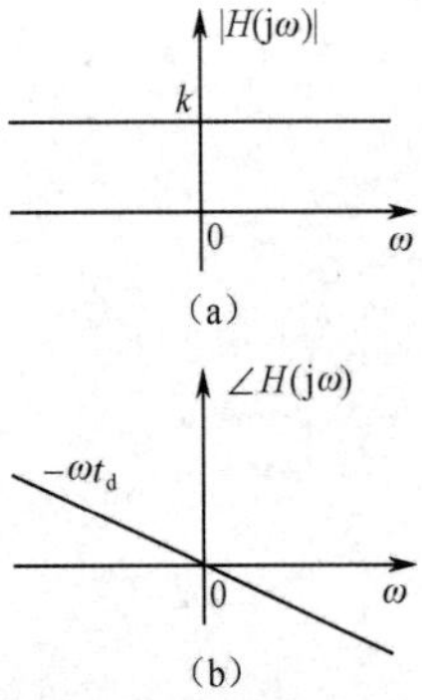

图 5.6　无失真传输系统的频率响应

通常，信号的大部分能量集中在一定的频率范围，因此，实际系统只要具有足够的带宽，

保证信号的大部分频率分量能够通过，就可以获得比较好的无失真传输效果。因此，不存在无穷带宽的无失真传输系统。

高保真系统的效果优于普通系统的效果，原因在于：系统的通带更宽，可以让信号的更多频率分量通过；系统的幅频特性更接近于常数，幅值失真更小；相频特性更接近于一条过原点的直线，相位失真更小。这 3 个频域指标可以判断系统的高保真性能。

☞**注释：**可以看出，系统频域分析法是对系统时域分析法的有效补充。

5.5 理想滤波器

5.5.1 滤波器

有时需要通过系统改变信号中各频率分量的相对大小和相位，甚至完全去除某些频率分量，这个过程称为滤波。滤波器可分为两大类：改变各频率分量幅值与相位的频率成形滤波器、去除某些频率分量的频率选择性滤波器。

很多音响设备和播放音乐的软件都具有均衡器功能，这属于频率成形滤波器，可以根据音乐内容与个人喜好进行调整，如加重低音，或者突出 300Hz～1kHz 频带以加强音色，或者突出 2kHz～4kHz 频带以突出吉他类的乐器，等等。

理想的频率选择性滤波器的频率特性是在某一个（或几个）频段内频率响应为常数，而在其他频段内频率响应等于 0。允许信号完全通过的频段称为滤波器的通带，完全不允许信号通过的频段称为阻带。理想滤波器可分为低通、高通、带通和带阻 4 类。

连续时间理想低通滤波器与高通滤波器的频率响应分别如图 5.7(a)、(b)所示。其中 ω_c 为截止频率，通带增益为 1，整个频率范围内相频特性为 $-\omega t_d$。理想低通滤波器的频率响应为

$$H_{lp}(j\omega)=\begin{cases}e^{-j\omega t_d} & |\omega|<\omega_c\\ 0 & |\omega|>\omega_c\end{cases} \tag{5.39}$$

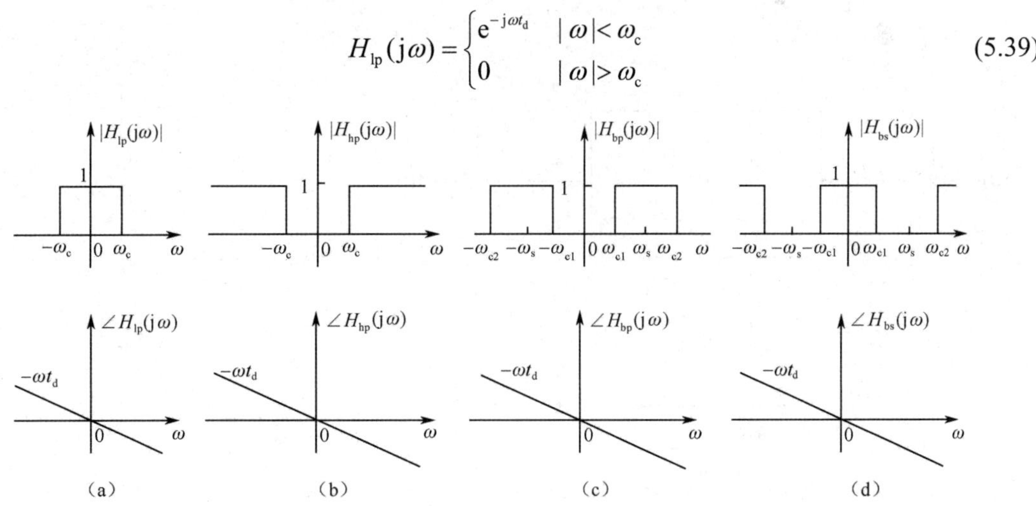

图 5.7 连续时间理想滤波器的频率响应

理想高通滤波器频率特性与理想低通滤波器频率特性的关系为

$$H_{hp}(j\omega)=e^{-j\omega t_d}-H_{lp}(j\omega)=\begin{cases}0 & |\omega|<\omega_c\\ e^{-j\omega t_d} & |\omega|>\omega_c\end{cases} \tag{5.40}$$

连续时间理想带通滤波器与带阻滤波器的频率响应分别如图 5.7(c)、(d)所示。其中 ω_{c1} 与 ω_{c2} 为截止频率，通带增益为 1，整个频率范围内相频特性为 $-\omega t_d$。理想带通滤波器的频率响应为

$$H_{bp}(j\omega)=\begin{cases}e^{-j\omega t_d} & \omega_{c1}<|\omega|<\omega_{c2}\\ 0 & |\omega|<\omega_{c1}\text{与}|\omega|>\omega_{c2}\end{cases} \tag{5.41}$$

理想带阻滤波器频率特性与理想带通滤波器频率特性的关系为

$$H_{bs}(j\omega)=e^{-j\omega t_d}-H_{bp}(j\omega)=\begin{cases}0 & \omega_{c1}<|\omega|<\omega_{c2}\\ e^{-j\omega t_d} & |\omega|<\omega_{c1}\text{与}|\omega|>\omega_{c2}\end{cases} \tag{5.42}$$

☞**注释**：可以看出，这些理想滤波器是在特定频段内的无失真传输系统。

【例 5.5】 分析图 5.8(a)中系统的滤波特性。

解 假设输入信号 $x(t)$ 的频谱为 $X(j\omega)$，如图 5.9(a)所示。由于

$$p(t)=x(t)e^{-j\omega_s t}$$

根据傅里叶变换的频移性质，$p(t)$ 的频谱 $P(j\omega)$ 为

$$P(j\omega)=X[j(\omega+\omega_s)]$$

如图 5.9(b)所示。通过截止频率为 ω_c 的低通滤波器后，$q(t)$ 的频谱 $Q(j\omega)$ 如图 5.9(c)所示。根据傅里叶变换的频移性质，$y(t)$ 的频谱 $Y(j\omega)$ 为

$$Y(j\omega)=Q[j(\omega-\omega_s)]$$

如图 5.9(d)所示。

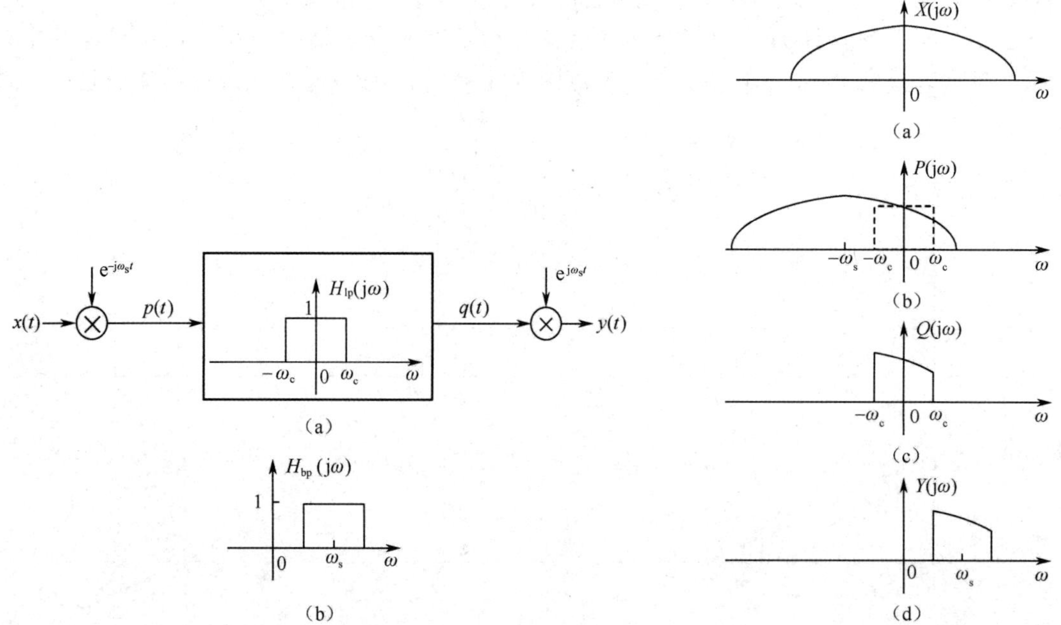

图 5.8 例 5.5 系统

图 5.9 例 5.5 中各信号的频谱

对比 $Y(j\omega)$ 与 $X(j\omega)$，可知图 5.8(a)中的系统等效为一个理想带通滤波器，中心频率为 ω_s，带宽为 $2\omega_c$，频率响应如图 5.8(b)所示。同时，随着复指数振荡器频率 ω_s 的改变，该带通滤波器的中心频率也随之改变。

5.5.2 理想低通滤波器

由于各种滤波器的特性都可以从理想低通特性得出，因此，下面以理想低通滤波器为例讨论理想滤波器的时域特性。

根据无失真传输条件，在通带内允许有斜率为$-t_d$的线性相移，即低于截止频率的输入分量产生t_d的延时。由连续时间理想低通滤波器频率特性$H_{lp}(j\omega)$可知其冲激响应为

$$h_{1p}(t)=\mathscr{F}^{-1}\{H_{1p}(j\omega)\}=\frac{\omega_c}{\pi}\mathrm{Sa}[\omega_c(t-t_d)] \tag{5.43}$$

冲激响应如图 5.10 所示。由图可知，单位冲激信号$\delta(t)$通过理想低通滤波器后得到的输出$h_{lp}(t)$产生了失真，输出信号成为变化平缓的Sa函数。这是因为$\delta(t)$中高于截止频率ω_c的频率分量均被滤除。当低通滤波器的截止频率$\omega_c\to\infty$时，理想低通滤波器将趋于无失真传输系统，其冲激响应

$$h_{1p}(t)=\lim_{\omega_c\to\infty}\frac{\omega_c}{\pi}\mathrm{Sa}[\omega_c(t-t_d)]=\delta(t-t_d) \tag{5.44}$$

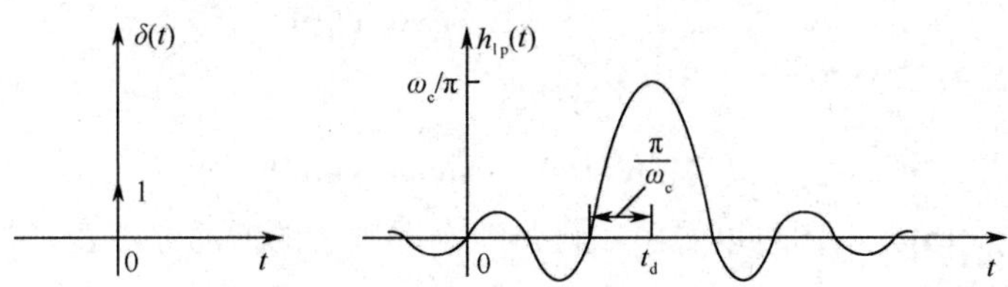

图 5.10　理想低通滤波器的冲激响应

图中理想低通滤波器冲激响应的主瓣宽度为$2\pi/\omega_c$，与理想低通滤波器的带宽$2\omega_c$成反比，这可以通过傅里叶变换的尺度变换性质加以理解。

同时可注意到，$t<0$时，$h_{1p}(t)\neq 0$，因此理想低通滤波器是非因果系统，是不可实时物理实现的，其他理想滤波器亦如此。

☞**注释：** 尽管理想滤波器是不可物理实时实现的，但在信号与系统分析中具有极其重要的理论指导价值。

5.5.3 实际滤波器

滤波器设计的一个途径是将理想滤波器的冲激响应在$t<0$的尾部截去，即低通滤波器冲激响应为

$$\hat{h}_{lp}(t)=h_{lp}(t)u(t) \tag{5.45}$$

如图 5.11 所示。由于它是因果的，所以是可物理实现的。

理论上，$t_d\to\infty$时才能实现理想特性。实际中延时 3 倍或 4 倍的$\dfrac{\pi}{\omega_c}$就可以成为理想特性的合理近似。例如，处理最高频率为 20kHz 的声音信号时，截止频率选取$\omega_c=2\pi\times 20\times 10^3=40000\pi\,\mathrm{rad/s}$，$t_d$选取 0.1ms 就比较合理。

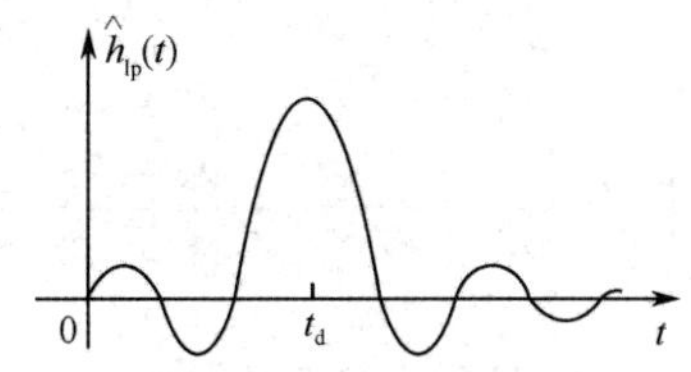

图 5.11　理想低通滤波器的近似实现

☞**注释**：当然，截断运算会带来另外一些意想不到的问题，后续课程再讨论。

在实际设计过程中，可以通过近似理想特性这条途径来实现各种滤波器特性，实际可实现的滤波器在幅频特性上是没有不连续跳变点的，如简单而实用的 RC 低通滤波器、RC 高通滤波器与 RLC 带通滤波器。

【例 5.6】 分析图 5.12 所示 RC 滤波器的滤波特性。

解 很容易得出系统微分方程为

$$RC\frac{\mathrm{d}\,y(t)}{\mathrm{d}\,t}+y(t)=x(t)$$

两边做傅里叶变换可得系统频率响应为

$$H(\mathrm{j}\omega)=\frac{Y(\mathrm{j}\omega)}{X(\mathrm{j}\omega)}=\frac{1}{\mathrm{j}\omega RC+1}$$

其幅频特性为

$$|H(\mathrm{j}\omega)|=\frac{1}{\sqrt{(\omega RC)^2+1}}$$

相频特性为

$$\angle H(\mathrm{j}\omega)=-\arctan(\omega RC)$$

分别示于图 5.13(a)、(b)。由图可以看出，这是一个非理想的低通滤波器，与理想低通滤波器的性能相比有一定的差距。

下面考察该系统的时域特性。由频率响应通过傅里叶反变换得系统的冲激响应为

$$h(t)=\frac{1}{RC}\mathrm{e}^{-t/RC}u(t)$$

示于图 5.14。比较图 5.13(a)与图 5.14，如果增大 RC，则图 5.13(a)幅频特性的通带变窄，更多的高频分量被滤除，图 5.14 中 $h(t)$ 下降变得缓慢；如果减小 RC，则幅频特性的通带变宽，将通过更多的高频分量，$h(t)$ 下降变得较快。

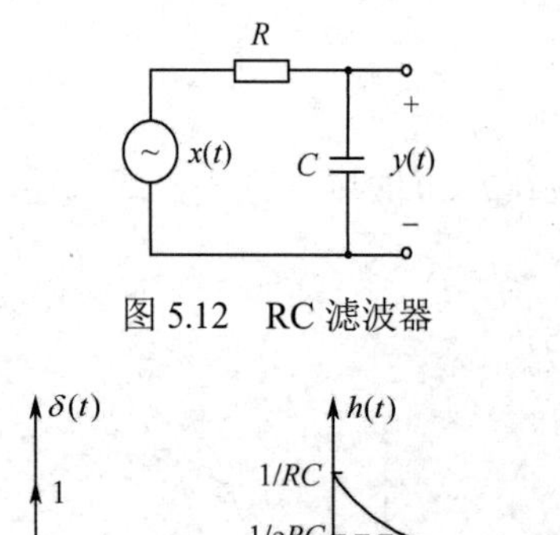

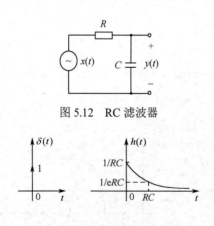

图 5.12 RC 滤波器

图 5.14 RC 滤波器的冲激响应

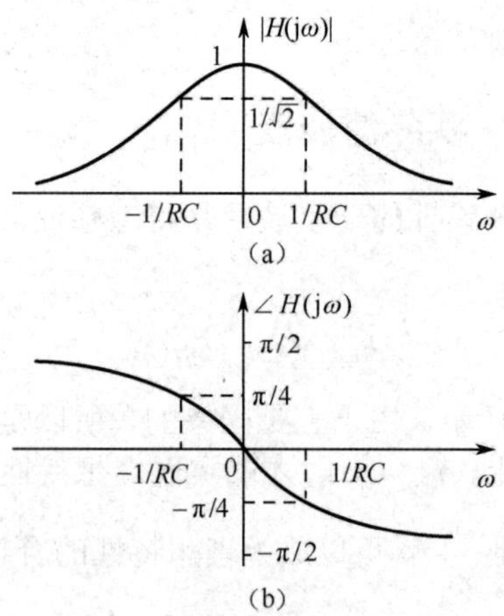

图 5.13 RC 滤波器的频率响应

☞**注释**：这种时域与频域之间的折中是 LTI 系统和滤波器设计中经常出现的典型问题。

5.6 采　　样

数码照片看起来与普通胶片照片没有区别，单画面序列形成的电影看起来是连续的……这些都是采样的具体应用。采样使得连续向离散的过渡成为可能，同时使得离散时间系统处理连续时间信号成为可能，采样在连续时间信号和离散时间信号之间起了重要的桥梁作用。

使用计算机采集声音信号时，往往需要选择采样频率：8kHz、16kHz、11.025kHz、22.05kHz、44.1kHz……究竟应该选择比较低的采样频率，还是采样频率越高越好呢？究其根源，是如何能够从离散样本恢复原始的连续时间信号。采样定理能够定量地解决这个问题。

传统的采样是指时域采样，即用一组离散化的样本值表示连续时间信号的过程，时域采样的对偶过程为频谱采样。本节主要介绍时域采样。

5.6.1　采样定理

采样定理视频

为了建立采样定理，我们需要一种合适的方式来表示一个连续时间信号在均匀间隔上的采样。为此可以通过一个周期冲激串与待采样的连续时间信号 $x(t)$ 相乘，这种方法称为冲激串采样，如图 5.15 所示。该周期冲激串 $p(t)$ 的基波周期 T 称为采样周期（又称采样间隔），而 $p(t)$ 的基波频率 $\omega_s = 2\pi/T$ 称为采样频率。

在时域中有

$$x_p(t) = x(t)p(t) \tag{5.46}$$

其中

$$p(t) = \sum_{n=-\infty}^{+\infty} \delta(t-nT) \tag{5.47}$$

则

$$x_p(t) = x(t)p(t) = x(t)\sum_{n=-\infty}^{+\infty} \delta(t-nT)$$

$$= \sum_{n=-\infty}^{+\infty} x(nT)\delta(t-nT) \tag{5.48}$$

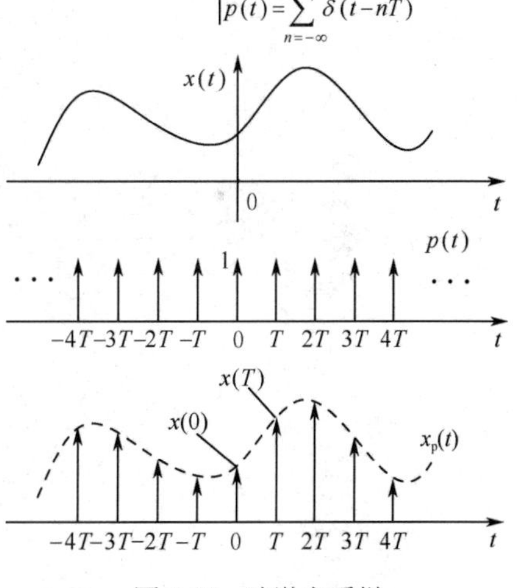

图 5.15　冲激串采样

由上式可见，采样信号 $x_p(t)$ 本身就是一个冲激串，其冲激的幅值等于 $x(t)$ 在以 T 为间隔处的样本值 $x(nT)$。

现在考虑采样信号 $x_p(t)$ 的频谱。由傅里叶变换的相乘性质，可得

$$X_P(j\omega) = \frac{1}{2\pi}\left[X(j\omega) * P(j\omega)\right] \tag{5.49}$$

其中，$X(j\omega)$、$P(j\omega)$ 和 $X_P(j\omega)$ 分别是 $x(t)$、$p(t)$ 和 $x_p(t)$ 的傅里叶变换，假设 $x(t)$ 的最高频率分量为 ω_M，$X(j\omega)$ 与 $P(j\omega)$ 示于图 5.16(a)、(b)。周期冲激串 $p(t)$ 的连续时间傅里叶变换为

$$P(j\omega) = \frac{2\pi}{T}\sum_{k=-\infty}^{+\infty}\delta(\omega - k\frac{2\pi}{T}) = \frac{2\pi}{T}\sum_{k=+\infty}^{+\infty}\delta(\omega - k\omega_s) \tag{5.50}$$

于是有

$$X_P(j\omega) = \frac{1}{T}\sum_{k=-\infty}^{+\infty}\{X(j\omega) * \delta(\omega - k\omega_s)\} = \frac{1}{T}\sum_{k=-\infty}^{+\infty}X[j(\omega - k\omega_s)] \tag{5.51}$$

式(5.51)表明：对连续时间信号在时域内进行理想采样，就相当于在频域内以采样频率ω_s为周期进行延拓，幅值减小$1/T$。图5.16(c)中，由于$\omega_M<(\omega_s-\omega_M)$，即$\omega_s>2\omega_M$，因此在进行延拓的过程中没有出现频谱混叠现象；而在图5.16(d)中，由于$\omega_s<2\omega_M$，存在频谱混叠现象。如果频谱不发生混叠，则$x(t)$就能够通过一个增益为T、截止频率介于ω_M与$(\omega_s-\omega_M)$之间的低通滤波器（如图5.16(c)中虚线所示）从$x_p(t)$中恢复出来。低通滤波器的频率响应为

$$H(j\omega)=\begin{cases}T & |\omega|<\omega_c\\ 0 & |\omega|>\omega_c\end{cases} \tag{5.52}$$

其中，$\omega_M<\omega_c<\omega_s-\omega_M$。这一基本结果就称为采样定理，可叙述如下：

设$x(t)$是一个带限信号，在$|\omega|>\omega_M$时，$X(j\omega)=0$，也称为$x(t)$带限于最高频率ω_M。如果采样频率ω_s满足$\omega_s>2\omega_M$，其中$\omega_s=2\pi/T$，那么$x(t)$就唯一地由其样本$x(nT)$，$n=0,\pm1,\pm2,\cdots$所确定。通过一个增益为T、截止频率介于ω_M与$(\omega_s-\omega_M)$之间的理想低通滤波器，能够从$x(nT)$恢复出$x(t)$。

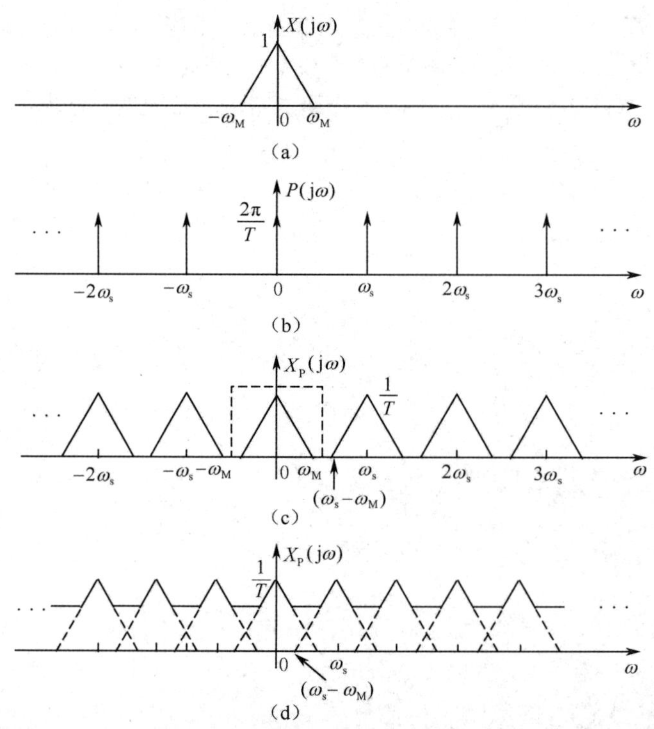

图5.16　时域采样在频域中的效果

在采样定理中，采样频率ω_s必须大于$2\omega_M$，频率$2\omega_M$一般称为奈奎斯特频率，与之对应的采样间隔称为奈奎斯特间隔。低于奈奎斯特频率的采样称为欠采样，高于奈奎斯特频率的采样称为过采样。

☞**注释**：实际应用中，往往在采样之前通过抗混叠滤波器去除不必要的高频分量，同时有助于降低噪声。

如果对连续时间周期信号进行理想冲激串采样，采样定理意味着每个基波周期中至少要有两个样本值。某些信号，如$x(t)=\sin(\omega_0 t)$，如果采样频率$\omega_s=2\omega_0$，即采样间隔为半个周期，样本值可能均为0。因此，采样频率ω_s必须大于$2\omega_M$。

考虑一个信号$x(t)=\mathrm{Sa}^2(5\pi t)$在采样频率5Hz、10Hz、20Hz时的冲激串采样情况，容易

得出 $x(t)$ 的频谱 $X(\mathrm{j}\omega)$ 为三角波，如图 5.17(a)所示，最高频率为 $\omega_{\mathrm{M}}=10\pi\,\mathrm{rad/s}$ 。因此，其奈奎斯特频率为 $20\pi\,\mathrm{rad/s}$ (10Hz)，奈奎斯特间隔为 0.1s 。

第一种情况为欠采样，采样频率为 5Hz（每秒 5 个样本），频谱每隔 10π rad/s 重复，如图 5.17(b)所示，频谱 $X(\mathrm{j}\omega)$ 无法从 $X_{\mathrm{P}}(\mathrm{j}\omega)$ 恢复，即 $x(t)$ 无法得到重建。第二种情况为频谱每隔 20π rad/s “背靠背”不重叠地重复，如图 5.17(c)所示，可以通过截止频率为 5Hz 的理想低通滤波器从 $X_{\mathrm{P}}(\mathrm{j}\omega)$ 恢复出 $X(\mathrm{j}\omega)$ 。第三种情况为过采样，频谱每隔 40π rad/s 不重叠地重复，如图 5.17(d)所示，相邻周期之间还有空白频带，可以通过一般的低通滤波器（图中虚线）从 $X_{\mathrm{P}}(\mathrm{j}\omega)$ 恢复出 $X(\mathrm{j}\omega)$ 。

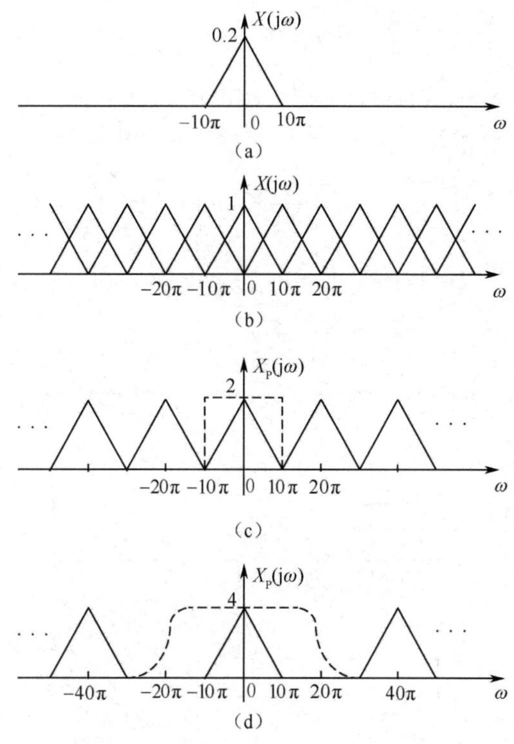

图 5.17　不同采样频率采样时的效果

【例 5.7】 已知 $x_1(t)$ 带限于 100Hz，$x_2(t)$ 带限于 400Hz，若对下列信号进行采样，试求采样间隔需要满足的条件。

(1) $y_1(t)=x_1(t)\cdot x_2(t)$　　(2) $y_2(t)=x_1(t)-x_2(2t)$　　(3) $y_3(t)=x_1(t)*x_2(t)$

解　(1) 根据傅里叶变换的相乘性质，时域的乘积对应频域的卷积，因此，$y_1(t)=x_1(t)\cdot x_2(t)$ 带限于 500Hz，奈奎斯特间隔为 $T_{\mathrm{s}}=1/1000=1\mathrm{ms}$ ，采样间隔应小于 1ms 。

(2) 根据傅里叶变换的尺度变换性质，$x_2(2t)$ 带限于 800Hz，因此，$y_2(t)=x_1(t)-x_2(2t)$ 带限于 800Hz，采样间隔应小于 0.625ms 。

(3) 根据傅里叶变换的卷积性质，时域的卷积对应频域的乘积，因此，$y_3(t)=x_1(t)*x_2(t)$ 带限于 100Hz，采样间隔应小于 5ms 。

一般认为，人耳的听音频率范围在 20kHz 以下，因此，44.1kHz 的采样频率基本保留了可听声音的全部信息。采样频率越高，需要的存储空间越大，所以可以根据需求调整采样频率。如 44.1kHz 称为 CD 音质；22.05kHz 称为广播音质；8kHz 称为电话音质，基本上能分辨出通话人的声音；而一些 BD-ROM（蓝光盘）音轨和 HD-DVD（高清晰度 DVD）音轨所用采样频率高达 96kHz 或 192kHz。

5.6.2　实际采样

由于理想冲激串在物理上是不可实现的，因此，实际采样经常用一个有限宽度的脉冲串与信号相乘来实现。

假设有限宽度的脉冲串 $p_{\mathrm{T}}(t)$ 如图 5.18(c)所示，脉宽为 τ，基波周期为 T (采样间隔)，基波频率为 $\omega_{\mathrm{s}}=2\pi/T$ (采样频率)，其频谱为

$$P_{\mathrm{T}}(\mathrm{j}\omega)=2\pi\cdot\frac{\tau}{T}\sum_{k=-\infty}^{+\infty}\mathrm{Sa}(\frac{k\omega_{\mathrm{s}}\tau}{2})\delta(\omega-k\omega_{\mathrm{s}})=\tau\omega_{\mathrm{s}}\sum_{k=-\infty}^{+\infty}\mathrm{Sa}(\frac{k\omega_{\mathrm{s}}\tau}{2})\delta(\omega-k\omega_{\mathrm{s}}) \tag{5.53}$$

$x(t)$ 与其频谱如图 5.18(a)、(b)所示，假设脉冲串的占空比 $\tau/T=50\%$，频谱如图 5.18(d)所示，$x(t)$ 与 $p_{\mathrm{T}}(t)$ 相乘后所得 $x_{\mathrm{p}}(t)$，如图 5.18(e)所示，其频谱为

$$X_{\mathrm{P}}(\mathrm{j}\omega)=\frac{1}{2\pi}X(\mathrm{j}\omega)*P_{\mathrm{T}}(\mathrm{j}\omega) \tag{5.54}$$

如图 5.18(f)所示。

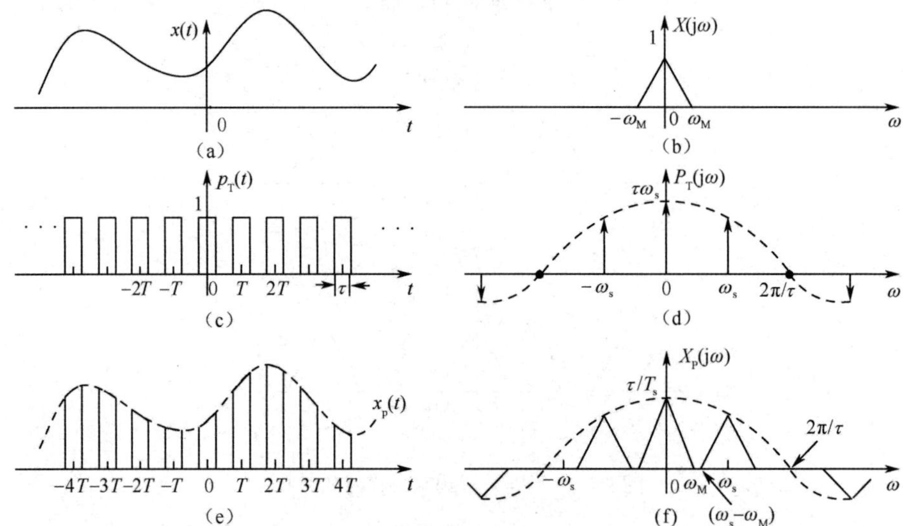

图 5.18　脉冲串采样

容易看出，脉冲串脉宽 τ 越窄，其频谱主瓣宽度 $4\pi/\tau$ 越宽，主瓣范围内越平坦，与理想冲激串采样频谱越接近。只要采样频率不低于奈奎斯特频率，通过低通滤波器恢复的频谱与原信号频谱几乎相差无几。

☞**注释**：严格来说，由于脉冲串频谱主瓣内的不平坦，恢复出来的频谱在高频分量有所损失，可以通过相应措施弥补。

5.6.3　信号重建

1. 理想内插

从样本重建一个连续时间信号的过程称为内插。上述采用理想低通滤波器恢复原始信号属于理想内插。

采样信号 $x_p(t)$ 通过上一节中所述连续时间低通滤波器后的输出频谱为

$$X_r(j\omega) = X_P(j\omega)H(j\omega) \tag{5.55}$$

根据傅里叶变换的时域卷积性质，理想低通滤波器输出为

$$x_r(t) = x_p(t) * h(t) = \sum_{n=-\infty}^{+\infty}[x(nT)\delta(t-nT)] * h(t) = \sum_{n=-\infty}^{+\infty} x(nT)h(t-nT) \tag{5.56}$$

式中，$h(t)$ 为连续时间理想低通滤波器的冲激响应，为抽样函数 $\mathrm{Sa}(\cdot)$的形式，若选取 $\omega_c = \omega_s/2$，则 $\omega_c T = \pi$，有

$$h(t) = \frac{\omega_c T}{\pi}\mathrm{Sa}(\omega_c t) = \mathrm{Sa}(\omega_s t/2) \tag{5.57}$$

$h(t)$ 的过零点恰好发生在 $t = nT$ 位置，如图 5.19(a)所示。当 $\omega_s > 2\omega_M$ 时，输出

$$x_r(t) = \sum_{n=-\infty}^{+\infty} x(nT)\frac{\sin[\omega_s(t-nT)/2]}{\omega_s(t-nT)/2} \tag{5.58}$$

式(5.58)描述了如何在样本值之间拟合出一条连续曲线，在数学上称它为内插公式。这种内插称为理想带限内插，图 5.19(b)表明了拟合的过程。

理想低通滤波器是不可物理实现的，实际中有各种内插方法去逼近理想的效果。

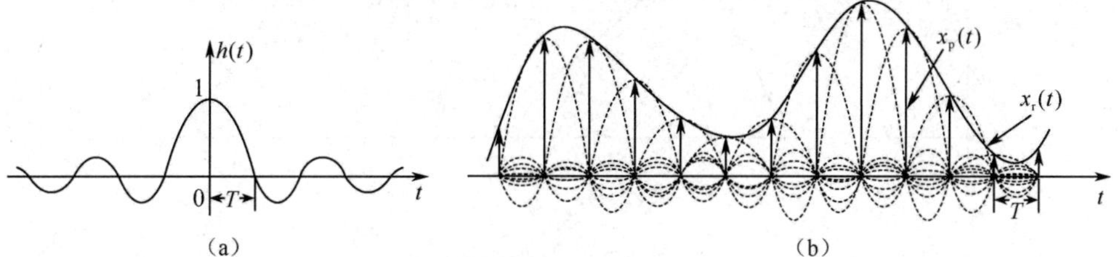

图 5.19 理想带限内插

2. 零阶内插

相对于理想内插，零阶内插的冲激响应 $h_0(t)$ 为一个脉冲函数，其高度为 1、宽度为 T (采样间隔)，如图 5.20(a)所示，即

$$h_0(t) = u(t) - u(t-T) \tag{5.59}$$

于是内插的结果为

$$x_r(t) = x_p(t) * h_0(t) = \sum_{n=-\infty}^{+\infty}[x(nT)\delta(t-nT)] * h_0(t) = \sum_{n=-\infty}^{+\infty}[x(nT)h_0(t-nT)] \tag{5.60}$$

也就是若干经过时移与数乘的脉冲函数的叠加，如图 5.20(b)所示。

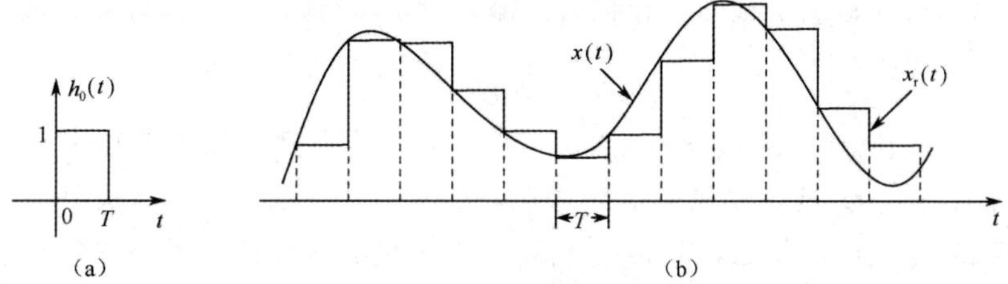

图 5.20 零阶内插

零阶内插又称为零阶保持，直观上，零阶保持的内插结果很粗糙，这种粗糙源于零阶保持滤波器的频率响应为

$$H_0(j\omega) = e^{-j\omega T/2}\cdot T\mathrm{Sa}(\omega T/2) \tag{5.61}$$

其幅频特性如图 5.21 所示。

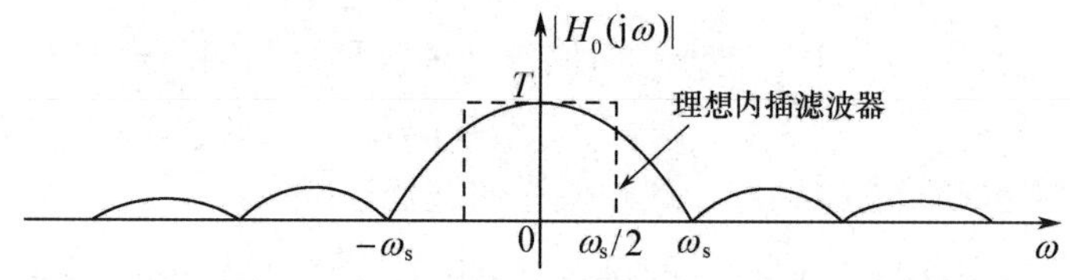

图 5.21　零阶内插滤波器的幅频特性

零阶内插的效果不够满意，内插的结果是不连续的，因此可以采用更加平滑的内插，如比较简单的一阶内插。

3. 一阶内插

一阶内插的冲激响应 $h_1(t)$ 是高度为 1、宽度为 $2T$（2 倍采样间隔）的偶对称三角波，如图 5.22(a)所示，于是内插的结果为

$$x_r(t) = x_p(t) * h_1(t) = \sum_{n=-\infty}^{+\infty} [x(nT)\delta(t-nT)] * h_1(t) = \sum_{n=-\infty}^{+\infty} [x(nT)h_1(t-nT)] \tag{5.62}$$

也就是若干经过时移与数乘的三角波的叠加，如图 5.22(b)所示。

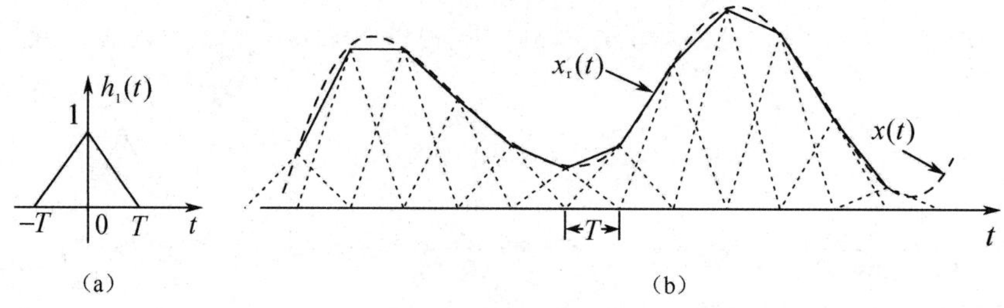

图 5.22　一阶内插

一阶内插又称为线性内插，内插结果是连续的，然而导数是不连续的。一阶内插的频率响应为

$$H_1(j\omega) = T\text{Sa}^2(\omega T/2) \tag{5.63}$$

可以定义二阶或高阶内插，内插恢复的信号具有更好的平滑度。

5.6.4　欠采样

当不满足采样定理时，即 $\omega_s < 2\omega_M$，采样后的信号频谱将会发生混叠，即使通过理想内插也无法获得原来的连续时间信号。但是，恢复所得的信号 $x_r(t)$ 与原信号 $x(t)$ 在采样点上将具有相同的值，即

$$x_r(nT) = x(nT) \tag{5.64}$$

例如，$x(t) = \cos(\omega_0 t)$，若 $\omega_0 < \omega_s < 2\omega_0$，将产生频谱混叠，如图 5.23(a)所示，被恢复的信号为 $x_r(t) = \cos[(\omega_s - \omega_0)t]$，恢复的信号频率低于原信号频率。但是，两个信号具有相同的样本值(见图 5.23(b))。可以想象，当 $\omega_s = \omega_0$ 时，被恢复的信号将是一个常数，这是因为每个周期只采样一次时，每个样本值都是相等的。

若 $x(t) = \cos(\omega_0 t + \varphi)$，$\omega_0 < \omega_s < 2\omega_0$ 时被恢复的信号为 $x_r(t) = \cos[(\omega_s - \omega_0)t - \varphi]$，恢复的信号不仅频率降低，而且相位倒置。

从用样本替代信号的角度出发，出现欠采样的情况是工程应用中不希望的。然而，欠采样在实际中也有一些应用。

采样示波器是欠采样的一个应用，可以对快速变化的波形以低于奈奎斯特频率的采样频率进行采样。如果被采样波形是周期信号 $x(t)$，采样间隔为 $T+\Delta$，通过适当的低通内插滤波器后所得信号 $y(t)$ 将正比于 $x(at)$，其中 $a<1$，如图 5.24 所示。可以证明

$$a=\frac{\Delta}{T+\Delta} \tag{5.65}$$

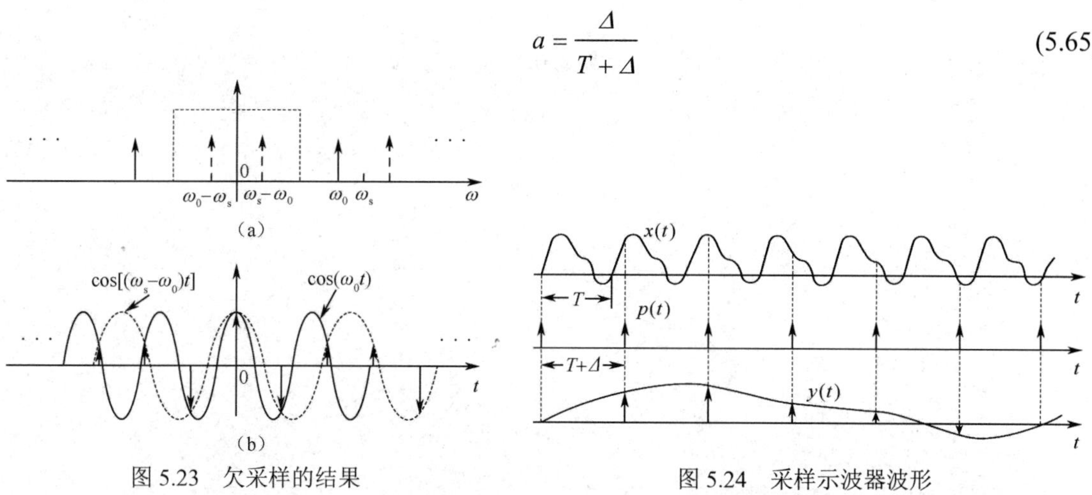

图 5.23　欠采样的结果

图 5.24　采样示波器波形

5.7　利用 MATLAB 对连续时间 LTI 系统进行频域分析

MATLAB 信号处理工具箱中提供的 freqs 函数可以直接求解线性常系数微分方程表示的连续时间 LTI 系统的频率响应，其调用形式为

```
H=freqs (b,a,w)
```

其中，a 与 b 分别表示微分方程左、右两端的系数，w 为需要计算的 $H(\mathrm{j}\omega)$ 的采样频率。

【例 5.8】 求例 5.1 中微分方程所描述系统的幅频特性 $|H(\mathrm{j}\omega)|$ 与相频特性 $\angle H(\mathrm{j}\omega)$。

解　系统的微分方程为

$$\frac{\mathrm{d}^3 y(t)}{\mathrm{d}t^3}+6\frac{\mathrm{d}^2 y(t)}{\mathrm{d}t^2}+11\frac{\mathrm{d}\,y(t)}{\mathrm{d}t}+6y(t)=2\frac{\mathrm{d}\,x(t)}{\mathrm{d}t}+3x(t)$$

计算频率响应的 MATLAB 程序如下：

```
w=linspace(0,5,200);
b= [2 3];
a= [1 6 11 6];
H=freqs (b,a,w);
subplot(2,1,1);
plot(w,abs(H));
xlabel('\omega');
ylabel('|H(j\omega)|');
subplot(2,1,2);
plot(w,angle(H));
xlabel('\omega');
ylabel('<H(j\omega)');
```

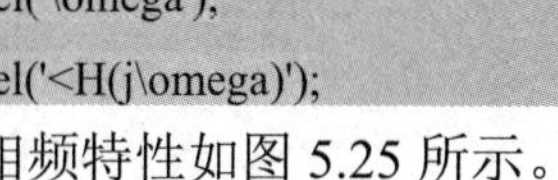

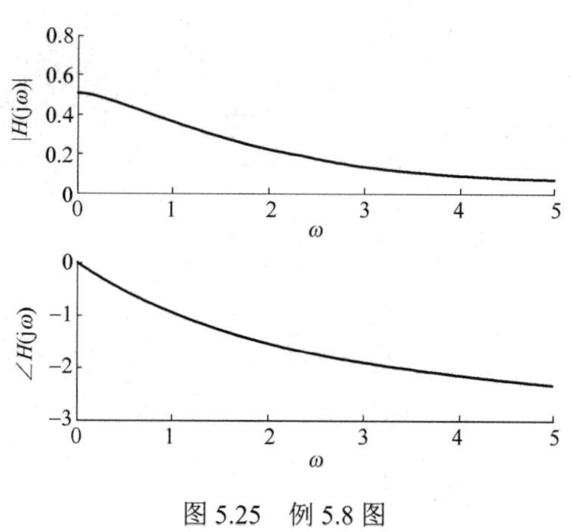

图 5.25　例 5.8 图

幅频特性和相频特性如图 5.25 所示。

【例 5.9】 分析例 5.6 中 RC 滤波器（见图 5.12），当 $RC=0.04$， $x(t)=\cos(5t)+\cos(100t)$ 时，求系统输出 $y(t)$。

解 例 5.6 已得出系统的频率响应为

$$H(\mathrm{j}\omega)=\frac{Y(\mathrm{j}\omega)}{X(\mathrm{j}\omega)}=\frac{1}{\mathrm{j}\omega RC+1}$$

指数信号 $\mathrm{e}^{\mathrm{j}\omega_0 t}$ 通过 LTI 系统的响应为 $y(t)=|H(\mathrm{j}\omega_0)|\,\mathrm{e}^{\mathrm{j}[\omega_0 t+\angle H(\mathrm{j}\omega_0)]}$，在冲激响应为实函数的前提下，可得余弦信号 $\cos(\omega_0 t)$ 通过 LTI 系统的响应为 $y(t)=|H(\mathrm{j}\omega)|\cos[\omega_0 t+\angle H(\mathrm{j}\omega_0)]$。MATLAB 程序如下：

```
RC=0.04;
t=linspace(-2,2,1024);
w1=5;w2=100;
H1=1/(j*w1*RC+1);
H2=1/(j*w2*RC+1);
x=cos(5*t)+cos(100*t);
y=abs(H1)*cos(w1*t+angle(H1))+ abs(H2)*cos(w2*t+angle(H2));
subplot(2,1,1);
plot(t,x);
ylabel('x(t)');
xlabel('Time(s)');
subplot(2,1,2);
plot(t,y);
ylabel('y(t)');
xlabel('Time(s)');
```

程序运行结果如图 5.26(a)所示。由图可见， $x(t)=\cos(5t)+\cos(100t)$ 通过系统后，高频分量衰减很大，验证了该系统是一个简单的低通滤波器。调整 $RC=0.4$，程序运行结果如图 5.26(b)所示，可见由于低通滤波器的截止频率降低，高频分量被衰减得更加严重。

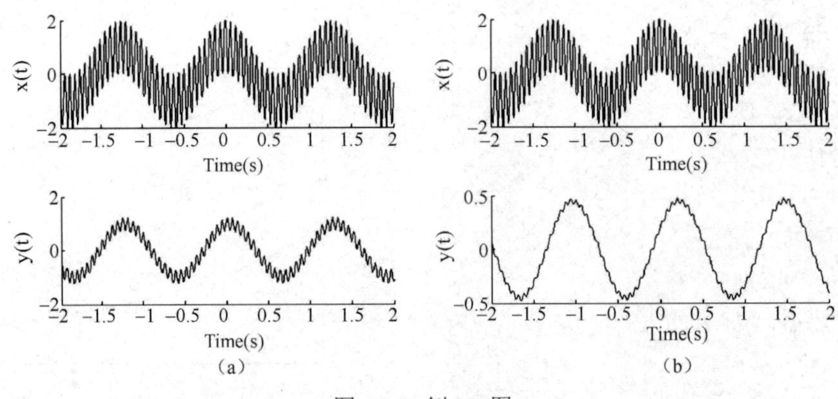

图 5.26 例 5.9 图

5.8 本章小结

1. LTI 系统对复指数信号的响应

复指数信号 e^{st}、$e^{j\omega t}$ 与 z^n、$e^{j\omega n}$ 分别为连续时间与离散时间 LTI 系统的特征函数，LTI 系统对其响应仍是一个相同的复指数信号，只是幅值发生了变化，即

$$e^{st} \xrightarrow{\text{连续时间LTI系统冲激响应}h(t)} H(s)e^{st}、\ e^{j\omega t} \xrightarrow{\text{连续时间LTI系统冲激响应}h(t)} H(j\omega)e^{j\omega t}$$

$$z^n \xrightarrow{\text{离散时间LTI系统冲激响应}h[n]} H(z)z^n、\ e^{j\omega n} \xrightarrow{\text{离散时间LTI系统冲激响应}h[n]} H(e^{j\omega})e^{j\omega n}$$

其中，$H(s)$ 和 $H(z)$ 称为系统的系统函数，分别是 LTI 系统冲激响应 $h(t)$ 的拉普拉斯变换与 $h[n]$ 的 z 变换；$H(j\omega)$ 与 $H(e^{j\omega})$ 称为系统的频率响应，分别是 $h(t)$ 与 $h[n]$ 的傅里叶变换。系统函数和频率响应将分别在 LTI 系统频域分析与复频域分析中发挥重要作用。

2. 连续时间 LTI 系统的频率响应

根据连续时间傅里叶变换的卷积性质，有 $Y(j\omega)=X(j\omega)\cdot H(j\omega)$。该式为连续时间 LTI 系统进行频域分析的基本公式。$H(j\omega)$ 作为 LTI 系统的频率响应，其作用就是对某一频率为 ω 的输入信号，使其幅值变为原来的 $|H(j\omega)|$ 倍，相位偏移 $\angle H(j\omega)$。$H(j\omega)$ 是 $h(t)$ 的傅里叶变换，因此，需要 $h(t)$ 满足绝对可积的条件，这意味着，频率响应主要用于表征稳定的 LTI 系统。

（1）频率响应与冲激响应

由于频率响应 $H(j\omega)$ 和冲激响应 $h(t)$ 一一对应，因此也可以完全表征连续时间 LTI 系统。相对于冲激响应，频率响应能够更方便地表示系统的滤波特性。

（2）频率响应与线性常系数微分方程

一般地，表征 LTI 系统的线性常系数微分方程的通式为

$$\sum_{k=0}^{N} a_k \frac{d^k y(t)}{dt^k} = \sum_{k=0}^{M} b_k \frac{d^k x(t)}{dt^k}$$

两边做傅里叶变换，得频率响应为 $H(j\omega)=\sum_{k=0}^{M} b_k (j\omega)^k \bigg/ \sum_{k=0}^{N} a_k (j\omega)^k$。因此，稳定 LTI 系统的频率响应与冲激响应、线性常系数微分方程这 3 种表征方法可以相互转换。

（3）频率响应与系统的互联

稳定 LTI 系统的级联可以用一个单独的 LTI 系统来替代，而该系统的频率响应即级联中各个子系统频率响应的乘积；稳定 LTI 系统的并联也可以用一个单独的 LTI 系统来替代，而该系统的频率响应即并联中各个子系统频率响应的和；对于稳定 LTI 系统的反馈连接，如果用一个单独的 LTI 系统来替代，其频率响应为 $H(j\omega)=H_1(j\omega)/\{1+H_1(j\omega)\cdot H_2(j\omega)\}$，其中 $H_1(j\omega)$ 与 $H_2(j\omega)$ 分别为前向子系统与反馈子系统的频率响应。

3. 用傅里叶变换分析连续时间 LTI 系统

式(5.12)是利用傅里叶变换对连续时间 LTI 系统进行频域分析的基本公式，具体过程如下：

$$\begin{array}{ccccc} y(t) & = & x(t) & * & h(t) \\ \uparrow^{\mathscr{F}^{-1}} & & \downarrow^{\mathscr{F}} & & \downarrow^{\mathscr{F}} \\ Y(j\omega) & = & X(j\omega) & \cdot & H(j\omega) \end{array}$$

傅里叶变换将时域中的卷积运算转化为频域中的相乘运算，为系统分析带来了极大方便。

此外，在已知某些输入信号 $x(t)$ 所对应的输出信号 $y(t)$ 时，通过傅里叶变换分别获得其频谱 $X(\mathrm{j}\omega)$ 与 $Y(\mathrm{j}\omega)$，根据式(5.12)求取频率响应 $H(\mathrm{j}\omega)$，即 $H(\mathrm{j}\omega)=Y(\mathrm{j}\omega)/X(\mathrm{j}\omega)$，完成对连续时间 LTI 系统的频域设计。

然而，连续时间 LTI 系统的频域分析法适用于能量有限的信号与稳定的 LTI 系统。

4. 无失真传输

信号在通过系统传输时可能产生了失真。所谓无失真，是指输出信号与输入信号相比，只是大小与出现的时刻不同，而无波形上的变化，即 $y(t)=kx(t-t_{\mathrm{d}})$，其频率响应为 $H(\mathrm{j}\omega)=k\mathrm{e}^{-\mathrm{j}\omega t_{\mathrm{d}}}$。通常，信号的大部分能量集中在一定的频率范围。因此，实际系统只要具有足够的带宽，保证信号的大部分频率分量能够通过，就可以获得比较好的无失真传输效果。

5. 理想滤波器

相对于无失真传输，有时需要通过系统完成频谱波形的变换，包括去除某些频率分量的频率选择性滤波器。理想滤波器可分为低通、高通、带通和带阻 4 类。可以认为理想滤波器是在特定频段的无失真传输系统。各种滤波器的特性都可以从理想低通特性得出，连续时间理想低通滤波器的频率响应为

$$H_{\mathrm{lp}}(\mathrm{j}\omega)=\begin{cases}\mathrm{e}^{-\mathrm{j}\omega t_{\mathrm{d}}} & |\omega|<\omega_{\mathrm{c}}\\ 0 & |\omega|>\omega_{\mathrm{c}}\end{cases}$$

在通带内允许有斜率为 $-t_{\mathrm{d}}$ 的线性相移时，其冲激响应为 $h_{\mathrm{lp}}(t)=\dfrac{\omega_{\mathrm{c}}}{\pi}\mathrm{Sa}[\omega_{\mathrm{c}}(t-t_{\mathrm{d}})]$。$t<0$ 时 $h_{\mathrm{lp}}(t)\neq 0$，因此理想低通滤波器是非因果系统，是不可实时物理实现的，其他理想滤波器亦如此。但是理想滤波器在信号与系统分析中具有极其重要的理论指导价值。

实际滤波器的设计过程中，可以通过近似理想特性这条途径来实现各种滤波器特性，但是，总是需要解决时域与频域之间的折中问题。

6. 采样

采样在连续时间信号和离散时间信号之间起了重要的桥梁作用，使得连续向离散的过渡成为可能，同时使得离散时间系统处理连续时间信号成为可能。

通过理想冲激串采样，发现对连续时间信号在时域理想采样，就相当于在频域内以采样频率 ω_{s} 为周期进行延拓，从而得出采样定理：当 $x(t)$ 带限于最高频率 ω_{M}、采样频率为 ω_{s} 时，如果 $\omega_{\mathrm{s}}>2\omega_{\mathrm{M}}$，那么 $x(t)$ 就唯一地由其样本 $x(nT)$ 所确定。采样定理给出采样频率选择的定量准则。

由于理想冲激串在物理上是不可实现的，因此，实际采样经常用一个有限宽度的脉冲串与信号相乘来实现。脉冲串脉宽越窄，其频谱主瓣范围内越平坦，与理想冲激串采样频谱越接近。

从样本重建一个连续时间信号的过程称为内插，可选择不同的内插函数。理想低通滤波器恢复原信号属于理想内插，内插函数为 $h(t)=\dfrac{\omega_{\mathrm{c}}T}{\pi}\mathrm{Sa}(\omega_{\mathrm{c}}t)$，内插的过程即各个时移抽样函数的叠加；零阶内插的冲激响应为 $h_0(t)=u(t)-u(t-T)$，内插的结果为若干经过时移与数乘的脉冲函数的叠加。零阶内插的效果不够满意，可以采用更加平滑的内插，但存在效果与复杂度之间的折中。

不满足采样定理时称为欠采样，会发生频谱混叠，恢复的信号不仅频率降低，而且可能相位倒置。欠采样在实际中也有一些应用，如取样示波器，可以对快速变化的波形以低于奈奎斯特频率的采样频率进行采样。

习　题　5

5.1　一个连续时间 LTI 系统的频率响应为 $H(\mathrm{j}\omega)=\dfrac{\sin(4\omega)}{\omega}$，初始状态为 0。输入信号 $x(t)$ 为基波周期 $T=8$ 的周期信号，$x(t)$ 在一个周期内定义为

$$x(t)=\begin{cases}1 & 0\leqslant t<4\\ -1 & 4\leqslant t<8\end{cases}$$

求系统的输出 $y(t)$。

5.2　一个连续时间因果 LTI 系统的输入 $x(t)$ 与输出 $y(t)$ 由下列微分方程所关联：

$$\frac{\mathrm{d}\,y(t)}{\mathrm{d}t}+4y(t)=x(t)$$

在下列两种输入信号时求系统的零状态响应 $y(t)$。

(1) $x(t)=\cos(2\pi t)$　　(2) $x(t)=\sin(4\pi t)+\cos(6\pi t+\pi/4)$

5.3　一个连续时间因果 LTI 系统的频率响应为 $H(\mathrm{j}\omega)=\dfrac{1}{\mathrm{j}\omega+3}$，输入信号 $x(t)$ 通过该系统后的零状态响应 $y(t)=\mathrm{e}^{-3t}u(t)-\mathrm{e}^{-2t}u(t)$，求 $x(t)$。

5.4　已知输入信号 $x(t)$ 与 LTI 系统的冲激响应 $h(t)$，求系统的零状态响应 $y(t)$。

(1) $x(t)=t\,\mathrm{e}^{-2t}u(t)$，$h(t)=\mathrm{e}^{-4t}u(t)$　　(2) $x(t)=t\,\mathrm{e}^{-2t}u(t)$，$h(t)=t\,\mathrm{e}^{-4t}u(t)$

(3) $x(t)=\mathrm{e}^{-t}u(t)$，$h(t)=\mathrm{e}^{t}u(-t)$　　(4) $x(t)=\mathrm{e}^{-2(t-2)}u(t-2)$，$h(t)=u(t+1)-u(t-3)$

5.5　求 3 个不同的 LTI 系统对 $x(t)=\cos t$ 的零状态响应。根据得出的结果，可以得出什么结论？

(1) $h(t)=u(t)$　　(2) $h(t)=-2\delta(t)+5\mathrm{e}^{-2t}u(t)$　　(3) $h(t)=2t\,\mathrm{e}^{-t}u(t)$

5.6　一个连续时间 LTI 系统的冲激响应为 $h(t)=\dfrac{\sin[4(t-1)]}{\pi(t-1)}$，求系统对每个输入的零状态响应。

(1) $x(t)=\cos(6t+\pi/2)$　　(2) $x(t)=\dfrac{\sin[4(t+1)]}{\pi(t+1)}$　　(3) $x(t)=\dfrac{\sin^2(2t)}{(\pi t)^2}$

5.7　一个连续时间因果 LTI 系统的输入 $x(t)$ 与输出 $y(t)$ 由下列微分方程表征：

$$\frac{\mathrm{d}^2\,y(t)}{\mathrm{d}t^2}+4\frac{\mathrm{d}\,y(t)}{\mathrm{d}t}+3y(t)=2x(t)$$

(1) 求系统的频率响应 $H(\mathrm{j}\omega)$。

(2) 求系统的冲激响应 $h(t)$。

(3) 若输入 $x(t)=t\,\mathrm{e}^{-2t}u(t)$，求系统的零状态响应 $y(t)$。

5.8　一个因果稳定 LTI 系统的频率响应为

$$H(\mathrm{j}\omega)=\frac{\mathrm{j}\omega+4}{6-\omega^2+5\mathrm{j}\omega}$$

(1) 写出关联系统输入 $x(t)$ 与输出 $y(t)$ 的微分方程。

(2) 求系统的冲激响应 $h(t)$。

(3) 若输入 $x(t)=\mathrm{e}^{-4t}u(t)-t\,\mathrm{e}^{-4t}u(t)$，求系统的零状态响应 $y(t)$。

5.9　一个因果 LTI 系统，输入为 $x(t)=\mathrm{e}^{-t}u(t)+\mathrm{e}^{-3t}u(t)$ 时的零状态响应为 $y(t)=2\mathrm{e}^{-t}u(t)-2\mathrm{e}^{-4t}u(t)$。

(1) 求系统的频率响应 $H(\mathrm{j}\omega)$。

(2) 确定系统的冲激响应 $h(t)$。

(3) 写出关联系统输入 $x(t)$ 与输出 $y(t)$ 的微分方程。

5.10　若 LTI 系统的输入为 $x(t)=\cos(10\pi t)+2\cos(20\pi t)$，判断下列零状态响应是否发生了失真。

(1) $y(t)=\cos(10\pi t-\pi/4)+5\cos(20\pi t-\pi/2)$　　(2) $y(t)=\cos(10\pi t-\pi/4)+2\cos(20\pi t-\pi/4)$

(3) $y(t)=\cos(10\pi t-\pi/4)+2\cos(20\pi t-\pi/2)$　　(4) $y(t)=2\cos(10\pi t-\pi/4)+4\cos(20\pi t-\pi/8)$

5.11　已知理想低通滤波器的频率响应为$H(\mathrm{j}\omega)=u(\omega+4\pi)-u(\omega-4\pi)$，输入信号$x(t)$为周期方波，其幅值为10、基波周期为2、占空比为50%，求零状态响应$y(t)$。

5.12　一个连续时间稳定 LTI 系统的频率响应为$H(\mathrm{j}\omega)=-\dfrac{1}{\mathrm{j}\omega-2}$。

(1) 求系统的冲激响应$h(t)$，并证明系统是非因果的。

(2) 求$x(t)=\mathrm{e}^{-t}u(t)$通过系统后的零状态响应。

(3) 求$x(t)=\mathrm{e}^{t}u(-t)$通过系统后的零状态响应。

5.13　信号$x_1(t)=10^4\{u(t+10^4)-u(t-10^4)\}$与$x_2(t)=\delta(t)$分别加到理想低通滤波器$H_1(\mathrm{j}\omega)=u(\omega+40000\pi)-u(\omega-40000\pi)$与$H_2(\mathrm{j}\omega)=u(\omega+20000\pi)-u(\omega-20000\pi)$（见图 P5.1），两个滤波器的输出相乘后得到$y(t)=y_1(t)y_2(t)$。

(1) 画出$X_1(\mathrm{j}\omega)$与$X_2(\mathrm{j}\omega)$。

(2) 画出$H_1(\mathrm{j}\omega)$与$H_2(\mathrm{j}\omega)$。

(3) 画出$Y_1(\mathrm{j}\omega)$与$Y_2(\mathrm{j}\omega)$。

(4) 确定$y_1(t)$、$y_2(t)$与$y(t)$的带宽。

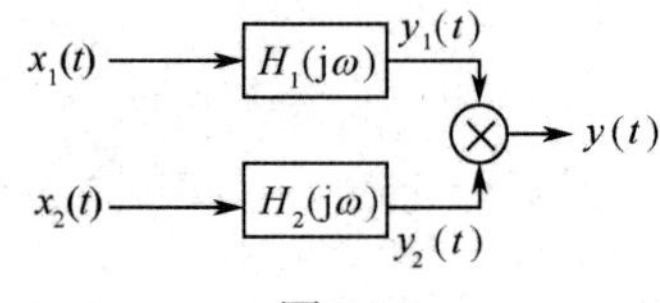

图 P5.1

5.14　一个连续时间 LTI 系统的频率响应为$H(\mathrm{j}\omega)=\dfrac{a-\mathrm{j}\omega}{a+\mathrm{j}\omega}$，其中$a>0$。

(1) 求解并画出系统的幅频特性$|H(\mathrm{j}\omega)|$与相频特性$\angle H(\mathrm{j}\omega)$。

(2) 求系统的冲激响应$h(t)$。

(3) a=1，当系统输入$x(t)=\cos(t/\sqrt{3})+\cos(t)+\cos(\sqrt{3}t)$时，求系统的零状态响应$y(t)$，并大致画出$x(t)$与$y(t)$。

5.15　理想90°相移器的频率响应为

$$H(\mathrm{j}\omega)=\begin{cases}-\mathrm{j} & \omega>0\\ \mathrm{j} & \omega<0\end{cases}$$

(1) 求系统的冲激响应$h(t)$。

(2) 若输入$x(t)=\sin(\omega_0 t)$，求系统的零状态响应$y(t)$。

5.16　一个线性相位低通滤波器的频率响应如图 P5.2 所示。

(1) 求系统的冲激响应$h(t)$。

(2) 若输入$x(t)=\mathrm{Sa}(t)\cos(4t)$，求系统零状态响应的频谱$Y(\mathrm{j}\omega)$。

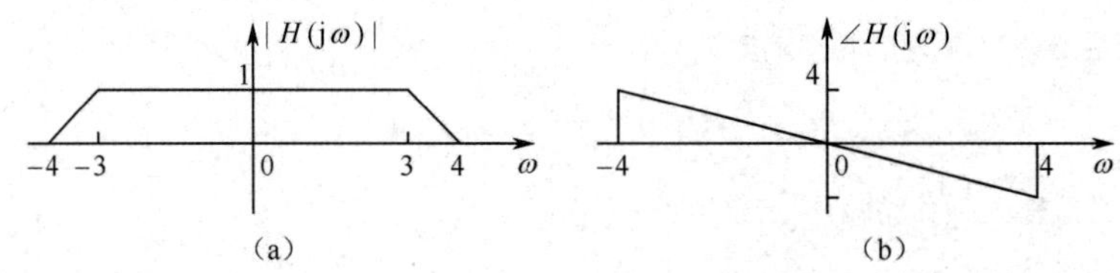

图 P5.2

5.17　已知理想高通滤波器的频率特性为

$$H(\mathrm{j}\omega)=\begin{cases}\mathrm{e}^{-\mathrm{j}2\omega} & |\omega|>4\pi\\ 0 & |\omega|<4\pi\end{cases}$$

(1) 求系统的冲激响应$h(t)$。

(2) 若输入 $x(t)=\mathrm{Sa}(6\pi t)$，求系统的零状态响应 $y(t)$。

5.18 判断下列说法是否正确，并说明理由。

(1) 对于因果 LTI 系统，零状态响应不会包含输入信号中没有的频率分量。

(2) 只要采样间隔 $T<2T_0$，信号 $x(t)=u(t+T_0)-u(t-T_0)$ 的冲激串采样就不会出现频谱混叠。

(3) 只要采样间隔 $T<\pi/\omega_0$，频谱为 $X(\mathrm{j}\omega)=u(\omega+\omega_0)-u(\omega-\omega_0)$ 的信号进行冲激串采样就不会出现频谱混叠。

(4) 只要采样间隔 $T<2\pi/\omega_0$，频谱为 $X(\mathrm{j}\omega)=u(\omega)-u(\omega-\omega_0)$ 的信号进行冲激串采样就不会出现频谱混叠。

5.19 在采样定理中，采样频率必须超过的那个频率值称为奈奎斯特频率，相应的采样间隔称为奈奎斯特间隔，确定下列各信号的奈奎斯特频率与奈奎斯特间隔。

(1) $x(t)=\sin(200t)$　　(2) $x(t)=\mathrm{Sa}(200t)$　　(3) $x(t)=\mathrm{Sa}^2(50\pi t)$

(4) $x(t)=1+\sin(100t)-4\cos(100\pi t)+30\cos(200t)$

5.20 $x(t)$ 的奈奎斯特频率为 ω_0，确定下列各信号的奈奎斯特频率。

(1) $x(t)+x(t-1)$　　(2) $\mathrm{d}x(t)/\mathrm{d}t$　　(3) $x(t)\cos(\omega_0 t)$

5.21 $x(t)$ 的奈奎斯特频率为 ω_0，$y(t)=x(t)p(t-1)$，其中 $p(t)=\sum_{k=-\infty}^{+\infty}\delta(t-kT)$，$T<2\pi/\omega_0$。当希望 $y(t)$ 通过某个滤波器恢复出 $x(t)$ 时，该滤波器的频率特性需要具备怎样的幅频特性与相频特性。

5.22 一个带通信号 $x(t)$ 的频谱如图 P5.3(a)所示，最高频率为 30Hz。按照采样定理，其奈奎斯特频率为 60Hz。

(1) 采样频率为 60Hz，画出冲激串采样后信号 $x_{\mathrm{p}}(t)$ 的频谱，简述从 $x_{\mathrm{p}}(t)$ 恢复出 $x(t)$ 的方法。

(2) 观察到信号的带宽只有 10Hz，取采样频率为 20Hz，再次画出冲激串采样后信号 $x_{\mathrm{p}}(t)$ 的频谱，并设计一个理想带通滤波器，从 $x_{\mathrm{p}}(t)$ 恢复出 $x(t)$。

(3) 另一个带通信号 $x(t)$ 的频谱如图 P5.3(b)所示，重复上面的步骤，判断能否从 $x_{\mathrm{p}}(t)$ 恢复出 $x(t)$。

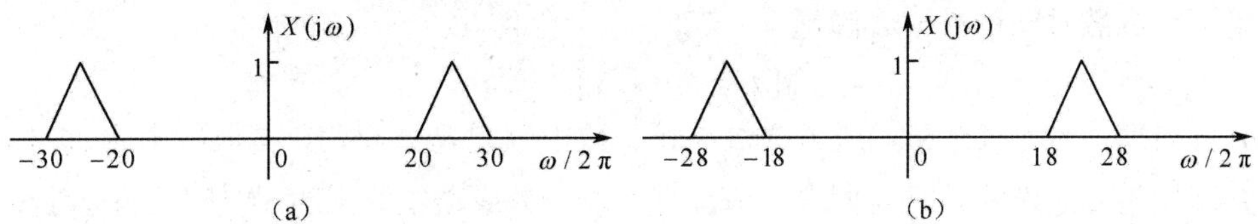

图 P5.3

第 6 章　离散时间信号的频域分析

内容提要　本章由离散时间傅里叶级数引出离散时间傅里叶变换，讨论离散时间信号的频域分析方法，以便引出后续的离散时间 LTI 系统的频域分析。

第 4 章将连续时间信号表示为复指数信号集$\{e^{j\omega t}\}$的线性组合。本章对离散时间信号采用同样的分析思路，先将离散时间周期信号分解为成谐波关系的复指数信号的线性组合，然后推广到离散时间非周期信号，依然将非周期信号作为周期信号在周期趋于无穷大时的极限情况。

然而，需要特别指出的是，由于离散时间信号在时域的离散性，形成了频域的周期性特点，这是离散时间信号与连续时间信号频域分析最重要的区别。

6.1　离散时间周期信号的傅里叶级数

2.1 节介绍了$e^{j\omega_0 n}$与$e^{j\omega_0 t}$在周期性方面的区别，在时域，$e^{j\omega_0 t}$总是周期信号，$e^{j\omega_0 n}$满足$2\pi/\omega_0$为有理数时是周期信号；在频域，$e^{j\omega_0 t}$会随着ω_0的增大逐渐提高频率，没有周期性，$e^{j\omega_0 n}$具有周期频率，有效频率范围为2π，只需在2π区间内考查即可。离散时间傅里叶级数就是在$e^{j\omega_0 n}$为周期信号的前提条件下，将离散时间周期信号表示为$\{e^{jk\omega_0 n}\}$的线性组合。

6.1.1　周期信号的傅里叶级数表示

如果一个离散时间信号$x[n]$满足

$$x[n]=x[n+N] \tag{6.1}$$

则称$x[n]$为周期信号，使式(6.1)成立的最小正整数N就是基波周期，基波频率为$\omega_0=2\pi/N$。

基波周期为T的连续时间周期信号$x(t)$可以表示为成谐波关系的$e^{jk(2\pi/T)t}$的线性组合，基波周期为N的离散时间周期信号$x[n]$也可以表示为成谐波关系的$e^{jk(2\pi/N)n}$的线性组合，区别仅在于由N个谐波组成，而非无穷多个谐波组成。原因在于：假如复指数信号$e^{j(2\pi/N)n}$是周期信号，则

$$e^{j(k+mN)(2\pi/N)n}=e^{jk(2\pi/N)n} \tag{6.2}$$

即第 1 次谐波与第$(N+1)$次谐波是一样的，第 2 次谐波与第$(N+2)$次谐波是一样的，依次类推。换句话说，仅存在N个独立的谐波，即

$$x[n]=\sum_{k=\langle N\rangle}a_k e^{jk(2\pi/N)n}=\sum_{k=\langle N\rangle}a_k e^{jk\omega_0 n} \tag{6.3}$$

这里$k=\langle N\rangle$表示求和仅需包括连续N项，起点位置可以任意。式(6.3)称为离散时间傅里叶级数表示，a_k称为傅里叶级数系数。

在式(6.3)两边同时乘以$e^{-jr(2\pi/N)n}$，并在周期N内求和，即

$$\sum_{n=\langle N\rangle}x[n]e^{-jr(2\pi/N)n}=\sum_{n=\langle N\rangle}\sum_{k=\langle N\rangle}a_k e^{j(k-r)(2\pi/N)n} \tag{6.4}$$

交换上式右边的求和次序，得

$$\sum_{n=\langle N\rangle} x[n]\mathrm{e}^{-\mathrm{j}r(2\pi/N))n} = \sum_{k=\langle N\rangle} a_k \sum_{n=\langle N\rangle} \mathrm{e}^{\mathrm{j}(k-r)(2\pi/N)n} \tag{6.5}$$

由于

$$\sum_{n=\langle N\rangle} \mathrm{e}^{\mathrm{j}(k-r)(2\pi/N)n} = \begin{cases} N & k=r \\ 0 & k\neq r \end{cases} \tag{6.6}$$

因此

$$a_k = \frac{1}{N}\sum_{n=\langle N\rangle} x[n]\mathrm{e}^{-\mathrm{j}k(2\pi/N)n} \tag{6.7}$$

这意味着，如果一个离散时间周期信号 $x[n]$ 可以表示为如式(6.3)所示的傅里叶级数形式，则其中的系数由式(6.7)确定。这一对关系定义为离散时间周期信号的傅里叶级数

$$x[n] = \sum_{k=\langle N\rangle} a_k \mathrm{e}^{\mathrm{j}k\omega_0 n} = \sum_{k=\langle N\rangle} a_k \mathrm{e}^{\mathrm{j}k(2\pi/N)n} \tag{6.8}$$

$$a_k = \frac{1}{N}\sum_{n=\langle N\rangle} x[n]\mathrm{e}^{-\mathrm{j}k\omega_0 n} = \frac{1}{N}\sum_{n=\langle N\rangle} x[n]\mathrm{e}^{-\mathrm{j}k(2\pi/N)n} \tag{6.9}$$

式(6.8)和式(6.9)确立了离散时间周期信号 $x[n]$ 和其傅里叶级数系数 a_k 之间的关系。式(6.8)称为综合公式，式(6.9)则称为分析公式。离散时间傅里叶级数系数 a_k 也称为 $x[n]$ 的频谱系数。

由式(6.9)容易证明

$$a_k = a_{k+N} \tag{6.10}$$

即离散时间周期信号的傅里叶级数系数也是一个以 N 为周期的离散序列。

☞**注释**：由于式(6.8)说明离散时间周期信号 $x[n]$ 仅仅由有限个参数来表征，因此，与连续时间情况相比，离散时间傅里叶级数一般不存在收敛问题，也没有吉伯斯现象。

【例 6.1】 求 $x_1[n]=\sin(\pi n/5)$ 与 $x_2[n]=\sin(3\pi n/5)$ 的傅里叶级数系数，并画出频谱图。

解 (1) 由于 $\dfrac{2\pi}{\pi/5}=10$ 是有理数，所以 $x_1[n]$ 为周期信号，基波周期为 $N=10$，基波频率为 $\omega_0=2\pi/N=\pi/5$。根据欧拉公式，得

$$x_1[n]=\sin(\pi n/5)=\frac{1}{2\mathrm{j}}\mathrm{e}^{\mathrm{j}\pi n/5}-\frac{1}{2\mathrm{j}}\mathrm{e}^{-\mathrm{j}\pi n/5}=\frac{1}{2\mathrm{j}}\mathrm{e}^{\mathrm{j}\omega_0 n}-\frac{1}{2\mathrm{j}}\mathrm{e}^{-\mathrm{j}\omega_0 n}$$

对比式(6.8)，其傅里叶级数系数为

$$a_1=\frac{1}{2\mathrm{j}},\quad a_{-1}=-\frac{1}{2\mathrm{j}}$$

其余系数为 0。同时，a_k 以基波周期 $N=10$ 周期延拓，即

$$a_{-9}=a_1=a_{11}=\cdots=\frac{1}{2\mathrm{j}},\quad a_{-11}=a_{-1}=a_9=\cdots=-\frac{1}{2\mathrm{j}}$$

（2）由于 $\dfrac{2\pi}{3\pi/5}=\dfrac{10}{3}$ 是有理数，所以 $x_2[n]$ 为周期信号，与 $x_1[n]$ 具有相同的基波周期和基波频率。根据欧拉公式，得

$$x_1[n]=\sin(3\pi n/5)=\frac{1}{2\mathrm{j}}\mathrm{e}^{\mathrm{j}3\pi n/5}-\frac{1}{2\mathrm{j}}\mathrm{e}^{-\mathrm{j}3\pi n/5}=\frac{1}{2\mathrm{j}}\mathrm{e}^{\mathrm{j}3\omega_0 n}-\frac{1}{2\mathrm{j}}\mathrm{e}^{-\mathrm{j}3\omega_0 n}$$

对比式(6.8)，其傅里叶级数系数为

$$b_3=\frac{1}{2\mathrm{j}}\text{，}\quad b_{-3}=-\frac{1}{2\mathrm{j}}$$

其余系数为 0。同时，b_k 以基波周期 $N=10$ 周期延拓，即

$$b_{-7}=b_3=b_{13}=\cdots=\frac{1}{2\mathrm{j}}\text{，}\quad b_{-3}=b_7=b_{17}=\cdots=-\frac{1}{2\mathrm{j}}$$

频谱图示于图 6.1。

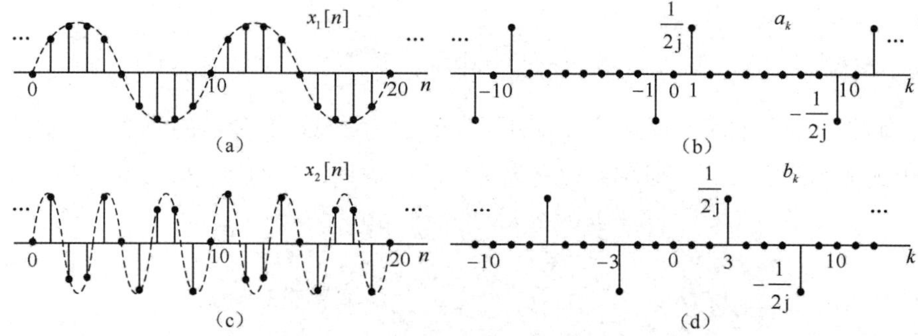

图 6.1　例 6.1 时域波形与频谱图

☞**注释**：*以 k 为自变量，傅里叶级数系数的基波周期为 N，若以 ω 为自变量，间隔为 $2\pi/N$，傅里叶级数系数的基波周期则为 $N\times 2\pi/N=2\pi$，而且 π 的偶数倍附近对应低频分量，π 的奇数倍附近对应高频分量。*

【例 6.2】 求 $x[n]=4\cos(\pi n/5)+6\cos(\pi n/2)$ 的傅里叶级数系数，并画出频谱图。

解　由于 $\frac{2\pi}{\pi/5}=10$ 与 $\frac{2\pi}{\pi/2}=4$ 均为有理数，所以 $\cos(\pi n/5)$ 与 $\cos(\pi n/2)$ 均为周期信号，基波周期分别为 $N_1=10$ 与 $N_2=4$，因此，$x[n]$ 的基波周期为 $N=20$，基波频率为 $\omega_0=2\pi/N=\pi/10$。根据欧拉公式，得

$$x[n]=2\mathrm{e}^{\mathrm{j}\pi n/5}+2\mathrm{e}^{-\mathrm{j}\pi n/5}+3\mathrm{e}^{\mathrm{j}\pi n/2}+3\mathrm{e}^{-\mathrm{j}\pi n/2}=2\mathrm{e}^{\mathrm{j}2\omega_0 n}+2\mathrm{e}^{-\mathrm{j}2\omega_0 n}+3\mathrm{e}^{\mathrm{j}5\omega_0 n}+3\mathrm{e}^{-\mathrm{j}5\omega_0 n}$$

对比式(6.8)，其傅里叶级数系数为

$$a_2=a_{-2}=2\text{，}\quad a_5=a_{-5}=3$$

其余系数为 0。同时，a_k 以基波周期为 $N=20$ 周期延拓，即

$$a_{-18}=a_2=a_{22}=\cdots=2\text{，}\quad a_{-22}=a_{-2}=a_{18}=\cdots=2$$

$$a_{-15}=a_5=a_{25}=\cdots=3\text{，}\quad a_{-25}=a_{-5}=a_{15}=\cdots=3$$

频谱示于图 6.2。

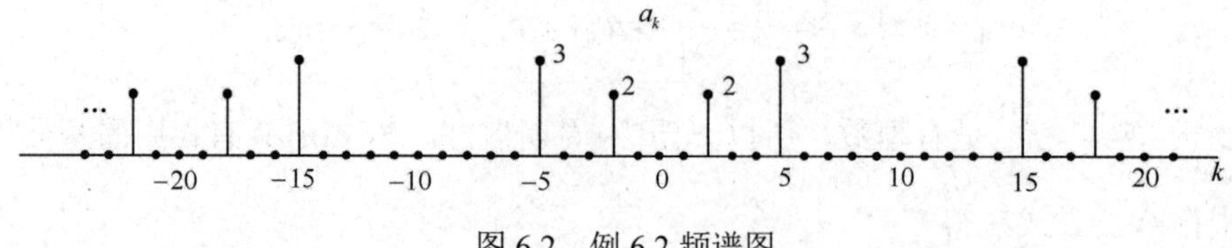

图 6.2　例 6.2 频谱图

【例 6.3】 求图 6.3 所示周期方波序列的傅里叶级数系数，并画出频谱图。

解　该方波序列 $x[n]$ 的基波频率为 $\omega_0=2\pi/N$，占空比为 $(2N_1+1)/N$。由图可见，这个序列关于 $n=0$ 轴对称，因此，求和时选择一个包括 $-N_1\leqslant n\leqslant N_1$ 范围的周期比较方便。由

式(6.9)得

$$a_k = \frac{1}{N}\sum_{n=\langle N\rangle} x[n]\mathrm{e}^{-\mathrm{j}k(2\pi/N)n} = \frac{1}{N}\sum_{n=-N_1}^{N_1} \mathrm{e}^{-\mathrm{j}k(2\pi/N)n}$$

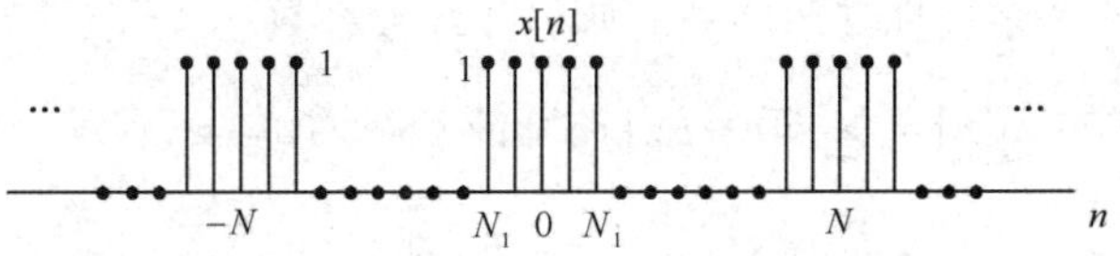

图 6.3　例 6.3 离散时间周期方波序列

令 $m = n + N_1$，则

$$a_k = \frac{1}{N}\sum_{m=0}^{2N_1} \mathrm{e}^{-\mathrm{j}k(2\pi/N)(m-N_1)} = \frac{1}{N}\mathrm{e}^{\mathrm{j}k(2\pi/N)N_1}\sum_{m=0}^{2N_1}\mathrm{e}^{-\mathrm{j}k(2\pi/N)m} = \frac{1}{N}\mathrm{e}^{\mathrm{j}k(2\pi/N)N_1}\frac{1-\mathrm{e}^{-\mathrm{j}k(2\pi/N)(2N_1+1)}}{1-\mathrm{e}^{-\mathrm{j}k(2\pi/N)}}$$

$$= \frac{1}{N}\frac{\mathrm{e}^{\mathrm{j}(k\pi/N)(2N_1+1)} - \mathrm{e}^{-\mathrm{j}(k\pi/N)(2N_1+1)}}{\mathrm{e}^{\mathrm{j}k\pi/N} - \mathrm{e}^{-\mathrm{j}k\pi/N}}$$

$$= \begin{cases} \dfrac{1}{N}\dfrac{\sin[(k\pi/N)(2N_1+1)]}{\sin(k\pi/N)} & k \neq 0, \pm N, \pm 2N, \cdots \\ \dfrac{2N_1+1}{N} & k = 0, \pm N, \pm 2N, \cdots \end{cases}$$

说明周期方波序列的谱线包络具有 $\sin Bx/\sin x$ 的形状，其中 $B = 2N_1 + 1$ 为周期方波序列的时宽。图 6.4 画出了 3 种情况下周期方波序列的频谱图。图 6.4(a)表示 $N_1 = 2$、$N = 10$ 的情况，时宽 $B = 5$，占空比为 50%，基波频率 $\omega_0 = \pi/5$，a_k 以 $N = 10$ 周期重复；图 6.4(b)表示 $N_1 = 2$、$N = 20$ 的情况，占空比为 25%，基波频率 $\omega_0 = \pi/10$，a_k 以 $N = 20$ 周期重复，相对图 6.4(a)而言，时宽相同，谱线包络形状相同，周期加倍，谱线幅值减半，密度加倍；图 6.4(c)表示 $N_1 = 1$、$N = 10$ 的情况，占空比为 30%，基波频率 $\omega_0 = \pi/5$，a_k 以 $N = 10$ 周期重复，相对图 6.4(a)而言，时宽减小，谱线包络形状改变，频宽加宽。

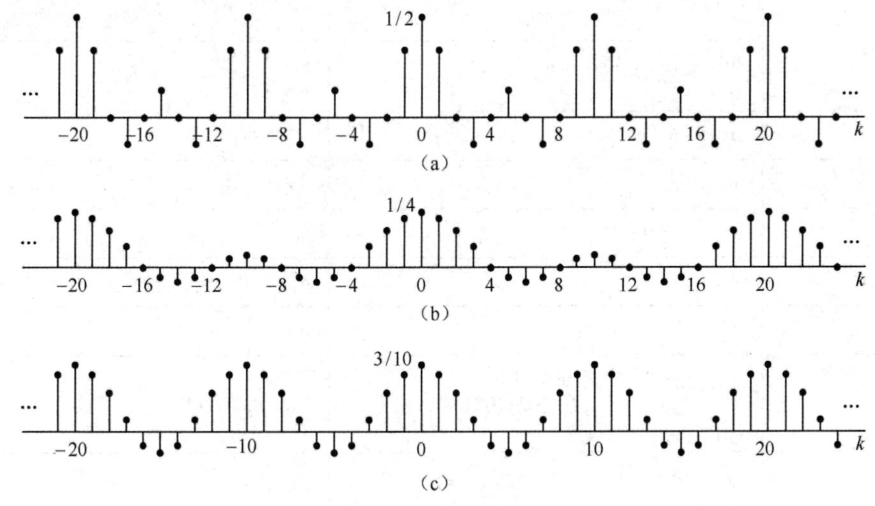

图 6.4　例 6.3 周期方波序列的频谱图

☞**注释：**若以 ω 为自变量，图 6.4(a)与图 6.4(b)频谱间隔变化会相对明显。

不失一般性，由周期方波序列频谱图可得出离散时间周期信号的频谱依然具有离散性、谐波性、收敛性的特点，并且谱线间隔 $\omega_0 = 2\pi/N$ 与周期 N 成反比，会随着 $N \to \infty$ 而变得连续，同时满足时宽与频宽成反比的关系。与连续情况唯一不同之处在于频谱具有周期性。

【例 6.4】求图 6.5 所示周期冲激序列的傅里叶级数系数。

解 该周期冲激序列 $x[n] = \sum_{l=-\infty}^{+\infty} \delta[n - lN]$ 的基波频率为 $\omega_0 = 2\pi/N$，由式(6.9)得

$$a_k = \frac{1}{N}\sum_{n=\langle N\rangle} x[n]\mathrm{e}^{-\mathrm{j}k(2\pi/N)n} = \frac{1}{N}\sum_{n=0}^{N-1}\delta[n]\mathrm{e}^{-\mathrm{j}k(2\pi/N)n} = \frac{1}{N}$$

即周期冲激序列具有均匀的频谱，每个谐波分量均为 $1/N$ 。与连续时间周期冲激信号 $x(t) = \sum_{l=-\infty}^{+\infty}\delta(t - lT)$ 的傅里叶级数系数 $a_k = 1/T$ 具有对偶关系。

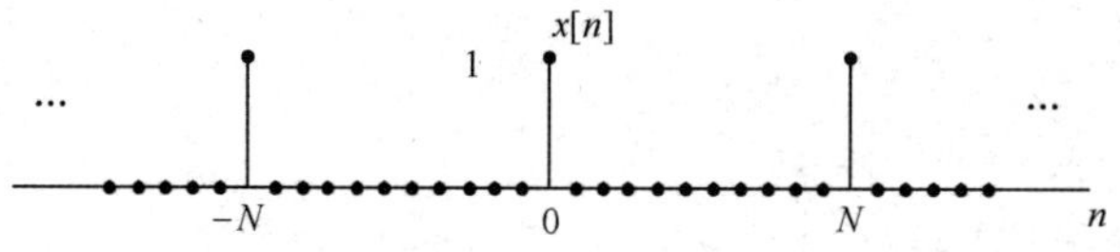

图 6.5 例 6.4 离散时间周期冲激序列

☞**注释**：周期冲激序列可以认为是周期方波序列时宽最小的情况，对应频宽无穷宽；常数序列可以认为是周期方波序列时宽最宽的情况，对应频宽最小，只有直流分量。

6.1.2 傅里叶级数的性质

类似于连续时间傅里叶级数与傅里叶变换，离散时间傅里叶级数的性质也有助于时域与频域关系的理解和求解，见表 6.1，读者可以对比连续时间傅里叶级数性质来理解与运用。

表 6.1 离散时间傅里叶级数的性质

性质	周期信号	傅里叶级数系数
	$\left.\begin{matrix} x[n] \\ y[n] \end{matrix}\right\}$ 周期为N,基波频率$\omega_0 = 2\pi/N$	$\left.\begin{matrix} a_k \\ b_k \end{matrix}\right\}$ 是周期的，周期为N
线性	$Ax[n] + By[n]$	$Aa_k + Bb_k$
时移	$x[n - n_0]$	$a_k \mathrm{e}^{-\mathrm{j}k(2\pi/N)n_0}$
频移	$\mathrm{e}^{\mathrm{j}M(2\pi/N)n}x[n]$	a_{k-M}
共轭	$x^*[n]$	a^*_{-k}
时间反转	$x[-n]$	a_{-k}
尺度变换	$x_m[n] = \begin{cases} x[n/m] & 若n是m的倍数 \\ 0 & 若n不是m的倍数 \end{cases}$ (周期为mN)	$\frac{1}{m}a_k$(周期为mN)
周期卷积	$\sum_{r=\langle N\rangle} x[r]y[n-r]$	Na_kb_k
相乘	$x[n]y[n]$	$\sum_{l=\langle N\rangle} a_l b_{k-l}$
一阶差分	$x[n] - x[n-1]$	$a_k(1 - \mathrm{e}^{-\mathrm{j}k(2\pi/N)})$

续表

性质	周期信号	傅里叶级数系数
求和	$\sum_{k=-\infty}^{n} x[k]\begin{pmatrix}\text{仅当}a_0=0\text{才为有}\\ \text{限值且为周期的}\end{pmatrix}$	$\frac{a_k}{1-\mathrm{e}^{-\mathrm{j}k(2\pi/N)}}$
实信号的共轭对称性	$x[n]$ 为实信号	$\begin{cases}a_k=a_{-k}^*\\ \mathscr{Re}\{a_k\}=\mathscr{Re}\{a_{-k}\}\\ \mathscr{Im}\{a_k\}=-\mathscr{Im}\{a_{-k}\}\\ \|a_k\|=\|a_{-k}\|\\ \angle a_k=-\angle a_{-k}\end{cases}$
实、偶信号	$x[n]$ 为实、偶信号	a_k 为实数且偶对称
实、奇信号	$x[n]$ 为实、奇信号	a_k 为纯虚数且为奇对称
实信号的奇偶分解	$\mathscr{Ev}\{x[n]\}$ $\mathscr{Od}\{x[n]\}$	$\mathscr{Re}\{a_k\}$ $\mathrm{j}\mathscr{Im}\{a_k\}$
帕塞瓦尔定理	$\frac{1}{N}\sum_{n=\langle N\rangle}\|x[n]\|^2=\sum_{k=\langle N\rangle}\|a_k\|^2$	

【例 6.5】 求 $a_k=\dfrac{\sin^2(3k\pi/7)}{7\sin^2(k\pi/7)}$ 所对应序列 $x[n]$，并画出波形图。

解 直接由傅里叶级数系数合成周期序列比较困难。根据离散时间方波序列的傅里叶级数对应关系，构造一个周期方波序列 $p[n]$，如图 6.6(a)所示，则

$$p[n]\overset{\mathscr{FS}}{\longleftrightarrow}b_k=\frac{\sin(3k\pi/7)}{7\sin(k\pi/7)}$$

根据傅里叶级数的周期卷积性质，有

$$p[n]\otimes p[n]\overset{\mathscr{FS}}{\longleftrightarrow}Nb_k^2=\frac{\sin^2(3k\pi/7)}{7\sin^2(k\pi/7)}$$

则所求序列 $x[n]$ 是 $p[n]$ 与 $p[n]$ 的周期卷积，即

$$x[n]=\sum_{r=\langle 7\rangle}p[r]p[n-r]$$

卷积结果如图 6.6(b)所示，为一个基波周期为 7 的周期三角波序列。

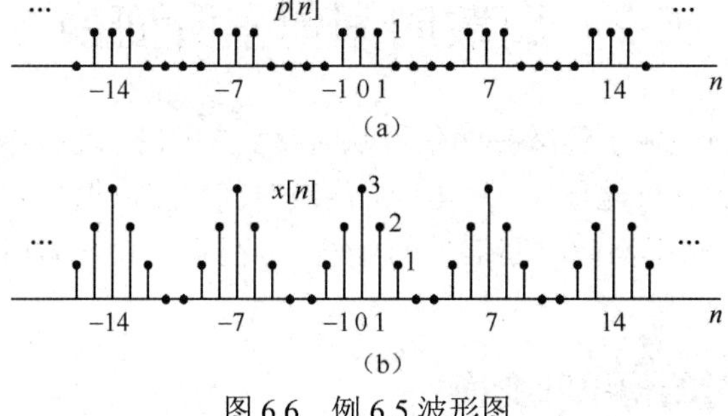

图 6.6 例 6.5 波形图

☞**注释：** 计算周期卷积时，除了可以按照定义计算，还可以有其他方法。例如，将其中一个周期信号只保留一个周期，其他周期置为 0，然后按照一般卷积的计算方法求解；或者将两个周期信号均保留一个周期，其他周期置为 0，按照一般卷积的计算方法求解后进行周期延拓。

【例 6.6】求图 6.7 所示周期方波序列的傅里叶级数系数。

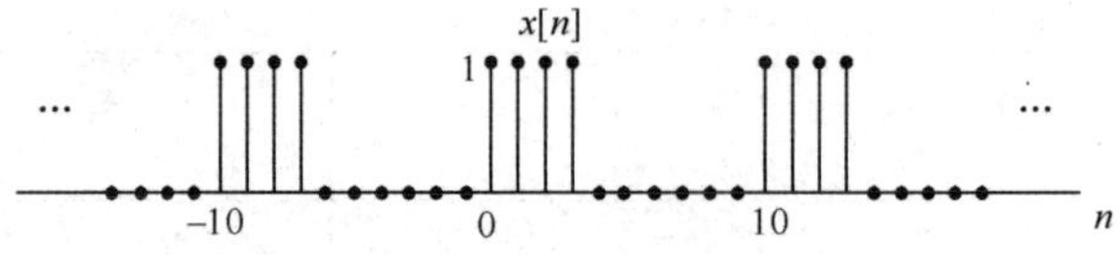

图 6.7　例 6.6 离散时间周期方波序列

解　该方波序列 $x[n]$ 的基波频率为 $\omega_0 = 2\pi/N = \pi/5$，可以按照定义直接求取傅里叶级数系数，这里从性质的角度求解。

由于离散时间信号自变量必须为整数，该序列无法通过时移转换为一个标准的偶对称方波序列。对该序列进行一次差分，得图 6.8 所示周期冲激序列

$$p[n] = x[n] - x[n-1] = \sum_{l=-\infty}^{+\infty} \delta[n-10l] - \sum_{l=-\infty}^{+\infty} \delta[n-4-10l]$$

根据周期冲激序列傅里叶级数对与傅里叶级数的时移性质，$p[n]$ 的傅里叶级数系数为

$$b_k = \frac{1}{10}(1 - \mathrm{e}^{-\mathrm{j}4k\pi/5})$$

再依据傅里叶级数的求和性质，$x[n]$ 的傅里叶级数系数为

$$a_k = \frac{b_k}{1-\mathrm{e}^{-\mathrm{j}k\pi/5}} = \frac{1}{10}\cdot\frac{1-\mathrm{e}^{-\mathrm{j}4k\pi/5}}{1-\mathrm{e}^{-\mathrm{j}k\pi/5}} = \mathrm{e}^{-\mathrm{j}3k\pi/10}\,\frac{\sin(2k\pi/5)}{10\sin(k\pi/10)}$$

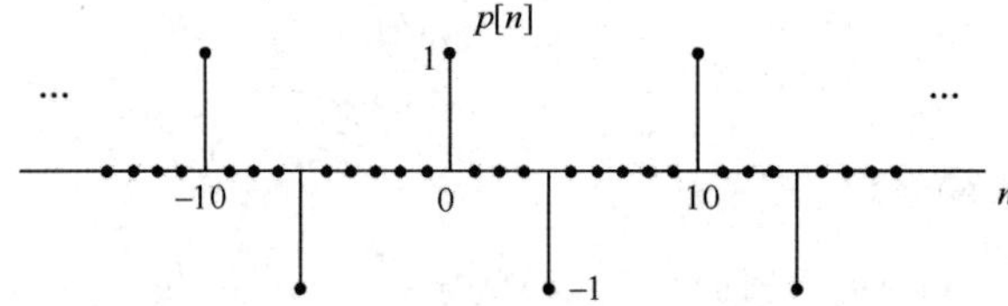

图 6.8　例 6.6 方波序列一次差分结果

☞**注释**：在数值上，结果等同于一个基波周期 $N = 10$、时宽 $B = 4$ 的标准偶对称方波序列时移 $3/2$ 以后的序列频谱值。

6.2　离散时间傅里叶变换

连续时间傅里叶变换完成了连续时间信号从时域到频域之间的转换，是一种域的变换，从而拓宽了连续时间信号的分析途径。与之类似，离散时间傅里叶变换也可以将时域信号转换到频域进行分析，不仅可以获得离散时间信号的频谱，而且可以使离散时间信号的分析方法更加多元化。

6.2.1　非周期信号的傅里叶变换

离散时间信号的傅里叶变换视频

非周期信号的傅里叶变换可从周期信号的离散时间傅里叶级数表示法推广而来。为此，假设任意一个有限长的非周期序列 $x[n]$，在 $-N_1 \leqslant n \leqslant N_2$ 以外，$x[n]=0$，如图 6.9(a)所示，可以用它构造出一个周期序列 $\tilde{x}[n]$

$$\tilde{x}[n]=\sum_{l=-\infty}^{+\infty}x[n-lN] \tag{6.11}$$

$x[n]$ 是 $\tilde{x}[n]$ 的一个周期序列，如图 6.9(b)所示。随着所选周期 N 的增大，$\tilde{x}[n]$ 就在一个更长的时间间隔内与 $x[n]$ 相同，当 $N\to\infty$ 时，对任意有限 n 值来说，有 $\tilde{x}[n]=x[n]$。

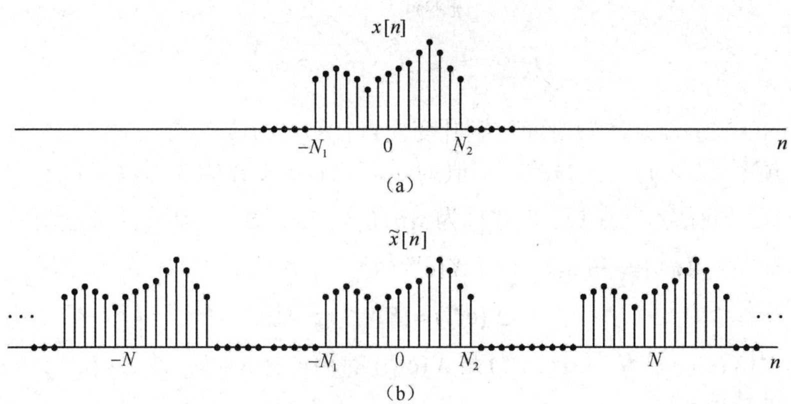

图 6.9　有限长序列 $x[n]$ 及其构造的周期序列 $\tilde{x}[n]$

对于周期序列 $\tilde{x}[n]$，其傅里叶级数表示为

$$\tilde{x}[n]=\sum_{k=\langle N\rangle}a_k\mathrm{e}^{\mathrm{j}k(2\pi/N)n} \tag{6.12}$$

$$a_k=\frac{1}{N}\sum_{n=\langle N\rangle}\tilde{x}[n]\mathrm{e}^{-\mathrm{j}k(2\pi/N)n} \tag{6.13}$$

将式(6.13)中的求和区间选在包括 $-N_1\leqslant n\leqslant N_2$ 范围的这个周期上，则式(6.13)中 $\tilde{x}[n]$ 就可以用 $x[n]$ 代替

$$a_k=\frac{1}{N}\sum_{n=-N_1}^{N_2}x[n]\mathrm{e}^{-\mathrm{j}k(2\pi/N)n}=\frac{1}{N}\sum_{n=-\infty}^{+\infty}x[n]\mathrm{e}^{-\mathrm{j}k(2\pi/N)n} \tag{6.14}$$

上式中已经考虑了在 $-N_1\leqslant n\leqslant N_2$ 以外 $x[n]=0$。定义函数

$$X(\mathrm{e}^{\mathrm{j}\omega})=\sum_{n=-\infty}^{+\infty}x[n]\mathrm{e}^{-\mathrm{j}\omega n} \tag{6.15}$$

可知

$$a_k=\frac{1}{N}X(\mathrm{e}^{\mathrm{j}k\omega_0}) \tag{6.16}$$

其中 $\omega_0=2\pi/N$。将式(6.16)代入式(6.12)得

$$\tilde{x}[n]=\sum_{k=\langle N\rangle}\frac{1}{N}X(\mathrm{e}^{\mathrm{j}k\omega_0})\mathrm{e}^{\mathrm{j}k\omega_0 n} \tag{6.17}$$

因为 $\omega_0=2\pi/N$，即 $1/N=\omega_0/2\pi$，代入式(6.17)，则有

$$\tilde{x}[n]=\frac{1}{2\pi}\sum_{k=\langle N\rangle}X(\mathrm{e}^{\mathrm{j}k\omega_0})\mathrm{e}^{\mathrm{j}k\omega_0 n}\omega_0 \tag{6.18}$$

随着 N 增加，ω_0 减小，当 $N\to\infty$ 时，$\tilde{x}[n]\to x[n]$，$k\omega_0\to\omega$，$\omega_0\to\mathrm{d}\omega$，式(6.18)就过渡为一个积分。当 k 在一个周期范围内变化时，$k\omega_0$ 在 2π 范围内连续变化，所以积分区间的长度为 2π。则式(6.18)变为

$$x[n]=\frac{1}{2\pi}\int_{2\pi}X(\mathrm{e}^{\mathrm{j}\omega})\mathrm{e}^{\mathrm{j}\omega n}\mathrm{d}\omega \tag{6.19}$$

这样，就得到一对公式

$$x[n]=\frac{1}{2\pi}\int_{2\pi}X(\mathrm{e}^{\mathrm{j}\omega})\,\mathrm{e}^{\mathrm{j}\omega n}\mathrm{d}\,\omega \tag{6.20}$$

$$X(\mathrm{e}^{\mathrm{j}\omega})=\sum_{n=-\infty}^{+\infty}x[n]\mathrm{e}^{-\mathrm{j}\omega n} \tag{6.21}$$

式(6.20)和式(6.21)就是离散时间傅里叶变换对，式(6.20)是综合公式，式(6.21)是分析公式。$x[n]$ 可以看作频率 2π 区间上分布的、幅值为 $X(\mathrm{e}^{\mathrm{j}\omega})(\mathrm{d}\omega/2\pi)$ 的复指数序列 $\mathrm{e}^{\mathrm{j}\omega n}$ 的线性组合。$X(\mathrm{e}^{\mathrm{j}\omega})$ 称为离散时间傅里叶变换，也被称为 $x[n]$ 的频谱函数，它是 ω 的连续函数，而且是 ω 的周期函数，其周期为 2π 。一般情况下，$X(\mathrm{e}^{\mathrm{j}\omega})$ 是一个复函数，即

$$X(\mathrm{e}^{\mathrm{j}\omega})=|X(\mathrm{e}^{\mathrm{j}\omega})|\mathrm{e}^{\mathrm{j}\angle X(\mathrm{e}^{\mathrm{j}\omega})} \tag{6.22}$$

式中，$|X(\mathrm{e}^{\mathrm{j}\omega})|$ 是 $X(\mathrm{e}^{\mathrm{j}\omega})$ 的模，$\angle X(\mathrm{e}^{\mathrm{j}\omega})$ 是 $X(\mathrm{e}^{\mathrm{j}\omega})$ 的相位。$|X(\mathrm{e}^{\mathrm{j}\omega})|$ 及 $\angle X(\mathrm{e}^{\mathrm{j}\omega})$ 与 ω 的关系曲线分别称为幅度谱和相位谱。

式(6.21)是一个无穷级数，因此存在是否收敛的问题。保证这个和式收敛的条件是 $x[n]$ 绝对可和，即

$$\sum_{n=-\infty}^{+\infty}|x[n]|<\infty \tag{6.23}$$

或者这个序列的能量有限，即

$$\sum_{n=-\infty}^{+\infty}|x[n]|^2<\infty \tag{6.24}$$

满足其中一个条件，式(6.21)就是收敛的。

☞**注释**：与连续情况类似，离散时间周期信号的频谱是对应的非周期信号频谱的样本，非周期信号的频谱是对应的周期信号频谱的包络。

6.2.2 典型信号的傅里叶变换

为了进一步理解离散时间傅里叶变换的概念，下面讨论几个典型信号的离散时间傅里叶变换。

常见离散时间傅里叶变换对视频

1. 单边指数序列

$$x[n]=a^n u[n] \qquad |a|<1$$

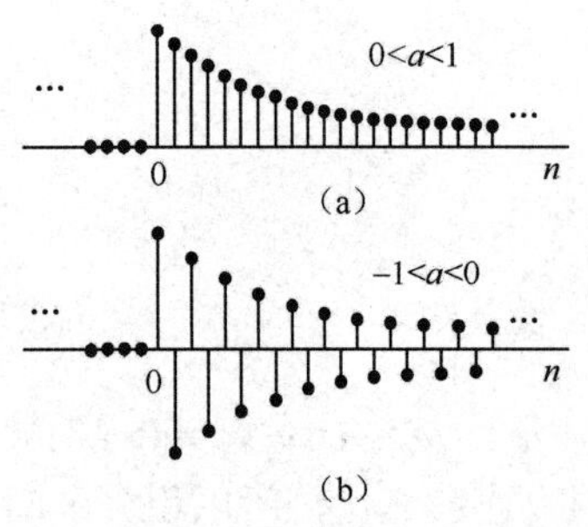

图 6.10 单边指数序列 $x[n]=a^n u[n]$

单边指数序列 $a^n u[n]$ 的波形如图 6.10 所示，图 6.10(a)、(b)分别对应 $0<a<1$ 与 $-1<a<0$ 两种情况。

频谱函数应用式(6.21)可直接求得

$$X(\mathrm{e}^{\mathrm{j}\omega})=\sum_{n=-\infty}^{+\infty}x[n]\mathrm{e}^{-\mathrm{j}\omega n}=\sum_{n=0}^{+\infty}a^n\mathrm{e}^{-\mathrm{j}\omega n}=\sum_{n=0}^{+\infty}(a\mathrm{e}^{-\mathrm{j}\omega})^n=\frac{1}{1-a\mathrm{e}^{-\mathrm{j}\omega}}$$

幅值函数和相位函数分别为

$$|X(\mathrm{e}^{\mathrm{j}\omega})|=\frac{1}{\sqrt{1+a^2-2a\cos\omega}}$$

$$\angle X(\mathrm{e}^{\mathrm{j}\omega}) = -\arctan\frac{a\sin\omega}{1-a\cos\omega}$$

幅度谱和相位谱示于图 6.11。从图中可知，幅度谱、相位谱都是以 2π 为周期的周期函数，因而一般只要画出 $0\sim2\pi$ 或 $-\pi\sim\pi$ 的谱线即可。

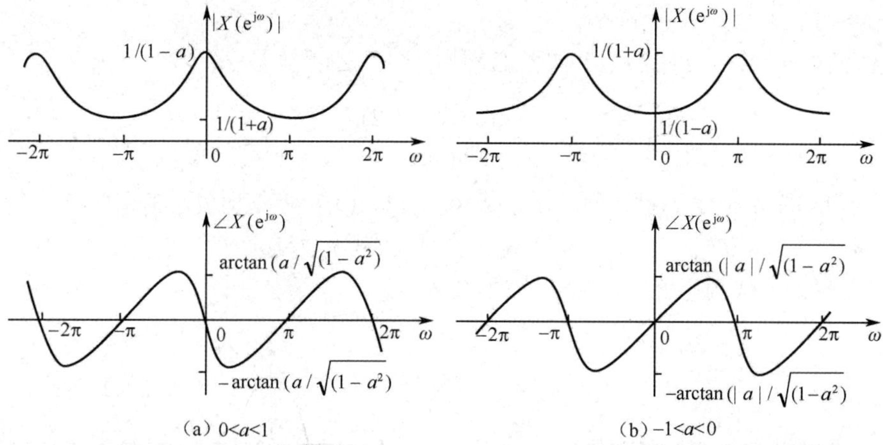

图 6.11　$a^n u[n]$ 的幅度谱和相位谱

观察 $0<a<1$ 与 $-1<a<0$ 两种情况：当 $0<a<1$ 时，在时域，随着 n 的增大，信号 $x[n]$ 单调衰减，在频域，$|X(\mathrm{e}^{\mathrm{j}\omega})|$ 的能量主要集中在 π 的偶数倍附近，即低频附近；当 $-1<a<0$ 时，在时域，随着 n 的增大，信号 $x[n]$ 跳变着衰减，在频域，$|X(\mathrm{e}^{\mathrm{j}\omega})|$ 的能量主要集中在 π 的奇数倍附近，即高频附近。

☞**注释：** 进一步观察，两种信号在时域相差一个系数 $(-1)^n$，也可写作 $\mathrm{e}^{\mathrm{j}\pi n}$，两种频谱在频域发生了 π 的频移，这种现象可以运用后续的离散时间傅里叶变换的频移性质解释。

2. 双边指数序列

$$x[n] = a^{|n|} \qquad |a|<1$$

当 $0<a<1$ 时，该信号示于图 6.12(a)。其频谱函数应用式(6.21)可直接求得

$$X(\mathrm{e}^{\mathrm{j}\omega}) = \sum_{n=-\infty}^{+\infty} a^{|n|}\mathrm{e}^{-\mathrm{j}\omega n} = \sum_{n=0}^{+\infty} a^n \mathrm{e}^{-\mathrm{j}\omega n} + \sum_{n=-\infty}^{-1} a^{-n}\mathrm{e}^{-\mathrm{j}\omega n} = \sum_{n=0}^{+\infty}(a\mathrm{e}^{-\mathrm{j}\omega})^n + \sum_{n=-\infty}^{-1}(a\mathrm{e}^{\mathrm{j}\omega})^{-n}$$

$$= \frac{1}{1-a\mathrm{e}^{-\mathrm{j}\omega}} + \frac{a\mathrm{e}^{\mathrm{j}\omega}}{1-a\mathrm{e}^{\mathrm{j}\omega}} = \frac{1-a^2}{1-2a\cos\omega + a^2}$$

在此情况下，$X(\mathrm{e}^{\mathrm{j}\omega})$ 是实函数，如图 6.12(b)所示。

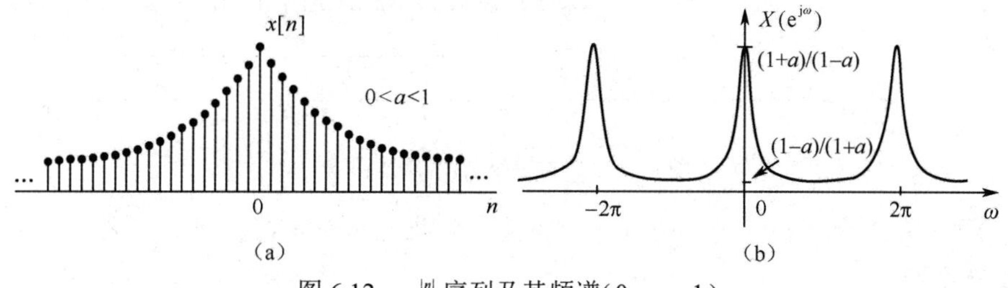

图 6.12　$a^{|n|}$ 序列及其频谱($0<a<1$)

☞**注释：** 与单边指数序列类似，$-1<a<0$ 与 $0<a<1$ 两种情况的频谱之间仅仅产生了 π 的频移。

3. 方波序列（矩形脉冲序列）

$$x[n]=\begin{cases}1 & |n|\leqslant N_1\\ 0 & |n|>N_1\end{cases}$$

由式(6.21)可求得其频谱函数为

$$X(\mathrm{e}^{\mathrm{j}\omega})=\sum_{n=-\infty}^{+\infty}x[n]\mathrm{e}^{-\mathrm{j}\omega n}=\sum_{n=-N_1}^{N_1}\mathrm{e}^{-\mathrm{j}\omega n}$$

$$=\frac{\sin\omega(N_1+1/2)}{\sin(\omega/2)}$$

当 $N_1=2$ 时的 $x[n]$ 与 $X(\mathrm{e}^{\mathrm{j}\omega})$ 分别示于图 6.13(a)、(b)，方波时宽 $2N_1+1=5$，频谱中低频位置主瓣的宽度为 $4\pi/5$。当 $N_1=4$ 时的 $x[n]$ 与 $X(\mathrm{e}^{\mathrm{j}\omega})$ 分别示于图 6.13(c)、(d)，方波时宽 $2N_1+1=9$，频谱中低频位置主瓣的宽度为 $4\pi/9$。

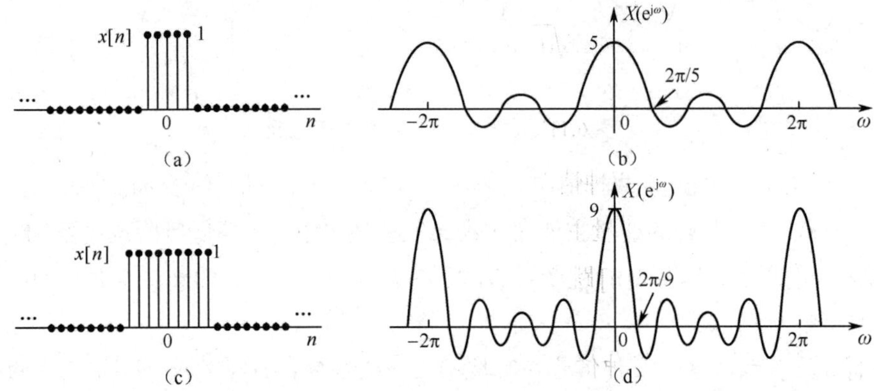

图 6.13　矩形脉冲序列及其频谱

☞注释：与连续情况类似，时宽与频宽依然成反比关系。

4. 单位冲激序列

$$x[n]=\delta[n]$$

由式(6.21)求得其频谱函数为

$$X(\mathrm{e}^{\mathrm{j}\omega})=\sum_{n=-\infty}^{+\infty}\delta[n]\mathrm{e}^{-\mathrm{j}\omega n}=1$$

$\delta[n]$ 的频谱为 1，这表明单位冲激序列包含了所有的频率分量，而且这些频率分量的幅值和相位都相同。如图 6.14 所示。

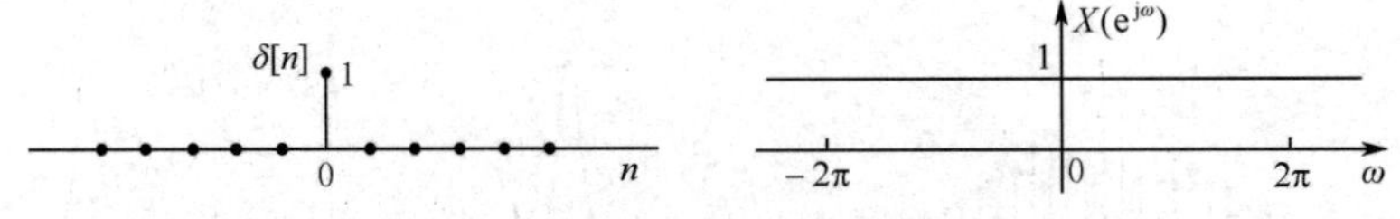

图 6.14　单位冲激序列及其频谱

☞注释：单位冲激序列可以认为是时宽最小的矩形脉冲序列，因此，频宽无穷大。

5. 直流序列

$$x[n]=1$$

此序列显然不满足式(6.23)或式(6.24)的收敛条件，因而不能直接用公式求其频谱。由前面的讨论可知，连续时间信号 1 的频谱函数为 $2\pi\delta(\omega)$。为此，下面考察以 2π 为周期的均匀冲

激串 $\sum_{l=-\infty}^{+\infty}\delta(\omega-2\pi l)$，应用式(6.20)求其对应的时域信号，即

$$\frac{1}{2\pi}\int_{-\pi}^{\pi}\sum_{l=-\infty}^{+\infty}\delta(\omega-2\pi l)e^{j\omega n}d\omega=\frac{1}{2\pi}\int_{-\pi}^{\pi}\delta(\omega)e^{j\omega n}d\omega=\frac{1}{2\pi}$$

由此可知，$\frac{1}{2\pi}$ 对应的离散时间傅里叶变换为 $\sum_{l=-\infty}^{+\infty}\delta(\omega-2\pi l)$，那么 $x[n]=1$ 的离散时间傅里叶变换为 $X(e^{j\omega})=2\pi\sum_{l=-\infty}^{+\infty}\delta(\omega-2\pi l)$。如图 6.15 所示。

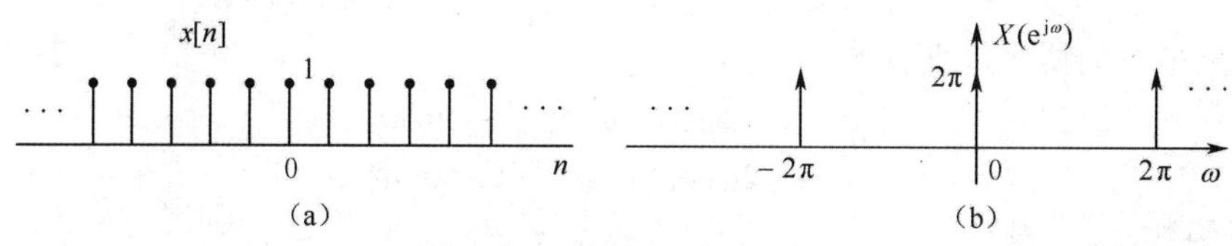

图 6.15　直流序列及其频谱

☞注释：与连续时间直流信号相比，离散时间直流序列的频谱具有周期性。

6. 离散时间抽样函数（抽样序列）

$$X(e^{j\omega})=\begin{cases}1 & |\omega|<W\\ 0 & W<|\omega|<\pi\end{cases}$$

频谱如图 6.16(a)所示，其傅里叶反变换可用式(6.20)求得

$$x[n]=\frac{1}{2\pi}\int_{-\pi}^{\pi}X(e^{j\omega})e^{j\omega n}d\omega=\frac{1}{2\pi}\int_{-W}^{W}e^{j\omega n}d\omega=\frac{\sin Wn}{\pi n}$$

$x[n]$ 示于图 6.16(b)，为抽样序列。

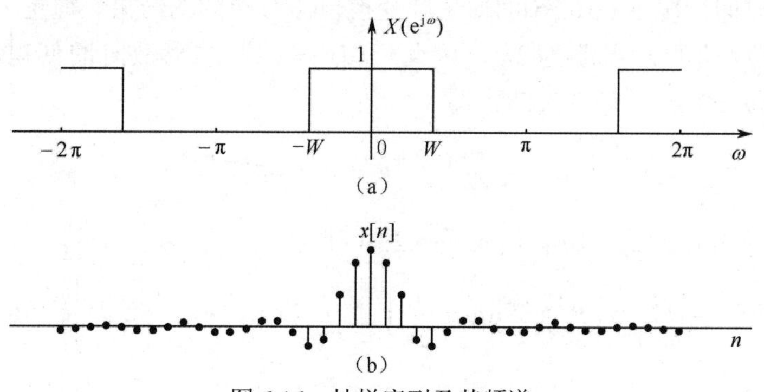

图 6.16　抽样序列及其频谱

7. 离散时间符号函数

$$\mathrm{sgn}[n]=\begin{cases}1 & n>0\\ 0 & n=0\\ -1 & n<0\end{cases}$$

$\mathrm{sgn}[n]$ 可以看成由连续信号 $\mathrm{sgn}(t)$ 经采样得到的离散时间序列，是实、奇函数。它同样不满足离散时间傅里叶变换的收敛条件。

先求序列

$$x[n]=\begin{cases}a^n & n>0\\ 0 & n=0\\ -a^{-n} & n<0\end{cases}\qquad (0<a<1)$$

的傅里叶变换，然后令 $a\to 1$，则 $x[n]\to \mathrm{sgn}[n]$，就可求出 $\mathrm{sgn}[n]$ 的离散时间傅里叶变换。$x[n]$ 的离散时间傅里叶变换可直接用式(6.21)求得

$$X(\mathrm{e}^{\mathrm{j}\omega})=\sum_{n=-\infty}^{-1}-a^{-n}\mathrm{e}^{-\mathrm{j}\omega n}+\sum_{n=1}^{+\infty}a^n\mathrm{e}^{-\mathrm{j}\omega n}=\frac{-2\mathrm{j}a\sin\omega}{1-2a\cos\omega+a^2}$$

则 $\mathrm{sgn}[n]$ 的离散时间傅里叶变换为

$$\lim_{a\to 1}\frac{-2\mathrm{j}a\sin\omega}{1-2a\cos\omega+a^2}=\frac{-\mathrm{j}\sin\omega}{1-\cos\omega}$$

是 ω 的虚奇函数。

6.2.3 周期信号的傅里叶变换

在连续时间信号的傅里叶分析中，对周期信号和非周期信号都可以统一用傅里叶变换来表示。类似地，在离散时间情况下，我们希望周期序列和非周期序列也可以统一到傅里叶变换框架中。

因为任一周期序列均不满足绝对可和或能量有限的条件，所以其傅里叶变换不可以用式(6.21)直接求得。现在考虑信号

$$x[n]=\mathrm{e}^{\mathrm{j}\omega_0 n}\tag{6.25}$$

连续时间情况下，$x(t)=\mathrm{e}^{\mathrm{j}\omega_0 t}$ 的傅里叶变换是在 $\omega=\omega_0$ 处的冲激，即 $X(\mathrm{j}\omega)=2\pi\delta(\omega-\omega_0)$。因此，期望离散时间情况下式(6.25)的傅里叶变换也会有相同的结果。但是，离散时间傅里叶变换对 ω 来说是周期的，周期为 2π，因此，$x[n]=\mathrm{e}^{\mathrm{j}\omega_0 n}$ 的离散时间傅里叶变换应该是在 $\omega=\omega_0,\omega_0\pm 2\pi,\omega_0\pm 4\pi,\cdots$ 处的冲激，即

$$X(\mathrm{e}^{\mathrm{j}\omega})=\sum_{l=-\infty}^{+\infty}2\pi\delta(\omega-\omega_0-2\pi l)\tag{6.26}$$

如图 6.17 所示。为验证此式，将其代入式(6.20)可得

$$x[n]=\frac{1}{2\pi}\int_{2\pi}X(\mathrm{e}^{\mathrm{j}\omega})\mathrm{e}^{\mathrm{j}\omega n}\mathrm{d}\omega=\frac{1}{2\pi}\int_{2\pi}\left[\sum_{l=-\infty}^{+\infty}2\pi\delta(\omega-\omega_0-2\pi l)\right]\mathrm{e}^{\mathrm{j}\omega n}\mathrm{d}\omega\tag{6.27}$$

注意：在任意一个长度为 2π 的积分区间内，式(6.27)的和式中真正包括的只有一个冲激，则

$$x[n]=\int_0^{2\pi}\delta(\omega-\omega_0)\mathrm{e}^{\mathrm{j}\omega n}\mathrm{d}\omega=\mathrm{e}^{\mathrm{j}\omega_0 n}\tag{6.28}$$

因此，可知 $\mathrm{e}^{\mathrm{j}\omega_0 n}$ 与 $\sum\limits_{l=-\infty}^{+\infty}2\pi\delta(\omega-\omega_0-2\pi l)$ 是离散时间傅里叶变换对。

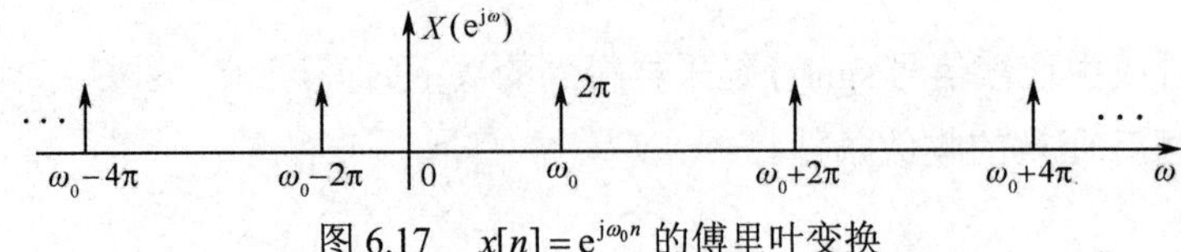

图 6.17 $x[n]=\mathrm{e}^{\mathrm{j}\omega_0 n}$ 的傅里叶变换

现在考虑一个以 N 为周期的周期序列 $x[n]$

$$x[n]=\sum_{k=<N>}a_k\,\mathrm{e}^{\mathrm{j}k\omega_0 n} \tag{6.29}$$

式中，a_k 是其傅里叶级数系数。利用 $\mathrm{e}^{\mathrm{j}\omega_0 n}$ 的傅里叶变换 $\sum\limits_{l=-\infty}^{+\infty}2\pi\delta(\omega-\omega_0-2\pi l)$，可得周期序列 $x[n]$ 的离散傅里叶变换

$$\begin{aligned}X(\mathrm{e}^{\mathrm{j}\omega})&=\sum_{k=<N>}2\pi a_k\sum_{l=-\infty}^{+\infty}\delta(\omega-k\omega_0-2\pi l)\\&=2\pi a_0\sum_{l=-\infty}^{+\infty}\delta(\omega-2\pi l)+2\pi a_1\sum_{l=-\infty}^{+\infty}\delta(\omega-\omega_0-2\pi l)+\cdots+2\pi a_{N-1}\sum_{l=-\infty}^{+\infty}\delta(\omega-(N-1)\omega_0-2\pi l)\\&=2\pi\sum_{k=-\infty}^{+\infty}a_k\delta(\omega-k\omega_0)=2\pi\sum_{k=-\infty}^{+\infty}a_k\delta(\omega-\frac{2\pi}{N}k)\end{aligned} \tag{6.30}$$

这样，一个周期信号的傅里叶变换就能直接从它的傅里叶级数系数得到。

☞**注释**：可以看出，式(6.30)与连续时间周期信号傅里叶变换形式是一致的。

【例 6.7】 求 $x[n]=\cos(\omega_0 n)$ 的离散时间傅里叶变换。

解　$2\pi/\omega_0$ 为有理数时，$x[n]=\cos(\omega_0 n)$ 是周期信号。根据欧拉公式，有

$$x[n]=\cos(\omega_0 n)=\frac{1}{2}(\mathrm{e}^{\mathrm{j}\omega_0 n}+\mathrm{e}^{-\mathrm{j}\omega_0 n})$$

根据式(6.30)，可直接写出

$$X(\mathrm{e}^{\mathrm{j}\omega})=\pi\sum_{l=-\infty}^{+\infty}[\delta(\omega-\omega_0-2\pi l)+\delta(\omega+\omega_0-2\pi l)]$$

【例 6.8】 求离散时间周期冲激串 $x[n]=\sum\limits_{l=-\infty}^{+\infty}\delta[n-lN]$ 的离散时间傅里叶变换。

解　如图 6.18(a)所示，这个信号是周期的，周期为 N，其傅里叶级数系数可由式(6.9)求得

$$a_k=\frac{1}{N}\sum_{n=<N>}x[n]\mathrm{e}^{-\mathrm{j}(2\pi/N)kn}=\frac{1}{N}$$

利用式(6.30)，该周期冲激串的傅里叶变换表示为

$$X(\mathrm{e}^{\mathrm{j}\omega})=\frac{2\pi}{N}\sum_{k=-\infty}^{+\infty}\delta(\omega-k\frac{2\pi}{N})$$

如图 6.18(b)所示。

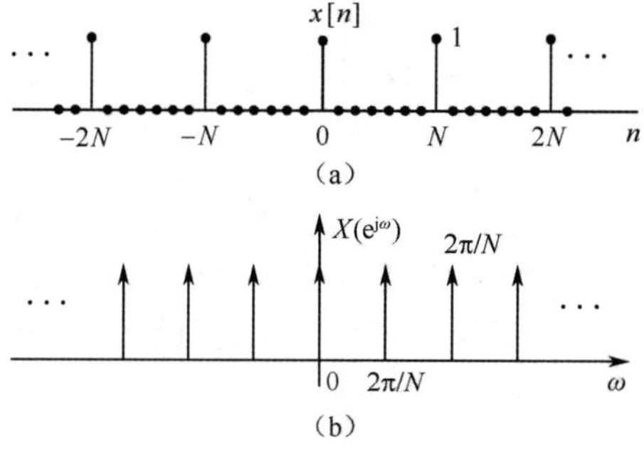

图 6.18　离散时间周期冲激串及其傅里叶变换

6.3 离散时间傅里叶变换的性质

离散时间傅里叶变换性质视频

离散时间傅里叶变换与连续时间傅里叶变换一样，具有很多重要的性质，它们之间有很多相似之处，也有若干不同之处。学习过程中，可以对比连续时间傅里叶变换与离散时间傅里叶变换的相应性质。

在以下讨论中，采用如下符号来表示一个信号及其傅里叶变换的一对关系

$$X(\mathrm{e}^{\mathrm{j}\omega})=\mathscr{F}\left\{x[n]\right\} \tag{6.31}$$

$$x[n]=\mathscr{F}^{-1}\left\{X(\mathrm{e}^{\mathrm{j}\omega})\right\} \tag{6.32}$$

$$x[n]\xleftrightarrow{\mathscr{F}}X(\mathrm{e}^{\mathrm{j}\omega}) \tag{6.33}$$

6.3.1 周期性

离散时间傅里叶变换对 ω 来说总是周期的，其周期为 2π。这是它与连续时间傅里叶变换的根本区别。

$$X(\mathrm{e}^{\mathrm{j}(\omega+2\pi)})=X(\mathrm{e}^{\mathrm{j}\omega}) \tag{6.34}$$

6.3.2 线性

若

$$x_1[n]\xleftrightarrow{\mathscr{F}}X_1(\mathrm{e}^{\mathrm{j}\omega})$$

$$x_2[n]\xleftrightarrow{\mathscr{F}}X_2(\mathrm{e}^{\mathrm{j}\omega})$$

则

$$ax_1[n]+bx_2[n]\xleftrightarrow{\mathscr{F}}aX_1(\mathrm{e}^{\mathrm{j}\omega})+bX_2(\mathrm{e}^{\mathrm{j}\omega}) \tag{6.35}$$

6.3.3 时移与频移

1. 时移

若

$$x[n]\xleftrightarrow{\mathscr{F}}X(\mathrm{e}^{\mathrm{j}\omega})$$

则

$$x[n-n_0]\xleftrightarrow{\mathscr{F}}X(\mathrm{e}^{\mathrm{j}\omega})\mathrm{e}^{-\mathrm{j}\omega n_0} \tag{6.36}$$

2. 频移

若

$$x[n]\xleftrightarrow{\mathscr{F}}X(\mathrm{e}^{\mathrm{j}\omega})$$

则

$$\mathrm{e}^{\mathrm{j}\omega_0 n}x[n]\xleftrightarrow{\mathscr{F}}X(\mathrm{e}^{\mathrm{j}(\omega-\omega_0)}) \tag{6.37}$$

前述单边指数序列 $a^n u[n]$ 和双边指数序列 $a^{|n|}$ 在 $0<a<1$ 与 $-1<a<0$ 的两种情况就相当于相互乘了一个系数 $(-1)^n=\mathrm{e}^{\mathrm{j}\pi n}$，频谱相互产生了 π 的频移（离散信号频谱所能产生的最大频移），高频分量移到低频位置、低频分量移到高频位置。

6.3.4 时间反转

若

$$x[n] \xleftrightarrow{\mathscr{F}} X(e^{j\omega})$$

则

$$x[-n] \xleftrightarrow{\mathscr{F}} X(e^{-j\omega}) \tag{6.38}$$

与连续情况类似，偶序列的频谱偶对称，奇序列的频谱奇对称。

6.3.5 时域扩展

若

$$x[n] \xleftrightarrow{\mathscr{F}} X(e^{j\omega})$$

则

$$x_{(k)}[n] \xleftrightarrow{\mathscr{F}} X(e^{jk\omega}) \tag{6.39}$$

根据定义，$x_{(k)}[n]$是在 n 的相邻数值之间插入$(k-1)$个 0 而得到的序列。图 6.19 分别给出了序列$x[n]$、$x_{(2)}[n]$、$x_{(3)}[n]$的波形及其频谱。从图 6.19 可以看出，$x_{(k)}[n]$相当于$x[n]$的时域扩展，而在频域中被压缩了，而且在时域和频域中呈相反关系。

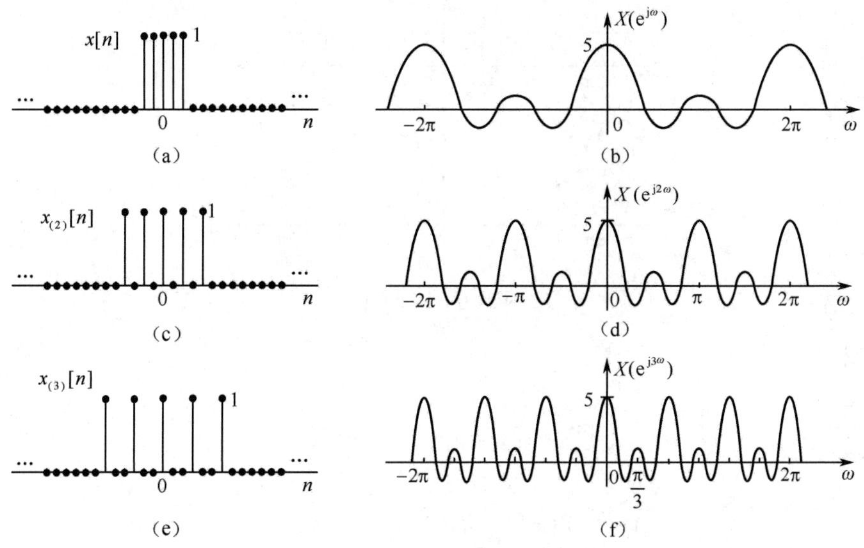

图 6.19 时域和频域之间的相反关系

6.3.6 相乘与卷积

1. 相乘

若

$$y[n] = x_1[n] \cdot x_2[n]$$

则

$$Y(e^{j\omega}) = \frac{1}{2\pi}\int_{2\pi} X_1(e^{j\theta}) X_2(e^{j(\omega-\theta)}) \mathrm{d}\theta \tag{6.40}$$

上式相当于 $X_1(e^{j\omega})$ 和 $X_2(e^{j\omega})$ 的周期卷积，积分可以在任意长度为 2π 的区间内进行。

【例 6.9】求 $x[n]=\dfrac{\sin(3\pi n/4)}{\pi n}\cdot\dfrac{\sin(\pi n/2)}{\pi n}$ 的傅里叶变换 $X(\mathrm{e}^{\mathrm{j}\omega})$。

解 直接求解比较烦琐。利用抽样序列的傅里叶变换对 $\dfrac{\sin(Wn)}{\pi n}\stackrel{\mathscr{F}}{\longleftrightarrow}\sum_{l=-\infty}^{\infty}\{u(\omega+W-2\pi l)-u(\omega-W-2\pi l)\}$，可得 $\dfrac{\sin(3\pi n/4)}{\pi n}$ 与 $\dfrac{\sin(\pi n/2)}{\pi n}$ 的傅里叶变换 $X_1(\mathrm{e}^{\mathrm{j}\omega})$ 与 $X_2(\mathrm{e}^{\mathrm{j}\omega})$，如图 6.20(a)、(b)所示。根据相乘性质，得

$$X(\mathrm{e}^{\mathrm{j}\omega})=\frac{1}{2\pi}\int_{2\pi}X_1(\mathrm{e}^{\mathrm{j}\theta})X_2(\mathrm{e}^{\mathrm{j}(\omega-\theta)})\mathrm{d}\theta$$

按照前述周期卷积技巧，选取将 $X_1(\mathrm{e}^{\mathrm{j}\omega})$ 与 $X_2(\mathrm{e}^{\mathrm{j}\omega})$ 去周期化，各自只保留 $\omega=0$ 附近的一个周期，进行常规卷积，结果为梯形波，之后以 2π 为周期完成周期延拓，结果示于图 6.20(c)。

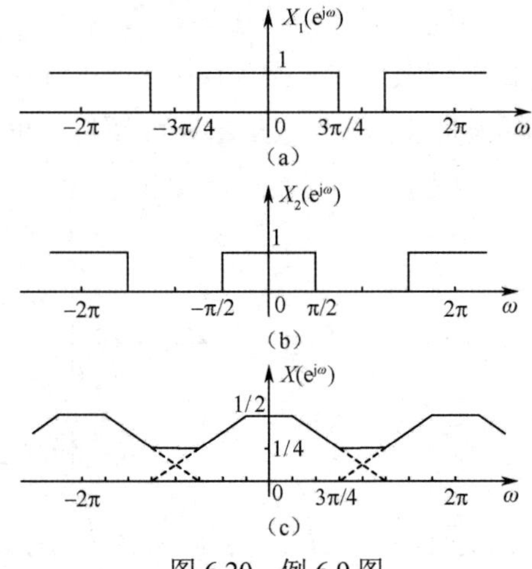

图 6.20 例 6.9 图

2. 卷积

若

$$y[n]=x_1[n]*x_2[n]$$

则

$$Y(\mathrm{e}^{\mathrm{j}\omega})=X_1(\mathrm{e}^{\mathrm{j}\omega})X_2(\mathrm{e}^{\mathrm{j}\omega}) \tag{6.41}$$

卷积性质说明，在时域中两个序列的卷积等效于频域中这两个序列的离散时间傅里叶变换的乘积。卷积性质是傅里叶分析法研究离散时间 LTI 系统的理论基础，将在离散时间 LTI 系统的频域分析中得到具体应用。

6.3.7 差分与累加

1. 差分

若

$$x[n]\stackrel{\mathscr{F}}{\longleftrightarrow}X(\mathrm{e}^{\mathrm{j}\omega})$$

则

$$x[n]-x[n-1]\stackrel{\mathscr{F}}{\longleftrightarrow}(1-\mathrm{e}^{-\mathrm{j}\omega})X(\mathrm{e}^{\mathrm{j}\omega}) \tag{6.42}$$

2. 累加

若

$$x[n] \overset{\mathscr{F}}{\longleftrightarrow} X(\mathrm{e}^{\mathrm{j}\omega})$$

则

$$\sum_{k=-\infty}^{n} x[k] \overset{\mathscr{F}}{\longleftrightarrow} \frac{X(\mathrm{e}^{\mathrm{j}\omega})}{1-\mathrm{e}^{-\mathrm{j}\omega}} + \pi X(\mathrm{e}^{\mathrm{j}0}) \sum_{l=-\infty}^{+\infty} \delta(\omega - 2\pi l) \tag{6.43}$$

式(6.43)中右边的冲激串反映了累加过程中可能出现的直流或平均值。

【例 6.10】 求 $x[n]=u[n]$ 的傅里叶变换。

解 $x[n]=u[n]$ 不满足傅里叶变换的收敛要求，不能直接计算其频谱。利用冲激串的傅里叶变换对，根据傅里叶变换的累加性质，得

$$u[n] = \sum_{k=-\infty}^{n} \delta[k] \overset{\mathscr{F}}{\longleftrightarrow} \frac{1}{1-\mathrm{e}^{-\mathrm{j}\omega}} + \pi \sum_{l=-\infty}^{+\infty} \delta(\omega - 2\pi l)$$

3. 频域微分

若

$$x[n] \overset{\mathscr{F}}{\longleftrightarrow} X(\mathrm{e}^{\mathrm{j}\omega})$$

利用式(6.21) $X(\mathrm{e}^{\mathrm{j}\omega})$ 的定义，并在两边对 ω 微分，可得

$$\frac{\mathrm{d}X(\mathrm{e}^{\mathrm{j}\omega})}{\mathrm{d}\omega} = \sum_{n=-\infty}^{+\infty} -\mathrm{j}nx[n]\mathrm{e}^{\mathrm{j}\omega n} \tag{6.44}$$

式(6.44)两边各乘以 j，则有

$$nx[n] \overset{\mathscr{F}}{\longleftrightarrow} \mathrm{j}\frac{\mathrm{d}X(\mathrm{e}^{\mathrm{j}\omega})}{\mathrm{d}\omega} \tag{6.45}$$

【例 6.11】 求 $X(\mathrm{e}^{\mathrm{j}\omega}) = \dfrac{1}{(1-a\mathrm{e}^{-\mathrm{j}\omega})^2}$ 的傅里叶反变换 $x[n]$。

解 直接求解比较烦琐。利用单边指数序列的傅里叶变换对 $a^n u[n] \overset{\mathscr{F}}{\longleftrightarrow} \dfrac{1}{1-a\mathrm{e}^{-\mathrm{j}\omega}}$，同时 $X(\mathrm{e}^{\mathrm{j}\omega})$ 与 $\dfrac{1}{1-a\mathrm{e}^{-\mathrm{j}\omega}}$ 的关系为

$$X(\mathrm{e}^{\mathrm{j}\omega}) = \frac{1}{(1-a\mathrm{e}^{-\mathrm{j}\omega})^2} = \frac{\mathrm{e}^{\mathrm{j}\omega}}{a}\mathrm{j}\frac{\mathrm{d}}{\mathrm{d}\omega}\left(\frac{1}{1-a\mathrm{e}^{-\mathrm{j}\omega}}\right)$$

依据频域微分性质，得

$$na^n u[n] \overset{\mathscr{F}}{\longleftrightarrow} \mathrm{j}\frac{\mathrm{d}}{\mathrm{d}\omega}\left(\frac{1}{1-a\mathrm{e}^{-\mathrm{j}\omega}}\right)$$

再运用时移性质与线性性质，有

$$x[n] = (n+1)a^n u[n+1] \overset{\mathscr{F}}{\longleftrightarrow} \frac{\mathrm{e}^{\mathrm{j}\omega}}{a}\mathrm{j}\frac{\mathrm{d}}{\mathrm{d}\omega}\left(\frac{1}{1-a\mathrm{e}^{-\mathrm{j}\omega}}\right)$$

由于 $u[n+1]$ 的非零起始位置 $n=-1$ 时，$x[n]=0$，所以，$x[n]=(n+1)a^n u[n]$。

☞**注释：** 注意与连续情况时的差别。

6.3.8 共轭与共轭对称性

若

$$x[n] \stackrel{\mathscr{F}}{\longleftrightarrow} X(\mathrm{e}^{\mathrm{j}\omega})$$

则

$$x^*[n] \stackrel{\mathscr{F}}{\longleftrightarrow} X^*(\mathrm{e}^{-\mathrm{j}\omega}) \tag{6.46}$$

同时，若 $x[n]$ 是实值序列，那么其变换是共轭对称的，即

$$X(\mathrm{e}^{\mathrm{j}\omega}) = X^*(\mathrm{e}^{-\mathrm{j}\omega}) \tag{6.47}$$

据此可得

$$\mathscr{Re}\{X(\mathrm{e}^{\mathrm{j}\omega})\} = \mathscr{Re}\{X(\mathrm{e}^{-\mathrm{j}\omega})\} \tag{6.48}$$

$$\mathscr{Im}\{X(\mathrm{e}^{\mathrm{j}\omega})\} = -\mathscr{Im}\{X(\mathrm{e}^{-\mathrm{j}\omega})\} \tag{6.49}$$

或

$$|X(\mathrm{e}^{\mathrm{j}\omega})| = |X(\mathrm{e}^{-\mathrm{j}\omega})| \tag{6.50}$$

$$\angle X(\mathrm{e}^{\mathrm{j}\omega}) = -\angle X(\mathrm{e}^{-\mathrm{j}\omega}) \tag{6.51}$$

分别说明，$\mathscr{Re}\{X(\mathrm{e}^{\mathrm{j}\omega})\}$ 和 $|X(\mathrm{e}^{\mathrm{j}\omega})|$ 是 ω 的偶函数，$\mathscr{Im}\{X(\mathrm{e}^{\mathrm{j}\omega})\}$ 和 $\angle X(\mathrm{e}^{\mathrm{j}\omega})$ 是 ω 的奇函数。

另外，若将 $x[n]$ 分解为奇、偶两部分，则分别对应频谱中的实部与虚部，即

$$\begin{array}{ccccc} x[n] & = & \mathscr{Ev}\{x[n]\} & + & \mathscr{Od}\{x[n]\} \\ \downarrow^{\mathscr{F}} & & \downarrow^{\mathscr{F}} & & \downarrow^{\mathscr{F}} \\ X(\mathrm{e}^{\mathrm{j}\omega}) & = & \mathscr{Re}\{X(\mathrm{e}^{\mathrm{j}\omega})\} & + & \mathrm{j}\mathscr{Im}\{X(\mathrm{e}^{\mathrm{j}\omega})\} \end{array} \tag{6.52}$$

例如，$x[n]$ 若为实、偶序列，那么其傅里叶变换也是实、偶函数。

6.3.9 帕塞瓦尔定理

若

$$x[n] \stackrel{\mathscr{F}}{\longleftrightarrow} X(\mathrm{e}^{\mathrm{j}\omega})$$

则

$$\sum_{n=-\infty}^{+\infty} |x[n]|^2 = \frac{1}{2\pi}\int_{-\pi}^{\pi} |X(\mathrm{e}^{\mathrm{j}\omega})|^2 \mathrm{d}\omega \tag{6.53}$$

式(6.53)左边是信号 $x[n]$ 的总能量。帕塞瓦尔定理表明这个总能量可以在离散频率的 2π 区间长度上通过对每单位频率上的能量 $|X(\mathrm{e}^{\mathrm{j}\omega})|^2/2\pi$ 积分来获得。$|X(\mathrm{e}^{\mathrm{j}\omega})|^2$ 称为信号 $x[n]$ 的能量密度谱。

6.4 对 偶 性

从前面的讨论中可以看到，连续时间傅里叶变换的分析公式和综合公式之间有某种对称性或对偶性存在。类似地，离散时间傅里叶级数的分析公式和综合公式之间以及离散时间傅里叶变换和连续傅里叶级数之间也存在一定的对偶关系，下面分别讨论。

6.4.1 离散时间傅里叶级数的对偶性

根据式(6.8)和式(6.9)，一个周期序列 $x[n]$ 的傅里叶级数系数 a_k 同样是一个周期序列，所以就能将 a_k 展开成傅里叶级数。

对于周期序列 $x[n]$，因为

$$x[n] \xleftrightarrow{\mathscr{FS}} a_k \tag{6.54}$$

所以有

$$a_k = \frac{1}{N}\sum_{n=<N>} x[n]\,\mathrm{e}^{-\mathrm{j}k(2\pi/N)n} = \sum_{n=<N>} \frac{1}{N}x[-n]\,\mathrm{e}^{\mathrm{j}k(2\pi/N)n} \tag{6.55}$$

式(6.55)说明 a_k 的傅里叶级数系数是 $\frac{1}{N}x[-n]$，也可表示成

$$a[n] = \sum_{k=<N>} \frac{1}{N}x[-k]\,\mathrm{e}^{\mathrm{j}k(2\pi/N)n} \tag{6.56}$$

即

$$a[n] \xleftrightarrow{\mathscr{FS}} \frac{1}{N}x[-k] \tag{6.57}$$

这一对偶性意味着：离散时间傅里叶级数的每个性质都有其对应的一个对偶关系存在。例如，时移与频移性质

$$x[n-n_0] \xleftrightarrow{\mathscr{FS}} a_k\mathrm{e}^{-\mathrm{j}k(2\pi/N)n_0} \tag{6.58}$$

$$\mathrm{e}^{\mathrm{j}M(2\pi/N)n}x[n] \xleftrightarrow{\mathscr{FS}} a_{k-M} \tag{6.59}$$

相乘与卷积性质

$$\sum_{r=<N>} x[r]y[n-r] \xleftrightarrow{\mathscr{FS}} Na_kb_k \tag{6.60}$$

$$x[n]y[n] \xleftrightarrow{\mathscr{FS}} \sum_{l=<N>} a_lb_{k-l} \tag{6.61}$$

与连续时间傅里叶变换类似，离散时间傅里叶级数的对偶性不仅反映在性质方面，而且体现在简化运算上。

【例 6.12】 求下面周期信号的傅里叶级数系数 a_k：

$$x[n] = \begin{cases} \dfrac{1}{9}\dfrac{\sin(5\pi n/9)}{\sin(\pi n/9)} & n \neq 9\text{的倍数} \\ \dfrac{5}{9} & n = 9\text{的倍数} \end{cases}$$

解 基波周期 $N=9$，基波频率 $\omega_0 = 2\pi/N = 2\pi/9$。直接求解比较烦琐。利用周期方波序列的傅里叶级数对

$$p[n] = \sum_{l=-\infty}^{+\infty}\{u[n+2-9l]-u[n-3-9l]\} \xleftrightarrow{\mathscr{FS}} b_k = \begin{cases} \dfrac{1}{9}\dfrac{\sin(5\pi k/9)}{\sin(\pi k/9)} & k \neq 9\text{的倍数} \\ \dfrac{5}{9} & k = 9\text{的倍数} \end{cases}$$

依据对偶性，可得 $a_k = \frac{1}{9}p[-k]$，即

$$a_k = \frac{1}{9}p[-k] = \frac{1}{9}\sum_{l=-\infty}^{+\infty}\{u[k+2-9l]-u[k-3-9l]\}$$

6.4.2 离散时间傅里叶变换与连续时间傅里叶级数

在离散时间傅里叶变换与连续时间傅里叶级数之间也存在着一种对偶性。为方便讨论，把两对公式重写如下

$$x[n] = \frac{1}{2\pi}\int_{2\pi}X(\mathrm{e}^{\mathrm{j}\omega})\,\mathrm{e}^{\mathrm{j}\omega n}\mathrm{d}\omega \tag{6.62}$$

$$X(\mathrm{e}^{\mathrm{j}\omega}) = \sum_{n=-\infty}^{+\infty}x[n]\mathrm{e}^{-\mathrm{j}\omega n} \tag{6.63}$$

$$x(t) = \sum_{k=-\infty}^{+\infty}a_k\mathrm{e}^{\mathrm{j}k\omega_0 t} \tag{6.64}$$

$$a_k = \frac{1}{T}\int_T x(t)\,\mathrm{e}^{-\mathrm{j}k\omega_0 t}\mathrm{d}t \tag{6.65}$$

式(6.62)和式(6.65)、式(6.63)和式(6.64)都是很类似的。

$X(\mathrm{e}^{\mathrm{j}\omega})$ 是周期为 2π 的频域周期函数，其对应的 $X(\mathrm{e}^{\mathrm{j}t})$ 是以 2π 为周期的时域周期函数，将其展开为连续时间傅里叶级数，注意到周期 $T=2\pi$，基波频率 $\omega_0 = 2\pi/T = 1$，于是有

$$X(\mathrm{e}^{\mathrm{j}t}) = \sum_{k=-\infty}^{+\infty}x[k]\mathrm{e}^{-\mathrm{j}tk} = \sum_{k=-\infty}^{+\infty}x[-k]\mathrm{e}^{\mathrm{j}tk} \tag{6.66}$$

即

$$X(\mathrm{e}^{\mathrm{j}t}) \xleftrightarrow{\mathscr{FS}} x[-k] \tag{6.67}$$

这就是离散时间傅里叶变换与连续时间傅里叶级数之间的对偶性。

这种对偶性首先体现在性质方面。例如，连续时间傅里叶级数的时域微分性质与离散时间傅里叶变换的频域微分性质

$$\frac{\mathrm{d}x(t)}{\mathrm{d}t} \xleftrightarrow{\mathscr{FS}} \mathrm{j}k\omega_0 a_k \tag{6.68}$$

$$-\mathrm{j}nx[n] \xleftrightarrow{\mathscr{F}} \frac{\mathrm{d}X(\mathrm{e}^{\mathrm{j}\omega})}{\mathrm{d}\omega} \tag{6.69}$$

还有连续时间傅里叶级数的卷积性质与离散时间傅里叶变换的相乘性质

$$x_1(t)\otimes x_1(t) \xleftrightarrow{\mathscr{FS}} Ta_k b_k \tag{6.70}$$

$$x_1[n]x_2[n] \xleftrightarrow{\mathscr{F}} \frac{1}{2\pi}X_1(\mathrm{e}^{\mathrm{j}\omega})\otimes X_2(\mathrm{e}^{\mathrm{j}\omega}) \tag{6.71}$$

图 6.21 总结了傅里叶级数与傅里叶变换在连续和离散两种情况下的对偶关系。可以看出，连续时间傅里叶变换的对偶性源于其时域与频域均是连续的、非周期的；离散时间傅里叶级数的对偶性源于其时域与频域的离散性和周期性；连续时间傅里叶级数与离散时间傅里叶变换之间的对偶性是因为它们时域和频域的特性刚好对称。

☞**注释：**对偶性是贯穿信号与系统分析的一个永恒主题，有助于各种变换的理解与分析。

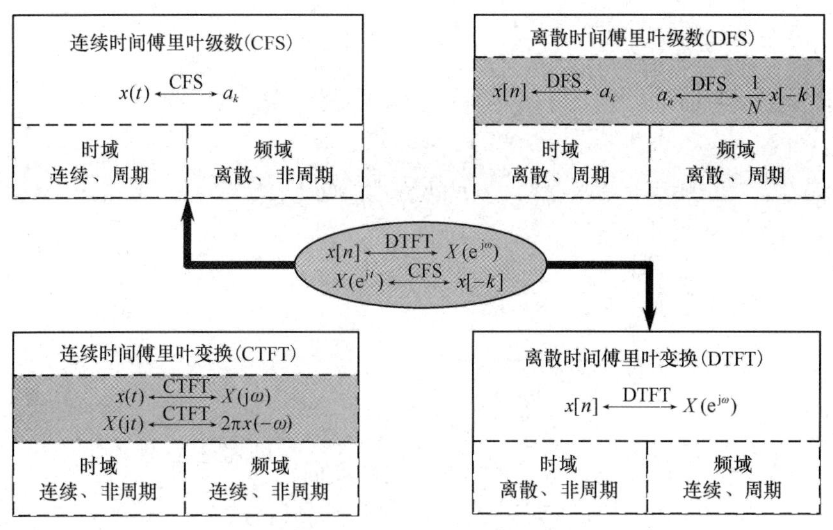

图 6.21　傅里叶级数与傅里叶变换的对偶性

6.5　利用 MATLAB 进行信号频域分析

6.5.1　计算离散时间周期信号的频谱

离散时间傅里叶级数是对离散时间周期信号的一种频域表示方法。对于基波周期为 N 的信号 $x[n]$，MATLAB 内部有两个非常高效的计算函数：fft()和 ifft()。若 $\boldsymbol{x}$ 是一个包含在单一周期 $0 \leqslant n \leqslant N-1$ 内的 $x[n]$ 的 N 点向量，那么 $x[n]$ 的离散傅里叶级数就能用 a=(1/N)*fft(x) 计算出，这里 N 点向量 $\boldsymbol{a}$ 包含 $0 \leqslant k \leqslant N-1$ 上的 a_k。反之，若已知向量 $\boldsymbol{a}$ 是一个包含在单一周期 $0 \leqslant k \leqslant N-1$ 内的傅里叶级数系数 a_k，就能用 x=N*ifft(a) 计算出时域序列 $x[n]$。函数 fft()和 ifft()的调用格式如下：

```
a=fft(x,N)
```

计算向量 x 的 N 点离散傅里叶变换，N 默认时函数自行按 x 的长度计算。

```
x=ifft(a,N)
```

计算向量 a 的 N 点离散傅里叶反变换。

【例 6.13】假设 $x[n]$ 是基波周期为 32 的对称矩形脉冲序列。该信号在一个周期内可以表示为

$$x[n]=\begin{cases}1 & n=0,1\\0 & \text{其他}\end{cases}$$

求 $x[n]$ 的傅里叶级数系数。

解　MATLAB 程序如下：

```
N=32;
x=[1 1 zeros(1,30)];
a=(1/N)*fft(x);
n=0:N-1;
figure(1);
subplot(3,2,3),stem(n,real(a),'.'); xlabel('k') ;ylabel(' Re(ak)');
```

```
subplot(3,2,4),stem(n,imag(a),'.'); xlabel('k') ;ylabel('Im(ak)');
subplot(3,2,5),stem(n,abs(a),'.'); xlabel('k') ;ylabel('|ak|'); title('幅频特性');
subplot(3,2,6),stem(n,angle(a),'.'); xlabel('k') ;ylabel('<ak'); title('相频特性');
x1=N*ifft(a);
subplot(3,2,1),stem(n, x1,'.'); xlabel('n') ;ylabel('x[n]')
```

结果示意图如图 6.22 所示。

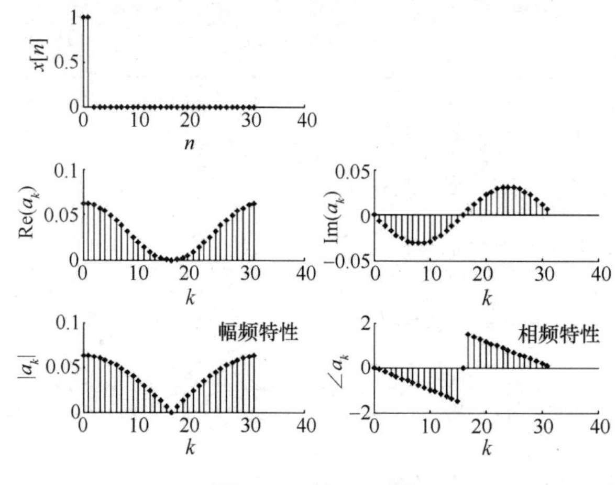

图 6.22　例 6.13 图

6.5.2　计算离散时间非周期信号的频谱

和连续时间傅里叶变换不同，离散时间傅里叶变换在频率上是周期的，周期为 2π，这意味着离散时间傅里叶变换仅在 ω 的 2π 范围内才是不同的，通常选 $-\pi \leqslant \omega < \pi$ 做主值区间。

利用 MATLAB 计算一个离散时间非周期信号 $x[n]$ 的傅里叶变换时，若 $x[n]$ 是无限长信号，那么要将它截短，使其成为一个有限长信号，因为只有有限长信号才能用 MATLAB 的向量表示。另外，$X(\mathrm{e}^{\mathrm{j}\omega})$ 定义在连续变量 ω 上，而 $X(\mathrm{e}^{\mathrm{j}\omega})$ 仅能在一组频率的离散样本上求值。如果频率样本选得足够多，那么这些频率样本上的值将逼近真正的 $X(\mathrm{e}^{\mathrm{j}\omega})$。

仍然利用函数 fft()进行计算。若 $\boldsymbol{x}$ 是一个包含在 $0 \leqslant n \leqslant M-1$ 上的 $x[n]$ 的 M 点向量，那么利用 X = fft(x,N)，$N \geqslant M$，计算出 $\boldsymbol{x}$ 的离散时间傅里叶变换在 N 个等分点上的样本值，并将这些样本值存入向量中。如果 $N < M$，那么函数 fft()就先将 $\boldsymbol{x}$ 截断并为它的前 N 个样本值，然后才计算离散时间傅里叶变换，这样得到的是不正确的傅里叶变换样本值。

由于离散时间傅里叶变换 $X(\mathrm{e}^{\mathrm{j}\omega})$ 是周期的，$k \geqslant N/2$ 的 $X(k)$ 就是在 $-\pi \leqslant \omega < 0$ 区间上的样本。如果将 $X(\mathrm{e}^{\mathrm{j}\omega})$ 样本重新排列成对应于 $-\pi \leqslant \omega < 0$ 区间，可以应用函数 fftshift()将向量 $\boldsymbol{x}$ 的前后进行交换。

【例 6.14】 求 $x[n] = u[n] - u[n-10]$ 的离散时间傅里叶变换。

解　MATLAB 程序如下：

```
x=[ones(1,10)];
N=1024;
w=linspace(-pi,pi,N);
```

```
X=fft(x,N);
subplot(2,1,1),plot(w/pi,abs(fftshift(X))); xlabel('\omega/\pi');ylabel('|X(e/\{j\omega})|');title('幅频特性');
subplot(2,1,2),plot(w/pi,angle(fftshift(X))); ;xlabel('\omega/\pi');ylabel('<X(e/\{j\omega})');title('相频特性');
```

结果示意图如图 6.23 所示。

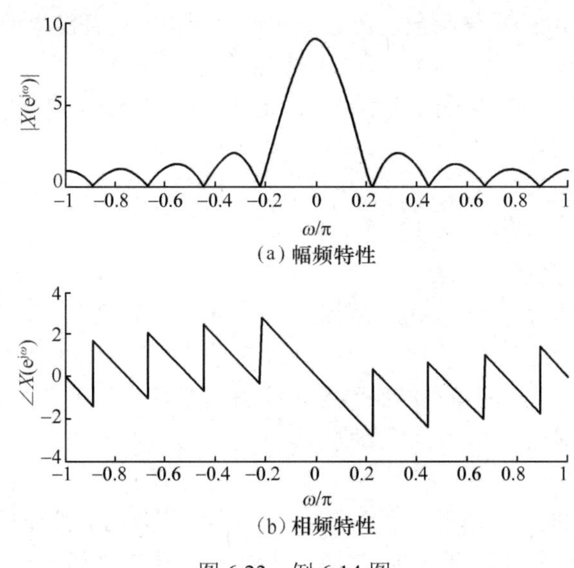

(a) 幅频特性

(b) 相频特性

图 6.23　例 6.14 图

6.6　本 章 小 结

1. 离散时间傅里叶级数

离散时间周期信号可以表示为 $\{e^{jk\omega_0 n}\}$ 的线性组合，称为离散时间周期信号的傅里叶级数表示，即

$$x[n]=\sum_{k=\langle N\rangle} a_k e^{jk\omega_0 n}=\sum_{k=\langle N\rangle} a_k e^{jk(2\pi/N)n}$$

$$a_k=\frac{1}{N}\sum_{n=\langle N\rangle} x[n]e^{-jk\omega_0 n}=\frac{1}{N}\sum_{n=\langle N\rangle} x[n]e^{-jk(2\pi/N)n}$$

离散时间傅里叶级数系数 a_k 具有周期性，以 k 为自变量时，基波周期为 N，以 ω 为自变量时，基波周期为 2π。而且 π 的偶数倍附近对应低频分量，π 的奇数倍附近对应高频分量。

不失一般性，由方波序列频谱可得出离散时间周期信号的频谱，该频谱依然具有离散性、谐波性、收敛性的特点，并且谱线间隔与周期 N 成反比，时宽与频宽成反比。与连续情况唯一不同之处在于频谱具有周期性。

类似于连续时间傅里叶级数与傅里叶变换，离散时间傅里叶级数的性质也有助于时域与频域关系的理解和求解。可以与连续时间傅里叶级数性质对比着来理解与运用。

2. 离散时间傅里叶变换

当周期信号的周期无穷大时，可以从其傅里叶级数导出非周期信号的傅里叶变换。而周期信号本身也可以用傅里叶变换来表示。傅里叶变换关系对为

$$x[n]=\frac{1}{2\pi}\int_{2\pi}X(\mathrm{e}^{\mathrm{j}\omega})\,\mathrm{e}^{\mathrm{j}\omega n}\mathrm{d}\omega$$

$$X(\mathrm{e}^{\mathrm{j}\omega})=\sum_{n=-\infty}^{+\infty}x[n]\mathrm{e}^{-\mathrm{j}\omega n}$$

$X(\mathrm{e}^{\mathrm{j}\omega})$ 也被称为 $x[n]$ 的频谱函数，它是 ω 的连续函数，而且是周期为 2π 的周期函数。离散傅里叶变换适用于能量有限的信号。与连续情况类似，离散时间周期信号的频谱是对应的非周期信号频谱的样本，非周期信号的频谱是对应的周期信号频谱的包络。同时，周期序列也可以统一到傅里叶变换框架中。

单边指数信号、双边指数信号、单位冲激信号、抽样序列、矩形序列等常见信号的傅里叶变换对有助于理解傅里叶变换的物理概念。

3. 离散时间傅里叶变换的性质

与连续时间傅里叶变换一样，离散时间傅里叶变换具有很多重要的性质，它们之间有很多相似之处，也有若干不同之处。学习过程中，可以对比连续时间傅里叶变换与离散傅里叶级数的相应性质。例如，与连续时间傅里叶级数与傅里叶变换最大的区别在于其频谱的周期性，差分、累加可类似于连续情况的微积分，等等。

4. 对偶性

总结连续时间和离散时间的傅里叶级数与傅里叶变换，发现对偶性经常体现在变换内部和变换之间。连续时间傅里叶变换、离散时间傅里叶级数内部自身具有对偶性，离散时间傅里叶变换和连续时间傅里叶级数之间存在一定的对偶关系。连续时间傅里叶变换的对偶性源于其时域与频域均是连续的、非周期的；离散时间傅里叶级数的对偶性源于时域与频域的离散性和周期性；连续时间傅里叶级数与离散时间傅里叶变换之间的对偶性是因为它们时域与频域的特性刚好对称。

对偶性体现在性质和变换对两个方面，不仅有利于性质的理解与记忆，同时大大简化运算，甚至解决了无法直接计算获得结果的问题，再次揭示出对偶性是贯穿信号与系统分析的一个永恒主题。

习　题　6

6.1　一个离散时间实周期信号 $x[n]$，基波周期为 $N=5$，$x[n]$ 的非零傅里叶级数系数为

$$a_0=1,\qquad a_2=a_{-2}^*=\mathrm{e}^{\mathrm{j}\frac{\pi}{6}},\qquad a_4=a_{-4}^*=2\mathrm{e}^{\mathrm{j}\frac{\pi}{3}}$$

将 $x[n]$ 表示为 $x[n]=A_0+\sum_{k=1}^{+\infty}A_k\sin(k\omega_0 n+\varphi_k)$ 的形式。

6.2　计算离散时间信号 $x[n]=\sum_{m=-\infty}^{+\infty}\{4\delta[n-4m]+8\delta[n-1-4m]\}$ 的傅里叶级数系数。

6.3　离散时间信号 $x[n]$ 是一个奇对称的实周期信号，基波周期为 $N=7$，傅里叶级数系数为 a_k，已知

$$a_{15}=\mathrm{j},\qquad a_{16}=2\mathrm{j},\qquad a_{17}=3\mathrm{j}$$

确定 a_0、a_{-1}、a_{-2} 与 a_{-3} 的值。

6.4　周期序列 $x_1[n]$ 与 $x_2[n]$ 具有公共的周期 $N=4$，傅里叶级数系数分别为 a_k 与 b_k，其中

$$a_0=a_3=\frac{1}{2}a_1=\frac{1}{2}a_2=1,\qquad b_0=b_1=b_2=b_3=1$$

确定 $g[n]=x_1[n]x_2[n]$ 的傅里叶级数系数 c_k。

6.5　考虑 3 个基波周期为 $N=6$ 的离散时间周期信号：

$$x[n]=1+\cos(2\pi n/6)\text{，}\qquad y[n]=\sin(2\pi n/6+\pi/4)\text{，}\qquad z[n]=x[n]y[n]$$

(1) 求 $x[n]$ 的傅里叶级数系数 a_k。　　(2) 求 $y[n]$ 的傅里叶级数系数 b_k。

(3) 利用离散时间傅里叶级数的相乘性质，求 $z[n]$ 的傅里叶级数系数 c_k。

(4) 直接求 $z[n]$ 的傅里叶级数系数 c_k。

6.6　求下列周期信号 $x[n]$ 的傅里叶级数表示：

(1) $x[n]=\sin(2\pi n/3)\cos(\pi n/2)$

(2) $x[n]=1-\sin(\pi n/4)$, $0\leqslant n\leqslant 3$，且基波周期为 $N=4$

(3) $x[n]=1-\sin(\pi n/4)$, $0\leqslant n\leqslant 11$，且基波周期为 $N=12$

(4) $x[n]$ 如图 P6.1(a)所示　　(5) $x[n]$ 如图 P6.1(b)所示　　(6) $x[n]$ 如图 P6.1(c)所示

6.7　下面给出基波周期为 $N=8$ 的离散时间信号的傅里叶级数系数，求 $x[n]$。

(1) $a_k=\cos(k\pi/4)+\sin(3k\pi/4)$　　(2) $a_k=\begin{cases}\sin(k\pi/3) & 0\leqslant k\leqslant 6\\ 0 & k=7\end{cases}$

(3) a_k 如图 P6.2(a)所示　　(4) a_k 如图 P6.2(b)所示

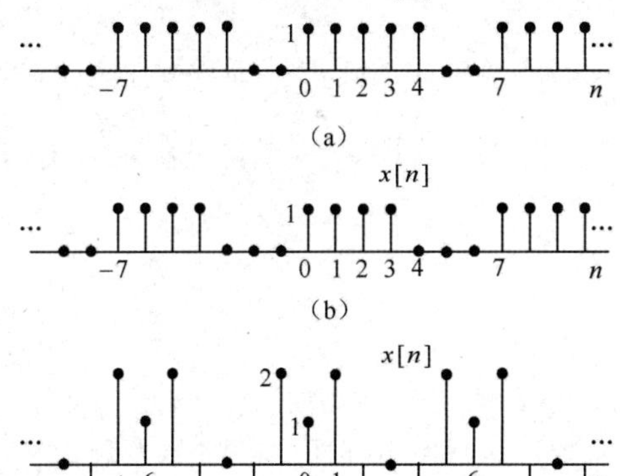

图 P6.1

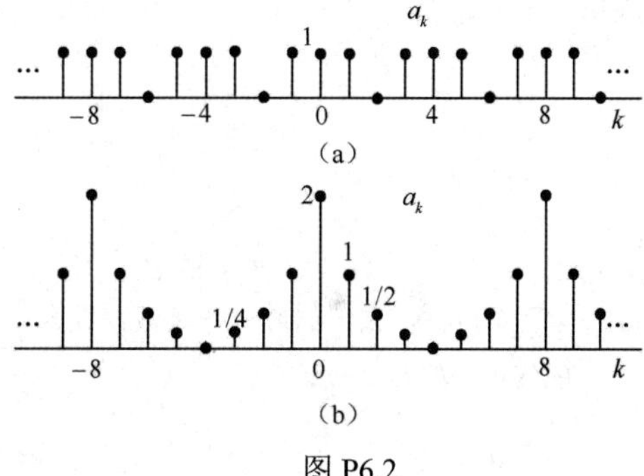

图 P6.2

6.8　考虑一个基波周期为 $N=10$ 的周期信号：

$$x[n]=\begin{cases}1 & 0\leqslant k\leqslant 7\\ 0 & 8\leqslant k\leqslant 9\end{cases}$$

傅里叶级数系数为 a_k，令 $g[n]=x[n]-x[n-1]$。

(1) 证明 $g[n]$ 的基波周期也为 10。　　(2) 求 $g[n]$ 的傅里叶级数系数 b_k。

(3) 利用傅里叶级数的一次差分性质求 a_k。

6.9　利用傅里叶变换公式，计算下列傅里叶变换，并粗略画出一个周期的幅频特性。

(1) $x[n]=(1/2)^{n-1}u[n-1]$　　(2) $x[n]=(1/2)^{|n-1|}$

6.10　利用傅里叶变换公式，计算下列傅里叶变换，并粗略画出一个周期的幅频特性。

(1) $x[n]=\delta[n-1]+\delta[n+1]$　　(2) $x[n]=\delta[n+2]-\delta[n-2]$

6.11　计算下列周期信号的傅里叶变换。

(1) $x[n]=\sin[\pi n/3+\pi/4]$　　(2) $x[n]=2+\cos[\pi n/6+\pi/8]$

6.12　利用傅里叶反变换公式，计算下列信号的傅里叶反变换。

(1) $X(\mathrm{e}^{\mathrm{j}\omega})=\sum_{k=-\infty}^{+\infty}\{2\pi\delta(\omega-2\pi k)+\pi\delta(\omega-\pi/2-2\pi k)+\pi\delta(\omega+\pi/2-2\pi k)\}$

(2) $X(\mathrm{e}^{\mathrm{j}\omega})=\begin{cases}2\mathrm{j} & 0<\omega\leqslant\pi\\ -2\mathrm{j} & -\pi<\omega\leqslant 0\end{cases}$

6.13 利用傅里叶反变换公式，计算 $X(\mathrm{e}^{\mathrm{j}\omega})$ 的傅里叶反变换，其中

$$|X(\mathrm{e}^{\mathrm{j}\omega})|=\begin{cases}1 & 0\leqslant|\omega|<\dfrac{\pi}{4}\\ 0 & \dfrac{\pi}{4}\leqslant|\omega|\leqslant\pi\end{cases},\quad \angle X(\mathrm{e}^{\mathrm{j}\omega})=-\frac{3}{2}\omega$$

6.14 已知 $x[n]$ 的傅里叶变换为 $X(\mathrm{e}^{\mathrm{j}\omega})$，用 $X(\mathrm{e}^{\mathrm{j}\omega})$ 表示下列信号的傅里叶变换。

(1) $x_1[n]=x[1-n]+x[-1-n]$ (2) $x_2[n]=\dfrac{x^*[-n]+x[n]}{2}$ (3) $x_3[n]=(n-1)^2x[n]$

6.15 利用傅里叶变换性质，求 $X(\mathrm{e}^{\mathrm{j}\omega})$ 的傅里叶反变换 $x[n]$，且：

$$X(\mathrm{e}^{\mathrm{j}\omega})=\frac{1}{1-\mathrm{e}^{-\mathrm{j}\omega}}\left(\frac{\sin(3\omega/2)}{\sin(\omega/2)}\right)+5\pi\delta(\omega),\ -\pi<\omega\leqslant\pi$$

6.16 利用傅里叶变换公式与性质，计算 $A=\sum_{n=0}^{\infty}n(1/2)^n$。

6.17 设 $X(\mathrm{e}^{\mathrm{j}\omega})$ 的反变换为 $x[n]=\left(\dfrac{\sin\omega_{\mathrm{c}}n}{\pi n}\right)^2$，其中 $0<\omega_{\mathrm{c}}<\pi$。确定 ω_{c} 的值，以保证 $X(\mathrm{e}^{\mathrm{j}\pi})=1/2$。

6.18 信号 $x[n]=g[n]q[n]$，其中 $g[n]$ 具有 $a^nu[n]$ 的形式，$q[n]$ 是基波周期为 N 的周期信号，$x[n]$ 的傅里叶变换是

$$X(\mathrm{e}^{\mathrm{j}\omega})=\sum_{k=0}^{3}\frac{(1/2)^k}{1-\dfrac{1}{4}\mathrm{e}^{-\mathrm{j}\left(\omega-\frac{\pi}{2}k\right)}}$$

(1) 确定 a 值。 (2) 确定 N 值。 (3) 判断 $x[n]$ 是否为实序列。

6.19 已知 $x[n]=(-1)^n$ 的傅里叶级数系数为 a_k，其基波周期为 2。利用对偶性，求基波周期为 2 的信号 $g[n]=a_n$ 的傅里叶级数系数 b_k。

6.20 已知 $x[n]=a^{|n|}$，$|a|<1$ 的傅里叶变换为 $X(\mathrm{e}^{\mathrm{j}\omega})=\dfrac{1-a^2}{1-2a\cos\omega+a^2}$，利用对偶性，求基波周期为 1 的连续时间周期信号 $x(t)=\dfrac{1}{5-4\cos(2\pi t)}$ 的傅里叶级数系数 a_k。

6.21 确定下列信号的傅里叶变换：

(1) $x[n]=u[n-2]-u[n-6]$ (2) $x[n]=(1/2)^{-n}u[-n-1]$

(3) $x[n]=(1/3)^{|n|}u[-n-2]$ (4) $x[n]=2^n\sin(\pi n/4)u[-n]$

(5) $x[n]=(1/2)^{|n|}\cos[\pi n/8-\pi/8]$ (6) $x[n]=n\{u[n+3]-u[n-3]\}$

(7) $x[n]=\sin(\pi n/2)+\cos n$ (8) $x[n]=\sin(5\pi n/3)+\cos(7\pi n/3)$

(9) $x[n]=(n-1)(1/3)^{|n|}$ (10) $x[n]=\dfrac{\sin(\pi n/5)}{\pi n}\cos(7\pi n/2)$

6.22 确定下列频谱函数的傅里叶反变换：

(1) $X(\mathrm{e}^{\mathrm{j}\omega})=\dfrac{\mathrm{e}^{-\mathrm{j}\omega}-\dfrac{1}{5}}{1-\dfrac{1}{5}\mathrm{e}^{-\mathrm{j}\omega}}$ (2) $X(\mathrm{e}^{\mathrm{j}\omega})=\begin{cases}1 & \dfrac{\pi}{4}\leqslant|\omega|\leqslant\dfrac{3\pi}{4}\\ 0 & 0\leqslant|\omega|\leqslant\dfrac{\pi}{4},\dfrac{3\pi}{4}\leqslant|\omega|\leqslant\pi\end{cases}$

(3) $X(e^{j\omega})=\dfrac{1-\left(\dfrac{1}{3}\right)^6 e^{-6j\omega}}{1-\dfrac{1}{3}e^{-j\omega}}$

(4) $X(e^{j\omega})=\dfrac{1-\dfrac{1}{3}e^{-j\omega}}{1-\dfrac{1}{4}e^{-j\omega}-\dfrac{1}{8}e^{-2j\omega}}$

(5) $X(e^{j\omega})=\cos^2\omega+\sin^2(3\omega)$

(6) $X(e^{j\omega})=1+3e^{-j\omega}+2e^{-2j\omega}-4e^{-3j\omega}+e^{-10j\omega}$

(7) $X(e^{j\omega})=e^{-j\omega/2}$，$|\omega|\le\pi$

(8) $X(e^{j\omega})=\sum\limits_{k=-\infty}^{+\infty}(-1)^k\delta(\omega-k\pi/2)$

6.23　图 P6.3 所示信号 $x[n]$ 的傅里叶变换为 $X(e^{j\omega})$，不经求出 $X(e^{j\omega})$ 完成下列计算：

(1) 求 $X(e^{j0})$

(2) 求 $X(e^{j\pi})$

(3) 求 $\angle X(e^{j\omega})$

(4) 求 $\int_{-\pi}^{\pi}X(e^{j\omega})d\omega$

(5) 求 $\int_{-\pi}^{\pi}|X(e^{j\omega})|^2 d\omega$

(6) 求 $\int_{-\pi}^{\pi}\left|\dfrac{dX(e^{j\omega})}{d\omega}\right|^2 d\omega$

(7) 计算并画出傅里叶变换为 $P(e^{j\omega})=\mathscr{Re}\{X(e^{j\omega})\}$ 的信号 $p[n]$。

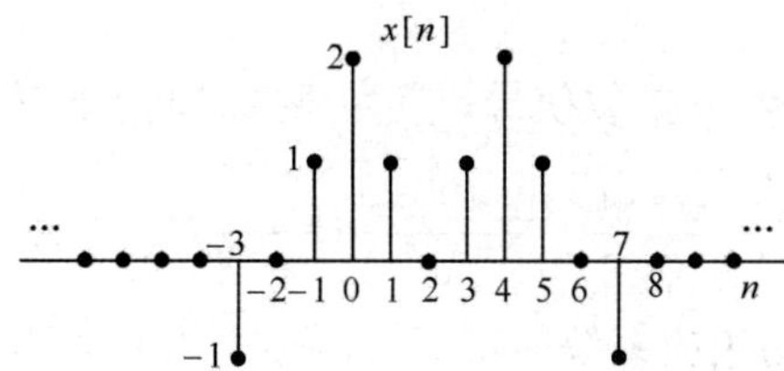

图 P6.3

第 7 章　离散时间 LTI 系统的频域分析

内容提要　本章在前述离散时间傅里叶变换基础上引出离散时间 LTI 系统的频域分析方法，再次强调频率响应在 LTI 系统分析与表征中的重要性。

第 5 章利用系统的频率响应 $H(\mathrm{j}\omega)$ 对稳定的连续时间 LTI 系统进行了频域表征与频域分析，这是对系统时域分析的有力补充。稳定的离散时间 LTI 系统也具备类似的表征与分析方法。

7.1　离散时间 LTI 系统的频率响应

类似于连续时间信号 $\mathrm{e}^{\mathrm{j}\omega t}$，复指数信号 $\mathrm{e}^{\mathrm{j}\omega n}$ 为离散时间 LTI 系统的特征函数，即

$$\mathrm{e}^{\mathrm{j}\omega n} \xrightarrow{\text{离散时间LTI系统冲激响应}h[n]} H(\mathrm{e}^{\mathrm{j}\omega})\mathrm{e}^{\mathrm{j}\omega n} \tag{7.1}$$

式中，$H(\mathrm{e}^{\mathrm{j}\omega}) = \sum\limits_{k=-\infty}^{+\infty} h[k]\mathrm{e}^{-\mathrm{j}k\omega}$ 为相应系统的特征值，同时也称为离散时间 LTI 系统的频率响应。

容易看出，$H(\mathrm{e}^{\mathrm{j}\omega})$ 正是离散时间 LTI 系统冲激响应 $h[n]$ 的傅里叶变换。由于要求 $h[n]$ 绝对可和，即

$$\sum_{k=-\infty}^{+\infty} |h[k]| < \infty \tag{7.2}$$

因此，频率响应 $H(\mathrm{e}^{\mathrm{j}\omega})$ 主要用于表征稳定的离散时间 LTI 系统。

第 6 章已经将大部分离散时间信号分解为 $\mathrm{e}^{\mathrm{j}\omega n}$ 的线性组合，即

$$x[n] = \frac{1}{2\pi}\int_{2\pi} X(\mathrm{e}^{\mathrm{j}\omega})\mathrm{e}^{\mathrm{j}\omega n}\mathrm{d}\omega \tag{7.3}$$

根据式(7.1)，利用 LTI 系统的线性性质，系统的输出为

$$y[n] = \frac{1}{2\pi}\int_{2\pi} X(\mathrm{e}^{\mathrm{j}\omega})H(\mathrm{e}^{\mathrm{j}\omega})\mathrm{e}^{\mathrm{j}\omega n}\mathrm{d}\,\omega = \mathscr{F}^{-1}\{X(\mathrm{e}^{\mathrm{j}\omega})H(\mathrm{e}^{\mathrm{j}\omega})\} \tag{7.4}$$

此外，根据 LTI 系统的时域分析法，忽略初始状态，$x[n]$ 通过冲激响应为 $h[n]$ 的 LTI 系统所获得的响应 $y[n]$ 可以表示为 $y[n] = x[n] * h[n]$，利用离散时间傅里叶变换的卷积性质，有

$$Y(\mathrm{e}^{\mathrm{j}\omega}) = X(\mathrm{e}^{\mathrm{j}\omega}) \cdot H(\mathrm{e}^{\mathrm{j}\omega}) \tag{7.5}$$

等价于式(7.4)。该式为离散时间 LTI 系统进行频域分析的基本公式。

$H(\mathrm{e}^{\mathrm{j}\omega})$ 一般是 ω 的连续频率周期函数，而且是复函数，即

$$H(\mathrm{e}^{\mathrm{j}\omega}) = |H(\mathrm{e}^{\mathrm{j}\omega})|\,\mathrm{e}^{\mathrm{j}\angle H(\mathrm{e}^{\mathrm{j}\omega})} \tag{7.6}$$

$|H(\mathrm{e}^{\mathrm{j}\omega})|$ 与 $\angle H(\mathrm{e}^{\mathrm{j}\omega})$ 分别称为系统的幅频特性与相频特性。

☞**注释：** 类似于连续情况，频率响应的作用就是对某一频率为 ω 的输入信号，使其幅值变为原来的 $|H(\mathrm{e}^{\mathrm{j}\omega})|$ 倍，相位偏移 $\angle H(\mathrm{e}^{\mathrm{j}\omega})$。

7.1.1 常见离散时间 LTI 系统的频率响应

冲激响应 $h[n]$ 可以完全表征离散时间 LTI 系统，作为与其一一对应的傅里叶变换 $H(\mathrm{e}^{\mathrm{j}\omega})$，也能够方便地表示 LTI 系统，而且在滤波特性表示方面更胜一筹。

下面考察一些常见的离散时间 LTI 系统。

1. 恒等系统

系统输入/输出时域关系为 $y[n]=x[n]$，冲激响应 $h[n]=\delta[n]$，频率响应为 $H(\mathrm{e}^{\mathrm{j}\omega})=1$，频域关系为 $Y(\mathrm{e}^{\mathrm{j}\omega})=X(\mathrm{e}^{\mathrm{j}\omega})$，即输入信号的所有频率分量均无失真地通过。

2. 时移系统

系统输入/输出时域关系为 $y[n]=x[n-n_0]$，冲激响应 $h[n]=\delta[n-n_0]$，频率响应为 $H(\mathrm{e}^{\mathrm{j}\omega})=\mathrm{e}^{-\mathrm{j}\omega n_0}$，频域关系为 $Y(\mathrm{e}^{\mathrm{j}\omega})=X(\mathrm{e}^{\mathrm{j}\omega})\mathrm{e}^{-\mathrm{j}\omega n_0}$，即输入信号的各频率分量通过此系统后，幅值保持不变，相位产生了线性相移。

3. 一次差分单元

系统输入/输出时域关系为 $y[n]=x[n]-x[n-1]$，冲激响应 $h[n]=\delta[n]-\delta[n-1]$，频率响应为 $H(\mathrm{e}^{\mathrm{j}\omega})=1-\mathrm{e}^{-\mathrm{j}\omega}$，频域关系为 $Y(\mathrm{e}^{\mathrm{j}\omega})=(1-\mathrm{e}^{-\mathrm{j}\omega})X(\mathrm{e}^{\mathrm{j}\omega})$，即输入信号的各频率分量通过此系统后，幅值乘以$(1-\mathrm{e}^{-\mathrm{j}\omega})$，频率越高，幅值增强越明显，直流分量直接为 0。

4. 累加器

系统输入/输出时域关系为 $y[n]=\sum\limits_{m=-\infty}^{n}x[m]$，冲激响应 $h[n]=u[n]$，频率响应为 $H(\mathrm{e}^{\mathrm{j}\omega})=\dfrac{1}{1-\mathrm{e}^{-\mathrm{j}\omega}}+\sum\limits_{k=-\infty}^{+\infty}\pi\delta(\omega-2\pi k)$，频域关系为 $Y(\mathrm{e}^{\mathrm{j}\omega})=X(\mathrm{e}^{\mathrm{j}\omega})\dfrac{1}{1-\mathrm{e}^{-\mathrm{j}\omega}}+\sum\limits_{k=-\infty}^{+\infty}\pi X(\mathrm{e}^{\mathrm{j}0})\delta(\omega-2\pi k)$，即输入信号的各频率分量通过此系统后，幅值除以$(1-\mathrm{e}^{-\mathrm{j}\omega})$，频率越高，幅值减弱越明显。若输入信号含有非零直流分量，输出信号会在直流位置形成冲激。

5. 理想低通滤波器

频率响应（2π 频率范围内）为 $H(\mathrm{e}^{\mathrm{j}\omega})=\begin{cases}1 & |\omega|<\omega_{\mathrm{c}}\\ 0 & \omega_{\mathrm{c}}<|\omega|<\pi\end{cases}$，系统输入/输出频域关系为 $Y(\mathrm{e}^{\mathrm{j}\omega})=\begin{cases}X(\mathrm{e}^{\mathrm{j}\omega}) & |\omega|<\omega_{\mathrm{c}}\\ 0 & \omega_{\mathrm{c}}<|\omega|<\pi\end{cases}$，即只允许输入信号中 $|\omega|<\omega_{\mathrm{c}}$ 的低频分量无失真地通过，而 $|\omega|>\omega_{\mathrm{c}}$ 的高频分量完全被抑制。

7.1.2 频率响应与线性常系数差分方程

一般地，表征 LTI 系统的线性常系数差分方程的通式如下

$$\sum_{k=0}^{N}a_k y[n-k]=\sum_{k=0}^{M}b_k x[n-k] \tag{7.7}$$

两边同时做傅里叶变换，得

$$\sum_{k=0}^{N}a_k\,\mathrm{e}^{-\mathrm{j}\omega k}\,Y(\mathrm{e}^{\mathrm{j}\omega})=\sum_{k=0}^{M}b_k\,\mathrm{e}^{-\mathrm{j}\omega k}\,X(\mathrm{e}^{\mathrm{j}\omega}) \tag{7.8}$$

则频率响应为

$$H(\mathrm{e}^{\mathrm{j}\omega}) = \frac{Y(\mathrm{e}^{\mathrm{j}\omega})}{X(\mathrm{e}^{\mathrm{j}\omega})} = \frac{\sum_{k=0}^{M} b_k \mathrm{e}^{-\mathrm{j}\omega k}}{\sum_{k=0}^{N} a_k \mathrm{e}^{-\mathrm{j}\omega k}} \tag{7.9}$$

【例 7.1】 求 $y[n]-\frac{3}{4}y[n-1]+\frac{1}{8}y[n-2]=2x[n]$ 所表征稳定 LTI 系统的频率响应 $H(\mathrm{e}^{\mathrm{j}\omega})$ 与冲激响应 $h[n]$。

解 对差分方程两边同时做傅里叶变换，得频率响应

$$H(\mathrm{e}^{\mathrm{j}\omega}) = \frac{Y(\mathrm{e}^{\mathrm{j}\omega})}{X(\mathrm{e}^{\mathrm{j}\omega})} = \frac{2}{1-\frac{3}{4}\mathrm{e}^{-\mathrm{j}\omega}+\frac{1}{8}\mathrm{e}^{-\mathrm{j}2\omega}}$$

采用部分分式展开法，得

$$H(\mathrm{e}^{\mathrm{j}\omega}) = \frac{2}{\left(1-\frac{1}{2}\mathrm{e}^{-\mathrm{j}\omega}\right)\left(1-\frac{1}{4}\mathrm{e}^{-\mathrm{j}\omega}\right)} = \frac{4}{1-\frac{1}{2}\mathrm{e}^{-\mathrm{j}\omega}} - \frac{2}{1-\frac{1}{4}\mathrm{e}^{-\mathrm{j}\omega}}$$

通过傅里叶反变换得冲激响应

$$h[n] = 4\left(\frac{1}{2}\right)^n u[n] - 2\left(\frac{1}{4}\right)^n u[n]$$

☞**注释**：稳定 LTI 系统的频率响应与冲激响应、线性常系数差分方程这 3 种表征方法可以相互转换。

7.1.3 频率响应与系统互联

离散时间 LTI 系统互联过程中频率响应的等效变换关系基本类似于连续时间的情况。

1. 级联

LTI 系统的级联可以用一个单独的 LTI 系统来替代，而该系统的冲激响应为级联中各个子系统冲激响应的卷积，即图 7.1(a)与(b)的系统是等效的。若系统 S_1 与 S_2 均是稳定的，其频率响应 $H_1(\mathrm{e}^{\mathrm{j}\omega})$ 与 $H_2(\mathrm{e}^{\mathrm{j}\omega})$ 均存在，图 7.1(c)与(d)的系统是其等效的频域表示。

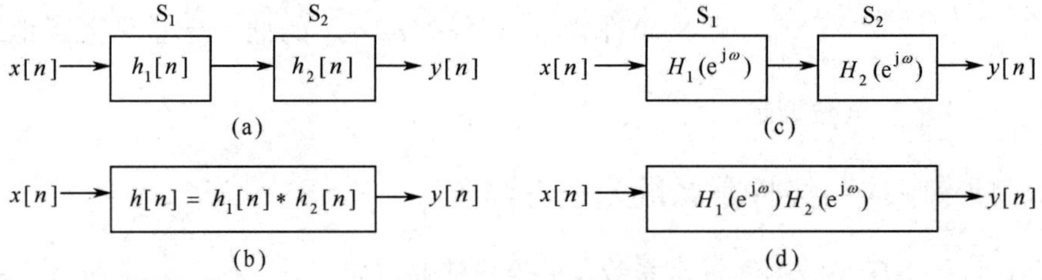

图 7.1 LTI 系统的级联与频率响应

例 7.1 中，频率响应可表示为

$$H(\mathrm{e}^{\mathrm{j}\omega}) = \frac{2}{1-\frac{1}{2}\mathrm{e}^{-\mathrm{j}\omega}} \cdot \frac{1}{1-\frac{1}{4}\mathrm{e}^{-\mathrm{j}\omega}}$$

则这个二阶系统可以等效为两个一阶系统的级联，两个一阶系统的频率响应分别为

$H_1(\mathrm{e}^{\mathrm{j}\omega})=2/\left(1-\dfrac{1}{2}\mathrm{e}^{-\mathrm{j}\omega}\right)$与$H_2(\mathrm{e}^{\mathrm{j}\omega})=1/\left(1-\dfrac{1}{4}\mathrm{e}^{-\mathrm{j}\omega}\right)$。当然，分解形式不唯一。

在研究冲激响应为$h_1[n]$的 LTI 系统的逆系统时，往往假设逆系统的冲激响应为$h_2[n]$，两个系统级联后构成恒等系统，即要求满足

$$h_1[n]*h_2[n]=\delta[n] \tag{7.10}$$

求解$h_2[n]$涉及反卷积的问题，比较烦琐。根据系统级联的频率响应关系，则逆系统的频率响应为

$$H_2(\mathrm{e}^{\mathrm{j}\omega})=\frac{1}{H_1(\mathrm{e}^{\mathrm{j}\omega})} \tag{7.11}$$

进一步通过傅里叶反变换即可求得逆系统的冲激响应$h_2[n]$。

2. 并联

LTI 系统的并联也可以用一个单独的 LTI 系统来替代，而该系统的冲激响应为并联中各个子系统冲激响应的和，即图 7.2(a)与(b)的系统是等效的。若系统S_1与S_2均是稳定的，其频率响应$H_1(\mathrm{e}^{\mathrm{j}\omega})$与$H_2(\mathrm{e}^{\mathrm{j}\omega})$均存在，图 7.2(c)与(d)的系统是其等效的频域表示。

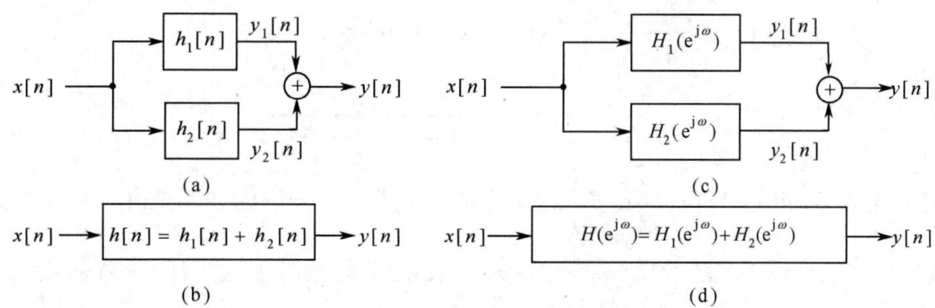

图7.2　LTI系统的并联与频率响应

例 7.1 中，频率响应可表示为

$$H(\mathrm{e}^{\mathrm{j}\omega})=\frac{4}{1-\dfrac{1}{2}\mathrm{e}^{-\mathrm{j}\omega}}-\frac{2}{1-\dfrac{1}{4}\mathrm{e}^{-\mathrm{j}\omega}}$$

则这个二阶系统可以等效为两个一阶系统的并联，两个一阶系统的频率响应分别为$H_1(\mathrm{e}^{\mathrm{j}\omega})=4/\left(1-\dfrac{1}{2}\mathrm{e}^{-\mathrm{j}\omega}\right)$与$H_2(\mathrm{e}^{\mathrm{j}\omega})=-2/\left(1-\dfrac{1}{4}\mathrm{e}^{-\mathrm{j}\omega}\right)$。

3. 反馈连接

LTI 系统S_1与S_2反馈连接，如图 7.3(a)所示，若两个系统均是稳定的，其频率响应$H_1(\mathrm{e}^{\mathrm{j}\omega})$与$H_2(\mathrm{e}^{\mathrm{j}\omega})$均存在，可用频域表示，如图 7.3(b)所示，即

$$Y(\mathrm{e}^{\mathrm{j}\omega})=\{X(\mathrm{e}^{\mathrm{j}\omega})-Y(\mathrm{e}^{\mathrm{j}\omega})H_2(\mathrm{e}^{\mathrm{j}\omega})\}\cdot H_1(\mathrm{e}^{\mathrm{j}\omega}) \tag{7.12}$$

如果希望用一个单独的 LTI 系统来替代，则可以推导出该系统的频率响应$H(\mathrm{e}^{\mathrm{j}\omega})$为

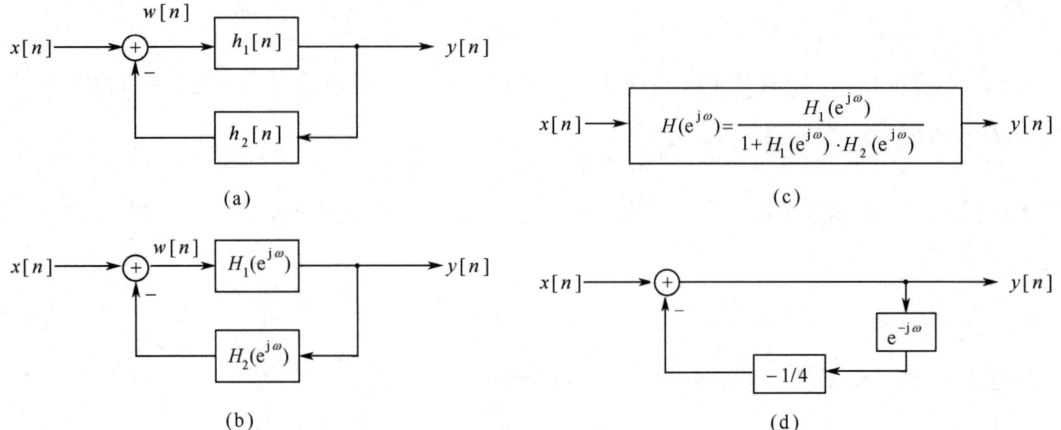

图7.3　LTI系统的反馈连接与频率响应

$$H(\mathrm{e}^{\mathrm{j}\omega})=\frac{Y(\mathrm{e}^{\mathrm{j}\omega})}{X(\mathrm{e}^{\mathrm{j}\omega})}=\frac{H_1(\mathrm{e}^{\mathrm{j}\omega})}{1+H_1(\mathrm{e}^{\mathrm{j}\omega})\cdot H_2(\mathrm{e}^{\mathrm{j}\omega})} \tag{7.13}$$

因此，图 7.3(c)与(b)的系统是等效的。

例如，$H(\mathrm{e}^{\mathrm{j}\omega})=1/\left(1-\frac{1}{4}\mathrm{e}^{-\mathrm{j}\omega}\right)$可转化为式(7.13)的形式，即

$$H(\mathrm{e}^{\mathrm{j}\omega})=\frac{1}{1+1\cdot\mathrm{e}^{-\mathrm{j}\omega}\cdot(-1/4)}$$

则频率响应为$H(\mathrm{e}^{\mathrm{j}\omega})=1/\left(1-\frac{1}{4}\mathrm{e}^{-\mathrm{j}\omega}\right)$的一阶系统可进一步分解为如图 7.3(d)所示的反馈连接形式，其中，$H_1(\mathrm{e}^{\mathrm{j}\omega})=1$，$H_2(\mathrm{e}^{\mathrm{j}\omega})=\mathrm{e}^{-\mathrm{j}\omega}$为图 1.7(c)的单位延时单元，$H_3(\mathrm{e}^{\mathrm{j}\omega})=-1/4$为图 1.7(b)的数乘单元。

7.2　用傅里叶变换分析离散时间 LTI 系统

式(7.5)是利用傅里叶变换对离散时间 LTI 系统进行频域分析的基本公式，具体过程如下：

$$\begin{array}{ccccc} y[n] & = & x[n] & * & h[n] \\ \uparrow^{\mathscr{F}^{-1}} & & \downarrow^{\mathscr{F}} & & \downarrow^{\mathscr{F}} \\ Y(\mathrm{e}^{\mathrm{j}\omega}) & = & X(\mathrm{e}^{\mathrm{j}\omega}) & \cdot & H(\mathrm{e}^{\mathrm{j}\omega}) \end{array} \tag{7.14}$$

即在确定频率响应$H(\mathrm{e}^{\mathrm{j}\omega})$的前提条件下，通过傅里叶变换获得输入信号$x[n]$的频谱$X(\mathrm{e}^{\mathrm{j}\omega})$，利用式(7.5)求取输出信号的频谱$Y(\mathrm{e}^{\mathrm{j}\omega})$，再通过傅里叶反变换获得输出信号的时域表征$y[n]$，完成对离散时间 LTI 系统的频域分析。

此外，在已知某些输入信号$x[n]$所对应的输出信号$y[n]$时，通过傅里叶变换分别获得其频谱$X(\mathrm{e}^{\mathrm{j}\omega})$与$Y(\mathrm{e}^{\mathrm{j}\omega})$，根据式(7.5)求取频率响应$H(\mathrm{e}^{\mathrm{j}\omega})$，即

$$H(\mathrm{e}^{\mathrm{j}\omega})=\frac{Y(\mathrm{e}^{\mathrm{j}\omega})}{X(\mathrm{e}^{\mathrm{j}\omega})} \tag{7.15}$$

完成对离散时间 LTI 系统的频域设计。

【例 7.2】某离散时间稳定 LTI 系统由差分方程 $y[n]-0.5y[n-1]=x[n]$ 所表征，若输入为 $x[n]=(0.8)^n u[n]$，确定系统的零状态响应 $y[n]$。

解 对差分方程两边同时做傅里叶变换，得频率响应

$$H(\mathrm{e}^{\mathrm{j}\omega})=\frac{Y(\mathrm{e}^{\mathrm{j}\omega})}{X(\mathrm{e}^{\mathrm{j}\omega})}=\frac{1}{1-0.5\mathrm{e}^{-\mathrm{j}\omega}}$$

由输入 $x[n]=(0.8)^n u[n]$ 得

$$X(\mathrm{e}^{\mathrm{j}\omega})=\frac{1}{1-0.8\mathrm{e}^{-\mathrm{j}\omega}}$$

同时

$$Y(\mathrm{e}^{\mathrm{j}\omega})=X(\mathrm{e}^{\mathrm{j}\omega})H(\mathrm{e}^{\mathrm{j}\omega})=\frac{1}{(1-0.8\mathrm{e}^{-\mathrm{j}\omega})(1-0.5\mathrm{e}^{-\mathrm{j}\omega})}$$

采用部分分式展开法，得

$$Y(\mathrm{e}^{\mathrm{j}\omega})=X(\mathrm{e}^{\mathrm{j}\omega})H(\mathrm{e}^{\mathrm{j}\omega})=\frac{8/3}{1-0.8\mathrm{e}^{-\mathrm{j}\omega}}+\frac{-5/3}{1-0.5\mathrm{e}^{-\mathrm{j}\omega}}$$

通过傅里叶反变换得系统输出

$$y[n]=\frac{8}{3}(0.8)^n u[n]-\frac{5}{3}(0.5)^n u[n]$$

☞**注释：** 离散时间 LTI 系统的频域分析法适用的场合为：信号收敛、LTI 系统稳定，不收敛信号与不稳定 LTI 系统的变换域分析将在后续 z 变换中介绍。

7.3 离散时间傅里叶变换在数字滤波器设计中的应用

7.3.1 理想滤波器

频率选择性滤波器就是具有这样频率响应的 LTI 系统：它几乎没有衰减地通过一个或几个频带范围的信号，而阻止这些频带以外的频率分量。这里着重讨论理想低通滤波器的特性，其他类型的频率选择性滤波器，如高通或带通滤波器，类似的一些概念或结果也都成立。类似于连续情况，离散时间理想滤波器是一个理想化的模型，在物理上是不能实现的。但是，对其深入了解将有助于掌握滤波器的特性。

一个离散时间理想低通滤波器的频率响应为

$$H(\mathrm{e}^{\mathrm{j}\omega})=\begin{cases}1 & |\omega|\leqslant\omega_{\mathrm{c}}\\ 0 & \omega_{\mathrm{c}}<|\omega|\leqslant\pi\end{cases}\tag{7.16}$$

如图 7.4 所示，它对 ω 是周期的。

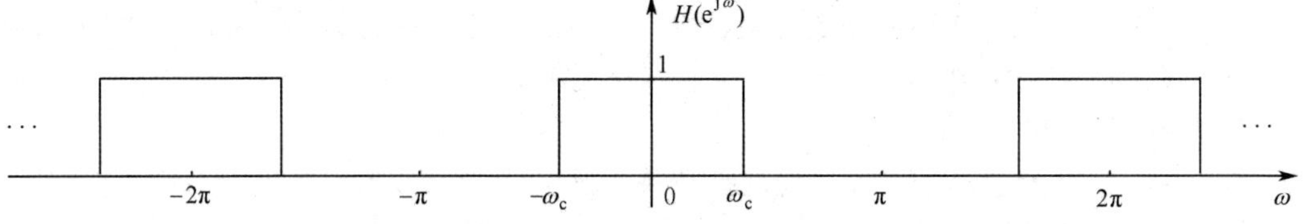

图 7.4 离散时间理想低通滤波器的频率响应

从图 7.4 中可以看到，理想低通滤波器具有极好的频率选择性。这里要注意的是，对离散

时间滤波器来说，频率响应 $H(e^{j\omega})$ 一定是以 2π 为周期的，且低频靠近 π 的偶数倍，而高频在 π 的奇数倍附近。

利用离散时间傅里叶反变换，可以求出离散时间理想低通滤波器的冲激响应为

$$h[n]=\frac{\sin\omega_c n}{\pi n} \tag{7.17}$$

如图 7.5 所示。

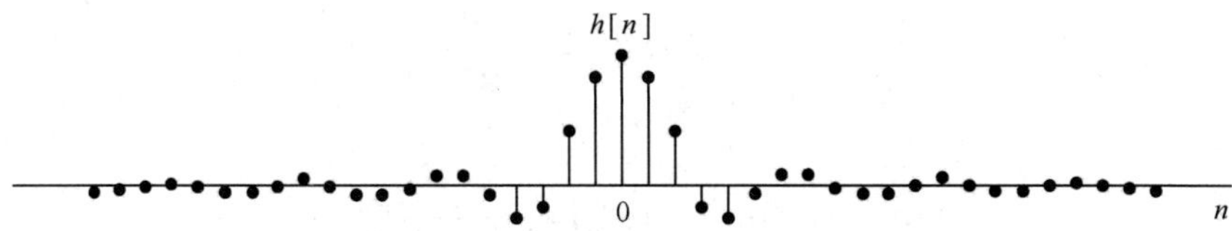

图 7.5　离散时间理想低通滤波器的冲激响应

如果在式(7.16)所示的理想频率响应附加上线性相位特性，那么冲激响应仅产生一个等于该相位特性斜率的时移。滤波器的通带宽度正比于 ω_c，而冲激响应的主瓣宽度反比于 ω_c。当滤波器的带宽增加时，冲激响应就变得越来越窄；反之亦然。这与前面讨论过的时间和频率之间的相反关系是一致的。

7.3.2　实际滤波器

许多应用中，频率选择性滤波器是线性常系数微分方程或差分方程所描述的 LTI 系统。由于离散时间 LTI 系统能有效利用专用或通用数字系统来实现，因此由差分方程描述的滤波器在实际中被广泛采用。

1．一阶递归离散时间滤波器

一阶滤波器相对应的离散时间滤波器是由一阶差分方程描述的 LTI 系统，例如

$$y[n]-\frac{4}{5}y[n-1]=x[n] \tag{7.18}$$

对方程两边同时进行傅里叶变换，可得此系统的频率响应为

$$H(e^{j\omega})=\frac{Y(e^{j\omega})}{X(e^{j\omega})}=\frac{1}{1-\frac{4}{5}e^{-j\omega}} \tag{7.19}$$

对频率响应进行傅里叶反变换，可得系统的冲激响应为

$$h[n]=\left(\frac{4}{5}\right)^n u[n] \tag{7.20}$$

此滤波器的冲激响应序列和频率响应如图 7.6 所示。从图 7.6(b)可以看出，式(7.18)所示差分方程表现为一个因果低通滤波器，其在 $\omega=0$ 附近的低频域有最小的衰减，而随着频率向 $\omega=\pi$ 处增加，衰减加大。

2. 非递归离散时间滤波器

有一种非常普遍的离散时间低通滤波器称为滑动平均滤波器，它是非递归离散时间滤波器。描述这类滤波器的差分方程为

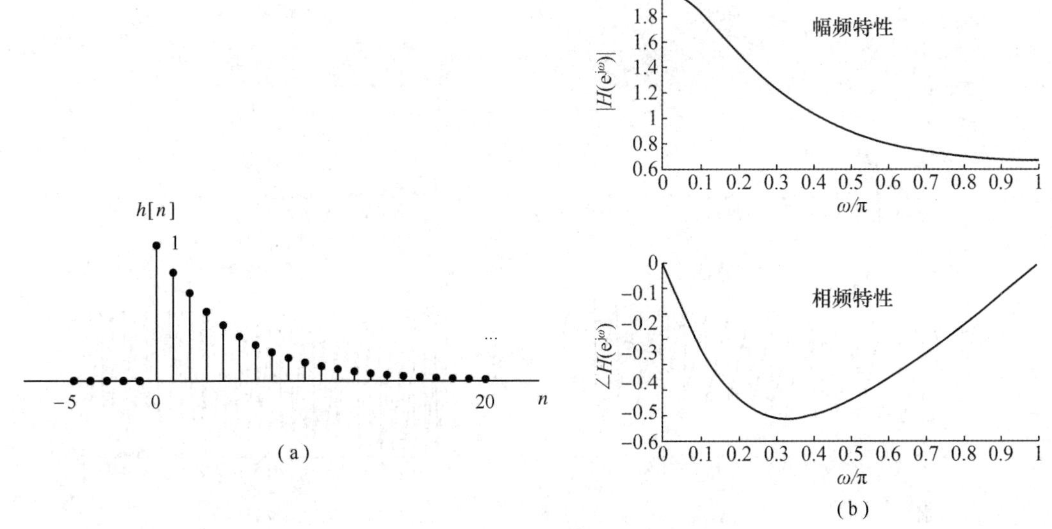

图 7.6　滤波器冲激响应序列和频率响应

$$y[n]=\frac{x[n]+x[n-1]+x[n-2]+\cdots+x[n-N]}{N+1} \tag{7.21}$$

其冲激响应为

$$h[n]=\frac{\delta[n]+\delta[n-1]+\delta[n-2]+\cdots+\delta[n-N]}{N+1} \tag{7.22}$$

其频率响应为

$$H(\mathrm{e}^{\mathrm{j}\omega})=\frac{1+\mathrm{e}^{-\mathrm{j}\omega}+\mathrm{e}^{-\mathrm{j}2\omega}+\cdots+\mathrm{e}^{-\mathrm{j}N\omega}}{N+1}=\frac{1}{N+1}\sum_{m=0}^{N}\mathrm{e}^{-\mathrm{j}\,m\omega} \tag{7.23}$$

利用求和公式可得

$$H(\mathrm{e}^{\mathrm{j}\omega})=\frac{\mathrm{e}^{-\mathrm{j}\omega N/2}}{N+1}\frac{\sin\left[\omega(N+1)/2\right]}{\sin(\omega/2)} \tag{7.24}$$

通过调节平均窗口 $N+1$ 的大小，可改变截止频率。例如，当 $N+1=33$ 和 $N+1=65$ 时，$H(\mathrm{e}^{\mathrm{j}\omega})$ 的频率响应分别如图 7.7(a)、(b)所示。从图中可以看出，平均窗口时间越长，滤波器频率响应越窄。

可以看出，上述两种滤波器均不是高性能滤波器。通常希望低通滤波器的性能接近理想低通滤波器，即在某个频率以下，其幅频特性为常数且相频特性是线性的，而在此范围之外的频率分量被完全抑制。但是从图 7.6 和图 7.7 可以看出，这两种滤波器在通带内幅频特性不为常数，而且也没有完全抑制通带外的成分。所以在实际滤波器设计时，只能努力逼近理想滤波器的性能，而不能完全达到。

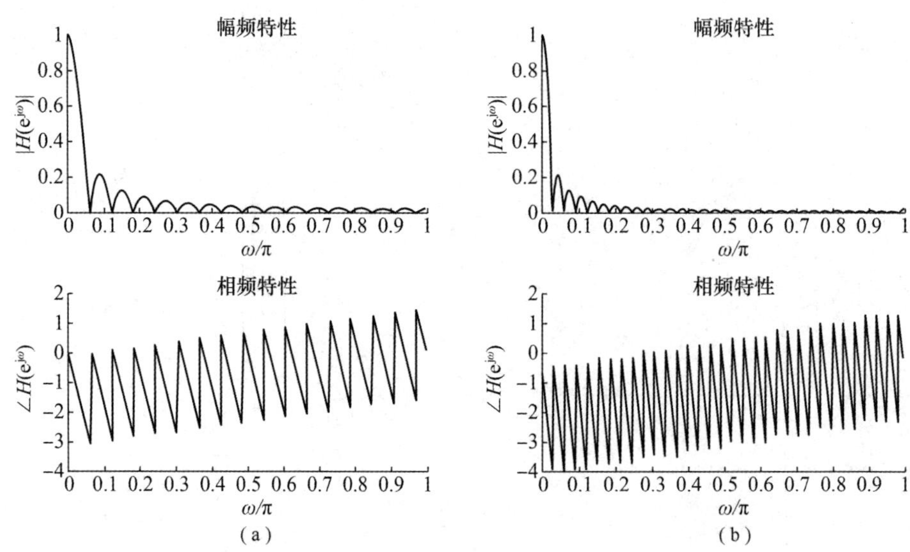

图 7.7　N+1=33 与 N+1=65 时滤波器的幅频特性和相频特性

7.4　利用 MATLAB 进行离散时间 LTI 系统的频域分析

离散时间 LTI 系统的频率响应 $H(e^{j\omega})$ 对输入序列的处理，表现在幅值和相位两个方面的改变上，$H(e^{j\omega})$ 的模决定了输出序列与输入序列的幅值之比，而 $H(e^{j\omega})$ 的相角则决定了输出序列和输入序列的相位之差。$H(e^{j\omega})$ 与连续时间 LTI 系统的频率响应 $H(j\omega)$ 最大的区别在于其周期性，周期为 2π。因此，只要分析 $H(e^{j\omega})$ 在 $-\pi \leqslant \omega \leqslant \pi$ 范围内的情况便可分析出系统的整个频率特性。在 $H(e^{j\omega})$ 随 ω 的变化关系中，$\omega=(2k+1)\pi$ 附近，反映了系统对输入信号高频分量的处理情况，而 $\omega=2k\pi$ 附近，则反映了系统对输入信号低频分量的处理情况。

MATLAB 提供了专门用于求离散时间系统频率响应的函数 freqz()，调用格式为：

```
[H,w]=freqz(B,A,N)
```

其中，参数 B 和 A 分别是待分析的离散时间系统的差分方程的右边、左边的系数向量，N 为正整数；返回向量 H 则包含了离散时间系统频率响应 $H(e^{j\omega})$ 在 $0\sim\pi$ 范围内 N 个频率等分点的值，向量 w 包含了 0~π 范围内 N 个频率等分点。若 N 省略，则系统默认为 N=512。

【例 7.3】 求差分方程 $y[n]=x[n]-0.5x[n-1]$ 所表征的 LTI 系统的频率响应，并画出幅频特性和相频特性曲线。

解　计算 0～π 范围内 512 个频率等分点的频率响应 $H(e^{j\omega})$ 的 MATLAB 程序如下：

```
A=[1];
B=[1 -0.5];
[H,w]=freqz(B,A,N)
```

程序运行结果如图 7.8(a)所示。

```
[H,w]=freqz(B,A,N,'whole')
```

该格式可以计算离散时间系统在 $0\sim2\pi$ 内 N 个频率等分点的频率响应 $H(e^{j\omega})$ 。例 7.3 的 MATLAB 程序可重写如下：

```
A=[1];
B=[1 -0.5];
[H,w]=freqz(B,A,N,'whole')
```

系统的幅频特性和相频特性如图 7.8(b)所示。

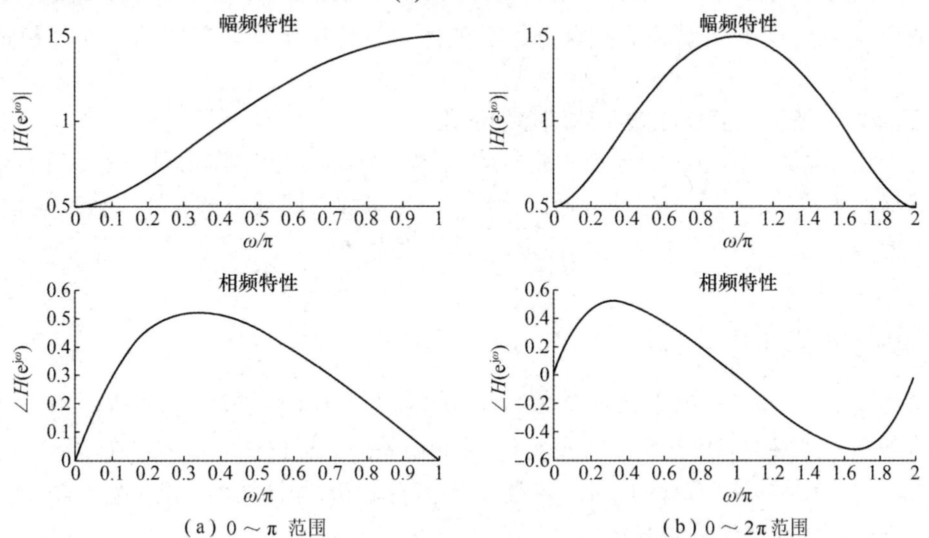

图 7.8 例 7.3 系统的幅频特性和相频特性

从图 7.8 可以看出，这个系统呈高通特性，是一阶高通滤波器。

7.5 本 章 小 结

1. 离散时间 LTI 系统的频率响应

根据 LTI 系统的时域分析法，利用离散时间傅里叶变换的卷积性质，有 $Y(e^{j\omega})=X(e^{j\omega})\cdot H(e^{j\omega})$ 。其中，频率响应 $H(e^{j\omega})$ 主要用于表征稳定的离散时间 LTI 系统，频率响应的作用就是对某一频率为 ω 的输入信号，使其幅值变为原来的 $|H(e^{j\omega})|$ 倍，相位偏移 $\angle H(e^{j\omega})$ 。

冲激响应 $h[n]$ 可以完全表征离散时间 LTI 系统， $H(e^{j\omega})$ 能够方便地表示 LTI 系统，通过对恒等系统、时移系统、一次差分单元、累加器、理想低通滤波器等常见 LTI 系统的考察，验证了频率响应在滤波特性表示方面更胜一筹。

一般地，表征 LTI 系统的线性常系数差分方程的通式如下：

$$\sum_{k=0}^{N}a_k y[n-k]=\sum_{k=0}^{M}b_k x[n-k]$$

两边同时做傅里叶变换，得频率响应为 $H(e^{j\omega})=\sum_{k=0}^{M}b_k e^{-j\omega k}\Big/\sum_{k=0}^{N}a_k e^{-j\omega k}$ 。说明稳定的离散 LTI

系统的频率响应与冲激响应、线性常系数差分方程这 3 种表征方法可以相互转换。

离散时间 LTI 系统互联过程中频率响应的等效变换关系基本类似于连续时间的情况。

2. 用傅里叶变换分析离散时间 LTI 系统

利用傅里叶变换对离散时间 LTI 系统进行频域分析的具体过程为：

$$\begin{array}{ccccc} y[n] & = & x[n] & * & h[n] \\ \uparrow^{\mathscr{F}^{-1}} & & \downarrow^{\mathscr{F}} & & \downarrow^{\mathscr{F}} \\ Y(e^{j\omega}) & = & X(e^{j\omega}) & \cdot & H(e^{j\omega}) \end{array}$$

此外，在已知某些输入信号 $x[n]$ 所对应的输出信号 $y[n]$ 时，通过傅里叶变换求取频率响应 $H(e^{j\omega})=Y(e^{j\omega})/X(e^{j\omega})$，完成对离散时间 LTI 系统的频域设计。

当然，离散时间 LTI 系统的频域分析法依然主要适用于能量有限的信号与稳定的 LTI 系统。

3. 离散时间傅里叶变换在数字滤波器的应用

类似于连续情况，离散时间理想滤波器是一个理想化的模型，在物理上是不可实现的。但是，对其深入了解将有助于掌握滤波器的特性。一个离散时间理想低通滤波器的频率响应为

$$H(e^{j\omega})=\begin{cases}1 & |\omega|\leqslant\omega_c\\ 0 & \omega_c<|\omega|\leqslant\pi\end{cases}$$

其冲激响应为 $h[n]=\dfrac{\sin\omega_c n}{\pi n}$。

许多应用中，频率选择性滤波器是用差分方程所描述的 LTI 系统来实现的。由于离散时间系统能有效利用专用或通用数字系统来实现，因此由差分方程描述的滤波器在实际中被广泛采用。例如，一些常用的递归离散时间滤波器与非递归离散时间滤波器，虽然均不是高性能滤波器，但其性能可以逼近理想滤波器。

习　题　7

7.1　一个离散时间滤波器的频率响应如图 P7.1 所示，针对下列周期信号，计算通过滤波器后的输出。

(1) $x[n]=(-1)^n$　　(2) $x[n]=1+\sin(3\pi n/8+\pi/4)$　　(3) $x[n]=\sum_{k=-\infty}^{+\infty}(1/2)^{n-4k}u[n-4k]$

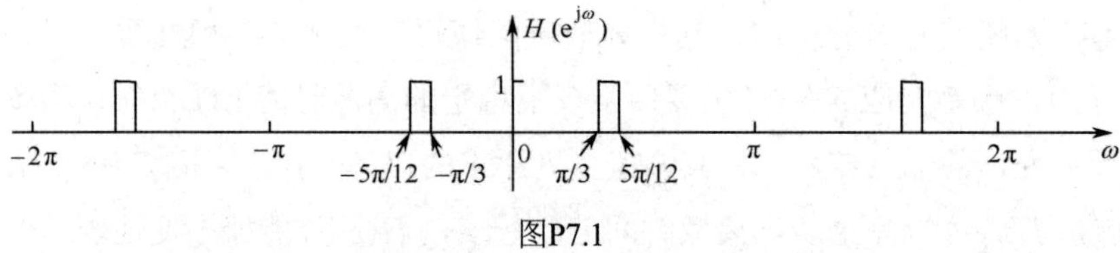

图P7.1

7.2　一个离散时间因果 LTI 系统，其输入 $x[n]$ 与输出 $y[n]$ 由下列差分方程所关联：

$$y[n]-\frac{1}{4}y[n-1]=x[n]$$

求下列两种输入时的系统输出 $y[n]$。

(1) $x[n]=\sin(3\pi n/4)$　　(2) $x[n]=\cos(\pi n/4)+2\cos(\pi n/2)$

7.3　一个离散时间 LTI 系统，其频率响应为

$$H(e^{j\omega})=\begin{cases}1 & |\omega|\leqslant\pi/8\\ 0 & \pi/8<|\omega|<\pi\end{cases}$$

试证明：基波周期 $N=3$ 的周期信号 $x[n]$ 通过该系统后输出为常数序列。

7.4　一个离散时间 LTI 系统，其冲激响应为 $h[n]=(1/2)^{|n|}$，输入 $x[n]=\sum\limits_{k=-\infty}^{+\infty}\delta[n-4k]$，求输出 $y[n]$ 的傅里叶级数表示。

7.5　设

$$y[n]=\left(\frac{\sin\frac{\pi}{4}n}{\pi n}\right)^2*\left(\frac{\sin\omega_c n}{\pi n}\right)$$

其中 $|\omega_c|\leqslant\pi$。试对 $|\omega_c|$ 确定一个约束条件，以保证 $y[n]=\left(\frac{\sin\frac{\pi}{4}n}{\pi n}\right)^2$。

7.6　一个冲激响应为 $h_1[n]=(1/3)^n u[n]$ 的 LTI 系统，与另一个冲激响应为 $h_2[n]$ 的因果 LTI 系统并联，并联后的频率响应为

$$H(\mathrm{e}^{\mathrm{j}\omega})=\frac{-12+5\mathrm{e}^{-\mathrm{j}\omega}}{12-7\mathrm{e}^{-\mathrm{j}\omega}+\mathrm{e}^{-2\mathrm{j}\omega}}$$

求 $h_2[n]$。

7.7　一个因果稳定的 LTI 系统，其输入 $x[n]$ 与输出 $y[n]$ 由下列差分方程所关联：

$$y[n]-\frac{1}{6}y[n-1]-\frac{1}{6}y[n-2]=x[n]$$

(1) 确定该系统的频率响应 $H(\mathrm{e}^{\mathrm{j}\omega})$。　　(2) 确定该系统的冲激响应 $h[n]$。

7.8　一个因果稳定的 LTI 系统，具有下列性质：

$$(4/5)^n u[n]\xrightarrow{\text{LTI系统}}n(4/5)^n u[n]$$

(1) 确定该系统的频率响应 $H(\mathrm{e}^{\mathrm{j}\omega})$。　　(2) 确定该系统的差分方程。

7.9　$w[n]$ 的傅里叶变换为 $W(\mathrm{e}^{\mathrm{j}\omega})$，如图 P7.2 所示，$x[n]=w[n]p[n]$，对下列每个 $p[n]$，大致画出 $x[n]$ 的傅里叶变换 $X(\mathrm{e}^{\mathrm{j}\omega})$，并求 $x[n]$ 通过冲激响应为 $h[n]=\frac{\sin(\pi n/2)}{\pi n}$ 的 LTI 系统后的零状态响应 $y[n]$。

(1) $p[n]=\cos(\pi n)$　　(2) $p[n]=\sum\limits_{k=-\infty}^{+\infty}\delta[n-2k]$

(3) $p[n]=\cos(\pi n/2)$　　(4) $p[n]=\sum\limits_{k=-\infty}^{+\infty}\delta[n-4k]$

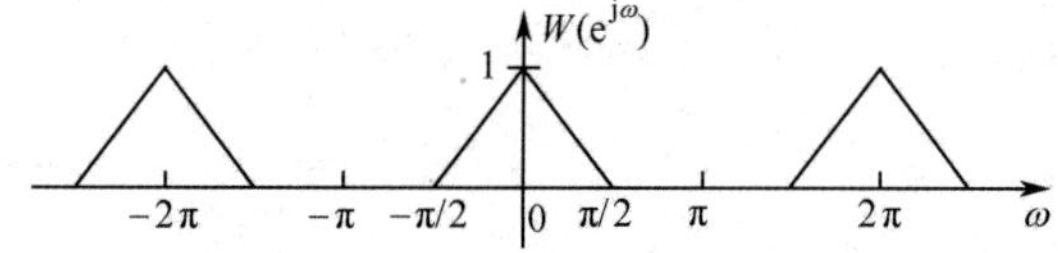

图 P7.2

7.10　一个离散时间 LTI 系统的冲激响应为 $h[n]=(1/2)^n u[n]$，求下列各输入 $x[n]$ 对应的零状态响应 $y[n]$。

(1) $x[n]=(3/4)^n u[n]$　　(2) $x[n]=(n+1)(1/4)^n u[n]$　　(3) $x[n]=(-1)^n$

7.11　一个离散时间 LTI 系统的冲激响应为 $h[n]=(1/2)^n\cos(\pi n/2)u[n]$，求下列各输入 $x[n]$ 对应的零状态响应 $y[n]$。

(1) $x[n]=(1/2)^n u[n]$　　(2) $x[n]=\cos(\pi n/2)$

7.12　一个离散时间 LTI 系统的频率响应为 $H(\mathrm{e}^{\mathrm{j}\omega})=-\mathrm{e}^{\mathrm{j}\omega}+2\mathrm{e}^{-2\mathrm{j}\omega}+\mathrm{e}^{4\mathrm{j}\omega}$，输入信号 $x[n]$ 的频谱为 $X(\mathrm{e}^{\mathrm{j}\omega})=3\mathrm{e}^{\mathrm{j}\omega}+1-\mathrm{e}^{-\mathrm{j}\omega}+2\mathrm{e}^{-3\mathrm{j}\omega}$，求 $x[n]$ 对应的零状态响应 $y[n]$。

7.13　假定 $x[n]=\sin(\pi n/8)-2\cos(\pi n/4)$，求 $x[n]$ 通过下列冲激响应的 LTI 系统后所对应的零状态响应 $y[n]$。

(1) $h[n]=\dfrac{\sin(\pi n/6)}{\pi n}$　　(2) $h[n]=\dfrac{\sin(\pi n/6)}{\pi n}+\dfrac{\sin(\pi n/2)}{\pi n}$

(3) $h[n]=\dfrac{\sin(\pi n/6)}{\pi n}\cdot\dfrac{\sin(\pi n/3)}{\pi n}$　　(4) $h[n]=\dfrac{\sin(\pi n/6)\sin(\pi n/3)}{\pi n}$

7.14　一个离散时间 LTI 系统的冲激响应为 $h[n]=\dfrac{\sin(\pi n/3)}{\pi n}$，求下列输入 $x[n]$ 对应的零状态响应 $y[n]$。

(1) $x[n]=\sum\limits_{k=-\infty}^{+\infty}\delta[n-8k]$。　　(2) $x[n]=\delta[n+1]+\delta[n-1]$。

(3) $x[n]$ 如图 P7.3 中方波。　　(4) $x[n]$ 等于图 P7.3 中方波乘以 $(-1)^n$。

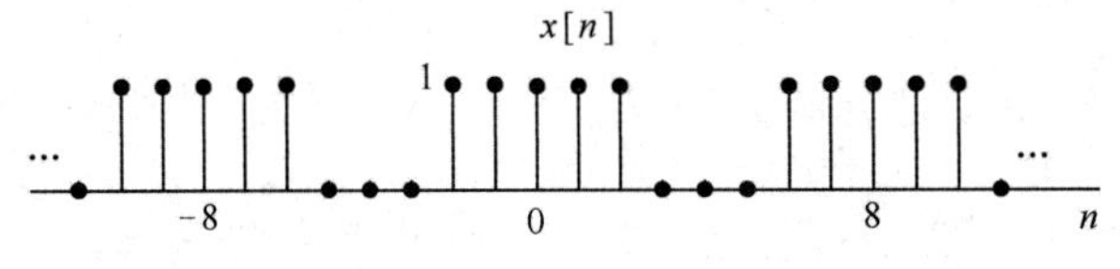

图 P7.3

7.15　一个因果稳定的 LTI 系统，其输入 $x[n]$ 与输出 $y[n]$ 由下列差分方程所关联：

$$y[n]+\frac{1}{2}y[n-1]=x[n]$$

(1) 确定该系统的频率响应 $H(\mathrm{e}^{\mathrm{j}\omega})$。

(2) 在下列输入时求零状态响应 $y[n]$：

(a) $x[n]=(1/2)^n u[n]$　　(b) $x[n]=(-1/2)^n u[n]$

(c) $x[n]=\delta[n]+\dfrac{1}{2}\delta[n-1]$　　(d) $x[n]=\delta[n]-\dfrac{1}{2}\delta[n-1]$

(3) 在输入具有下列频谱时求零状态响应 $y[n]$：

(a) $X(\mathrm{e}^{\mathrm{j}\omega})=\dfrac{1-\frac{1}{4}\mathrm{e}^{-\mathrm{j}\omega}}{1+\frac{1}{2}\mathrm{e}^{-\mathrm{j}\omega}}$　　(b) $X(\mathrm{e}^{\mathrm{j}\omega})=\dfrac{1+\frac{1}{2}\mathrm{e}^{-\mathrm{j}\omega}}{1-\frac{1}{4}\mathrm{e}^{-\mathrm{j}\omega}}$

(c) $X(\mathrm{e}^{\mathrm{j}\omega})=\dfrac{1}{\left(1-\frac{1}{4}\mathrm{e}^{-\mathrm{j}\omega}\right)\left(1+\frac{1}{2}\mathrm{e}^{-\mathrm{j}\omega}\right)}$　　(d) $X(\mathrm{e}^{\mathrm{j}\omega})=1+2\mathrm{e}^{-3\mathrm{j}\omega}$

7.16　两个 LTI 系统级联形成一个系统 S，两个 LTI 系统的频率响应分别为

$$H_1(\mathrm{e}^{\mathrm{j}\omega})=\frac{2-\mathrm{e}^{-\mathrm{j}\omega}}{1+\frac{1}{2}\mathrm{e}^{-\mathrm{j}\omega}},\qquad H_2(\mathrm{e}^{\mathrm{j}\omega})=\frac{1}{1-\frac{1}{2}\mathrm{e}^{-\mathrm{j}\omega}+\frac{1}{4}\mathrm{e}^{-2\mathrm{j}\omega}}$$

(1) 确定系统 S 的冲激响应 $h[n]$。　　(2) 确定描述系统 S 的差分方程。

7.17　考虑下列差分方程描述的因果 LTI 系统，求表征逆系统的差分方程与逆系统的冲激响应 $h[n]$。

(1) $y[n]=x[n]-\dfrac{1}{4}x[n-1]$　　(2) $y[n]+\dfrac{1}{2}y[n-1]=x[n]$

(3) $y[n]+\dfrac{1}{2}y[n-1]=x[n]-\dfrac{1}{4}x[n-1]$　　(4) $y[n]+\dfrac{5}{4}y[n-1]-\dfrac{1}{8}y[n-2]=x[n]$

(5) $y[n]+\dfrac{5}{4}y[n-1]-\dfrac{1}{8}y[n-2]=x[n]-\dfrac{1}{2}x[n-1]$

(6) $y[n]+\dfrac{5}{4}y[n-1]-\dfrac{1}{8}y[n-2]=x[n]-\dfrac{1}{4}x[n-1]-\dfrac{1}{8}x[n-2]$

7.18　一个累加器的输入 $x[n]$ 与输出 $y[n]$ 关系为

$$y[n]=\sum_{k=-\infty}^{n}x[k]$$

(1) 求累加器的冲激响应 $h[n]$ 与频率响应 $H(\mathrm{e}^{\mathrm{j}\omega})$。

(2) 利用(1)的结果求 $u[n]$ 的离散时间傅里叶变换。

7.19　一个理想低通滤波器的频率响应为 $H(\mathrm{e}^{\mathrm{j}\omega})=\begin{cases}1 & |\omega|\leqslant\omega_{\mathrm{c}}\\ 0 & \omega_{\mathrm{c}}<|\omega|<\pi\end{cases}$。

(1) 求该滤波器的冲激响应 $h[n]$。

(2) 计算并画出一个冲激响应为 $(-1)^n h[n]$ 的滤波器的频率响应，判断此滤波器的滤波特性。

(3) 考虑图 P7.4 所示系统，分析并画出整个系统的频率响应 $H_1(\mathrm{e}^{\mathrm{j}\omega})$，说明 $H_1(\mathrm{e}^{\mathrm{j}\omega})$ 与 $H(\mathrm{e}^{\mathrm{j}\omega})$ 之间的关联关系。

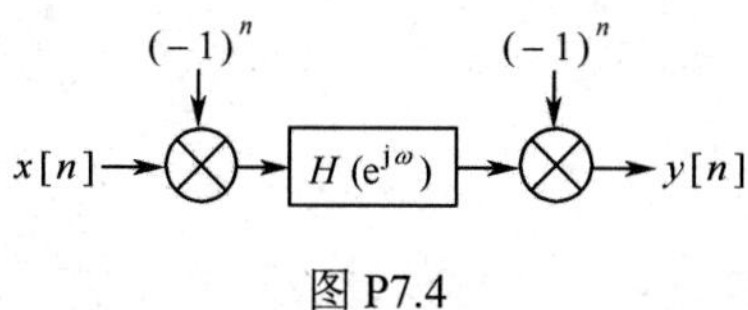

图 P7.4

第 8 章　连续时间信号与系统的复频域分析

内容提要　本章从连续时间傅里叶变换扩展到拉普拉斯变换，讨论连续时间信号与 LTI 系统的复频域分析方法，强调系统函数在 LTI 系统分析与表征中的重要性。

由于复指数函数是 LTI 系统的特征函数，而且相当广泛的信号都可以表示为复指数信号集 $\{e^{j\omega t}\}$ 或 $\{e^{j\omega n}\}$ 的线性组合，从而使频域分析成为一种重要的信号与 LTI 系统的分析方法。但是，频域分析法主要适用于能量有限的信号与稳定的 LTI 系统。本章与第 9 章将信号表示为更一般的复指数信号集 $\{e^{st}\}$ 和 $\{z^n\}$ 的线性组合，以适于分析更广泛的信号与 LTI 系统。

从傅里叶变换到拉普拉斯变换视频

8.1　拉普拉斯变换

8.1.1　从傅里叶变换到拉普拉斯变换

由于傅里叶变换受到狄里赫利条件的限制，有些能量无限的信号或不稳定的 LTI 系统无法运用频域分析法。可以选择合适的实数 σ，将信号 $x(t)$ 或 LTI 系统的冲激响应 $h(t)$ 乘以指数信号 $e^{-\sigma t}$，使 $x(t)e^{-\sigma t}$ 或 $h(t)e^{-\sigma t}$ 满足狄里赫利条件。以信号 $x(t)e^{-\sigma t}$ 为例进行傅里叶变换

$$\mathscr{F}\{x(t)e^{-\sigma t}\}=\int_{-\infty}^{+\infty}x(t)e^{-\sigma t}e^{-j\omega t}\,dt=\int_{-\infty}^{+\infty}x(t)e^{-(\sigma+j\omega)t}\,dt \tag{8.1}$$

令 $s=\sigma+j\omega$，则

$$\mathscr{F}\{x(t)e^{-\sigma t}\}=\int_{-\infty}^{+\infty}x(t)e^{-st}\,dt=X(s) \tag{8.2}$$

根据傅里叶反变换关系式，可以从 $X(s)$ 恢复 $x(t)$，即

$$x(t)e^{-\sigma t}=\mathscr{F}^{-1}\{X(s)\}=\frac{1}{2\pi}\int_{-\infty}^{+\infty}X(s)e^{j\omega t}\,d\omega \tag{8.3}$$

两边乘以 $e^{\sigma t}$，并根据 $s=\sigma+j\omega$ 调整相应的积分范围，可得

$$x(t)=\frac{1}{2\pi}\int_{-\infty}^{+\infty}X(s)e^{j\omega t}e^{\sigma t}\,d\omega=\frac{1}{2\pi j}\int_{\sigma-j\infty}^{\sigma+j\infty}X(s)e^{st}\,ds \tag{8.4}$$

综合式(8.2)与式(8.4)，就得到一对公式

$$x(t)=\frac{1}{2\pi j}\int_{\sigma-j\infty}^{\sigma+j\infty}X(s)e^{st}\,ds \tag{8.5}$$

$$X(s)=\int_{-\infty}^{+\infty}x(t)e^{-st}dt \tag{8.6}$$

式(8.5)与式(8.6)就是拉普拉斯变换对，实现了连续时间信号的时域与复频域之间的相互转换。式(8.5)是综合公式，称为拉普拉斯反变换，可以认为 $x(t)$ 是复频率 s 在 $\sigma-j\infty$ 至 $\sigma+j\infty$ 范围上分布的、幅值为 $X(s)(ds/2\pi j)$ 的复指数信号 e^{st} 的线性组合。式(8.6)是分析公式，称为拉普拉斯变换。在以后的讨论过程中，经常使用

$$x(t) \xleftrightarrow{\mathscr{L}} X(s) \tag{8.7}$$

来表示连续时间信号 $x(t)$ 与其拉普拉斯变换 $X(s)$ 之间的关系。

当 $s = \mathrm{j}\omega$ 时，式(8.6)就变为

$$X(\mathrm{j}\omega) = \int_{-\infty}^{+\infty} x(t)\mathrm{e}^{-\mathrm{j}\omega t}\,\mathrm{d}t \tag{8.8}$$

这意味着，连续时间傅里叶变换是拉普拉斯变换在 $\sigma = 0$ 或在 $\mathrm{j}\omega$ 轴上的特例，即

$$X(s)\Big|_{s=\mathrm{j}\omega} = \mathscr{F}\{x(t)\} \tag{8.9}$$

所以拉普拉斯变换是对傅里叶变换的推广。只要有合适的 σ 存在，就可以使某些本来不满足狄里赫利条件的信号在引入 σ 后满足该条件。即有些信号的傅里叶变换不收敛，而它的拉普拉斯变换存在，表明拉普拉斯变换比傅里叶变换具有更广泛的适用性。

☞**注释：**将上述 $x(t)$ 替换为 $h(t)$，可对 LTI 系统得出类似的结论：有些不稳定的系统，$h(t)$ 的拉普拉斯变换存在，可以选择使用后续的复频域分析法。

【例 8.1】确定单位冲激信号 $x(t) = \delta(t)$ 的拉普拉斯变换。

解　按照定义，$x(t) = \delta(t)$ 的拉普拉斯变换为

$$X(s) = \int_{-\infty}^{+\infty} \delta(t)\mathrm{e}^{-st}\mathrm{d}t = \int_{-\infty}^{+\infty} \delta(t)\mathrm{d}t = 1$$

即

$$\delta(t) \xleftrightarrow{\mathscr{L}} 1$$

显然满足 $X(s)\Big|_{s=\mathrm{j}\omega} = X(\mathrm{j}\omega)$。

☞**注释：**求解过程中对 s 没有任何限定，意味着结果适用于所有的 s。

【例 8.2】确定单边指数信号 $x(t) = \mathrm{e}^{-at}u(t)$ 的拉普拉斯变换。

解　按照定义，$x(t) = \mathrm{e}^{-at}u(t)$ 的拉普拉斯变换为

$$\begin{aligned} X(s) &= \int_{-\infty}^{+\infty} \mathrm{e}^{-at}u(t)\mathrm{e}^{-st}\mathrm{d}t = \int_{0}^{+\infty} \mathrm{e}^{-at}\mathrm{e}^{-st}\mathrm{d}t = \int_{0}^{+\infty} \mathrm{e}^{-(s+a)t}\mathrm{d}t \\ &= -\frac{1}{s+a}\mathrm{e}^{-(s+a)t}\Bigg|_{0}^{+\infty} = \frac{1}{s+a} \end{aligned}$$

在上式计算过程中，为保证积分结果收敛，需要满足条件 $\mathscr{Re}\{s+a\} > 0$，即

$$\mathrm{e}^{-at}u(t) \xleftrightarrow{\mathscr{L}} \frac{1}{s+a}, \quad \mathscr{Re}\{s\} > -\mathscr{Re}\{a\}$$

a 为实数时，收敛的条件为 $\mathscr{Re}\{s\} > -a$。

当 $a = 0$ 时，$x(t) = u(t)$，得

$$u(t) \xleftrightarrow{\mathscr{L}} \frac{1}{s}, \quad \mathscr{Re}\{s\} > 0$$

下面考虑 a 为实数的 3 种情况。

（1）当 $a > 0$ 时，$x(t)$ 的拉普拉斯变换收敛条件 $\mathscr{Re}\{s\} > -a$ 包括 $\sigma = 0$ ($\mathrm{j}\omega$ 轴)，$x(t)$ 的傅里叶变换存在，为

$$X(\mathrm{j}\omega) = \frac{1}{\mathrm{j}\omega + a}$$

显然，$X(s)\Big|_{s=\mathrm{j}\omega} = X(\mathrm{j}\omega)$。

（2）当 $a < 0$ 时，$x(t)$ 的拉普拉斯变换收敛条件 $\mathscr{Re}\{s\} > -a$ 不包括 $\sigma = 0$ ($\mathrm{j}\omega$ 轴)，$x(t)$ 的

傅里叶变换不存在。

（3）当 $a=0$ 时，$x(t)$ 的拉普拉斯变换收敛条件 $\mathscr{Re}\{s\}>0$ 不包括 $\sigma=0$ ($\mathrm{j}\omega$ 轴)，虽然 $x(t)$ 的傅里叶变换存在，为

$$X(\mathrm{j}\omega)=\mathscr{F}\{u(t)\}=\frac{1}{\mathrm{j}\omega}+\pi\delta(\omega)$$

但是，$X(s)\big|_{s=\mathrm{j}\omega}\neq X(\mathrm{j}\omega)$。

因此，式(8.9)成立的前提条件是拉普拉斯变换收敛的区域包含 $\sigma=0$ ($\mathrm{j}\omega$ 轴)，同时体会到拉普拉斯变换是对傅里叶变换的推广。

【例 8.3】确定单边指数信号 $x(t)=-\mathrm{e}^{-at}u(-t)$ 的拉普拉斯变换。

解 按照定义，$x(t)=-\mathrm{e}^{-at}u(-t)$ 的拉普拉斯变换为

$$\begin{aligned}X(s)&=\int_{-\infty}^{+\infty}-\mathrm{e}^{-at}u(-t)\mathrm{e}^{-st}\mathrm{d}t=-\int_{-\infty}^{0}\mathrm{e}^{-at}\mathrm{e}^{-st}\mathrm{d}t=-\int_{-\infty}^{0}\mathrm{e}^{-(s+a)t}\mathrm{d}t\\&=\frac{1}{s+a}\mathrm{e}^{-(s+a)t}\Bigg|_{-\infty}^{0}=\frac{1}{s+a}\end{aligned}$$

在上式计算过程中，为保证积分结果为有限值，需要满足条件 $\mathscr{Re}\{s+a\}<0$。若 a 为实数，则 $\mathscr{Re}\{s\}<-a$，即

$$-\mathrm{e}^{-at}u(-t)\xleftrightarrow{\mathscr{L}}\frac{1}{s+a},\quad \mathscr{Re}\{s\}<-a$$

比较例 8.2 与例 8.3，两个不同的信号有着相同的拉普拉斯变换代数表达式，而这个代数表达式成立的 s 的范围却完全不同。因此，类似于傅里叶变换，拉普拉斯变换也存在收敛问题。使拉普拉斯变换积分收敛的那些复数 s 的集合称为拉普拉斯变换的收敛域（Region of Convergence，ROC）。

☞**注释：**拉普拉斯变换的表达式连同相应的收敛域，才能和信号建立一一对应的关系。

若拉普拉斯变换的 ROC 包含 $\mathrm{j}\omega$ 轴，则傅里叶变换存在，式(8.9)成立。

描述 ROC 的图形方法就是在与复变量 s 对应的 s 平面上用阴影表示。图 8.1(a)、(b)分别表示例 8.2 与例 8.3 中 a 为正实数时的 ROC。

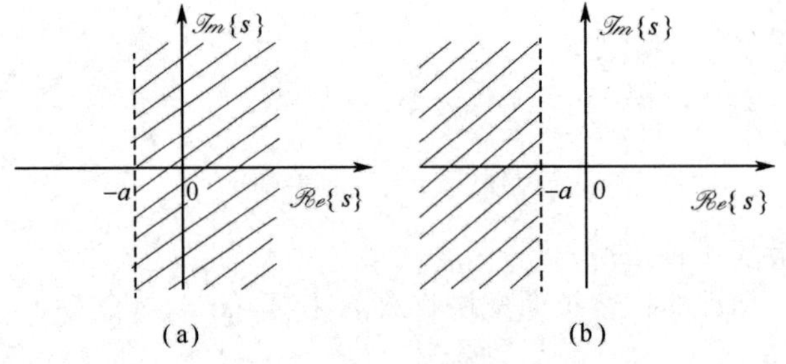

图8.1　例8.2与例8.3的ROC

【例 8.4】确定信号 $x(t)=2\mathrm{e}^{-2t}u(t)+3\mathrm{e}^{3t}u(t)$ 的拉普拉斯变换。

解 按照定义，$x(t)=2\mathrm{e}^{-2t}u(t)+3\mathrm{e}^{3t}u(t)$ 的拉普拉斯变换为

$$X(s)=\int_{-\infty}^{+\infty}\{2\mathrm{e}^{-2t}u(t)+3\mathrm{e}^{3t}u(t)\}\mathrm{e}^{-st}\mathrm{d}t$$
$$=2\mathscr{L}\{\mathrm{e}^{-2t}u(t)\}+3\mathscr{L}\{\mathrm{e}^{3t}u(t)\}=\frac{2}{s+2}+\frac{3}{s-3}$$
$$=\frac{5s}{s^2-s-6}$$

在上式计算过程中，收敛条件为同时满足 $\mathscr{Re}\{s\}>-2$ 与 $\mathscr{Re}\{s\}>3$，因此，$x(t)$ 的拉普拉斯变换 ROC 为 $\mathscr{Re}\{s\}>3$，如图 8.2 中的阴影部分。由于 ROC 不包含 $\mathrm{j}\omega$ 轴，故傅里叶变换不存在。

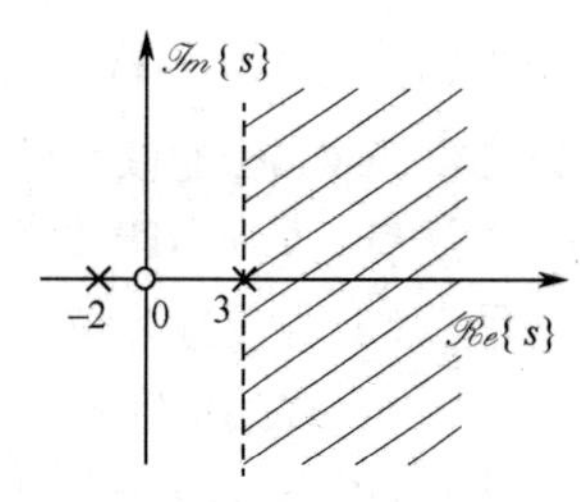

图 8.2　例 8.4 的 ROC 与零、极点

【例 8.5】 确定 $x(t)=\mathrm{e}^{-t}\cos(2t)u(t)$ 的拉普拉斯变换。

解　利用欧拉公式，$x(t)=\mathrm{e}^{-t}(\cos 2t)u(t)$ 可写为

$$x(t)=\mathrm{e}^{-t}(\cos 2t)u(t)=\frac{1}{2}\mathrm{e}^{-t}\mathrm{e}^{\mathrm{j}2t}u(t)+\frac{1}{2}\mathrm{e}^{-t}\mathrm{e}^{-\mathrm{j}2t}u(t)=\frac{1}{2}\mathrm{e}^{-(1-2\mathrm{j})t}u(t)+\frac{1}{2}\mathrm{e}^{-(1+2\mathrm{j})t}u(t)$$

则 $x(t)$ 的拉普拉斯变换为

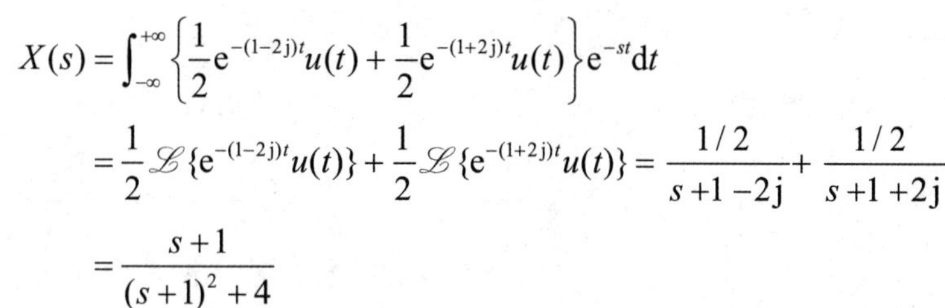

$$X(s)=\int_{-\infty}^{+\infty}\left\{\frac{1}{2}\mathrm{e}^{-(1-2\mathrm{j})t}u(t)+\frac{1}{2}\mathrm{e}^{-(1+2\mathrm{j})t}u(t)\right\}\mathrm{e}^{-st}\mathrm{d}t$$
$$=\frac{1}{2}\mathscr{L}\{\mathrm{e}^{-(1-2\mathrm{j})t}u(t)\}+\frac{1}{2}\mathscr{L}\{\mathrm{e}^{-(1+2\mathrm{j})t}u(t)\}=\frac{1/2}{s+1-2\mathrm{j}}+\frac{1/2}{s+1+2\mathrm{j}}$$
$$=\frac{s+1}{(s+1)^2+4}$$

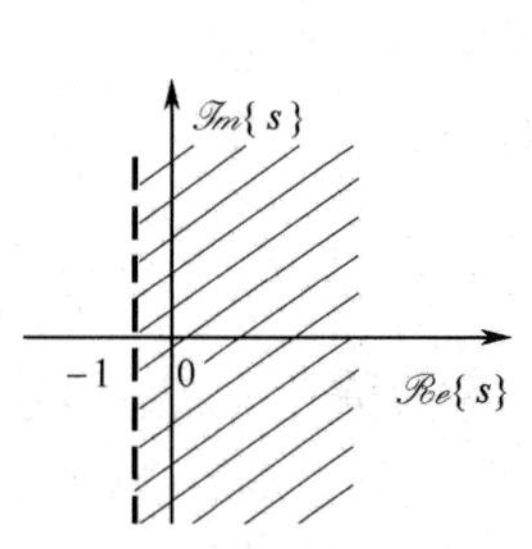

图 8.3　例 8.5 的 ROC

在上式计算过程中，收敛条件为同时满足 $\mathscr{Re}\{s\}>\mathscr{Re}\{-1+2\mathrm{j}\}$ 与 $\mathscr{Re}\{s\}>\mathscr{Re}\{-1-2\mathrm{j}\}$，即 $\mathscr{Re}\{s\}>-1$，如图 8.3 所示。

8.1.2　零极点图

拉普拉斯变换的零极点图与收敛域视频

大部分情况下，拉普拉斯变换的代数形式为有理式，即复变量 s 的多项式之比，具有如下形式

$$X(s)=\frac{N(s)}{D(s)}\tag{8.10}$$

式中，$N(s)$ 与 $D(s)$ 分别为分子多项式与分母多项式。

由于 s 是复变量，则不可能用二维图形表示 $X(s)$ 与 s 之间的关系。因此，在 s 平面上标出 $N(s)$ 与 $D(s)$ 根的位置，并指出 ROC 的方式是对拉普拉斯变换的形象描述。$N(s)$ 的根使 $X(s)=0$，$D(s)$ 的根使 $X(s)=\infty$，分别称为 $X(s)$ 的零点和极点，各自用“○”和“×”标识，通常将这种 s 平面内 $X(s)$ 的表示称为零极点图。

例 8.4 中 $X(s)$ 为有理式，零点为 $s=0$，极点为 $s_1=-2$ 与 $s_2=3$，分别用“○”和“×”标识于图 8.2，而且 ROC 位于最右边极点的右侧。

除去一个常数因子待定外，零极点图与 ROC 能够完全表征有理函数形式的拉普拉斯变换。

☞**注释：** 若随着 s 趋于无穷大，$X(s)$变为 0（或变为无穷大），则认为 $X(s)$具有无穷远处的零点（或极点）。

8.1.3 收敛域

拉普拉斯变换的 ROC 有很多重要的特点，并且与一些时域特征密切相关。

根据式(8.2)，$x(t)$ 的拉普拉斯变换收敛的条件等同于 $e^{-\sigma t}x(t)$ 的傅里叶变换收敛的条件，可以归纳出 ROC 的以下性质：

① ROC 是 s 平面上平行于 $j\omega$ 轴的带状区域；

② 对于有理拉普拉斯变换，ROC 内无任何极点；

③ 对于有限持续期的绝对可积信号，ROC 是整个 s 平面；

④ 左边信号的 ROC 位于 s 平面内一条平行于 $j\omega$ 轴的直线的左边；

⑤ 右边信号的 ROC 位于 s 平面内一条平行于 $j\omega$ 轴的直线的右边；

⑥ 若双边信号的 ROC 存在，一定是 s 平面内平行于 $j\omega$ 轴的带状区域。

【例 8.6】 确定双边指数信号 $x(t)=e^{-a|t|}$（a 为实数）的拉普拉斯变换。

解　$x(t)=e^{-a|t|}$ 是一个双边信号，可分解为右边信号与左边信号之和，即

$$x(t)=e^{-a|t|}=e^{-at}u(t)+e^{at}u(-t)$$

其中

$$e^{-at}u(t)\overset{\mathscr{L}}{\longleftrightarrow}\frac{1}{s+a},\quad \mathscr{Re}\{s\}>-a$$

$$e^{at}u(-t)\overset{\mathscr{L}}{\longleftrightarrow}\frac{-1}{s-a},\quad \mathscr{Re}\{s\}<a$$

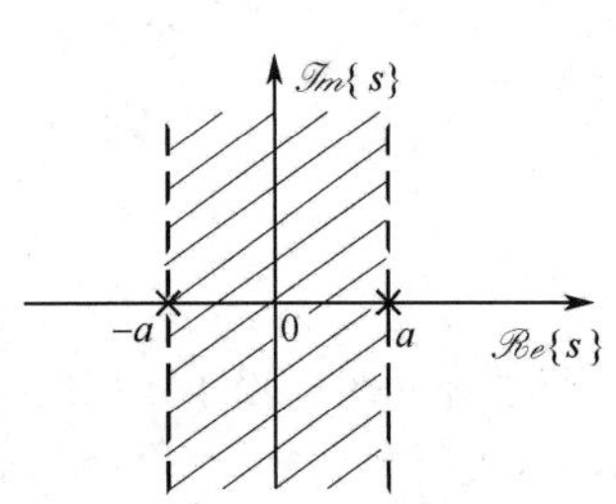

图 8.4　例 8.6 的零极点图与 ROC

$x(t)$ 的拉普拉斯变换是否存在，取决于右边信号与左边信号拉普拉斯变换 ROC 是否存在公共区域。因此，若 $a<0$，$x(t)$ 的拉普拉斯变换不存在，若 $a>0$，$x(t)$ 的拉普拉斯变换为

$$X(s)=\frac{1}{s+a}-\frac{1}{s-a}=\frac{-2a}{s^2-a^2}$$

零极点图与 ROC 如图 8.4 所示。

容易证明，当 $X(s)$ 是有理函数时，其 ROC 总是由 $X(s)$ 的极点分割的，ROC 必然满足下列规律：

① 右边信号的 ROC 一定位于 $X(s)$ 最右边极点的右边；

② 左边信号的 ROC 一定位于 $X(s)$ 最左边极点的左边；

③ 双边信号的 ROC 可以是两相邻极点之间的带状区域。

【例 8.7】 分析 $X(s)=\dfrac{1}{(s^2+2s+5)(s-2)}$ 可能的 ROC。

解　$X(s)$ 的分母可分解为

$$D(s)=(s^2+2s+5)(s-2)=(s+1-2j)(s+1+2j)(s-2)$$

因此，极点为 $s_1=-1+2j$，$s_2=-1-2j$，$s_3=2$，零极点图如图 8.5 所示。ROC 可能有 3 种：

（1）$\mathscr{Re}\{s\}<-1$，此时 $x(t)$ 为左边信号；

（2）$-1<\mathscr{Re}\{s\}<2$，此时 $x(t)$ 为双边信号；

（3）$\mathscr{Re}\{s\}>2$，此时 $x(t)$ 为右边信号。

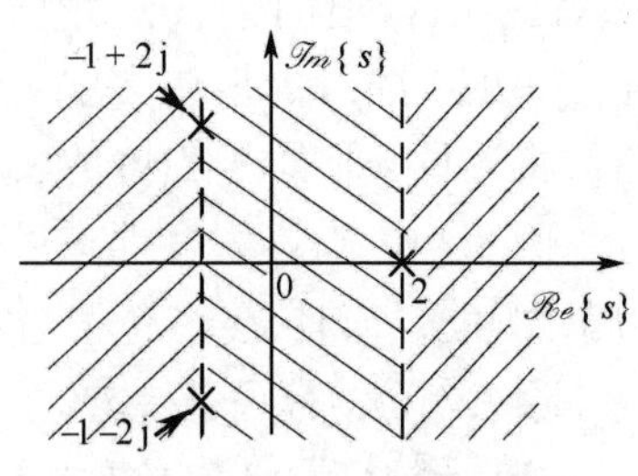

图 8.5　例 8.7 的零极点图

8.2 拉普拉斯变换的性质

类似于傅里叶变换，许多拉普拉斯变换的性质有助于深入理解时域与复频域之间的对应关系。需要注意，拉普拉斯代数表达式产生某些运算时可能会改变其极点的位置，从而引起收敛域的相应变化。

为方便起见，在后续描述中，用 $\mathscr{L}\{x(t)\}$ 表示 $x(t)$ 的拉普拉斯变换 $X(s)$，用 $\mathscr{L}^{-1}\{X(s)\}$ 表示 $X(s)$ 的拉普拉斯反变换 $x(t)$。

8.2.1 线性

拉普拉斯变换性质1视频

若

$$x_1(t) \xleftrightarrow{\mathscr{L}} X_1(s), \quad \text{ROC}: R_1$$

与

$$x_2(t) \xleftrightarrow{\mathscr{L}} X_2(s), \quad \text{ROC}: R_2$$

则

$$ax_1(t) + bx_2(t) \xleftrightarrow{\mathscr{L}} aX_1(s) + bX_2(s), \quad \text{ROC}: 含 R_1 \cap R_2 \tag{8.11}$$

线性性质可以推广到任意多个连续时间信号的线性组合。当 R_1 与 R_2 无交集时，表明 $X(s)$ 不存在，如例 8.6 中 $a<0$ 的情况。当 R_1 与 R_2 存在交集，但是在线性组合过程中出现零、极点抵消的情况，同时被抵消的极点恰恰位于 ROC 的边界时，$X(s)$ 的 ROC 也可能比这个交集大。

8.2.2 时移与 s 域平移

1. 时移

若

$$x(t) \xleftrightarrow{\mathscr{L}} X(s), \quad \text{ROC}: R$$

则

$$x(t-t_0) \xleftrightarrow{\mathscr{L}} \mathrm{e}^{-st_0} X(s), \quad \text{ROC}: R \tag{8.12}$$

例如，$\delta(t) \xleftrightarrow{\mathscr{L}} 1$，$\delta(t-t_0) \xleftrightarrow{\mathscr{L}} \mathrm{e}^{-st_0}$，ROC 不变，均是整个 s 平面。

2. s 域平移

若

$$x(t) \xleftrightarrow{\mathscr{L}} X(s), \quad \text{ROC}: R$$

则

$$\mathrm{e}^{s_0 t} x(t) \xleftrightarrow{\mathscr{L}} X(s-s_0), \quad \text{ROC}: R + \mathscr{Re}\{s_0\} \tag{8.13}$$

例如，$\mathscr{L}\{u(t)\} = \dfrac{1}{s}$，$\mathscr{Re}\{s\} > 0$，利用 s 域平移性质，可以直接得出 $\mathscr{L}\{\mathrm{e}^{-t} u(t)\} = \dfrac{1}{s+1}$，$\mathscr{Re}\{s\} > -1$。

当 $s_0 = \mathrm{j}\omega_0$ 时，式(8.13)变为

$$\mathrm{e}^{\mathrm{j}\omega_0 t} x(t) \xleftrightarrow{\mathscr{L}} X(s-\mathrm{j}\omega_0), \quad \text{ROC}: R \tag{8.14}$$

若 $s = \mathrm{j}\omega$，式(8.14)即变为傅里叶变换的频移公式。

【例 8.8】利用 s 域平移性质求信号 $x(t)=\mathrm{e}^{-t}\cos(200t)u(t)$ 的拉普拉斯变换。

解 设 $p(t)=\mathrm{e}^{-t}u(t)$，可知其拉普拉斯变换为

$$P(s)=\frac{1}{s+1},\quad \mathrm{ROC}:\mathscr{Re}\{s\}>-1$$

根据欧拉公式，有

$$x(t)=\mathrm{e}^{-t}\cos(200t)u(t)=\cos(200t)\cdot p(t)=\frac{1}{2}\mathrm{e}^{\mathrm{j}200t}p(t)+\frac{1}{2}\mathrm{e}^{-\mathrm{j}200t}p(t)$$

利用线性性质与 s 域平移性质，得

$$X(s)=\frac{1}{2}P(s-\mathrm{j}200)+\frac{1}{2}P(s+\mathrm{j}200)=\frac{1}{2}\cdot\frac{1}{s-\mathrm{j}200+1}+\frac{1}{2}\cdot\frac{1}{s+\mathrm{j}200+1}$$

$$=\frac{s+1}{(s+1)^2+200^2},\quad \mathrm{ROC}:\mathscr{Re}\{s\}>-1$$

从时域的角度来说，$x(t)$ 相当于 $p(t)$ 调制余弦信号 $\cos(200t)$；从频域的角度来说，$X(s)$ 相当于 $P(s)$ 分别在 s 平面平行于实轴的两个方向平移，极点由 $s=-1$ 变化为 $s_1=-1+200\mathrm{j}$ 与 $s_2=-1-200\mathrm{j}$，但是极点实部没有变化，因此 ROC 不变。

☞**注释**：收敛域的边界仅仅与极点的实部有关，若极点实部不变，收敛域也不会改变。

8.2.3 时间反转

若

$$x(t)\xleftrightarrow{\mathscr{L}}X(s),\quad \mathrm{ROC}:R$$

则

$$x(-t)\xleftrightarrow{\mathscr{L}}X(-s),\quad \mathrm{ROC}:-R \tag{8.15}$$

若 $x(t)$ 为偶函数，则其拉普拉斯变换也为偶函数；若 $x(t)$ 为奇函数，则其拉普拉斯变换也为奇函数。

8.2.4 尺度变换

若

$$x(t)\xleftrightarrow{\mathscr{L}}X(s),\quad \mathrm{ROC}:R$$

则

$$x(at)\xleftrightarrow{\mathscr{L}}\frac{1}{|a|}X\left(\frac{s}{a}\right),\quad \mathrm{ROC}:aR \tag{8.16}$$

可以看出，时间反转性质是尺度变换性质在 $a=-1$ 时的特例。

【例 8.9】考察双边指数信号 $x_1(t)=\mathrm{e}^{-|t|}$ 与 $x_2(t)=\mathrm{e}^{-2|t|}$ 的拉普拉斯变换，比较其时域与复频域关系。

解 $x_1(t)=\mathrm{e}^{-|t|}$ 的拉普拉斯变换为

$$X_1(s)=\frac{-2}{s^2-1},\quad \mathrm{ROC}:-1<\mathscr{Re}\{s\}<1$$

$x_2(t)=\mathrm{e}^{-2|t|}$ 的拉普拉斯变换为

$$X_2(s)=\frac{-4}{s^2-4}=\frac{1}{2}\frac{-2}{(s/2)^2-1}\text{，}\quad \mathrm{ROC}:-2<\mathcal{Re}\{s\}<2$$

信号波形、零极点图与 ROC 如图 8.6 所示。可以看出，时域压缩一半，ROC 扩大 2 倍，极点位置相应变化，符合拉普拉斯尺度变换性质。

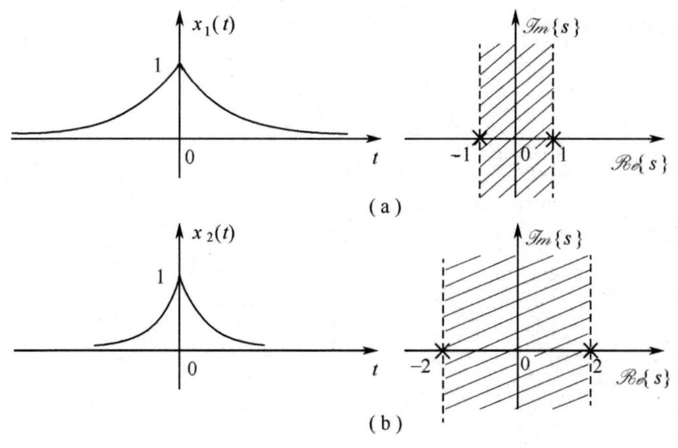

图 8.6　例 8.9 信号波形、零极点图与 ROC

8.2.5　卷积

拉普拉斯变换性质2视频

若

$$x_1(t)\overset{\mathscr{L}}{\longleftrightarrow}X_1(s),\quad \mathrm{ROC}:R_1$$

与

$$x_2(t)\overset{\mathscr{L}}{\longleftrightarrow}X_2(s),\quad \mathrm{ROC}:R_2$$

则

$$x_1(t)*x_2(t)\overset{\mathscr{L}}{\longleftrightarrow}X_1(s)\cdot X_2(s),\quad \mathrm{ROC}:\text{含}R_1\cap R_2 \tag{8.17}$$

ROC 的变化规律与线性性质类似。

☞**注释：**卷积性质将时域中的卷积运算转换为复频域内的相乘关系，是 LTI 系统复频域分析的理论基础。

8.2.6　微分与积分

1. 时域微分与积分

若

$$x(t)\overset{\mathscr{L}}{\longleftrightarrow}X(s),\quad \mathrm{ROC}:R$$

则

$$\frac{\mathrm{d}x(t)}{\mathrm{d}t}\overset{\mathscr{L}}{\longleftrightarrow}sX(s),\quad \mathrm{ROC}:\text{含}R \tag{8.18}$$

对偶地

$$\int_{-\infty}^{t} x(\tau)\mathrm{d}\tau \xleftrightarrow{\mathscr{L}} \frac{1}{s}X(s),\quad \text{ROC}: \text{含}R \cap \mathscr{Re}\{s\} > 0 \tag{8.19}$$

☞**注释**：时域微分性质在后续使用复频域法分析微分方程描述的 LTI 系统时起着重要作用。

【例 8.10】 求对称方波信号 $x(t)=u(t+2)-u(t-2)$ 的拉普拉斯变换。

解 已知
$$\delta(t) \xleftrightarrow{\mathscr{L}} 1,\quad \text{ROC}: \text{整个}s\text{平面}$$

对方波信号 $x(t)$ 微分得

$$\frac{\mathrm{d}x(t)}{\mathrm{d}t} = \delta(t+2) - \delta(t-2)$$

运用时移性质，其拉普拉斯变换为

$$\frac{\mathrm{d}x(t)}{\mathrm{d}t} \xleftrightarrow{\mathscr{L}} \mathrm{e}^{2s} - \mathrm{e}^{-2s},\quad \text{ROC}: \text{整个}s\text{平面}$$

根据积分性质，对称方波信号的拉普拉斯变换为

$$x(t) \xleftrightarrow{\mathscr{L}} \frac{\mathrm{e}^{2s} - \mathrm{e}^{-2s}}{s},\quad \text{ROC}: \text{整个}s\text{平面}$$

2. *s* 域微分

若

$$x(t) \xleftrightarrow{\mathscr{L}} X(s),\quad \text{ROC}: R$$

则

$$-tx(t) \xleftrightarrow{\mathscr{L}} \frac{\mathrm{d}X(s)}{\mathrm{d}s},\quad \text{ROC}: R \tag{8.20}$$

【例 8.11】 求信号 $x(t)=t\mathrm{e}^{-at}u(t)$ 的拉普拉斯变换。

解 由于
$$\mathrm{e}^{-at}u(t) \xleftrightarrow{\mathscr{L}} \frac{1}{s+a},\quad \text{ROC}: \mathscr{Re}\{s\} > -a$$

根据 s 域微分性质得

$$t\mathrm{e}^{-at}u(t) \xleftrightarrow{\mathscr{L}} -\frac{\mathrm{d}\left\{\dfrac{1}{s+a}\right\}}{\mathrm{d}s} = \frac{1}{(s+a)^2},\quad \text{ROC}: \mathscr{Re}\{s\} > -a$$

8.2.7 共轭

若

$$x(t) \xleftrightarrow{\mathscr{L}} X(s),\quad \text{ROC}: R$$

则

$$x^*(t) \xleftrightarrow{\mathscr{L}} X^*(s^*),\quad \text{ROC}: R \tag{8.21}$$

当 $s=\mathrm{j}\omega$ 时，式(8.21)变为傅里叶变换的共轭公式，即

$$x^*(t) \xleftrightarrow{\mathscr{F}} X^*(-\mathrm{j}\omega) \tag{8.22}$$

若 $x(t)$ 为实函数，即 $x(t)=x^*(t)$，则 $X(s)=X^*(s^*)$，或 $X^*(s)=X(s^*)$，可得以下重要结论：若 $x(t)$ 是实信号，且 $X(s)$ 在 s_0 有极点（或零点），则 $X(s)$ 一定在 s_0^* 也有极点（或零点）。这表明实信号的拉普拉斯变换的复数零、极点总是共轭成对出现的。

8.2.8 初值与终值定理

若 $x(t)$ 是因果信号，且在 t=0 时不包含奇异函数，则 $x(t)$ 的初值 $x(0^+)$ 与终值 $\lim\limits_{t\to\infty}x(t)$ 可以直接由 $X(s)$ 获得，即

$$x(0^+)=\lim_{s\to\infty}sX(s) \tag{8.23}$$

$$\lim_{t\to\infty}x(t)=\lim_{s\to 0}sX(s) \tag{8.24}$$

☞**注释：** $sX(s)$ 的收敛域包含 $s=0$，否则不适用终值定理。

拉普拉斯变换的性质归纳在表 8.1 中，表 8.2 整理了一些常用信号的拉普拉斯变换。

表 8.1　拉普拉斯变换的性质

性质	信号	拉普拉斯变换	ROC
	$x(t)$ $x_1(t)$ $x_2(t)$	$X(s)$ $X_1(s)$ $X_2(s)$	R R_1 R_2
线性	$ax_1(t)+bx_2(t)$	$aX_1(s)+bX_2(s)$	含 $R_1\cap R_2$
时移	$x(t-t_0)$	$X(s)\mathrm{e}^{-st_0}$	R
s 域平移	$\mathrm{e}^{s_0t}x(t)$	$X(s-s_0)$	$R+\mathscr{Re}\{s_0\}$
时间反转	$x(-t)$	$X(-s)$	$-R$
尺度变换	$x(at)$	$\dfrac{1}{\lvert a\rvert}X\left(\dfrac{s}{a}\right)$	aR
卷积	$x_1(t)*x_2(t)$	$X_1(s)\cdot X_2(s)$	含 $R_1\cap R_2$
时域微分	$\dfrac{\mathrm{d}x(t)}{\mathrm{d}t}$	$s\cdot X(s)$	含 R
时域积分	$\int_{-\infty}^{t}x(\tau)\mathrm{d}\tau$	$\dfrac{1}{s}\cdot X(s)$	含 $R\cap\mathscr{Re}\{s\}>0$
s 域微分	$-t\cdot x(t)$	$\dfrac{\mathrm{d}X(s)}{\mathrm{d}s}$	R
共轭	$x^*(t)$	$X^*(s^*)$	R
初值与终值定理	若 $x(t)$ 是因果信号，且在 $t=0$ 时不包含奇异函数，$x(0^+)=\lim\limits_{s\to\infty}sX(s)$，$\lim\limits_{t\to\infty}x(t)=\lim\limits_{s\to 0}sX(s)$		

表 8.2　常用信号的拉普拉斯变换

序号	信号	拉普拉斯变换	ROC
1	$\delta(t)$	1	整个 s 平面
2	$\delta(t-t_0)$	e^{-st_0}	整个 s 平面
3	$u(t)$	$\dfrac{1}{s}$	$\mathscr{Re}\{s\}>0$
4	$u(-t)$	$-\dfrac{1}{s}$	$\mathscr{Re}\{s\}<0$

续表

序号	信号	拉普拉斯变换	ROC
5	$\frac{t^{n-1}}{(n-1)!}u(t)$	$\frac{1}{s^n}$	$\mathscr{Re}\{s\}>0$
6	$\frac{t^{n-1}}{(n-1)!}u(-t)$	$-\frac{1}{s^n}$	$\mathscr{Re}\{s\}<0$
7	$\mathrm{e}^{-at}u(t)$	$\frac{1}{s+a}$	$\mathscr{Re}\{s\}>-a$
8	$\mathrm{e}^{-at}u(-t)$	$-\frac{1}{s+a}$	$\mathscr{Re}\{s\}<-a$
9	$\frac{t^{n-1}}{(n-1)!}\mathrm{e}^{-at}u(t)$	$\frac{1}{(s+a)^n}$	$\mathscr{Re}\{s\}>-a$
10	$\frac{t^{n-1}}{(n-1)!}\mathrm{e}^{-at}u(-t)$	$-\frac{1}{(s+a)^n}$	$\mathscr{Re}\{s\}<-a$
11	$(\cos\omega_0 t)u(t)$	$\frac{s}{s^2+\omega_0^2}$	$\mathscr{Re}\{s\}>0$
12	$(\sin\omega_0 t)u(t)$	$\frac{\omega_0}{s^2+\omega_0^2}$	$\mathscr{Re}\{s\}>0$
13	$\mathrm{e}^{-at}(\cos\omega_0 t)u(t)$	$\frac{s+a}{(s+a)^2+\omega_0^2}$	$\mathscr{Re}\{s\}>-a$
14	$\mathrm{e}^{-at}(\sin\omega_0 t)u(t)$	$\frac{\omega_0}{(s+a)^2+\omega_0^2}$	$\mathscr{Re}\{s\}>-a$
15	$\frac{\mathrm{d}^n\delta(t)}{\mathrm{d}t^n}$	s^n	整个 s 平面

8.3 拉普拉斯反变换

8.1 节已经得出拉普拉斯反变换的含义与公式，即

$$x(t)=\frac{1}{2\pi\mathrm{j}}\int_{\sigma-\mathrm{j}\infty}^{\sigma+\mathrm{j}\infty}X(s)\mathrm{e}^{st}\,\mathrm{d}s \tag{8.25}$$

对于一般的 $X(s)$，这个积分的求值需要采用复平面的围线积分，此处不做讨论。对于有理拉普拉斯变换，可以采用部分分式展开法求拉普拉斯反变换，具体步骤为：

(1) 将 $X(s)$ 展开为部分分式；

(2) 根据 $X(s)$ 的 ROC，确定每一项的 ROC；

(3) 利用常用信号的拉普拉斯变换与拉普拉斯变换性质，对每一项进行反变换。

【例 8.12】 求 $X(s)=\dfrac{s+2}{s(s+1)^2}$ 的拉普拉斯反变换。

解 $X(s)$ 采用部分分式展开法，得

$$X(s)=\frac{s+2}{s(s+1)^2}=\frac{A_{11}}{s+1}+\frac{A_{12}}{(s+1)^2}+\frac{A_2}{s}$$
$$=\frac{-2}{s+1}+\frac{-1}{(s+1)^2}+\frac{2}{s}$$

由于 $X(s)$ 的极点为 $s=-1$（二阶）与 $s=0$，零极点图如图 8.7 所示，则 $X(s)$ 的 ROC 可能有 3 种：$\mathscr{Re}\{s\}<-1$、$-1<\mathscr{Re}\{s\}<0$ 与 $\mathscr{Re}\{s\}>0$。

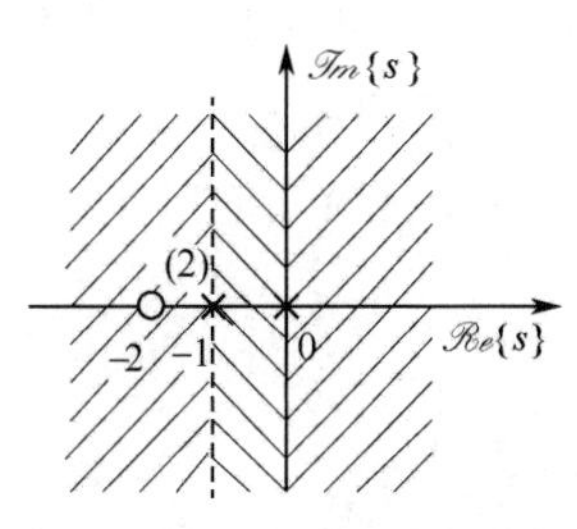

图 8.7　例 8.12 的零极点图与 ROC

(1) $\mathscr{Re}\{s\}<-1$ 时，$x(t)=2\mathrm{e}^{-t}u(-t)+t\mathrm{e}^{-t}u(-t)-2u(-t)$。

(2) $-1<\mathscr{Re}\{s\}<0$ 时，$x(t)=-2\mathrm{e}^{-t}u(t)-t\mathrm{e}^{-t}u(t)-2u(-t)$。

(3) $\mathscr{Re}\{s\}>0$ 时，$x(t)=-2\mathrm{e}^{-t}u(t)-t\mathrm{e}^{-t}u(t)+2u(t)$。

连续时间LTI系统的系统函数视频

8.4　连续时间 LTI 系统的系统函数

通过拉普拉斯变换，可以对 LTI 系统给出一种重要的表征方法——系统函数，从而对 LTI 系统进行复频域分析。

忽略初始状态，$x(t)$ 通过冲激响应为 $h(t)$ 的 LTI 系统所获得的响应 $y(t)$ 可以表示为

$$y(t)=x(t)*h(t) \tag{8.26}$$

根据拉普拉斯变换的卷积性质，有

$$Y(s)=X(s)\cdot H(s) \tag{8.27}$$

其中，$X(s)$、$Y(s)$ 分别是 $x(t)$ 与 $y(t)$ 的拉普拉斯变换，$H(s)$ 称为 LTI 系统的系统函数，是 $h(t)$ 的拉普拉斯变换，即

$$H(s)=\int_{-\infty}^{+\infty}h(t)\mathrm{e}^{-st}\mathrm{d}t \tag{8.28}$$

若 $Y(s)$、$X(s)$ 和 $H(s)$ 的 ROC 均包括 $\mathrm{j}\omega$ 轴，以 $s=\mathrm{j}\omega$ 代入式(8.27)，则

$$Y(\mathrm{j}\omega)=X(\mathrm{j}\omega)\cdot H(\mathrm{j}\omega) \tag{8.29}$$

即为 LTI 系统的傅里叶分析公式，$H(\mathrm{j}\omega)$ 为系统的频率响应。

这种方法成立的本质原因在于 e^{st} 是 LTI 系统的特征函数，满足

$$\mathrm{e}^{st}\xrightarrow{\text{LTI系统}}H(s)\mathrm{e}^{st} \tag{8.30}$$

而拉普拉斯变换将连续时间信号 $x(t)$ 分解为 e^{st} 的线性组合，即

$$x(t)=\frac{1}{2\pi\mathrm{j}}\int_{\sigma-\mathrm{j}\infty}^{\sigma+\mathrm{j}\infty}X(s)\mathrm{e}^{st}\mathrm{d}s \tag{8.31}$$

利用 LTI 系统的线性性质，系统的输出为

$$y(t)=\frac{1}{2\pi\mathrm{j}}\int_{\sigma-\mathrm{j}\infty}^{\sigma+\mathrm{j}\infty}X(s)H(s)\mathrm{e}^{st}\mathrm{d}s=\mathscr{L}^{-1}\{X(s)H(s)\} \tag{8.32}$$

等价于式(8.27)。

8.4.1 常用系统的系统函数

1. 延时系统

对于延时 t_0 的单元，其输入 $x(t)$ 与输出 $y(t)$ 的关系为

$$y(t)=x(t-t_0) \tag{8.33}$$

或

$$Y(s)=\mathrm{e}^{-st_0}X(s) \tag{8.34}$$

因此，系统函数为

$$H(s)=\frac{Y(s)}{X(s)}=\mathrm{e}^{-st_0}，\text{整个 } s \text{ 平面} \tag{8.35}$$

2. 微分器

对于微分器，其输入 $x(t)$ 与输出 $y(t)$ 的关系为

$$y(t)=\frac{\mathrm{d}x(t)}{\mathrm{d}t} \tag{8.36}$$

或

$$Y(s)=sX(s) \tag{8.37}$$

因此，系统函数为

$$H(s)=\frac{Y(s)}{X(s)}=s，\text{整个 } s \text{ 平面} \tag{8.38}$$

3. 积分器

对于积分器，其输入 $x(t)$ 与输出 $y(t)$ 的关系为

$$y(t)=\int_{-\infty}^{t}x(\tau)\mathrm{d}\tau \tag{8.39}$$

或

$$Y(s)=\frac{1}{s}X(s) \tag{8.40}$$

因此，系统函数为

$$H(s)=\frac{Y(s)}{X(s)}=\frac{1}{s}，\ \mathscr{Re}\{s\}>0 \tag{8.41}$$

8.4.2 系统函数与冲激响应

由于系统函数 $H(s)$ 和冲激响应 $h(t)$ 一一对应，因此 $H(s)$ 连同相应的 ROC 也能完全描述一个 LTI 系统。LTI 系统的许多重要特性在 $H(s)$ 及其 ROC 中有具体的体现。

根据系统函数 $H(s)$ 求解冲激响应 $h(t)$ 时，往往采用部分分式展开法。假设 $H(s)$ 是有理真分式，且所有极点均为一阶极点，则 $H(s)$ 可以展开为

$$H(s)=\frac{N(s)}{D(s)}=b_M\frac{(s-\beta_1)(s-\beta_2)\cdots(s-\beta_M)}{(s-a_1)(s-a_2)\cdots(s-a_N)}=\sum_{i=1}^{N}\frac{k_i}{s-a_i} \tag{8.42}$$

以 $h(t)$ 为右边信号为例，对每个分式进行拉普拉斯反变换得

$$h(t)=\mathscr{L}^{-1}\{H(s)\}=\mathscr{L}^{-1}\left\{\sum_{i=1}^{N}\frac{k_i}{s-a_i}\right\}=\sum_{i=1}^{N}k_i\mathrm{e}^{a_it}u(t) \tag{8.43}$$

因此，系统函数 $H(s)$ 的极点 a_i 决定了冲激响应 $h(t)$ 的基本特性。结合 2.1.1 节的图 2.7，下面讨论 $H(s)$ 的几种典型极点分布与因果 LTI 系统 $h(t)$ 基本特性之间的关系。

1. $H(s)$ 具有位于 s 平面的实数单极点 $a_i = \sigma_0$

① a_i 位于 s 平面的左半平面，即 $\sigma_0 < 0$，则 $\dfrac{1}{s-\sigma_0}$ 所对应的 $h(t) = \mathrm{e}^{\sigma_0 t} u(t)$ 为单边指数衰减信号，如图 8.8(a)所示。

② a_i 位于 s 平面的右半平面，即 $\sigma_0 > 0$，则 $\dfrac{1}{s-\sigma_0}$ 所对应的 $h(t) = \mathrm{e}^{\sigma_0 t} u(t)$ 为单边指数增长信号，如图 8.8(b)所示。

③ a_i 位于 s 平面的原点，即 $\sigma_0 = 0$，则 $\dfrac{1}{s}$ 所对应的 $h(t) = u(t)$ 为单位阶跃信号，如图 8.8(c)所示。

2. $H(s)$ 具有位于 s 平面的实数二阶极点 $a_i = \sigma_0$

具有位于 s 平面的实数双极点 $a_i = \sigma_0$，则 $\dfrac{1}{(s-\sigma_0)^2}$ 所对应的 $h(t) = t\,\mathrm{e}^{\sigma_0 t} u(t)$ 。

3. $H(s)$ 具有位于 s 平面的共轭单极点 $a_i = \sigma_0 + \mathrm{j}\omega_0$ 与 $a_i^* = \sigma_0 - \mathrm{j}\omega_0$

① a_i 与 a_i^* 位于 s 平面的左半平面，即 $\sigma_0 < 0$，则所对应的 $h(t) = \mathrm{e}^{\sigma_0 t}(\cos\omega_0 t)u(t)$ 和 $h(t) = \mathrm{e}^{\sigma_0 t}(\sin\omega_0 t)u(t)$ 为单边指数衰减的振荡信号，如图 8.8(d)所示。

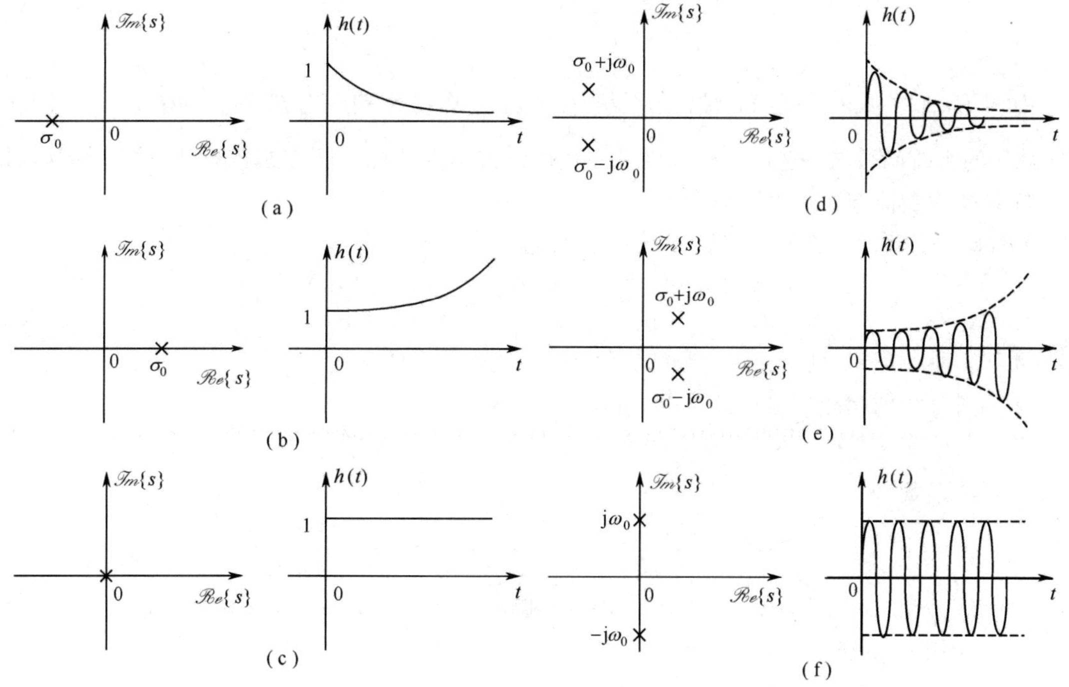

图 8.8　系统函数极点对应的冲激响应

② a_i 与 a_i^* 位于 s 平面的右半平面，即 $\sigma_0 > 0$，则所对应的 $h(t) = \mathrm{e}^{\sigma_0 t}(\cos\omega_0 t)u(t)$ 和

$h(t)=\mathrm{e}^{\sigma_0 t}(\sin\omega_0 t)u(t)$ 为单边指数增长的振荡信号，如图 8.8(e)所示。

③a_i 与 a_i^* 位于 s 平面的 $\mathrm{j}\,\omega$ 轴，即 $\sigma_0=0$，则所对应的 $h(t)=(\cos\omega_0 t)u(t)$ 和 $h(t)=(\sin\omega_0 t)u(t)$ 为单边等幅振荡信号，如图 8.8(f)所示。

综上所述，对于因果 LTI 系统，只有当系统函数 $H(s)$ 的极点位于 s 平面的左半平面时，冲激响应 $h(t)$ 才是收敛的，即系统才是稳定的。

8.4.3 系统函数与线性常系数微分方程

从数学的角度，在已知 $X(s)$ 与 $Y(s)$ 之间关系的情况下，系统函数 $H(s)$ 可表示为

$$H(s)=\frac{Y(s)}{X(s)} \tag{8.44}$$

一般地，表征 LTI 系统的线性常系数微分方程的通式为

$$\sum_{k=0}^{N}a_k\frac{\mathrm{d}^k y(t)}{\mathrm{d}t^k}=\sum_{k=0}^{M}b_k\frac{\mathrm{d}^k x(t)}{\mathrm{d}t^k} \tag{8.45}$$

两边做拉普拉斯变换，得

$$\sum_{k=0}^{N}a_k s^k Y(s)=\sum_{k=0}^{M}b_k s^k X(s) \tag{8.46}$$

则系统函数为

$$H(s)=\frac{Y(s)}{X(s)}=\frac{\sum_{k=0}^{M}b_k s^k}{\sum_{k=0}^{N}a_k s^k} \tag{8.47}$$

如果 $H(s)$ 的 ROC 包含 $\mathrm{j}\omega$ 轴，则系统是稳定的，其频率响应为 $H(\mathrm{j}\omega)=H(s)\big|_{s=\mathrm{j}\omega}$。因此，LTI 系统的系统函数与冲激响应、线性常系数微分方程等几种表征方法之间可以相互转换，稳定 LTI 系统的表征方法还可以与频率响应相互转换。

【例 8.13】考虑一个因果 LTI 系统，输入/输出方程表示为

$$\frac{\mathrm{d}^3 y(t)}{\mathrm{d}t^3}+4\frac{\mathrm{d}^2 y(t)}{\mathrm{d}t^2}+5\frac{\mathrm{d}\,y(t)}{\mathrm{d}t}+2y(t)=2\frac{\mathrm{d}\,x(t)}{\mathrm{d}t}+x(t)$$

求该系统的系统函数 $H(s)$、频率响应 $H(\mathrm{j}\omega)$ 与冲激响应 $h(t)$。

解 对方程两端做拉普拉斯变换，得

$$s^3Y(s)+4s^2Y(s)+5sY(s)+2Y(s)=2sX(s)+X(s)$$

因此，系统函数为

$$H(s)=\frac{Y(s)}{X(s)}=\frac{2s+1}{s^3+4s^2+5s+2}=\frac{2s+1}{(s+1)^2(s+2)}$$

$H(s)$ 的极点为 $s_1=-1$(二阶)与 $s_2=-2$，由于是因果系统，其 ROC 为 $\mathcal{Re}\{s\}>-1$。

$H(s)$ 采用部分分式展开法，得

$$H(s)=\frac{2s+1}{(s+1)^2(s+2)}=\frac{3}{s+1}+\frac{-1}{(s+1)^2}+\frac{-3}{s+2}$$

利用常见信号的拉普拉斯变换，得冲激响应为

$$h(t)=3\mathrm{e}^{-t}u(t)-t\mathrm{e}^{-t}u(t)-3\mathrm{e}^{-2t}u(t)$$

由于 ROC 包括 jω轴，因此，此因果系统是稳定的，频率响应为

$$H(\mathrm{j}\omega)=\frac{2\mathrm{j}\omega+1}{(\mathrm{j}\omega)^3+4(\mathrm{j}\omega)^2+5\mathrm{j}\omega+2}$$

8.5 连续时间 LTI 系统的复频域分析

式(8.27)是利用拉普拉斯变换对连续时间 LTI 系统进行复频域分析的基本公式。拉普拉斯变换将时域中的卷积运算转化为复频域中的相乘运算，为复频域分析带来了极大方便，同时比频域分析的适用范围更广。

连续时间LTI系统的复频域分析视频

8.5.1 用拉普拉斯变换分析连续时间 LTI 系统

在确定系统函数 $H(s)$ 的前提条件下，通过拉普拉斯变换获得输入信号 $x(t)$ 的复频域表示 $X(s)$，利用式(8.27)求取输出信号的复频域表示，即

$$Y(s)=X(s)\cdot H(s) \tag{8.48}$$

再通过拉普拉斯反变换获得输出信号的时域表征 $y(t)$，完成对连续时间 LTI 系统的复频域分析。

在已知某些输入信号 $x(t)$ 所对应的输出信号 $y(t)$ 时，通过拉普拉斯变换分别获得其复频域表示 $X(s)$ 与 $Y(s)$，根据式(8.27)求取系统函数 $H(s)$，即

$$H(s)=\frac{Y(s)}{X(s)} \tag{8.49}$$

可以完成对连续时间 LTI 系统的复频域设计。

【例 8.14】 考虑例 8.13 中的因果 LTI 系统，假设输入为 $x(t)=\mathrm{e}^{-3t}u(t)$，确定该输入通过系统后的零状态响应。

解 输入信号 $x(t)=\mathrm{e}^{-3t}u(t)$ 的复频域表示为

$$X(s)=\frac{1}{s+3}\quad \text{ROC}: \mathscr{Re}\{s\}>-3$$

例 8.13 已得出系统的系统函数为

$$H(s)=\frac{2s+1}{s^3+4s^2+5s+2}\quad \text{ROC}: \mathscr{Re}\{s\}>-1$$

则通过系统后所获得的输出的复频域表示为

$$Y(s)=X(s)H(s)=\frac{2s+1}{(s+3)(s^3+4s^2+5s+2)}\quad \text{ROC}: \mathscr{Re}\{s\}>-1$$

采用部分分式展开法，得

$$Y(s)=\frac{2s+1}{(s+3)(s^3+4s^2+5s+2)}=\frac{2s+1}{(s+1)^2(s+2)(s+3)}=\frac{7/4}{s+1}+\frac{-1/2}{(s+1)^2}+\frac{-3}{s+2}+\frac{5/4}{s+3}$$

通过拉普拉斯反变换得输出信号为

$$y(t)=\frac{7}{4}\mathrm{e}^{-t}u(t)-\frac{1}{2}t\mathrm{e}^{-t}u(t)-3\mathrm{e}^{-2t}u(t)+\frac{5}{4}\mathrm{e}^{-3t}u(t)$$

8.5.2　系统性质的复频域分析

3.5 节已经给出 LTI 系统在具备因果性、稳定性与可逆性等性质时冲激响应 $h(t)$ 的特点，下面讨论系统函数 $H(s)$ 及其 ROC 与系统性质之间的对应关系。

1. 因果性

对于 LTI 系统，若 $t<0$ 时 $h(t)=0$，则系统是因果的。因此，因果系统的 $h(t)$ 是右边信号，其拉普拉斯变换 $H(s)$ 的 ROC 必是最右边极点的右边。同理，由于反因果系统的 $h(t)$ 是左边信号，其拉普拉斯变换 $H(s)$ 的 ROC 必是最左边极点的左边。

☞**注释：**应该强调指出，ROC 的特征并不能判定 LTI 系统是否因果。只有当 $H(s)$ 是有理函数时，ROC 是最右边极点的右边才意味着系统是因果的。

2. 稳定性

对于 LTI 系统，若 $\int_{-\infty}^{+\infty}|h(t)|\mathrm{d}t<\infty$，则系统是稳定的。因此，稳定系统的 $h(t)$ 满足绝对可积条件，其傅里叶变换 $H(\mathrm{j}\omega)$ 必然存在，意味着其拉普拉斯变换 $H(s)$ 的 ROC 包含 $\mathrm{j}\omega$ 轴。

【例 8.15】分析系统函数 $H(s)=\dfrac{s+2}{s(s+1)^2}$ 所表示的 LTI 系统的因果性与稳定性。

解　$H(s)$ 的极点为 $s_1=-1$（二阶）与 $s_2=0$，其中 $s_2=0$ 位于 s 平面的 $\mathrm{j}\omega$ 轴，零极点图与可能的 ROC 如图 8.7 所示。

$\mathcal{Re}\{s\}<-1$ 时，ROC 位于最左边极点的左边，且不包括 $\mathrm{j}\omega$ 轴，则系统既不因果又不稳定；$-1<\mathcal{Re}\{s\}<0$ 时，ROC 位于两个极点之间，且不包括 $\mathrm{j}\omega$ 轴，系统同样既不因果又不稳定；$\mathcal{Re}\{s\}>0$ 时，ROC 位于最右边极点的右边，但不包括 $\mathrm{j}\omega$ 轴，则系统是不稳定的因果系统。

以上 3 种 ROC，没有一种对应既因果又稳定的系统，原因就在于 $s_2=0$ 这个不在左半平面的极点。

综合因果性与稳定性的特点，可以得到以下结论：因果稳定 LTI 系统的系统函数 $H(s)$ 的全部极点必须位于 s 平面的左半平面。

☞**注释：**此结论与前述 8.4.2 节的结论完全一致。

根据系统函数的极点判断因果 LTI 系统稳定性的准则重新叙述如下：

① 当且仅当系统函数 $H(s)$ 的全部极点都在 s 平面的左半平面时，一个连续时间因果 LTI 系统是稳定的；

② 当且仅当 $H(s)$ 存在 s 平面上右半平面的极点和（或）虚轴上的极点时，一个连续时间因果 LTI 系统是不稳定的。

☞**注释：**系统函数 $H(s)$ 的零点在判断系统稳定性方面不起作用。

【例 8.16】判断系统函数 $H(s)=\dfrac{s+3}{(s+1)(s+2)}$ 所表示的因果 LTI 系统是否稳定。

解　$H(s)$ 的极点为 $s_1=-1$ 与 $s_2=-2$，均在 s 平面的左半平面，因此，这个因果系统是稳定的。

然而，到目前为止，一直假定 $H(s)=\dfrac{N(s)}{D(s)}$ 的分子阶次不大于分母阶次。如果 $H(s)$ 的分子阶次大于分母阶次，那么系统将是不稳定的。例如

$$H(s)=\frac{s^3+4s^2+4s+5}{s^2+3s+2}=s+\frac{s^2+2s+5}{s^2+3s+2}$$

容易看出，s 这一项是理想微分器的系统函数。如果将阶跃信号（有界输入）作为输入，输出将包含冲激（无界输出），显然这个系统不稳定。同时，由于微分会增强高频分量，而一般噪声中高频分量为主要成分，这类系统会放大噪声。因此，这是实际应用中尽量避免有理系统函数中分子阶次大于分母阶次的两个重要原因。

☞**注释：** *在以后讨论中都隐含着系统的系统函数是真有理函数，除非特殊说明。*

3. 可逆性

对于冲激响应为 $h_1(t)$ 的 LTI 系统 S_1，若与冲激响应为 $h_2(t)$ 的 LTI 系统 S_2 级联后构成恒等系统，则 S_1 与 S_2 互为逆系统。因此，互为逆系统的冲激响应满足 $h_1(t)*h_2(t)=\delta(t)$，其拉普拉斯变换 $H_1(s)$ 与 $H_2(s)$ 满足 $H_1(s)H_2(s)=1$。

那么，确定一个 LTI 系统的逆系统只需求取其系统函数的倒数即可，即 $H_2(s)=1/H_1(s)$。

8.5.3 系统函数的代数属性与方框图表示

连续时间LTI系统的方框图表示视频

通过拉普拉斯变换，时域的卷积、微积分等运算转换为复频域的代数运算。本节将研究 LTI 系统互联所对应的系统函数的代数运算，从而引出连续时间 LTI 系统的方框图表示，以便于系统的模拟与仿真。

1. LTI 系统互联的系统函数

（1）级联

LTI 系统的级联可以用一个单独的 LTI 系统来替代，而该系统的冲激响应即级联中各个子系统冲激响应的卷积，即图 8.9(a)与(b)的系统是等效的。根据拉普拉斯变换的卷积性质，LTI 系统的级联可以用一个单独的 LTI 系统来替代，而该系统的系统函数即级联中各个子系统系统函数的乘积，则图 8.9(c)与(d)的系统是等效的，即

$$H(s)=H_1(s)H_2(s) \tag{8.50}$$

例 8.13 中系统函数可表示为

$$H(s)=\frac{2s+1}{(s+1)^2(s+2)}=\frac{2s+1}{s+1}\cdot\frac{1}{s+1}\cdot\frac{1}{s+2}$$

则这个三阶系统可以等效为 3 个一阶系统的级联，3 个一阶系统的系统函数分别为 $H_1(s)=(2s+1)/(s+1)$、$H_2(s)=1/(s+1)$、$H_3(s)=1/(s+2)$。当然，分解形式不是唯一的。

（2）并联

LTI 系统的并联也可以用一个单独的 LTI 系统来替代，而该系统的冲激响应即并联中各个子系统冲激响应的和，即图 8.10(a)与(b)的系统是等效的。根据拉普拉斯变换的线性性质，LTI 系统的并联可以用一个单独的 LTI 系统来替代，而该系统的系统函数即并联中各个子系统系统函数的和，则图 8.10(c)与(d)的系统是等效的，即

$$H(s)=H_1(s)+H_2(s) \tag{8.51}$$

例 8.13 中系统函数可表示为

$$H(s)=\frac{2s+1}{(s+1)^2(s+2)}=\frac{3}{s+1}+\frac{-1}{(s+1)^2}+\frac{-3}{s+2}$$

则这个三阶系统可以等效为两个一阶系统与一个二阶系统的并联，一阶系统的系统函数分别为 $H_1(s)=3/(s+1)$、$H_2(s)=-3/(s+2)$，二阶系统的系统函数为 $H_3(s)=-1/(s+1)^2$。

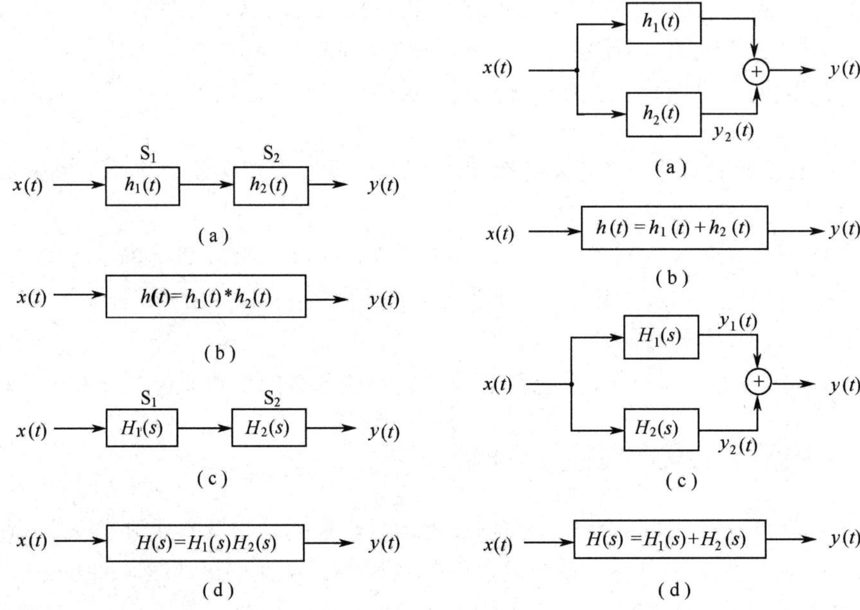

图 8.9 LTI 系统的级联与系统函数　　图 8.10 LTI 系统的并联与系统函数

（3）反馈连接

LTI 系统 S_1 与 S_2 反馈连接，如图 8.11(a)所示，其系统函数分别为 $H_1(s)$ 与 $H_2(s)$，可用复频域表示，如图 8.11(b)所示，即

$$Y(s)=\{X(s)-Y(s)H_2(s)\}\cdot H_1(s) \tag{8.52}$$

如果希望用一个单独的 LTI 系统来替代，则该系统的系统函数 $H(s)$ 为

$$H(s)=\frac{Y(s)}{X(s)}=\frac{H_1(s)}{1+H_1(s)\cdot H_2(s)} \tag{8.53}$$

这意味着，LTI 系统的反馈连接也可以用一个单独的 LTI 系统来替代，而该系统的系统函数与各子系统的系统函数的关系如式(8.53)，则图 8.11(b)与(c)的系统是等效的。

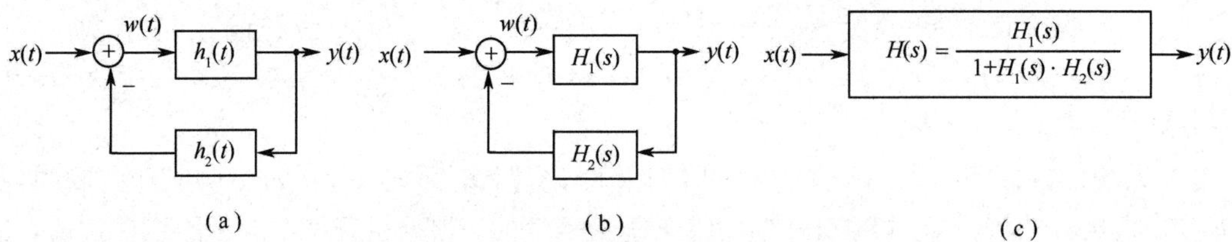

图 8.11 LTI 系统的反馈连接与系统函数

2. LTI 系统的方框图表示

除了利用数学表达式描述系统模型，还可以借助方框图表示系统模型。对于连续时间 LTI 系统，方框图单元包括相加、数乘和积分（或微分）3 种基本运算单元，如 1.3 节所述。

根据表征因果 LTI 系统的线性常系数微分方程的通式

$$\sum_{k=0}^{N}a_k\frac{\mathrm{d}^k y(t)}{\mathrm{d}t^k}=\sum_{k=0}^{M}b_k\frac{\mathrm{d}^k x(t)}{\mathrm{d}t^k} \tag{8.54}$$

可得系统函数为

$$H(s)=\frac{Y(s)}{X(s)}=\frac{\sum_{k=0}^{M}b_k s^k}{\sum_{k=0}^{N}a_k s^k} \tag{8.55}$$

分子、分母均为s的多项式，基本运算单元为相加、数乘和微分器。实际中，微分器对噪声与误差相当敏感，而积分器不仅可以抑制噪声，而且易于实现，因此，系统模拟时往往采用积分器。积分器的系统函数为$H(s)=1/s$。

若式(8.55)中$N\geqslant M$，将$H(s)$的分子、分母同除以s^N，即

$$H(s)=\frac{Y(s)}{X(s)}=\frac{\sum_{k=0}^{M}b_k\left(\frac{1}{s}\right)^{N-k}}{\sum_{k=0}^{N}a_k\left(\frac{1}{s}\right)^{N-k}} \tag{8.56}$$

以积分器替代微分器。

下面通过对一阶 LTI 系统和二阶 LTI 系统的模拟，说明连续时间 LTI 系统的方框图表示方法。高阶 LTI 系统的模拟可以通过级联和（或）并联方式，在一阶 LTI 系统和二阶 LTI 系统基础上实现。

【例 8.17】某因果 LTI 系统，其输入/输出方程为

$$\frac{\mathrm{d}y(t)}{\mathrm{d}t}+2y(t)=2\frac{\mathrm{d}x(t)}{\mathrm{d}t}+3x(t)$$

画出该系统的方框图。

解 由微分方程得系统函数为

$$H(s)=\frac{2s+3}{s+2}=\frac{1}{s+2}\cdot(2s+3)$$

则该系统等效为系统函数分别为$1/(s+2)$与$(2s+3)$的两个 LTI 系统级联。

由于$\frac{1}{s+2}=\frac{1/s}{1+2\cdot(1/s)}$，系统函数为$1/(s+2)$的子系统可由图 8.11(b)所示的反馈连接形式来表示，其中$H_1(s)=1/s$，为积分单元，$H_2(s)=2$，为数乘单元。

系统函数为$(2s+3)$的子系统等价于系统函数分别为$(2s)$与(3)的两个系统并联。整个系统如图 8.12(a)所示。

系统函数$(2s)$所对应的系统输入为$q(t)$，根据系统级联性质，$q(t)$经过系统函数$(2s)$相当于$p(t)$经过系统函数(2)，因此，整个系统方框图等效于图 8.12(b)。

【例 8.18】某因果 LTI 系统，其输入/输出方程为

$$\frac{\mathrm{d}^2y(t)}{\mathrm{d}t^2}+3\frac{\mathrm{d}y(t)}{\mathrm{d}t}+2y(t)=x(t)$$

画出该系统的方框图。

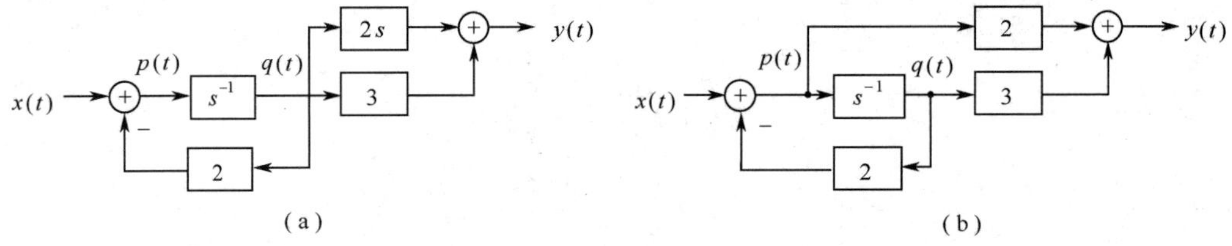

图 8.12　例 8.17 的方框图

解　由微分方程得系统函数为

$$H(s)=\frac{1}{s^2+3s+2}=\frac{1/s^2}{1+3/s+2/s^2}=\frac{(1/s)\cdot(1/s)}{1+3(1/s)+2(1/s)(1/s)}$$

则该系统可由如图 8.13(a)所示的反馈连接形式来表示。

$H(s)$ 还可表示为

$$H(s)=\frac{1}{s+1}\cdot\frac{1}{s+2}=\frac{1}{s+1}-\frac{1}{s+2}$$

则该系统可分别由图 8.13(b)所示的级联形式与图 8.13(c)所示的并联形式来表示。

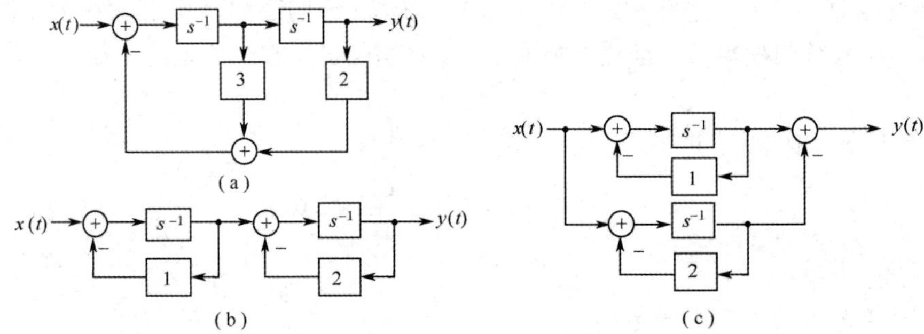

图8.13　例8.18的方框图

【例 8.19】某因果 LTI 系统，其输入/输出方程为

$$\frac{\mathrm{d}^2y(t)}{\mathrm{d}t^2}+3\frac{\mathrm{d}y(t)}{\mathrm{d}t}+2y(t)=3\frac{\mathrm{d}^2x(t)}{\mathrm{d}t^2}+7\frac{\mathrm{d}x(t)}{\mathrm{d}t}-6x(t)$$

画出该系统的方框图。

解　由微分方程得系统函数为

$$H(s)=\frac{3s^2+7s-6}{s^2+3s+2}=\frac{1}{s^2+3s+2}\cdot(3s^2+7s-6)$$

则该系统等效为系统函数分别为$1/(s^2+3s+2)$与$(3s^2+7s-6)$的两个 LTI 系统级联。其中，系统函数$(3s^2+7s-6)$的子系统又等价于系统函数分别为$(3s^2)$、$(7s)$与(-6)的 3 个系统并联，同时根据系统级联性质，分别调整$(3s^2)$、$(7s)$所对应系统的输入位置与系统函数，最终整个系统的方框图如图 8.14 所示。这种实现形式称为直接型，方框图中的系数可以直接由系统函数的系数来确定。

$H(s)$ 还可表示为

$$H(s)=\frac{3s-2}{s+1}\cdot\frac{s+3}{s+2}=3+\frac{-10}{s+1}+\frac{8}{s+2}$$

则该系统可由系统函数分别为$(3s-2)/(s+1)$、$(s+3)/(s+2)$的系统级联实现，或者由系统函数分别为(3)、$-10/(s+1)$、$8/(s+2)$的系统并联实现。

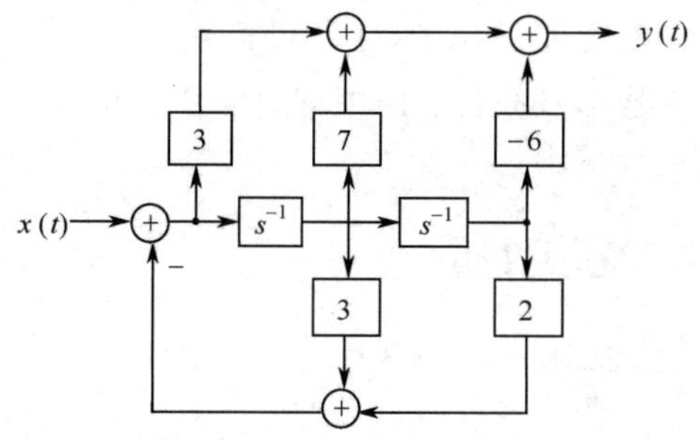

图 8.14 例 8.19 的方框图

单边拉普拉斯变换视频

8.6 单边拉普拉斯变换

单边拉普拉斯变换是双边拉普拉斯变换的特例，对分析线性常系数微分方程描述的 LTI 系统具有重要的意义。

8.6.1 定义

连续时间信号$x(t)$的单边拉普拉斯变换定义为

$$\mathcal{X}(s)=\int_{0^-}^{+\infty}x(t)\mathrm{e}^{-st}\mathrm{d}t \tag{8.57}$$

简写为

$$x(t)\xleftrightarrow{\mathscr{UL}}\mathcal{X}(s)=\mathscr{UL}\{x(t)\} \tag{8.58}$$

比较双边拉普拉斯变换公式，区别仅在于积分下限。双边拉普拉斯变换取决于信号$x(t)$在$(-\infty,+\infty)$的取值，单边拉普拉斯变换仅取决于信号$x(t)$在$(0^-,+\infty)$的取值。因此，$x(t)$的单边拉普拉斯变换相当于$x(t)u(t)$的双边拉普拉斯变换，即

$$\mathscr{UL}\{x(t)\}=\mathscr{L}\{x(t)u(t)\} \tag{8.59}$$

这意味着，如果$x(t)$是因果信号，其双边拉普拉斯变换和单边拉普拉斯变换是完全相同的。

考虑信号$x(t)=\mathrm{e}^{-at}u(t)$与$y(t)=\mathrm{e}^{-a(t+1)}u(t+1)$，显然，两个信号可以通过时移相互获得。$x(t)$是因果信号，$y(t)$则是非因果信号。对于$x(t)$，$\mathscr{UL}\{x(t)\}=\mathscr{L}\{x(t)\}=1/(s+a)$；对于$y(t)$，$\mathscr{L}\{y(t)\}=\mathrm{e}^{s}/(s+a)$，$\mathscr{UL}\{y(t)\}=\mathscr{L}\{\mathrm{e}^{-a}\mathrm{e}^{-at}u(t)\}=\mathrm{e}^{-a}/(s+a)$，显然，$\mathscr{UL}\{y(t)\}\neq\mathscr{L}\{y(t)\}$。这是由于$y(t)$在$t<0$的部分只对双边拉普拉斯变换有贡献，而对单边拉普拉斯变换完全没有贡献。

对于因果 LTI 系统，其冲激响应$h(t)$是因果信号，则该系统的系统函数既可以通过双边拉普拉斯变换获得，也可以通过单边拉普拉斯变换获得，即

$$H(s)=\mathcal{H}(s) \tag{8.60}$$

单边拉普拉斯变换也同样存在ROC。其ROC必然遵从因果信号双边拉普拉斯变换的要求，即一定位于最右边极点的右边。由于 ROC 是唯一确定的，在讨论单边拉普拉斯变换时，一般不再强调其 ROC。

单边拉普拉斯变换的反变换与双边拉普拉斯变换的反变换相同，即

$$x(t)=\frac{1}{2\pi \mathrm{j}}\int_{\sigma-\mathrm{j}\infty}^{\sigma+\mathrm{j}\infty}\mathcal{X}(s)\mathrm{e}^{st}\mathrm{d}s \tag{8.61}$$

☞**注释**：对于一个给定的$\mathcal{X}(s)$或$\mathcal{H}(s)$，只有唯一的反变换。单边拉普拉斯变换的这种唯一性简化了系统分析。虽然不能分析非因果系统和非因果信号，但在实际问题中这种限制影响甚微。

8.6.2 单边拉普拉斯变换性质

单边拉普拉斯变换的性质归纳在表 8.3 中。

表 8.3 单边拉普拉斯变换的性质

性质	信号	单边拉普拉斯变换
	$x(t)$ $x_1(t)$ $x_2(t)$	$\mathcal{X}(s)$ $\mathcal{X}_1(s)$ $\mathcal{X}_2(s)$
线性	$ax_1(t)+bx_2(t)$	$a\mathcal{X}_1(s)+b\mathcal{X}_2(s)$
时移	$x(t-t_0)$，$t_0>0$	$\mathcal{X}(s)\mathrm{e}^{-st_0}+\int_{0^-}^{t_0}x(t-t_0)\mathrm{e}^{-st}\,\mathrm{d}t$
s 域平移	$\mathrm{e}^{s_0t}x(t)$	$\mathcal{X}(s-s_0)$
尺度变换	$x(at)$，$a>0$	$\frac{1}{a}\mathcal{X}\left(\frac{s}{a}\right)$
卷积	$x_1(t)*x_2(t)$ $(x_1(t)=x_2(t)=0,\ t<0)$	$\mathcal{X}_1(s)\cdot\mathcal{X}_2(s)$
时域微分	$\frac{\mathrm{d}x(t)}{\mathrm{d}t}$	$s\cdot\mathcal{X}(s)-x(0^-)$
时域积分	$\int_{0^-}^{t}x(\tau)\,\mathrm{d}\tau$	$\frac{1}{s}\cdot\mathcal{X}(s)$
s 域微分	$-t\cdot x(t)$	$\frac{\mathrm{d}\mathcal{X}(s)}{\mathrm{d}s}$
共轭	$x^*(t)$	$\mathcal{X}^*(s^*)$
初值与终值定理	若 $x(t)$ 在 t=0 时不包含奇异函数，则 $x(0^+)=\lim\limits_{s\to\infty}s\mathcal{X}(s)$，$\lim\limits_{t\to\infty}x(t)=\lim\limits_{s\to 0}s\mathcal{X}(s)$	

单边拉普拉斯变换的大部分性质与双边拉普拉斯变换的相同，但也有不同。

1. 时移性质

只讨论$t_0>0$的情况，若$x(t)$是因果信号，单边拉普拉斯变换的时移性质与双边拉普拉斯变换的时移性质一致，若$x(t)$不是因果信号，必须考虑信号$x(t)$在$(-t_0,0^-)$的取值，即

$$\begin{aligned}\mathcal{UL}\{x(t-t_0)\}&=\int_{0^-}^{+\infty}x(t-t_0)\mathrm{e}^{-st}\mathrm{d}t=\int_{-t_0}^{+\infty}x(\tau)\mathrm{e}^{-s(\tau+t_0)}\mathrm{d}\tau\\&=\int_{-t_0}^{0^-}x(\tau)\mathrm{e}^{-s(\tau+t_0)}\mathrm{d}\tau+\int_{0^-}^{+\infty}x(\tau)\mathrm{e}^{-s(\tau+t_0)}\mathrm{d}\tau\\&=\int_{0^-}^{t_0}x(t-t_0)\mathrm{e}^{-st}\mathrm{d}t+\mathcal{X}(s)\mathrm{e}^{-st_0}\end{aligned} \tag{8.62}$$

2. 时域微分

若

$$x(t)\xleftrightarrow{\mathcal{UL}}\mathcal{X}(s)$$

则

$$\frac{\mathrm{d}\,x(t)}{\mathrm{d}\,t} \xleftrightarrow{\mathscr{UL}} s\cdot\mathcal{X}(s)-x(0^-) \tag{8.63}$$

$$\frac{\mathrm{d}^2\,x(t)}{\mathrm{d}\,t^2} \xleftrightarrow{\mathscr{UL}} s^2\cdot\mathcal{X}(s)-sx(0^-)-x'(0^-) \tag{8.64}$$

高阶微分以此类推，得

$$\frac{\mathrm{d}^n\,x(t)}{\mathrm{d}\,t^n} \xleftrightarrow{\mathscr{UL}} s^n\cdot\mathcal{X}(s)-\sum_{i=0}^{n-1}s^{n-i-1}x^i(0^-) \tag{8.65}$$

☞**注释：** 正是由于单边拉普拉斯变换的时域微分需要考虑时域的初值，所以，利用单边拉普拉斯变换解微分方程时能够同时兼顾输入信号与初始状态的影响，才能求取系统的完全响应。

由于单边拉普拉斯变换定义的积分区间为$(0^-,+\infty)$，则对尺度变换性质、卷积性质、时域积分性质有一些附加约束，如要求时域积分的下限为0^-。

8.6.3 利用单边拉普拉斯变换解微分方程

根据表征 LTI 系统的线性常系数微分方程的通式

$$\sum_{k=0}^{N}a_k\frac{\mathrm{d}^k y(t)}{\mathrm{d}t^k}=\sum_{k=0}^{M}b_k\frac{\mathrm{d}^k x(t)}{\mathrm{d}t^k} \tag{8.66}$$

并假设$t=0^-$时刻系统的初始状态为$y(0^-)$, $y'(0^-)$, $\cdots$, $y^{N-1}(0^-)$，方程两边同时进行单边拉普拉斯变换，运用单边拉普拉斯变换的时域微分性质，得

$$\sum_{k=0}^{N}a_k\{s^k\mathcal{Y}(s)-\sum_{i=0}^{k-1}s^{k-i-1}y^i(0^-)\}=\sum_{k=0}^{M}b_k\{s^k\mathcal{X}(s)-\sum_{i=0}^{k-1}s^{k-i-1}x^i(0^-)\} \tag{8.67}$$

如果$x(t)$是因果信号，即$x(0^-)=x'(0^-)=\cdots=x^{M-1}(0^-)=0$，则式(8.67)为

$$\sum_{k=0}^{N}\{a_k[s^k\mathcal{Y}(s)-\sum_{i=0}^{k-1}s^{k-i-1}y^i(0^-)]\}=\sum_{k=0}^{M}b_ks^k\mathcal{X}(s) \tag{8.68}$$

整理得系统完全响应的拉普拉斯变换为

$$\mathcal{Y}(s)=\frac{\sum_{k=0}^{M}b_ks^k\mathcal{X}(s)+\sum_{k=0}^{N}\{a_k\sum_{i=0}^{k-1}s^{k-i-1}y^i(0^-)\}}{\sum_{k=0}^{N}a_ks^k} \tag{8.69}$$

进一步分解为

$$\mathcal{Y}(s)=\mathcal{Y}_{\mathrm{zs}}(s)+\mathcal{Y}_{\mathrm{zi}}(s)=\underbrace{\frac{\sum_{k=0}^{M}b_ks^k}{\sum_{k=0}^{N}a_ks^k}\mathcal{X}(s)}_{\text{零状态响应}}+\underbrace{\frac{\sum_{k=0}^{N}\{a_k\sum_{i=0}^{k-1}s^{k-i-1}y^i(0^-)\}}{\sum_{k=0}^{N}a_ks^k}}_{\text{零输入响应}} \tag{8.70}$$

其中

$$\frac{\sum_{k=0}^{M}b_ks^k}{\sum_{k=0}^{N}a_ks^k}=\mathcal{H}(s) \tag{8.71}$$

为 LTI 系统冲激响应 $h(t)$ 的单边拉普拉斯变换，如果是因果 LTI 系统，则 $\mathcal{H}(s)=H(s)$。

☞**注释**：式(8.70)中零状态响应部分等同于前述 LTI 系统复频域分析的基本公式，说明之前考虑的输出仅仅是输入信号引起的那部分响应。

【例 8.20】 假设由下列微分方程描述的一个 LTI 系统

$$\frac{\mathrm{d}^2 y(t)}{\mathrm{d}t^2}+3\frac{\mathrm{d}\,y(t)}{\mathrm{d}t}+2y(t)=x(t)$$

其初始条件为 $y(0^-)=3$，$y'(0^-)=-5$，输入 $x(t)=\mathrm{e}^{-3t}u(t)$，求系统的输出 $y(t)$。

解 对方程两边做单边拉普拉斯变换，得

$$s^2\mathcal{Y}(s)-sy(0^-)-y'(0^-)+3\{s\mathcal{Y}(s)-y(0^-)\}+2\mathcal{Y}(s)=\mathcal{X}(s)$$

整理得

$$\mathcal{Y}(s)=\frac{\mathcal{X}(s)}{s^2+3s+2}+\frac{(s+3)y(0^-)+y'(0^-)}{s^2+3s+2}$$

将 $\mathcal{X}(s)=\dfrac{1}{s+3}$，$y(0^-)=3$，$y'(0^-)=-5$ 代入，得

$$\mathcal{Y}(s)=\frac{1}{(s+3)(s^2+3s+2)}+\frac{3s+4}{s^2+3s+2}=\frac{1/2}{s+3}+\frac{3/2}{s+1}+\frac{1}{s+2}$$

因此，系统的完全响应为

$$y(t)=\frac{1}{2}\mathrm{e}^{-3t}u(t)+\frac{3}{2}\mathrm{e}^{-t}u(t)+\mathrm{e}^{-2t}u(t)$$

计算过程中，可分别求取零状态响应与零输入响应为

$$y_{\mathrm{zs}}(t)=\mathscr{UL}^{-1}\left\{\frac{1}{(s+3)(s^2+3s+2)}\right\}=\frac{1}{2}\mathrm{e}^{-3t}u(t)+\frac{1}{2}\mathrm{e}^{-t}u(t)-\mathrm{e}^{-2t}u(t)$$

$$y_{\mathrm{zi}}(t)=\mathscr{UL}^{-1}\left\{\frac{3s+4}{s^2+3s+2}\right\}=\mathrm{e}^{-t}u(t)+2\mathrm{e}^{-2t}u(t)$$

【例 8.21】 使用复频域分析法重新求解例 3.6 的零状态响应、零输入响应与完全响应。

解 系统微分方程为

$$\frac{\mathrm{d}\,y(t)}{\mathrm{d}t}+3y(t)=3x(t)$$

对方程两边做单边拉普拉斯变换，得

$$s\mathcal{Y}(s)-y(0^-)+3\mathcal{Y}(s)=3\mathcal{X}(s)$$

整理得

$$\mathcal{Y}(s)=\frac{3\mathcal{X}(s)}{s+3}+\frac{y(0^-)}{s+3}$$

由 $x(t)=u(t)$ 得 $\mathcal{X}(s)=1/s$，并将 $y(0^-)=3/2$ 代入，得

$$\mathcal{Y}(s)=\underbrace{\frac{3}{s(s+3)}}_{\text{零状态响应}}+\underbrace{\frac{3/2}{s+3}}_{\text{零输入响应}}=\underbrace{\left\{\frac{1}{s}-\frac{1}{s+3}\right\}}_{\text{零状态响应}}+\underbrace{\frac{3/2}{s+3}}_{\text{零输入响应}}$$

因此，零状态响应为 $y_{zs}(t)=u(t)-e^{-3t}u(t)$，零输入响应为 $y_{zi}(t)=\frac{3}{2}e^{-3t}u(t)$，完全响应为 $y(t)=y_{zs}(t)+y_{zi}(t)=u(t)+\frac{1}{2}e^{-3t}u(t)$，与例 3.6 的结论相同。

☞**注释**：单边拉普拉斯变换把微分运算转化为代数运算，同时兼顾了初始状态，所以，在求解微分方程所描述的 LTI 系统时是非常有效简洁的手段。

8.7 利用 MATLAB 进行复频域分析

8.7.1 零、极点与系统特性分析

系统函数 $H(s)$ 通常是一个有理式，其分子、分母均为多项式。计算 $H(s)$ 的零、极点可以利用 MATLAB 的 roots 函数，求出分子、分母的根即可。

例如，多项式 $N(s)=s^3+4s^2+5s+2$ 的根可以由下列 MATLAB 语句求出：

```
N=[1 4 5 2];
r=roots(N)
```

运行结果为：

```
r =-2.0000   -1.0000 + 0.0000i   -1.0000 - 0.0000i
```

表示多项式 $N(s)=s^3+4s^2+5s+2$ 的根分别为 $s_1=-2$、$s_2=s_3=-1$（$\pm 0.0000\mathrm{i}$ 是近似计算时的偏差）。

零极点图可以根据求出的零、极点，利用 plot 语句绘出，也可以由 $H(s)$ 直接调用 pzmap 函数，其调用形式为：

```
pzmap(sys)
```

其中，sys 表示 LTI 系统模型，通过 tf 函数获得，其调用形式为：

```
sys=tf(num,den)
```

其中，num 与 den 分别为系统函数 $H(s)$ 分子与分母多项式的系数向量。

如果已知系统函数 $H(s)$，求系统的冲激响应 $h(t)$ 与频率响应 $H(\mathrm{j}\omega)$，可以利用前面介绍的 impulse 函数与 freqs 函数。

【例 8.22】画出例 8.16 中系统函数的零极点图，求系统的冲激响应 $h(t)$，若稳定，求系统的频率响应 $H(\mathrm{j}\omega)$。

解 系统函数为 $H(s)=\frac{s+3}{s^2+3s+2}$，MATLAB 程序如下：

```
num=[1 3];
den=[1 3 2];
sys=tf(num,den);
poles=roots(den)
figure(1);pzmap(sys);
t=0:0.02:10;
h=impulse(num,den,t);
figure(2);plot(t,h)
title('Impulse Response')
```

```
[H,w]=freqs(num,den);
figure(3);plot(w,abs(H))
xlabel('\omega')
title('Magnitude Response')
```

运行结果为：

```
poles =-2     -1
```

系统函数的零极点图、系统的冲激响应 $h(t)$ 、系统的频率响应 $H(\mathrm{j}\omega)$ 分别如图 8.15(a)、(b)与(c)所示。

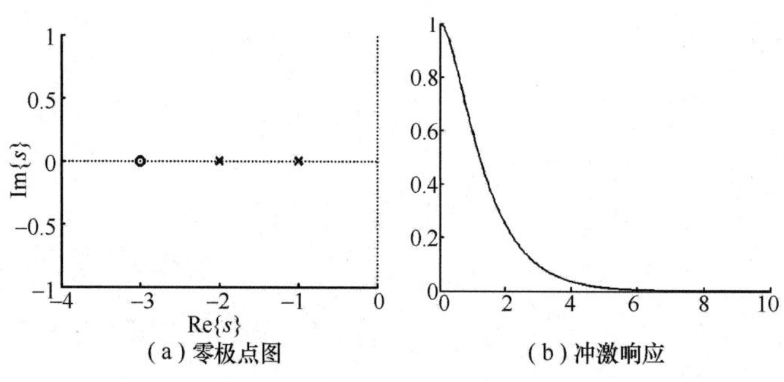

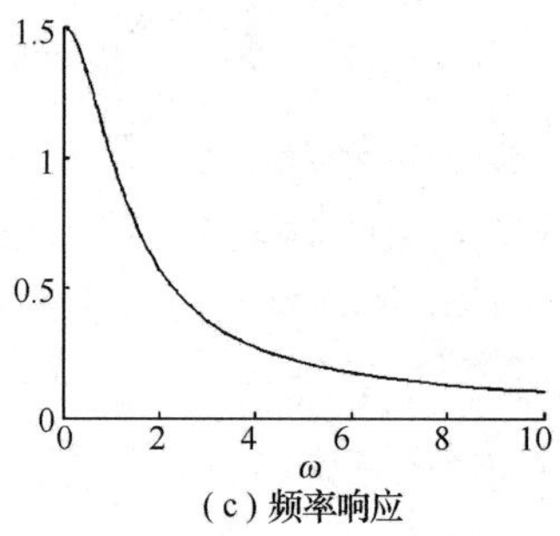

图 8.15　例 8.22 的系统表示

8.7.2　部分分式展开

MATLAB 函数 residue 可以获得 s 域表示式 $X(s)$ 的部分分式展开式，调用形式为：

```
[r,p,k]=residue(num,den)
```

其中，num、den 分别为 $X(s)$ 分子多项式与分母多项式的系数向量，r 为部分分式的系数，p 为极点，k 为多项式的系数，若 $X(s)$ 为真分式，则 k 为 0。

【例 8.23】 采用部分分式展开法求例 8.19 的冲激响应 $h(t)$ 。

解　例 8.19 中系统函数为 $H(s)=\dfrac{3s^2+7s-6}{s^2+3s+2}$ ， $h(t)$ 为其拉普拉斯反变换，MATLAB 程序如下：

```
num=[3 7 -6];
den=[1 3 2];
[r,p,k]= residue(num,den)
```

运行结果为：

```
r =8      -10
p =-2      -1
k =3
```

即

$$H(s)=\frac{8}{s+2}+\frac{-10}{s+1}+3$$

故其反变换为

$$h(t)=8\,\mathrm{e}^{-2t}\,u(t)-10\,\mathrm{e}^{-t}\,u(t)+3\delta(t)$$

【例 8.24】 采用部分分式展开法求 $X(s)=\dfrac{2s^3+3s^2+5}{(s+1)(s^2+s-6)}$ 的反变换 $x(t)$ 。

解　$X(s)$ 的分母不是多项式的形式，可通过 conv 函数直接写为因子相乘的形式，MATLAB 程序如下：

```
num=[2 3 0 5];
den=conv([1 1],[1 1 -6]);
[r,p,k]= residue(num,den)
```

运行结果为：

```
r = -2.2000      2.2000    -1.0000
p =-3.0000      2.0000    -1.0000
k =2
```

即
$$X(s)=\frac{-2.2}{s+3}+\frac{2.2}{s-2}+\frac{-1}{s+1}+2$$

故其反变换为
$$x(t)=-2.2\,\mathrm{e}^{-3t}u(t)+2.2\,\mathrm{e}^{-2t}u(t)-\mathrm{e}^{-t}u(t)+2\,\delta(t)$$

8.8 本 章 小 结

1. 拉普拉斯变换

由于傅里叶变换受到狄里赫利条件的限制，有些能量无限的信号或不稳定的 LTI 系统无法运用频域分析法。可以选择合适的实数 σ，使 $x(t)\mathrm{e}^{-\sigma t}$ 或 $h(t)\mathrm{e}^{-\sigma t}$ 满足狄里赫利条件，从而引出拉普拉斯变换对

$$x(t)=\frac{1}{2\pi \mathrm{j}}\int_{\sigma-\mathrm{j}\infty}^{\sigma+\mathrm{j}\infty}X(s)\,\mathrm{e}^{st}\,\mathrm{d}s$$
$$X(s)=\int_{-\infty}^{+\infty}x(t)\mathrm{e}^{-st}\mathrm{d}t$$

所以，拉普拉斯变换是对傅里叶变换的推广，傅里叶变换是拉普拉斯变换在 $\sigma=0$ 或在 $\mathrm{j}\omega$ 轴上的特例，即 $X(s)\big|_{s=\mathrm{j}\omega}=\mathscr{F}\{x(t)\}$，表明拉普拉斯变换比傅里叶变换具有更广泛的适用性。

使拉普拉斯变换积分收敛的那些复数 s 的集合称为拉普拉斯变换的收敛域（ROC）。拉普拉斯变换的表达式连同相应的 ROC，才能和信号建立一一对应的关系。若拉普拉斯变换的 ROC 包含 $\mathrm{j}\omega$ 轴，则傅里叶变换存在。

大部分情况下，拉普拉斯变换的代数形式为有理式，具有 $X(s)=N(s)/D(s)$ 的形式。$N(s)$ 和 $D(s)$ 的根分别称为 $X(s)$ 的零点和极点，分别用“○”和“×”标识，通常将这种 s 平面内 $X(s)$ 的表示称为零极点图。零极点图与 ROC 是对拉普拉斯变换的形象描述。除去一个常数因子外，零极点图与 ROC 能够完全表征有理函数形式的拉普拉斯变换。

拉普拉斯变换的 ROC 有很多重要的特点，并且与一些时域特征密切相关。当 $X(s)$ 是有理函数时，其 ROC 总是由 $X(s)$ 的极点分割的。右边信号的 ROC 一定位于 $X(s)$ 最右边极点的右边；左边信号的 ROC 一定位于 $X(s)$ 最左边极点的左边；双边信号的 ROC 可以是两相邻极点之间的带状区域。

2. 拉普拉斯变换的性质

类似于傅里叶变换，许多拉普拉斯变换的性质有助于深入理解时域与复频域之间的对应关系。需要注意，拉普拉斯代数表达式产生某些运算时可能会改变其极点的位置，从而引起 ROC 的相应变化。不过，ROC 的边界仅仅与极点的实部有关。

若 $x_1(t)\xleftrightarrow{\mathscr{L}}X_1(s)$， ROC: R_1 ； $x_2(t)\xleftrightarrow{\mathscr{L}}X_2(s)$， ROC: R_2 。

(1) 线性：

$$ax_1(t)+bx_2(t)\xleftrightarrow{\mathscr{L}}aX_1(s)+bX_2(s),\quad \text{ROC: 含}R_1\cap R_2$$

(2) 时移与 s 域平移：

$$x(t-t_0)\xleftrightarrow{\mathscr{L}}\mathrm{e}^{-st_0}X(s),\quad \text{ROC}: R$$

$$\mathrm{e}^{s_0t}x(t)\xleftrightarrow{\mathscr{L}}X(s-s_0),\quad \text{ROC}: R+\mathscr{Re}\{s_0\}$$

当 $s=\mathrm{j}\omega$， $s_0=\mathrm{j}\omega_0$ 时，即变为傅里叶变换的频移公式。

(3) 时间反转：

$$x(-t)\xleftrightarrow{\mathscr{L}}X(-s),\quad \text{ROC}: -R$$

(4) 尺度变换：

$$x(at)\xleftrightarrow{\mathscr{L}}\frac{1}{|a|}X(\frac{s}{a}),\quad \text{ROC}: aR$$

时间反转性质是尺度变换性质在 $a=-1$ 时的特例。

(5) 卷积：是 LTI 系统复频域分析的理论基础。

$$x_1(t)*x_2(t)\xleftrightarrow{\mathscr{L}}X_1(s)\cdot X_2(s),\quad \text{ROC: 含}R_1\cap R_2$$

(6) 时域微分与积分：时域微分性质在后续使用复频域法分析微分方程描述的 LTI 系统时起着重要作用。

$$\frac{\mathrm{d}x(t)}{\mathrm{d}t}\xleftrightarrow{\mathscr{L}}sX(s),\quad \text{ROC: 含}R$$

$$\int_{-\infty}^{t}x(\tau)\mathrm{d}\tau\xleftrightarrow{\mathscr{L}}\frac{1}{s}X(s),\quad \text{ROC: 含}R\cap\mathscr{Re}\{s\}>0$$

对应地，有 s 域微分： $-tx(t)\xleftrightarrow{\mathscr{L}}\dfrac{\mathrm{d}X(s)}{\mathrm{d}s}$， ROC: R

(7) 共轭：表明实信号的拉普拉斯变换的复数零、极点总是共轭成对出现的。当 $s=\mathrm{j}\omega$ 时，即变为傅里叶变换的共轭公式。

$$x^*(t)\xleftrightarrow{\mathscr{L}}X^*(s^*),\quad \text{ROC}: R$$

(8) 初值与终值定理：适用于 $x(t)$ 是因果信号，且在 t=0 时不包含奇异函数的情况，时域的初值与终值可以由复频域直接获得。

$$x(0^+)=\lim_{s\to\infty}sX(s)\text{，}\quad \lim_{t\to\infty}x(t)=\lim_{s\to 0}sX(s)$$

3. 拉普拉斯反变换

对于有理拉普拉斯变换，可以利用常用信号的拉普拉斯变换与拉普拉斯变换的性质，采用部分分式展开法求拉普拉斯反变换。

4. 连续时间 LTI 系统的系统函数

通过拉普拉斯变换，我们可以对 LTI 系统给出一种重要的表征方法——系统函数 $H(s)$，从而对 LTI 系统进行复频域分析。据拉普拉斯变换的卷积性质，有 $Y(s)=X(s)\cdot H(s)$ 。若 $Y(s)$ 的 ROC 包括 $\mathrm{j}\omega$ 轴，则 $Y(\mathrm{j}\omega)=X(\mathrm{j}\omega)\cdot H(\mathrm{j}\omega)$，即为 LTI 系统的傅里叶分析。

由于系统函数 $H(s)$ 和冲激响应 $h(t)$ 一一对应，因此 $H(s)$ 连同相应的 ROC 也能完全描述一个 LTI 系统。系统函数 $H(s)$ 的极点决定了冲激响应 $h(t)$ 的基本特性。以因果 LTI 系统为例，只有当系统函数 $H(s)$ 的极点位于 s 平面的左半平面时，系统才是稳定的。

一般地，表征 LTI 系统的线性常系数微分方程的通式为

$$\sum_{k=0}^{N} a_k \frac{\mathrm{d}^k y(t)}{\mathrm{d}t^k} = \sum_{k=0}^{M} b_k \frac{\mathrm{d}^k x(t)}{\mathrm{d}t^k}$$

两边做拉普拉斯变换，得系统函数为 $H(s) = \sum_{k=0}^{M} b_k s^k \Big/ \sum_{k=0}^{N} a_k s^k$。如果 $H(s)$ 的 ROC 包含 $\mathrm{j}\omega$ 轴，则系统是稳定的，其频率响应为 $H(\mathrm{j}\omega) = H(s)\big|_{s=\mathrm{j}\omega}$。因此，LTI 系统的系统函数与冲激响应、线性常系数微分方程等几种表征方法之间可以相互转换，稳定的 LTI 系统的表征方法还可以与频率响应相互转换。

5. 连续时间 LTI 系统的复频域分析

在确定系数函数 $H(s)$ 的前提条件下，通过拉普拉斯变换获得输入信号 $x(t)$ 的复频域表示 $X(s)$，利用 $Y(s) = X(s)\cdot H(s)$ 求取输出信号的复频域表示，再通过拉普拉斯反变换获得输出信号的时域表征 $y(t)$，完成对连续时间 LTI 系统的复频域分析。还可以通过 $H(s) = Y(s)/X(s)$ 完成对连续时间 LTI 系统的复频域设计。

根据 LTI 系统在具备因果性、稳定性与可逆性等性质时冲激响应 $h(t)$ 的特点，系统函数 $H(s)$ 及其 ROC 与系统性质之间也有一定的对应关系。

(1) 因果性：对于 LTI 系统，因果系统的系统函数 $H(s)$ 的 ROC 必是最右边极点的右边。同理，反因果系统的系统函数 $H(s)$ 的 ROC 必是最左边极点的左边。只有当 $H(s)$ 是有理函数时，ROC 是最右边极点的右边才意味着系统是因果的。

(2) 稳定性：对于 LTI 系统，稳定系统的系统函数 $H(s)$ 的 ROC 包含 $\mathrm{j}\omega$ 轴。因此，因果稳定系统的系统函数 $H(s)$ 的全部极点必须位于 s 平面的左半平面。

(3) 可逆性：对于系统函数为 $H_1(s)$ 的 LTI 系统 S_1，若与系统函数为 $H_2(s)$ 的 LTI 系统 S_2 级联后构成恒等系统，则 S_1 与 S_2 互为逆系统。因此，互为逆系统的系统函数满足 $H_1(s)H_2(s)=1$。确定一个 LTI 系统的逆系统只需求系统函数的倒数即可，即 $H_2(s)=1/H_1(s)$。

系统互联时，系统函数的代数运算类似于稳定系统频率响应的代数运算。

除了利用数学表达式描述系统模型，还可以借助方框图表示系统模型。对于连续时间 LTI 系统，包括相加、数乘和积分（或微分）3 种基本运算单元。一阶 LTI 系统和二阶 LTI 系统的模拟是最基本的，高阶 LTI 系统的模拟可以直接实现，也可以通过级联和（或）并联方式，在一阶 LTI 系统和二阶 LTI 系统基础上实现。

6. 单边拉普拉斯变换

单边拉普拉斯变换是双边拉普拉斯变换的特例，对分析线性常系数微分方程描述的 LTI 系统具有重要的意义。$x(t)$ 的单边拉普拉斯变换定义为

$$\mathcal{X}(s) = \int_{0^-}^{+\infty} x(t)\mathrm{e}^{-st}\mathrm{d}t$$

比较双边拉普拉斯变换公式，区别仅在于积分下限，$x(t)$ 的单边拉普拉斯变换相当于 $x(t)u(t)$ 的

双边拉普拉斯变换。如果 $x(t)$ 是因果信号，其双边拉普拉斯变换和单边拉普拉斯变换是完全相同的。

单边拉普拉斯变换也同样存在 ROC，但其 ROC 一定位于最右边极点的右边，一般不再强调其 ROC。

单边拉普拉斯变换的反变换与双边拉普拉斯变换的反变换相同，即

$$x(t)=\frac{1}{2\pi \mathrm{j}}\int_{\sigma-\mathrm{j}\infty}^{\sigma+\mathrm{j}\infty}\mathcal{X}(s)\,\mathrm{e}^{st}\,\mathrm{d}s$$

单边拉普拉斯变换的大部分性质与双边拉普拉斯变换的相同，但也有不同，尤其是时域微分性质：$\frac{\mathrm{d}\,x(t)}{\mathrm{d}t}\stackrel{\mathscr{UL}}{\longleftrightarrow}s\cdot\mathcal{X}(s)-x(0^-)$，$\frac{\mathrm{d}^2\,x(t)}{\mathrm{d}t^2}\stackrel{\mathscr{UL}}{\longleftrightarrow}s^2\cdot\mathcal{X}(s)-sx(0^-)-x'(0^-)$，…。

由于时域微分性质需要考虑时域的初值，所以，利用单边拉普拉斯变换解微分方程时能够同时兼顾输入信号与初始状态的影响，从而求系统的完全响应。具体过程为：对表征 LTI 系统的线性常系数微分方程两边同时进行单边拉普拉斯变换，运用单边拉普拉斯变换的时域微分性质，整理获得系统完全响应的拉普拉斯变换为

$$\mathcal{Y}(s)=\frac{\sum_{k=0}^{M}b_k s^k\mathcal{X}(s)+\sum_{k=0}^{N}\left\{a_k\sum_{i=0}^{k-1}s^{k-i-1}y^i(0^-)\right\}}{\sum_{k=0}^{N}a_k s^k}$$

进一步通过拉普拉斯反变换获得系统的完全响应 $y(t)$。而且在求解过程中，可以分别获得系统的零状态响应 $y_{\mathrm{zs}}(t)$ 与零输入响应 $y_{\mathrm{zi}}(t)$。

习　题　8

8.1　对下列每个积分，给出保证积分收敛的实参数 σ 的范围。

(1) $\int_{0}^{+\infty}\mathrm{e}^{-5t}\mathrm{e}^{-(\sigma+\mathrm{j}\omega)t}\,\mathrm{d}t$　　(2) $\int_{-\infty}^{0}\mathrm{e}^{-5t}\mathrm{e}^{-(\sigma+\mathrm{j}\omega)t}\,\mathrm{d}t$　　(3) $\int_{-5}^{5}\mathrm{e}^{-5t}\mathrm{e}^{-(\sigma+\mathrm{j}\omega)t}\,\mathrm{d}t$　　(4) $\int_{-\infty}^{+\infty}\mathrm{e}^{-5t}\mathrm{e}^{-(\sigma+\mathrm{j}\omega)t}\,\mathrm{d}t$

8.2　利用拉普拉斯变换公式，求信号 $x(t)=\mathrm{e}^{-5t}u(t-1)$ 的拉普拉斯变换 $X(s)$，并确定其收敛域。

8.3　信号 $x(t)=\mathrm{e}^{-5t}u(t)+\mathrm{e}^{-\beta t}u(t)$ 的拉普拉斯变换记为 $X(s)$，若 $X(s)$ 的收敛域为 $\mathscr{Re}\{s\}>-3$，分析 β 的实部与虚部有何限制。

8.4　求 $x(t)=\mathrm{e}^{-t}\sin(2t)u(-t)$ 的拉普拉斯变换 $X(s)$，并确定其极点位置与收敛域。

8.5　已知一个绝对可积的信号 $x(t)$ 在 $s=2$ 有一个极点，请问：

(1) $x(t)$ 是有限持续期的吗？　　(2) $x(t)$ 是左边信号吗？

(3) $x(t)$ 是右边信号吗？　　(4) $x(t)$ 是双边信号吗？

8.6　一个拉普拉斯变换 $X(s)$ 具有如下形式：

$$X(s)=\frac{s-1}{(s+2)(s+3)(s^2+s+1)}$$

根据收敛域的种类确定其可能对应多少个拉普拉斯反变换 $x(t)$。

8.7　设 $x(t)$ 具有一个有理拉普拉斯变换 $X(s)$，$X(s)$ 只有两个极点 $s_1=-1$ 与 $s_2=-3$。若 $g(t)=\mathrm{e}^{2t}x(t)$ 的傅里叶变换 $G(\mathrm{j}\omega)$ 收敛，$x(t)$ 是左边信号、右边信号还是双边信号？

8.8　$x(t)=\mathrm{e}^{-at}u(t)$ 的拉普拉斯变换为 $X(s)=\frac{1}{s+a}$，$\mathscr{Re}\{s\}>\mathscr{Re}\{-a\}$，求 $X(s)=\frac{2(s+2)}{s^2+7s+12}$，$\mathscr{Re}\{s\}>-3$

的反变换。

8.9 假定 $g(t)=x(t)+\alpha x(-t)$，其中 $x(t)=\beta\,\mathrm{e}^{-t}u(t)$， $g(t)$ 的拉普拉斯变换为 $G(s)=\dfrac{s}{s^2-1}$， $-1<\mathcal{Re}\{s\}<1$，确定 α 与 β 值。

8.10 有两个右边信号 $x(t)$ 与 $y(t)$，满足微分方程：

$$\frac{\mathrm{d}\,x(t)}{\mathrm{d}\,t}=-2y(t)+\delta(t)\ 与\ \frac{\mathrm{d}\,y(t)}{\mathrm{d}\,t}=2x(t)$$

确定 $X(s)$、$Y(s)$ 及其收敛域。

8.11 考虑一个冲激响应为 $h(t)$ 的因果 LTI 系统，其输入 $x(t)$ 与输出 $y(t)$ 满足微分方程：

$$\frac{\mathrm{d}^3 y(t)}{\mathrm{d}t^3}+(1+a)\frac{\mathrm{d}^2 y(t)}{\mathrm{d}t^2}+a(a+1)\frac{\mathrm{d}\,y(t)}{\mathrm{d}t}+a^2 y(t)=x(t)$$

(1) 若 $g(t)=\dfrac{\mathrm{d}\,h(t)}{\mathrm{d}\,t}+h(t)$， $G(s)$ 有多少个极点？

(2) 为保证系统稳定，对实参数 a 有何限制？

8.12 一个因果 LTI 系统，其方框图如图 P8.1 所示。

(1) 计算该系统的系统函数 $H(s)$ 及其收敛域。

(2) 确定描述该系统输入 $x(t)$ 与输出 $y(t)$ 的微分方程。

(3) 判断系统的稳定性。

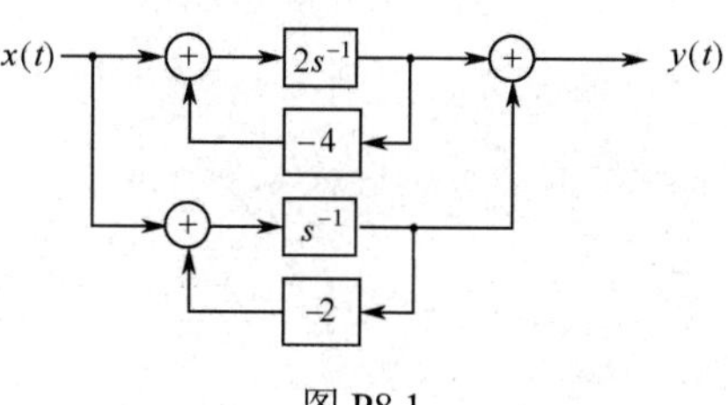

图 P8.1

8.13 确定下列信号的单边拉普拉斯变换，并指出相应的收敛域。

(1) $x(t)=\mathrm{e}^{-2t}u(t+1)$ (2) $x(t)=\delta(t+1)+\delta(t)+\mathrm{e}^{-2(t+3)}u(t+1)$ (3) $x(t)=\mathrm{e}^{-2t}u(t)+\mathrm{e}^{-4t}u(t)$

8.14 确定下列信号的拉普拉斯变换、收敛域及零极点图。

(1) $x(t)=\mathrm{e}^{-2t}u(t)+\mathrm{e}^{-3t}u(t)$ (2) $x(t)=\mathrm{e}^{2t}u(-t)+\mathrm{e}^{3t}u(-t)$

(3) $x(t)=\mathrm{e}^{-4t}u(t)+\mathrm{e}^{-5t}\sin(5t)u(t)$ (4) $x(t)=t\,\mathrm{e}^{-2|t|}$

(5) $x(t)=|t|\,\mathrm{e}^{-2|t|}$ (6) $x(t)=|t|\,\mathrm{e}^{2t}u(-t)$

(7) $x(t)=\begin{cases}1 & 0\leqslant t\leqslant 1\\ 0 & 其余t\end{cases}$ (8) $x(t)=\begin{cases}t & 0\leqslant t\leqslant 1\\ 2-t & 1\leqslant t\leqslant 2\end{cases}$

(9) $x(t)=\delta(t)+u(t)$ (10) $x(t)=\delta(3t)+u(3t)$

8.15 根据下列拉普拉斯变换 $X(s)$ 及其收敛域，确定 $x(t)$。

(1) $X(s)=\dfrac{1}{s^2+9}$， $\mathcal{Re}\{s\}>0$ (2) $X(s)=\dfrac{s}{s^2+9}$， $\mathcal{Re}\{s\}<0$

(3) $X(s)=\dfrac{s+1}{(s+1)^2+9}$， $\mathcal{Re}\{s\}<-1$ (4) $X(s)=\dfrac{s+2}{s^2+7s+12}$， $-4<\mathcal{Re}\{s\}<-3$

(5) $X(s)=\dfrac{s+1}{s^2+5s+6}$， $-3<\mathcal{Re}\{s\}<-2$ (6) $X(s)=\dfrac{(s+1)^2}{s^2-s+1}$， $\mathcal{Re}\{s\}>\dfrac{1}{2}$

(7) $X(s)=\dfrac{s^2-s+1}{(s+1)^2}$， $\mathcal{Re}\{s\}>-1$

8.16 已知 $x_1(t)=\mathrm{e}^{-2t}u(t)$，$x_2(t)=\mathrm{e}^{-3t}u(t)$，利用拉普拉斯变换性质，

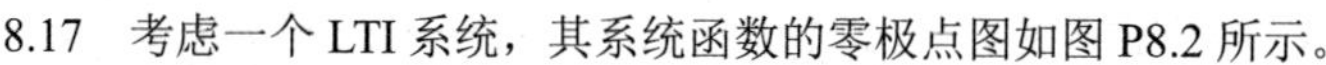

确定 $y(t)=x_1(t-2)*x_2(-t+3)$ 的拉普拉斯变换 $Y(s)$ 及其收敛域。

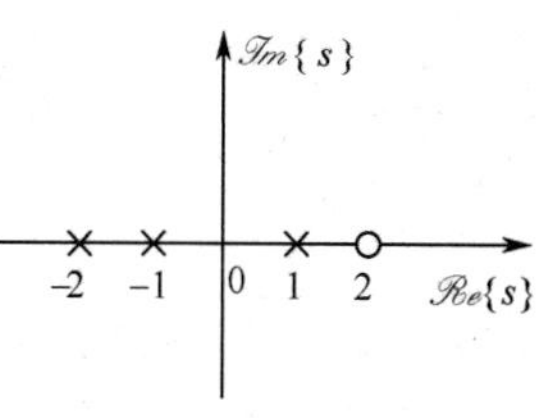

图 P8.2

8.17 考虑一个 LTI 系统，其系统函数的零极点图如图 P8.2 所示。

(1) 画出所有可能的收敛域。

(2) 对于(1)标定的每个收敛域，判断系统是否因果和/或稳定。

8.18 考虑某 LTI 系统，阶跃响应为 $g(t)=u(t)-\mathrm{e}^{-t}u(t)-t\mathrm{e}^{-t}u(t)$，确定在初始状态为 0 时，输出 $y(t)=2u(t)-3\mathrm{e}^{-t}u(t)+\mathrm{e}^{-3t}u(t)$ 所对应的输入信号 $x(t)$。

8.19 一个连续时间 LTI 系统，其输入 $x(t)$ 与输出 $y(t)$ 满足微分方程：

$$\frac{\mathrm{d}^2y(t)}{\mathrm{d}t^2}-\frac{\mathrm{d}y(t)}{\mathrm{d}t}-2y(t)=x(t)$$

$x(t)$ 与 $y(t)$ 的拉普拉斯变换分别为 $X(s)$ 与 $Y(s)$。

(1) 确定系统的系统函数 $H(s)$。

(2) 画出 $H(s)$ 的零极点图。

(3) 针对下列各种情况，确定 $H(s)$ 的收敛域，并计算系统的冲激响应 $h(t)$。

(a) 系统是稳定的　　(b)系统是因果的　　(c)系统既不稳定又不因果

8.20 一个冲激响应为 $h(t)$ 的因果 LTI 系统，具有以下特征：

(1) 输入 $x(t)=\mathrm{e}^{2t}$ 所对应的输出为 $y(t)=\frac{1}{6}\mathrm{e}^{2t}$；

(2) 冲激响应 $h(t)$ 满足微分方程

$$\frac{\mathrm{d}h(t)}{\mathrm{d}t}+2h(t)=\mathrm{e}^{-4t}u(t)+bu(t)$$

其中，b 是一个未知常数。

根据以上特征，确定该系统的系统函数 $H(s)$。

8.21 一个因果 LTI 系统的系统函数为

$$H(s)=\frac{s+1}{s^2+2s+2}$$

计算并画出输入为 $x(t)=\mathrm{e}^{-|t|}$ 所对应的零状态响应 $y(t)$。

8.22 一个因果 LTI 系统的方框图如图 P8.3 所示。

(1) 确定关联 $x(t)$ 与 $y(t)$ 的微分方程。

(2) 判断系统的稳定性。

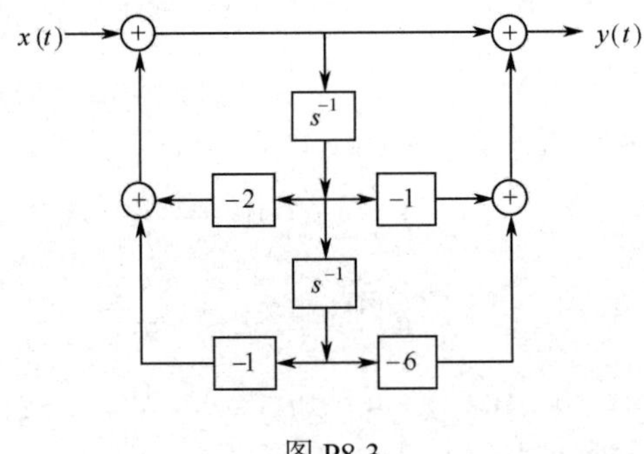

图 P8.3

8.23 考虑由下列微分方程所关联的因果系统：

$$\frac{\mathrm{d}^3y(t)}{\mathrm{d}t3}+6\frac{\mathrm{d}^2y(t)}{\mathrm{d}t^2}+11\frac{\mathrm{d}y(t)}{\mathrm{d}t}+6y(t)=x(t)$$

(1) 当输入 $x(t)=\mathrm{e}^{-4t}u(t)$ 时，求系统的零状态响应。

(2) 已知 $y(0^-)=1$，$y'(0^-)=-1$，$y''(0^-)=1$，求 $t>0^-$ 时系统的零输入响应。

(3) 当输入 $x(t)=\mathrm{e}^{-4t}u(t)$，初始状态同(2)时，求系统的输出。

8.24　考虑一个因果 LTI 系统，其系统函数为

$$H(s)=\frac{2s^2+4s-6}{s^2+3s+2}$$

(1) 确定关联输入 $x(t)$ 与输出 $y(t)$ 的微分方程。

(2) 画出实现系统的直接型方框图。

(3) 将 $H(s)$ 进行部分分式展开，画出实现系统的并联型方框图。

(4) 画出实现系统的级联型方框图。

(5) 确定 $H(s)$ 的收敛域，计算系统的冲激响应 $h(t)$。

8.25　一个因果 LTI 系统的系统函数为

$$H(s)=\frac{s+2}{s^2+5s+4}$$

求下列周期信号所对应的零状态响应。

(1) $x(t)=5\cos(2t+\pi/6)$　　(2) $x(t)=10\cos(2t+\pi/4)$　　(3) $x(t)=10\cos(3t+2\pi/9)$

第 9 章　离散时间信号与系统的复频域分析

内容提要　本章从离散时间傅里叶变换扩展到 z 变换，讨论离散时间信号与系统的复频域分析法，强调系统函数在 LTI 系统分析与表征中的重要性。

与拉普拉斯变换相对应，z 变换可以将离散时间信号表示为复指数信号集 $\{z^n\}$ 的线性组合，从而引出离散时间信号与 LTI 系统的复频域分析法。相对于离散时间傅里叶变换，z 变换具有更广泛的适用范围，是对离散时间傅里叶变换的推广。

从傅里叶变换到z变换视频

9.1　z 变 换

9.1.1　从傅里叶变换到 z 变换

离散时间傅里叶变换为离散时间信号与 LTI 系统提供了频域分析途径。但由于傅里叶变换存在条件的限制，无法对某些序列与 LTI 系统进行频域分析。为此，可以参照拉普拉斯变换的定义，根据序列 $x[n]$ 的不同特征，选取合适的 r 值，用衰减因子 r^{-n} 乘序列 $x[n]$，使 $x[n]r^{-n}$ 满足收敛条件，其傅里叶变换存在，即

$$\mathscr{F}\{x[n]r^{-n}\}=\sum_{n=-\infty}^{+\infty}x[n]r^{-n}\mathrm{e}^{-\mathrm{j}\omega n}=\sum_{n=-\infty}^{+\infty}x[n](r\mathrm{e}^{\mathrm{j}\omega})^{-n} \tag{9.1}$$

令 $z=r\mathrm{e}^{\mathrm{j}\omega}$，则

$$\mathscr{F}\{x[n]r^{-n}\}=\sum_{n=-\infty}^{+\infty}x[n]z^{-n}=X(z) \tag{9.2}$$

根据傅里叶反变换关系式，可以从 $X(z)$ 恢复 $x[n]$，即

$$x[n]r^{-n}=\mathscr{F}^{-1}\{X(z)\}=\frac{1}{2\pi}\int_{2\pi}X(z)\mathrm{e}^{\mathrm{j}\omega n}\,\mathrm{d}\,\omega \tag{9.3}$$

两边乘以 r^n，由于 $z=r\mathrm{e}^{\mathrm{j}\omega}$，$\mathrm{d}z=\mathrm{j}r\mathrm{e}^{\mathrm{j}\omega}\mathrm{d}\omega=\mathrm{j}z\mathrm{d}\omega$。式(9.3)中对 ω 的积分是在 2π 范围内进行的，以 z 作积分变量后，就相当于沿 $|z|=r$ 为半径的圆绕一周。于是，式(9.3)可表示成 z 平面内的围线积分

$$x[n]=\frac{1}{2\pi}\int_{2\pi}X(z)(r\mathrm{e}^{\mathrm{j}\omega})^{n}\,\mathrm{d}\,\omega=\frac{1}{2\pi\mathrm{j}}\oint X(z)z^{n-1}\mathrm{d}z \tag{9.4}$$

式中，$\oint$ 表示在 $X(z)$ 的收敛域内，以原点为中心的封闭圆上沿逆时针方向环绕一周的积分。

综合式(9.2)与式(9.4)，就得到一对公式

$$x[n]=\frac{1}{2\pi\mathrm{j}}\oint X(z)z^{n-1}\mathrm{d}z \tag{9.5}$$

$$X(z)=\sum_{n=-\infty}^{+\infty}x[n]z^{-n} \tag{9.6}$$

式(9.5)与式(9.6)就是 z 变换对，实现了离散时间信号的时域与复频域之间的相互转换。式(9.5)

是综合公式，称为 z 反变换，可以认为 $x[n]$ 是复频率 z 在封闭圆上分布的、幅值为 $X(z)(\mathrm{d}z/2\pi\mathrm{j})$ 的复指数序列的线性组合。式(9.6)是分析公式，称为 z 变换。在以后的讨论过程中，经常使用

$$x[n] \overset{\mathscr{Z}}{\longleftrightarrow} X(z) \tag{9.7}$$

表示离散时间信号 $x[n]$ 与其 z 变换 $X(z)$ 之间的关系。

当 $z=\mathrm{e}^{\mathrm{j}\omega}$ 时，式(9.6)就变为

$$X(\mathrm{e}^{\mathrm{j}\omega}) = \sum_{n=-\infty}^{+\infty} x[n]\mathrm{e}^{-\mathrm{j}\omega n} \tag{9.8}$$

这意味着，离散时间傅里叶变换是 z 变换在 $r=1$ 或在单位圆（$z=\mathrm{e}^{\mathrm{j}\omega}$）上的特例，即

$$X(z)\Big|_{z=\mathrm{e}^{\mathrm{j}\omega}} = \mathscr{F}\{x[n]\} \tag{9.9}$$

所以 z 变换是对离散时间傅里叶变换的推广。只要有合适的 r 存在，就可以使某些本来不满足收敛条件的信号在引入 r 后满足该条件，即有些信号的傅里叶变换不收敛，而它的 z 变换存在，表明 z 变换比离散时间傅里叶变换有更广泛的适用性。

☞**注释**：将上述 $x[n]$ 替换为 $h[n]$，可对 LTI 系统得出类似的结论：有些不稳定的系统，由于 $h[n]$ 的 z 变换存在，可以选择使用后续的复频域分析法。

【例 9.1】 确定单位冲激序列 $x[n]=\delta[n]$ 的 z 变换。

解 按照定义，$x[n]$ 的 z 变换为

$$X(z) = \sum_{n=-\infty}^{+\infty} \delta[n]z^{-n} = \sum_{n=-\infty}^{+\infty} \delta[n] = 1$$

即

$$\delta[n] \overset{\mathscr{Z}}{\longleftrightarrow} 1\text{，整个 } z \text{ 平面}$$

显然满足 $X(z)\Big|_{z=\mathrm{e}^{\mathrm{j}\omega}} = X(\mathrm{e}^{\mathrm{j}\omega})$。

☞**注释**：求解过程中对 z 没有任何限定，意味着结果适用于所有的 z。

【例 9.2】 确定单边指数序列 $x[n]=a^n u[n]$ 的 z 变换。

解 按照定义，$x[n]$ 的 z 变换为

$$X(z) = \sum_{n=-\infty}^{+\infty} a^n u[n]z^{-n} = \sum_{n=0}^{+\infty} a^n z^{-n} = \sum_{n=0}^{+\infty} (az^{-1})^n = \frac{1}{1-az^{-1}}$$

在上式计算过程中，为保证求和结果收敛，必须满足条件 $|az^{-1}|<1$，即

$$a^n u[n] \overset{\mathscr{Z}}{\longleftrightarrow} \frac{1}{1-az^{-1}},\quad |z|>|a|$$

当 $a=1$ 时，$x[n]=u[n]$，即单位阶跃序列，其 z 变换为

$$u[n] \overset{\mathscr{Z}}{\longleftrightarrow} \frac{1}{1-z^{-1}},\quad |z|>1$$

下面讨论 a 的 3 种情况。

（1）当 $|a|<1$ 时，$x[n]$ 的 z 变换收敛的区域 $|z|>|a|$ 包括 $r=1$（单位圆），$x[n]$ 的傅里叶变换存在，为

$$X(\mathrm{e}^{\mathrm{j}\omega}) = \frac{1}{1-a\mathrm{e}^{-\mathrm{j}\omega}}$$

显然，$X(z)\Big|_{z=\mathrm{e}^{\mathrm{j}\omega}} = X(\mathrm{e}^{\mathrm{j}\omega})$。

（2）当 $|a|>1$ 时，$x[n]$ 的 z 变换收敛的区域 $|z|>|a|$ 不包括 $r=1$（单位圆），$x[n]$ 的傅里叶

变换不存在。

（3）当$|a|=1$时，$x[n]$的z变换收敛的区域$|z|>|a|$不包括$r=1$（单位圆），以$x[n]$=$u[n]$为例，虽然$x[n]$的傅里叶变换存在，为

$$X(e^{j\omega})=\frac{1}{1-e^{-j\omega}}+\sum_{k=-\infty}^{+\infty}\pi\delta(\omega-2\pi k)$$

然而，$X(z)\Big|_{z=e^{j\omega}}\neq X(e^{j\omega})$。

因此，式(9.9)成立的前提条件是：z变换收敛的区域包含$r=1$（单位圆）。同时可体会到z变换是对离散时间傅里叶变换的推广。

【例 9.3】确定单边指数序列$x[n]=-a^n u[-n-1]$的z变换。

解　按照定义，$x[n]$的z变换为

$$X(z)=-\sum_{n=-\infty}^{+\infty}a^n u[-n-1]z^{-n}=-\sum_{n=-\infty}^{-1}(az^{-1})^n=-\sum_{n=1}^{+\infty}(a^{-1}z)^n=\frac{1}{1-az^{-1}}$$

在上式计算过程中，为保证求和结果为有限值，需要满足条件$|a^{-1}z|<1$，即

$$-a^n u[-n-1]\xleftrightarrow{\mathscr{Z}}\frac{1}{1-az^{-1}},\quad |z|<|a|$$

比较例 9.2 与例 9.3，两个不同的信号有着相同的z变换代数表达式，而这个代数表达式成立的z的范围却完全不同。因此，类似于傅里叶变换，z变换也存在收敛问题。使z变换收敛的那些复数z的集合称为z变换的收敛域（ROC）。

☞**注释：**z变换的表达式连同相应的收敛域，才能和信号建立一一对应的关系。

若z变换的 ROC 包含单位圆，则傅里叶变换存在，式(9.9)成立。

描述 ROC 的图形方法就是在与复变量z对应的z平面上用阴影表示。图 9.1(a)、(b)分别表示例 9.2 与例 9.3 中$|a|<1$时z变换的 ROC。

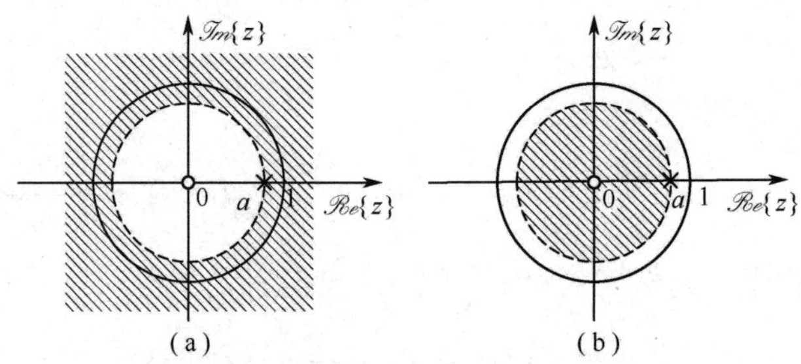

图9.1　例9.2与例9.3的零极点图和ROC

【例 9.4】确定信号$x[n]=2^{-n}u[n]+3^n u[n]$的z变换。

解　按照定义，$x[n]$的z变换为

$$X(z)=\sum_{n=-\infty}^{+\infty}\{(1/2)^n u[n]+3^n u[n]\}z^{-n}=\sum_{n=0}^{+\infty}(1/2)^n z^{-n}+\sum_{n=0}^{+\infty}3^n z^{-n}$$

$$=\frac{1}{1-\frac{1}{2}z^{-1}}+\frac{1}{1-3z^{-1}}=\frac{2-\frac{7}{2}z^{-1}}{\left(1-\frac{1}{2}z^{-1}\right)\left(1-3z^{-1}\right)}$$

在上式计算过程中，收敛条件为同时满足$|z|>1/2$与$|z|>3$，因此，$x[n]$的z变换ROC为$|z|>3$，如图9.2中阴影部分。由于ROC不包含单位圆，故傅里叶变换不存在。

【例9.5】 求$x[n]=(1/3)^n\sin(\pi n/4)u[n]$的$z$变换及其ROC。

解 利用欧拉公式，$x[n]$可写为

$$x[n]=(1/3)^n\sin(\pi n/4)u[n]=\frac{1}{2\mathrm{j}}\left(\frac{1}{3}\mathrm{e}^{\mathrm{j}\pi/4}\right)^n u[n]-\frac{1}{2\mathrm{j}}\left(\frac{1}{3}\mathrm{e}^{-\mathrm{j}\pi/4}\right)^n u[n]$$

则序列$x[n]$的z变换为

$$X(z)=\frac{1}{2\mathrm{j}}\frac{1}{1-\frac{1}{3}\mathrm{e}^{\mathrm{j}\frac{\pi}{4}}z^{-1}}-\frac{1}{2\mathrm{j}}\frac{1}{1-\frac{1}{3}\mathrm{e}^{-\mathrm{j}\frac{\pi}{4}}z^{-1}}=\frac{\frac{1}{3}z^{-1}\sin\frac{\pi}{4}}{1-\frac{2}{3}z^{-1}\cos\frac{\pi}{4}+\frac{1}{9}z^{-2}}$$

在上式计算过程中，收敛条件为同时满足$\left|\frac{1}{3}\mathrm{e}^{\mathrm{j}\frac{\pi}{4}}z^{-1}\right|<1$和$\left|\frac{1}{3}\mathrm{e}^{-\mathrm{j}\frac{\pi}{4}}z^{-1}\right|<1$，即$|z|>1/3$，如图9.3所示。由于其ROC包含单位圆，故$x[n]$的傅里叶变换存在。

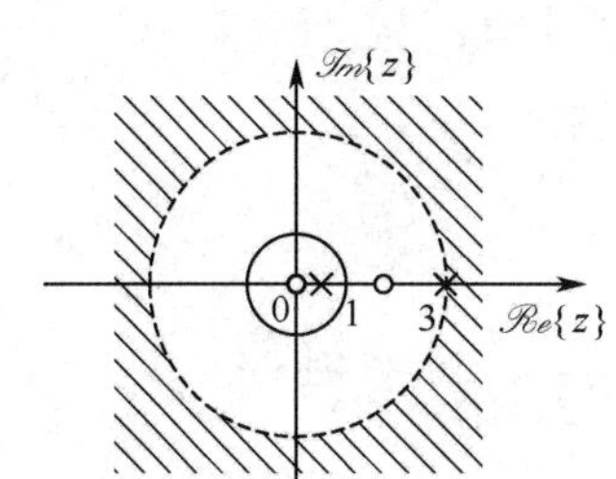

图9.2 例9.4的零极点图和ROC

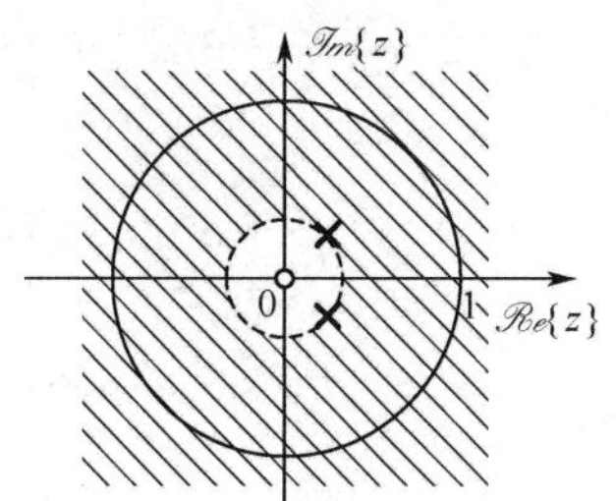

图9.3 例9.5的零极点图与ROC

z变换的零极点图与收敛域视频

9.1.2 零极点图

在深入讨论$X(z)$的ROC性质之前，需要先引入零极点图的概念。同拉普拉斯变换一样，如果$X(z)$是有理函数，将其分子多项式$N(z)$与分母多项式$D(z)$因式分解得到

$$X(z)=\frac{N(z)}{D(z)} \tag{9.10}$$

同s一样，z也是复变量，不可能用二维图形表示$X(z)$与z之间的关系。因此，在z平面上标出$N(z)$与$D(z)$根的位置，并指出ROC的方式是对z变换的形象描述。分子多项式$N(z)$的根使$X(z)=0$，分母多项式$D(z)$的根使$X(z)=\infty$，分别称为$X(z)$的零点和极点，各自用"○"和"×"标识，通常将这种z平面内的表示称为零极点图。除去一个常数因子M外，零极点图与ROC能够完全表征有理函数形式的z变换。零极点图对描述LTI系统和分析LTI系统的特性具有重要的作用。

例9.5中$X(z)$为有理形式，有限零点为$z=0$，极点为$z_1=\frac{1}{3}\mathrm{e}^{\mathrm{j}\frac{\pi}{4}}$与$z_2=\frac{1}{3}\mathrm{e}^{-\mathrm{j}\frac{\pi}{4}}$，分别用○和×标识于图9.3中，而且ROC位于最外层极点的外边。

☞**注释：** 若随着z趋于无穷大，$X(z)$变为0（或变为无穷大），则认为$X(z)$具有无穷远处的零点（或极点）。

9.1.3　收敛域

z 变换的 ROC 有很多重要的特点，并且与一些时域特征密切相关。

根据式(9.2)，$x[n]$ 的 z 变换收敛条件等同于 $r^{-n}x[n]$ 的傅里叶变换收敛的条件，可以归纳出 ROC 的以下性质：

① ROC 是 z 平面内以原点为中心的环状区域；

② ROC 内无任何极点；

③ 对于时限且有界信号，ROC 至少包含整个有限 z 平面（$0<|z|<\infty$），可能除去 $z=0$ 和（或）$z=\infty$；

④ 左边序列的 ROC 是某个圆的内部，但可能不包括 $z=0$；

⑤ 右边序列的 ROC 是某个圆的外部，但可能不包括 $z=\infty$；

⑥ 若双边序列的 z 变换存在，ROC 必是环状区域。

【例 9.6】 确定双边指数序列 $x[n]=a^{|n|}$ (a 为实数)的 z 变换。

解　$x[n]=a^{|n|}$ 是一个双边序列，可分解为右边序列与左边序列之和，即

$$x[n]=a^{|n|}=a^{n}u[n]+a^{-n}u[-n-1]$$

其中

$$a^{n}u[n]\overset{\mathscr{Z}}{\longleftrightarrow}\frac{1}{1-az^{-1}}\qquad |z|>|a|$$

$$a^{-n}u[-n-1]\overset{\mathscr{Z}}{\longleftrightarrow}\frac{-1}{1-a^{-1}z^{-1}}\qquad |z|<1/|a|$$

$x[n]$ 的 z 变换是否存在，取决于右边序列与左边序列 z 变换的 ROC 是否存在公共区域。因此，若 $|a|>1$，$x[n]$ 的 z 变换不存在，若 $|a|<1$，$x[n]$ 的 z 变换为

$$X(z)=\frac{1}{1-az^{-1}}-\frac{1}{1-a^{-1}z^{-1}}=\frac{az^{-1}-a^{-1}z^{-1}}{(1-az^{-1})(1-a^{-1}z^{-1})}\qquad |a|<|z|<1/|a|$$

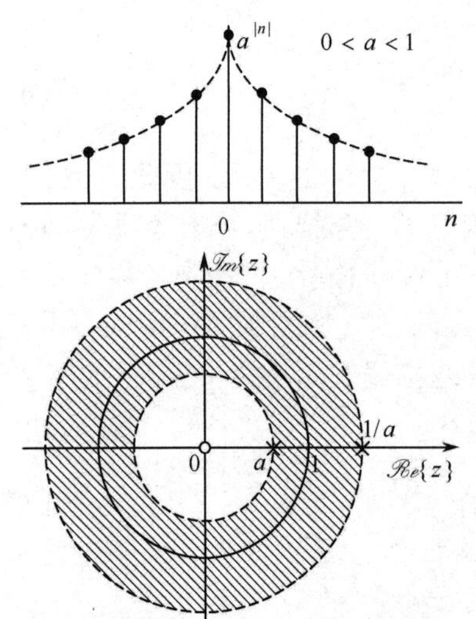

图9.4　例9.6的序列、零极点图与ROC

零极点图与 ROC 如图 9.4 所示。由于其 ROC 包含单位圆，故 $x[n]$ 的傅里叶变换存在。

当 $X(z)$ 是有理函数时，其 ROC 总是由 $X(z)$ 的极点所界定，或者延伸到无穷远，一般满足下列规律：

① 右边序列的 ROC 一定位于 $X(z)$ 最外层极点的外边，若 $x[n]$ 是因果序列，则 ROC 也包括 $z=\infty$；

② 左边序列的 ROC 一定位于 $X(z)$ 最里层非零极点的里边，若 $x[n]$ 是反因果序列，ROC 也包括 $z=0$；

③ 双边序列的 ROC 可以是 $X(z)$ 两相邻极点之间的环状区域。

【例 9.7】分析 $X(z)=\dfrac{1}{(1-\frac{1}{3}z^{-1})(1-2z^{-1})}$ 可能的 ROC。

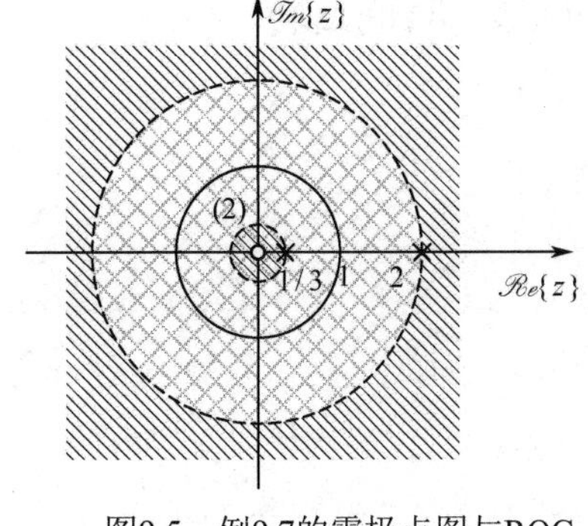

图9.5　例9.7的零极点图与ROC

解　由于

$$X(z)=\frac{1}{(1-\frac{1}{3}z^{-1})(1-2z^{-1})}=\frac{z^2}{(z-\frac{1}{3})(z-2)}$$

因此，在 $z=0$ 处存在二阶零点，极点为 $z_1=1/3$、$z_2=2$。零极点图与 ROC 如图 9.5 所示。ROC 可能有 3 种：

（1）$|z|<1/3$，此时 $x[n]$ 为左边序列；

（2）$1/3<|z|<2$，此时 $x[n]$ 为双边序列；

（3）$|z|>2$，此时 $x[n]$ 为右边序列。

z变换的性质视频

9.2　z 变换的性质

类似于傅里叶变换与拉普拉斯变换，z 变换的许多性质有助于深入理解时域与复频域之间的对应关系。同时，z 变换代数表达式产生某些运算时会改变其极点的位置，从而引起 ROC 的相应变化。

为方便起见，在后续描述中，用 $\mathscr{Z}\{x[n]\}$ 表示 $x[n]$ 的 z 变换 $X(z)$，用 $\mathscr{Z}^{-1}\{X(z)\}$ 表示 $X(z)$ 的 z 反变换 $x[n]$。

9.2.1　线性

若

$$x_1[n]\xleftrightarrow{\mathscr{Z}}X_1(z),\quad \text{ROC}:R_1$$

和

$$x_2[n]\xleftrightarrow{\mathscr{Z}}X_2(z),\quad \text{ROC}:R_2$$

则

$$ax_1[n]+bx_2[n]\xleftrightarrow{\mathscr{Z}}aX_1(z)+bX_2(z)\text{，ROC:含 }R_1\cap R_2 \tag{9.11}$$

线性性质可以推广到任意多个离散时间信号的线性组合。当 R_1 与 R_2 无交集时，表明 $X(z)$ 不存在，如例 9.6 中 $|a|>1$ 的情况。当 R_1 与 R_2 存在交集，同时在线性组合过程中出现零、极点抵消的情况时，$X(z)$ 的 ROC 可能比这个交集大。

9.2.2　时移

若

$$x[n]\xleftrightarrow{\mathscr{Z}}X(z),\quad \text{ROC}:R$$

则

$$x[n-n_0]\xleftrightarrow{\mathscr{Z}}z^{-n_0}X(z),\quad \text{ROC}:R\text{ (但在 }z=0\text{ 和 }z=\infty\text{ 处可能会有增删)} \tag{9.12}$$

☞**注释**：ROC 在 $z=0$ 和 $z=\infty$ 有可能改变是由于信号时移可能会改变信号的因果性。

9.2.3 时间反转

若

$$x[n] \xleftrightarrow{\mathscr{Z}} X(z), \quad \text{ROC}: R$$

则

$$x[-n] \xleftrightarrow{\mathscr{Z}} X(z^{-1}), \quad \text{ROC}: 1/R\ (\text{收敛域边界倒置}) \tag{9.13}$$

信号在时域反转，会引起 $X(z)$ 的零、极点分布按倒量对称发生改变。如果 z_i 是 $X(z)$ 的零（极）点，则 $1/z_i$ 就是 $X(z^{-1})$ 的零（极）点。如果 z_i^* 也是 $X(z)$ 的零（极）点，那么 $1/z_i^*$ 同样是 $X(z^{-1})$ 的零（极）点，即 $X(z)$ 与 $X(z^{-1})$ 的零、极点呈倒量对称关系。

例如，$x[n]=2^n u[n] \xleftrightarrow{\mathscr{Z}} \dfrac{1}{1-2z^{-1}}$，$|z|>2$，其时域反转信号为 $x[-n]=(1/2)^n u[-n]$，利用定义可直接得

$$x[-n] \xleftrightarrow{\mathscr{Z}} \frac{1}{1-2z}, \quad |z|<1/2$$

验证了时间反转性质。同时，$x[n]$ 的 z 变换的零、极点分别为 $z=0$ 与 $z=2$，$x[-n]$ 的 z 变换的零、极点分别为 $z=\infty$ 与 $z=1/2$，均为实数，呈倒量对称关系。

9.2.4 时间扩展与 z 域尺度变换

1. 时间扩展

正如前面章节所介绍的，离散时间扩展的概念是指在离散时间序列 $x[n]$ 的相邻序列值之间插入若干 0，即

$$x_{(k)}[n]=\begin{cases} x[n/k] & n=lk \\ 0 & n\neq lk \end{cases} \qquad l=0,\pm1,\pm2,\cdots \tag{9.14}$$

这种情况下，若

$$x[n] \xleftrightarrow{\mathscr{Z}} X(z), \quad \text{ROC}: R$$

则

$$x_{(k)}[n] \xleftrightarrow{\mathscr{Z}} X(z^k), \quad \text{ROC}: R^{1/k} \tag{9.15}$$

这就是说，若 z 位于 $X(z)$ 的 ROC 内，那么 $z^{1/k}$ 就在 $X(z^k)$ 的 ROC 内；同时，若 $X(z)$ 有一个极（零）点在 $z=a$，那么 $X(z^k)$ 就有一个极（零）点在 $z=a^{1/k}$。

2. z 域尺度变换

若

$$x[n] \xleftrightarrow{\mathscr{Z}} X(z), \quad \text{ROC}: R$$

则

$$z_0^n x[n] \xleftrightarrow{\mathscr{Z}} X(z/z_0), \quad \text{ROC}: |z_0|R \tag{9.16}$$

可见，序列乘以指数序列等效于 z 平面尺度变换，又称为序列指数加权。

如果限定 $z_0=\mathrm{e}^{\mathrm{j}\omega_0}$，则

$$\mathrm{e}^{\mathrm{j}\omega_0 n} x[n] \xleftrightarrow{\mathscr{Z}} X(\mathrm{e}^{-\mathrm{j}\omega_0} z), \quad \text{ROC}: R \tag{9.17}$$

相当于 $X(z)$ 在 z 平面内 ω_0 角度的旋转，与傅里叶变换的频移性质相一致。

若 z_0 是一般复数 $z_0 = r_0 \mathrm{e}^{\mathrm{j}\omega_0}$，则 $X(z/z_0)$ 的零、极点不仅要将 $X(z)$ 的零、极点逆时针旋转一个角度 ω_0，而且在径向有 r_0 倍的尺度变化。

【例 9.8】 若已知 $\mathscr{Z}\{\cos(\omega_0 n)u[n]\} = \dfrac{1-(\cos\omega_0)z^{-1}}{1-2(\cos\omega_0)z^{-1}+z^{-2}}$，$|z|>1$，求序列 $\beta^n\cos(\omega_0 n)u[n]$ 的 z 变换。

解 根据序列指数加权性质得

$$\mathscr{Z}\{\beta^n\cos(\omega_0 n)u[n]\} = \frac{1-(\cos\omega_0)(z\beta^{-1})^{-1}}{1-2(\cos\omega_0)(z\beta^{-1})^{-1}+(z\beta^{-1})^{-2}},\quad |z\beta^{-1}|>1$$

即

$$\mathscr{Z}\{\beta^n\cos(\omega_0 n)u[n]\} = \frac{1-(\beta\cos\omega_0)z^{-1}}{1-2(\beta\cos\omega_0)z^{-1}+\beta^2 z^{-2}},\quad |z|>|\beta|$$

9.2.5 共轭

若

$$x[n] \xleftrightarrow{\mathscr{Z}} X(z),\quad \text{ROC}:R$$

则

$$x^*[n] \xleftrightarrow{\mathscr{Z}} X^*(z^*),\quad \text{ROC}:R \tag{9.18}$$

特殊地，若 $x[n]$ 是实序列，则有 $X(z)=X^*(z^*)$；若 $X(z)$ 有一个 $z=z_0$ 的极（零）点，那么一定有一个与 z_0 共轭成对的 $z=z_0^*$ 的极（零）点。表明如果 $X(z)$ 有复数零、极点，零、极点必共轭成对出现。例如，在例 9.5 中，实序列 $x[n]$ 的极点 $z=\dfrac{1}{3}\mathrm{e}^{\pm\mathrm{j}\pi/4}$ 就是共轭成对的。

9.2.6 差分与累加

若

$$x[n] \xleftrightarrow{\mathscr{Z}} X(z),\quad \text{ROC}:R$$

则

$$x[n]-x[n-1] \xleftrightarrow{\mathscr{Z}} (1-z^{-1})X(z)\text{，ROC:含 } R\cap|z|>0 \tag{9.19}$$

和

$$\sum_{k=-\infty}^{n} x[k] \xleftrightarrow{\mathscr{Z}} \frac{1}{(1-z^{-1})}X(z)\text{，ROC:含 } R\cap|z|>1 \tag{9.20}$$

9.2.7 z 域微分

若

$$x[n] \xleftrightarrow{\mathscr{Z}} X(z),\quad \text{ROC}:R$$

则

$$nx[n] \xleftrightarrow{\mathscr{Z}} -z\frac{\mathrm{d}X(z)}{\mathrm{d}z},\quad \text{ROC}:R \tag{9.21}$$

利用该性质可以方便地求出某些非有理函数 $X(z)$ 的反变换，或具有高阶极点的 $X(z)$ 的反变换。

【例 9.9】 利用微分性质求斜坡序列 $nu[n]$ 的 z 变换。

解 由 z 域微分性质得

$$\mathscr{Z}\{nu[n]\} = -z\frac{\mathrm{d}}{\mathrm{d}z}\mathscr{Z}\{u[n]\} = -z\frac{\mathrm{d}}{\mathrm{d}z}\left(\frac{1}{1-z^{-1}}\right) = \frac{z^{-1}}{(1-z^{-1})^2}, \quad |z|>1$$

9.2.8 卷积

若

$$x_1[n] \xleftrightarrow{\mathscr{Z}} X_1(z), \quad \mathrm{ROC}: R_1$$
$$x_2[n] \xleftrightarrow{\mathscr{Z}} X_2(z), \quad \mathrm{ROC}: R_2$$

则

$$x_1[n] * x_2[n] \xleftrightarrow{\mathscr{Z}} X_1(z)X_2(z), \quad \mathrm{ROC}: 含 R_1 \cap R_2 \tag{9.22}$$

ROC 的变化规律与线性性质类似。

☞**注释**：卷积性质将时域中的卷积运算转换为复频域内的相乘关系，是 LTI 系统复频域分析的理论基础。

9.2.9 初值定理

若 $x[n]$ 为因果序列，则 $x[n]$ 的初值 $x[0]$ 可以直接由 $X(z)$ 获得，即

$$x[0] = \lim_{z\to\infty} X(z) \tag{9.23}$$

z 变换的性质归纳在表 9.1 中，表 9.2 整理了一些常用序列的 z 变换。

表 9.1 z 变换的性质

性质	信号	z 变换	ROC
性质	$x[n]$ $x_1[n]$ $x_2[n]$	$X(z)$ $X_1(z)$ $X_2(z)$	R R_1 R_2
线性	$ax_1[n]+bx_2[n]$	$aX_1(z)+bX_2(z)$	含 $R_1 \cap R_2$
时移	$x[n-n_0]$	$z^{-n_0}X(z)$	R (原点或 ∞ 点可能有增删)
时间反转	$x[-n]$	$X(z^{-1})$	$1/R$
时域扩展	$x_{(k)}[n]=\begin{cases}x[n/k] & n=lk\\ 0 & n\neq lk\end{cases}$ $l=0,\pm1,\pm2,\cdots$	$X(z^k)$	$R^{1/k}$
z 域尺度变换	$z_0^n x[n]$	$X(z/z_0)$	$\|z_0\|R$
卷积	$x_1[n]*x_1[n]$	$X_1(z)X_2(z)$	含 $R_1 \cap R_2$
差分	$x[n]-x[n-1]$	$(1-z^{-1})X(z)$	含 $R\cap\|z\|>0$
累加	$\sum_{k=-\infty}^{n} x[k]$	$X(z)/(1-z^{-1})$	含 $R\cap\|z\|>1$
z 域微分	$nx[n]$	$-z\frac{\mathrm{d}X(z)}{\mathrm{d}z}$	R
共轭	$x^*[n]$	$X^*(z^*)$	R
初值定理	若 $x[n]$ 是因果信号，则 $x[0]=\lim_{z\to\infty}X(z)$		

表 9.2　常用序列的 z 变换

序号	信号	z 变换	ROC
1	$\delta[n]$	1	$0\leqslant\lvert z\rvert\leqslant\infty$
2	$u[n]$	$\dfrac{1}{1-z^{-1}}$	$\lvert z\rvert>1$
3	$-u[-n-1]$	$\dfrac{1}{1-z^{-1}}$	$\lvert z\rvert<1$
4	$\delta[n-m]$	z^{-m}	$0<\lvert z\rvert\leqslant\infty\ (m>0)$ $0\leqslant\lvert z\rvert<\infty\ (m<0)$
5	$a^n u[n]$	$\dfrac{1}{1-az^{-1}}$	$\lvert z\rvert>\lvert a\rvert$
6	$-a^n u[-n-1]$	$\dfrac{1}{1-az^{-1}}$	$\lvert z\rvert<\lvert a\rvert$
7	$na^n u[n]$	$\dfrac{az^{-1}}{(1-az^{-1})^2}$	$\lvert z\rvert>\lvert a\rvert$
8	$-na^n u[-n-1]$	$\dfrac{az^{-1}}{(1-az^{-1})^2}$	$\lvert z\rvert<\lvert a\rvert$
9	$\cos(\omega_0 n)u[n]$	$\dfrac{1-(\cos\omega_0)z^{-1}}{1-2(\cos\omega_0)z^{-1}+z^{-2}}$	$\lvert z\rvert>1$
10	$\sin(\omega_0 n)u[n]$	$\dfrac{(\sin\omega_0)z^{-1}}{1-2(\cos\omega_0)z^{-1}+z^{-2}}$	$\lvert z\rvert>1$
11	$r^n\cos(\omega_0 n)u[n]$	$\dfrac{1-(\cos\omega_0)rz^{-1}}{1-2(\cos\omega_0)rz^{-1}+r^2z^{-2}}$	$\lvert z\rvert>r$
12	$r^n\sin(\omega_0 n)u[n]$	$\dfrac{(\sin\omega_0)rz^{-1}}{1-2(\cos\omega_0)rz^{-1}+r^2z^{-2}}$	$\lvert z\rvert>r$

9.3　z 反变换

9.1 节已经得出 z 反变换的含义与公式，即

$$x[n]=\frac{1}{2\pi\mathrm{j}}\oint X(z)z^{n-1}\,\mathrm{d}z \tag{9.24}$$

$\oint$ 是在 $X(z)$ 收敛域内沿一个以原点为中心的封闭圆逆时针环绕一周的积分。对于一般的 $X(z)$，这个积分的求值往往需要采用复平面的围线积分，此处不做讨论。对于有理 z 变换，可以采用部分分式展开法求解。此外，可以在幂级数展开的基础上利用 z 变换的定义直接求解。

9.3.1　部分分式展开法

部分分式展开法就是先把 $X(z)$ 进行部分分式展开，再结合 z 变换性质与常用序列的 z 变换，求取 z 反变换。具体步骤为：

(1) 将 $X(z)$ 展开为部分分式；

(2) 根据 $X(z)$ 的 ROC，确定每项的 ROC；

(3) 利用常用序列的 z 变换与 z 变换的性质，对每项进行反变换。

【例 9.10】 求 $X(z)=\dfrac{1}{(1-2z^{-1})(1-0.5z^{-1})}$ 的反变换 $x[n]$。

解　将 $X(z)$ 进行部分分式展开，得

$$X(z)=\frac{1}{(1-2z^{-1})(1-0.5z^{-1})}=\frac{4/3}{1-2z^{-1}}+\frac{-1/3}{1-0.5z^{-1}}$$

由于 $X(z)$ 的极点分别为 $z_1=2$ 与 $z_2=0.5$，如图 9.6 所示，则 $X(z)$ 的 ROC 可能有 3 种：$|z|<0.5$ 、$0.5<|z|<2$ 与 $|z|>2$ 。

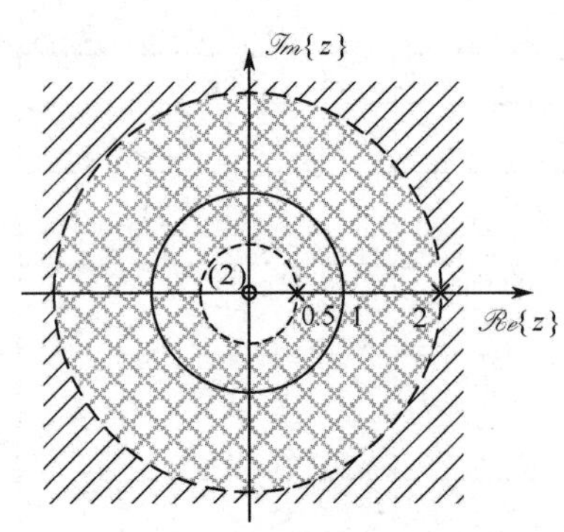

图9.6　例9.10的零极点图及ROC

(1) $|z|<0.5$ 时，$x[n]=-\frac{4}{3}\cdot 2^n u[-n-1]+\frac{1}{3}\cdot 0.5^n u[-n-1]$ 。

(2) $0.5<|z|<2$ 时，$x[n]=-\frac{4}{3}\cdot 2^n u[-n-1]-\frac{1}{3}\cdot 0.5^n u[n]$ 。

(3) $|z|>2$ 时，$x[n]=\frac{4}{3}\cdot 2^n u[n]-\frac{1}{3}\cdot 0.5^n u[n]$ 。

9.3.2　幂级数展开法（长除法）

确定 z 反变换的另一种有效的方法是幂级数展开法。这种方法直接来自 z 变换的定义式。由定义式可以看到，z 变换就是涉及 z 的正幂与负幂的幂级数形式，即

$$X(z)=\sum_{n=-\infty}^{+\infty}x[n]z^{-n}=\cdots+x[-2]z^2+x[-1]z+x[0]+x[1]z^{-1}+x[2]z^{-2}+\cdots \tag{9.25}$$

当 $X(z)$ 为有理函数时，就可通过长除法将其展开为幂级数，展开式中 z^{-n} 项的系数即为 $x[n]$ 。若 $x[n]$ 为因果序列，则 $X(z)$ 展开成 z 的负幂级数；若 $x[n]$ 为左边序列，则 $X(z)$ 展开成 z 的正幂级数；若 $x[n]$ 为双边序列，则 $X(z)$ 展开成 z 的正幂级数和负幂级数之和，而幂级数的系数就是 $x[n]$ 。

【例 9.11】 试用长除法求

$$X(z)=\frac{1}{1-\frac{1}{4}z^{-1}},\quad |z|>\frac{1}{4}$$

的 z 反变换。

解　根据收敛域，$X(z)$ 对应的 $x[n]$ 是右边序列。应用多项式除法，得

$$\begin{array}{r|l}
 & 1+\frac{1}{4}z^{-1}+\frac{1}{16}z^{-2}+\cdots\cdots \\ \hline
1-\frac{1}{4}z^{-1} & 1 \\
 & \underline{1-\frac{1}{4}z^{-1}} \\
 & \frac{1}{4}z^{-1} \\
 & \underline{\frac{1}{4}z^{-1}-\frac{1}{16}z^{-2}} \\
 & \frac{1}{16}z^{-2} \\
 & \underline{\frac{1}{16}z^{-2}-\frac{1}{64}z^{-3}} \\
 & \frac{1}{64}z^{-3}
\end{array}$$

即 $X(z)=1+\frac{1}{4}z^{-1}+\frac{1}{16}z^{-2}+\frac{1}{64}z^{-3}+\cdots$，根据 z 变换的定义式，可得 $X(z)$ 的反变换为 $x[n]=(1/4)^n u[n]$。

考虑收敛域为 $|z|<\frac{1}{4}$ 的情况。根据收敛域，$x[n]$ 是左边序列，$X(z)$ 的分子、分母按照升幂排列，应用多项式除法，得

$$
\begin{array}{r|l}
 & -4z-16z^2-64z^3+\cdots\cdots \\
\hline
-\frac{1}{4}z^{-1}+1 & 1 \\
 & \underline{1-4z} \\
 & \quad 4z \\
 & \quad \underline{4z-16z^2} \\
 & \qquad 16z^2 \\
 & \qquad \underline{16z^2-64z^3} \\
 & \qquad\quad 64z^3
\end{array}
$$

即 $X(z)=-4z-16z^2-64z^3+\cdots$，根据 z 变换的定义式，可得 $X(z)$ 的反变换为 $x[n]=-(1/4)^n u[-n-1]$。

☞**注释：**遇到 $X(z)$ 是有限项幂级数形式的情况，可以直接按照系数得出 $x[n]$。例如 $X(z)=-4z-16z^2-64z^3$，可得 $x[n]=-4\delta[n+1]-16\delta[n+2]-64\delta[n+3]$。

9.4 离散时间 LTI 系统的系统函数

离散时间LTI系统的系统函数视频

通过 z 变换，可以给出离散时间 LTI 系统另一种重要的表征方法——系统函数，从而对离散时间 LTI 系统进行复频域分析。

忽略初始状态，$x[n]$ 通过冲激响应为 $h[n]$ 的离散时间 LTI 系统所获得的响应 $y[n]$ 可以表示为

$$y[n]=x[n]*h[n] \tag{9.26}$$

根据 z 变换的卷积性质，有

$$Y(z)=X(z)H(z) \tag{9.27}$$

其中，$X(z)$、$Y(z)$ 分别是 $x[n]$ 与 $y[n]$ 的 z 变换，$H(z)$ 称为离散时间 LTI 系统的系统函数，是 $h[n]$ 的 z 变换，即

$$H(z)=\sum_{n=-\infty}^{+\infty}h[n]z^{-n} \tag{9.28}$$

若 $Y(z)$、$X(z)$ 和 $H(z)$ 的 ROC 均包括单位圆，以 $z=\mathrm{e}^{\mathrm{j}\omega}$ 代入式(9.27)，则

$$Y(\mathrm{e}^{\mathrm{j}\omega})=X(\mathrm{e}^{\mathrm{j}\omega})H(\mathrm{e}^{\mathrm{j}\omega}) \tag{9.29}$$

即为离散时间 LTI 系统的傅里叶分析公式，$H(\mathrm{e}^{\mathrm{j}\omega})$ 为系统的频率响应。

这种方法之所以成立的本质原因在于 z^n 是 LTI 系统的特征函数，满足

$$z^n \xrightarrow{\text{LTI系统}} H(z)z^n \tag{9.30}$$

而 z 变换将离散时间信号 $x[n]$ 分解为 z^n 的线性组合，即

$$x[n]=\frac{1}{2\pi \mathrm{j}}\oint X(z)z^{n-1}\,\mathrm{d}z \tag{9.31}$$

利用 LTI 系统的线性性质，系统的输出为

$$y[n]=\frac{1}{2\pi \mathrm{j}}\oint X(z)H(z)z^{n-1}\,\mathrm{d}z=\mathscr{Z}^{-1}\{X(z)H(z)\} \tag{9.32}$$

等价于式(9.27)。

9.4.1　常用系统的系统函数

1. 延时系统

对于延时 n_0 的单元，其输入 $x[n]$ 与输出 $y[n]$ 的关系为

$$y[n]=x[n-n_0] \tag{9.33}$$

或者

$$Y(z)=z^{-n_0}X(z) \tag{9.34}$$

因此，系统函数为

$$H(z)=\frac{Y(z)}{X(z)}=z^{-n_0}\text{，全部 }z(\text{除了 }z=0\text{ 或 }z=\infty) \tag{9.35}$$

2. 一阶差分系统

对于一阶差分系统，其输入 $x[n]$ 与输出 $y[n]$ 的关系为

$$y[n]=x[n]-x[n-1] \tag{9.36}$$

或者

$$Y(z)=(1-z^{-1})X(z) \tag{9.37}$$

因此，系统函数为

$$H(z)=\frac{Y(z)}{X(z)}=1-z^{-1}\text{，}|z|>0 \tag{9.38}$$

3. 累加器

对于累加器，其输入 $x[n]$ 与输出 $y[n]$ 的关系为

$$y[n]=\sum_{k=-\infty}^{n}x[k] \tag{9.39}$$

或者

$$Y(z)=\frac{1}{1-z^{-1}}X(z) \tag{9.40}$$

因此，系统函数为

$$H(z)=\frac{Y(z)}{X(z)}=\frac{1}{1-z^{-1}}\text{，}|z|>1 \tag{9.41}$$

9.4.2　系统函数与冲激响应

由于系统函数 $H(z)$ 和冲激响应 $h[n]$ 一一对应，因此 $H(z)$ 连同相应的 ROC 也能够完全描述一个 LTI 系统。系统的许多重要特性在 $H(z)$ 及其 ROC 中有具体的体现。

根据系统函数 $H(z)$ 求解冲激响应 $h[n]$，即求 $H(z)$ 的反变换，往往采用部分分式展开法。

系统函数 $H(z)$ 的极点决定了冲激响应 $h[n]$ 的基本特性。假设 $H(z)$ 是有理真分式，且所有极点均为一阶极点，则 $H(z)$ 可以展开为

$$H(z)=\frac{N(z)}{D(z)}=b_M\frac{(z-\beta_1)(z-\beta_2)\cdots(z-\beta_M)}{(z-\alpha_1)(z-\alpha_2)\cdots(z-\alpha_N)}=\sum_{i=1}^{N}\frac{k_i}{1-\alpha_i z^{-1}} \tag{9.42}$$

以 $h[n]$ 为右边序列为例，对每个分式进行 z 反变换得

$$h[n]=\mathscr{Z}^{-1}\{H(z)\}=\sum_{i=1}^{N}k_i\alpha_i^n u[n] \tag{9.43}$$

因此，系统函数 $H(z)$ 的极点 α_i 决定了冲激响应 $h[n]$ 的基本特性。结合 2.1.1 节的图 2.7，下面讨论 $H(z)$ 的几种典型极点分布与因果 LTI 系统冲激响应 $h[n]$ 基本特性之间的关系。

1. $H(z)$ 具有位于 z 平面的实数单极点 $\alpha_i=a$

(1) $0<a<1$，a 位于 z 平面单位圆内正实轴上，则 $\dfrac{1}{1-az^{-1}}$ 所对应的 $h[n]=a^n u[n]$ 为单边指数衰减序列。

(2) $-1<a<0$，a 位于 z 平面单位圆内负实轴上，则 $\dfrac{1}{1-az^{-1}}$ 所对应的 $h[n]=a^n u[n]$ 为单边指数衰减的振荡序列。

(3) $a=1$，a 是 z 平面单位圆和正实轴的交点，则 $\dfrac{1}{1-az^{-1}}$ 所对应的 $h[n]=u[n]$ 为单位阶跃序列；$a=-1$，a 是 z 平面单位圆和负实轴的交点，则 $\dfrac{1}{1-az^{-1}}$ 所对应的 $h[n]=(-1)^n u[n]$ 为单边等幅振荡序列。

(4) $a>1$，a 位于 z 平面单位圆外正实轴上，则 $\dfrac{1}{1-az^{-1}}$ 所对应的 $h[n]=a^n u[n]$ 为单边指数增长序列。

(5) $a<-1$，a 位于 z 平面单位圆外负实轴上，则 $\dfrac{1}{1-az^{-1}}$ 所对应的 $h[n]=a^n u[n]$ 为单边指数增长的振荡序列。

2. $H(z)$ 具有位于 z 平面的共轭单极点 $\alpha_i=a\mathrm{e}^{\mathrm{j}\omega_0}$ 与 $\alpha_i^*=a\mathrm{e}^{-\mathrm{j}\omega_0}$

(1) $|a|<1$，极点位于 z 平面单位圆内，则所对应的 $h[n]=a^n\cos(\omega_0 n)u[n]$ 和 $h[n]=a^n\sin(\omega_0 n)u[n]$ 为单边指数衰减的振荡序列。

(2) $|a|>1$，极点位于 z 平面单位圆外，则所对应的 $h[n]=a^n\cos(\omega_0 n)u[n]$ 和 $h[n]=a^n\sin(\omega_0 n)u[n]$ 为单边指数增长的振荡序列。

(3) $|a|=1$，极点位于 z 平面单位圆上，则所对应的 $h[n]=\cos(\omega_0 n)u[n]$ 和 $h[n]=\sin(\omega_0 n)u[n]$ 为单边等幅振荡序列。

综上所述，对于因果 LTI 系统，只有当系统函数 $H(z)$ 的极点位于 z 平面的单位圆内时，冲激响应 $h[n]$ 才是收敛的，即系统才是稳定的。

☞**注释**：对比 z 平面和 s 平面的关系，这里所得结论与连续时间 LTI 系统的结论完全对应，只要把 z 平面的单位圆对应于 s 平面的虚轴即可。

9.4.3 系统函数与线性常系数差分方程

从数学的角度，在已知 $X(z)$ 与 $Y(z)$ 之间关系的情况下，系统函数 $H(z)$ 可表示为

$$H(z)=\frac{Y(z)}{X(z)} \tag{9.44}$$

一般地，表征因果 LTI 系统的线性常系数差分方程的通式为

$$\sum_{k=0}^{N}a_k y[n-k]=\sum_{k=0}^{M}b_k x[n-k] \tag{9.45}$$

两边做 z 变换，得

$$\sum_{k=0}^{N}a_k z^{-k}Y(z)=\sum_{k=0}^{M}b_k z^{-k}X(z) \tag{9.46}$$

则系统函数为

$$H(z)=\frac{Y(z)}{X(z)}=\frac{\sum_{k=0}^{M}b_k z^{-k}}{\sum_{k=0}^{N}a_k z^{-k}} \tag{9.47}$$

如果 $H(z)$ 的收敛域包含单位圆，则频率响应 $H(\mathrm{e}^{\mathrm{j}\omega})=H(z)\big|_{z=\mathrm{e}^{\mathrm{j}\omega}}$，系统是稳定的。因此，LTI 系统的系统函数与冲激响应、线性常系数差分方程等几种表征方法之间可以相互转换，稳定的 LTI 系统的这 3 种表征方法还可以与其频率响应相互转换。

【例 9.12】考虑一个因果 LTI 系统，输入/输出方程表示为

$$y[n]+0.2y[n-1]-0.24y[n-2]=x[n]+x[n-1]$$

求该系统的系统函数 $H(z)$、频率响应 $H(\mathrm{e}^{\mathrm{j}\omega})$ 与冲激响应 $h[n]$。

解 对方程两端做 z 变换，得

$$Y(z)+0.2z^{-1}Y(z)-0.24z^{-2}Y(z)=X(z)+z^{-1}X(z)$$

因此，系统函数为

$$H(z)=\frac{Y(z)}{X(z)}=\frac{1+z^{-1}}{1+0.2z^{-1}-0.24z^{-2}}=\frac{1+z^{-1}}{(1-0.4z^{-1})(1+0.6z^{-1})}$$

$H(z)$ 的极点为 $z_1=0.4$ 与 $z_2=-0.6$，由于是因果系统，$h[n]$ 为右边序列，$H(z)$ 的 ROC 为 $|z|>0.6$。

将 $H(z)$ 进行部分分式展开，得

$$H(z)=\frac{1.4}{1-0.4z^{-1}}-\frac{0.4}{1+0.6z^{-1}}$$

利用常见序列的 z 变换，做 z 反变换得冲激响应为

$$h[n]=1.4(0.4)^n u[n]-0.4(-0.6)^n u[n]$$

由于 ROC 包含单位圆，因此，此因果系统是稳定的，频率响应为

$$H(\mathrm{e}^{\mathrm{j}\omega})=\frac{1+\mathrm{e}^{-\mathrm{j}\omega}}{1+0.2\mathrm{e}^{-\mathrm{j}\omega}-0.24\mathrm{e}^{-2\mathrm{j}\omega}}$$

9.5 离散时间 LTI 系统的复频域分析

9.5.1 用 z 变换分析离散时间 LTI 系统

式(9.27)是利用 z 变换对离散时间 LTI 系统进行复频域分析的基本公式。z 变换将时域中的卷积运算转化为复频域中的相乘运算，为复频域分析带来极大方便，同时比频域分析的适用范围更广。

在确定系统函数 $H(z)$ 的前提条件下，通过 z 变换获得输入信号 $x[n]$ 的复频域表示 $X(z)$，利用式(9.27)求输出信号的复频域表示，即

$$Y(z)=X(z)H(z) \tag{9.48}$$

再通过 z 反变换获得输出信号的时域表征 $y[n]$，完成对离散时间 LTI 系统的复频域分析。

在已知某些输入信号 $x[n]$ 所对应的输出信号 $y[n]$ 时，通过 z 变换分别获得其复频域表示 $X(z)$ 与 $Y(z)$，根据式(9.48)求系统函数 $H(z)$，即

$$H(z)=\frac{Y(z)}{X(z)} \tag{9.49}$$

完成对离散时间 LTI 系统的复频域设计。

【例 9.13】考虑一个因果 LTI 系统，冲激响应 $h[n]=(1/2)^n u[n]$，假设输入为 $x[n]=(1/3)^n u[n]$，确定该输入通过系统后的零状态响应。

解 输入信号 $x[n]$ 的复频域表示 $X(z)$ 与系统的系统函数 $H(z)$ 分别为

$$X(z)=\frac{1}{1-\frac{1}{3}z^{-1}},\quad |z|>\frac{1}{3}$$

$$H(z)=\frac{1}{1-\frac{1}{2}z^{-1}},\quad |z|>\frac{1}{2}$$

则输出信号的复频域表示为

$$Y(z)=X(z)H(z)=\frac{1}{\left(1-\frac{1}{3}z^{-1}\right)\left(1-\frac{1}{2}z^{-1}\right)}=\frac{-2}{1-\frac{1}{3}z^{-1}}+\frac{3}{1-\frac{1}{2}z^{-1}},\quad |z|>\frac{1}{2}$$

通过 z 反变换可求出输出信号 $y[n]$ 为

$$y[n]=3\times(1/2)^n u[n]-2\times(1/3)^n u[n]$$

9.5.2 系统性质的复频域分析

3.5 节已经给出 LTI 系统在具备因果性、稳定性与可逆性等性质时冲激响应 $h[n]$ 的特点，下面讨论系统函数 $H(z)$ 及其 ROC 与系统性质之间的对应关系。

1. 因果性

对于 LTI 系统，若 $n<0$，$h[n]=0$，则系统是因果的。因此，因果 LTI 系统的 $h[n]$ 是因果序列，其 z 变换 $H(z)$ 的 ROC 必是最外层极点的外边，并且包含 $z=\infty$。同理，由于反因果 LTI 系统的 $h[n]$ 是反因果序列，其 z 变换 $H(z)$ 的 ROC 必是最里层非零极点的里边，并且包含 $z=0$。

☞**注释**：当因果LTI系统的$H(z)$是有理函数时，将$H(z)$表示成z的多项式之比，其分子的阶次不能大于分母的阶次，否则ROC将不包含$z=\infty$。

2. 稳定性

对于LTI系统，若$\sum_{n=-\infty}^{+\infty}|h[n]|<\infty$，则系统是稳定的。因此，稳定LTI系统的$h[n]$满足绝对可和条件，其傅里叶变换$H(e^{j\omega})$必然存在，意味着其$z$变换$H(z)$的ROC包含单位圆。

【例9.14】 分析系统函数$H(z)=\dfrac{1}{(1-0.5z^{-1})(1-2z^{-1})}$所表示的LTI系统的因果性与稳定性。

解　$H(z)$的零点为$z=0$（二阶），极点为$z_1=0.5$与$z_2=2$。可能的ROC有$|z|>2$，$0.5<|z|<2$和$|z|<0.5$这3种情况。

$|z|>2$时，ROC位于最外层极点的外边且包含$z=\infty$，但不包括单位圆，则系统为不稳定的因果系统；$0.5<|z|<2$时，ROC位于两个极点之间，包括单位圆，系统是稳定的非因果系统；$|z|<0.5$时，ROC位于最里层非零极点的里边，且不包括单位圆，则系统既不稳定又不因果。

以上3种ROC，没有一种ROC对应着既稳定又因果的系统，原因就在于$z_2=2$这个不在单位圆内的极点。

综合因果性与稳定性的特点，可以得到以下结论：因果稳定LTI系统的系统函数$H(z)$的全部极点必须位于z平面的单位圆内。

☞**注释**：此结论与9.4.2节的结论完全一致。

根据系统函数的极点来判断因果LTI系统稳定性的准则重新叙述如下：

（1）当且仅当系统函数$H(z)$的全部极点都在z平面的单位圆内时，一个离散时间因果LTI系统是稳定的；

（2）当且仅当系统函数$H(z)$存在z平面上单位圆外的极点和（或）单位圆上的极点时，一个离散时间因果LTI系统是不稳定的。

☞**注释**：系统函数$H(z)$的零点在判断系统稳定性方面不起作用。

【例9.15】 判断系统函数$H(z)=\dfrac{1}{(1-0.3z^{-1})(1-0.5z^{-1})}$所表示的因果LTI系统是否稳定。

解　$H(z)$的极点为$z_1=0.3$与$z_2=0.5$，均在z平面的单位圆内，因此，这个系统是稳定的。

3. 可逆性

对于冲激响应为$h_1[n]$的LTI系统S_1，若与冲激响应为$h_2[n]$的LTI系统S_2级联后构成恒等系统，则S_1与S_2互为逆系统。因此，互为逆系统的冲激响应满足$h_1[n]*h_2[n]=\delta[n]$，其z变换$H_1(z)$与$H_2(z)$满足$H_1(z)H_2(z)=1$。

那么，确定一个LTI系统的逆系统只需求其系统函数的倒数即可，即$H_2(z)=1/H_1(z)$。

9.5.3　系统函数的代数属性与方框图表示

通过z变换，时域的卷积、差分等运算被转换为复频域的代数运算。本节将研究LTI系统互联所对应的系统函数的代数运算，从而引出离散时间LTI系统的方框图表示，以便于系统的模拟与仿真。

1. LTI 系统互联的系统函数

（1）级联

LTI 系统的级联可以用一个单独的 LTI 系统来替代，而该系统的冲激响应即级联中各个子系统冲激响应的卷积。根据 z 变换的卷积性质，该系统的系统函数即级联中各个子系统系统函数的乘积，则图 9.7(a)与(b)的系统是等效的，即

$$H(z)=H_1(z)H_2(z) \tag{9.50}$$

（2）并联

LTI 系统的并联可以用一个单独的 LTI 系统来替代，而该系统的冲激响应即并联中各个子系统冲激响应的和。根据 z 变换的线性性质，该系统的系统函数即并联中各个子系统系统函数的和，则图 9.8(a)与(b)的系统是等效的，即

$$H(z)=H_1(z)+H_2(z) \tag{9.51}$$

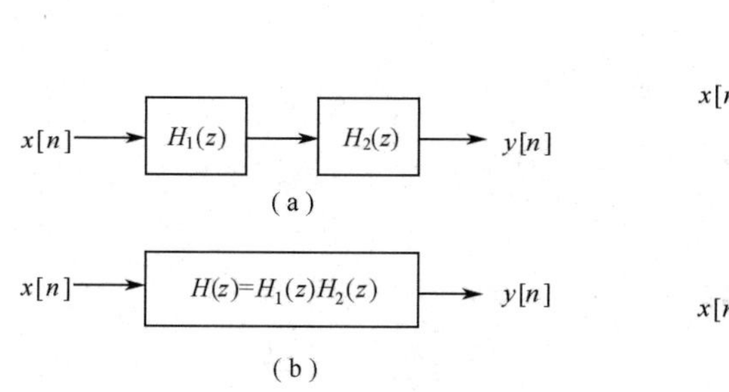

图9.7　LTI系统的级联与系统函数

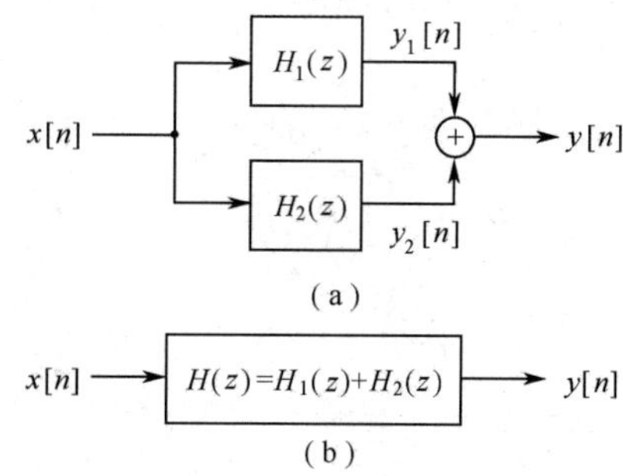

图9.8　LTI系统的并联与系统函数

（3）反馈连接

LTI 系统 S_1 与 S_2 反馈连接，如图 9.9(a)所示，其系统函数分别为 $H_1(z)$ 与 $H_2(z)$，可用复频域表示，如图 9.9(b)所示，即

$$Y(z)=\{X(z)-Y(z)H_2(z)\}\cdot H_1(z) \tag{9.52}$$

如果希望用一个单独的 LTI 系统来替代，则该系统的系统函数 $H(z)$ 为

$$H(z)=\frac{Y(z)}{X(z)}=\frac{H_1(z)}{1+H_1(z)H_2(z)} \tag{9.53}$$

这意味着，LTI 系统的反馈连接也可以用一个单独的 LTI 系统来替代，而该系统的系统函数与各个子系统的系统函数的关系如式(9.53)，则图 9.9 (c)与(b)的系统是等效的。

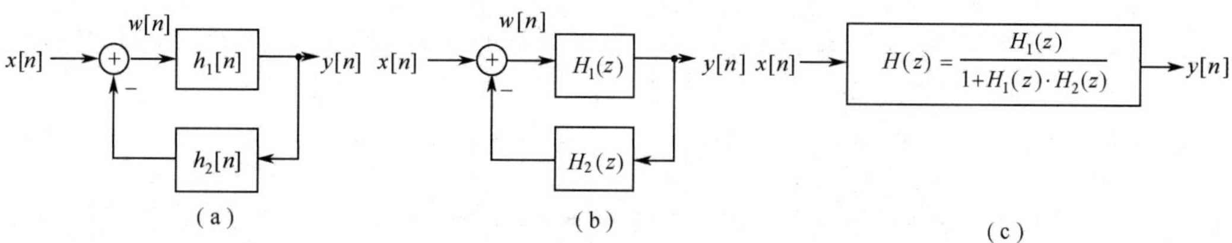

图9.9　LTI系统的反馈连接与系统函数

2. LTI 系统的方框图表示

除了利用数学表达式描述系统模型，也可以借助方框图表示系统模型。对于离散时间 LTI 系统，方框图单元包括相加、数乘和单位延时 3 种基本运算单元。

根据表征因果 LTI 系统的线性常系数差分方程的通式

$$\sum_{k=0}^{N} a_k y[n-k] = \sum_{k=0}^{M} b_k x[n-k] \tag{9.54}$$

可得系统函数为

$$H(z) = \frac{Y(z)}{X(z)} = \frac{\sum_{k=0}^{M} b_k z^{-k}}{\sum_{k=0}^{N} a_k z^{-k}} \tag{9.55}$$

分子、分母均为 z^{-1} 的多项式，基本运算单元为相加、数乘和单位延时单元。

下面通过对一阶 LTI 系统和二阶 LTI 系统的模拟，说明离散时间 LTI 系统的方框图表示方法。高阶 LTI 系统的模拟可以通过级联和（或）并联方式，在一阶 LTI 系统和二阶 LTI 系统基础上实现。

【例 9.16】 某因果 LTI 系统，其输入/输出方程为

$$y[n] - \frac{1}{4} y[n-1] = x[n]$$

画出该系统的方框图。

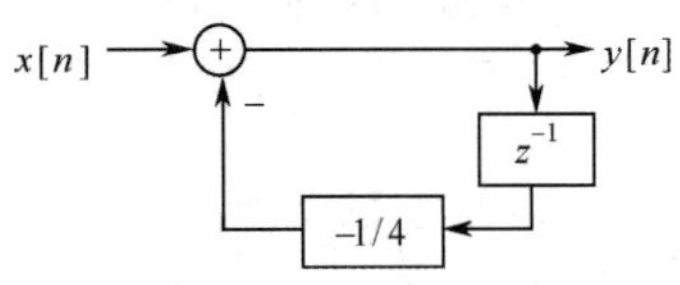

图9.10　例9.16系统方框图

解　由差分方程得系统函数为

$$H(z) = \frac{1}{1 - \frac{1}{4} z^{-1}}$$

根据式(9.53)，该因果 LTI 系统就是一个简单的反馈系统。方框图如图 9.10 所示，其中 $H_1(z) = 1$，$H_2(z) = (-1/4)z^{-1}$。

【例 9.17】 某因果 LTI 系统，其输入/输出方程为

$$y[n] - \frac{1}{4} y[n-1] = x[n] - 2x[n-1]$$

画出该系统的方框图。

解　由差分方程得系统函数为

$$H(z) = \frac{1 - 2z^{-1}}{1 - \frac{1}{4} z^{-1}} = \frac{1}{1 - \frac{1}{4} z^{-1}} \cdot (1 - 2z^{-1})$$

这个系统可以看作系统函数为 $H_1(z) = \dfrac{1}{1-(1/4)z^{-1}}$ 和 $H_2(z) = 1 - 2z^{-1}$ 的两个 LTI 系统的级联，如图 9.11 所示。图中采用图 9.10 中方框图来表示 $H_1(z) = \dfrac{1}{1-(1/4)z^{-1}}$，而系统函数 $H_2(z) = 1 - 2z^{-1}$ 所表征系统的输入/输出关系为 $y[n] = v[n] - 2v[n-1]$，将两个系统级联后如图 9.11(a)所示。但是这个方框图不够经济。从图 9.11(a)中可以看到，两个单位延时单元的输入都是 $v[n]$，因此它们的输出也是一样的，这样可以合并两个延时单元，结果如图 9.11(b)所示，比图 9.11(a)节省了一个延时单元。

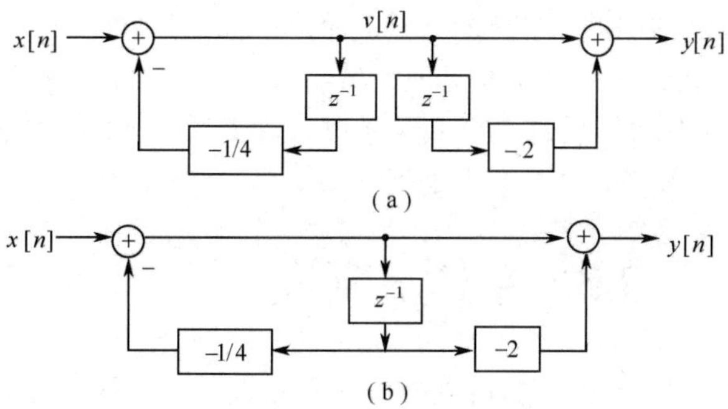

图9.11　例9.17系统方框图

☞**注释：**一阶系统节约一个延时单元，N 阶系统最多可以节约 N 个延时单元。

【例 9.18】某因果 LTI 系统，其输入/输出方程为

$$y[n]+\frac{1}{4}y[n-1]-\frac{1}{8}y[n-2]=x[n]$$

画出该系统的方框图。

解　由差分方程得系统函数为

$$H(z)=\frac{1}{1+\frac{1}{4}z^{-1}-\frac{1}{8}z^{-2}}$$

直接由方程画出方框图 9.12(a)，称为直接型表示。对系统函数 $H(z)$ 略作代数运算，将其重写成

$$H(z)=\frac{1}{1-(1/4)z^{-1}}\cdot\frac{1}{1+(1/2)z^{-1}}$$

和

$$H(z)=\frac{1/3}{1-(1/4)z^{-1}}+\frac{2/3}{1+(1/2)z^{-1}}$$

即可得到级联型方框图 9.12(b)和并联型方框图 9.12(c)。

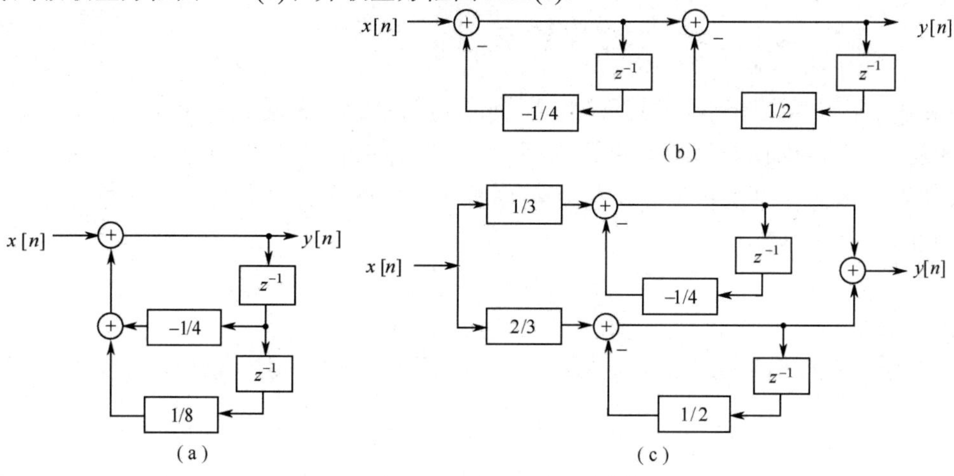

图9.12　例9.18系统方框图

可以看到，同一个系统可以用不同的方框图表示，不同方框图的性能有所差别。具体而言，一个系统的每种方框图表示，对系统实现来说都能直接转换为一种计算机算法，然而，由于计

算机的有限字长要对方框图中的系数进行量化，而且在算法运算过程中会有数值上的舍入，因此每种方框图表示所引进的算法仅仅是对原系统特性的一种近似，每种近似中的误差是不同的。因此，可借助针对量化效应的准确度和灵敏度，对不同的方框图作出相对的评价，有关这方面的讨论，读者可查阅相关的数字信号处理书籍。

9.6 单边 z 变换

单边z变换视频

单边 z 变换是双边 z 变换的特例，对分析线性常系数差分方程描述的离散 LTI 系统具有重要的意义。

9.6.1 定义

离散时间信号 $x[n]$ 的单边拉普拉斯变换定义为

$$\mathcal{X}(z)=\sum_{n=0}^{+\infty}x[n]z^{-n} \tag{9.56}$$

经常简写为

$$x[n]\overset{\mathscr{UZ}}{\longleftrightarrow}\mathcal{X}(z)=\mathscr{UZ}\{x[n]\} \tag{9.57}$$

$x[n]$ 的单边 z 变换相当于 $x[n]u[n]$ 的双边 z 变换，即

$$\mathscr{UZ}\{x[n]\}=\mathscr{Z}\{x[n]u[n]\} \tag{9.58}$$

这意味着，如果 $x[n]$ 是因果序列，对其做双边 z 变换和做单边 z 变换是完全相同的。

对于因果 LTI 系统，由于其冲激响应 $h[n]$ 是因果序列，则该系统的系统函数既可以通过单边 z 变换获得，也可以通过双边 z 变换获得，即

$$H(z)=\mathcal{H}(z) \tag{9.59}$$

单边 z 变换也同样存在 ROC，其 ROC 必然遵从因果序列双边 z 变换的要求，即：一定位于最外层极点的外边并且包括 $z=\infty$。正因为这一原因，在讨论单边 z 变换时，一般不再强调其 ROC。

单边 z 变换的反变换与双边 z 变换的反变换一致，即

$$x[n]=\frac{1}{2\pi \mathrm{j}}\oint\mathcal{X}(z)z^{n-1}\mathrm{d}z \tag{9.60}$$

如果 $x[n]$ 不是因果序列，则其双边 z 变换 $X(z)$ 与单边 z 变换 $\mathcal{X}(z)$ 不同。

☞**注释：**与单边拉普拉斯变换类似，给定的 $\mathcal{X}(z)$ 或 $\mathcal{H}(z)$ 只有唯一的反变换。单边 z 变换的这种唯一性简化了系统分析，这在分析因果 LTI 系统与因果信号方面非常有效。

【例 9.19】求序列

$$x[n]=a^n u[n]$$

的单边 z 变换。

解 因为 $n<0$ 时 $x[n]=0$，$x[n]$ 是因果序列，所以这个序列的单边 z 变换和双边 z 变换相等，为

$$\mathcal{X}(z)=\frac{1}{1-az^{-1}},\quad |z|>|a|$$

【例 9.20】求序列

$$x[n]=a^{n+1}u[n+1]$$

的单边 z 变换。

解 因为 $n<0$ 时 $x[-1]\neq 0$，$x[n]$ 不是因果序列，所以这个序列的单边 z 变换和双边 z 变换不相等。它的双边 z 变换为

$$X(z)=\frac{z}{1-az^{-1}}，\quad |z|>|a|$$

与此对比，它的单边 z 变换为

$$\mathcal{X}(z)=\sum_{n=0}^{+\infty}x[n]z^{-n}=\sum_{n=0}^{+\infty}a^{n+1}z^{-n}=\frac{a}{1-az^{-1}}，\quad |z|>|a|$$

【例 9.21】求

$$\mathcal{X}(z)=\frac{1}{(1-2z^{-1})(1-0.5z^{-1})}$$

的单边 z 反变换。

解 在例 9.14 中，曾对几个不同的 ROC，讨论过与此式相同的双边 z 变换 $X(z)$ 的反变换问题。在单边 z 变换的情况下，ROC 必须位于最外层极点的外边，即 $|z|>2$，然后求其单边 z 反变换，得到

$$x[n]=\frac{4}{3}\cdot 2^n u[n]-\frac{1}{3}\cdot 0.5^n u[n]$$

9.6.2 单边 z 变换性质

单边 z 变换有许多重要性质，大部分与双边 z 变换对应的性质相同，个别有所不同。表 9.3 中综合列出了这些性质，表中没有特意指出收敛域。

表 9.3 单边 z 变换性质

性质		信号	单边 z 变换
性质		$x[n]$ $x_1[n]$ $x_2[n]$	$\mathcal{X}(z)$ $\mathcal{X}_1(z)$ $\mathcal{X}_2(z)$
线性		$ax_1[n]+bx_2[n]$	$a\mathcal{X}_1(z)+b\mathcal{X}_2(z)$
时移	时间滞后	$x[n-1]$	$z^{-1}\mathcal{X}(z)+x[-1]$
	时间超前	$x[n+1]$	$z\mathcal{X}(z)-zx[0]$
z 域尺度变换		$e^{j\omega_0 n}x[n]$ $z_0^n x[n]$ $a^n x[n]$	$\mathcal{X}(e^{-j\omega_0}z)$ $\mathcal{X}(z/z_0)$ $\mathcal{X}(a^{-1}z)$
时间扩展		$x_{(k)}[n]=\begin{cases}x[n/k] & n=lk\\ 0 & n\neq lk\end{cases}$ $l=0,\pm1,\pm2,\cdots$	$\mathcal{X}(z^k)$
共轭		$x^*[n]$	$\mathcal{X}^*(z^*)$
卷积（假设 $n<0$，$x_1[n]$ 和 $x_2[n]$ 均为 0）		$x_1[n]*x_2[n]$	$\mathcal{X}_1(z)\mathcal{X}_2(z)$
一次差分		$x[n]-x[n-1]$	$(1-z^{-1})\mathcal{X}(z)-x[-1]$
累加		$\sum_{k=0}^{n}x[k]$	$\mathcal{X}(z)/(1-z^{-1})$
z 域微分		$nx[n]$	$-z\dfrac{d\mathcal{X}(z)}{dz}$
初值定理		$x[0]=\lim_{z\to\infty}\mathcal{X}(z)$	

这里着重讨论时移性质，因为这对分析由线性常系数差分方程描述的 LTI 系统有重要的意义。

若 $x[n]$ 是因果序列，单边 z 变换的时移性质与双边 z 变换的时移性质一致，若 $x[n]$ 不是因果序列，必须考虑 $x[n]$ 在 $(-n_0,0)$ 区间的取值，以 $n_0=1$，2 为例，则

$$\begin{aligned}\mathscr{UZ}\{x[n-1]\}&=\sum_{n=0}^{+\infty}x[n-1]z^{-n}=x[-1]+\sum_{n=1}^{+\infty}x[n-1]z^{-n}\\&=x[-1]+z^{-1}\sum_{n=0}^{+\infty}x[n]z^{-n}=x[-1]+z^{-1}\mathcal{X}(z)\end{aligned} \tag{9.61}$$

重复应用式(9.61)，$x[n-2]$ 的单边 z 变换就是

$$\mathscr{UZ}\{x[n-2]\}=x[-2]+x[-1]z^{-1}+z^{-2}\mathcal{X}(z) \tag{9.62}$$

继续这个迭代过程，就能确定对任意正整数 n_0 的 $x[n-n_0]$ 的单边 z 变换。

9.6.3 利用单边 z 变换求解差分方程

单边 z 变换最重要的应用是分析由线性常系数差分方程描述的 LTI 系统。

【例 9.22】考虑下列差分方程描述的 LTI 系统

$$y[n]+3y[n-1]=x[n]$$

其输入 $x[n]=\alpha u[n]$，初始条件为 $y[-1]=\beta$。求系统的零输入响应和零状态响应。

解 对方程两边作单边 z 变换，并利用线性和时移性质可得

$$\mathcal{Y}(z)+3\beta+3z^{-1}\mathcal{Y}(z)=\frac{\alpha}{1-z^{-1}}$$

对 $\mathcal{Y}(z)$ 求解得

$$\mathcal{Y}(z)=\frac{-3\beta}{1+3z^{-1}}+\frac{\alpha}{(1+3z^{-1})(1-z^{-1})}$$

上式右边第一项可以看作当输入 $x[n]=0$（$\alpha=0$）时系统的响应，即零输入响应。零输入响应是初始条件 β 值的线性函数。上式右边第二项等于初始条件 $y[-1]=\beta=0$ 时系统响应的单边 z 变换，这一项相当于因果 LTI 系统在初始松弛条件下的响应，即零状态响应。

☞**注释：**上式说明，一个具有非零初始状态的线性常系数差分方程的解是零状态响应与零输入响应的叠加。

对应任意的 α 和 β，都能将 $\mathcal{Y}(z)$ 展开成部分分式，然后求反变换而得到 $y[n]$。例如，若 $\alpha=8$，$\beta=-1$，则

$$\mathcal{Y}(z)=\frac{3}{1+3z^{-1}}+\frac{8}{(1+3z^{-1})(1-z^{-1})}=\frac{3}{1+3z^{-1}}+\left\{\frac{6}{1+3z^{-1}}+\frac{2}{1-z^{-1}}\right\}$$

可得零输入响应为 $y_{zi}[n]=3(-3)^n u[n]$，零状态响应为 $y_{zs}[n]=6(-3)^n u[n]+2u[n]$，完全响应为 $y[n]=y_{zi}[n]+y_{zs}[n]=9(-3)^n u[n]+2u[n]$。

9.7 z 变换在数字滤波中的应用

以 z 变换为理论基础，研究离散时间滤波问题将涉及许多方面，这里仅简单介绍关于滤波器设计的入门知识，初步了解 z 变换在离散时间滤波这一重要领域中的应用。

所谓数字滤波器，简单地说就是一种由线性常系数差分方程表征的离散时间系统，或者是实现某差分方程所代表算法的一种装置。从频域说，数字滤波器是用数字方法对输入信号的频谱按预定要求进行变换，以达到改变信号频谱的目的。按结构特点或设计方法，数字滤波器可分为有限冲激响应（FIR）滤波器和无限冲激响应（IIR）滤波器两大类。从方框图来看，含反馈通路的系统为 IIR 滤波器，仅含前向通路的系统为 FIR 滤波器，前者一般用于频率选择性滤波，后者常用于线性相移滤波。

这里主要讨论利用冲激响应不变法设计 IIR 滤波器。

利用模拟滤波器设计数字滤波器，也就是使数字滤波器能模仿模拟滤波器的特性，这种模仿可从不同角度出发。冲激响应不变法又称为标准 z 变换法。它从滤波器的冲激响应出发，使数字滤波器的冲激响应序列 $h[n]$ 模仿模拟滤波器的冲激响应 $h_{\mathrm{a}}(t)$，让 $h[n]$ 正好等于 $h_{\mathrm{a}}(t)$ 的等间隔采样值，即

$$h[n]=h_{\mathrm{a}}(nT) \tag{9.63}$$

用 $H_{\mathrm{a}}(s)$ 和 $H(z)$ 分别表示 $h_{\mathrm{a}}(t)$ 的拉普拉斯变换及 $h[n]$ 的 z 变换，即

$$H_{\mathrm{a}}(s)=\mathscr{L}\{h_{\mathrm{a}}(t)\} \tag{9.64}$$

$$H(z)=\mathscr{Z}\{h[n]\} \tag{9.65}$$

模拟滤波器设计结果是系统函数 $H_{\mathrm{a}}(s)$，根据式(9.63)、式(9.64)与式(9.65)，可推导出用冲激响应不变法直接从 $H_{\mathrm{a}}(s)$ 转换成 $H(z)$ 的步骤。

为简化推导，设模拟滤波器 $H_{\mathrm{a}}(s)$ 只有单阶极点 s_k ($k=1,2,\cdots,N$)，且分母多项式阶次高于分子多项式阶次，则 $H_{\mathrm{a}}(s)$ 可以用部分分式表示为

$$H_{\mathrm{a}}(s)=\sum_{k=1}^{N}\frac{A_k}{s-s_k} \tag{9.66}$$

冲激响应不变法设计 IIR 数字滤波器步骤为：

对 $H_{\mathrm{a}}(s)$ 进行拉普拉斯反变换，求得模拟滤波器冲激响应 $h_{\mathrm{a}}(t)$

$$h_{\mathrm{a}}(t)=\sum_{k=1}^{N}A_k\mathrm{e}^{s_k t}u(t) \tag{9.67}$$

对 $h_{\mathrm{a}}(t)$ 采样得到数字滤波器的冲激响应 $h[n]$

$$h[n]=h_{\mathrm{a}}(nT)=\sum_{k=1}^{N}A_k\mathrm{e}^{s_k nT}u(nT) \tag{9.68}$$

对 $h[n]$ 进行 z 变换得到数字滤波器系统函数 $H(z)$

$$H(z)=\sum_{k=1}^{N}\frac{A_k}{1-\mathrm{e}^{s_k T}z^{-1}} \tag{9.69}$$

由如上转换公式可以看出，冲激响应不变法将 s 平面的极点 s_k 映射到 z 平面的映像极点为 $z_k=\mathrm{e}^{s_k T}$。

【例 9.23】已知模拟低通滤波器的系统函数为

$$H_{\mathrm{a}}(s)=\frac{2}{s^2+3s+2}=\frac{2}{s+1}-\frac{2}{s+2}$$

用冲激响应不变法设计数字低通滤波器。

解 直接用式(9.69)，就可以得到冲激响应不变法设计的数字滤波器的系统函数

$$H(z)=\frac{2}{1-\mathrm{e}^{-T}z^{-1}}-\frac{2}{1-\mathrm{e}^{-2T}z^{-1}}=\frac{2(\mathrm{e}^{-T}-\mathrm{e}^{-2T})z^{-1}}{1-(\mathrm{e}^{-T}+\mathrm{e}^{-2T})z^{-1}+\mathrm{e}^{-3T}z^{-2}}$$

当$T=1$时

$$H(z)=\frac{0.4651z^{-1}}{1-0.5032z^{-1}+0.4979z^{-2}}$$

这时，模拟滤波器与数字滤波器的频率响应分别为

$$H_{\mathrm{a}}(\mathrm{j}\omega)=\frac{2}{2-\omega^2+3\mathrm{j}\omega}$$

$$H(\mathrm{e}^{\mathrm{j}\omega})=\frac{0.4651\mathrm{e}^{-\mathrm{j}\omega}}{1-0.5032\mathrm{e}^{-\mathrm{j}\omega}+0.4979\mathrm{e}^{-\mathrm{j}2\omega}}$$

如图 9.13 所示，可以看到由于频谱交叠所带来的明显失真。冲激响应不变法的一个重要特点是频率坐标的变换是线性变换，因此，如果模拟滤波器的频率响应带限于折叠频率以内，通过变换后数字滤波器的频率响应可以不失真地反映原频域特性。这里折叠频率是指采样频率的一半。

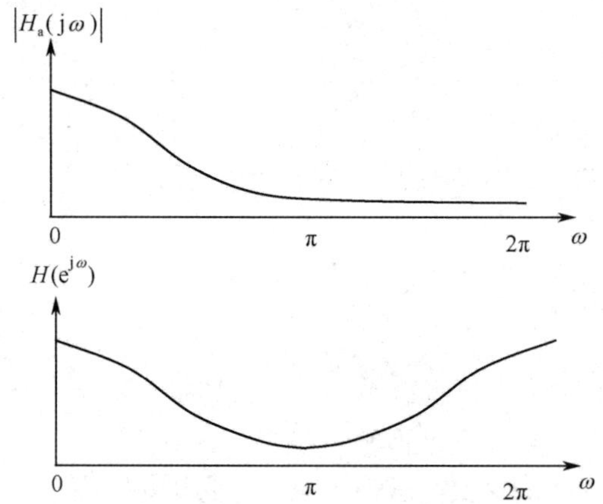

图 9.13　冲激响应不变法设计的滤波器频率响应

例如，模拟滤波器是线性相位的贝塞尔低通滤波器，那么通过冲激响应不变法得到的仍然是线性相位的低通数字滤波器。

冲激响应不变法的最大缺点是频谱周期延拓效应，因此只能用于带限的频率响应特性，例如衰减特性很好的低通或带通滤波器，而且高频衰减越大，频率响应的混淆效应就越小。至于高通和带阻滤波器，由于它们在高频部分不衰减，因此将完全混淆在低频响应中，从而使整个频率响应面目全非。所以，如果要对高通和带阻滤波器实行冲激响应不变法，就必须先对高通和带阻滤波器施加保护滤波器，以滤掉高于折叠频率以上的频带，然后使用冲激响应不变法转换为数字滤波器。这样会进一步增加设计复杂性和滤波器的阶数。因而，只有在追求频率线性关系或保持网络瞬态响应时才采用这种方法。

9.8　利用 MATLAB 进行复频域分析

9.8.1　零、极点分析

利用 MATLAB 在 z 平面上画出系统函数 $H(z)$ 的零极点图有两种方法：一种可直接调用 zplane 函数，另一种可用 plot 命令自编函数（保存为 ljdt.m）。

1．直接调用 zplane 函数

```
zplane(b,a)
```

这个函数可以在 z 平面上画出单位圆、零点和极点。a=[a_0,a_1,…, a_N]，b=[b_0,b_1,…, b_M]分别是系统函数 $H(z)$ 的分母多项式和分子多项式的系数向量。

2．自编函数

自编函数中用到多项式求根函数 roots，其调用格式如下：

```
p=roots(a)
```

其中，a 为待求多项式的系数构成的行矩阵，返回向量 p 则是包含多项式所有根的列向量。

自编函数 ljdt(a,b)如下：

```
% The function to draw the pole-zero diagram for discrete system
p=roots(a);                              %求系统极点
q=roots(b);                              %求系统零点
p=p';                                    %将极点列向量转置为行向量
q=q';                                    %将零点列向量转置为行向量
x=max(abs([p q 1])) ;                    %确定纵坐标范围
x=x+0.1;
y=x;                                     %确定横坐标范围
clf
hold on
axis([-x x -y y])                        %确定坐标轴显示范围
w=0:pi/300:2*pi;
t=exp(i*w);
plot(t)                                  %画单位圆
axis('square')
plot([-x x],[0 0])                       %画横坐标轴
plot([0 0],[-y y])                       %画纵坐标轴
text(0.1,x,'虚部')
text(y,1/10,'实部')
plot(real(p),imag(p),'x')                %画极点
plot(real(q),imag(q),'o')                %画零点
title('离散时间系统零极点图')              %标注标题
hold off
```

这里需要注意的是，离散时间系统的系统函数 $H(z)$ 可能有两种形式：一种是分子和分母多项式均按 z 的降幂次排列；另一种是分子和分母多项式均按 z^{-1} 的升幂次排列。这两种方式在构造多项式系数向量时稍有不同。

若 $H(z)$ 是以 z 的降幂次排列，则系数向量一定要从多项式的最高幂次开始，直到常数项，缺项要用 0 补齐。若 $H(z)$ 是以 z^{-1} 的升幂次排列，则分子和分母多项式系数向量的维数一定要相同，不足的用 0 补齐，否则 z=0 的零点或极点就可能被漏掉。

【例 9.24】 画出系统函数 $H(z)=(z+1)/(3z^5-z^4+1)$ 的零极点图。

解　a=[3 -1 0 0 0 1];

b=[0 0 0 0 1 1];

（1）利用 zplane 函数画出零极点图

```
zplane(b,a) ;
```

程序运行结果如图 9.14(a)所示。

（2）利用自编函数画零极点图

```
ljdt(a,b)
```

程序运行结果如图 9.14(b)所示。

由零极点图可以看出，此系统的所有极点均位于单位圆内，所以系统是稳定的。

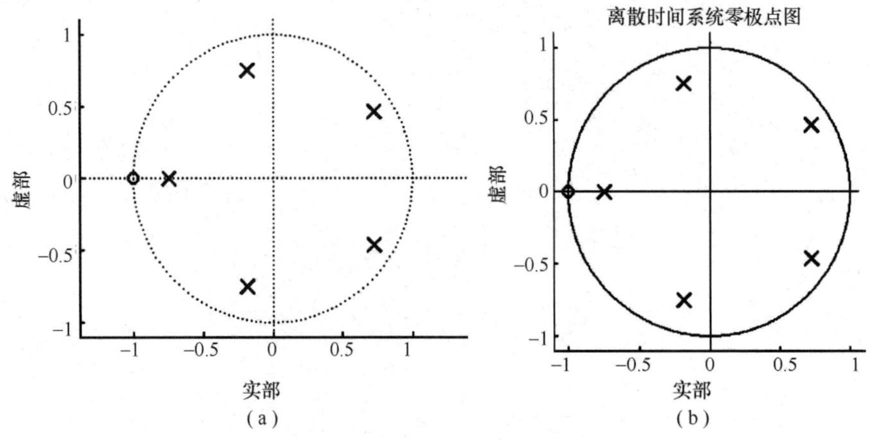

图9.14　例9.24程序运行结果

9.8.2　z 变换和 z 反变换

MATLAB 提供了计算 z 变换的函数 ztrans 和 z 反变换的函数 iztrans，其调用格式为：

```
F=ztrans(f)和 f=iztrans(F)
```

其中，f 和 F 分别为时域和 z 域的符号表示形式，可以用函数 sym 实现。

```
S=sym(A)
```

其中，A 为待分析表示式的字符串，S 为符号化的数字或变量。

【例 9.25】利用 MATLAB 计算 $x[n]=\sin(2n)u[n]$ 的 z 变换。

解　MATLAB 程序如下：

```
x=sym('sin(2*n)')
X=ztrans(x)
```

运行结果为：

```
x = sin(2*n)
X = 2*z*cos(1)*sin(1)/(-4*z*cos(1)^2+1+z^2+2*z)
```

【例 9.26】利用 MATLAB 计算 $X(z)=\dfrac{z^2}{z^2+3z+2}$（$|z|>2$）的 z 反变换。

解　MATLAB 程序如下：

```
X= sym(' (z^2)/(z^2+3*z+2)')
x=iztrans(X)
```

运行结果为：

```
X =(z^2)/(z^2+3*z+2)
x =-(-1)^n+2*(-2)^n
```

另外，可以利用 residuz 函数来求 z 反变换。思路是：先将有理分式 $X(z)$ 展开成部分分式之和的形式，然后利用线性性质和常用序列的 z 变换进行 z 反变换。

residue 函数的调用格式为：

```
[r,p,k]=residue(b,a)
```

这个函数可以用来将有理分式 $X(z)$ 展开成部分分式之和的形式。b 和 a 分别是系统函数 $H(z)$ 的分子多项式和分母多项式的系数向量，r 为部分分式的系数，p 为极点，k 为多项式的系数，若 $X(z)$ 为真分式，则 k 为 0。此函数可以将 $X(z)$ 展开成

$$X(z)=\frac{r(1)}{1-p(1)z^{-1}}+\cdots+\frac{r(N)}{1-p(N)z^{-1}}+k(1)+k(2)z^{-1}+\cdots+k(M-N+1)z^{-(M-N)}$$

【例 9.27】 例 9.26 的第二种解法。

解 首先利用 residue 函数求出 $\frac{X(z)}{z}=\frac{z}{z^2+3z+2}$ 部分分式的系数和极点，然后求出其部分分式。对应 MATLAB 程序如下：

```
a=[1 3 2]
b=[1 0]
[r,p,k]=residue(b,a)
```

运行结果为：

```
r = 2   -1
p =-2   -1
k = [ ]
```

由上述结果可得

$$X(z)=\frac{2}{1+2z^{-1}}-\frac{1}{1+z^{-1}}\text{，ROC:}|z|>2$$

由上述结果可直接求出其 z 反变换为

$$x[n]=[2(-2)^n-(-1)^n]u[n]$$

9.9 本章小结

1. z 变换

(1) z 变换及 z 反变换

z 变换对实现了离散时间信号的时域与复频域之间的相互转换。

$$x[n]=\frac{1}{2\pi \mathrm{j}}\oint X(z)z^{n-1}\mathrm{d}z$$

$$X(z)=\sum_{n=-\infty}^{+\infty}x[n]z^{-n}$$

(2) 零、极点

$X(z)$ 通常为有理分式，具有 $X(z)=N(z)/D(z)$ 的形式，分子多项式 $N(z)$ 的根与分母多项

式 $D(z)$ 的根分别称为 $X(z)$ 的零点、极点。在 z 平面上表示出 $X(z)$ 的全部零、极点，即构成 $X(z)$ 的几何表示——零极点图。如果在零极点图上同时标出 ROC，则由该零极点图可以唯一地确定一个信号。零极点图对描述和分析 LTI 系统的特性具有重要意义。

(3) $X(z)$ 的 ROC

$X(z)$ 的 ROC 是在 z 平面内以原点为中心的圆环，ROC 内不包含任何极点。

若 $x[n]$ 是有限长序列，则 ROC 为整个 z 平面，但有可能不包括 $z=0$ 或 $z=\infty$；当 $X(z)$ 是有理函数时，右边序列的 ROC 位于 z 平面内最外层极点的外边，因果序列的 ROC 还包括 $z=\infty$；左边序列的 ROC 位于 z 平面内最里层非零极点的里边，反因果序列的 ROC 还包括 $z=0$；双边序列的 ROC 为极点所界定的圆环。

2. z 变换性质

类似于其他变换，z 变换性质有助于深入理解时域与复频域之间的对应关系。需要注意，z 变换表达式进行某些运算时可能会改变其极点的位置，从而引起收敛域的相应变化。不过，收敛域的边界仅仅与极点的模有关。

若 $x_1[n]\xleftrightarrow{\mathscr{Z}}X_1(z)$，$\text{ROC}:R_1$，$x_2[n]\xleftrightarrow{\mathscr{Z}}X_2(z)$，$\text{ROC}:R_2$。

(1) 线性

$$ax_1[n]+bx_2[n]\xleftrightarrow{\mathscr{Z}}aX_1(z)+bX_2(z)\text{，ROC:含 } R_1\cap R_2$$

(2) 时移

$$x[n-n_0]\xleftrightarrow{\mathscr{Z}}z^{-n_0}X(z)\text{，ROC:}R\text{(原点或}\infty\text{可能添加或去除)}$$

(3) 时间反转

$$x[-n]\xleftrightarrow{\mathscr{Z}}X(1/z)\text{，ROC}:1/R$$

(4) 时间扩展与 z 域尺度变换

时间扩展：$x_{(k)}[n]\xleftrightarrow{\mathscr{Z}}X(z^k)$，$\text{ROC}:R^{1/k}$

z 域尺度变换：$z_0{}^n x[n]\xleftrightarrow{\mathscr{Z}}X(z/z_0)$，$\text{ROC}:|z_0|R$

如果限定 $z_0=\mathrm{e}^{\mathrm{j}\omega_0}$，那么就得到频移定理：

$$\mathrm{e}^{\mathrm{j}\omega_0 n}x[n]\xleftrightarrow{\mathscr{Z}}X(\mathrm{e}^{-\mathrm{j}\omega_0}z)\text{，ROC}:R$$

(5) 共轭

$$x^*[n]\xleftrightarrow{\mathscr{Z}}X^*(z^*)\text{，ROC}:R$$

若 $x[n]$ 是实序列，则有 $X(z)=X^*(z^*)$，因此 $X(z)$ 极（零）点共轭成对出现。

(6) 差分与累加

$$x[n]-x[n-1]\xleftrightarrow{\mathscr{Z}}(1-z^{-1})X(z)\text{，ROC:含 } R\cap|z|>0$$

$$\sum_{k=-\infty}^{n}x[k]\xleftrightarrow{\mathscr{Z}}\frac{1}{(1-z^{-1})}X(z)\text{，ROC:含 } R\cap|z|>1$$

(7) z 域微分

$$nx[n]\xleftrightarrow{\mathscr{Z}}-z\frac{\mathrm{d}X(z)}{\mathrm{d}z}\text{，ROC}:R$$

(8) 卷积

$$x_1[n]*x_2[n]\xleftrightarrow{\mathscr{Z}}X_1(z)X_2(z)\text{，ROC:含 } R_1\cap R_2$$

(9) 初值定理

若 $n<0$，$x[n]=0$，则 $x[0]=\lim\limits_{z\to\infty}X(z)$。

3. z 反变换

已知 z 变换 $X(z)$ 求对应时域序列 $x[n]$ 的公式为

$$x[n]=\frac{1}{2\pi\mathrm{j}}\oint X(z)z^{n-1}\mathrm{d}z$$

围线积分的闭合路径就是以 z 平面原点为中心、半径为 r 的圆，r 的选择应保证 $X(z)$ 收敛。

求 z 反变换常用的方法为部分分式展开法和幂级数展开法（长除法）。

(1) 部分分式展开法

部分分式展开法就是先把 $X(z)$ 进行部分分式展开，然后结合常用序列的 z 变换逐项求其反变换。

(2) 幂级数展开法（长除法）

按照 z 变换的定义式，z 变换就是涉及 z 的正幂和负幂的一个幂级数，在给定的收敛域内，把 $X(z)$ 展为幂级数，其系数就是序列 $x[n]$。

4. 离散时间 LTI 系统的复频域分析

(1) 离散时间 LTI 系统的系统函数

按照 z 变换的卷积性质，复频域中有 $Y(z)=X(z)H(z)$，式中 $H(z)$ 表示离散时间 LTI 系统冲激响应 $h[n]$ 的 z 变换，称为系统的系统函数或转移函数。

(2) 用 z 变换分析离散时间 LTI 系统

因果性：因果 LTI 系统的系统函数 $H(z)$ 的 ROC 位于最外层极点所在圆的外面，且包括无穷远处。

稳定性：稳定 LTI 系统的系统函数 $H(z)$ 的 ROC 包括单位圆。

因果稳定性：一个具有有理系统函数的因果 LTI 系统，当且仅当 $H(z)$ 的全部极点都位于单位圆内时，系统就是稳定的。

(3) 离散时间 LTI 系统的复频域分析法

在确定系统函数 $H(z)$ 的前提条件下，通过 z 变换获得输入信号 $x[n]$ 的复频域表示 $X(z)$，利用 $Y(z)=X(z)H(z)$ 求输出信号的复频域表示 $Y(z)$，再通过 z 反变换获得输出信号的时域表征 $y[n]$，完成对离散时间 LTI 系统的复频域分析。还可以通过 $H(z)=Y(z)/X(z)$ 完成对离散时间 LTI 系统的复频域设计。

5. LTI 系统互联的系统函数

两个离散时间 LTI 系统的系统函数分别为 $H_1(z)$ 和 $H_2(z)$。级联后系统的系统函数为：$H(z)=H_1(z)H_2(z)$；并联后系统的系统函数为：$H(z)=H_1(z)+H_2(z)$；反馈连接后总的系统函数为 $H(z)=\dfrac{H_1(z)}{1+H_1(z)H_2(z)}$，其中 $H_1(z)$ 是前向系统的系统函数，$H_2(z)$ 是反馈系统的系统函数。

6. 单边 z 变换

一个序列 $x[n]$ 的单边 z 变换定义为

$$\mathcal{X}(z)=\sum_{n=0}^{+\infty}x[n]z^{-n}$$

单边 z 变换是双边 z 变换的特例，其 ROC 一定是最外层极点的外边，并且包括 $|z|=\infty$。它的反变换与双边 z 变换的反变换一致，即

$$x[n]=\frac{1}{2\pi \mathrm{j}}\oint \mathcal{X}(z)z^{n-1}\mathrm{d}z$$

如果信号 $x[n]$ 不是因果序列，则其双边 z 变换 $X(z)$ 与单边 z 变换 $\mathcal{X}(z)$ 不同。

单边 z 变换的大部分性质与双边 z 变换的相同，但也有不同，尤其是时移性质：$x[n-1]\overset{\mathcal{UZ}}{\longleftrightarrow}z^{-1}\cdot\mathcal{X}(z)+x[-1]$，$x[n-2]\overset{\mathcal{UZ}}{\longleftrightarrow}z^{-2}\cdot\mathcal{X}(z)+z^{-1}x[-1]+x[-2]$，…。

由于时移性质需要考虑时域的初值，所以，利用单边 z 变换解差分方程时能够同时兼顾输入信号与初始状态的影响，从而求得系统的完全响应。具体过程为：对表征 LTI 系统的线性常系数差分方程两边同时进行单边 z 变换，运用单边 z 变换的时移性质，整理获得系统完全响应的单边 z 变换 $\mathcal{Y}(z)$，进一步通过 z 反变换获得系统的完全响应 $y[n]$。而且在求解过程中，可以分别获得系统的零状态响应 $y_{zs}[n]$ 与零输入响应 $y_{zi}[n]$。

习 题 9

9.1 利用 z 变换公式，求信号 $x[n]=(1/5)^n u[n-3]$ 的 z 变换，并标出对应的收敛域。

9.2 求出下面每个序列的 z 变换，画出零极点图，指出收敛域，并指出序列的傅里叶变换是否存在。

(1) $\delta[n-5]$　　(2) $\delta[n+5]$　　(3) $(-1)^n u[n]$

(4) $4^n\cos[2\pi n/6+\pi/4]u[-n-1]$　　(5) $(-1/3)^n u[-n-2]$　　(6) $(-1/4)^n u[3-n]$

(7) $2^n u[-n]+(1/4)^n u[n-1]$　　(8) $(-1/3)^{n-2}u[n-2]$　　(9) $u[n]-u[n-5]$

9.3 利用 z 变换性质，确定下面离散时间信号的 z 变换。

(1) $x[n]=\cos^2(\omega_0 n)u[n]$　　(2) $x[n]=\sin^2(\omega_0 n)u[n]$

(3) $x[n]=n\cos(\omega_0 n)u[n]$　　(4) $x[n]=n\sin(\omega_0 n)u[n]$

(5) $x[n]=(1/2)^n\cos(\pi n/2)u[n]$　　(6) $x[n]=(1/2)^n\cos(\pi n/2-\pi/4)u[n]$

(7) $x[n]=(-1)^n nu[n]$　　(8) $x[n]=na^{n-2}u[n]$

9.4 求下列每个信号的单边 z 变换，并标出相应的收敛域。

(1) $x[n]=(1/4)^n u[n+5]$　　(2) $x[n]=\delta[n+3]+\delta[n]+2^n u[-n]$

(3) $x[n]=(1/2)^{|n|}$

9.5 离散时间信号 $x[n]$ 的 z 变换为 $X(z)=\dfrac{z^{-1}}{8-2z^{-1}-z^{-2}}$，试确定下面信号 $y[n]$ 的 z 变换 $Y(z)$。

(1) $y[n]=x[n-4]u[n-4]$　　(2) $y[n]=x[n+2]u[n+2]$

(3) $y[n]=\cos(2n)x[n]$　　(4) $y[n]=\mathrm{e}^{3n}x[n]$

(5) $y[n]=n^2x[n]$　　(6) $y[n]=x[n]*x[n]$

(7) $y[n]=x[0]+x[1]+x[2]+\cdots+x[n]$

9.6 设 $x[n]$ 是一个绝对可和的信号，其有理 z 变换为 $X(z)$。若已知 $X(z)$ 在 $z=1/2$ 有一个极点，$x[n]$ 可能是下列哪类信号，并说出理由。

(1) 有限长信号　　(2) 左边信号　　(3) 右边信号　　(4) 双边信号

9.7 假设 $x[n]$ 的 z 变换为

$$X(z)=\frac{1-\frac{1}{4}z^{-2}}{\left(1+\frac{1}{4}z^{-2}\right)\left(1+\frac{5}{4}z^{-1}+\frac{3}{8}z^{-2}\right)}$$

$X(z)$ 可能有多少种不同的收敛域？

9.8　已知

$$a^n u[n] \stackrel{\mathscr{Z}}{\longleftrightarrow} \frac{1}{1-az^{-1}}, \quad |z|>|a|$$

利用部分分式展开法求下面 $X(z)$ 的反变换

$$X(z)=\frac{1-\frac{1}{3}z^{-1}}{(1-z^{-1})(1+2z^{-1})}, \quad |z|>2$$

9.9　信号 $x[n]$ 的 z 变换为

$$X(z)=\frac{1+z^{-1}}{1+\frac{1}{3}z^{-1}}$$

(1) 假定 ROC 是 $|z|>1/3$，利用长除法求 $x[0]$，$x[1]$ 和 $x[2]$ 的值。

(2) 假定 ROC 是 $|z|<1/3$，利用长除法求 $x[0]$，$x[-1]$ 和 $x[-2]$ 的值。

9.10　有一矩形序列

$$x[n]=\begin{cases}1 & 0\leqslant n\leqslant 5\\ 0 & 其余n\end{cases}$$

设 $g[n]=x[n]-x[n-1]$。

(1) 求信号 $g[n]$，并直接计算它的 z 变换。

(2) 注意到 $x[n]=\sum_{k=-\infty}^{n} g[k]$，求 $x[n]$ 的 z 变换 $X(z)$。

9.11　考虑三角序列 $g[n]$

$$g[n]=\begin{cases}n-1 & 2\leqslant n\leqslant 7\\ 13-n & 8\leqslant n\leqslant 12\\ 0 & 其余n\end{cases}$$

(1) 求 n_0 的值，使之有 $g[n]=x[n]*x[n-n_0]$，这里 $x[n]$ 是题 9.10 中的矩形序列。

(2) 利用卷积和时移性质，再结合题 9.10 中求得的 $X(z)$，求 $G(z)$，并证实结果满足初值定理。

9.12　考虑下列系统函数所对应的稳定 LTI 系统，不用求反变换，判断是否是因果的稳定系统。

(1) $H(z)=\dfrac{1-\frac{4}{3}z^{-1}+\frac{1}{2}z^{-2}}{z^{-1}\left(1-\frac{1}{2}z^{-1}\right)\left(1-\frac{1}{3}z^{-1}\right)}$　　(2) $H(z)=\dfrac{z-\frac{1}{2}}{z^2+\frac{1}{2}z-\frac{3}{16}}$

(3) $H(z)=\dfrac{z+1}{-\frac{2}{3}z^{-3}-\frac{1}{2}z^{-2}+z+\frac{4}{3}}$

9.13　考虑下列因果序列的 z 变换 $X(z)$，试计算序列的初值 $x[0]$。

(1) $X(z)=\dfrac{1+z^{-1}+z^{-2}}{(1+z^{-1})(1-2z^{-1})}$

(2) $X(z)=\dfrac{z^2}{z^2-1.5z+0.5}$

(3) $X(z)=\dfrac{z}{z^2-1/4}$

9.14　有一因果 LTI 系统，其方框图如图 P9.1 所示。

(1) 求关联 $y[n]$ 和 $x[n]$ 的差分方程。

(2) 该系统是稳定的吗？

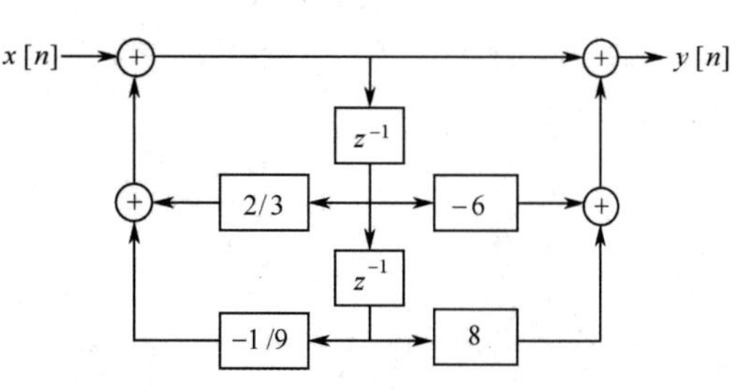

图P9.1

9.15 LTI 系统的输入和输出由下列差分方程表示

$$y[n-1]+2y[n]=x[n]$$

(1) 若 $y[-1]=2$，求系统的零输入响应。

(2) 若 $x[n]=(1/4)^n u[n]$，求系统的零状态响应。

(3) 当 $x[n]=(1/4)^n u[n]$ 和 $y[-1]=2$ 时，求 $n\geqslant 0$ 时的系统输出。

9.16 假定信号 $y[n]=x_1[n+3]*x_2[-n+1]$，其中

$$x_1[n]=(1/2)^n u[n],\quad x_2[n]=(1/3)^n u[n]$$

已知

$$a^n u[n]\overset{\mathscr{Z}}{\longleftrightarrow}\frac{1}{1-az^{-1}},\quad |z|>|a|$$

利用 z 变换性质求 $y[n]$ 的 z 变换 $Y(z)$。

9.17 考虑一个 LTI 系统，其冲激响应与输入分别为

$$h[n]=\begin{cases}a^n & n\geqslant 0\\ 0 & n<0\end{cases},\quad x[n]=\begin{cases}1 & 0\leqslant n\leqslant N-1\\ 0 & 其余n\end{cases}$$

(1) 用卷积法求零状态响应 $y[n]$。 (2) 用 z 变换法求零状态响应 $y[n]$。

9.18 (1) 求由差分方程

$$y[n]-\frac{1}{2}y[n-1]+\frac{1}{4}y[n-2]=x[n]$$

表示的因果 LTI 系统的系统函数。

(2) 若 $x[n]=(1/2)^n u[n]$，用 z 变换法求 $y[n]$。

9.19 有一因果 LIT 系统，其差分方程为

$$y[n]=y[n-1]+y[n-2]+x[n-1]$$

(1) 求该系统的系统函数 $H(z)$，并画出其零极点图，指出收敛域。

(2) 求系统的冲激响应。

(3) 该系统是不稳定的，求一个满足该差分方程的稳定（非因果）冲激响应。

9.20 考虑一个离散时间稳定 LTI 系统，其输入 $x[n]$ 和输出 $y[n]$ 的差分方程为

$$y[n-1]-\frac{10}{3}y[n]+y[n+1]=x[n]$$

求其冲激响应 $h[n]$，并画出方框图。

9.21 考虑下面两个信号：

$$x_1[n]=(1/2)^{n+1}u[n+1]\qquad x_2[n]=(1/4)^n u[n]$$

令 $\mathcal{X}_1(z)$ 和 $X_1(z)$ 分别代表 $x_1[n]$ 的单边和双边 z 变换，$\mathcal{X}_2(z)$ 和 $X_2(z)$ 分别代表 $x_2[n]$ 的单边和双边 z 变换。

(1) 取 $X_1(z)X_2(z)$ 的双边 z 反变换，求 $g[n]=x_1[n]*x_2[n]$。

(2) 取 $\mathcal{X}_1(z)\mathcal{X}_2(z)$ 的单边 z 反变换得到一个信号 $q[n]$，$n\geqslant 0$。

(3) 观察 $n\geqslant 0$ 时 $q[n]$ 和 $g[n]$ 是否相同，并解释原因。

9.22 下面给出各因果 LTI 系统的差分方程、输入 $x[n]$ 与初始条件，利用单边 z 变换求零输入响应和零状态响应。

(1) $y[n]+3y[n-1]=x[n]$，$x[n]=(1/2)^n u[n]$，$y[-1]=1$

(2) $y[n]-\frac{1}{2}y[n-1]=x[n]-\frac{1}{2}x[n-1]$，$x[n]=u[n]$，$y[-1]=0$

(3) $y[n]-\frac{1}{2}y[n-1]=x[n]-\frac{1}{2}x[n-1]$，$x[n]=u[n]$，$y[-1]=1$

9.23　考虑一个偶序列 $x[n]$，它的有理 z 变换为 $X(z)$。

(1) 根据 z 变换的定义，证明 $X(z)=X(1/z)$。

(2) 根据(1)中的结果，证明若 $X(z)$ 的一个极（零）点出现在 $z=z_0$，那么在 $z=1/z_0$ 也一定有一个极（零）点。

(3) 对下面序列验证(2)的结果：

(a) $x[n]=\delta[n+1]+\delta[n-1]$　　(b) $x[n]=\delta[n+1]-\frac{5}{2}\delta[n]+\delta[n-1]$

9.24　有一实值序列 $x[n]$，其有理 z 变换为 $X(z)$。

(1) 根据 z 变换的定义，证明 $X(z)=X^*(z^*)$。

(2) 根据(1)中的结果，证明若 $X(z)$ 的一个极（零）点出现在 $z=z_0$，那么在 $z={z_0}^*$ 也一定有一个极（零）点。

(3) 对下面序列验证(2)的结果：

(a) $x[n]=(1/2)^n u[n]$　　(b) $x[n]=\delta[n]-\frac{1}{2}\delta[n-1]+\frac{1}{4}\delta[n-2]$

(4) 将(2)的结果与习题 9.23 题(2)的结果结合，会得出实偶序列极（零）点具有怎样的对称性？

9.25　考虑图 P9.2 示的因果数字滤波器结构。

(1) 求该滤波器的系统函数 $H(z)$，画出零极点图，指出收敛域。

(2) k 为何值时，该系统是稳定的？

(3) 若 k=1 和 $x[n]=(2/3)^n$，求 $y[n]$。

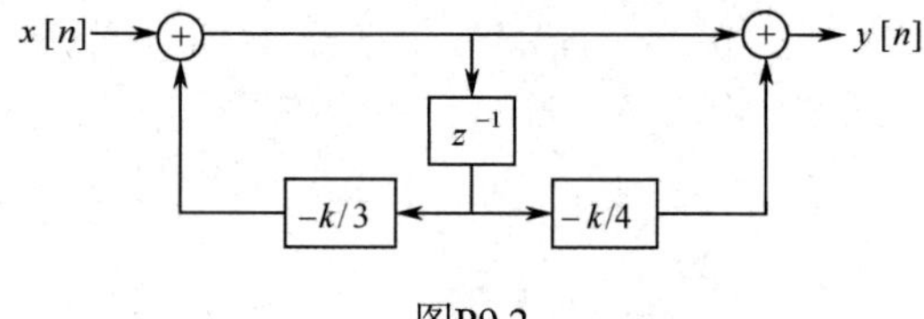

图P9.2

9.26　一离散时间因果 LTI 系统由下面的输入/输出差分方程给出：

$$y[n]+y[n-1]-2y[n-2]=2x[n]-x[n-1]$$

在初始条件为 $y[-2]=2$ 及 $y[-1]=0$ 的情况下，输出响应 $y[n]=2u[n]-2u[n-3]$，求输入信号 $x[n]$（假设 n<0 时，$x[n]=0$）。

第 10 章　系统的状态变量分析

内容提要　本章主要介绍状态和状态变量的基本概念、系统状态方程的建立方法，简述状态方程时域与变换域求解方法，以及系统可控性与可观测性的基本概念。

前几章讨论 LTI 系统的时域与变换域分析方法均采用系统的输入/输出关系来描述系统的特性，不直接涉及系统的内部情况，这种方法称为输入/输出描述法或外部法。

随着系统的复杂化，经常遇到多输入多输出系统，或者系统不具备线性与时不变性质，这时采用输入/输出描述法就比较复杂，甚至非常困难。同时，随着系统工程问题与现代控制理论的发展，人们不仅关注系统的输入/输出关系，而且也需要研究系统内部的动态过程，以及系统内部变量对系统特性或功能的影响。这时应该采用以系统内部变量（状态变量）为基础的状态空间描述法。这是一种内部描述法，它既可以用状态变量描述系统的内部特性，又可以通过状态变量将系统的输入变量、输出变量联系起来，用于描述系统的外部特性。

与输入/输出描述法相比，状态空间描述法主要具有以下优点：

① 可以提供系统的内部信息，易于解决与系统内部情况有关的分析设计问题；

② 适用范围广，不仅适用于单输入单输出的 LTI 系统特性的描述，也适用于非线性、时变、多输入多输出系统特性的描述；

③ 描述方法规律性强，便于应用计算机技术解决系统的分析设计问题。

10.1　状态变量与状态方程

10.1.1　状态与状态变量

系统的状态反映了系统对其运行历程的记忆。对于无记忆系统，系统状态没有意义，如一个纯电阻网络；对于有记忆系统，如具有储能元件的电路系统，储能元件中所存储的能量反映了系统运行历程的当前结果，因此随着运行历程的不同，系统在不同时刻将存在不同的“状态”。

为了说明状态变量与状态方程的概念，首先分析图 10.1 所示的二阶电路。

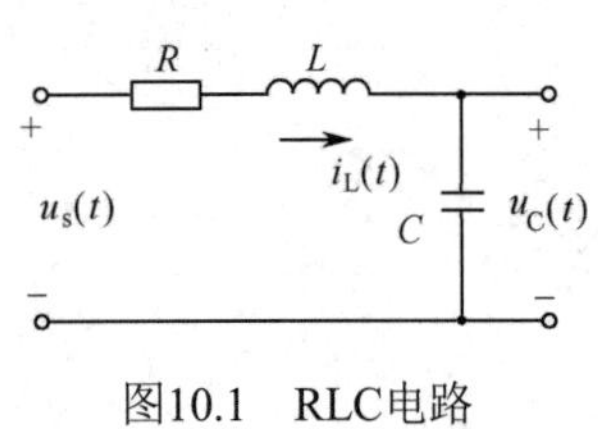

图10.1　RLC电路

图 10.1 所示的 RLC 电路，若以电压源 $u_s(t)$ 作为输入 $x(t)$，以电容两端电压 $u_C(t)$ 作为输出 $y(t)$，则该系统为单输入单输出系统。在只关心输入/输出关系的情况下，可以用二阶微分方程来描述系统，即

$$\frac{d^2y(t)}{dt^2}+\frac{R}{L}\frac{dy(t)}{dt}+\frac{1}{LC}y(t)=\frac{1}{LC}x(t) \tag{10.1}$$

可以采用前几章介绍的时域与变换域方法进行分析。

若在了解电容两端电压 $u_C(t)$ 的同时，还希望了解电感电流 $i_L(t)$ 随输入 $u_s(t)$ 变化的情况，则需要列出回路电压方程

$$Ri_L(t) + L\frac{\mathrm{d}i_L(t)}{\mathrm{d}t} + u_C(t) = x(t) \tag{10.2}$$

电容两端电压 $u_C(t)$ 与电流 $i_L(t)$ 的关系为

$$i_L(t) = C\frac{\mathrm{d}u_C(t)}{\mathrm{d}t} \tag{10.3}$$

将式(10.2)与式(10.3)整理得

$$\begin{cases} \dfrac{\mathrm{d}i_L(t)}{\mathrm{d}t} = -\dfrac{R}{L}i_L(t) - \dfrac{1}{L}u_C(t) + \dfrac{1}{L}x(t) \\ \dfrac{\mathrm{d}u_C(t)}{\mathrm{d}t} = \dfrac{1}{C}i_L(t) \end{cases} \tag{10.4}$$

式(10.4)是以 $i_L(t)$ 与 $u_C(t)$ 为变量的一阶微分联立方程组，$i_L(t)$ 与 $u_C(t)$ 称为系统的状态变量。若分别以 $v_1(t)$ 与 $v_2(t)$ 表示，式(10.4)变为

$$\begin{cases} \dfrac{\mathrm{d}v_1(t)}{\mathrm{d}t} = -\dfrac{R}{L}v_1(t) - \dfrac{1}{L}v_2(t) + \dfrac{1}{L}x(t) \\ \dfrac{\mathrm{d}v_2(t)}{\mathrm{d}t} = \dfrac{1}{C}v_1(t) \end{cases} \tag{10.5}$$

式(10.5)称为系统的状态方程，表示系统的每个状态变量与系统输入之间的关系。

若以电容两端电压 $u_C(t)$ 与电感两端电压 $u_L(t)$ 作为输出，分别以 $y_1(t)$ 与 $y_2(t)$ 表示，则有

$$\begin{cases} y_1(t) = v_2(t) \\ y_2(t) = -Rv_1(t) - v_2(t) + x(t) \end{cases} \tag{10.6}$$

此式称为系统的输出方程，将系统的每个输出表示为系统各个状态变量与系统输入的线性组合。只要知道 $v_1(t)$、$v_2(t)$ 的初始情况与系统的输入 $x(t)$，就可以确定系统的全部行为。

下面给出状态变量分析的几个基本名词定义。

状态：是指能够表征系统动态运行特性的一组最少变量。基于这组变量，只要给定某时刻这组变量的取值及该时刻之后的系统输入，系统就能够更新这组变量，并确定之后的输出。

状态变量：是指能完全描述系统行为的最小变量组中的每个变量。如图 10.1 中的 $i_L(t)$ 与 $u_C(t)$ 称为状态变量，以 $v_1(t)$ 与 $v_2(t)$ 表示。

状态向量：若能完全描述一个系统的 p 个状态变量可看作向量 $\boldsymbol{v}(t)$ 的各个分量，则 $\boldsymbol{v}(t)$ 称为系统的状态向量，记成矩阵形式为

$$\boldsymbol{v}(t) = \begin{bmatrix} v_1(t) \\ v_2(t) \\ \vdots \\ v_p(t) \end{bmatrix} \tag{10.7}$$

或

$$\boldsymbol{v}(t) = [v_1(t), v_2(t), \cdots, v_p(t)]^{\mathrm{T}} \tag{10.8}$$

状态空间：状态向量所在的 p 维空间称为状态空间。状态向量所包含的状态变量的个数称为状态空间的维数，也称系统的阶数。

状态方程：描述系统的各个状态变量与系统输入关系的一组方程，解释了系统内部状态的演变规律，如式(10.5)。

输出方程：描述系统的各个输出与状态变量及系统输入关系的一组方程，如式(10.6)。

状态空间描述包括状态方程与输出方程两部分，合称为状态空间方程，简称系统方程。

□☞**注释**：使用状态空间描述法分析系统的过程就是首先求解状态方程，然后由系统的状态与系统的输入获得系统的响应。

10.1.2 LTI 系统的状态空间描述

对于一般情况，假设 LTI 动态系统具有 q 个输入 $x_1(t),x_2(t),\cdots,x_q(t)$，$L$ 个输出 $y_1(t),y_2(t),\cdots,y_L(t)$，系统的 p 个状态变量为 $v_1(t),v_2(t),\cdots,v_p(t)$，如图 10.2 所示。则每个状态变量在任何时刻 t 的一阶导数可表示为该时刻的 p 个状态变量和 q 个输入的线性组合，即

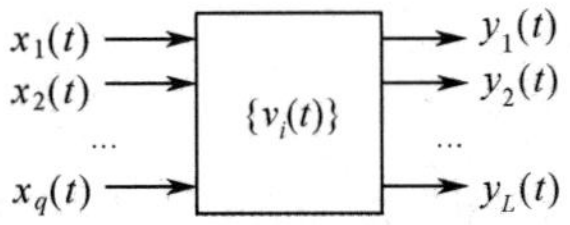

$x_1(t)$ $x_2(t)$ … $x_q(t)$ $\{v_i(t)\}$ $y_1(t)$ $y_2(t)$ … $y_L(t)$

图 10.2　连续时间多输入多输出系统

$$\begin{cases}\dot{v}_1(t)=a_{11}v_1(t)+a_{12}v_2(t)+\cdots+a_{1p}v_p(t)+b_{11}x_1(t)+b_{12}x_2(t)+\cdots+b_{1q}x_q(t)\\ \dot{v}_2(t)=a_{21}v_1(t)+a_{22}v_2(t)+\cdots+a_{2p}v_p(t)+b_{21}x_1(t)+b_{22}x_2(t)+\cdots+b_{2q}x_q(t)\\ \quad\vdots\\ \dot{v}_p(t)=a_{p1}v_1(t)+a_{p2}v_2(t)+\cdots+a_{pp}v_p(t)+b_{p1}x_1(t)+b_{p2}x_2(t)+\cdots+b_{pq}x_q(t)\end{cases} \tag{10.9}$$

其中，$\dot{v}_i(t)=\dfrac{\mathrm{d}v_i(t)}{\mathrm{d}t}$，这组由 p 个一阶微分方程组成的方程组即为该系统的状态方程。

系统的状态方程也可以用矩阵向量的形式来表示，即

$$\begin{bmatrix}\dot{v}_1(t)\\ \dot{v}_2(t)\\ \vdots\\ \dot{v}_p(t)\end{bmatrix}=\begin{bmatrix}a_{11} & a_{12} & \cdots & a_{1p}\\ a_{21} & a_{22} & \cdots & a_{2p}\\ \vdots & \vdots & \ddots & \vdots\\ a_{p1} & a_{p2} & \cdots & a_{pp}\end{bmatrix}\begin{bmatrix}v_1(t)\\ v_2(t)\\ \vdots\\ v_p(t)\end{bmatrix}+\begin{bmatrix}b_{11} & b_{12} & \cdots & b_{1q}\\ b_{21} & b_{22} & \cdots & b_{2q}\\ \vdots & \vdots & \ddots & \vdots\\ b_{p1} & b_{p2} & \cdots & b_{pq}\end{bmatrix}\begin{bmatrix}x_1(t)\\ x_2(t)\\ \vdots\\ x_q(t)\end{bmatrix} \tag{10.10}$$

可简记为

$$\dot{\boldsymbol{v}}(t)=\boldsymbol{A}\boldsymbol{v}(t)+\boldsymbol{B}\boldsymbol{x}(t) \tag{10.11}$$

其中 $\boldsymbol{A}$ 为 $p\times p$ 方阵，称为系统矩阵，由系统内部结构及其参数决定，体现了系统的内部特性；$\boldsymbol{B}$ 为 $p\times q$ 矩阵，称为输入矩阵或控制矩阵，体现了系统输入的施加情况。

同样，对于系统的 L 个输出 $y_1(t),y_2(t),\cdots,y_L(t)$，也可以用 p 个状态变量和 q 个输入的函数来表示，其矩阵形式可写为

$$\begin{bmatrix}y_1(t)\\ y_2(t)\\ \vdots\\ y_L(t)\end{bmatrix}=\begin{bmatrix}c_{11} & c_{12} & \cdots & c_{1p}\\ c_{21} & c_{22} & \cdots & c_{2p}\\ \vdots & \vdots & \ddots & \vdots\\ c_{L1} & c_{L2} & \cdots & c_{Lp}\end{bmatrix}\begin{bmatrix}v_1(t)\\ v_2(t)\\ \vdots\\ v_p(t)\end{bmatrix}+\begin{bmatrix}d_{11} & d_{12} & \cdots & d_{1q}\\ d_{21} & d_{22} & \cdots & d_{2q}\\ \vdots & \vdots & \ddots & \vdots\\ d_{L1} & d_{L2} & \cdots & d_{Lq}\end{bmatrix}\begin{bmatrix}x_1(t)\\ x_2(t)\\ \vdots\\ x_q(t)\end{bmatrix} \tag{10.12}$$

即

$$\boldsymbol{y}(t)=\boldsymbol{C}\boldsymbol{v}(t)+\boldsymbol{D}\boldsymbol{x}(t) \tag{10.13}$$

其中 $\boldsymbol{C}$ 为 $L\times p$ 阶矩阵，称为输出矩阵，表达了输出向量与状态向量之间的关系；$\boldsymbol{D}$ 为 $L\times q$ 阶矩阵，称为直接转移矩阵，表示了输入向量 $\boldsymbol{x}(t)$ 直接转移到输出向量 $\boldsymbol{y}(t)$ 的关系。对于 LTI

系统，$\boldsymbol{A}$、$\boldsymbol{B}$、$\boldsymbol{C}$、$\boldsymbol{D}$ 都是常量矩阵。

式(10.11)和式(10.13)就是连续时间 LTI 系统状态空间方程的标准形式。不难看出，若知道初始状态向量 $\boldsymbol{v}(t_0)$ 及 $t \geqslant t_0$ 时的输入向量 $\boldsymbol{x}(t)$，则由式(10.11)可解得状态向量 $\boldsymbol{v}(t)$，然后代入式(10.13)，可得到系统的输出向量 $\boldsymbol{y}(t)$。

图 10.1 中，指定电容两端电压 $u_C(t)$、电感两端电压 $u_L(t)$ 分别为系统输出 $y_1(t)$ 与 $y_2(t)$。若取电感电流 $i_L(t)$、电容两端电压 $u_C(t)$ 分别为系统状态变量 $v_1(t)$ 与 $v_2(t)$，则状态方程和输出方程表示为

$$\begin{bmatrix} \dot{v}_1(t) \\ \dot{v}_2(t) \end{bmatrix} = \begin{bmatrix} -R/L & -1/L \\ 1/C & 0 \end{bmatrix} \begin{bmatrix} v_1(t) \\ v_2(t) \end{bmatrix} + \begin{bmatrix} 1/L \\ 0 \end{bmatrix} x(t) \tag{10.14}$$

$$\begin{bmatrix} y_1(t) \\ y_2(t) \end{bmatrix} = \begin{bmatrix} 0 & 1 \\ -R & -1 \end{bmatrix} \begin{bmatrix} v_1(t) \\ v_2(t) \end{bmatrix} + \begin{bmatrix} 0 \\ 1 \end{bmatrix} x(t) \tag{10.15}$$

若取电感电流 $i_L(t)$、电容电荷 $q_C(t)$ 分别为系统状态变量 $v_1(t)$ 与 $v_2(t)$，则状态方程和输出方程表示为

$$\begin{bmatrix} \dot{v}_1(t) \\ \dot{v}_2(t) \end{bmatrix} = \begin{bmatrix} -R/L & -1/LC \\ 1 & 0 \end{bmatrix} \begin{bmatrix} v_1(t) \\ v_2(t) \end{bmatrix} + \begin{bmatrix} 1 \\ 0 \end{bmatrix} x(t) \tag{10.16}$$

$$\begin{bmatrix} y_1(t) \\ y_2(t) \end{bmatrix} = \begin{bmatrix} 0 & 1/C \\ -R & -1/C \end{bmatrix} \begin{bmatrix} v_1(t) \\ v_2(t) \end{bmatrix} + \begin{bmatrix} 0 \\ 1 \end{bmatrix} x(t) \tag{10.17}$$

☞**注释：**系统状态变量的选取不是唯一的，同一个系统可选取不同的状态变量，状态方程与输出方程会随之改变。但是，状态变量的个数是确定的，必须等于系统的阶数，即系统中独立储能元件的个数。

10.2 连续时间系统状态空间方程的建立

建立 LTI 系统状态空间描述的常用方法有两类：直接法，依据给定的系统结构（如电路图）直接编写出系统的状态空间方程，这种方法直观、规律性强，特别适于电网络系统的分析与设计；间接法，通过系统的输入/输出描述（如系统输入/输出方程、系统函数及方框图等）来建立状态空间方程，这种方法常用于系统模拟和控制系统的分析设计。

10.2.1 由电路图建立状态空间方程

在已知系统电路和输入的前提下，可以直接根据电路图来列写状态空间方程，系统状态变量数等于系统中独立储能元件的个数。

【例 10.1】如图 10.3 所示，输入信号为电压源 $x_1(t)$ 与电流源 $x_2(t)$，若以电流 $y_1(t)$ 和电压 $y_2(t)$ 为输出信号，列出电路的状态方程和输出方程。

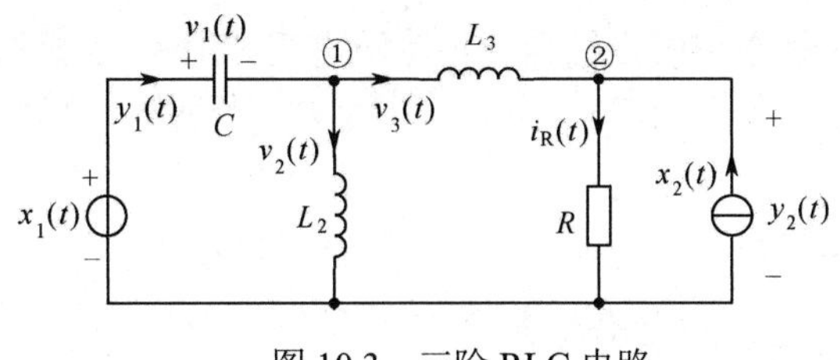

图 10.3　三阶 RLC 电路

解 选取电容电压 $v_1(t)$ 和电感电流 $v_2(t)$、$v_3(t)$ 为状态变量。

对接有电容 C 的节点①列出节点电流方程

$$y_1(t) = C\dot{v}_1(t) = v_2(t) + v_3(t)$$

选取包含 L_2 的回路 $L_2 \to x_1(t) \to C$ 及包含 L_3 的回路 $L_3 \to R \to x_1(t) \to C$，列出回路电压方程

$$\begin{cases} x_1(t) = v_1(t) + L_2\dot{v}_2(t) \\ x_1(t) = v_1(t) + L_3\dot{v}_3(t) + R\{x_2(t) + v_3(t)\} \end{cases}$$

将上述 3 个方程稍加整理，即可得到状态方程

$$\begin{cases} \dot{v}_1(t) = \dfrac{1}{C}v_2(t) + \dfrac{1}{C}v_3(t) \\ \dot{v}_2(t) = -\dfrac{1}{L_2}v_1(t) + \dfrac{1}{L_2}x_1(t) \\ \dot{v}_3(t) = -\dfrac{1}{L_3}v_1(t) - \dfrac{R}{L_3}v_3(t) + \dfrac{1}{L_3}x_1(t) - \dfrac{R}{L_3}x_2(t) \end{cases}$$

写成标准矩阵形式为

$$\begin{bmatrix} \dot{v}_1(t) \\ \dot{v}_2(t) \\ \dot{v}_3(t) \end{bmatrix} = \begin{bmatrix} 0 & 1/C & 1/C \\ -1/L_2 & 0 & 0 \\ -1/L_3 & 0 & -R/L_3 \end{bmatrix} \begin{bmatrix} v_1(t) \\ v_2(t) \\ v_3(t) \end{bmatrix} + \begin{bmatrix} 0 & 0 \\ 1/L_2 & 0 \\ 1/L_3 & -R/L_3 \end{bmatrix} \begin{bmatrix} x_1(t) \\ x_2(t) \end{bmatrix}$$

输出方程为

$$\begin{cases} y_1(t) = v_2(t) + v_3(t) \\ y_2(t) = Rx_2(t) + Rv_3(t) \end{cases}$$

其标准矩阵形式为

$$\begin{bmatrix} y_1(t) \\ y_2(t) \end{bmatrix} = \begin{bmatrix} 0 & 1 & 1 \\ 0 & 0 & R \end{bmatrix} \begin{bmatrix} v_1(t) \\ v_2(t) \\ v_3(t) \end{bmatrix} + \begin{bmatrix} 0 & 0 \\ 0 & R \end{bmatrix} \begin{bmatrix} x_1(t) \\ x_2(t) \end{bmatrix}$$

大多数情况下，例 10.1 所用方法是有效的，其步骤概括如下：

第一步，选取系统中所有独立电容电压和独立电感电流作为状态变量。

第二步，对与状态变量相关联的电容和电感分别列出独立的节点电流与回路电压方程。

第三步，消去非状态变量，整理出标准形式的状态方程。

第四步，用观察法列出输出方程。

☞**注释**：由上可见，电路的状态方程是一组一阶微分方程，输出方程是一组代数方程。当电路结构较为复杂、动态元件数目较多时，这些方程的列写可利用计算机来完成。

10.2.2 由系统框图建立状态空间方程

由系统的方框图建立状态空间方程是一种比较直观和简单的方法，其一般规则是：

(1) 选择积分器输出作为状态变量 $v_i(t)$，则积分器输入信号就是该状态变量的一阶导数 $\dot{v}_i(t)$，如图 10.4 所示；

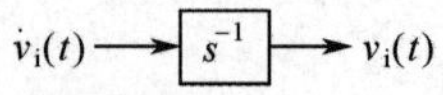

$$\dot{v}_i(t) \longrightarrow \boxed{s^{-1}} \longrightarrow v_i(t)$$

图 10.4 选择积分器输出为状态变量

(2) 围绕加法器列写状态方程或输出方程。

【例 10.2】已知一个三阶连续时间系统的方框图如图 10.5 所示，试建立其状态方程和输出方程。

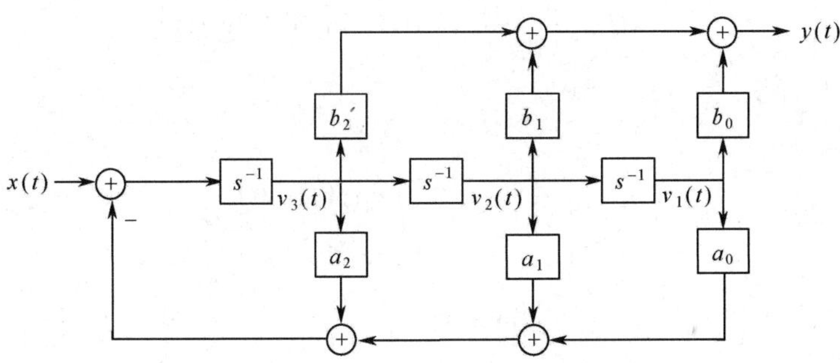

图10.5　例10.2系统的方框图

解　选择各积分器的输出为状态变量，从右到左依次取为 $v_1(t)$、$v_2(t)$ 和 $v_3(t)$。根据各积分器输入、输出与加法器的关系，可写出状态方程为

$$\begin{cases}\dot{v}_1(t)=v_2(t)\\ \dot{v}_2(t)=v_3(t)\\ \dot{v}_3(t)=x(t)-a_0v_1(t)-a_1v_2(t)-a_2v_3(t)\end{cases}$$

输出方程为

$$y(t)=b_0v_1(t)+b_1v_2(t)+b_2v_3(t)$$

写成矩阵形式为

$$\begin{bmatrix}\dot{v}_1(t)\\ \dot{v}_2(t)\\ \dot{v}_3(t)\end{bmatrix}=\begin{bmatrix}0 & 1 & 0\\ 0 & 0 & 1\\ -a_0 & -a_1 & -a_2\end{bmatrix}\begin{bmatrix}v_1(t)\\ v_2(t)\\ v_3(t)\end{bmatrix}+\begin{bmatrix}0\\ 0\\ 1\end{bmatrix}x(t)$$

$$y(t)=\begin{bmatrix}b_0 & b_1 & b_2\end{bmatrix}\begin{bmatrix}v_1(t)\\ v_2(t)\\ v_3(t)\end{bmatrix}$$

10.2.3　由微分方程或系统函数建立状态空间方程

1. 由微分方程建立状态空间方程

可以由微分方程直接建立状态空间方程，也可以根据微分方程画出系统方框图建立状态空间方程。

(1) 系统微分方程不含输入导数项

若在微分方程右端只有输入信号，而没有输入信号的导数项，可以直接列写系统的状态空间方程。

【例 10.3】已知一个二阶微分方程式

$$\frac{\mathrm{d}^2y(t)}{\mathrm{d}t^2}+3\frac{\mathrm{d}y(t)}{\mathrm{d}t}+2y(t)=2x(t)$$

试写出其状态方程和输出方程。

解　令 $y(t)$ 和 $\frac{\mathrm{d}y(t)}{\mathrm{d}t}$ 为系统的状态变量，即 $v_1(t)=y(t)$，$v_2(t)=\frac{\mathrm{d}y(t)}{\mathrm{d}t}$，则由微分方程式可

得系统的状态方程为

$$\begin{cases}\dot{v}_1(t)=v_2(t)\\ \dot{v}_2(t)=\dfrac{\mathrm{d}^2y(t)}{\mathrm{d}t^2}=2x(t)-2v_1(t)-3v_2(t)\end{cases}$$

系统的输出方程为 $y(t)=v_1(t)$。

写成矩阵形式为

$$\begin{bmatrix}\dot{v}_1(t)\\ \dot{v}_2(t)\end{bmatrix}=\begin{bmatrix}0 & 1\\ -2 & -3\end{bmatrix}\begin{bmatrix}v_1(t)\\ v_2(t)\end{bmatrix}+\begin{bmatrix}0\\ 2\end{bmatrix}x(t)$$

$$y(t)=[1\quad 0]\begin{bmatrix}v_1(t)\\ v_2(t)\end{bmatrix}$$

(2) 系统微分方程右端含有输入信号的导数项

如果微分方程的右端具有输入的各阶导数项，则应设法消除这些项。下面用一个简单系统来说明这种情况下状态空间方程的建立过程，可将结果推广到高阶系统。方法是引入中间变量（实质就是状态变量），先将原微分方程变成中间变量表示的两个微分方程，然后将中间变量用状态变量替代，即得状态方程和输出方程。

【例 10.4】已知某系统的输入/输出关系为二阶微分方程

$$\frac{\mathrm{d}^2y(t)}{\mathrm{d}t^2}+3\frac{\mathrm{d}y(t)}{\mathrm{d}t}+2y(t)=\frac{\mathrm{d}x(t)}{\mathrm{d}t}+3x(t)$$

试求其状态空间方程。

解 引入中间变量 $w(t)$，有

$$\begin{cases}\dfrac{\mathrm{d}^2w(t)}{\mathrm{d}t^2}+3\dfrac{\mathrm{d}w(t)}{\mathrm{d}t}+2w(t)=x(t)\\ y(t)=\dfrac{\mathrm{d}w(t)}{\mathrm{d}t}+3w(t)\end{cases}$$

选取状态变量

$$\begin{cases}v_1(t)=w(t)\\ v_2(t)=\dfrac{\mathrm{d}w(t)}{\mathrm{d}t}\end{cases}$$

则

$$\begin{cases}\dot{v}_1(t)=v_2(t)\\ \dot{v}_2(t)=\dfrac{\mathrm{d}^2w(t)}{\mathrm{d}t^2}=x(t)-3v_2(t)-2v_1(t)\end{cases}$$

$$y(t)=v_2(t)+3v_1(t)$$

写成矩阵形式的状态方程和输出方程

$$\begin{bmatrix}\dot{v}_1(t)\\ \dot{v}_2(t)\end{bmatrix}=\begin{bmatrix}0 & 1\\ -2 & -3\end{bmatrix}\begin{bmatrix}v_1(t)\\ v_2(t)\end{bmatrix}+\begin{bmatrix}0\\ 1\end{bmatrix}x(t)$$

$$y(t)=[3\quad 1]\begin{bmatrix}v_1(t)\\ v_2(t)\end{bmatrix}$$

2. 由系统函数建立状态空间方程

可以根据系统函数画出直接形式、并联形式或级联形式的系统方框图，然后根据方框图建

立状态空间方程。

下面以三阶系统函数为例进行介绍。假设已知系统函数

$$H(s)=\frac{b_3s^3+b_2s^2+b_1s+b_0}{s^3+a_2s^2+a_1s+a_0} \tag{10.18}$$

(1) 直接形式

根据式(10.18)的系统函数画出直接型方框图，如图 10.6 所示。

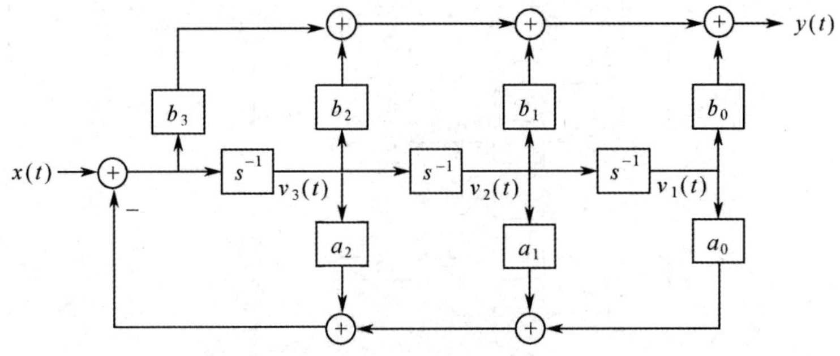

图10.6 系统的直接型方框图

取积分器的输出信号为状态变量，如图中所示，则状态方程为

$$\begin{bmatrix}\dot{v}_1(t)\\ \dot{v}_2(t)\\ \dot{v}_3(t)\end{bmatrix}=\begin{bmatrix}0 & 1 & 0\\ 0 & 0 & 1\\ -a_0 & -a_1 & -a_2\end{bmatrix}\begin{bmatrix}v_1(t)\\ v_2(t)\\ v_3(t)\end{bmatrix}+\begin{bmatrix}0\\ 0\\ 1\end{bmatrix}x(t) \tag{10.19}$$

输出方程为

$$\begin{aligned}y(t)&=b_0v_1(t)+b_1v_2(t)+b_2v_3(t)+b_3\{x(t)-a_0v_1(t)-a_1v_2(t)-a_2v_3(t)\}\\ &=(b_0-b_3a_0)v_1(t)+(b_1-b_3a_1)v_2(t)+(b_2-b_3a_2)v_3(t)+b_3x(t)\end{aligned} \tag{10.20}$$

写成矩阵形式为

$$y(t)=[b_0-b_3a_0\quad b_1-b_3a_1\quad b_2-b_3a_2]\begin{bmatrix}v_1(t)\\ v_2(t)\\ v_3(t)\end{bmatrix}+b_3x(t) \tag{10.21}$$

① 若 $b_3=0$ 时，则输出方程为

$$y(t)=[b_0\quad b_1\quad b_2]\begin{bmatrix}v_1(t)\\ v_2(t)\\ v_3(t)\end{bmatrix} \tag{10.22}$$

② 若 $b_3=b_2=0$ 时，则输出方程为

$$y(t)=[b_0\quad b_1\quad 0]\begin{bmatrix}v_1(t)\\ v_2(t)\\ v_3(t)\end{bmatrix} \tag{10.23}$$

③ 若 $b_3=b_2=b_1=0$，则输出方程为

$$y(t)=[b_0\quad 0\quad 0]\begin{bmatrix}v_1(t)\\ v_2(t)\\ v_3(t)\end{bmatrix} \tag{10.24}$$

但应注意，它们所对应的状态方程仍然不变。

(2) 并联形式——对角线变量

假设式(10.18)的系统函数 $H(s)$ 的极点为单实极点 p_1、 p_2、 p_3，则可将 $H(s)$ 展开为

$$H(s) = H_0 + \frac{K_1}{s-p_1} + \frac{K_2}{s-p_2} + \frac{K_3}{s-p_3} \tag{10.25}$$

其中， $H_0 = b_3$，并联型方框图如图 10.7 所示。

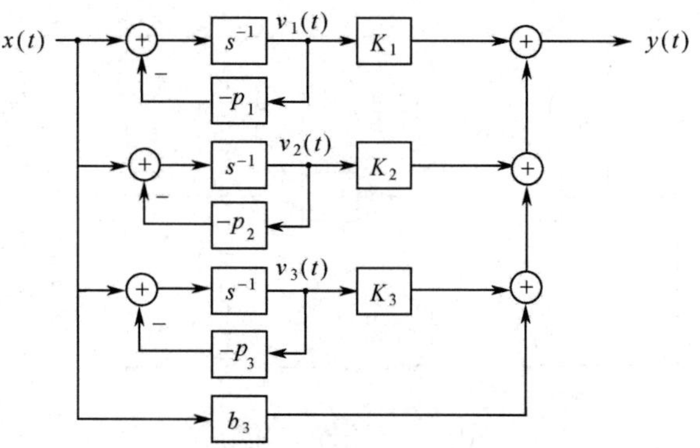

图10.7　系统的并联型方框图

取积分器的输出信号为状态变量，如图中所示，则状态方程为

$$\begin{bmatrix} \dot{v}_1(t) \\ \dot{v}_2(t) \\ \dot{v}_3(t) \end{bmatrix} = \begin{bmatrix} p_1 & 0 & 0 \\ 0 & p_2 & 0 \\ 0 & 0 & p_3 \end{bmatrix} \begin{bmatrix} v_1(t) \\ v_2(t) \\ v_3(t) \end{bmatrix} + \begin{bmatrix} 1 \\ 1 \\ 1 \end{bmatrix} x(t) \tag{10.26}$$

输出方程为

$$y(t) = [K_1 \quad K_2 \quad K_3] \begin{bmatrix} v_1(t) \\ v_2(t) \\ v_3(t) \end{bmatrix} + b_3 x(t) \tag{10.27}$$

(3) 级联形式

假设式(10.18)的系统函数 $H(s)$ 的零点和极点分别为 z_1、z_2、z_3 和 p_1、p_2、p_3，则式(10.18)可写为

$$H(s) = H_0 \cdot \frac{s-z_1}{s-p_1} \cdot \frac{s-z_2}{s-p_2} \cdot \frac{s-z_3}{s-p_3} \tag{10.28}$$

其中 $H_0 = b_3$，系统的级联型方框图如图 10.8 所示。

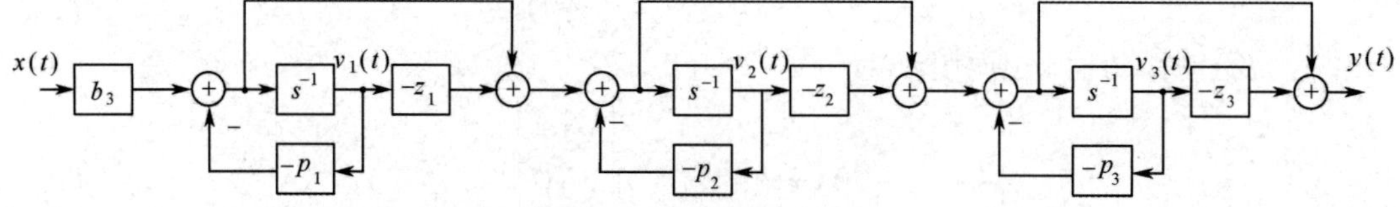

图10.8　系统的级联型方框图

取积分器的输出信号为状态变量，则

$$\begin{cases} \dot{v}_1(t) = p_1 v_1(t) + b_3 x(t) \\ \dot{v}_2(t) = p_2 v_2(t) - z_1 v_1(t) + \dot{v}_1(t) \\ \dot{v}_3(t) = p_3 v_3(t) - z_2 v_2(t) + \dot{v}_2(t) \end{cases} \tag{10.29}$$

即

$$
\begin{cases}\dot{v}_1(t)=p_1v_1(t)+b_3x(t)\\ \dot{v}_2(t)=p_2v_2(t)-z_1v_1(t)+p_1v_1(t)+b_3x(t)\\ \dot{v}_3(t)=p_3v_3(t)-z_2v_2(t)+p_2v_2(t)-z_1v_1(t)+p_1v_1(t)+b_3x(t)\end{cases} \tag{10.30}
$$

整理并写成矩阵形式，得状态方程为

$$
\begin{bmatrix}\dot{v}_1(t)\\ \dot{v}_2(t)\\ \dot{v}_3(t)\end{bmatrix}=\begin{bmatrix}p_1 & 0 & 0\\ p_1-z_1 & p_2 & 0\\ p_1-z_1 & p_2-z_2 & p_3\end{bmatrix}\begin{bmatrix}v_1(t)\\ v_2(t)\\ v_3(t)\end{bmatrix}+\begin{bmatrix}b_3\\ b_3\\ b_3\end{bmatrix}x(t) \tag{10.31}
$$

输出方程为

$$
y(t)=-z_3v_3(t)+\dot{v}_3(t)=-z_3v_3(t)+p_3v_3(t)-z_2v_2(t)+p_2v_2(t)-z_1v_1(t)+p_1v_1(t)+b_3x(t) \tag{10.32}
$$

写成矩阵形式为

$$
y(t)=[p_1-z_1 \quad p_2-z_2 \quad p_3-z_3]\begin{bmatrix}v_1(t)\\ v_2(t)\\ v_3(t)\end{bmatrix}+b_3x(t) \tag{10.33}
$$

【例 10.5】已知 $H(s)=\dfrac{3s+10}{s^2+7s+12}$，试列写出与直接型、并联型、级联型相对应的状态方程和输出方程。

解 均以积分器的输出信号为状态变量。

(1) 直接型

根据系统函数画出直接型方框图，如图 10.9 所示。则得状态方程与输出方程为

$$
\begin{bmatrix}\dot{v}_1(t)\\ \dot{v}_2(t)\end{bmatrix}=\begin{bmatrix}0 & 1\\ -12 & -7\end{bmatrix}\begin{bmatrix}v_1(t)\\ v_2(t)\end{bmatrix}+\begin{bmatrix}0\\ 1\end{bmatrix}x(t)
$$

$$
y(t)=[10 \quad 3]\begin{bmatrix}v_1(t)\\ v_2(t)\end{bmatrix}
$$

(2) 并联型

$H(s)$ 可写为如下形式

$$
H(s)=\frac{1}{s+3}+\frac{2}{s+4}
$$

对应的并联型方框图如图 10.10 所示。

所以状态方程与输出方程为

$$
\begin{bmatrix}\dot{v}_1(t)\\ \dot{v}_2(t)\end{bmatrix}=\begin{bmatrix}-3 & 0\\ 0 & -4\end{bmatrix}\begin{bmatrix}v_1(t)\\ v_2(t)\end{bmatrix}+\begin{bmatrix}1\\ 1\end{bmatrix}x(t)
$$

$$
y(t)=[1 \quad 2]\begin{bmatrix}v_1(t)\\ v_2(t)\end{bmatrix}
$$

(3) 级联型

$H(s)$ 可写为如下形式

$$
H(s)=\frac{s+10/3}{s+4}\cdot\frac{3}{s+3}
$$

对应的一种级联型方框图如图10.11所示。则

$$\dot{v}_1(t) = -4v_1(t) + x(t)$$

$$\dot{v}_2(t) = \frac{10}{3}v_1(t) - 3v_2(t) + \dot{v}_1(t) = -\frac{2}{3}v_1(t) - 3v_2(t) + x(t)$$

即

$$\begin{bmatrix} \dot{v}_1(t) \\ \dot{v}_2(t) \end{bmatrix} = \begin{bmatrix} -4 & 0 \\ -2/3 & -3 \end{bmatrix} \begin{bmatrix} v_1(t) \\ v_2(t) \end{bmatrix} + \begin{bmatrix} 1 \\ 1 \end{bmatrix} x(t)$$

输出方程为 $y(t) = 3v_2(t)$，即

$$y(t) = [0 \quad 3] \begin{bmatrix} v_1(t) \\ v_2(t) \end{bmatrix}$$

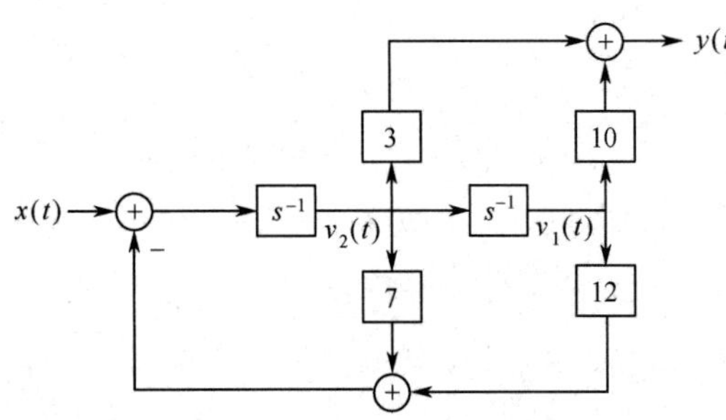

图10.9　例10.5系统的直接型方框图

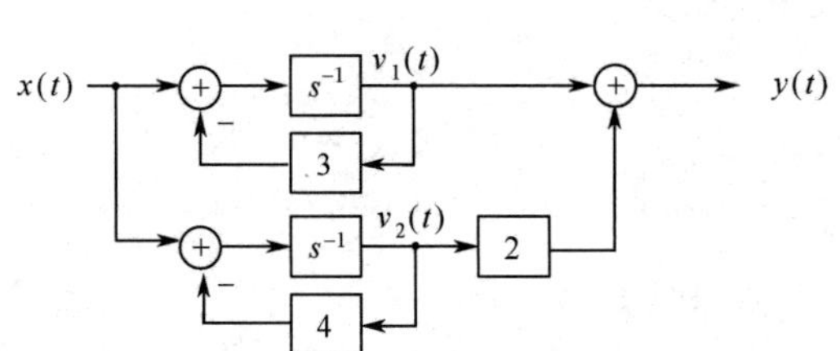

图10.10　例10.5系统的并联型方框图

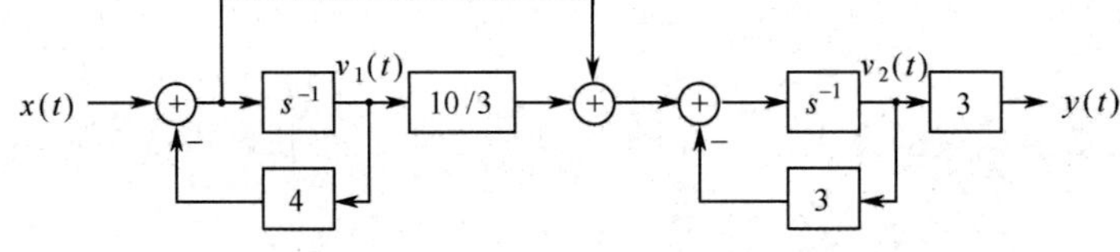

图10.11　例10.5系统的级联型方框图

☞**注释：** 对于同一个微分方程或系统函数，由于实现的方法不同（如直接形式、级联形式、并联形式等），其方框图也不相同，因而所选状态变量也不相同，最终状态方程和输出方程也不一样。但是，它们的特征方程、特征根相同，所以对于同一系统，其系统矩阵 $\boldsymbol{A}$ 是相似的，这一点将在 10.6.1 节介绍。

10.3　连续时间系统状态空间方程的求解

连续时间 LTI 系统的状态空间方程为

$$\dot{\boldsymbol{v}}(t) = \boldsymbol{A}\boldsymbol{v}(t) + \boldsymbol{B}\boldsymbol{x}(t) \tag{10.34}$$

$$\boldsymbol{y}(t) = \boldsymbol{C}\boldsymbol{v}(t) + \boldsymbol{D}\boldsymbol{x}(t) \tag{10.35}$$

给定初始状态

$$\boldsymbol{v}(0^-) = [v_1(0^-), v_2(0^-), \cdots, v_p(0^-)] \tag{10.36}$$

对于具有 q 个输入 $\boldsymbol{x}(t)$、L 个输出 $\boldsymbol{y}(t)$ 的 LTI 系统，矩阵 $\boldsymbol{A}$、$\boldsymbol{B}$、$\boldsymbol{C}$、$\boldsymbol{D}$ 都是常数矩阵，式(10.34)与式(10.35)的解存在一般的表达形式。

状态空间方程是一组一阶常系数向量微分方程式，在数学上有很多种解法。本节介绍时域解法和复频域(s 域)解法。

10.3.1 状态空间方程的时域求解

定义矩阵指数

$$\mathrm{e}^{At}=\boldsymbol{I}+\boldsymbol{A}t+\frac{1}{2!}\boldsymbol{A}^2t^2+\cdots+\frac{1}{k!}\boldsymbol{A}^kt^k+\cdots=\sum_{k=0}^{+\infty}\frac{1}{k!}\boldsymbol{A}^kt^k \tag{10.37}$$

显然

$$\mathrm{e}^{-At}=\mathrm{e}^{A(-t)}=\sum_{k=0}^{+\infty}\frac{1}{k!}\boldsymbol{A}^k(-t)^k \tag{10.38}$$

将式(10.34)两边同时左乘 e^{-At} 并移项，有

$$\mathrm{e}^{-At}\,\dot{\boldsymbol{v}}(t)-\mathrm{e}^{-At}\,\boldsymbol{A}\boldsymbol{v}(t)=\mathrm{e}^{-At}\,\boldsymbol{B}\boldsymbol{x}(t) \tag{10.39}$$

由于

$$\frac{\mathrm{d}}{\mathrm{d}t}\mathrm{e}^{At}=\boldsymbol{A}\mathrm{e}^{At}=\mathrm{e}^{At}\boldsymbol{A} \tag{10.40}$$

故式(10.39)可写为

$$\mathrm{e}^{-At}\frac{\mathrm{d}\,\boldsymbol{v}(t)}{\mathrm{d}t}+\frac{\mathrm{d}(\mathrm{e}^{-At})}{\mathrm{d}t}\boldsymbol{v}(t)=\mathrm{e}^{-At}\,\boldsymbol{B}\boldsymbol{x}(t) \tag{10.41}$$

即

$$\frac{\mathrm{d}}{\mathrm{d}t}[\mathrm{e}^{-At}\,\boldsymbol{v}(t)]=\mathrm{e}^{-At}\,\boldsymbol{B}\boldsymbol{x}(t) \tag{10.42}$$

对上式两边积分，得

$$\mathrm{e}^{-At}\,\boldsymbol{v}(t)-\boldsymbol{v}(0^-)=\int_{0^-}^{t}\mathrm{e}^{-A\tau}\,\boldsymbol{B}\boldsymbol{x}(\tau)\mathrm{d}\,\tau \tag{10.43}$$

又由于

$$\mathrm{e}^{At}\cdot\mathrm{e}^{-At}=\boldsymbol{I} \tag{10.44}$$

将式(10.43)两边同时左乘 e^{At}，则可写为

$$\boldsymbol{v}(t)=\mathrm{e}^{At}\,\boldsymbol{v}(0^-)+\int_{0^-}^{t}\mathrm{e}^{A(t-\tau)}\,\boldsymbol{B}\boldsymbol{x}(\tau)\mathrm{d}\,\tau \tag{10.45}$$

当 $\boldsymbol{x}(t)$ 为因果信号时，有

$$\boldsymbol{v}(t)=\underbrace{\mathrm{e}^{At}\,\boldsymbol{v}(0^-)}_{\text{零输入分量}}+\underbrace{\mathrm{e}^{At}\,\boldsymbol{B}*\boldsymbol{x}(t)}_{\text{零状态分量}} \tag{10.46}$$

上式第一项是输入信号 $\boldsymbol{x}(t)$ 为零时的状态向量的响应，称为状态向量的零输入分量；第二项称为状态向量的零状态分量。

将式(10.46)代入式(10.35)，得到系统输出方程的解

$$\boldsymbol{y}(t)=\underbrace{\boldsymbol{C}\,\mathrm{e}^{At}\,\boldsymbol{v}(0^-)}_{\text{零输入响应}}+\underbrace{[\boldsymbol{C}\,\mathrm{e}^{At}\,\boldsymbol{B}*\boldsymbol{x}(t)+\boldsymbol{D}\boldsymbol{x}(t)]}_{\text{零状态响应}} \tag{10.47}$$

由此可知输出响应也由两部分组成，即式(10.47)中第一项对应的零输入响应及方括号内对应的零状态响应。

用 $\boldsymbol{\varphi}(t)$ 来表示 e^{At}，即 $\boldsymbol{\varphi}(t)=\mathrm{e}^{At}(t>0)$，称为状态转移矩阵，$\boldsymbol{\varphi}(t)$ 具有以下重要性质。

(1) $\boldsymbol{\varphi}(0)=\boldsymbol{I}$。

(2) $\boldsymbol{\varphi}(t-t_0)=\boldsymbol{\varphi}(t-t_1)\boldsymbol{\varphi}(t_1-t_0)$。

(3) $\boldsymbol{\varphi}^{-1}(t-t_0)=\boldsymbol{\varphi}(t_0-t)$; $\boldsymbol{\varphi}^{-1}(t)=\boldsymbol{\varphi}(-t)$ 。

则

$$\boldsymbol{v}(t)=\underbrace{\boldsymbol{\varphi}(t)\boldsymbol{v}(0^-)}_{\text{零输入分量}}+\underbrace{\boldsymbol{\varphi}(t)\boldsymbol{B}*\boldsymbol{x}(t)}_{\text{零状态分量}} \tag{10.48}$$

$$\boldsymbol{y}(t)=\underbrace{\boldsymbol{C\varphi}(t)\boldsymbol{v}(0^-)}_{\text{零输入响应}}+\underbrace{\left[\boldsymbol{C\varphi}(t)\boldsymbol{B}*\boldsymbol{x}(t)+\boldsymbol{Dx}(t)\right]}_{\text{零状态响应}} \tag{10.49}$$

由于输入信号 $\boldsymbol{x}(t)$ 的各分量 $x_i(t)$ 与单位冲激函数 $\delta(t)$ 的卷积是该函数本身，即

$$\delta(t)*x_i(t)=x_i(t) \tag{10.50}$$

若定义一个对角方阵 $\boldsymbol{\delta}(t)$，称为单位冲激矩阵，令

$$\boldsymbol{\delta}(t)=\begin{bmatrix}\delta(t) & 0 & \cdots & 0\\ 0 & \delta(t) & \cdots & 0\\ \vdots & \vdots & \ddots & \vdots\\ 0 & 0 & \cdots & \delta(t)\end{bmatrix} \tag{10.51}$$

显然有

$$\boldsymbol{\delta}(t)*\boldsymbol{x}(t)=\boldsymbol{x}(t) \tag{10.52}$$

于是，式(10.49)可写为

$$\begin{aligned}\boldsymbol{y}(t)&=\boldsymbol{C\varphi}(t)\boldsymbol{v}(0^-)+[\boldsymbol{C\varphi}(t)\boldsymbol{B}*\boldsymbol{x}(t)+\boldsymbol{D\delta}(t)*\boldsymbol{x}(t)]\\&=\boldsymbol{C\varphi}(t)\boldsymbol{v}(0^-)+[\boldsymbol{C\varphi}(t)\boldsymbol{B}+\boldsymbol{D}\boldsymbol{\delta}(t)]*\boldsymbol{x}(t)\end{aligned} \tag{10.53}$$

其中，零状态响应为

$$\boldsymbol{y}_{\text{zs}}(t)=\left[\boldsymbol{C\varphi}(t)\boldsymbol{B}+\boldsymbol{D\delta}(t)\right]*\boldsymbol{x}(t)=\boldsymbol{h}(t)*\boldsymbol{x}(t) \tag{10.54}$$

式中

$$\boldsymbol{h}(t)=\boldsymbol{C\varphi}(t)\boldsymbol{B}+\boldsymbol{D\delta}(t) \tag{10.55}$$

其中，$\boldsymbol{h}(t)$的第 i 行第 j 列元素 $h_{ij}(t)$ 表示建立了第 i 个输出 $y_i(t)$ 与第 j 个输入 $x_j(t)$ 之间的联系。

【例 10.6】某 LTI 系统的状态方程和输出方程分别为

$$\begin{bmatrix}\dot{v}_1(t)\\ \dot{v}_2(t)\end{bmatrix}=\begin{bmatrix}1 & 2\\ 0 & -1\end{bmatrix}\begin{bmatrix}v_1(t)\\ v_2(t)\end{bmatrix}+\begin{bmatrix}0 & 1\\ 1 & 0\end{bmatrix}\begin{bmatrix}x_1(t)\\ x_2(t)\end{bmatrix}$$

$$\begin{bmatrix}y_1(t)\\ y_2(t)\end{bmatrix}=\begin{bmatrix}1 & 1\\ 0 & -1\end{bmatrix}\begin{bmatrix}v_1(t)\\ v_2(t)\end{bmatrix}+\begin{bmatrix}1 & 0\\ 1 & 0\end{bmatrix}\begin{bmatrix}x_1(t)\\ x_2(t)\end{bmatrix}$$

其初始状态和输入分别为

$$\begin{bmatrix}v_1(0^-)\\ v_2(0^-)\end{bmatrix}=\begin{bmatrix}1\\ -1\end{bmatrix},\quad \begin{bmatrix}x_1(t)\\ x_2(t)\end{bmatrix}=\begin{bmatrix}u(t)\\ \delta(t)\end{bmatrix}$$

试求系统的状态和输出。

解 (1) 求状态转移矩阵 $\boldsymbol{\varphi}(t)$

由给定的方程知系统矩阵

$$\boldsymbol{A}=\begin{bmatrix}1 & 2\\ 0 & -1\end{bmatrix}$$

系统的特征多项式

$$p(\lambda)=\det(\lambda\boldsymbol{I}-\boldsymbol{A})=\det\begin{bmatrix}\lambda-1 & -2\\ 0 & \lambda+1\end{bmatrix}=(\lambda-1)(\lambda+1)$$

得其特征根为

$$\lambda_1=1, \lambda_2=-1$$

令
$$\mathrm{e}^{\boldsymbol{A}t}=\mathrm{e}^{\lambda_1 t}\boldsymbol{E}_1+\mathrm{e}^{\lambda_2 t}\boldsymbol{E}_2$$

其中

$$\boldsymbol{E}_1=\frac{\boldsymbol{A}-\lambda_2\boldsymbol{I}}{\lambda_1-\lambda_2}=\frac{\begin{bmatrix}1&2\\0&-1\end{bmatrix}-(-1)\begin{bmatrix}1&0\\0&1\end{bmatrix}}{1-(-1)}=\begin{bmatrix}1&1\\0&0\end{bmatrix}$$

$$\boldsymbol{E}_2=\frac{\boldsymbol{A}-\lambda_1\boldsymbol{I}}{\lambda_2-\lambda_1}=\frac{\begin{bmatrix}1&2\\0&-1\end{bmatrix}-\begin{bmatrix}1&0\\0&1\end{bmatrix}}{(-1)-1}=\begin{bmatrix}0&-1\\0&1\end{bmatrix}$$

将它们代入矩阵指数式，得状态转移矩阵为

$$\boldsymbol{\varphi}(t)=\mathrm{e}^{\boldsymbol{A}t}=\mathrm{e}^{t}\begin{bmatrix}1&1\\0&0\end{bmatrix}+\mathrm{e}^{-t}\begin{bmatrix}0&-1\\0&1\end{bmatrix}=\begin{bmatrix}\mathrm{e}^{t}&\mathrm{e}^{t}-\mathrm{e}^{-t}\\0&\mathrm{e}^{-t}\end{bmatrix}$$

(2) 求状态方程的解

$$\boldsymbol{v}(t)=\boldsymbol{\varphi}(t)\boldsymbol{v}(0^-)+\boldsymbol{\varphi}(t)\boldsymbol{B}*\boldsymbol{x}(t)$$

将有关矩阵代入状态方程得状态向量的零输入分量为

$$\boldsymbol{v}_{\mathrm{zi}}(t)=\boldsymbol{\varphi}(t)\boldsymbol{v}(0^-)=\begin{bmatrix}\mathrm{e}^{t}&\mathrm{e}^{t}-\mathrm{e}^{-t}\\0&\mathrm{e}^{-t}\end{bmatrix}\begin{bmatrix}1\\-1\end{bmatrix}=\begin{bmatrix}\mathrm{e}^{-t}\\-\mathrm{e}^{-t}\end{bmatrix},\quad t>0$$

状态向量的零状态分量为

$$\begin{aligned}\boldsymbol{v}_{\mathrm{zs}}(t)=\boldsymbol{\varphi}(t)\boldsymbol{B}*\boldsymbol{x}(t)&=\begin{bmatrix}\mathrm{e}^{t}&\mathrm{e}^{t}-\mathrm{e}^{-t}\\0&\mathrm{e}^{-t}\end{bmatrix}\begin{bmatrix}0&1\\1&0\end{bmatrix}*\begin{bmatrix}u(t)\\\delta(t)\end{bmatrix}=\begin{bmatrix}\mathrm{e}^{t}-\mathrm{e}^{-t}&\mathrm{e}^{t}\\\mathrm{e}^{-t}&0\end{bmatrix}*\begin{bmatrix}u(t)\\\delta(t)\end{bmatrix}\\&=\begin{bmatrix}(\mathrm{e}^{t}-\mathrm{e}^{-t})*u(t)+\mathrm{e}^{t}*\delta(t)\\\mathrm{e}^{-t}*u(t)\end{bmatrix}=\begin{bmatrix}2\mathrm{e}^{t}+\mathrm{e}^{-t}-2\\1-\mathrm{e}^{-t}\end{bmatrix},\quad t>0^-\end{aligned}$$

于是状态向量解为

$$\boldsymbol{v}(t)=\boldsymbol{v}_{\mathrm{zi}}(t)+\boldsymbol{v}_{\mathrm{zs}}(t)=\begin{bmatrix}\mathrm{e}^{-t}\\-\mathrm{e}^{-t}\end{bmatrix}+\begin{bmatrix}2\mathrm{e}^{t}+\mathrm{e}^{-t}-2\\1-\mathrm{e}^{-t}\end{bmatrix}=\begin{bmatrix}2\mathrm{e}^{t}+2\mathrm{e}^{-t}-2\\1-2\mathrm{e}^{-t}\end{bmatrix},\quad t>0$$

(3) 求输出

将 $\boldsymbol{v}(t)$ 和 $\boldsymbol{x}(t)$ 代入输出方程得输出的零输入响应为

$$\boldsymbol{y}_{\mathrm{zi}}(t)=\boldsymbol{C}\boldsymbol{\varphi}(t)\boldsymbol{v}(0^-)=\begin{bmatrix}1&1\\0&-1\end{bmatrix}\begin{bmatrix}\mathrm{e}^{t}&\mathrm{e}^{t}-\mathrm{e}^{-t}\\0&\mathrm{e}^{-t}\end{bmatrix}\begin{bmatrix}1\\-1\end{bmatrix}=\begin{bmatrix}0\\\mathrm{e}^{-t}\end{bmatrix},\quad t>0$$

输出的零状态响应为

$$\begin{aligned}\boldsymbol{y}_{\mathrm{zs}}(t)&=\boldsymbol{C}\boldsymbol{\varphi}(t)\boldsymbol{B}*\boldsymbol{x}(t)+\boldsymbol{D}\boldsymbol{x}(t)\\&=\begin{bmatrix}1&1\\0&-1\end{bmatrix}\begin{bmatrix}\mathrm{e}^{t}&\mathrm{e}^{t}-\mathrm{e}^{-t}\\0&\mathrm{e}^{-t}\end{bmatrix}\begin{bmatrix}0&1\\1&0\end{bmatrix}*\begin{bmatrix}u(t)\\\delta(t)\end{bmatrix}+\begin{bmatrix}1&0\\1&0\end{bmatrix}\begin{bmatrix}u(t)\\\delta(t)\end{bmatrix}\\&=\begin{bmatrix}\mathrm{e}^{t}&\mathrm{e}^{t}\\-\mathrm{e}^{-t}&0\end{bmatrix}*\begin{bmatrix}u(t)\\\delta(t)\end{bmatrix}+\begin{bmatrix}u(t)\\u(t)\end{bmatrix}\end{aligned}$$

$$=\begin{bmatrix}2\mathrm{e}^{t}\\ \mathrm{e}^{-t}\end{bmatrix},\quad t>0$$

于是系统输出为

$$\boldsymbol{y}(t)=\boldsymbol{y}_{\mathrm{zi}}(t)+\boldsymbol{y}_{\mathrm{zs}}(t)=\begin{bmatrix}0\\ \mathrm{e}^{-t}\end{bmatrix}+\begin{bmatrix}2\mathrm{e}^{t}\\ \mathrm{e}^{-t}\end{bmatrix}=\begin{bmatrix}2\mathrm{e}^{t}\\ 2\mathrm{e}^{-t}\end{bmatrix},\quad t>0$$

10.3.2 状态空间方程的复频域求解

状态空间方程的复频域解法就是利用单边拉普拉斯变换，把时域状态空间方程转换为复频域的代数方程进行求解，然后将结果取单边拉普拉斯反变换，从而得到状态空间方程的时域解。

根据函数矩阵积分的定义，状态向量 $\boldsymbol{v}(t)$ 的单边拉普拉斯变换为 $\mathscr{UL}\{\boldsymbol{v}(t)\}=\left[\mathscr{V}_1(s),\mathscr{V}_2(s),\cdots,\mathscr{V}_p(s)\right]^{\mathrm{T}}$，简记为 $\boldsymbol{\mathscr{V}}(s)=\mathscr{UL}\{\boldsymbol{v}(t)\}$；同样地，输入向量和输出向量的单边拉普拉斯变换简记为 $\boldsymbol{\mathscr{X}}(s)=\mathscr{UL}\{\boldsymbol{x}(t)\}$ 和 $\boldsymbol{\Upsilon}(s)=\mathscr{UL}\{\boldsymbol{y}(t)\}$。

根据单边拉普拉斯变换的积分性质

$$\mathscr{UL}\left[\frac{\mathrm{d}\boldsymbol{v}(t)}{\mathrm{d}t}\right]=s\boldsymbol{\mathscr{V}}(s)-\boldsymbol{v}(0^-)\tag{10.56}$$

应用于状态方程

$$\dot{\boldsymbol{v}}(t)=\boldsymbol{A}\boldsymbol{v}(t)+\boldsymbol{B}\boldsymbol{x}(t)\tag{10.57}$$

两边做单边拉普拉斯变换有

$$s\boldsymbol{\mathscr{V}}(s)-\boldsymbol{v}(0^-)=\boldsymbol{A}\boldsymbol{\mathscr{V}}(s)+\boldsymbol{B}\boldsymbol{\mathscr{X}}(s)\tag{10.58}$$

即

$$s\boldsymbol{\mathscr{V}}(s)-\boldsymbol{A}\boldsymbol{\mathscr{V}}(s)=\boldsymbol{v}(0^-)+\boldsymbol{B}\boldsymbol{\mathscr{X}}(s)\tag{10.59}$$

利用单位矩阵 $\boldsymbol{I}$，又可以写为

$$(s\boldsymbol{I}-\boldsymbol{A})\boldsymbol{\mathscr{V}}(s)=\boldsymbol{v}(0^-)+\boldsymbol{B}\boldsymbol{\mathscr{X}}(s)\tag{10.60}$$

将上式两端前同乘以 $(s\boldsymbol{I}-\boldsymbol{A})^{-1}$，得

$$\boldsymbol{\mathscr{V}}(s)=(s\boldsymbol{I}-\boldsymbol{A})^{-1}[\boldsymbol{v}(0^-)+\boldsymbol{B}\boldsymbol{\mathscr{X}}(s)]=\underbrace{(s\boldsymbol{I}-\boldsymbol{A})^{-1}\boldsymbol{v}(0^-)}_{\text{零输入分量}}+\underbrace{(s\boldsymbol{I}-\boldsymbol{A})^{-1}\boldsymbol{B}\boldsymbol{\mathscr{X}}(s)}_{\text{零状态分量}}\tag{10.61}$$

上式是状态向量 $\boldsymbol{v}(t)$ 的单边拉普拉斯变换。因此，其第一项的单边拉普拉斯反变换是状态向量的零输入分量，第二项的单边拉普拉斯反变换是状态向量的零状态分量。

对照式(10.48)，且考虑到 $\boldsymbol{v}(0^-)$ 是常数矩阵，应有

$$\boldsymbol{\varphi}(t)\boldsymbol{v}(0^-)=\mathscr{UL}^{-1}\{(s\boldsymbol{I}-\boldsymbol{A})^{-1}\boldsymbol{v}(0^-)\}=\mathscr{UL}^{-1}\{(s\boldsymbol{I}-\boldsymbol{A})^{-1}\}\boldsymbol{v}(0^-)\tag{10.62}$$

于是状态转移矩阵

$$\boldsymbol{\varphi}(t)=\mathrm{e}^{\boldsymbol{A}t}=\mathscr{UL}^{-1}\{(s\boldsymbol{I}-\boldsymbol{A})^{-1}\}=\mathscr{UL}^{-1}\left\{\frac{\mathrm{adj}(s\boldsymbol{I}-\boldsymbol{A})}{\det(s\boldsymbol{I}-\boldsymbol{A})}\right\}\tag{10.63}$$

式中，$\mathrm{adj}(s\boldsymbol{I}-\boldsymbol{A})$ 是 $(s\boldsymbol{I}-\boldsymbol{A})$ 的伴随矩阵，$\det(s\boldsymbol{I}-\boldsymbol{A})$ 是 $(s\boldsymbol{I}-\boldsymbol{A})$ 的行列式。式(10.63)提供了另一种求 $\boldsymbol{\varphi}(t)$ 的方法。

为了方便，定义分解矩阵

$$\boldsymbol{\Phi}(s)=\mathscr{UL}\{\boldsymbol{\varphi}(t)\}=\mathscr{UL}\{\mathrm{e}^{\boldsymbol{A}t}\}=(s\boldsymbol{I}-\boldsymbol{A})^{-1}\tag{10.64}$$

于是式(10.61)可写为

$$\mathscr{V}(s)=\boldsymbol{\Phi}(s)\boldsymbol{v}(0^-)+\boldsymbol{\Phi}(s)\boldsymbol{B}\mathscr{X}(s) \tag{10.65}$$

对于输出方程

$$\boldsymbol{y}(t)=\boldsymbol{C}\boldsymbol{v}(t)+\boldsymbol{D}\boldsymbol{x}(t) \tag{10.66}$$

两边取单边拉普拉斯变换，得

$$\mathscr{Y}(s)=\boldsymbol{C}\mathscr{V}(s)+\boldsymbol{D}\mathscr{X}(s) \tag{10.67}$$

将式(10.65)代入上式，可得

$$\mathscr{Y}(s)=\underbrace{\boldsymbol{C}\boldsymbol{\Phi}(s)\boldsymbol{v}(0^-)}_{\text{零输入响应}}+\underbrace{[\boldsymbol{C}\boldsymbol{\Phi}(s)\boldsymbol{B}+\boldsymbol{D}]\mathscr{X}(s)}_{\text{零状态响应}} \tag{10.68}$$

由上式可知，零状态响应的单边拉普拉斯变换

$$\mathscr{Y}_{zs}(s)=\left[\boldsymbol{C}\boldsymbol{\Phi}(s)\boldsymbol{B}+\boldsymbol{D}\right]\mathscr{X}(s)=\mathscr{H}(s)\mathscr{X}(s) \tag{10.69}$$

式中，系统函数矩阵

$$\mathscr{H}(s)=\boldsymbol{C}\boldsymbol{\Phi}(s)\boldsymbol{B}+\boldsymbol{D} \tag{10.70}$$

它是一个 $L\times q$ 阶矩阵（L 为输出的个数，q 为输入的个数），由此可得

$$\mathscr{H}(s)=\mathscr{UL}\{\boldsymbol{h}(t)\} \tag{10.71}$$

【例 10.7】某 LTI 系统的状态方程和输出方程分别为

$$\begin{bmatrix}\dot{v}_1(t)\\ \dot{v}_2(t)\end{bmatrix}=\begin{bmatrix}1 & 2\\ 0 & -1\end{bmatrix}\begin{bmatrix}v_1(t)\\ v_2(t)\end{bmatrix}+\begin{bmatrix}0 & 1\\ 1 & 0\end{bmatrix}\begin{bmatrix}x_1(t)\\ x_2(t)\end{bmatrix}$$

$$\begin{bmatrix}y_1(t)\\ y_2(t)\end{bmatrix}=\begin{bmatrix}1 & 1\\ 0 & -1\end{bmatrix}\begin{bmatrix}v_1(t)\\ v_2(t)\end{bmatrix}+\begin{bmatrix}1 & 0\\ 1 & 0\end{bmatrix}\begin{bmatrix}x_1(t)\\ x_2(t)\end{bmatrix}$$

其初始状态和输入分别为

$$\begin{bmatrix}v_1(0^-)\\ v_2(0^-)\end{bmatrix}=\begin{bmatrix}1\\ -1\end{bmatrix},\quad \begin{bmatrix}x_1(t)\\ x_2(t)\end{bmatrix}=\begin{bmatrix}u(t)\\ \delta(t)\end{bmatrix}$$

(1) 试求状态转移矩阵 $\boldsymbol{\varphi}(t)$ 和冲激响应矩阵 $\boldsymbol{h}(t)$；

(2) 试求系统的状态向量 $\boldsymbol{v}(t)$；

(3) 试求系统的输出 $\boldsymbol{y}(t)$。

解 (1) 计算 $\boldsymbol{\varphi}(t)$ 和 $\boldsymbol{h}(t)$。

先求分解矩阵 $\boldsymbol{\Phi}(s)$。因为

$$s\boldsymbol{I}-\boldsymbol{A}=s\begin{bmatrix}1 & 0\\ 0 & 1\end{bmatrix}-\begin{bmatrix}1 & 2\\ 0 & -1\end{bmatrix}=\begin{bmatrix}s-1 & -2\\ 0 & s+1\end{bmatrix}$$

其行列式和伴随矩阵分别为

$$\det(s\boldsymbol{I}-\boldsymbol{A})=(s-1)(s+1)$$

$$\operatorname{adj}(s\boldsymbol{I}-\boldsymbol{A})=\begin{bmatrix}s+1 & 2\\ 0 & s-1\end{bmatrix}$$

所以分解矩阵

$$\boldsymbol{\Phi}(s)=(s\boldsymbol{I}-\boldsymbol{A})^{-1}=\frac{\operatorname{adj}(s\boldsymbol{I}-\boldsymbol{A})}{\det(s\boldsymbol{I}-\boldsymbol{A})}=\begin{bmatrix}\dfrac{1}{s-1} & \dfrac{2}{(s-1)(s+1)}\\ 0 & \dfrac{1}{s+1}\end{bmatrix}$$

取 $\boldsymbol{\Phi}(s)$ 的单边拉普拉斯反变换，得状态转移矩阵为

$$\boldsymbol{\varphi}(t)=\mathscr{UL}^{-1}\{\boldsymbol{\Phi}(s)\}=\begin{bmatrix}\mathrm{e}^{t}u(t) & \mathrm{e}^{t}u(t)-\mathrm{e}^{-t}u(t)\\ 0 & \mathrm{e}^{-t}u(t)\end{bmatrix}$$

再根据式(10.70)，得系统函数矩阵

$$\mathscr{H}(s)=\boldsymbol{C\Phi}(s)\boldsymbol{B}+\boldsymbol{D}=\begin{bmatrix}1 & 1\\ 0 & -1\end{bmatrix}\begin{bmatrix}\dfrac{1}{s-1} & \dfrac{2}{(s-1)(s+1)}\\ 0 & \dfrac{1}{s+1}\end{bmatrix}\begin{bmatrix}0 & 1\\ 1 & 0\end{bmatrix}+\begin{bmatrix}1 & 0\\ 1 & 0\end{bmatrix}=\begin{bmatrix}1+\dfrac{1}{s-1} & \dfrac{1}{s-1}\\ 1-\dfrac{1}{s+1} & 0\end{bmatrix}$$

取其单边拉普拉斯反变换，得冲激响应矩阵为

$$\boldsymbol{h}(t)=\mathscr{UL}^{-1}\{\mathscr{H}(s)\}=\begin{bmatrix}\delta(t)+\mathrm{e}^{t}u(t) & \mathrm{e}^{t}u(t)\\ \delta(t)-\mathrm{e}^{-t}u(t) & 0\end{bmatrix}$$

(2) 计算状态向量 $\boldsymbol{v}(t)$

状态向量的零输入分量

$$\boldsymbol{v}_{\mathrm{zi}}(t)=\mathscr{UL}^{-1}\{\boldsymbol{\Phi}(s)\boldsymbol{v}(0^{-})\}=\mathscr{UL}^{-1}\left\{\begin{bmatrix}\dfrac{1}{s-1} & \dfrac{2}{(s-1)(s+1)}\\ 0 & \dfrac{1}{s+1}\end{bmatrix}\begin{bmatrix}1\\ -1\end{bmatrix}\right\}=\mathscr{UL}^{-1}\left\{\begin{bmatrix}\dfrac{1}{s+1}\\ -\dfrac{1}{s+1}\end{bmatrix}\right\}=\begin{bmatrix}\mathrm{e}^{-t}u(t)\\ -\mathrm{e}^{-t}u(t)\end{bmatrix}$$

状态向量的零状态分量

$$\begin{aligned}\boldsymbol{v}_{\mathrm{zs}}(t)&=\mathscr{UL}^{-1}\{\boldsymbol{\Phi}(s)\boldsymbol{B}\mathscr{X}(s)\}\\ &=\mathscr{UL}^{-1}\left\{\begin{bmatrix}\dfrac{1}{s-1} & \dfrac{2}{(s-1)(s+1)}\\ 0 & \dfrac{1}{s+1}\end{bmatrix}\begin{bmatrix}0 & 1\\ 1 & 0\end{bmatrix}\begin{bmatrix}\dfrac{1}{s}\\ 1\end{bmatrix}\right\}=\mathscr{UL}^{-1}\begin{bmatrix}\dfrac{2}{(s-1)(s+1)s}+\dfrac{1}{s-1}\\ \dfrac{1}{(s+1)s}\end{bmatrix}\\ &=\begin{bmatrix}2\mathrm{e}^{t}u(t)+\mathrm{e}^{-t}u(t)-2u(t)\\ u(t)-\mathrm{e}^{-t}u(t)\end{bmatrix}\end{aligned}$$

于是，系统的状态向量为

$$\boldsymbol{v}(t)=\boldsymbol{v}_{\mathrm{zi}}(t)+\boldsymbol{v}_{\mathrm{zs}}(t)=\begin{bmatrix}\mathrm{e}^{-t}u(t)\\ -\mathrm{e}^{-t}u(t)\end{bmatrix}+\begin{bmatrix}2\mathrm{e}^{t}u(t)+\mathrm{e}^{-t}u(t)-2u(t)\\ u(t)-\mathrm{e}^{-t}u(t)\end{bmatrix}=\begin{bmatrix}2\mathrm{e}^{t}u(t)+2\mathrm{e}^{-t}u(t)-2u(t)\\ u(t)-2\mathrm{e}^{-t}u(t)\end{bmatrix}$$

(3) 计算输出 $\boldsymbol{y}(t)$

输出的零输入响应

$$\boldsymbol{y}_{\mathrm{zi}}(t)=\mathscr{UL}^{-1}\{\boldsymbol{C\Phi}(s)\boldsymbol{v}(0^{-})\}=\mathscr{UL}^{-1}\left\{\begin{bmatrix}1 & 1\\ 0 & -1\end{bmatrix}\begin{bmatrix}\dfrac{1}{s-1} & \dfrac{2}{(s-1)(s+1)}\\ 0 & \dfrac{1}{s+1}\end{bmatrix}\begin{bmatrix}1\\ -1\end{bmatrix}\right\}=\mathscr{UL}^{-1}\begin{bmatrix}0\\ \dfrac{1}{s+1}\end{bmatrix}=\begin{bmatrix}0\\ \mathrm{e}^{-t}u(t)\end{bmatrix}$$

输出的零状态响应

$$\boldsymbol{y}_{\mathrm{zs}}(t)=\mathscr{UL}^{-1}\{\mathscr{H}(s)\mathscr{X}(s)\}=\mathscr{UL}^{-1}\left\{\begin{bmatrix}1+\dfrac{1}{s-1} & \dfrac{1}{s-1}\\ 1-\dfrac{1}{s+1} & 0\end{bmatrix}\begin{bmatrix}\dfrac{1}{s}\\ 1\end{bmatrix}\right\}=\mathscr{UL}^{-1}\begin{bmatrix}\dfrac{2}{s-1}\\ \dfrac{1}{s+1}\end{bmatrix}=\begin{bmatrix}2\mathrm{e}^{t}u(t)\\ \mathrm{e}^{-t}u(t)\end{bmatrix}$$

因此，系统的完全响应为

$$\boldsymbol{y}(t)=\boldsymbol{y}_{\mathrm{zi}}(t)+\boldsymbol{y}_{\mathrm{zs}}(t)=\begin{bmatrix}0\\ \mathrm{e}^{-t}u(t)\end{bmatrix}+\begin{bmatrix}2\mathrm{e}^{t}u(t)\\ \mathrm{e}^{-t}u(t)\end{bmatrix}=\begin{bmatrix}2\mathrm{e}^{t}u(t)\\ 2\mathrm{e}^{-t}u(t)\end{bmatrix}$$

显然，本例应用复频域解法得出的$\boldsymbol{\varphi}(t)$、$\boldsymbol{y}(t)$和$\boldsymbol{v}(t)$均与例 10.6 的结果相同。

☞**注释：**以上重点讨论求解的概念与分析过程，实际应用中已有简单的计算机分析方法，这里不再叙述。

综上所述，将连续时间 LTI 系统状态空间分析的一般步骤归纳如下。

第一步，确定系统状态变量。一般来说，可以选取系统中表示记忆元件能量状况的物理量作为状态变量。通常，对于用方框图表示的连续系统，选取一阶系统(包括积分器)的输出变量为状态变量；对于 LTI 系统，选取独立电容电压和独立电感电流作为状态变量。

第二步，用直接法或间接法列出系统的状态空间方程。

第三步，计算状态转移矩阵

$$\boldsymbol{\varphi}(t)=\mathrm{e}^{\boldsymbol{A}t}$$

或分解矩阵

$$\boldsymbol{\Phi}(s)=(s\boldsymbol{I}-\boldsymbol{A})^{-1}$$

第四步，求状态向量$\boldsymbol{v}(t)$，其计算公式为

时域：$\boldsymbol{v}(t)=\boldsymbol{\varphi}(t)\boldsymbol{v}(0^{-})+\boldsymbol{\varphi}(t)\boldsymbol{B}*\boldsymbol{x}(t)$，$t>0$

复频域：$\boldsymbol{v}(t)=\mathscr{UL}^{-1}\{\boldsymbol{\Phi}(s)\boldsymbol{v}(0^{-})+\boldsymbol{\Phi}(s)\boldsymbol{B}\boldsymbol{\mathscr{X}}(s)\}$，$t>0$

第五步，计算冲激响应矩阵

$$\boldsymbol{h}(t)=\boldsymbol{C}\boldsymbol{\varphi}(t)\boldsymbol{B}+\boldsymbol{D}\delta(t),\quad t>0$$

或系统函数矩阵

$$\boldsymbol{\mathscr{H}}(s)=\boldsymbol{C}\boldsymbol{\Phi}(s)\boldsymbol{B}+\boldsymbol{D}$$

第六步，计算系统输出响应$\boldsymbol{y}(t)$。若状态向量解已经求出，可将它直接代入输出方程得到$\boldsymbol{y}(t)$；若状态向量解未知，可按下列公式计算。

时域：$\boldsymbol{y}(t)=\boldsymbol{C}\boldsymbol{\varphi}(t)\boldsymbol{v}(0^{-})+\boldsymbol{h}(t)*\boldsymbol{x}(t)$，$t>0$

复频域：$\boldsymbol{y}(t)=\mathscr{UL}^{-1}\{\boldsymbol{C}\boldsymbol{\Phi}(s)\boldsymbol{v}(0^{-})+\boldsymbol{\mathscr{H}}(s)\boldsymbol{\mathscr{X}}(s)\}$，$t>0$

10.3.3 系统函数矩阵与系统稳定性的判断

在前几章中，曾分别讨论了连续时间系统和离散时间系统的稳定性问题。对于一个因果连续时间 LTI 系统，如果其系统函数$H(s)$的所有极点都位于s平面的左半平面上，则该系统是稳定的。

在状态空间描述中，连续时间系统的系统函数矩阵为

$$\boldsymbol{H}(s)=\boldsymbol{C}\boldsymbol{\Phi}(s)\boldsymbol{B}+\boldsymbol{D}=\boldsymbol{C}(s\boldsymbol{I}-\boldsymbol{A})^{-1}\boldsymbol{B}+\boldsymbol{D}=\boldsymbol{C}\frac{\operatorname{adj}(s\boldsymbol{I}-\boldsymbol{A})}{\det(s\boldsymbol{I}-\boldsymbol{A})}\boldsymbol{B}+\boldsymbol{D}\tag{10.72}$$

对于因果系统，$\boldsymbol{H}(s)$与$\boldsymbol{\mathscr{H}}(s)$是等同的，这里不加区别。对于 LTI 系统，式(10.72)中$\boldsymbol{A}$、$\boldsymbol{B}$、$\boldsymbol{C}$、$\boldsymbol{D}$都是常数矩阵。所以，$\boldsymbol{H}(s)$的极点仅取决于特征方程$\det(s\boldsymbol{I}-\boldsymbol{A})=0$或$|s\boldsymbol{I}-\boldsymbol{A}|=0$的根，即矩阵$\boldsymbol{A}$的特征值。由此可见，在连续时间系统的状态空间描述中，当系统矩阵$\boldsymbol{A}$的特征值全部位于s平面的左半平面时，系统是稳定的；否则，系统是不稳定的。

矩阵$\boldsymbol{A}$的特征根在s平面上的分布情况可以用劳斯-赫尔维兹准则判定。

【例 10.8】设某连续系统的状态空间方程中，其系统矩阵

$$A=\begin{bmatrix}0 & 1 & 0\\ 0 & 0 & 1\\ -3 & -1 & -K\end{bmatrix}$$

当 K 满足什么条件时，系统是稳定的？

解 根据矩阵 A 的特征多项式

$$\det(s\boldsymbol{I}-\boldsymbol{A})=\det\begin{bmatrix}s & -1 & 0\\ 0 & s & -1\\ 3 & 1 & s+K\end{bmatrix}=s^3+Ks^2+s+3$$

列出劳斯阵列为

$$\begin{matrix}1 & 1\\ K & 3\\ 1-\dfrac{3}{K} & 0\\ 3 & \end{matrix}$$

若 A 的特征根均位于 s 平面的左半平面上，则必须要求劳斯阵列的第一列数均大于 0，故有

$$K>0$$

$$1-\frac{3}{K}>0$$

解得 $K>3$ 时，该系统是稳定的。

10.4 离散时间系统的状态空间分析

类似地，对离散时间系统也可以应用状态变量来分析。如果将连续时间变量 t 换为离散时间变量 n，响应的初始观察时间 t_0 换为 n_0，那么上述关于状态、状态变量的定义及状态空间方程描述和分析方法也适用于离散时间系统。

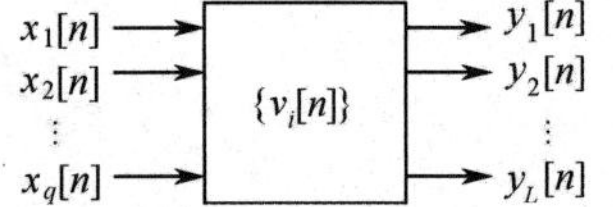

图 10.12 离散时间多输入多输出系统

设离散时间系统如图 10.12 所示，它有 q 个输入 $x_1[n], x_2[n], \cdots, x_q[n]$，$L$ 个输出 $y_1[n], y_2[n], \cdots, y_L[n]$，系统的 p 个状态变量记为 $v_1[n], v_2[n], \cdots, v_p[n]$，则其状态方程是关于状态变量的一阶差分方程组，输出方程是关于输入、输出和状态变量的代数方程组。两组方程的标准形式可写为

$$\boldsymbol{v}[n+1]=\boldsymbol{A}\boldsymbol{v}[n]+\boldsymbol{B}\boldsymbol{x}[n] \tag{10.73}$$

$$\boldsymbol{y}[n]=\boldsymbol{C}\boldsymbol{v}[n]+\boldsymbol{D}\boldsymbol{x}[n] \tag{10.74}$$

式中

$$\boldsymbol{v}[n]=[v_1[n], v_2[n], \cdots, v_p[n]]^{\mathrm{T}} \tag{10.75}$$

$$\boldsymbol{x}[n]=[x_1[n], x_2[n], \cdots, x_q[n]]^{\mathrm{T}} \tag{10.76}$$

$$\boldsymbol{y}[n]=[y_1[n], y_2[n], \cdots, y_L[n]]^{\mathrm{T}} \tag{10.77}$$

分别是离散时间系统的状态向量、输入向量和输出向量。系统矩阵 $\boldsymbol{A}$、$\boldsymbol{B}$、$\boldsymbol{C}$、$\boldsymbol{D}$ 分别为 $p\times p$、$p\times q$、$L\times p$、$L\times q$ 阶矩阵，对于 LTI 系统，其矩阵元素均为常量。

如果已知 $n=n_0$ 时刻系统的初始状态 $\boldsymbol{v}[n_0]$ 和 $n\geqslant n_0$ 时的输入 $\boldsymbol{x}[n]$，就能完全确定 $n\geqslant n_0$ 时的状态 $\boldsymbol{v}[n]$ 和输出 $\boldsymbol{y}[n]$。

10.4.1 状态空间方程的建立

与连续时间系统一样，利用状态空间方程分析离散时间系统，首先应建立系统的状态空间方程，即状态方程和输出方程，然后求解这组方程，得到该系统的状态向量解和输出向量解。

1. 由系统方框图建立状态空间方程

利用系统方框图建立离散时间 LTI 系统的状态空间方程的过程与连续时间系统类似。由于离散时间系统的状态方程是 $v_i[n+1]$ 与各状态变量 $v_i[n]$ 和输入 $x_i[n]$ 的关系，因此选择各延时单元 D（对应于支路 z^{-1}）的输出端信号为状态变量 $v_i[n]$，那么其输入端信号就是 $v_i[n+1]$，这样，根据系统方框图就可以列出该系统的状态方程和输出方程。下面举例说明离散时间系统状态空间方程的建立过程。

【例 10.9】已知离散时间系统方框图如图 10.13 所示，试建立其状态空间方程。

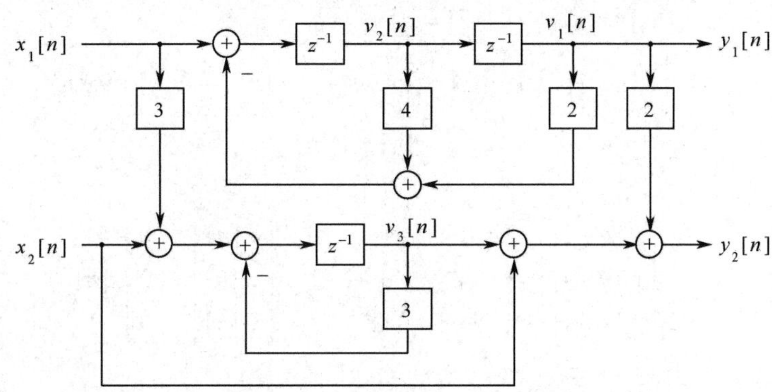

图 10.13 例 10.9 离散时间系统方框图

解 图 10.13 所示系统有 3 个延时单元，将其输出变量选作状态变量 $v_1[n]$、$v_2[n]$ 和 $v_3[n]$，如图中所示。在延时单元输入端和加法器输出端可分别写出以下状态方程和输出方程

$$\begin{cases}v_1[n+1]=v_2[n]\\ v_2[n+1]=-2v_1[n]-4v_2[n]+x_1[n]\\ v_3[n+1]=-3v_3[n]+3x_1[n]+x_2[n]\end{cases}$$

$$\begin{cases}y_1[n]=v_1[n]\\ y_2[n]=2v_1[n]+v_3[n]+x_2[n]\end{cases}$$

写成矩阵形式为

$$\begin{bmatrix}v_1[n+1]\\ v_2[n+1]\\ v_3[n+1]\end{bmatrix}=\begin{bmatrix}0&1&0\\ -2&-4&0\\ 0&0&-3\end{bmatrix}\begin{bmatrix}v_1[n]\\ v_2[n]\\ v_3[n]\end{bmatrix}+\begin{bmatrix}0&0\\ 1&0\\ 3&1\end{bmatrix}\begin{bmatrix}x_1[n]\\ x_2[n]\end{bmatrix}$$

$$\begin{bmatrix}y_1[n]\\ y_2[n]\end{bmatrix}=\begin{bmatrix}1&0&0\\ 2&0&1\end{bmatrix}\begin{bmatrix}v_1[n]\\ v_2[n]\\ v_3[n]\end{bmatrix}+\begin{bmatrix}0&0\\ 0&1\end{bmatrix}\begin{bmatrix}x_1[n]\\ x_2[n]\end{bmatrix}$$

2. 由差分方程建立状态空间方程

若离散时间系统是用差分方程描述的，可选择适当的状态变量把差分方程化为关于状态变量的一阶差分方程组，这个差分方程组就是该系统的状态空间方程；也可由系统的差分方程先求出系统函数 $H(z)$，然后由 $H(z)$ 画出系统的方框图，再从方框图建立系统的状态空间方程。

【例 10.10】描述某离散时间系统的差分方程为

$$y[n]-\frac{3}{4}y[n-1]-\frac{3}{8}y[n-2]+\frac{1}{8}y[n-3]=9x[n-3]$$

试写出其状态方程和输出方程。

解 方法 1：差分方程可变形为

$$y[n+3]-\frac{3}{4}y[n+2]-\frac{3}{8}y[n+1]+\frac{1}{8}y[n]=9x[n]$$

令 $y[n]$、$y[n+1]$、$y[n+2]$ 为系统的状态变量，分别用 $v_1[n]$、$v_2[n]$、$v_3[n]$ 表示，则由差分方程得系统状态方程和输出方程为

$$\begin{cases} v_1[n+1]=y[n+1]=v_2[n] \\ v_2[n+1]=y[n+2]=v_3[n] \\ v_3[n+1]=y[n+3]=\dfrac{3}{4}v_3[n]+\dfrac{3}{8}v_2[n]-\dfrac{1}{8}v_1[n]+9x[n] \end{cases}$$

$$y[n]=v_1[n]$$

写成矩阵形式为

$$\begin{bmatrix} v_1[n+1] \\ v_2[n+1] \\ v_3[n+1] \end{bmatrix}=\begin{bmatrix} 0 & 1 & 0 \\ 0 & 0 & 1 \\ -1/8 & 3/8 & 3/4 \end{bmatrix}\begin{bmatrix} v_1[n] \\ v_2[n] \\ v_3[n] \end{bmatrix}+\begin{bmatrix} 0 \\ 0 \\ 9 \end{bmatrix}x[n]$$

$$y[n]=\begin{bmatrix} 1 & 0 & 0 \end{bmatrix}\begin{bmatrix} v_1[n] \\ v_2[n] \\ v_3[n] \end{bmatrix}$$

方法 2：通过差分方程，不难得到该系统的系统函数

$$H(z)=\frac{9z^{-3}}{1-\dfrac{3}{4}z^{-1}-\dfrac{3}{8}z^{-2}+\dfrac{1}{8}z^{-3}}$$

根据 $H(z)$，可画出如图 10.14 所示的系统的直接型方框图。

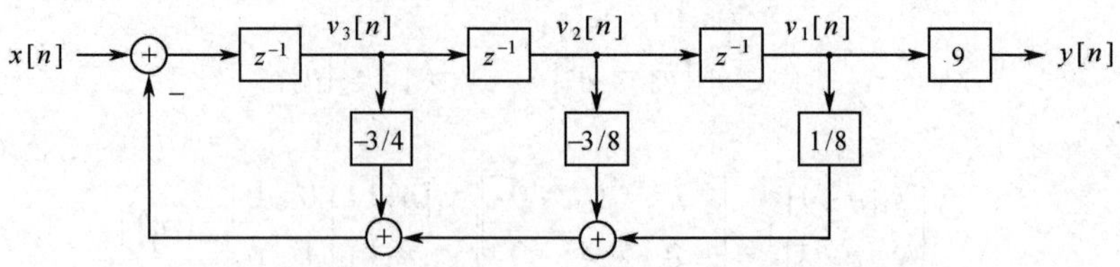

图 10.14 例 10.10 系统的直接型方框图

选择延时单元 z^{-1} 的输出信号为状态变量(见图 10.14)，可列出状态方程和输出方程为

$$\begin{cases} v_1[n+1]=v_2[n] \\ v_2[n+1]=v_3[n] \\ v_3[n+1]=-\dfrac{1}{8}v_1[n]+\dfrac{3}{8}v_2[n]+\dfrac{3}{4}v_3[n]+x[n] \end{cases}$$

$$y[n]=9v_1[n]$$

将它们写成矩阵形式为

$$\begin{bmatrix} v_1[n+1] \\ v_2[n+1] \\ v_3[n+1] \end{bmatrix}=\begin{bmatrix} 0 & 1 & 0 \\ 0 & 0 & 1 \\ -1/8 & 3/8 & 3/4 \end{bmatrix}\begin{bmatrix} v_1[n] \\ v_2[n] \\ v_3[n] \end{bmatrix}+\begin{bmatrix} 0 \\ 0 \\ 1 \end{bmatrix}x[n]$$

$$y[n]=[9\quad 0\quad 0]\begin{bmatrix} v_1[n] \\ v_2[n] \\ v_3[n] \end{bmatrix}$$

同时可将系统函数写为

$$H(z)=\frac{9z^{-3}}{(1-\frac{1}{4}z^{-1})(1+\frac{1}{2}z^{-1})(1-z^{-1})}=\frac{z^{-1}}{1-\frac{1}{4}z^{-1}}\cdot\frac{z^{-1}}{1+\frac{1}{2}z^{-1}}\cdot\frac{9z^{-1}}{1-z^{-1}}=\frac{-64}{1-\frac{1}{4}z^{-1}}+\frac{-16}{1+\frac{1}{2}z^{-1}}+\frac{8}{1-z^{-1}}$$

分别画出如图 10.15 所示的级联型与如图 10.16 所示的并联型方框图。

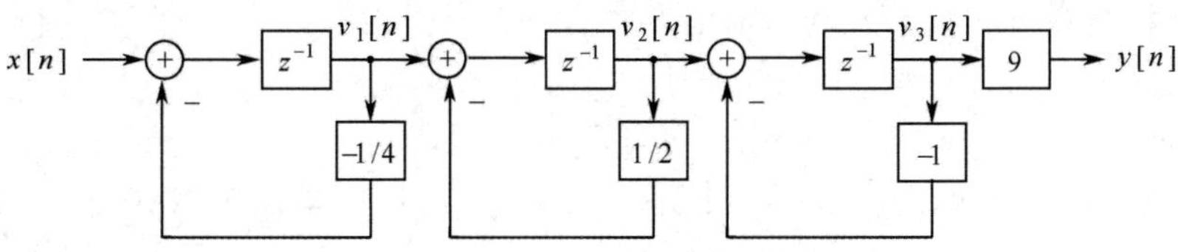

图 10.15　例 10.10 系统的级联型方框图

在级联型方框图中，选择延时单元 z^{-1} 的输出信号为状态变量(见图 10.15)，可列出状态方程和输出方程为

$$\begin{cases} v_1[n+1]=\dfrac{1}{4}v_1[n]+x[n] \\ v_2[n+1]=v_1[n]-\dfrac{1}{2}v_2[n] \\ v_3[n+1]=v_2[n]+v_3[n] \end{cases}$$

$$y[n]=9v_3[n]$$

将它们写成矩阵形式为

$$\begin{bmatrix} v_1[n+1] \\ v_2[n+1] \\ v_3[n+1] \end{bmatrix}=\begin{bmatrix} 1/4 & 0 & 0 \\ 1 & -1/2 & 0 \\ 0 & 1 & 1 \end{bmatrix}\begin{bmatrix} v_1[n] \\ v_2[n] \\ v_3[n] \end{bmatrix}+\begin{bmatrix} 1 \\ 0 \\ 0 \end{bmatrix}x[n]$$

$$y[n]=[0\quad 0\quad 9]\begin{bmatrix} v_1[n] \\ v_2[n] \\ v_3[n] \end{bmatrix}$$

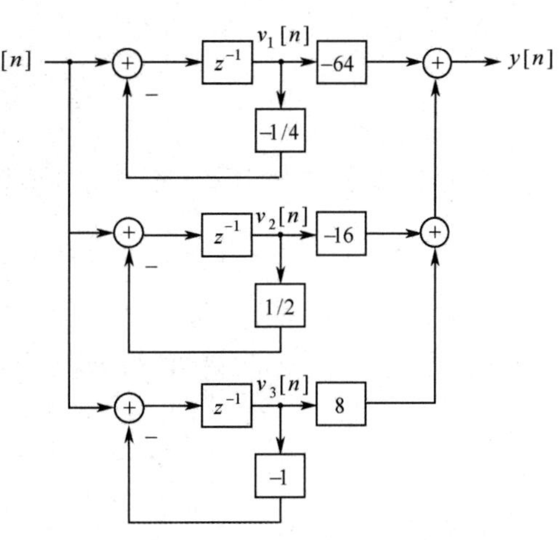

图10.16　例10.10系统的并联型方框图

在并联型方框图中，选择延时单元 z^{-1} 的输

出信号为状态变量(见图 10.16)，可列出状态方程和输出方程为

$$\begin{bmatrix} v_1[n+1] \\ v_2[n+1] \\ v_3[n+1] \end{bmatrix} = \begin{bmatrix} 1/4 & 0 & 0 \\ 0 & -1/2 & 0 \\ 0 & 0 & 1 \end{bmatrix} \begin{bmatrix} v_1[n] \\ v_2[n] \\ v_3[n] \end{bmatrix} + \begin{bmatrix} 1 \\ 1 \\ 1 \end{bmatrix} x[n]$$

$$y[n] = [-64 \quad -16 \quad 8] \begin{bmatrix} v_1[n] \\ v_2[n] \\ v_3[n] \end{bmatrix}$$

☞**注释**：与连续时间系统类似，选取的状态变量不同，系统矩阵也有所差别。

【例 10.11】描述某离散时间系统的差分方程为

$$y[n]+2y[n-1]-3y[n-2]+4y[n-3]=x[n-1]+2x[n-2]-3x[n-3]$$

试写出其状态方程和输出方程。

解 方法 1：差分方程可变形为

$$y[n+3]+2y[n+2]-3y[n+1]+4y[n]=x[n+2]+2x[n+1]-3x[n]$$

选择中间变量 $w[n]$，有

$$\begin{cases} w[n+3]+2w[n+2]-3w[n+1]+4w[n]=x[n] \\ y[n]=w[n+2]+2w[n+1]-3w[n] \end{cases}$$

令中间变量 $w[n]$、$w[n+1]$、$w[n+2]$ 为系统的状态变量，分别用 $v_1[n]$、$v_2[n]$、$v_3[n]$ 表示，则由差分方程得系统的状态方程与输出方程

$$\begin{cases} v_1[n+1]=w[n+1]=v_2[n] \\ v_2[n+1]=w[n+2]=v_3[n] \\ v_3[n+1]=w[n+3]=-2v_3[n]+3v_2[n]-4v_1[n]+x[n] \end{cases}$$

$$y[n]=v_3[n]+2v_2[n]-3v_1[n]$$

写成矩阵形式为

$$\begin{bmatrix} v_1[n+1] \\ v_2[n+1] \\ v_3[n+1] \end{bmatrix} = \begin{bmatrix} 0 & 1 & 0 \\ 0 & 0 & 1 \\ -4 & 3 & -2 \end{bmatrix} \begin{bmatrix} v_1[n] \\ v_2[n] \\ v_3[n] \end{bmatrix} + \begin{bmatrix} 0 \\ 0 \\ 1 \end{bmatrix} x[n]$$

$$y[n] = \begin{bmatrix} -3 & 2 & 1 \end{bmatrix} \begin{bmatrix} v_1[n] \\ v_2[n] \\ v_3[n] \end{bmatrix}$$

方法 2：通过差分方程，不难得到该系统的系统函数

$$H(z)=\frac{z^{-1}+2z^{-2}-3z^{-3}}{1+2z^{-1}-3z^{-2}+4z^{-3}}$$

根据 $H(z)$，可画出如图 10.17 所示的直接型方框图。

选择延时单元 z^{-1} 的输出信号为状态变量(见图 10.17)，可列出状态方程和输出方程为

$$\begin{bmatrix} v_1[n+1] \\ v_2[n+1] \\ v_3[n+1] \end{bmatrix} = \begin{bmatrix} 0 & 1 & 0 \\ 0 & 0 & 1 \\ -4 & 3 & -2 \end{bmatrix} \begin{bmatrix} v_1[n] \\ v_2[n] \\ v_3[n] \end{bmatrix} + \begin{bmatrix} 0 \\ 0 \\ 1 \end{bmatrix} x[n]$$

$$y[n]=[-3 \quad 2 \quad 1]\begin{bmatrix} v_1[n] \\ v_2[n] \\ v_3[n] \end{bmatrix}$$

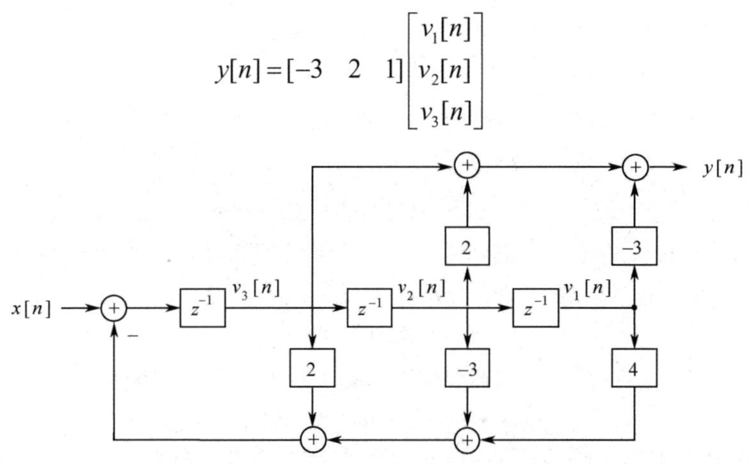

图 10.17　例 10.11 系统的直接型方框图

10.4.2　状态空间方程的求解

描述离散时间 LTI 系统的状态空间方程由状态方程和输出方程组成，其标准形式可分别表示为

$$\boldsymbol{v}[n+1]=\boldsymbol{A}\boldsymbol{v}[n]+\boldsymbol{B}\boldsymbol{x}[n] \tag{10.78}$$

$$\boldsymbol{y}[n]=\boldsymbol{C}\boldsymbol{v}[n]+\boldsymbol{D}\boldsymbol{x}[n] \tag{10.79}$$

式中，$\boldsymbol{x}[n]$、$\boldsymbol{v}[n]$ 和 $\boldsymbol{y}[n]$ 分别是系统的输入向量、状态向量和输出向量，$\boldsymbol{A}$、$\boldsymbol{B}$、$\boldsymbol{C}$ 和 $\boldsymbol{D}$ 均为常量矩阵。

离散时间系统状态空间方程的求解与连续时间系统状态空间方程的求解相似，分为时域解法和复频域(z 域)解法。

1. 状态空间方程的时域求解

由于式(10.78)是一阶差分方程，在给定系统的初始状态 $\boldsymbol{v}[n_0]$ 后，可直接用迭代法或递推法来求解，这也是离散时间系统能方便地利用计算机进行求解的优点。

当给定系统在 $n=0$ 时的初始状态变量 $\boldsymbol{v}[0]$ 及 $n \geqslant 0$ 的输入向量 $\boldsymbol{x}[n]$ 后，利用差分方程的递推性质，依次令式(10.78)中 $n=0,1,2,\cdots$，就可以求得相应的状态向量解 $\boldsymbol{v}[1],\boldsymbol{v}[2],\cdots$，即

$$\begin{aligned}
&\boldsymbol{v}[1]=\boldsymbol{A}\boldsymbol{v}[0]+\boldsymbol{B}\boldsymbol{x}[0] \\
&\boldsymbol{v}[2]=\boldsymbol{A}\boldsymbol{v}[1]+\boldsymbol{B}\boldsymbol{x}[1]=\boldsymbol{A}[\boldsymbol{A}\boldsymbol{v}[0]+\boldsymbol{B}\boldsymbol{x}[0]]+\boldsymbol{B}\boldsymbol{x}[1]=\boldsymbol{A}^2\boldsymbol{v}[0]+\boldsymbol{A}\boldsymbol{B}\boldsymbol{x}[0]+\boldsymbol{B}\boldsymbol{x}[1] \\
&\boldsymbol{v}[3]=\boldsymbol{A}\boldsymbol{v}[2]+\boldsymbol{B}\boldsymbol{x}[2]=\boldsymbol{A}[\boldsymbol{A}^2\boldsymbol{v}[0]+\boldsymbol{A}\boldsymbol{B}\boldsymbol{x}[0]+\boldsymbol{B}\boldsymbol{x}[1]]+\boldsymbol{B}\boldsymbol{x}[2]=\boldsymbol{A}^3\boldsymbol{v}[0]+\boldsymbol{A}^2\boldsymbol{B}\boldsymbol{x}[0]+\boldsymbol{A}\boldsymbol{B}\boldsymbol{x}[1]+\boldsymbol{B}\boldsymbol{x}[2] \\
&\qquad\vdots
\end{aligned} \tag{10.80}$$

从而可以写出状态向量的时域解表达式为

$$\begin{aligned}
\boldsymbol{v}[n]&=\boldsymbol{A}^n\boldsymbol{v}[0]+\boldsymbol{A}^{n-1}\boldsymbol{B}\boldsymbol{x}[0]+\boldsymbol{A}^{n-2}\boldsymbol{B}\boldsymbol{x}[1]+\cdots+\boldsymbol{A}\boldsymbol{B}\boldsymbol{x}[n-2]+\boldsymbol{B}\boldsymbol{x}[n-1] \\
&=\underbrace{\boldsymbol{A}^n\boldsymbol{v}[0]}_{\text{零输入分量}}+\underbrace{\sum_{i=0}^{n-1}\boldsymbol{A}^{n-1-i}\boldsymbol{B}\boldsymbol{x}[i]}_{\text{零状态分量}}
\end{aligned} \tag{10.81}$$

可见，状态向量解 $\boldsymbol{v}[n]$ 包含两部分：第一部分 $\boldsymbol{A}^n\boldsymbol{v}[0]$ 与输入序列无关，仅取决于初始状态，故称为状态向量的零输入分量；第二部分 $\sum_{i=0}^{n-1}\boldsymbol{A}^{n-1-i}\boldsymbol{B}\boldsymbol{x}[i]$ 与初始状态无关，仅取决于输入序列，

故称为状态向量的零状态分量。

当 $\boldsymbol{x}[n]$ 为因果信号时，根据卷积和定义，式(10.81)可以写成

$$\boldsymbol{v}[n]=\boldsymbol{A}^n\boldsymbol{v}[0]+\boldsymbol{A}^{n-1}\boldsymbol{B}*\boldsymbol{x}[n]=\boldsymbol{\varphi}[n]\boldsymbol{v}[0]+\boldsymbol{\varphi}[n-1]\boldsymbol{B}*\boldsymbol{x}[n] \tag{10.82}$$

式中

$$\boldsymbol{\varphi}[n]\triangleq\boldsymbol{A}^n，\quad n\geqslant 0 \tag{10.83}$$

称为离散时间系统的状态转移矩阵，其作用与连续时间系统中的状态转移矩阵 $\boldsymbol{\varphi}(t)=\mathrm{e}^{\boldsymbol{A}t}$ 相仿。

将式(10.82)代入式(10.79)，得系统的输出响应为

$$\begin{aligned}\boldsymbol{y}[n]&=\boldsymbol{C}\boldsymbol{v}[n]+\boldsymbol{D}\boldsymbol{x}[n]\\&=\boldsymbol{C}\boldsymbol{\varphi}[n]\boldsymbol{v}[0]+\boldsymbol{C}\boldsymbol{\varphi}[n-1]\boldsymbol{B}*\boldsymbol{x}[n]+\boldsymbol{D}\boldsymbol{x}[n]\\&=\boldsymbol{C}\boldsymbol{\varphi}[n]\boldsymbol{v}[0]+\boldsymbol{h}[n]*\boldsymbol{x}[n]\end{aligned} \tag{10.84}$$

式中，$\boldsymbol{C}\boldsymbol{\varphi}[n]\boldsymbol{v}[0]$ 为零输入响应，$\boldsymbol{h}[n]*\boldsymbol{x}[n]$ 为零状态响应，且有

$$\boldsymbol{\delta}[n]\triangleq\begin{bmatrix}\delta[n]&0&0&0\\0&\delta[n]&0&0\\\vdots&\vdots&\ddots&\vdots\\0&0&\cdots&\delta[n]\end{bmatrix} \tag{10.85}$$

和

$$\boldsymbol{h}[n]\triangleq\boldsymbol{C}\boldsymbol{\varphi}[n-1]\boldsymbol{B}+\boldsymbol{D}\boldsymbol{\delta}[n] \tag{10.86}$$

分别称为单位冲激序列矩阵和离散时间系统的冲激响应矩阵。对于有 q 个输入、L 个输出的离散时间冲激响应矩阵 $\boldsymbol{h}[n]$，它的第 i 行第 j 列元素 $h_{ij}[n]$ 是当第 j 个输入 $x_j[n]=\delta[n]$ 单独作用时，在第 i 个输出处的冲激响应。单位冲激序列矩阵 $\boldsymbol{\delta}[n]$ 为 $q\times q$ 阶方阵，它是对角线上元素均为单位冲激序列的冲激函数 $\delta[n]$ 的矩阵。

由式(10.83)和式(10.84)可见，在离散时间系统状态空间方程求解中，状态转移矩阵 $\boldsymbol{\varphi}[n]$ 是非常重要的。状态转移矩阵 $\boldsymbol{\varphi}[n]$ 具有以下重要性质：

(1) $\boldsymbol{\varphi}[0]=\boldsymbol{I}$。

(2) $\boldsymbol{\varphi}[n-n_0]=\boldsymbol{\varphi}[n-n_1]\boldsymbol{\varphi}[n_1-n_0]$。

(3) $\boldsymbol{\varphi}^{-1}[n-n_0]=\boldsymbol{\varphi}[n_0-n]$。

【例 10.12】某离散时间系统的状态方程为

$$\begin{bmatrix}v_1[n+1]\\v_2[n+1]\end{bmatrix}=\begin{bmatrix}1/2&0\\1/4&1/4\end{bmatrix}\begin{bmatrix}v_1[n]\\v_2[n]\end{bmatrix}+\begin{bmatrix}1\\0\end{bmatrix}x[n]$$

设初始状态和输入为 $\begin{bmatrix}v_1[0]\\v_2[0]\end{bmatrix}=\begin{bmatrix}0\\0\end{bmatrix}$，$x[n]=\delta[n]$，求状态方程的解。

解 将输入 $x[n]$ 和初始状态逐次代入状态方程。

令 $n=0$，得

$$\begin{bmatrix}v_1[1]\\v_2[1]\end{bmatrix}=\begin{bmatrix}1/2&0\\1/4&1/4\end{bmatrix}\begin{bmatrix}0\\0\end{bmatrix}+\begin{bmatrix}1\\0\end{bmatrix}[1]=\begin{bmatrix}1\\0\end{bmatrix}$$

令 $n=1$，得

$$\begin{bmatrix}v_1[2]\\v_2[2]\end{bmatrix}=\begin{bmatrix}1/2&0\\1/4&1/4\end{bmatrix}\begin{bmatrix}1\\0\end{bmatrix}+\begin{bmatrix}1\\0\end{bmatrix}[0]=\begin{bmatrix}1/2\\1/4\end{bmatrix}$$

令$n=2$，得

$$\begin{bmatrix} v_1[3] \\ v_2[3] \end{bmatrix} = \begin{bmatrix} 1/2 & 0 \\ 1/4 & 1/4 \end{bmatrix} \begin{bmatrix} 1/2 \\ 1/4 \end{bmatrix} + \begin{bmatrix} 1 \\ 0 \end{bmatrix} [0] = \begin{bmatrix} 1/4 \\ 3/16 \end{bmatrix}$$

依次类推，如此不断进行，就可以求得状态变量的解$v_1[1], v_1[2], v_1[3], \cdots$。但这种方法一般难以得到闭合形式解。

【例 10.13】 某离散时间系统的状态方程和输出方程分别为

$$\begin{bmatrix} v_1[n+1] \\ v_2[n+1] \end{bmatrix} = \begin{bmatrix} 1/2 & 0 \\ 1/4 & 1/4 \end{bmatrix} \begin{bmatrix} v_1[n] \\ v_2[n] \end{bmatrix} + \begin{bmatrix} 1 \\ 0 \end{bmatrix} x[n]$$

$$\begin{bmatrix} y_1[n] \\ y_2[n] \end{bmatrix} = \begin{bmatrix} 1 & 1 \\ 0 & -1 \end{bmatrix} \begin{bmatrix} v_1[n] \\ v_2[n] \end{bmatrix} + \begin{bmatrix} 0 \\ 0 \end{bmatrix} x[n]$$

其初始状态和输入分别为$\begin{bmatrix} v_1[0] \\ v_2[0] \end{bmatrix} = \begin{bmatrix} 1 \\ 2 \end{bmatrix}$，$x[n]=u[n]$，试求系统的状态和输出。

解 (1) 求状态转移矩阵$\boldsymbol{\varphi}[n]$

由给定方程知系统矩阵

$$\boldsymbol{A} = \begin{bmatrix} 1/2 & 0 \\ 1/4 & 1/4 \end{bmatrix}$$

系统的特征多项式

$$q(\lambda) = \det(\lambda \boldsymbol{I} - \boldsymbol{A}) = \det \begin{bmatrix} \lambda - 1/2 & 0 \\ -1/4 & \lambda - 1/4 \end{bmatrix} = (\lambda - \frac{1}{2})(\lambda - \frac{1}{4})$$

求其特征根为$\lambda_1 = \dfrac{1}{2}$，$\lambda_2 = \dfrac{1}{4}$。

用成分矩阵法求$\boldsymbol{A}^n$，矩阵指数函数可写为

$$\boldsymbol{A}^n = \lambda_1{}^n \boldsymbol{E}_1 + \lambda_2{}^n \boldsymbol{E}_2$$

求成分矩阵

$$\boldsymbol{E}_1 = \frac{\boldsymbol{A} - \lambda_2 \boldsymbol{I}}{\lambda_1 - \lambda_2} = \frac{\begin{bmatrix} 1/2 & 0 \\ 1/4 & 1/4 \end{bmatrix} - \frac{1}{4} \begin{bmatrix} 1 & 0 \\ 0 & 1 \end{bmatrix}}{\frac{1}{2} - \frac{1}{4}} = \begin{bmatrix} 1 & 0 \\ 1 & 0 \end{bmatrix}$$

$$\boldsymbol{E}_2 = \frac{\boldsymbol{A} - \lambda_1 \boldsymbol{I}}{\lambda_2 - \lambda_1} = \frac{\begin{bmatrix} 1/2 & 0 \\ 1/4 & 1/4 \end{bmatrix} - \frac{1}{2} \begin{bmatrix} 1 & 0 \\ 0 & 1 \end{bmatrix}}{\frac{1}{4} - \frac{1}{2}} = \begin{bmatrix} 0 & 0 \\ -1 & 1 \end{bmatrix}$$

将它们代入矩阵指数式，得状态转移矩阵为

$$\boldsymbol{\varphi}[n] = \boldsymbol{A}^n = (1/2)^n \begin{bmatrix} 1 & 0 \\ 1 & 0 \end{bmatrix} + (1/4)^n \begin{bmatrix} 0 & 0 \\ -1 & 1 \end{bmatrix} = \begin{bmatrix} (1/2)^n & 0 \\ (1/2)^n - (1/4)^n & (1/4)^n \end{bmatrix}, \quad n \geqslant 0$$

(2) 求状态方程的解

$$\boldsymbol{v}[n] = \boldsymbol{\varphi}[n]\boldsymbol{v}[0] + \boldsymbol{\varphi}[n-1]\boldsymbol{B} * \boldsymbol{x}[n]$$

将有关矩阵代入上式，得零输入分量为

$$\boldsymbol{v}_{\mathrm{zi}}[n]=\boldsymbol{\varphi}[n]\boldsymbol{v}[0]=\begin{bmatrix}(1/2)^n & 0\\(1/2)^n-(1/4)^n & (1/4)^n\end{bmatrix}\begin{bmatrix}1\\2\end{bmatrix}=\begin{bmatrix}(1/2)^n\\(1/2)^n+(1/4)^n\end{bmatrix},\quad n\geqslant 0$$

零状态分量为

$$\boldsymbol{v}_{\mathrm{zs}}[n]=\boldsymbol{\varphi}[n-1]\boldsymbol{B}*\boldsymbol{x}[n]=\begin{bmatrix}(1/2)^{n-1} & 0\\(1/2)^{n-1}-(1/4)^{n-1} & (1/4)^{n-1}\end{bmatrix}\begin{bmatrix}1\\0\end{bmatrix}*u[n]$$

$$=\begin{bmatrix}(1/2)^{n-1}\\(1/2)^{n-1}-(1/4)^{n-1}\end{bmatrix}*u[n]=\begin{bmatrix}2-2(1/2)^{n-1}\\\dfrac{2}{3}-2(1/2)^{n-1}+\dfrac{4}{3}(1/4)^{n-1}\end{bmatrix},\quad n\geqslant 0$$

其状态向量为

$$\boldsymbol{v}[n]=\boldsymbol{v}_{\mathrm{zi}}[n]+\boldsymbol{v}_{\mathrm{zs}}[n]=\begin{bmatrix}(1/2)^n\\(1/2)^n+(1/4)^n\end{bmatrix}+\begin{bmatrix}2-2(1/2)^n\\\dfrac{2}{3}-2(1/2)^n+\dfrac{4}{3}(1/4)^n\end{bmatrix}=\begin{bmatrix}2-(1/2)^n\\\dfrac{2}{3}-(1/2)^n+\dfrac{7}{3}(1/4)^n\end{bmatrix},\quad n\geqslant 0$$

(3) 求系统输出

$$\boldsymbol{y}[n]=\boldsymbol{C}\boldsymbol{\varphi}[n-1]\boldsymbol{B}*\boldsymbol{x}[n]+\boldsymbol{D}\boldsymbol{x}[n]$$

将$\boldsymbol{v}[0]$，$\boldsymbol{\varphi}[n]$，$\boldsymbol{x}[n]$代入上式得零输入响应为

$$\boldsymbol{y}_{\mathrm{zi}}[n]=\boldsymbol{C}\boldsymbol{\varphi}[n]\boldsymbol{v}[0]=\begin{bmatrix}1 & 1\\0 & -1\end{bmatrix}\begin{bmatrix}(1/2)^n & 0\\(1/2)^n-(1/4)^n & (1/4)^n\end{bmatrix}\begin{bmatrix}1\\2\end{bmatrix}=\begin{bmatrix}2(1/2)^n+(1/4)^n\\-(1/2)^n-(1/4)^n\end{bmatrix},\quad n\geqslant 0$$

零状态响应($\boldsymbol{D}=0$)为

$$\boldsymbol{y}_{\mathrm{zs}}[n]=\boldsymbol{C}\boldsymbol{\varphi}[n-1]\boldsymbol{B}*\boldsymbol{x}[n]+\boldsymbol{D}\boldsymbol{x}[n]$$

$$=\begin{bmatrix}1 & 1\\0 & -1\end{bmatrix}\begin{bmatrix}(1/2)^{n-1} & 0\\(1/2)^{n-1}-(1/4)^{n-1} & (1/4)^{n-1}\end{bmatrix}\begin{bmatrix}1\\0\end{bmatrix}*u[n]=\begin{bmatrix}2(1/2)^{n-1}-(1/4)^{n-1}\\-(1/2)^{n-1}+(1/4)^{n-1}\end{bmatrix}*u[n]$$

$$=\begin{bmatrix}\dfrac{8}{3}-4(1/2)^n+\dfrac{4}{3}(1/4)^n\\-\dfrac{2}{3}+2(1/2)^n-\dfrac{4}{3}(1/4)^n\end{bmatrix},\quad n\geqslant 0$$

其完全响应为

$$\boldsymbol{y}[n]=\boldsymbol{y}_{\mathrm{zi}}[n]+\boldsymbol{y}_{\mathrm{zs}}[n]$$

$$=\begin{bmatrix}2(1/2)^n+(1/4)^n\\-(1/2)^n-(1/4)^n\end{bmatrix}+\begin{bmatrix}\dfrac{8}{3}-4(1/2)^n+\dfrac{4}{3}(1/4)^n\\-\dfrac{2}{3}+2(1/2)^n-\dfrac{4}{3}(1/4)^n\end{bmatrix}$$

$$=\begin{bmatrix}\dfrac{8}{3}-2(1/2)^n+\dfrac{7}{3}(1/4)^n\\-\dfrac{2}{3}+(1/2)^n-\dfrac{7}{3}(1/4)^n\end{bmatrix},\quad n\geqslant 0$$

2. 状态空间方程的复频域求解

对于离散时间系统的状态空间方程，除直接在时域求解外，还可以在复频域（z 域）中求解。对于离散时间 LTI 系统的状态方程，设状态变量矩阵$\boldsymbol{v}[n]$和输入序列矩阵$\boldsymbol{x}[n]$的单边 z 变换分别为$\boldsymbol{v}[n]\xleftrightarrow{\mathscr{UZ}}\boldsymbol{\mathscr{V}}(z)$，$\boldsymbol{x}[n]\xleftrightarrow{\mathscr{UZ}}\boldsymbol{\mathscr{X}}(z)$，对式(10.78)的状态方程进行单边 z 变换得

$$z\mathscr{V}(z) - z\boldsymbol{v}[0] = \boldsymbol{A}\mathscr{V}(z) + \boldsymbol{B}\mathscr{X}(z) \tag{10.87}$$

即

$$(z\boldsymbol{I} - \boldsymbol{A})\mathscr{V}(z) = z\boldsymbol{v}[0] + \boldsymbol{B}\mathscr{X}(z) \tag{10.88}$$

将上式两端同时左乘$(z\boldsymbol{I} - \boldsymbol{A})^{-1}$得

$$\mathscr{V}(z) = (z\boldsymbol{I} - \boldsymbol{A})^{-1} z\boldsymbol{v}[0] + (z\boldsymbol{I} - \boldsymbol{A})^{-1}\boldsymbol{B}\mathscr{X}(z) \tag{10.89}$$

上式第一项是状态向量$\boldsymbol{v}[n]$零输入分量的单边z变换，第二项是状态向量$\boldsymbol{v}[n]$零状态分量的单边z变换。对上式取单边z反变换，并与式(10.84)相比较，可得状态转移矩阵

$$\boldsymbol{\varphi}[n] = \boldsymbol{A}^n = \mathscr{UZ}^{-1}\{(z\boldsymbol{I} - \boldsymbol{A})^{-1} z\} \tag{10.90}$$

即$\boldsymbol{\Phi}(z) = (z\boldsymbol{I} - \boldsymbol{A})^{-1} z$，称为分解矩阵。于是有

$$\mathscr{V}(z) = \boldsymbol{\Phi}(z)\boldsymbol{v}[0] + z^{-1}\boldsymbol{\Phi}(z)\boldsymbol{B}\mathscr{X}(z) \tag{10.91}$$

同样，对式(10.79)的输出方程取其单边z变换，得

$$\mathscr{Y}(z) = \boldsymbol{C}\mathscr{V}(z) + \boldsymbol{D}\mathscr{X}(z) \tag{10.92}$$

将$\mathscr{V}(z)$代入上式，则有

$$\begin{aligned}\mathscr{Y}(z) &= \boldsymbol{C}\left[\boldsymbol{\Phi}(z)\boldsymbol{v}[0] + z^{-1}\boldsymbol{\Phi}(z)\boldsymbol{B}\mathscr{X}(z)\right] + \boldsymbol{D}\mathscr{X}(z) \\ &= \boldsymbol{C}\boldsymbol{\Phi}(z)\boldsymbol{v}[0] + [\boldsymbol{C}z^{-1}\boldsymbol{\Phi}(z)\boldsymbol{B}\mathscr{X}(z) + \boldsymbol{D}\mathscr{X}(z)] \\ &= \boldsymbol{\Phi}(z)\boldsymbol{v}[0] + \mathscr{H}(z)\mathscr{X}(z)\end{aligned} \tag{10.93}$$

由此可知，上式中第一项为零输入响应的单边z变换；第二项为零状态响应的单边z变换。其中

$$\mathscr{H}(z) = \boldsymbol{C}z^{-1}\boldsymbol{\Phi}(z)\boldsymbol{B} + \boldsymbol{D} \tag{10.94}$$

称为系统函数矩阵或转移函数矩阵，它是冲激响应矩阵$\boldsymbol{h}[n]$的单边z变换，其第i行第j列元素$h_{ij}(z)$是第i个输出分量对第j个输入分量的转移函数。

上述讨论表明，离散时间系统状态空间方程的z域解法与连续时间系统状态空间方程的s域解法是非常类似的。其中，矩阵$\boldsymbol{\Phi}(z)$、$\mathscr{H}(z)$在z域解法中的作用也与矩阵$\boldsymbol{\Phi}(s)$、$\mathscr{H}(s)$在s域解法中的作用类似。

【例 10.14】某离散时间系统的状态方程和输出方程分别为

$$\begin{bmatrix} v_1[n+1] \\ v_2[n+2] \end{bmatrix} = \begin{bmatrix} 0 & 1/2 \\ -1/2 & 1 \end{bmatrix}\begin{bmatrix} v_1[n] \\ v_2[n] \end{bmatrix} + \begin{bmatrix} 0 \\ 1 \end{bmatrix} x[n]$$

$$y[n] = [1 \quad 1]\begin{bmatrix} v_1[n] \\ v_2[n] \end{bmatrix}$$

求状态转移矩阵$\boldsymbol{\varphi}[n]$和描述该系统输入/输出关系的差分方程。

解 由给定的状态方程，可得特征矩阵

$$z\boldsymbol{I} - \boldsymbol{A} = \begin{bmatrix} z & -1/2 \\ 1/2 & z-1 \end{bmatrix}$$

其逆矩阵为

$$(z\boldsymbol{I} - \boldsymbol{A})^{-1} = \frac{\mathrm{adj}(z\boldsymbol{I} - \boldsymbol{A})}{\det(z\boldsymbol{I} - \boldsymbol{A})} = \frac{1}{z^2 - z + 1/4}\begin{bmatrix} z-1 & 1/2 \\ -1/2 & z \end{bmatrix} = \begin{bmatrix} \dfrac{z-1}{(z-1/2)^2} & \dfrac{1/2}{(z-1/2)^2} \\ \dfrac{-1/2}{(z-1/2)^2} & \dfrac{z}{(z-1/2)^2} \end{bmatrix}$$

(1) 求状态转移矩阵 $\boldsymbol{\varphi}[n]$

分解矩阵为

$$\boldsymbol{\Phi}(z)=(z\boldsymbol{I}-\boldsymbol{A})^{-1}z=\begin{bmatrix}\dfrac{-z/2}{(z-1/2)^2}+\dfrac{z}{z-1/2} & \dfrac{z/2}{(z-1/2)^2}\\ \dfrac{-z/2}{(z-1/2)^2} & \dfrac{z/2}{(z-1/2)^2}+\dfrac{z}{z-1/2}\end{bmatrix}$$

取其反变换得状态转移矩阵

$$\boldsymbol{\varphi}[n]=\begin{bmatrix}(1-n)(1/2)^n u[n] & n(1/2)^n u[n]\\ -n(1/2)^n u[n] & (1+n)(1/2)^n u[n]\end{bmatrix}$$

(2) 求差分方程

系统函数为

$$\mathcal{H}(z)=\boldsymbol{C}z^{-1}\boldsymbol{\Phi}(z)\boldsymbol{B}+\boldsymbol{D}=\begin{bmatrix}1 & 1\end{bmatrix}\frac{1}{z^2-z+1/4}\begin{bmatrix}z-1 & 1/2\\ -1/2 & z\end{bmatrix}\begin{bmatrix}0\\ 1\end{bmatrix}=\frac{z+1/2}{z^2-z+1/4}=\frac{z^{-1}+z^{-2}/2}{1-z^{-1}+z^{-2}/4}$$

由此可知描述系统的差分方程为

$$\boldsymbol{y}[n]-\boldsymbol{y}[n-1]+\frac{1}{4}\boldsymbol{y}[n-2]=\boldsymbol{x}[n-1]+\frac{1}{2}\boldsymbol{x}[n-2]$$

【例 10.15】某离散时间系统的状态方程和输出方程分别为

$$\begin{bmatrix}v_1[n+1]\\ v_2[n+1]\end{bmatrix}=\begin{bmatrix}1/2 & 0\\ 1/4 & 1/4\end{bmatrix}\begin{bmatrix}v_1[n]\\ v_2[n]\end{bmatrix}+\begin{bmatrix}1\\ 0\end{bmatrix}x[n]$$

$$\begin{bmatrix}y_1[n]\\ y_2[n]\end{bmatrix}=\begin{bmatrix}1 & 1\\ 0 & -1\end{bmatrix}\begin{bmatrix}v_1[n]\\ v_2[n]\end{bmatrix}+\begin{bmatrix}0\\ 0\end{bmatrix}x[n]$$

其初始状态和输入分别为$\begin{bmatrix}v_1[0]\\ v_2[0]\end{bmatrix}=\begin{bmatrix}1\\ 2\end{bmatrix}$，$x[n]=u[n]$。

(1) 求状态转移矩阵 $\boldsymbol{\varphi}[n]$ 和冲激响应矩阵 $\boldsymbol{h}[n]$；

(2) 求系统的状态向量 $\boldsymbol{v}[n]$；

(3) 求系统的输出 $\boldsymbol{y}[n]$。

解 (1) 计算 $\boldsymbol{\varphi}[n]$ 和 $\boldsymbol{h}[n]$

由给定的状态方程，可得特征矩阵

$$z\boldsymbol{I}-\boldsymbol{A}=\begin{bmatrix}z-1/2 & 0\\ -1/4 & z-1/4\end{bmatrix}$$

其逆矩阵为

$$(z\boldsymbol{I}-\boldsymbol{A})^{-1}=\frac{\mathrm{adj}(z\boldsymbol{I}-\boldsymbol{A})}{\det(z\boldsymbol{I}-\boldsymbol{A})}=\frac{1}{(z-1/2)(z-1/4)}\begin{bmatrix}z-1/4 & 0\\ 1/4 & z-1/2\end{bmatrix}=\begin{bmatrix}\dfrac{1}{z-1/2} & 0\\ \dfrac{1/4}{(z-1/2)(z-1/4)} & \dfrac{1}{z-1/4}\end{bmatrix}$$

分解矩阵为

$$\boldsymbol{\Phi}(z)=(z\boldsymbol{I}-\boldsymbol{A})^{-1}z=\begin{bmatrix}\dfrac{z}{z-1/2} & 0\\ \dfrac{z/4}{(z-1/2)(z-1/4)} & \dfrac{z}{z-1/4}\end{bmatrix}=\begin{bmatrix}\dfrac{1}{1-z^{-1}/2} & 0\\ \dfrac{1}{1-z^{-1}/2}-\dfrac{1}{1-z^{-1}/4} & \dfrac{1}{1-z^{-1}/4}\end{bmatrix}$$

取其单边 z 反变换得状态转移矩阵

$$\boldsymbol{\varphi}[n]=\mathscr{UZ}^{-1}\{\boldsymbol{\Phi}(z)\}=\begin{bmatrix}(1/2)^n u[n] & 0\\ (1/2)^n u[n]-(1/4)^n u[n] & (1/4)^n u[n]\end{bmatrix}$$

系统函数矩阵为

$$\boldsymbol{\mathscr{H}}(z)=\boldsymbol{C}z^{-1}\boldsymbol{\Phi}(z)\boldsymbol{B}+\boldsymbol{D}=\begin{bmatrix}1 & 1\\ 0 & -1\end{bmatrix}\begin{bmatrix}\dfrac{1}{z-1/2} & 0\\ \dfrac{1/4}{(z-1/2)(z-1/4)} & \dfrac{1}{z-1/4}\end{bmatrix}\begin{bmatrix}1\\ 0\end{bmatrix}=\begin{bmatrix}\dfrac{z}{(z-1/2)(z-1/4)}\\ \dfrac{-1/4}{(z-1/2)(z-1/4)}\end{bmatrix}$$

取其单边 z 反变换得冲激响应矩阵

$$\boldsymbol{h}[n]=\mathscr{UZ}^{-1}\{\boldsymbol{\mathscr{H}}(z)\}=\mathscr{UZ}^{-1}\begin{bmatrix}\dfrac{4}{1-z^{-1}/2}-\dfrac{4}{1-z^{-1}/4}\\ \dfrac{z^{-1}}{1-z^{-1}/4}-\dfrac{z^{-1}}{1-z^{-1}/2}\end{bmatrix}=\begin{bmatrix}4\left(\dfrac{1}{2}\right)^n u[n]-4\left(\dfrac{1}{4}\right)^n u[n]\\ \left(\dfrac{1}{4}\right)^{n-1} u[n-1]-\left(\dfrac{1}{2}\right)^{n-1} u[n-1]\end{bmatrix}$$

(2) 计算状态向量 $\boldsymbol{v}[n]$

状态向量的零输入分量

$$\boldsymbol{v}_{\text{zi}}[n]=\mathscr{UZ}^{-1}\{\boldsymbol{\Phi}(z)\boldsymbol{v}[0]\}=\mathscr{UZ}^{-1}\left\{\begin{bmatrix}\dfrac{1}{1-z^{-1}/2} & 0\\ \dfrac{1}{1-z^{-1}/2}-\dfrac{1}{1-z^{-1}/4} & \dfrac{1}{1-z^{-1}/4}\end{bmatrix}\begin{bmatrix}1\\ 2\end{bmatrix}\right\}$$

$$=\mathscr{UZ}^{-1}\left\{\begin{matrix}\dfrac{1}{1-z^{-1}/2}\\ \dfrac{1}{1-z^{-1}/2}+\dfrac{1}{1-z^{-1}/4}\end{matrix}\right\}=\begin{bmatrix}\left(\dfrac{1}{2}\right)^n u[n]\\ \left(\dfrac{1}{2}\right)^n u[n]+\left(\dfrac{1}{4}\right)^n u[n]\end{bmatrix}$$

状态向量的零状态分量

$$\boldsymbol{v}_{\text{zs}}[n]=\mathscr{UZ}^{-1}\{z^{-1}\boldsymbol{\Phi}(z)\boldsymbol{B}\boldsymbol{\mathscr{X}}(z)\}=\mathscr{UZ}^{-1}\left\{\begin{bmatrix}\dfrac{1}{z-1/2} & 0\\ \dfrac{1/4}{(z-1/2)(z-1/4)} & \dfrac{1}{z-1/4}\end{bmatrix}\begin{bmatrix}1\\ 0\end{bmatrix}\begin{bmatrix}\dfrac{1}{1-z^{-1}}\end{bmatrix}\right\}$$

$$=\mathscr{UZ}^{-1}\left\{\begin{matrix}\dfrac{2}{1-z^{-1}}-\dfrac{2}{1-z^{-1}/2}\\ \dfrac{2/3}{1-z^{-1}}-\dfrac{2}{1-z^{-1}/2}+\dfrac{4/3}{1-z^{-1}/4}\end{matrix}\right\}$$

$$=\begin{bmatrix}2u[n]-2\left(\dfrac{1}{2}\right)^n u[n]\\ \dfrac{2}{3}u[n]-2\left(\dfrac{1}{2}\right)^n u[n]+\dfrac{4}{3}\left(\dfrac{1}{4}\right)^n u[n]\end{bmatrix}$$

于是，系统的状态向量为

$$\boldsymbol{v}[n]=\boldsymbol{v}_{zi}[n]+\boldsymbol{v}_{zs}[n]$$

$$=\begin{bmatrix}\left(\dfrac{1}{2}\right)^n u[n]\\ \left(\dfrac{1}{2}\right)^n u[n]+\left(\dfrac{1}{4}\right)^n u[n]\end{bmatrix}+\begin{bmatrix}2u[n]-2\left(\dfrac{1}{2}\right)^n u[n]\\ \dfrac{2}{3}u[n]-2\left(\dfrac{1}{2}\right)^n u[n]+\dfrac{4}{3}\left(\dfrac{1}{4}\right)^n u[n]\end{bmatrix}$$

$$=\begin{bmatrix}2u[n]-\left(\dfrac{1}{2}\right)^n u[n]\\ \dfrac{2}{3}u[n]-\left(\dfrac{1}{2}\right)^n u[n]+\dfrac{7}{3}\left(\dfrac{1}{4}\right)^n u[n]\end{bmatrix}$$

(3) 计算输出 $\boldsymbol{y}[n]$

输出的零输入响应

$$\boldsymbol{y}_{zi}[n]=\mathscr{UZ}^{-1}\{\boldsymbol{C\Phi}(z)\boldsymbol{v}[0]\}=\mathscr{UZ}^{-1}\left\{\begin{bmatrix}1&1\\0&-1\end{bmatrix}\begin{bmatrix}\dfrac{1}{1-z^{-1}/2}&0\\ \dfrac{1}{1-z^{-1}/2}-\dfrac{1}{1-z^{-1}/4}&\dfrac{1}{1-z^{-1}/4}\end{bmatrix}\begin{bmatrix}1\\2\end{bmatrix}\right\}$$

$$=\mathscr{UZ}^{-1}\left\{\begin{bmatrix}\dfrac{2}{1-z^{-1}/2}+\dfrac{1}{1-z^{-1}/4}\\ \dfrac{-1}{1-z^{-1}/2}+\dfrac{-1}{1-z^{-1}/4}\end{bmatrix}\right\}=\begin{bmatrix}2\left(\dfrac{1}{2}\right)^n u[n]+\left(\dfrac{1}{4}\right)^n u[n]\\ -\left(\dfrac{1}{2}\right)^n u[n]-\left(\dfrac{1}{4}\right)^n u[n]\end{bmatrix}$$

输出的零状态响应

$$\boldsymbol{y}_{zs}[n]=\mathscr{UZ}^{-1}[\boldsymbol{\mathscr{H}}(z)\boldsymbol{\mathscr{X}}(z)]=\mathscr{UZ}^{-1}\left\{\begin{bmatrix}\dfrac{z}{(z-1/2)(z-1/4)}\\ \dfrac{-1/4}{(z-1/2)(z-1/4)}\end{bmatrix}\left[\dfrac{1}{1-z^{-1}}\right]\right\}$$

$$=\mathscr{UZ}^{-1}\left\{\begin{bmatrix}\dfrac{8/3}{1-z^{-1}}-\dfrac{4}{1-z^{-1}/2}+\dfrac{2/3}{1-z^{-1}/4}\\ \dfrac{-2/3}{1-z^{-1}}+\dfrac{2}{1-z^{-1}/2}+\dfrac{-4/3}{1-z^{-1}/4}\end{bmatrix}\right\}=\begin{bmatrix}\dfrac{8}{3}u[n]-4\left(\dfrac{1}{2}\right)^n u[n]+\dfrac{4}{3}\left(\dfrac{1}{4}\right)^n u[n]\\ -\dfrac{2}{3}u[n]+2\left(\dfrac{1}{2}\right)^n u[n]-\dfrac{4}{3}\left(\dfrac{1}{4}\right)^n u[n]\end{bmatrix}$$

因此，系统的完全响应为

$$\boldsymbol{y}[n]=\boldsymbol{y}_{zi}[n]+\boldsymbol{y}_{zs}[n]$$

$$=\begin{bmatrix}2\left(\dfrac{1}{2}\right)^n u[n]+\left(\dfrac{1}{4}\right)^n u[n]\\ -\left(\dfrac{1}{2}\right)^n u[n]-\left(\dfrac{1}{4}\right)^n u[n]\end{bmatrix}+\begin{bmatrix}\dfrac{8}{3}u[n]-4\left(\dfrac{1}{2}\right)^n u[n]+\dfrac{4}{3}\left(\dfrac{1}{4}\right)^n u[n]\\ -\dfrac{2}{3}u[n]+2\left(\dfrac{1}{2}\right)^n u[n]-\dfrac{4}{3}\left(\dfrac{1}{4}\right)^n u[n]\end{bmatrix}$$

$$=\begin{bmatrix}\dfrac{8}{3}u[n]-2\left(\dfrac{1}{2}\right)^n u[n]+\dfrac{7}{3}\left(\dfrac{1}{4}\right)^n u[n]\\ -\dfrac{2}{3}u[n]+\left(\dfrac{1}{2}\right)^n u[n]-\dfrac{7}{3}\left(\dfrac{1}{4}\right)^n u[n]\end{bmatrix}$$

显然，本例应用 z 域解法得出的 $\boldsymbol{\varphi}[n]$、$\boldsymbol{y}[n]$ 和 $\boldsymbol{v}[n]$ 均与例 10.13 的结果相同。

3. 系统函数矩阵与系统稳定性的判断

一个因果离散 LTI 系统，如果系统函数 $\boldsymbol{H}(z)$ 的所有极点都在 z 平面的单位圆内，则系统是稳定的。我们称 $|z\boldsymbol{I}-\boldsymbol{A}|$ 为离散系统的特征多项式；$|z\boldsymbol{I}-\boldsymbol{A}|=0$ 称为离散系统的特征方程，$\boldsymbol{H}(z)$ 的极点即为特征方程的根，称为特征根，也称系统的自然频率或固有频率。与连续系统稳定性的判断相似，可推导得到系统函数 $\boldsymbol{H}(z)$ 的极点特征方程 $\det(z\boldsymbol{I}-\boldsymbol{A})=0$ 或 $|z\boldsymbol{I}-\boldsymbol{A}|=0$ 的根。也就是说，在离散系统的状态空间描述中，只有当系统矩阵 $\boldsymbol{A}$ 的特征根全部位于 z 平面上单位圆内时，系统才是稳定的，否则是不稳定的。

判定矩阵 $\boldsymbol{A}$ 的特征根是否在单位圆内可应用朱利(Jury)准则。

如果系统函数 $\boldsymbol{H}(z)$ 在单位圆上收敛，则系统的频率特性为($\theta=\omega T_{\mathrm{s}}$)

$$\boldsymbol{H}(\mathrm{e}^{\mathrm{j}\theta})=\boldsymbol{H}(z)|_{z=\mathrm{j}\theta} \tag{10.95}$$

当用状态空间描述法分析系统时，如果 $\boldsymbol{H}(z)$ 的所有元素均在单位圆上收敛，则系统的频率特性矩阵为

$$\boldsymbol{H}(\mathrm{e}^{\mathrm{j}\theta})=\boldsymbol{H}(z)|_{z=\mathrm{j}\theta}=\boldsymbol{C}\left[\mathrm{e}^{\mathrm{j}\theta}\boldsymbol{I}-\boldsymbol{A}\right]^{-1}\boldsymbol{B}+\boldsymbol{D} \tag{10.96}$$

【例 10.16】如果离散系统的状态空间方程中系统矩阵为

$$\boldsymbol{A}=\begin{bmatrix}0 & 1 & 0\\ 0 & 0 & 1\\ 0.1 & -K & 0.2\end{bmatrix}$$

试问 K 满足什么条件时，系统是稳定的？

解　根据 $\boldsymbol{A}$ 的特征多项式

$$P(z)=\det(z\boldsymbol{I}-\boldsymbol{A})=\det\begin{bmatrix}z & -1 & 0\\ 0 & z & -1\\ -0.1 & K & z-0.2\end{bmatrix}$$

$$=z^3-0.2z^2+Kz-0.1$$

列出朱利表

$$\begin{matrix}1 & -0.2 & K & -0.1\\ -0.1 & K & -0.2 & 1\\ 0.99 & 0.1K-0.2 & K-0.02 & \end{matrix}$$

应用朱利准则，若系统是稳定的，则必有

$$P(1)=1-0.2+K-0.1=K+0.7>0$$

$$(-1)^3P(-1)=(-1)(-1-0.2-K-0.1)=K+1.3>0$$

$$0.99>|K-0.22|$$

求得满足以上 3 个不等式的 K 的范围为 $-0.7<K<1.01$。因此，当 $-0.7<K<1.01$ 时，系统是稳定的。

10.5　系统的可控性和可观测性

LTI 系统的状态变量分析的应用问题之一就是系统的可控性和可观测性。与系统的稳定性一样，系统的可控性和可观测性从两个方面反映 LTI 系统的基本特性。系统的可控性反映了输

入对系统状态的控制能力，系统的可观测性反映了系统的状态对输出的影响能力。

用状态变量描述系统时，可控性说明了状态变量与输入之间的联系，可观测性说明了状态变量与输出之间的联系。为了判断系统的可控性与可观测性，下面先介绍状态向量的线性变换。

10.5.1 状态向量的线性变换

当选择不同的状态变量时，对同一线性系统可用不同的状态空间方程描述，这些状态空间方程之间存在着线性关系。

设 $v_1(t), v_2(t), \cdots, v_q(t)$ 与 $w_1(t), w_2(t), \cdots, w_q(t)$ 是描述同一系统的状态变量，它们之间存在如下关系

$$\begin{gathered} w_1(t) = p_{11}v_1(t) + p_{12}v_2(t) + \cdots + p_{1q}v_q(t) \\ w_2(t) = p_{21}v_1(t) + p_{22}v_2(t) + \cdots + p_{2q}v_q(t) \\ \vdots \\ w_q(t) = p_{q1}v_1(t) + p_{q2}v_2(t) + \cdots + p_{qq}v_q(t) \end{gathered} \tag{10.97}$$

可表示为矩阵形式

$$\boldsymbol{w}(t) = \boldsymbol{P}\boldsymbol{v}(t) \tag{10.98}$$

式中，$\boldsymbol{v}(t) = [v_1(t), v_2(t), \cdots, v_q(t)]^{\mathrm{T}}$，$\boldsymbol{w}(t) = [w_1(t), w_2(t), \cdots, w_q(t)]^{\mathrm{T}}$。

如果式(10.97)中 q 个方程线性独立，即其中任何一个方程不能表示为其他 $q-1$ 个方程的线性组合，则矩阵 $\boldsymbol{P}$ 是可逆的，由式(10.98)可得

$$\boldsymbol{v}(t) = \boldsymbol{P}^{-1}\boldsymbol{w}(t) \tag{10.99}$$

若由状态向量 $\boldsymbol{v}(t)$ 描述的状态方程为

$$\dot{\boldsymbol{v}}(t) = \boldsymbol{A}\boldsymbol{v}(t) + \boldsymbol{B}\boldsymbol{x}(t) \tag{10.100}$$

则有

$$\boldsymbol{P}^{-1}\dot{\boldsymbol{w}}(t) = \boldsymbol{A}\boldsymbol{P}^{-1}\boldsymbol{w}(t) + \boldsymbol{B}\boldsymbol{x}(t) \tag{10.101}$$

即

$$\dot{\boldsymbol{w}}(t) = \boldsymbol{P}\boldsymbol{A}\boldsymbol{P}^{-1}\boldsymbol{w}(t) + \boldsymbol{P}\boldsymbol{B}\boldsymbol{x}(t) \tag{10.102}$$

令

$$\boldsymbol{A}_{\mathrm{g}} = \boldsymbol{P}\boldsymbol{A}\boldsymbol{P}^{-1} \tag{10.103}$$

$$\boldsymbol{B}_{\mathrm{g}} = \boldsymbol{P}\boldsymbol{B} \tag{10.104}$$

则式(10.102)变化为用状态向量 $\boldsymbol{w}(t)$ 描述的状态方程

$$\dot{\boldsymbol{w}}(t) = \boldsymbol{A}_{\mathrm{g}}\boldsymbol{w}(t) + \boldsymbol{B}_{\mathrm{g}}\boldsymbol{x}(t) \tag{10.105}$$

同时，相应的输出方程也随之变化。若由状态向量 $\boldsymbol{v}(t)$ 描述的输出方程为

$$\boldsymbol{y}(t) = \boldsymbol{C}\boldsymbol{v}(t) + \boldsymbol{D}\boldsymbol{x}(t) \tag{10.106}$$

将式(10.99)代入上式，有

$$\boldsymbol{y}(t) = \boldsymbol{C}\{\boldsymbol{P}^{-1}w(t)\} + \boldsymbol{D}\boldsymbol{x}(t) \tag{10.107}$$

令

$$\boldsymbol{C}_{\mathrm{g}} = \boldsymbol{C}\boldsymbol{P}^{-1} \tag{10.108}$$

$$\boldsymbol{D}_{\mathrm{g}} = \boldsymbol{D} \tag{10.109}$$

则式(10.107)变化为用状态向量 $\boldsymbol{w}(t)$ 描述的输出方程

$$\boldsymbol{y}(t)=\boldsymbol{C}_{\mathrm{g}}\boldsymbol{w}(t)+\boldsymbol{D}_{\mathrm{g}}\boldsymbol{x}(t) \tag{10.110}$$

相应地，由状态向量 $\boldsymbol{w}(t)$ 描述系统的系统函数为

$$\boldsymbol{H}_{\mathrm{g}}(s)=\boldsymbol{C}_{\mathrm{g}}(s\boldsymbol{I}-\boldsymbol{A}_{\mathrm{g}})^{-1}\boldsymbol{B}_{\mathrm{g}}+\boldsymbol{D}_{\mathrm{g}} \tag{10.111}$$

将式(10.103)、式(10.104)、式(10.108)与式(10.109)代入上式得

$$\begin{aligned}\boldsymbol{H}_{\mathrm{g}}(s)&=\boldsymbol{C}\boldsymbol{P}^{-1}(s\boldsymbol{I}-\boldsymbol{P}\boldsymbol{A}\boldsymbol{P}^{-1})^{-1}\boldsymbol{P}\boldsymbol{B}+\boldsymbol{D}=\boldsymbol{C}\boldsymbol{P}^{-1}\{\boldsymbol{P}(s\boldsymbol{I}-\boldsymbol{A})\boldsymbol{P}^{-1}\}^{-1}\boldsymbol{P}\boldsymbol{B}+\boldsymbol{D}\\&=\boldsymbol{C}\boldsymbol{P}^{-1}\{\boldsymbol{P}(s\boldsymbol{I}-\boldsymbol{A})^{-1}\boldsymbol{P}^{-1}\}\boldsymbol{P}\boldsymbol{B}+\boldsymbol{D}\\&=\boldsymbol{C}(s\boldsymbol{I}-\boldsymbol{A})^{-1}\boldsymbol{B}+\boldsymbol{D}\\&=\boldsymbol{H}(s)\end{aligned} \tag{10.112}$$

这意味着，由于系统函数仅仅描述系统的外部特性，无论如何选取系统内部的状态变量，系统函数都是完全相同的。

为了进一步研究系统的特性，往往希望状态变量之间是相互独立的，即要求矩阵 $\boldsymbol{A}$ 是对角阵。若矩阵 $\boldsymbol{A}$ 不是对角阵，可利用线性变换将其对角化。

设矩阵 $\boldsymbol{A}$ 有 q 个互不相同的特征值 $\lambda_1,\lambda_2,\cdots,\lambda_q$，由特征值构成的对角阵定义为

$$\boldsymbol{\Lambda}=\begin{bmatrix}\lambda_1 & 0 & \cdots & 0\\ 0 & \lambda_2 & \cdots & 0\\ \vdots & \vdots & \ddots & \vdots\\ 0 & 0 & \cdots & \lambda_q\end{bmatrix} \tag{10.113}$$

特征值 λ_i 所对应的特征向量为 $\boldsymbol{\xi}_i$，即

$$\boldsymbol{A}\boldsymbol{\xi}_i=\lambda_i\boldsymbol{\xi}_i \tag{10.114}$$

定义 $q\times q$ 的方阵 $\boldsymbol{Q}$ 为

$$\boldsymbol{Q}=[\boldsymbol{\xi}_1\quad \boldsymbol{\xi}_2\quad \cdots\quad \boldsymbol{\xi}_q] \tag{10.115}$$

则

$$\begin{aligned}\boldsymbol{A}\boldsymbol{Q}&=\boldsymbol{A}[\boldsymbol{\xi}_1\quad \boldsymbol{\xi}_2\quad \cdots\quad \boldsymbol{\xi}_q]\\&=[\boldsymbol{A}\boldsymbol{\xi}_1\quad \boldsymbol{A}\boldsymbol{\xi}_2\quad \cdots\quad \boldsymbol{A}\boldsymbol{\xi}_q]\\&=[\lambda_1\boldsymbol{\xi}_1\quad \lambda_2\boldsymbol{\xi}_2\quad \cdots\quad \lambda_q\boldsymbol{\xi}_q]\\&=[\boldsymbol{\xi}_1\quad \boldsymbol{\xi}_2\quad \cdots\quad \boldsymbol{\xi}_q]\begin{bmatrix}\lambda_1 & 0 & \cdots & 0\\ 0 & \lambda_2 & \cdots & 0\\ \vdots & \vdots & \ddots & \vdots\\ 0 & 0 & \cdots & \lambda_q\end{bmatrix}\\&=\boldsymbol{Q}\boldsymbol{\Lambda}\end{aligned} \tag{10.116}$$

因此

$$\boldsymbol{Q}^{-1}\boldsymbol{A}\boldsymbol{Q}=\boldsymbol{\Lambda} \tag{10.117}$$

对照式(10.99)，取线性变换的矩阵 $\boldsymbol{P}=\boldsymbol{Q}^{-1}$，则

$$\boldsymbol{w}(t)=\boldsymbol{Q}^{-1}\boldsymbol{v}(t) \tag{10.118}$$

式(10.105)和式(10.110)表示的状态方程与输出方程分别转换为

$$\dot{\boldsymbol{w}}(t)=\boldsymbol{A}_{\mathrm{g}}\boldsymbol{w}(t)+\boldsymbol{B}_{\mathrm{g}}\boldsymbol{x}(t)=\boldsymbol{Q}^{-1}\boldsymbol{A}\boldsymbol{Q}\boldsymbol{w}(t)+\boldsymbol{Q}^{-1}\boldsymbol{B}\boldsymbol{x}(t) \tag{10.119}$$

$$\boldsymbol{y}(t)=\boldsymbol{C}_{\mathrm{g}}\boldsymbol{w}(t)+\boldsymbol{D}_{\mathrm{g}}\boldsymbol{x}(t)=\boldsymbol{C}\boldsymbol{Q}\boldsymbol{w}(t)+\boldsymbol{D}\boldsymbol{x}(t) \tag{10.120}$$

【例 10.17】已知 LTI 系统的状态空间方程为

$$\begin{bmatrix}\dot{v}_1(t)\\ \dot{v}_2(t)\\ \dot{v}_3(t)\end{bmatrix}=\begin{bmatrix}-1 & -2 & -1\\ 0 & 3 & 0\\ 0 & 0 & -2\end{bmatrix}\begin{bmatrix}v_1(t)\\ v_2(t)\\ v_3(t)\end{bmatrix}+\begin{bmatrix}2\\ -2\\ 1\end{bmatrix}x(t)$$

$$y(t)=\begin{bmatrix}2 & 1 & -1\end{bmatrix}\begin{bmatrix}v_1(t)\\ v_2(t)\\ v_3(t)\end{bmatrix}+\begin{bmatrix}0\end{bmatrix}x(t)$$

试将系数矩阵 $\boldsymbol{A}$ 对角化。

解 $\boldsymbol{A}$ 的特征方程为

$$|\lambda\boldsymbol{I}-\boldsymbol{A}|=\begin{vmatrix}\lambda+1 & 2 & 1\\ 0 & \lambda-3 & 0\\ 0 & 0 & \lambda+2\end{vmatrix}=(\lambda+1)(\lambda-3)(\lambda+2)=0$$

其特征根为 $\lambda_1=-1,\quad \lambda_2=-2,\quad \lambda_3=3$。

对于各特征根 $\lambda_i\ (i=1,2,3)$，有特征向量 $\boldsymbol{\xi}_i$ 满足方程

$$(\lambda_i\boldsymbol{I}-\boldsymbol{A})\begin{bmatrix}\xi_{1i}\\ \xi_{2i}\\ \xi_{3i}\end{bmatrix}=0$$

对于 $\lambda_1=-1$，有

$$\begin{bmatrix}0 & 2 & 1\\ 0 & -4 & 0\\ 0 & 0 & 1\end{bmatrix}\begin{bmatrix}\xi_{11}\\ \xi_{21}\\ \xi_{31}\end{bmatrix}=\begin{bmatrix}0\\ 0\\ 0\end{bmatrix}$$

所以有 $\xi_{21}-\xi_{31}=0$，ξ_{11} 可任选，这里选 $\xi_{11}=1$。

对于 $\lambda_2=-2$，有

$$\begin{bmatrix}-1 & 2 & 1\\ 0 & -5 & 0\\ 0 & 0 & 1\end{bmatrix}\begin{bmatrix}\xi_{12}\\ \xi_{22}\\ \xi_{32}\end{bmatrix}=\begin{bmatrix}0\\ 0\\ 0\end{bmatrix}$$

所以有 $\xi_{22}=0$ 和 $-\xi_{22}+\xi_{32}=0$，选 $\xi_{12}=\xi_{32}=1$。

对于 $\lambda_3=3$，有

$$\begin{bmatrix}4 & 2 & 1\\ 0 & 0 & 0\\ 0 & 0 & 5\end{bmatrix}\begin{bmatrix}\xi_{13}\\ \xi_{23}\\ \xi_{33}\end{bmatrix}=\begin{bmatrix}0\\ 0\\ 0\end{bmatrix}$$

所以有 $\xi_{33}=0$ 和 $4\xi_{13}+2\xi_{23}=0$，选 $\xi_{13}=1$，则 $\xi_{23}=-2$。因此得矩阵 $\boldsymbol{Q}$ 为

$$\boldsymbol{Q}=\begin{bmatrix}\xi_{11} & \xi_{12} & \xi_{13}\\ \xi_{21} & \xi_{22} & \xi_{23}\\ \xi_{31} & \xi_{32} & \xi_{33}\end{bmatrix}=\begin{bmatrix}1 & 1 & 1\\ 0 & 0 & -2\\ 0 & 1 & 0\end{bmatrix}$$

其逆矩阵为

$$\boldsymbol{Q}^{-1}=\begin{bmatrix}1 & 0.5 & -1\\ 0 & 0 & 1\\ 0 & -0.5 & 0\end{bmatrix}$$

对角化后的系统矩阵为

$$\boldsymbol{A}_{\mathrm{g}}=\boldsymbol{Q}^{-1}\boldsymbol{A}\boldsymbol{Q}=\begin{bmatrix}1 & 0.5 & -1\\0 & 0 & 1\\0 & -0.5 & 0\end{bmatrix}\begin{bmatrix}-1 & -2 & -1\\0 & 3 & 0\\0 & 0 & -2\end{bmatrix}\begin{bmatrix}1 & 1 & 1\\0 & 0 & -2\\0 & 1 & 0\end{bmatrix}=\begin{bmatrix}-1 & 0 & 0\\0 & -2 & 0\\0 & 0 & 3\end{bmatrix}$$

控制矩阵为

$$\boldsymbol{B}_{\mathrm{g}}=\boldsymbol{Q}^{-1}\boldsymbol{B}=\begin{bmatrix}1 & 0.5 & -1\\0 & 0 & 1\\0 & -0.5 & 0\end{bmatrix}\begin{bmatrix}2\\-2\\1\end{bmatrix}=\begin{bmatrix}0\\1\\1\end{bmatrix}$$

状态方程为

$$\dot{\boldsymbol{w}}(t)=\boldsymbol{A}_{\mathrm{g}}\boldsymbol{w}(t)+\boldsymbol{B}_{\mathrm{g}}\boldsymbol{x}(t)$$

即

$$\begin{cases}\dot{w}_1(t)=-w_1(t)\\\dot{w}_2(t)=-2w_2(t)+x(t)\\\dot{w}_3(t)=3w_3(t)+x(t)\end{cases}$$

可见，对角化后的状态方程由 3 个独立的一阶微分方程组成，状态变量 $w_1(t)$ 、 $w_2(t)$ 与 $w_3(t)$ 是相互独立的，每个微分方程可以单独求解。

10.5.2 系统的可控性

当系统用状态空间方程描述时，若存在一个输入向量 $\boldsymbol{x}(t)$ (或 $\boldsymbol{x}[n]$)，也称其为控制向量，在优先的时间区间 $(0,t_1)$ (或 $(0,n_1)$)内，能把系统的全部状态从初始状态 $\boldsymbol{v}(0)$ (或 $\boldsymbol{v}[0]$)引向状态空间的坐标原点(零状态)，则称系统是完全可控的，简称可控的；若只能对部分状态变量做到这一点，则称系统不完全可控。

系统的可控性描述了状态变量与输入变量之间的联系，揭示了输入变量对系统内部状态的控制能力。通过它，可以知道系统能否在输入的作用下从某一状态转移到另一指定的状态。

那么，如何判定一个系统是否可控呢？

(1) 若系统的特征根均为单根，系统为单输入，则系统状态完全可控的充要条件是：当系统矩阵 $\boldsymbol{A}$ 为对角阵(此时，各状态变量之间无联系)时，控制矩阵 $\boldsymbol{B}$ 中没有零元素，则系统是可控的。若 $\boldsymbol{B}$ 中有零元素，则与该零元素对应的状态变量就不能被输入变量控制。

(2) 若系统的特征根均为单根，系统为多输入，则系统状态完全可控的充要条件是：当系统矩阵 $\boldsymbol{A}$ 为对角阵时，控制矩阵 $\boldsymbol{B}$ 中没有全为零元素的行。

更一般地，对于一个 N 阶系统，将其系统矩阵 $\boldsymbol{A}$ 与控制矩阵 $\boldsymbol{B}$ 组成矩阵

$$\boldsymbol{M}=[\boldsymbol{B}\quad \boldsymbol{AB}\quad \cdots\quad \boldsymbol{A}^{N-1}\boldsymbol{B}] \tag{10.121}$$

若矩阵 $\boldsymbol{M}$ 为满秩(秩等于系统的阶数 N)，则系统为完全可控的，否则为不完全可控的。

10.5.3 系统的可观测性

输出方程描述了状态变量与输出变量之间的联系，能否根据输出的观测值确定出系统的全部状态就是系统的可观测性问题。

当系统用状态空间方程描述时，在给定系统的输入后，若在有限的时间区间 $(0,t_1)$ (或

$(0,n_1)$)内，能根据系统的输出量唯一地确定(或识别)出系统的全部状态，则称系统是完全可观测的；若只能确定(或识别)出系统的部分状态，则称系统是不完全可观测的。

例如，某离散系统的状态方程与输出方程分别为

$$\begin{bmatrix} v_1[n+1] \\ v_2[n+1] \end{bmatrix} = \begin{bmatrix} 1 & 0 \\ 0 & 1 \end{bmatrix} \begin{bmatrix} v_1[n] \\ v_2[n] \end{bmatrix} + \begin{bmatrix} 1 \\ 0 \end{bmatrix} x[n] \tag{10.122}$$

$$y[n] = v_1[n] + x[n] \tag{10.123}$$

由上式可见，已知 $x[n]$ 可根据 $y[n]$ 确定 $v_1[n]$，却无法确定 $v_2[n]$。不但输出方程中不包含 $v_2[n]$，而且 $v_1[n]$ 与 $v_2[n]$ 也没有联系，也就是说，通过输出 $y[n]$ 只能观测到状态变量 $v_1[n]$ 而无法确定 $v_2[n]$。

判断系统是否可观测，可采用以下方法。

(1) 若系统的特征根均为单根，系统为单输出，则系统状态完全可观测的充要条件是：当系统矩阵 $\boldsymbol{A}$ 为对角阵时，输出矩阵 $\boldsymbol{C}$ 中没有零元素，则系统为可观测的；若 $\boldsymbol{C}$ 中有零元素，则与该零元素对应的状态变量就不可观测。

(2) 若系统的特征根均为单根，系统为多输出，则系统状态完全可观测的充要条件是：当系统矩阵 $\boldsymbol{A}$ 为对角阵时，输出矩阵 $\boldsymbol{C}$ 中没有全为零元素的列。

更一般地，对于一个 N 阶系统，将其系统矩阵 $\boldsymbol{A}$ 与输出矩阵 $\boldsymbol{C}$ 组成矩阵

$$\boldsymbol{Q} = \begin{bmatrix} \boldsymbol{C} \\ \boldsymbol{CA} \\ \vdots \\ \boldsymbol{CA}^{N-1} \end{bmatrix} \tag{10.124}$$

若矩阵 $\boldsymbol{Q}$ 为满秩(秩等于系统的阶数)，则系统为完全可观测的，否则为不完全可观测的。

10.5.4 可控性、可观测性与系统函数的关系

一个线性系统，如果其系统函数 $\boldsymbol{H}(s)$ 中没有零、极点相抵消的现象，那么系统一定是完全可控与完全可观测的。如果出现了零、极点相抵消，则系统就不是完全可控的或者是不完全可观测的，具体情况视状态变量的选择而定。

过去人们一直认为用系统函数 $\boldsymbol{H}(s)$ 来描述系统和使用状态空间方程来描述系统在本质上是一样的，直到 1960 年，卡尔曼(R. K. Kalman)才第一个证实了这种等价是有条件的，具体说明见如下例题。

【例 10.18】已知 LTI 系统的状态空间方程为

$$\begin{bmatrix} \dot{v}_1(t) \\ \dot{v}_2(t) \\ \dot{v}_3(t) \end{bmatrix} = \begin{bmatrix} -1 & -2 & -1 \\ 0 & 3 & 0 \\ 0 & 0 & -2 \end{bmatrix} \begin{bmatrix} v_1(t) \\ v_2(t) \\ v_3(t) \end{bmatrix} + \begin{bmatrix} 2 \\ -2 \\ 1 \end{bmatrix} x(t)$$

$$y(t) = \begin{bmatrix} 2 & 1 & -1 \end{bmatrix} \begin{bmatrix} v_1(t) \\ v_2(t) \\ v_3(t) \end{bmatrix} + \begin{bmatrix} 0 \end{bmatrix} x(t)$$

(1) 判断系统的可控性和可观测性；

(2) 求系统函数 $\boldsymbol{H}(s)$。

解 (1) 例 10.17 已将该系统的系统矩阵对角化为

$$A_g = Q^{-1}AQ = \begin{bmatrix}1 & 0.5 & -1\\0 & 0 & 1\\0 & -0.5 & 0\end{bmatrix}\begin{bmatrix}-1 & -2 & -1\\0 & 3 & 0\\0 & 0 & -2\end{bmatrix}\begin{bmatrix}1 & 1 & 1\\0 & 0 & -2\\0 & 1 & 0\end{bmatrix} = \begin{bmatrix}-1 & 0 & 0\\0 & -2 & 0\\0 & 0 & 3\end{bmatrix}$$

控制矩阵为

$$B_g = Q^{-1}B = \begin{bmatrix}1 & 0.5 & -1\\0 & 0 & 1\\0 & -0.5 & 0\end{bmatrix}\begin{bmatrix}2\\-2\\1\end{bmatrix} = \begin{bmatrix}0\\1\\1\end{bmatrix}$$

输出矩阵为

$$C_g = CQ = [2 \quad 1 \quad -1]\begin{bmatrix}1 & 1 & 1\\0 & 0 & -2\\0 & 1 & 0\end{bmatrix} = [2 \quad 1 \quad 0]$$

从控制矩阵 B_g 中含有零元素可以判定系统不完全可控，从输出矩阵 C_g 中含有零元素可判定系统不完全可观测。

(2) 根据 $H_g(s) = C_g(sI - A_g)^{-1}B_g + D_g$，考虑到本例中 $D = D_g = 0$，有

$$\begin{aligned}H(s) = H_g(s) &= C_g(sI - A_g)^{-1}B_g\\&= [2 \quad 1 \quad 0]\begin{bmatrix}s+1 & 0 & 0\\0 & s+2 & 0\\0 & 0 & s-3\end{bmatrix}^{-1}\begin{bmatrix}0\\1\\1\end{bmatrix}\\&= \frac{[2 \quad 1 \quad 0]\begin{bmatrix}(s+2)(s-3) & 0 & 0\\0 & (s+1)(s-3) & 0\\0 & 0 & (s+1)(s+2)\end{bmatrix}\begin{bmatrix}0\\1\\1\end{bmatrix}}{(s+1)(s+2)(s-3)}\\&= \frac{(s+1)(s-3)}{(s+1)(s+2)(s-3)}\\&= \frac{1}{s+2}\end{aligned}$$

通过上述计算及其结果可知，由于出现零、极点 $s=-1$ 和 $s=3$ 相抵消，故系统仅有唯一的极点 $s=-2$。显然，本系统是稳定的。但实际上，在系统内部隐藏着不稳定的因素，只是从系统的输出观测不到而已。因此，系统函数不一定能全面地把系统的状态表示出来。卡尔曼定理指出：系统函数所表示的仅仅是系统中既可控又可观测的那一部分子系统。

由此得出结论：当且仅当 LTI 系统的系统函数能全面地把系统的状态表现出来，也就是系统的全部子系统既可控又可观测时，运用系统函数描述才等同于运用状态空间方程描述；反之，如果系统函数有零、极点抵消的情况，系统将是不可控或不可观测的，视状态变量的选择而定。因此，用系统函数来描述系统是不全面的，而用状态变量描述系统才能反映系统的全貌及其内部的运动规律。

10.6 MATLAB 在系统状态变量分析中的应用

MATLAB 提供了一系列与实现 LTI 系统状态变量分析相关的函数。

(1) 调用 tf2ss(num,den)函数实现将系统由系统函数描述转换为状态变量描述；调用 ss2tf(A, B, C, D, k)函数实现将系统由状态变量描述转换为系统函数描述。

(2) 调用 impulse(sys)函数绘制连续动态系统的冲激响应；调用 dimpulse(A,B,C,D,IU)函数绘制离散动态系统的单位序列响应。

(3) 调用 step(sys)函数绘制连续动态系统的阶跃响应；调用 dstep(A,B,C,D,IU)函数绘制离散时间线性系统的阶跃响应。

(4) 调用 freqs(B,A,W)函数求 s 域的频率响应；调用 freqs(B,A,N)函数求 z 域的频率响应。

(5) 调用 bode(sys)函数绘制连续动态系统的波特图；调用 dbode(A,B,C,D,Ts,IU)函数绘制离散时间线性系统的波特图。

(6) 调用 lsim(sys,U,T)函数求状态空间方程的数值解。

(7) 调用 initial (sys,X0)函数求系统的零输入响应。

(8) 调用 ctrb(A,B)函数计算系统的控制矩阵，用来判断系统的可控性。

(9) 调用 obsv(A,C)函数计算系统的控制矩阵，用来判断系统的可观测性。

(10) 调用 expm(X)函数求 e^{At}，满足用数值计算方法实现状态空间方程的求解。

10.6.1 微分方程到状态空间方程的转换

tf2ss 函数的调用格式为

```
[ A, B, C, D ] = tf2ss(num, den)
```

其中，num、den 分别表示系统函数 $H(s)$ 的分子和分母多项式，A、B、C、D 分别为状态空间方程的系数矩阵。

【例 10.19】已知描述系统的微分方程为 $\frac{d^2y(t)}{dt^2}+5\frac{dy(t)}{dt}+10y(t)=x(t)$，利用 MATLAB 求系统的状态方程和输出方程。

解 由微分方程可得系统函数为 $H(s)=\frac{1}{s^2+5s+10}$，实现系统函数至状态空间方程转换的 MATLAB 语句为：

```
[A, B, C, D] = tf2ss ([1],[1 5 10])
```

程序运行结果为：

```
    -5  -10          1
A =             B =          C = 0   1        D = 0
     1    0          0
```

因此系统的状态空间方程为

$$\begin{bmatrix}\dot{v}_1(t)\\ \dot{v}_2(t)\end{bmatrix}=\begin{bmatrix}-5 & -10\\ 1 & 0\end{bmatrix}\begin{bmatrix}v_1(t)\\ v_2(t)\end{bmatrix}+\begin{bmatrix}1\\ 0\end{bmatrix}x(t)$$

$$y(t)=[0\quad 1]\begin{bmatrix}v_1(t)\\ v_2(t)\end{bmatrix}$$

10.6.2 系统函数的计算

ss2tf 函数的调用格式为

```
[num, den]=ss2tf(A, B, C, D, k)
```

其中，k 表示由函数 ss2tf 计算的与第 k 个输入相关的系统函数；num 表示 $\boldsymbol{H}(s)$ 的第 k 列的 m

个元素的分子多项式；den 表示 $\boldsymbol{H}(s)$ 公共的分母多项式。

【例 10.20】设系统的状态方程和输出方程的系数矩阵分别为 $\boldsymbol{A}$、$\boldsymbol{B}$、$\boldsymbol{C}$、$\boldsymbol{D}$，求系统函数 $\boldsymbol{H}(s)$。

$$\boldsymbol{A}=\begin{bmatrix}2 & 3\\0 & -1\end{bmatrix},\quad \boldsymbol{B}=\begin{bmatrix}0 & 1\\1 & 0\end{bmatrix},\quad \boldsymbol{C}=\begin{bmatrix}1 & 1\\0 & 1\end{bmatrix},\quad \boldsymbol{D}=\begin{bmatrix}1 & 0\\1 & 0\end{bmatrix}$$

解 为确定系统函数 $\boldsymbol{H}(s)$，可用函数 ss2tf，MATLAB 程序如下：

```
A = [2 3;0 -1]; B = [0 1;1 0];
C = [1 1;0 -1]; D = [1 0;1 0];
[num1,den1] = ss2tf(A, B, C, D, 1);
[num2,den2] = ss2tf(A, B, C, D, 2);
```

程序运行结果为：

```
num1 =
          1      0     -1
          1     -2      0
den1 =
        1     -1     -2
num2 =
          0      1      1
          0      0      0
den2 =
        1     -1     -2
```

则系统函数 $\boldsymbol{H}(s)$ 为

$$\boldsymbol{H}(s)=\frac{1}{s^2-s-2}\begin{bmatrix}s^2-1 & s+1\\ s^2-2s & 0\end{bmatrix}=\begin{bmatrix}\dfrac{s+1}{s-2} & \dfrac{1}{s-2}\\ \dfrac{s}{s+1} & 0\end{bmatrix}$$

离散系统的状态空间表示与连续系统的表示是完全相同的，此处不再介绍。

10.6.3 连续时间系统状态空间方程的求解

连续时间系统的状态方程和输出方程的一般形式如式(10.11)和式(10.13)，首先由 sys = ss(A,B,C,D)函数获得系统的状态空间方程表示，然后由 lsim 函数获得其状态空间方程的数值解。

lsim 函数的调用格式为：

```
[y,to,v]=lsim(sys,x,t,v0),
```

其中，sys 是由函数 ss 获得的状态空间方程；t 是需要计算的输出样本点，一般令 t = 0:dt:Tfinal；x=x(:,k),是系统输入在 t 上的第 k 个采样值；v0 是系统的初始状态(可默认)；y=y(:,k),是系统的第 k 个输出；to 是实际计算时所用的样本点；v 是系统的状态。

【例10.21】已知某连续时间系统的状态方程和输出方程分别为

$$\begin{bmatrix}\dot{v}_1(t)\\ \dot{v}_2(t)\end{bmatrix}=\begin{bmatrix}2 & 3\\0 & -1\end{bmatrix}\begin{bmatrix}v_1(t)\\ v_2(t)\end{bmatrix}+\begin{bmatrix}0 & 1\\1 & 0\end{bmatrix}\begin{bmatrix}x_1(t)\\ x_2(t)\end{bmatrix}$$

$$\begin{bmatrix} y_1(t) \\ y_2(t) \end{bmatrix} = \begin{bmatrix} 1 & 1 \\ 0 & -1 \end{bmatrix} \begin{bmatrix} v_1(t) \\ v_2(t) \end{bmatrix} + \begin{bmatrix} 1 & 0 \\ 1 & 0 \end{bmatrix} \begin{bmatrix} x_1(t) \\ x_2(t) \end{bmatrix}$$

其初始状态和输入分别为$\begin{bmatrix} v_1(0^-) \\ v_2(0^-) \end{bmatrix} = \begin{bmatrix} 2 \\ -1 \end{bmatrix}$，$\begin{bmatrix} x_1(t) \\ x_2(t) \end{bmatrix} = \begin{bmatrix} u(t) \\ \mathrm{e}^{-3t}u(t) \end{bmatrix}$，试用 MATLAB 计算其数值解。

解 MATLAB 程序如下：

```
% 连续时间系统的状态空间方程求解法
A=[2 3;0 -1]; B=[0 1;1 0];
C=[1 1;0 -1]; D=[1 0;1 0];
v0=[2 -1]
dt=0.01;
t=0:dt:2;
x(:,1)=ones(length(t),1);
x(:,2)=exp(-3*t)';
sys=ss(A,B,C,D);
y=lsim(sys,x,t,v0);
subplot (2,1,1);
plot(t,y(:,1),'r');
ylabel('y1(t)');
xlabel('t');
subplot (2,1,2);
plot(t,y(:,2),'b');
ylabel('y2(t)');
xlabel('t');
```

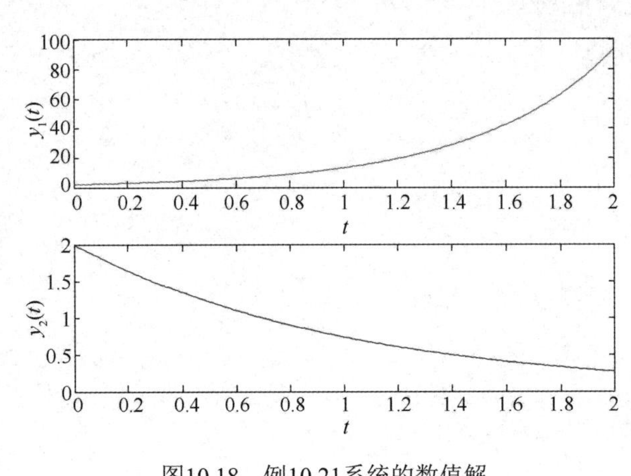

图10.18　例10.21系统的数值解

系统的数值解如图 10.18 所示。

10.6.4　离散时间系统状态空间方程的求解

离散时间系统的状态方程和输出方程的一般形式如式(10.73)和式(10.74)，首先由 sys=ss(A,B,C,D,[ ])函数获得离散时间系统的状态空间方程表示，然后由 lsim 函数获得其状态空间方程的数值解。

lsim 函数的调用格式为：

```
[y,n,v]=lsim(sys,x,[ ],v0)
```

其中，sys 是由函数 ss 获得的状态空间方程；x=x(:,k),是系统的第 k 个输入序列；v0 是系统的初始状态(可省略)；y=y(:,k),是系统的第 k 个输出；n 是序列的下标；v 是系统的状态。

【例 10.22】某离散时间系统的状态方程和输出方程分别为

$$\begin{bmatrix} v_1[n+1] \\ v_2[n+1] \end{bmatrix} = \begin{bmatrix} 0 & 1 \\ -2 & 3 \end{bmatrix} \begin{bmatrix} v_1[n] \\ v_2[n] \end{bmatrix} + \begin{bmatrix} 1 \\ 0 \end{bmatrix} x[n]$$

$$\begin{bmatrix} y_1[n] \\ y_2[n] \end{bmatrix} = \begin{bmatrix} 1 & 1 \\ 2 & -1 \end{bmatrix} \begin{bmatrix} v_1[n] \\ v_2[n] \end{bmatrix}$$

其初始状态和输入分别为$\begin{bmatrix} v_1[n] \\ v_2[n] \end{bmatrix} = \begin{bmatrix} 1 \\ -1 \end{bmatrix}$，$x[n]=u[n]$，试用 MATLAB 求系统的输出响应。

解 MATLAB 程序如下：

```
%离散时间系统的状态空间方程实现程序
A = [0 1;-2 3]; B = [0;1];
C = [1 1;2 -1]; D = zeros(2,1);
v0 = [1; -1];
N = 10;
x = ones(1,N);
sys = ss(A,B,C,D,[ ]);
y = lsim(sys,x,[ ],v0);
subplot (2,1,1);
y1 = y(:,1)';
stem((0:N-1),y1, 'r')
xlabel('k');
ylabel('y1');
subplot (2,1,2);
y2=y(:,2)';
stem((0:N-1),y2,'b')
xlabel('k');
ylabel('y2');
```

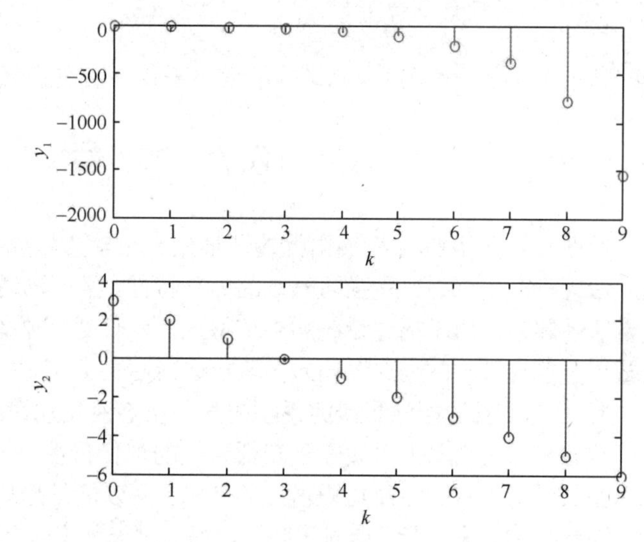

图 10.19　例 10.22 系统的输出响应

系统的输出响应如图 10.19 所示。

10.6.5　系统可控性和可观测性的 MATLAB 实现

实现系统可控性与可观测性的 MATLAB 函数为 ctrb(A, B)和 obsv(A, B)，举例如下。

【例 10.23】已知系统的状态方程为

$$\begin{bmatrix} \dot{v}_1(t) \\ \dot{v}_2(t) \end{bmatrix} = \begin{bmatrix} 1 & 1 \\ 2 & -1 \end{bmatrix} \begin{bmatrix} v_1(t) \\ v_2(t) \end{bmatrix} + \begin{bmatrix} 0 \\ 1 \end{bmatrix} x(t)$$

试判定该系统的可控性。

解 MATLAB 程序如下：

```
A = [1,1;2,-1]; B = [0;1];
r = rank(ctrb(A,B));
% end
```

运行结果：$r=2$，由于可控矩阵的秩与矩阵 $\boldsymbol{A}$ 的阶数相等，所以该系统可控。

【例 10.24】已知系统的状态方程和输出方程分别为

$$\begin{bmatrix} \dot{v}_1(t) \\ \dot{v}_2(t) \\ \dot{v}_3(t) \end{bmatrix} = \begin{bmatrix} -1 & -2 & -1 \\ 0 & 3 & 0 \\ 0 & 0 & -2 \end{bmatrix} \begin{bmatrix} v_1(t) \\ v_2(t) \\ v_3(t) \end{bmatrix} + \begin{bmatrix} 2 \\ -2 \\ 1 \end{bmatrix} x(t)$$

$$y(t)=\begin{bmatrix}2 & 1 & -1\end{bmatrix}\begin{bmatrix}v_1(t)\\ v_2(t)\\ v_3(t)\end{bmatrix}$$

试判定该系统的可观测性。

解 MATLAB 程序如下：

```
A = [-1,-2,-1;0,3,0;0,0,-2]; C = [2,1,-1];
r = rank(obsv(A,C)) ;
% end
```

运行结果：$r=2$，由于可观测矩阵的秩小于矩阵 $\boldsymbol{A}$ 的阶数(rank($\boldsymbol{A}$)=3)，所以该系统不可观测。

10.7 本章小结

前面几章介绍的输入/输出描述法适用于单输入单输出的 LTI 系统，本章介绍的状态空间描述法既可以用状态变量描述系统的内部特性，又可以通过状态变量将系统的输入变量、输出变量联系起来，用于描述系统的外部特性，不仅适用于单输入单输出的 LTI 系统特性的描述，也适用于非线性、时变、多输入多输出系统特性的描述。

1. 状态变量分析法是研究系统内部各状态变化规律的有效方法

状态和状态变量的本质在于表征系统的记忆特性或动态特性，它们概括了为了预知未来特性而必须知道的有关系统历史情况的信息，并以能量形式保存在系统中。因此，只有动态系统才存在状态和状态变量；而对于瞬时系统，则无状态和状态变量，自然也不存在状态空间描述问题。本章讨论的是 LTI 动态系统的状态空间分析。

2. 状态变量的选取

根据状态、状态变量的定义及其模型，一般可选择独立记忆元件(储能元件)中与系统能量有关的物理量作为系统的状态变量。典型的状态变量有：机械系统中与位能有关的位置变量，与动能有关的速度变量；电系统中与存储电场能有关的电容电压或电荷变量，与存储磁场能有关的电感电流或磁链变量；以及离散系统中延时单元的输出变量等。状态变量是一组独立变量，其数目等于独立记忆元件的个数，即系统的阶数。

需要注意的是，给定系统的状态变量选择并不是唯一的。在实际应用中，通常选取那些概念明确、测量容易并能使计算简化的物理量作为状态变量。例如，对于 LTI 系统，可直接选取独立电容电压和电感电流或延时单元的输出信号作为状态变量。

3. LTI 系统状态空间方程的一般形式

对于连续时间 LTI 系统，状态方程和输出方程的一般形式为

$$\dot{\boldsymbol{v}}(t)=\boldsymbol{A}\boldsymbol{v}(t)+\boldsymbol{B}\boldsymbol{x}(t)$$

$$\boldsymbol{y}(t)=\boldsymbol{C}\boldsymbol{v}(t)+\boldsymbol{D}\boldsymbol{x}(t)$$

对于离散时间 LTI 系统，状态方程和输出方程的一般形式为

$$\boldsymbol{v}[n+1]=\boldsymbol{A}\boldsymbol{v}[n]+\boldsymbol{B}\boldsymbol{x}[n]$$

$$\boldsymbol{y}[n]=\boldsymbol{C}\boldsymbol{v}[n]+\boldsymbol{D}\boldsymbol{x}[n]$$

4. 状态方程的解与输出方程的解

(1) 对于连续时间 LTI 系统，时域解和复频域解如下：

在时域中，状态方程的解为

$$\boldsymbol{v}(t)=\underbrace{\mathrm{e}^{\boldsymbol{A}t}\,\boldsymbol{v}(0^-)}_{\text{零输入分量}}+\underbrace{\mathrm{e}^{\boldsymbol{A}t}\,\boldsymbol{B}*\boldsymbol{x}(t)}_{\text{零状态分量}}$$

输出方程的解为

$$\boldsymbol{y}(t)=\underbrace{\boldsymbol{C}\,\mathrm{e}^{\boldsymbol{A}t}\,\boldsymbol{v}(0^-)}_{\text{零输入响应}}+\underbrace{[\boldsymbol{C}\,\mathrm{e}^{\boldsymbol{A}t}\,\boldsymbol{B}*\boldsymbol{x}(t)+\boldsymbol{D}\boldsymbol{x}(t)]}_{\text{零状态响应}}$$

在复频域(s 域)中，状态方程的解为

$$\mathscr{V}(s)=\boldsymbol{\Phi}(s)\boldsymbol{v}(0^-)+\boldsymbol{\Phi}(s)\boldsymbol{B}\mathscr{X}(s)$$

输出方程的解为

$$\mathscr{Y}(s)=\underbrace{\boldsymbol{C}\boldsymbol{\Phi}(s)\boldsymbol{v}(0^-)}_{\text{零输入响应}}+\underbrace{[\boldsymbol{C}\boldsymbol{\Phi}(s)\boldsymbol{B}+\boldsymbol{D}]\mathscr{X}(s)}_{\text{零状态响应}}$$

(2) 对于离散时间 LTI 系统，时域解和复频域解如下：

在时域中，状态方程的解为

$$\boldsymbol{v}[n]=\underbrace{\boldsymbol{A}^n\boldsymbol{v}[0]}_{\text{零输入分量}}+\underbrace{\boldsymbol{A}^{n-1}\boldsymbol{B}*\boldsymbol{x}[n]}_{\text{零状态分量}}$$

输出方程的解为

$$\boldsymbol{y}[n]=\underbrace{\boldsymbol{C}\boldsymbol{A}^n\boldsymbol{v}[0]}_{\text{零输入响应}}+\underbrace{\left[\boldsymbol{C}\boldsymbol{A}^{n-1}\boldsymbol{B}*\boldsymbol{x}[n]+\boldsymbol{D}\boldsymbol{x}[n]\right]}_{\text{零状态响应}}$$

在复频域(z 域)中，状态方程的解为

$$\mathscr{V}(z)=\boldsymbol{\Phi}(z)\boldsymbol{v}[0]+z^{-1}\boldsymbol{\Phi}(z)\boldsymbol{B}\mathscr{X}(z)$$

输出方程的解为

$$\mathscr{Y}(z)=\underbrace{\boldsymbol{C}\boldsymbol{\Phi}(z)\boldsymbol{v}[0]}_{\text{零输入响应}}+\underbrace{\mathscr{H}(z)\mathscr{X}(z)}_{\text{零状态响应}}$$

5. LTI 系统的稳定性与系统函数矩阵的关系

在连续系统的状态空间描述中，当系统矩阵 $\boldsymbol{A}$ 的特征值全部位于 s 平面的左半平面时，系统是稳定的；否则，系统是不稳定的。

在离散系统的状态空间描述中，只有当系统矩阵 $\boldsymbol{A}$ 的特征根全部位于 z 平面的单位圆内时，系统才是稳定的，否则是不稳定的。

习 题 10

10.1 如图 P10.1 所示电路，$C_1=C_2=1\mathrm{F}$，$R_0=R_1=R_2=1\Omega$，输入信号 $x(t)=u_{\mathrm{s}}(t)$，输出信号 $y(t)=u_{C_2}(t)$，状态变量选取 C_1、C_2 的电压 $v_1(t)=u_{C_1}(t)$ 和 $v_2(t)=u_{C_2}(t)$。写出系统的状态方程与输出方程。

10.2 已知系统方框图如图 P10.2 所示，试写出系统的状态方程与输出方程。

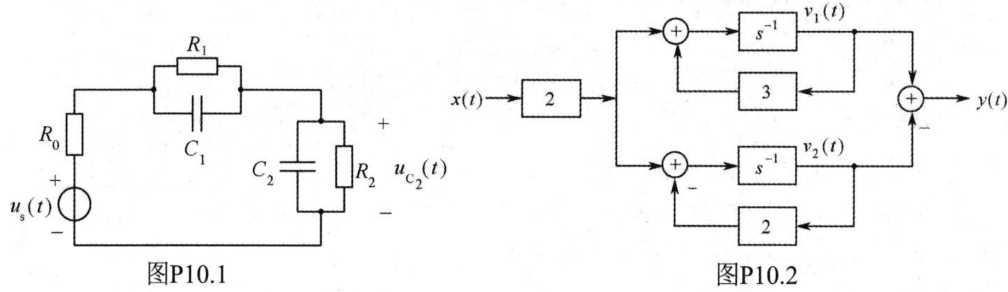

图P10.1　　图P10.2

10.3 一个连续时间系统的系统函数为

$$H(s)=\frac{s+4}{s^3+6s^2+11s+6}$$

(1) 写出系统的微分方程。

(2) 画出系统的方框图。

(3) 写出系统的状态方程与输出方程。

10.4 设一个连续时间系统的方框图如图 P10.3 所示。

(1) 试求该系统的状态空间方程。

(2) 根据状态空间方程求系统的微分方程。

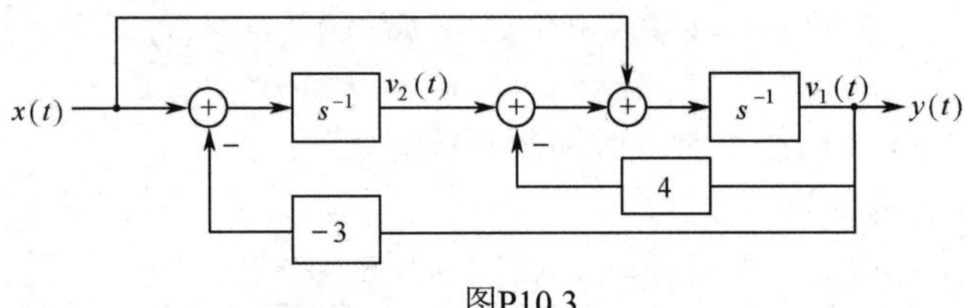

图P10.3

10.5 试写出下列微分方程所描述系统的状态方程与输出方程。

(1) $\dfrac{\mathrm{d}\,y(t)}{\mathrm{d}t}+y(t)=x(t)$ (2) $5\dfrac{\mathrm{d}^2\,y(t)}{\mathrm{d}t^2}+4\dfrac{\mathrm{d}\,y(t)}{\mathrm{d}t}+y(t)=3x(t)$

10.6 已知系统状态方程与输出方程分别为

$$\begin{cases}\dot v_1(t)=-4v_1(t)+5v_2(t)\\ \dot v_2(t)=v_2(t)+x(t)\end{cases}$$

$$y(t)=v_1(t)+v_2(t)+2x(t)$$

(1) 将上述状态方程和输出方程表示成矩阵形式。

(2) 画出该系统的方框图。

(3) 求系统的系统函数 $H(s)$。

(4) 当系统初始状态 $\begin{bmatrix}v_1(0^-)\\ v_2(0^-)\end{bmatrix}=\begin{bmatrix}1\\0\end{bmatrix}$，输入信号 $x(t)=\mathrm{e}^{-2t}u(t)$ 时，求系统的响应 $y(t)$。

10.7 已知系统的状态方程与输出方程分别为

$$\dot{\boldsymbol v}(t)=\boldsymbol{A}\boldsymbol{v}(t)+\boldsymbol{B}\boldsymbol{x}(t)$$
$$\boldsymbol{y}(t)=\boldsymbol{C}\boldsymbol{v}(t)+\boldsymbol{D}\boldsymbol{x}(t)$$

其中 $\boldsymbol A=\begin{bmatrix}2&3\\3&-1\end{bmatrix}$，$\boldsymbol B=\begin{bmatrix}0&1\\1&0\end{bmatrix}$，$\boldsymbol C=\begin{bmatrix}1&1\\0&-1\end{bmatrix}$，$\boldsymbol D=\begin{bmatrix}1&0\\1&0\end{bmatrix}$，$\begin{bmatrix}v_1(0^-)\\v_2(0^-)\end{bmatrix}=\begin{bmatrix}2\\-1\end{bmatrix}$，输入信号 $\begin{bmatrix}x_1(t)\\x_2(t)\end{bmatrix}=\begin{bmatrix}u(t)\\ \mathrm{e}^{-3t}u(t)\end{bmatrix}$，求系统的状态与输出。

10.8 已知一个离散时间 LTI 系统的系统函数为

$$H(z)=\frac{2+z^{-2}}{1-1.96z^{-1}+0.8}$$

(1) 写出系统的差分方程。

(2) 画出系统的方框图。

(3) 写出系统的状态方程与输出方程。

10.9 已知一个离散时间 LTI 系统的差分方程为

$$y[n]-1.2y[n-1]+0.8y[n-2]=x[n-1]+2x[n]$$

(1) 画出系统的方框图。

(2) 由方框图写出系统的状态方程与输出方程。

(3) 由状态空间方程求出系统函数。

10.10　已知离散时间因果系统的方框图如图 P10.4 所示。

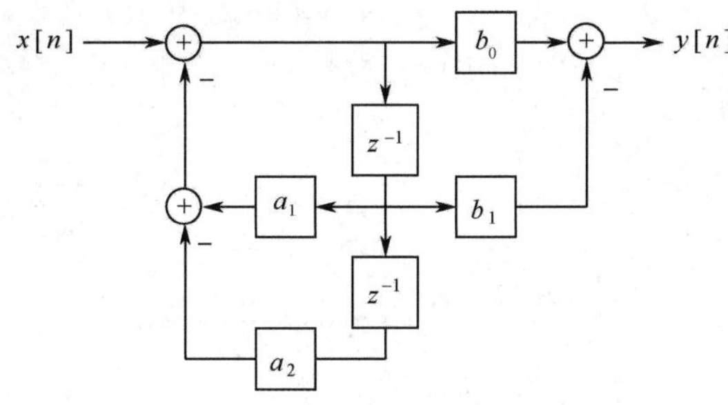

图P10.4

(1) 其中 $a_1 = 0.4$ ，$a_2 = 0$ ，$b_0 = 1$ ，$b_1 = 0$ ，求系统函数 $H(z)$ 。

(2) 系数 a_1、a_2、b_0、b_1 同(1)，已知 $y[-1] = 1$ ，求系统的零输入响应 $y_{zi}[n]$ 。

(3) 写出系统的差分方程。

(4) 写出系统的状态方程与输出方程。

10.11　一个离散时间系统的状态方程和输出方程中的各矩阵分别为

$$\boldsymbol{A} = \begin{bmatrix} 0 & 1 \\ -2 & 3 \end{bmatrix}，\quad \boldsymbol{B} = \begin{bmatrix} 0 \\ 1 \end{bmatrix}，\quad \boldsymbol{C} = \begin{bmatrix} 2 & 1 \end{bmatrix}，\quad \boldsymbol{D} = 0$$

初始状态 $\begin{bmatrix} v_1[0] \\ v_2[0] \end{bmatrix} = \begin{bmatrix} 1 \\ 1 \end{bmatrix}$，输入信号 $x[n] = \delta[n]$，求系统的状态与输出。

10.12　一个离散时间系统的状态方程和输出方程中的各矩阵分别为

$$\boldsymbol{A} = \begin{bmatrix} 1/2 & 0 \\ 1/4 & 1/4 \end{bmatrix}，\quad \boldsymbol{B} = \begin{bmatrix} 1 \\ 0 \end{bmatrix}，\quad \boldsymbol{C} = \begin{bmatrix} 1 & 1 \\ 0 & -1 \end{bmatrix}，\quad \boldsymbol{D} = \begin{bmatrix} 0 \\ 0 \end{bmatrix}$$

初始状态 $\begin{bmatrix} v_1[0] \\ v_2[0] \end{bmatrix} = \begin{bmatrix} 1 \\ 2 \end{bmatrix}$，输入信号 $x[n] = u[n]$ ，求系统的状态、零输入响应和零状态响应。

10.13　已知连续系统的状态方程为

$$\dot{\boldsymbol{v}}(t) = \begin{bmatrix} 1 & 0 \\ -1 & 2 \end{bmatrix} \boldsymbol{v}(t) + \begin{bmatrix} 1 \\ 0 \end{bmatrix} x(t)$$

输出方程为 $\boldsymbol{y}(t) = [0 \quad 1]\boldsymbol{v}(t)$ ，判断系统的可控性与可观测性。

10.14　已知系统的状态方程为

$$\dot{\boldsymbol{v}}(t) = \begin{bmatrix} 1 & 0 & 0 \\ 4 & -3 & 0 \\ 0 & -3 & -2 \end{bmatrix} \boldsymbol{v}(t) + \begin{bmatrix} 1 \\ 1 \\ 0 \end{bmatrix} x(t)$$

输出方程为 $\boldsymbol{y}(t) = [3 \quad -2 \quad 1]\boldsymbol{v}(t)$ 。

(1) 判断系统的可控性与可观测性。

(2) 求系统的系统函数 $H(s)$ 。

10.15　已知离散时间 LTI 系统的状态方程和输出方程分别为

$$\boldsymbol{v}[n+1] = \boldsymbol{A}\boldsymbol{v}[n] + \boldsymbol{B}\boldsymbol{x}[n]$$

$$\boldsymbol{y}[n] = \boldsymbol{C}\boldsymbol{v}[n] + \boldsymbol{D}\boldsymbol{x}[n]$$

其中 $\boldsymbol{A}=\begin{bmatrix}-a & 1\\ 0 & -b\end{bmatrix}$， $\boldsymbol{B}=\begin{bmatrix}0\\ 1\end{bmatrix}$， $\boldsymbol{C}=\begin{bmatrix}1 & 0\\ 0 & 1\end{bmatrix}$， $\boldsymbol{D}=0$，求系统函数 $H(z)$。

10.16　已知连续时间 LTI 系统的状态方程与输出方程分别为

$$\begin{cases}\dot{v}_1(t)=-v_1(t)+3v_2(t)+x_1(t)\\ \dot{v}_2(t)=-4v_1(t)+2v_2(t)+2x_2(t)\end{cases}$$

$$y(t)=v_1(t)+v_2(t)+x_2(t)$$

(1) 画出系统的方框图；

(2) 求该系统的系统函数矩阵。

10.17　已知系统的微分方程为

$$\frac{\mathrm{d}^2 y(t)}{\mathrm{d}t^2}+5\frac{\mathrm{d}\,y(t)}{\mathrm{d}t}+6y(t)=\frac{\mathrm{d}\,x(t)}{\mathrm{d}t}+x(t)$$

(1) 求系统函数 $H(s)$，并画出级联型的方框图。

(2) 根据方框图，写出系统的状态方程与输出方程。

附录 A　有关信号与系统的专业英语词汇

s 域	s-domain
z 变换	z-transform
z 反（逆）变换	inverse z-transform
包络	envelope
变换域	transform domain
并联	parallel interconnection
部分分式展开	partial fraction expansion
采样	sampling
采样定理	sampling theorem
采样频率	sampling frequency
采样示波器	sampling oscilloscope
采样周期	sampling period
差分方程	difference equation
冲激响应	impulse response
抽取	decimation
初始条件	initial condition
初值定理	initial value theorem
传递函数	transfer function
串联	series interconnection
带宽	bandwidth
带通滤波器	bandpass filters
带限内插	band-limited interpolation
带阻滤波器	bandstop filter
单边 z 变换	unilateral z-transform
单边拉普拉斯变换	unilateral Laplace transform
单位冲激偶	unit doublets
单位冲激函数	unit impulse function
单位冲激响应	unit impulse response
单位阶跃函数	unit step function
单位阶跃响应	unit step response
单位斜坡函数	unit ramp function
单位延时	unit delay
低通滤波器	lowpass filter
狄里赫利条件	Dirichlet's conditions
递归方程	recursive equation
对称性	symmetry
对偶性	duality
反馈	feedback
反因果信号	anticausal signals
方波	square wave
方框图	block diagram
非递归方程	nonrecursive equation
非线性系统	non-linear system
非周期信号	aperiodic signals
分配律	distributive property
幅值谱	amplitude spectrum
幅值失真	amplitude distortion
复数	complex numbers
复指数信号	complex exponential signals
傅里叶变换	Fourier transform
傅里叶反变换	inverse Fourier transform
傅里叶级数	Fourier series
傅里叶级数系数	Fourier series coefficients
高通滤波器	highpass filter
功率	power
功率谱	power spectrum
共轭	conjugate
共轭对称	conjugate symmetry
混叠	aliasing
积分	integration
积分器	integrator
基波分量	fundamental components
基波频率	fundamental frequency
基波周期	fundamental period
吉伯斯现象	Gibbs phenomenon
级联	cascade interconnection
极点	pole
间断点	discontinuities
交换律	commutative property
结合律	associative property
截止频率	cutoff frequency
矩形脉冲	rectangular pulse

卷积 convolution
卷积和 convolution sum
卷积积分 convolution integral
绝对可和的 absolutely summable
绝对可积的 absolutely integrable
可观测性 observability
可加性 additive property
可控性 controllability
可逆性 invertibility
拉普拉斯变换 Laplace transform
累加器 accumulator
离散时间系统 discrete-time system
离散时间信号 discrete-time signals
频率选择性滤波器 frequency-selective filter
利用内插重建 reconstruction using interpolation
连续时间系统 continuous-time system
连续时间信号 continuous-time signals
零点 zero
零极点图 pole-zero plot
零输入响应 zero-input response
零状态响应 zero state responses
滤波 filtering
模拟信号 analog signals
内插 interpolation
奈奎斯特间隔 Nyquist interval
奈奎斯特频率 Nyquist frequency
能量 energy
能量密度谱 energy-density spectrum
逆系统 inverse system
欧拉公式 Euler's formula
偶部 even part
帕塞瓦尔定理 Parseval's relation
频率成型滤波器 frequency shaping filter
频率响应 frequency response
频谱密度 spectral density
频谱系数 spectral coefficients
频移 frequency shifting
谱（频谱） spectrum
齐次解 homogeneous solution
齐次性 homogeneity
奇部 odd part
奇异函数 singular function
欠采样 undersampling
全通系统 all-pass system
确定信号 deterministic signals
三角级数 trigonometric series
时变系统 time-varying system
时不变性 time invariance
时间尺度变换 time scaling
时间反转 time reversal
时间扩展 time expansion
时间延时 time delay
时移 time shifting
时域 time domain
实部 real part
实指数信号 real exponential signals
收敛域 region of convergence
受迫响应 forced response
数乘 scalar multiplication
数字信号 digital signals
双边信号 two-sided signals
双边序列 two-sided sequence
瞬（暂）态响应 transient-state response
随机信号 random signals
特解 particular solution
特征方程 eigenfunction
特征值 eigenvalue
通带 passband
完全响应 complete response
微分 differentiation
微分器 differentiator
稳定性 stability
稳态响应 steady-state response
无限冲激响应 infinite impulse response
系统函数 system function
系统响应 system response
线性 linearity
线性常系数差分方程 linear constant-coefficient difference equation
线性常系数微分方程 linear constant-coefficient differential equations

线性内插	linear interpolation	正弦信号	sinusoidal signals
线性时不变	linear time-invariant (LTI)	指数信号	exponential signals
相乘	multiplication	终值定理	final value theorems
相位谱	phase spectrum	周期方波	periodic square wave
相位失真	phase distortion	周期卷积	periodic convolution
谐波分量	harmonic components	周期信号	periodic signals
虚部	imaginary part	周期性	periodicity
样本	sample	状态变量	state variable
一阶差分	the first difference	状态方程	state equation
一阶微分	the first derivative	状态空间	state space
因果性	causality	状态向量	state vector
有理多项式	rational polynomial	状态转移矩阵	state transition matrix
有限持续期信号	finite-duration signals	自由响应	natural response
有限冲激响应	finite impulse response	阻带	stopband
右半平面	right-half plane	左半平面	left-half plane
右边信号	right-sided signals	左边信号	left-sided signals
右边序列	right-sided sequence	左边序列	left-sided signals
正交分解	orthogonal decomposition		

参考文献

[1] A V Oppenheim, A S Willsky, S H Nawa. Signals and Systems[M]. 2nd. Pearson Education Inc.，1997.

[2] B P Lathi. Linear Systems and Signals[M]. 2nd. Oxford University Press，2004.

[3] M Mandai, A Asif. Continuous and Discrete Time Signals and Systems[M]. Cambridge University Press，2007.

[4] G E Carlson. Signal and Linear System Analysis[M]. 2nd. John Wiley & Sons Inc.，1998.

[5] 郑君里，应启珩，杨为理. 信号与系统引论[M]. 北京：高等教育出版社，2018.

[6] 熊庆旭，刘峰，常青. 信号与系统[M]. 北京：高等教育出版社，2011.

[7] 陈后金，胡健，薛健，等. 信号与系统[M] . 3 版. 北京：高等教育出版社，2020.

[8] 谷源涛，应启珩，郑君里. 信号与系统——Matlab 综合实验[M]. 北京：高等教育出版社，2008.

[9] 邢丽东，潘双来. 信号与线性系统[M]. 北京：清华大学出版社，2019.

举报电话：（010）88254396；（010）88258888

传　　真：（010）88254397

E-mail：　dbqq@phei.com.cn

通信地址：北京市万寿路173信箱

　　　　　电子工业出版社总编办公室

邮　　编：100036